斑点牛注册测绘师笔记系列丛书

测绘综合能力体系和题解（下册）

主　编　吴浩然　　王兴文　　王应东
　　　　刘克辉　　赵　燕　　夏佩武

东南大学出版社
SOUTHEAST UNIVERSITY PRESS
·南京·

图书在版编目(CIP)数据

测绘综合能力体系和题解:全 2 册/吴浩然等主编.
南京:东南大学出版社,2019.5
(斑点牛注册测绘师笔记系列丛书)
ISBN 978-7-5641-8396-7

Ⅰ.①测…　Ⅱ.①吴…　Ⅲ.①测绘—资格考试—自
学参考资料　Ⅳ.①P2

中国版本图书馆 CIP 数据核字(2019)第 080125 号

测绘综合能力体系和题解(下册)

Cehui Zonghe Nengli Tixi He Tijie(Xiace)

主　　编:吴浩然 等
出版发行:东南大学出版社
社　　址:南京市四牌楼 2 号　　　邮　　编:210096
网　　址:http://www.seupress.com
出 版 人:江建中

印　　刷:虎彩印艺股份有限公司
开　　本:787 mm×1092 mm　1/16
印　　张:61.75
字　　数:1441 千
版　　次:2019 年 5 月第 1 版
印　　次:2019 年 5 月第 1 次印刷
书　　号:ISBN 978-7-5641-8396-7
定　　价:240.00 元(上、下册)

经　　销:全国各地新华书店
发行热线:025-83790519　83791830

目 录

第 4 篇　地理信息处理和输出

第5篇　历年试题及解析与仿真模拟测试卷及解析

第 4 篇

地理信息处理和输出

第11章 地图制图

1. 根据项目要求,确定地图编制的方法和原则。

2. 根据地图用途,收集并分析评价制图资料,合理利用;确定地图投影、比例尺、地图内容以及制图综合原则等。

3. 根据技术设计书,分析评价实验样图,确定样图的符合性;分析评价制图过程和地图成果,评定地图质量。

4. 根据不同产品形式,确定地图制图后续工作,进行电子地图及导航电子地图等的制作。

5. 运用地图数据库和现代地图编制与出版一体化技术进行地图生产。

6. 确定普通地图(集、册)、专题地图(集、册)和特种地图编制的方法和步骤。

章节介绍

本章学习的脉络应围绕地图的制作展开,从制图资料分析入手,设计地图分幅和版式,设计地图综合指标和地图符号,设计地图的各种表达方式,编绘地图,一直到地图印刷出图,从实操的角度出发,形成一个地图制图的流程体系。

要注意区分国家基本比例尺地形图与地理图之间的异同,选择恰当的制作工艺。

地图编绘和制图综合细节多,是学习的难点,对于地图表示法的学习也是本章重点内容之一。

考点分析

本书知识点涵盖率:★☆☆　制图综合、编绘和图示,非常繁杂,无法全覆盖。

与其他章节相关度:★★★　本章是全书的基础知识之一。

分析考试难度等级:★★☆　整体难度不高,但会有复习不到的题出现。

平均每年总计分数:12.7分　在12个专业中排名:第5位。

11.1 地图制图概述

11.1.1 地图特征

地图是依据一定的数学法则,为表达地球上各种事物的空间分布、联系及随时间发展变化的状态,使用制图语言,经制图综合编绘在一定的载体上的图形。

1. 地图特性

地图具有可量测性、直观性和一览性。

① 可量测性

地图制图依据一定的数学法则,使地图和实地相似。数学法则包括地图投影、地图比例尺和地图定向 3 方面内容。

② 直观性

地图上通过地图语言来达到直观性要求,地图语言包括地图符号、地图色彩和地图注记。

③ 一览性

地图运用制图综合方法处理、表达地图上的地物,达到一览性的特点。

2. 地图分类

(1) 地图按内容分类

地图按表示的内容分为普通地图和专题地图两类(图 11.1)。

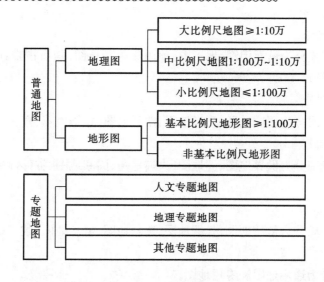

图 11.1　地图分类

① 普通地图

普通地图是以相对平衡的地图详细程度表示地表最基本的自然现象和人文现象的地图。

普通地图根据习惯一般分为地理图和地形图两类。

地形图分为基本地形图和非基本地形图两类,基本地形图即我国的基本比例尺地形图。

② 专题地图

专题地图着重反映自然现象或社会现象中的某一类或几类要素的地图,其中作为主题的要素表示得相对详细,其他的要素围绕表达主题的需要作为地理基础概略表示。

专题地图按内容分为人文专题地图、地理专题地图、其他专题地图。

其他专题地图是兼有人文专题地图和地理专题地图特征的专题图,如航海图、城市地图等。

【释义】 地理图、地形图、地势图、地貌图的区别。

地图包括全要素地图和非全要素地图。地理图和地形图属于全要素地图,地势图、地貌图属于非全要素地图。

地理图一般反映一个较大的区域中地理现象的基本轮廓及其分布规律,属于全要素地图,一般表示小比例尺地图。

地形图是一般表示大比例尺地图,表示基本地理要素且用等高线等表示地面起伏的地图,我国的地形图一般指国家规定规格的基本比例尺全要素地图,也可以按实际需要制作非基本比例尺地形图。

地势图是着重表达地势起伏和水系形态特征与分布规律的专题地图,着重表现地势走向的总体分布规律,强调地的"势"。

地貌图是表现陆地和海底地貌分布状况及其成因与形态类型的专题地图,着重表现地貌起伏的状况,强调地的"貌"。

(2) 地图其他分类

① 按使用方式分

地图按使用方式分为桌面用图(地形图、地图集等)、挂图、随身携带地图、专用地图(航空地图、盲文地图等)。

② 按特种地图分

地图按特种地图分为绸质地图、夜光地图、塑料地图、立体地图、盲文地图等。

③ 按制图范围分

地图按制图范围分为世界地图、洲地图、大陆地图、国家地图、省(区)地图、市地图、县地图等。

④ 按载体介质分

地图按载体介质分为纸质地图、丝绸地图、塑料地图、电子地图、数字地图等。

⑤ 按用途分

地图按用途分为通用地图和专用地图。

11.1.2 地图语言

地图语言是由各种符号、色彩与文字构成,用来表示空间信息的一种图形视觉语言。

1. 地图符号

地图符号是指在图上表示制图对象空间分布、数量、质量等特征的标志和信息载体,包括线划符号、色彩图形和注记等。设计地图符号大小、色彩与地图用途、地图比例尺和读图条件有关,符号应和被表示地理现象有一定联系,具有象征性。

(1) 地图符号分类

① 按图元类型分类

地图符号按图元类型或地理要素的抽象特征分为点状符号、线状符号、面状符号、体状符号。

◎点状符号:点状符号可以精确表达定位,也可以概括性定位,符号的面积不具有实地的面积意义,一般以不依比例尺符号表示,如独立地物符号等。

◎线状符号:线状符号在一个延伸方向上有定位意义,而不管其宽度,一般以半依比例尺符号表示,其长度依比例尺表示,宽度不依比例尺表示,如单线河等。

◎面状符号:面状符号具有实际的二维特征,以面域定位,其面积形状与其所代表对象的实际面积形状一致,一般以依比例尺符号表示,如居民地、河流等。

◎体状符号:体状符号表达地理实体的三维特征,在电子地图中广泛应用,如建筑物等。

② 按符号比例尺表示分类

地图符号按符号比例尺表示关系分为不依比例尺符号、半依比例尺符号、依比例尺符号。

◎不依比例尺符号:不依比例尺符号一般为比例尺缩小后显示不出来的重要地物符号,能较精确定位,但不能判明其形状和大小。

◎半依比例尺符号:半依比例尺符号指长度依地图比例尺表示,宽度不依地图比例尺表示的线状符号。一般表示长度大而宽度小的狭长地物,能精确定位和量长度,但不能显示其宽度。

◎依比例尺符号:依比例尺符号是指能够保持物体平面轮廓图形的符号,依比例符号所表示的物体在实地占有相当大的面积。

③ 其他分类

◎按符号的形状分类:地图符号按符号的形状可分为几何符号和象形符号。

【释义】 几何符号是由几何图形简单构成,不具备象形意义的符号。

象形符号指图形构成可联想到制图对象的形状特征的符号。

◎按地理尺度分类:地图符号按地理尺度分为定性符号、定量符号、等级符号。

◎按视点分类:地图符号按视点分为正形符号、侧视符号。

【释义】 如独立地物符号一般以侧视象形符号表示。

◎按视觉感受分类:地图符号按视觉感受分为抽象符号和形象符号。

(2) 视觉变量和视觉效果

地图上能引起视觉变化的基本图形、色彩因素称为视觉变量。地图符号有形状、尺寸、色彩、方向、亮度、密度、结构、密度等基本视觉变量。

地图视觉效果有整体感、立体感、等级感、数量感、质量感、动态感等。

◎线状符号形状变量指的是组成线状符号的图形构成形式,以及这些线划形状的组合与变化。

【释义】 由制图现象本身的变化引起的线状符号直线与曲线的变化不属于形状视觉变量变化。面状符号无形状变量,因为面状符号的轮廓差异是由制图现象本身所决定的,与符号设计无关。

◎色彩是最活跃的一种视觉变量,在地图设计中起重要作用。

【释义】 色彩不仅可以增强地图的美感,还能提高地图的清晰性,使地图的信息载负量增大。它既可以表达地理要素定性特征的不同,也可以表达定量特征的变化。

(3) 地形图图式

地形图图式是指在地形图中用于表示地球表面地物、地貌的规定符号集合,比例尺不同,各种符号的图形和尺寸也不尽相同。

图式中除特殊标注外,一般实线表示建筑物、构筑物的外轮廓与地面的交线(除桥梁、坝、水闸、架空管线外),虚线表示地下部分或架空部分在地面上的投影,点线表示地类范围线、地物分界线。

基本比例尺地形图图式有国家统一标准,符号标记规则如下:

◎符号旁只注记一个数字的表示外接圆直径或多边形边长。

◎符号旁两个数字并排标记的,前一个代表符号高,后一个代表符号宽。

◎符号旁两个数字并排标记用来表示组合符号的,前一个代表外符号主要尺寸,后一个代表内符号主要尺寸。

【释义】 地图图例是地图辅助要素中的读图说明,注意与图式相区别。

我国基本比例尺地形图图式按照比例尺大小分为四个类别,即 1:500～1:2 000、1:5 000～1:1 万、1:2.5 万～1:10 万、1:25 万～1:100 万。

(4) 地图符号定位

地图符号定位如表 11.1 所示。

表 11.1 地图符号定位

符号类型	定位点	图形
图形中有一点的符号	点	△ □ 艹 ㄤ ⋔ ⋔
几何图形符号	几何中心	⊗ ■ □ ⊖ ✕ ⚗
宽底符号	地步中央	⚰ ▲ ♠ ♣ ◢ ⊔
底部为直角的符号	直角顶点	⚘ ⚘ ⊤ ⊥ ⌐ ⊥
几何图形组合的符号	下部图形中心点	⚱ ⚱ ⚰ ⚰
不依比例尺的其他符号	符号中心点	✕ ∩ ⋈ ⇌ ⚓ ⋈
线状符号	符号中心线	══════ ✛✛✛✛✛✛
	底部中心线	⌐⌐⌐⌐ ⌒⌒⌒⌒

【释义】 储油罐第二行 4,石油井第五行 3,通信塔第五行 2,水车第二行 6,发电厂第二行 5。

2. 地图色彩

我国的基本比例尺地形图上一般用黑色表示地物要素及注记,棕色表示地貌要素及等高线注记,蓝色表示水系要素及注记。

色彩三要素指色相、亮度、饱和度。

【释义】 色相又叫色别,是色彩的主要要素,制图时主要表示地图要素的质量因素。

亮度又叫明度,指颜色的明暗度,是颜色含有黑白成分的多少,制图时主要表示地图要素的数量和重要度。

饱和度又叫纯度,指颜色的浓淡,是接近标准色的程度,制图时主要表示地图要素的数量和重要度。

地图色彩通常才有的模式有以下几类:

(1) 色光三原色

色光三原色(RGB)指红、绿、蓝三色,RGB 色彩模式是通过对红、绿、蓝三个颜色通道的变化以及它们相互之间的叠加来得到各式各样的颜色,是目前运用最广的颜色系统之一。

色光相加变亮,相减变暗。

(2) 色料三原色

印刷中一般采用青(C)、品红(M)、黄(Y)色料三原色,另外为了增加黑色纯度可加上纯黑(BK),用 CMYK 四色单色制版叠加套合印刷。

色料相加变暗,相减变亮。

(3) 灰度模式

8 bit 灰阶图,一共由 256 级灰阶组成,属于黑白模式。

【小知识】

◎HSI 色彩空间是从人的视觉系统出发,用色调(H)、饱和度(S)和亮度(I)来描述色彩。

◎Lab 空间,L 表示亮度;a 的正数代表红色,负数代表绿色;b 的正数代表黄色,负数代表蓝色。

3. 地图注记

地图注记分为名称注记、说明注记、数字注记和图外整饰注记等。

【释义】　名称注记指地理事物的名称;说明注记补充说明制图对象的质量和数量属性,说明注记分为文字注记和数字注记。

(1) 地图注记的要素

地图注记由字体、字级、字色、字隔及字位 5 个因素构成。

◎字体是字的形状,用不同字体区分不同地理事物。

◎字级指注记字的大小,常用来反映被注对象的等级和重要性。

◎字色是字的颜色,字色一般与所注记的要素颜色一致。

◎字隔是字间的距离,和字位一起表现事物的位置、伸展方向和分布范围。

◎字位指注记说明对象所安放的位置。

(2) 注记布置方式

① 水平字列

水平字列又称"横字列",注记文字的中心连线与上下图廓线平行(图 11.2(a))。

② 垂直字列

垂直字列又称"竖字列",注记文字的中心连线与上下图廓相垂直(图 11.2(b))。

③ 雁行字列

雁行字列又称"斜字列",注记文字中心连线为直线并与上下图廓斜交(图 11.2(c)),一般用于道路要素的标注。

④ 屈曲字列

屈曲字列又称"曲线字列",注记文字中心连线呈曲线或折线等(图 11.2(d)),一般用于山脉、水系等要素的标注。

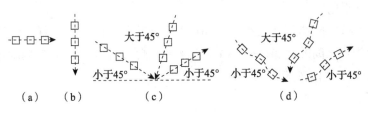

图 11.2　字列形式

11.1.3　地图内容

地图要素是构成地图的基本内容,分为数学要素、地理要素和辅助要素。

1. 数学要素

数学要素指地图的数学基础,表达地图的数学内在法则,从以下 4 个方面进行分类。

(1)坐标网和内图廓

坐标网和内图廓分为经纬线网和方里网表示方式,对地图起着位置约束作用。

【释义】 传统制图方法是依据坐标网和内图廓展绘坐标,坐标网的精度直接影响制图的精度,故坐标网为数学要素,起着位置框架和坐标传递的作用。电子地图制图已经不再利用坐标网展绘物点坐标,坐标网改为辅助读图和图解量测坐标作用。

(2)比例尺和地图投影

比例尺和地图投影确定了地表物体与地图内容的映射关系。

(3)控制点

控制点起着空间位置从坐标系传递到地图的作用。

【释义】 控制点在数据采集的时候起着传递空间位置的作用。控制点与地物的位置关系体现了数学要素特征,作为地图符号表示在图面时,控制点属于地理要素,故控制点兼有数学要素和地理要素两方面特征。

(4)地图定向

地图定向通过中央经线、地图坐标、指向标志等来体现。

2. 地理要素

地理要素是地图内容的主体,据其性质可分为自然要素和人文要素。

(1)普通地图地理要素内容

对普通地图而言,地图的主体是基本地理要素,如独立地物、交通网、居民地及设施、水系、地貌、土质和植被、境界、控制点等。

(2)专题地图地理要素内容

对专题地图而言,地图的主体是主题要素,如专题要素和为专题要素服务的底图要素。

【释义】 自然要素包括水系、地质、地貌、水文、土质与植被、动物等方面的现象或物体。人文要素包括居民地、交通网、政区、人口、城市、历史等方面的现象或物体。

3. 辅助要素

地图的辅助要素又称为整饰要素,指位于内图廓以外,为阅读和使用地图提供的说明性内容或工具性内容,从性质上分为读图工具和参考资料。

（1）读图工具

读图工具指的是方便阅读地图的内容,如图例、图号、接图表、图廓间要素、分度带、比例尺、坡度尺、附图、外图廓等。

（2）参考资料

参考资料是地图编制时的必要说明,如出版单位、成图时间、地图投影、坐标系、高程系、资料说明、资料略图等。

【释义】　内图廓和坐标格网与地理要素空间位置的表示和精度有关,属于数学要素,一般用细实线表示;外图廓只是使图面美化的辅助性要素,一般用粗实线表示。

比例尺、投影、地图定向是地图的数学法则,属于地图的数学表示基础,是数学要素;同时,这些数学基础作为地图说明或读图工具标示在地图整饰区时,属于辅助要素。

控制点要素起着地图空间位置传递的功能,也是地图成图的基础要素,直接决定了地图精度,属于数学要素;作为测量标志出现在地图上时,控制点属于地理要素。

11.1.4　数学基础

地图的数学基础包括地图投影、地图比例尺和分幅、地图定向等内容。

1. 地图投影

地图投影是将地球表面(参考椭球面)依据某种条件展开成平面的方法(图 11.3)。

（1）投影原理

投影是参考椭球面大地坐标系为了便于计算和应用,进行平面化的过程。

① 投影变形

由参考椭球依据一定的投影公式展开成平面,会导致投影变形。投影变形分为长度变形、面积变形、方向变形、角度变形四类。

【释义】　角度由两个方向构成,方向变形可以归结为角度变形问题。

任何投影方式都会带来投影变形,一般按照制图需要和区域特点,选择恰当的投影方式,减少或固定某一变形量的同时增大其他变形量。

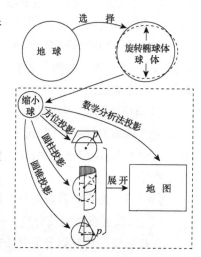

图 11.3　地图投影原理

② 长度变形的表示方法

长度比:长度比指一段投影面上无限小的微分线段与原面上相应的微分线段之比,大小与微分线段的位置和方向有关。

长度变形:长度比与 1 之差,即长度变形值。

【释义】　无限小的微分线段其长度无限接近于直线段,引入微分线段的好处是把原面上的曲线简化成直线段,使投影面线段和原面线段可以比较。

长度比为 1 的时候,投影时没有长度变形;长度变形为 0 的时候,投影时没有长度变形。

③ 等变形线和标准变形线

等变形线:等变形线指变形值相等的各点连线。

标准变形线:投影面与原面的切线或割线无投影变形,叫做标准变形线。

【释义】 等变形线上各点长度比相等,但不一定为1。标准变形线上长度比为1,标准变形线为等变形线的特例。

(2) 变形椭圆

如图 11.4 所示,地球表面上一无穷小的圆(微圆)投影在平面上由于经过一定投影法则产生变形,呈现为一无穷小椭圆(微椭圆),该椭圆称作变形椭圆。用变形椭圆各方向上的向径长(OA')表示长度比,两个坐标轴上(主方向)的向径长度表示最大和最小长度比。

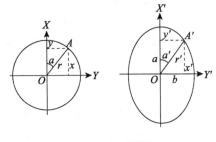

图 11.4 变形椭圆

① 长度变形

某方向上向径 OA' 如大于单位长度(OA,一般取1),表示投影后长度增加,长度比大于1;短于单位长度的表示投影后长度缩短;等于单位长度的表示投影后长度不发生变形。

② 面积变形

若变形椭圆的面积等于单位圆面积,则表示无面积变形;大于单位圆面积表明投影后面积被放大;小于单位圆面积表明投影后面积被缩小。如要保证面积不变形,则变形椭圆的长短半径长度成反比。

③ 角度变形

变形椭圆的扁平程度(长短半径比值)反映了角度变形大小。变形椭圆长半径与短半径的比值越大,角度变形越大;其比值越接近1,角度变形越小;长短半径相等,表明投影后角度无变形。

【释义】 变形椭圆若是一个圆形,意味着该投影是等角投影。

(3) 按投影变形性质分类

按投影变形性质划分为等角投影、等积投影、任意投影。

① 等角投影

等角投影也叫正形投影,即角度不发生投影变形,图形在原面上和投影面上保持了相似性,等角投影的经纬线必定正交。投影面上微分线段的长度比随位置变化,不随方向变化。

② 等积投影

投影后面积不产生变化。

③ 任意投影

不属于等角投影和等面积投影的为任意投影。任意投影角度和面积都变形,但都保持一个较合理的范围。等距离投影也属于任意投影。

(4) 按投影相对位置划分

按地图投影面与地球的相对位置关系可分为正轴投影、横轴投影、斜轴投影。

如图 11.5 所示,例图从上到下分别为正轴投影、横轴投影、斜轴投影。

◎正轴投影的投影轴与地球自转轴一致。
◎横轴投影的投影轴与地球自转轴一致。
◎斜轴投影的投影轴与地球自转轴斜交。

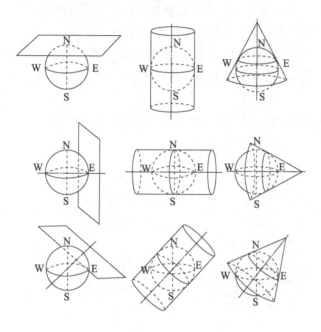

图 11.5　几何投影

（5）按投影构成方式划分

地图投影按投影构成方式又分为几何投影、条件投影。几何投影又分为圆锥投影、圆柱投影、方位投影等；条件投影又分为伪圆锥投影、伪圆柱投影、伪方位投影等。

① 几何投影

圆锥投影（图 11.6）：根据正轴圆锥投影变形分布情况适于制作中纬度沿东西方向延伸地区的地图。

正轴等角圆锥投影以标准等变形线（标准纬线）和椭球的关系分为切和割两种情况，又叫兰勃特等角圆锥投影，其投影特点如下：纬线表现为同心圆弧。经线表现为放射状的直线束，夹角相等，即圆弧的半径。经纬线正交。变形大小随纬度变化，与经度无关，同纬线上的变形相等。等变形线与纬线平行呈同心圆弧分布。

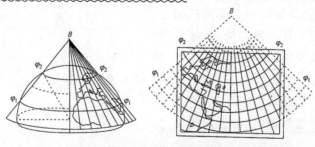

图 11.6　正轴等角圆锥投影

【释义】　由于地球上广大陆地位于中纬度地区,又因为圆锥投影经纬线网形状比较简单,所以被广泛应用于编制各种比例尺地图。

◎圆柱投影:圆柱投影是圆锥投影的一个特殊情况。如正轴等角圆柱投影(墨卡托)、横轴等角切椭圆柱投影(高斯-克吕格)、横轴等角割椭圆柱投影(UTM)。

◎方位投影:方位投影适于表示圆形轮廓区域,如两极的地图。

正轴方位投影(图11.7)的投影特点如下:经线表现为交于极点的放射状直线。纬线(等变形线)表现为同心圆,夹角等于经度差。具有从投影中心到任一点方位角投影后不变形的特点。

【释义】　方位投影随视点位置不同又分为正射、外心、球面和球心等方位投影。其中球心投影属于等角方位投影,又叫日晷投影。

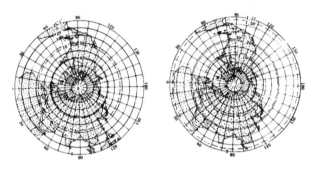

图 11.7　正轴方位投影

② 条件投影

条件投影是在几何投影基础上,按照给出的特定条件进行改造后的投影方法,如伪圆锥投影、伪圆柱投影、伪方位投影等。

【小知识】

◎彭纳投影为等积伪圆锥投影。

◎桑生投影是经线为正弦曲线的等积伪圆柱投影。

◎摩尔威特投影是经线为椭圆的等积伪圆柱投影。

◎古德投影是对摩尔威特投影进行分瓣的投影。

(6) 几种常见投影

① 高斯-克吕格投影

高斯-克吕格投影(图11.8)又称为等角横切椭圆柱投影,它是假设一个椭圆柱面与地球椭球体面横切于某一条经线上,按照等角条件将中央经线投影到椭圆柱面上,然后将椭圆柱面展开成平面而成的。

高斯-克吕格投影采取了分带方式来减小高纬度地区的投影变形,其标准变形线为每分带的中央子午线,其投影特点如下:

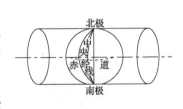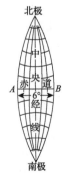

图 11.8　高斯-克吕格投影

◎在中央子午线上长度比等于1。

◎除中央子午线上以外,其他位置长度变形均为正向。

◎除中央子午线上以外的经线为向极点收敛的弧线。

◎赤道线投影后是直线,但有长度变形。

◎除赤道外的其余纬线,投影后为凸向赤道的曲线,并以赤道为对称轴。

◎在同一纬线上,离中央经线越远则变形越大,最大值位于投影带边缘。

◎在同一经线上,纬度越低变形越大,变形最大处位于赤道上,即每个分带变形最大地区位于赤道上距离中央子午线最远的边缘。

◎高斯-克吕格投影无角度变形。

◎变形面积比为长度比的平方。

② 通用横轴墨卡托投影(UTM)

通用横轴墨卡托投影(UTM)(图11.9)是横轴等角割圆柱投影。

【释义】 椭圆柱割地球于南纬80°、北纬84°纬线,中央经线的长度比因子取0.999 6,保证了离中央经线左右约330 km处有两条不失真的标准经线,其他投影规则与高斯投影类似,采取了相同的分带形式。

UTM投影由于圆柱和椭球相割,中央子午线长度比小于1,和高斯-克吕格投影类似,远离中央子午线长度比加大,故在中央子午线两侧一定距离上必有长度比等于1,即不变形的两条经线。

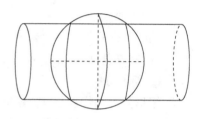

图11.9 UTM投影

③ 墨卡托投影

墨卡托投影是正轴等角圆柱投影,它具有等角航线表现为直线的特性,因此最适宜于编制各种航海图、航空图。详见海洋测绘章节。

④ 兰勃特等角投影

我国1∶100万基本比例尺地形图采取分带的边纬与中纬变形绝对值相等的双标准纬线兰勃特等角投影,属于等角正轴割圆锥投影,每幅图单独进行投影。

标准纬线的选择决定了各部分的变形分布,离标准纬线越远变形越大,在双标准纬线之间为负向变形,以外为正向变形。

⑤ 多圆锥投影

为了控制变形,还可以采用多圆锥投影进一步减少变形。等差分纬线多圆锥投影是我国编制各种世界政区图和其他类型世界地图的最主要的投影之一。

2. 地图比例尺和分幅

(1) 地图比例尺

比例尺是表示图上一条线段的长度与地面相应线段的实际长度之比。

地图上标明的比例尺指投影标准变形线与实地的比值,即地图主比例尺。地图投影会产生变形,故地图上各点的比例尺(称为局部比例尺)各不相同。

地图比例尺分为数字式、文字式、图解式(图11.10)、复式比例尺(经纬线比例尺),坡度尺等方式表示。

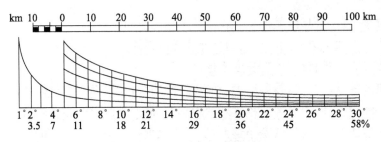

图 11.10　图解式比例尺和坡度尺

【释义】　投影后,各纬度比例尺可能不同,采用复式比例尺便于投影变形不同的纬度区域进行长度量算。

$$比例尺＝图上距离÷实际距离$$

(2) 地图分幅

地图分幅有按矩形分幅和经纬线(梯形)分幅两种方法,相应的,地图坐标网分为平面直角坐标网(方里网)和经纬网,如图 11.11 所示。

① 矩形分幅

矩形分幅的优点是各图幅间接合紧密,便于拼接。缺点是图廓线没有明确的地理坐标,只能一次投影,常用于局部地区的大比例尺平面图和中小比例尺挂图和地图集。

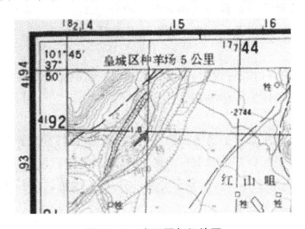

图 11.11　方里网与经纬网

② 经纬线分幅

经纬线分幅的图廓线由经线和纬线组成,大多表现为上下图廓为曲线的梯形。

优点是使用了经纬度作为参照,每个图幅都有明确的地理位置,可以使用分带或分块投影控制投影误差。缺点是不便于拼接,不便于充分利用纸张。

【释义】　小比例尺地形图上经纬网的经纬度坐标并不是球面坐标,与方里网一样经过了投影,也属于平面坐标。

(3) 基本比例尺地形图分幅编号

我国的 1∶100 万基本比例尺地形图编号采用行列法编号,其他比例尺地形图在1∶100

万地形图编号基础上加行列号表示。

① 1∶100 万基本比例尺地形图编号

行号:从赤道到南北纬分别编 22 行,每 4°一行,用大写字母 A~V 表示。

列号:从 180°经线起算,由西向东共 60 列,每 6°一列。

【释义】　例如北京市的 1∶100 万基本比例尺地形图编号为 J50,经度区间为 114°~120°,纬度区间为 36°~40°。

② 1∶5 000~1∶50 万基本比例尺地形图编号

一共由 10 位数组成,第 1 位为 1∶100 万基本比例尺地形图的行号,第 2、3 位为 1∶100 万基本比例尺地形图列号,第四位为基本比例尺编码,如编号 A 为 1∶100 万,B 为 1∶50 万,其他基本比例尺编号依字母顺序类推(表 11.2),第 5~7 位为在 1∶100 万基本比例尺地形图上的行号,第 8~10 位为在 1∶100 万基本比例尺地形图上的列号。

【释义】　如 H51B001001 为浙江杭州所处的 1∶50 万地形图分幅编号。

表 11.2　1∶5 000~1∶50 万基本比例尺编码和编号规则

比例尺	1∶50 万	1∶25 万	1∶10 万	1∶5 万	1∶2.5 万	1∶1 万	1∶5 000
代　码	B	C	D	E	F	G	H

```
        ×  ×  ×  ×  ×  ×  ×  ×  ×  ×
1∶100万图幅行号数字码                   图幅列号数字码
1∶100万图幅列号数字码                   图幅行号数字码
比例尺代码
```

③ 1∶2 000 基本比例尺地形图编号

1∶2 000 基本比例尺地形图宜与小于 1∶5 000 系列基本比例尺地形图编号规则相同。也可以用 1∶5 000 加横杠加支号的形式编号。

【释义】　如图 11.12 所示,1~9 是 1∶2 000 基本比例尺地形图在 1∶5 000 基本比例尺地形图上的行列位置,如该幅 1∶5 000 基本比例尺地形图编号为 H49H192097,则阴影位置 1∶2 000 基本比例尺地形图编号为 H49H192097-5。

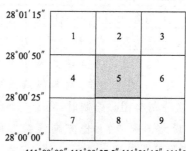

图 11.12　1∶2 000 比例尺地形图编号

④ 1∶500~1∶1 000 基本比例尺地形图编号

编号共由 12 位数组成,图幅行列号各为四位。其他同小于 1∶5 000 系列基本比例尺地形图编号规则,如 H49K01920097 为 1∶500 基本比例尺地形图编号。

【小知识】

地形图编号前北半球加字母 N,南半球加字母 S,我国领土全部位于北半球,省略字母 N。

(4) 分幅规则

我国共规定了 11 种国家基本比例尺地形图,比例尺分别为 1∶100 万、1∶50 万、1∶25

万、1:10万、1:5万、1:2.5万、1:1万、1:5 000、1:2 000、1:1 000、1:500。

【释义】 其中1:2 000、1:1 000、1:500三种大比例尺地形图为最新规范新增的基本比例尺类型。

① 3×3幅划分

1:25万基本比例尺地形图分为1:10万基本比例尺地形图和1:5 000基本比例尺地形图时,按9(3×3)幅划分。

② 2×2幅划分

其余相邻基本比例尺地形图之间都按照4(2×2)幅划分。

【释义】 如1:100万基本比例尺地形图分为4幅1:50万基本比例尺地形图,1:50万基本比例尺地形图分为4幅1:25万基本比例尺地形图。

【例】 一幅1:25万基本比例尺地形图要分为1:5万基本比例尺地形图,问一共可划分为几幅?

解:一幅1:25万基本比例尺地形图分为9幅1:10万基本比例尺地形图。

一幅1:10万基本比例尺地形图分为4幅1:5万基本比例尺地形图,故可划分为9×4=36幅地形图。

(5) 其他地图分幅

除了国家基本比例尺地形图以外,其他地图分幅按实际需求和用途划分。

3. 地图定向

地图定向就是确定地图上图形的地理方向,它与地理坐标网和图廓位置有联系。

(1) 三北方向图

如图11.13所示,规定在1:2.5万、1:5万、1:10万基本比例尺地形图上在南图廓线外要绘出三北方向图,表示三北方向关系。

【释义】 三北方向图是表示真子午线北方向、磁子午线北方向、坐标纵线北方向三者之间关系的略图。绘制时,真子午线北方向需垂直南北图廓线,其他方向线按实际关系绘制,实际偏角值通过注记表明,其角度大小可不表示真值,只需注记角值,标注至"分"。

① 真北方向

真北方向也叫大地北方向,指向大地坐标子午线北极,表示的是参考椭球面北方向。

② 磁北方向

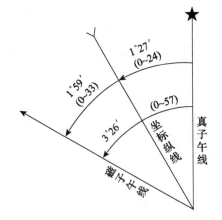

图 11.13 三北方向图

磁北方向指向地球磁子午线北极,和真北方向的夹角叫磁偏角。磁坐偏角指平面直角坐标系纵轴北方向(高斯投影坐标系中央子午线方向)与磁子午线方向的夹角。

相对真北方向而言,磁偏角东偏为正,西偏为负;相对坐标纵轴方向而言,磁坐偏角东偏为正,西偏为负。

【释义】 磁子午线为地球表面点地磁水平分力线所切的地球大圆。

③ 坐标北方向

坐标北方向指向高斯投影中央子午线北方向,即坐标系纵轴北方向,对于矩形分幅来说,就是左右图廓线的北方向。

坐标北方向相对于真北方向的夹角叫子午线收敛角,东偏为正,西偏为负。

【小知识】

子午线收敛角计算公式

$$\gamma = \Delta L \cdot \sin B$$

式中 γ—— 子午线收敛角;

ΔL—— 该点相对于中央子午线的经差;

B——该点的纬度。

(2) 其他地图定向

非基本比例尺地形图的定向方法分为北方位定向和斜方位定向,我国一般采用北方位定向,即以图纸正中间经线的北方向指向北方。

如制图区域适宜采用斜方位定向时,应明确加以标注显示与北方向的关系。

11.1.5 章节练习

(一) 单项选择题

1. (　　)按比例尺分为大比例尺地图(大于等于1∶10万),中比例尺地图(1∶10万～1∶100万),小比例尺地图(小于等于1∶100万)。

   A. 基础比例尺地图　　　　　　　　B. 普通地图

   C. 专题地图　　　　　　　　　　　D. 地形图

2. 地图采用了(　　),使地图具有可量测性。

   A. 数学法则　　B. 地图语言　　C. 地图投影　　D. 符号表示法

3. 地图上,由几何图形组合而成的不依比例尺符号,其定位中心为(　　)。

   A. 几何中心　　　　　　　　　　　B. 上部图形中心

   C. 下部图形中心　　　　　　　　　D. 底部中央

4. 地形图中,一般用(　　)来表示地物分界线。

   A. 实线　　　　B. 点线　　　　C. 点虚线　　　　D. 虚线

5. 地图视觉感受中的等级感是将观察对象迅速而明确地分出几个等级的感受效果,一般不会产生等级感的视觉变量是(　　)。

   A. 尺寸　　　　B. 色相　　　　C. 亮度　　　　D. 密度

6. 对地图上的符号、注记、图廓整饰等所做的统一规定,被称为(　　)。

   A. 符号库　　　B. 图式　　　　C. 图例　　　　D. 地图集

7. 地图注记文字中心连线为直线,并与上下图廓斜交的注记方式叫(　　)字列。

   A. 水平　　　　B. 垂直　　　　C. 雁行　　　　D. 屈曲

8. 根据现行地形图图式规定,地形图视用图需要可采用多色和单色表示,(　　)颜色不属于多色图印刷用色。

A. 青　　　　　　　B. 黄　　　　　　　C. 绿　　　　　　　D. 黑

9. 地图印刷过程中,色料相加,地图亮度(　　)。

A. 不变　　　　　B. 降低　　　　　C. 增加　　　　　D. 不确定

10. 以下地图要素中,(　　)属于地理要素。

A. 专题要素　　　B. 坐标系　　　　C. 网格　　　　　D. 地图投影

11. 在地图辅助要素中,下列不是地图读图工具的是(　　)。

A. 接图表　　　　B. 图廓间要素　　C. 比例尺　　　　D. 地图投影

12. 关于我国 CGCS2000 大地坐标系选用的投影方法,以下正确的是(　　)。

A. 高斯-克吕格投影　　　　　　　B. 兰勃特投影

C. 墨卡托投影　　　　　　　　　D. 以上都不对

13. 某投影的经纬线表现为相互正交的平行直线,则该投影一定是(　　)。

A. 正轴圆柱投影　　　　　　　　B. 正轴方位投影

C. 正轴圆锥投影　　　　　　　　D. 正形投影

14. 以下地图投影,按投影构成方式分类属于条件投影的是(　　)投影。

A. 墨卡托　　　　B. UTM　　　　　C. 桑生　　　　　D. 兰勃特

15. 地图分幅采取经纬线分幅时,下列说法正确的是(　　)。

A. 不便于拼接和利用纸张　　　　B. 采用经纬度尺度,含有地球曲率误差

C. 相对于平面地图不直观,不便于利用　　D. 难以控制投影变形

16. 下列基本比例尺地形图的编号,正确的是(　　)。

A. J50B012011　　B. I49E023024　　C. I49C003005　　D. J50D042003

17. 在小比例尺地形图上,经常采用复式比例尺,其原因不包括(　　)。

A. 需要采用复式比例尺详尽表达局部比例尺

B. 小比例尺地形图对比例尺的表示要求高

C. 便于地图不同区域的长度量算

D. 表达不同纬度或者不同经度上的投影变形

18. 若有 A 点处的磁偏角西偏 m,子午线收敛角东偏 n,直线 AB 的磁方位角为 S,则 AB 的坐标方位角为(　　)。

A. S～m～n　　　B. S～m+n　　　C. S+m～n　　　D. S+m+n

19. 下面关于子午线收敛角,错误的是(　　)。

A. 某点的真北方向与坐标纵轴北方向之间的夹角称为子午线收敛角

B. 真子午线在坐标纵轴以西,子午线收敛角为正,反之为负

C. 子午线收敛角大小与经纬度相关

D. 纬度越高,子午线收敛角越大,反之越小

20. 在墨卡托投影中,(　　)处的地图比例尺等于地图主比例尺。

A. 中央经线　　　B. 赤道　　　　　C. 极点　　　　　D. 纬圈

21. 对于编号为 J50B001001 的地形图,下列说法中,错误的是(　　)。

A. 该图采用高斯-克吕格投影　　　B. 该图位于东经 114°～117°,北纬 38°～40°

C. 该图中,115°30′经线无变形　　　D. 该图的比例尺为 1:50 万

22. 某图的图幅号为J50F016004,其所在的1∶10万地形图的编号为（　　）。

  A. J50D004001 B. J50E008002 C. J50D004002 D. J50D008002

23. 采用墨卡托投影绘制1∶300万我国南海挂图,投影后的赤道长度与实际赤道长度的比值为（　　）。

  A. 大于1   B. 小于1   C. 等于1   D. 等于1∶300万

24. 地物点位于东经1°,北纬1°。该点1∶100万比例尺标准图幅号的列号是（　　）。

  A. A   B. V   C. 1   D. 31

25. 以下地图制图坐标网中和其他三项不同类的是（　　）。

  A. 直角坐标网   B. 方里网

  C. 梯形网   D. 公里网

26. 地图上经线呈现为辐射状直线,纬线为同心圆弧的投影是（　　）。

  A. 正轴方位投影   B. 高斯-克吕格投影

  C. 正轴等角圆锥投影   D. 墨卡托投影

27. 一幅1∶100万基本比例尺地形图可以分为（　　）幅1∶10万基本比例尺地形图。

  A. 16   B. 64   C. 144   D. 256

28. 投影变形按种类分,不包括（　　）。

  A. 长度变形   B. 任意变形   C. 角度变形   D. 面积变形

29. 以下描述是投影长度比概念的是（　　）。

  A. 投影面上点与原面上相应点之比

  B. 投影面上微分线段与原面上相应微分线段之比

  C. 原面上微分线段与相应投影面上微分线段之比

  D. 原面上点与相应投影面上点之比

30. 关于高斯-克吕格投影的变形规律,下列说法中错误的是（　　）。

  A. 中央经线上长度比为1,其他任何点的长度比均大于1

  B. 高斯-克吕格投影属于等角投影,面积比为长度比的平方

  C. 在同一条纬线上,离中央经线越远,变形越大,最大值位于投影带的边缘

  D. 除中央经线外,在同一条经线上,纬度越低,变形越小

31. 我国基本比例尺地形图是在（　　）基本比例尺地形图的基础上分幅。

  A. 1∶500万 B. 1∶200万 C. 1∶100万 D. 1∶50万

（二）多项选择题

1. 使地图具有直观性特点的因素主要有（　　）。

  A. 制图综合 B. 地图色彩 C. 地图注记 D. 地图投影

  E. 地图符号

2. 以下属于人文专题地图的是（　　）。

  A. 水库地形图 B. 政区图 C. 航空图 D. 城市地图

  E. 历史图

3. 以下地图要素中不属于数学要素的是（　　）。

  A. 图幅名   B. 格网十字线 C. 内图廓线 D. 指北标志

E. 外图廓线

4. 按照相关标准规定,(　　)国家基本比例尺地形图不绘制方里网和格网十字线。

A. 1∶10 万　　　　B. 1∶25 万　　　　C. 1∶50 万　　　　D. 1∶100 万

E. 1∶300 万

习题答案与解析

(一) 单项选择题

1.【B】 解析:普通地图按比例尺分为大比例尺地图(大于等于1∶10 万),中比例尺地图(1∶10 万~1∶100 万),小比例尺地图(小于等于1∶100 万)。

2.【A】 解析:地图由于采用了地图投影、比例尺、地图定向等特殊数学法则,可以在地图上精确量测点的坐标和高程、线的长度和方位、区域的面积、物体的体积和地面坡度等。

3.【C】 解析:由几何图形组合而成的不依比例尺地图符号,其定位中心为下部图形中心。

4.【B】 解析:图式中除特殊标注外,一般实线表示建筑物、构筑物的外轮廓与地面的交线(除桥梁、坝、水闸、架空管线外),虚线表示地下部分或架空部分在地面上的投影,点线表示地类范围线、地物分界线。

5.【B】 解析:色相又叫色别,是色彩的主要要素,制图时主要表示地图要素的质量因素,等级感是地图元素数量因素造成的。

6.【A】 解析:地形图图式是指在地形图中用于表示地球表面地物、地貌的规定符号集合。地图图例是地图辅助要素中的读图说明,注意与图式相区别。

7.【C】 解析:雁行字列又称"斜字列",注记文字中心连线为直线并与上下图廓斜交。

8.【C】 解析:地形图采用 CYMK 四色印刷,分别是青(Cyan)、品红(Magenta)、黄(Yellow)、黑(Black)。

9.【B】 解析:印刷中一般采用青(C)、品红(M)、黄(Y)色料三原色,另外为了增加黑色纯度另加上纯黑(BK),用 CMYK 四色印刷。色料相加变暗,相减变亮。

10.【A】 解析:地理要素是地图内容的主体,据其性质可分为自然要素和人文要素。对专题地图而言地图的主体是主题要素,如专题要素和为专题要素服务的底图要素。

11.【D】 解析:读图工具指的是方便阅读地图的内容,如图例、图号、接图表、图廓间要素、分度带、比例尺、坡度尺、附图、外图廓等。

12.【D】 解析:CGCS2000 是我国使用的地心坐标系统,投影是把椭球面平铺成平面的数学方法,坐标系和投影之间没有直接关系。我国采用的大于1∶50 万基本比例尺地形图投影方法选用高斯-克吕格投影,当需要把大地坐标转换到高斯投影带坐标时,需要进行高斯正算。

13.【D】 解析:圆柱投影是圆锥投影的一个特殊情况,正轴等角圆柱投影(墨卡托)图的经纬线表现为相互正交的平行直线,在低纬度地区长度变形小,高纬度地区长度变形大。但正轴圆柱投影采用等距或等积作为投影条件时,这个特点就不一定成立,故选项 A 不正确。等角投影的经纬线必定正交,故选 D。

14.【C】 解析:条件投影是在几何投影基础上,按照给出的特定条件进行改造后的投影方式,桑生投影是经线为正弦曲线的等积伪圆柱投影。其他都为几何投影。

15.【A】 解析:经纬线分幅的图廓线由经线和纬线组成,缺点是不便于拼接,不便于充分利用纸张。小比例尺地形图上经纬网的经纬度坐标并不是球面坐标,与方里网一样经过了投影,也属于平面坐标。

16.【B】 解析:根据比例尺代码,D 比例尺为 1∶10 万,E 比例尺为 1∶5 万,F 比例尺为 1∶2.5 万,G 比例尺为 1∶1 万;每幅 1∶100 万地形图划分为 1∶50 万 2 行 2 列,1∶25 万 4 行 4 列,1∶10 万 12 行 12 列,1∶5 万 24 行 24 列,故 B 正确。

17.【B】 解析:复式比例尺主要是为了反映不同区域的局部长度变形,便于不同区域的长度量算。

18.【A】 解析:真子午线方向为通过地球表面某一点的真子午线北端所指的方向,磁子午线方向为地球磁场的作用下,磁针自由静止时其轴线所指的方向,坐标纵轴方向为在一坐标系中,其坐标纵轴所指的方向。以真北方向为基准,子午线收敛角和磁偏角东偏为正,西偏为负。

19.【D】 解析:子午线收敛角即坐标北方向和真北方向夹角;相对真北方向而言,子午线收敛角东偏为正,西偏为负;在极点处子午线收敛角为 0,所以 D 不对。

20.【B】 解析:地图上标明的比例尺指投影标准线与实地地物的比值,即地图主比例尺,墨卡托投影的标准纬线是赤道,故选 B。

21.【C】 解析:对于国家标准比例尺地形图,1∶100 万地形图采用分带的边纬与中纬变形绝对值相等的双标准纬线正轴等角(割)圆锥投影,1∶50 万、1∶25 万、1∶10 万、1∶5 万、1∶2.5 万比例尺采用高斯-克吕格 6°带投影;1∶1 万、1∶5 000、1∶2 000、1∶1 000、1∶500 比例尺采用高斯-克吕格 3°带投影。高斯-克吕格投影中,中央经线无变形的中央经线是指图幅所在的投影带中的中央经线,J50B001001 位于高斯-克吕格投影 6°带第 20 带,中央经线为 117°无变形,故选项 C 错误。

22.【A】 解析:1∶100 万地形图分为 4(2×2)幅 1∶50 万地形图,1∶50 万地形图分为 4 幅 1∶25 万地形图,其余相邻比例尺图幅分幅关系以此类推。1∶10 万比例尺地形图分为 4×4 幅 1∶2.5 万地形图,只有选项 A 能确保该图幅在其中。

23.【C】 解析:长度比指一段投影面上无限小的微分线段与原面上相应的微分线段之比,投影面与原面的切线或割线无投影变形,叫做标准变形线,即标准变形线上长度比为 1,墨卡托投影是正轴等角圆柱投影,其标准纬线为赤道,故选 C。

24.【D】 解析:1∶100 万基本比例尺地图编号规则为:

(1) 行号从赤道到南北纬分别编 22 行,每 4°一行,用大写字母 A∼V 表示。

(2) 列号从 180°经线起算,由西向东共 60 列,每 6°一列。

东西经±180°子午线重合,自西向东从共 30 列,1°在 0°与 6°之间,故需加 1,答案为 31。

25.【C】 解析:地图坐标网分为经纬网和平面直角坐标网(方里网),方里网也叫公里网,梯形网是经纬线分幅。

26.【C】 解析:正轴等角圆锥投影的纬线表现为同心圆弧,经线表现为放射状的直线束,夹角相等,即圆弧的半径,经纬线正交。

27.【C】 解析:除了 1∶25 万基本比例尺地形图分为 1∶10 万基本比例尺地形图和

1:5 000基本比例尺地形图分为1:2 000基本比例尺地形图时,按9(3×3)幅划分外,其余相邻基本比例尺地形图之间都按照4(2×2)幅划分,一幅1:100万比例尺地形图可以分为144幅1:10万比例尺地形图。

28.【B】 解析:投影变形分为长度变形、面积变形、方向变形、角度变形。

29.【B】 解析:长度比指一段投影面上无限小的微分线段与原面上相应微分线段之比。

30.【D】 解析:高斯克吕格投影的特点是除了中央子午线上以外,其他位置长度变形均为正向。每个分带变形最大地区位于赤道上距离中央子午线最远的边缘。高斯克吕格投影无角度变形,变形面积比为长度比的平方。

31.【C】 解析:我国1:500~1:50万基本比例尺地形图是在1:100万基本比例尺地形图的基础上按照经差与纬差分幅的。

(二) 多项选择题

1.【BCE】 解析:地图上通过地图语言来达到直观性,地图语言包括地图符号、地图色彩和地图注记。

2.【BE】 解析:专题地图按内容分为自然地图、人文地图、其他专题地图。航空图、城市地图属于其他专题地图,水库地形图属于自然地图。

3.【AE】 解析:数学要素指地图的数据基础,包括:

(1) 坐标网和内图廓,分为经纬线网和方里网,对地图起着位置约束作用。

(2) 比例尺和地图投影,确定了地表物体与地图内容的映射关系。

(3) 控制点,起着空间位置从坐标系传递到地图的作用。

(4) 地图定向,通过中央经线、地图坐标网、指向标志等来体现。

4.【CD】 解析:1:50万、1:100万基本比例尺地形图上不绘出直角坐标网。1:25万比例尺地形图绘出直角坐标网和方里网十字线,1:300万比例尺地形图不属于国家基本比例尺地形图。

11.2 地图设计

地图设计根据地图制图一般原理,结合所编地图的具体特点来实现。一般原理指制图理论,规范、图式及制图工艺方法等,地图具体特点指所设计地图的用途、比例尺和制图区域等因素。

地图设计的流程主要是确定地图用途和要求、分析已成图资料、对制图资料研究分析、分析制图区域、设计数学基础(确定地图的投影、比例尺和定向等)、分幅和图面设计、内容选取和表示方法设计、各要素制图综合指标设计、制作工艺设计、样图试验、编写技术设计。

11.2.1 地图设计基础

1. 制图资料收集和区域分析

(1) 资料收集

收集用于编绘地图的最新资料,要注意检查资料数据的完备性、可靠性、现势性。

（2）资料分析

对收集的资料进行全面分析和评价，评价的内容有测制单位、数学基础、成图年代、地图内容精度、可靠性、完备性、现势性、与标准图示的符合度及转换原则等，来确定资料编绘类别，主要分为基本资料、补充资料和参考资料。

① 基本资料

基本资料用于制作主要地理要素和属性要素，基本资料的选用应截止到编绘作业前，现势资料截止到地图数据输出前。一般来说，基本资料是地图编绘时不可缺少的资料部分或主要的数据来源。

基本资料的比例尺应该尽量大于并接近编绘成图的比例尺要求，当有现势性和精度，以及其他因素都能满足要求时，也可采用同比例尺的地图数据作为基本资料。

② 补充资料

补充资料用于对基本资料进行补充，是编绘中的次要部分资料。

③ 参考资料

参考资料用于评价地图编绘的数据质量，以及专题图表达时进行分级和分类的参考资料，参考资料一般不直接作为地理要素的编绘数据。

（3）全面研究制图区域

根据地图用途和比例尺允许的负载量设计编绘指标。

2. 数学基础设计

（1）投影设计

要根据制图区域特点和制图用途等因素尽量控制投影变形来选择合适的投影方法。

① 根据制图区域选择投影

极地地区附近宜选用正轴方位投影，中纬度地区宜选用正轴圆锥投影，近赤道地区宜选用墨卡托投影，南北延伸地区多选用横轴圆柱投影。

② 根据制图区域形状选择投影

接近圆形轮廓的区域宜选择方位投影，政区图等需要面积比例与实地相似的应选择等积投影，工程形状需要与实地相似的应选择等角投影，交通图一般采用等距离投影来控制道路里程变形。

【释义】　如中华人民共和国全图一般采用斜轴等积方位投影。

③ 中小学教学用图选择投影

中小学教学用图常选用任意投影。

④ 已成固定模式的选择投影

海洋地图一般用墨卡托投影，各国的地形图一般用等角横切（割）圆柱投影，我国地形图用的是等角横切椭圆柱投影（高斯-克吕格投影）。

我国分省地图采用正轴等角割圆锥投影（必要时也可采用等面积或等距离圆锥投影），或宽带高斯-克吕格投影（经差可达 9°），南海地区单独成图时，可采用正轴圆柱投影。

（2）坐标网设计

坐标网一般按地图主比例尺的大小来设计，设计网格大小时，密度太小会影响量测精度，密度太大会干扰地图的阅读。

◎大比例尺地形图多以直角坐标网为主,地理坐标网为辅。

◎中小比例尺地形图只选用地理坐标网。

◎不要求几何精度的或大比例尺的城市图通常不表示坐标网。

(3)地图定向设计

基础地形图的定向应按照国家相关规定执行。

非基础地图根据项目具体情况选择定向方式,图幅的中央经线应是靠近图幅中间位置的整数位经线。

① 北方向定位

当地图采用北方定向时,将选定的中央经线朝向正北方,其他位置经线不一定朝向正北。

② 斜方向定位

当北方向定位不利于标准纸张应用时,可以采用斜方向定位,根据需要将中央经线旋转一个角度,并加注指北方向。

【释义】 非基础地图的中央经线和高斯投影带的中央子午线并不是同一个概念,投影带中央子午线的选择主要是为了控制高斯平面直角坐标系地物空间位置投影变形,非基础地图中央经线的选择是为了尽量让制图用纸覆盖整个制图区,使制图比例尺足够大,使图面均衡,如中国全图常以 $105°E$ 作为中央经线,因其大致处于我国中央经线。

高斯-克吕格投影是分带投影,不适合制作大区域小比例尺地图,非基础地图一般不使用高斯-克吕格投影。

(4)地图比例尺设计

地图上标明的比例尺为地图主比例尺。

比例尺的选择取决于制图区域大小、图纸规格、需要的精度等因素。

选择地图比例尺一般采用套框法。地图比例尺应在尽量有效使用图纸的情况下尽量选大,并应取整。长宽计算得到的比例尺不一致时应以较小的为准。

【释义】 套框法是用固定的图纸大小计算得到内图廓尺寸,然后在透明纸上画出图廓,在工作底图上套制制图范围算出比例尺的方法。

(5)地图分幅设计

地图开幅规格见表11.3。

表11.3 地图开幅规格　　　　　　　　单位:mm

开幅	单张图		开本	图册	
	787×1 092 纸	889×1 194 纸		787×1 092 纸	889×1 194 纸
	尺寸	尺寸		成品尺寸	成品尺寸
一全张	787×1 092	889×1 194	四开	370×520	420×580
二全张	1 574×1 092	1 778×1 194	八开	370×260	420×285
对开	787×546	889×597	十六开	185×260	210×285
四开	393×546	444×597	三十二开	185×130	210×140

备注:标准印张为印刷术语,一个标准印张为一单面全开纸,一全张标准纸张具有正反两个标准印张。

① 统一分幅地图的分幅设计

统一分幅地图的图廓为经纬线或者矩形,常采取合幅、破图廓或设计补充图幅、设置重叠边带等分幅设计方式来弥补坐标网的设计缺点。

② 非统一分幅地图的分幅设计

移图法和破图廓法是对一些形状特殊区域的制图处理方法。

图幅编号采用图幅西南角坐标公里数编号时,x 坐标在前 y 在后。

【释义】 1∶500 比例尺图幅编号坐标取至 0.01 千米,如(10.40~27.75),1∶1 000、1∶2 000 比例尺图幅编号地形图取至 0.1 千米,如(10.0~21.0)。

③ 内分幅的分幅设计

地图内分幅指固定比例尺的大区域地图因幅面容纳不下时,常常分为若干印张,分幅后可通过图廓接边形成一幅完整地图。

设计内分幅应顾及纸张规格、印刷条件(顾及咬口量等)等因素。一般对开时,印刷机咬口在 8 mm 左右,全开时在 15 mm 左右。

主区在总图廓中应基本对称,同时顾及经济因素及交通联系,两者矛盾时优先考虑后者。各图幅的印刷面积应尽可能平衡,保持图面美观,尽量不破坏重要目标的完整性。

【释义】 咬口是印刷机卡纸不能有效上油墨的部分,处于出图的一边,印刷机左右为拉规,用以控制纸张对齐。

(6) 地图的拼接设计

经纬线分幅拼接时应设置重叠边带。

多幅挂图拼接时,为避免裁切导致露白或切掉地图内容,通常在两幅相邻的分幅图之间设置一个 1 cm 左右的重叠带。图幅拼接时按上压下、左压右顺序进行。

【释义】 经纬线分幅拼接重叠边带,基本比例尺地形图向东加宽 30′,向西加宽 15′ 或 7.5′。

(7) 地图图面配置设计

① 图廓设计

图廓分内外图廓,内图廓通常是一条细线,外图廓在地形图上是条粗线,挂图则多以花边图案装饰。

② 图例设计

图例符号应具有完备性和一致性,对标志的说明应简明,图例系统应具有科学性。

3. 地图内容设计

(1) 普通地图设计

普通地图要均衡表达全地理要素内容,地图内容设计的根本原则是要客观反映制图区域地理特点,设计时要满足地图用途要求,清晰易读,并保证制图精度,反映制图区域地理特征。

地图用途影响比例尺的选择,比例尺的选择也同时制约地图用途和内容。按照地图比例尺和制图区域形状以及纸张开幅规格可设计为横版地图或纵版地图。

【释义】 中国全图采用横版设计时南海地区可以采取附图形式表达。

（2）专题地图设计

专题地图的内容分为数学要素、主题要素（专题要素、地理基础要素）、辅助要素。

专题地图要满足地图用途的需要，使用专门的地图符号和特殊的表示方法。图面层次感要强，要反映地理现象的静态状况和动态发展，表示地理现象的定性、定量特征。

① 地理基础要素设计

基础地理要素在专题地图上也需要表示出来，作为专题图的骨架和绘制专题要素的空间控制基础。专题地图基础地理要素的制图综合程度比普通地图大，其他设计原则基本同普通地图设计，基础地理要素与专题内容应有视觉层次对比。

② 专题地图图式设计

影响地图图式符号设计的因素有主观因素和客观因素，地图符号应有可定位性、概括性、可感受性、组合性、逻辑性、系统性和生产可行性等。

主观因素有符号视觉变量和视觉感受效果、符号构图的视觉生理和心理要素、地图信息的视觉感受水平、符号传统习惯和标准等。

客观因素有地图资料特点、地图用途和内容、比例尺、使用环境要求、印刷要求等。

11.2.2 专题地图表示方式设计

1. 普通地图表示方法

普通地图要素有独立地物要素、自然要素、社会经济要素，表示的内容有水系、地貌、土质和植被、居民地、交通、测量控制点、地貌符号等要素。

（1）独立地物要素

独立地物指地图上无法以比例尺表示的一些地物，它一般比其他建筑物更具有指向作用，需要精确定位。

（2）水系要素

水系要素是地形图的骨架，通常要表示其类型、形状、大小（长度和宽度）和流向。半依比例尺表示的线状水系分为单线河与双线河，依比例尺表示的面状水系用蓝色水涯线，浅蓝色水域线表示。

（3）地貌要素

地貌要素反映了地貌的形态特征、表示类型和分布特点，显示地面起伏效果。一般有等高线法（高程标记法）、分层设色法、晕瀸法、晕渲法、写景法等表示方法，其中等高线法、分层设色法、晕渲法是主流方法（图11.14）。

① 等高线法（高程注记法）

等高线法（高程注记法）是基础地形图地貌表示的主要方法，等高线是表示相同高程的等值线，高程注记法是以注记点的方式表示高程。

② 分层设色法

分层设色法是以颜色变化次序或色调深浅在等高线之间普染来表示地貌的方法，一般高程由低到高采用绿、黄、棕、紫等颜色表示。

③ 写景法

写景法指运用透视原理，以绘画写景方式概略表示地貌起伏和分布的方法。

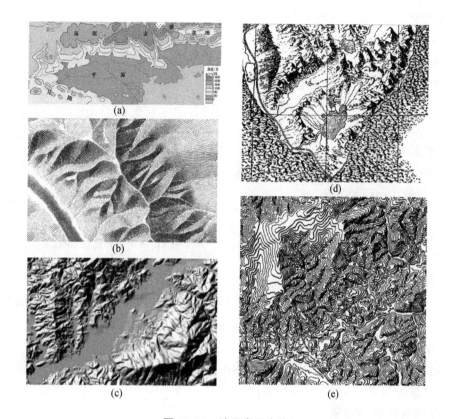

图 11.14 地貌表示方法

(a)分层设色法 (b)晕滃法 (c)晕渲法 (d)写景法 (e)等高线法

④ 晕滃法

晕滃法是在地形坡面图绘制一系列不连续的短线,以线粗细、疏密和长短表示地形坡度的陡缓,建立一定的立体感。目前基本被晕渲法代替,已很少使用。

⑤ 晕渲法

晕渲法也叫阴影法,是假定光源照射地表产生阴影,利用墨色的浓淡或彩色的深浅显示坡面明暗变化,以表达地貌的起伏、分布、类型特征的方法。

现在一般利用等高线或 DEM 自动制作晕渲图。

【释义】 整理和镶嵌 DEM 数据,利用合理的太阳高度角和太阳方位角生成山影栅格数据,叠加山影栅格数据和 DEM 数据,并加以渲染。山影栅格数据一般为灰阶图,DEM 数据可采用各种颜色渲染,最后生成晕渲图。

(4) 土质和植被要素

土质和植被要素用区域底色和符号相配合的方法,用地类界加注注记表示。土质和植被符号,根据排列的形式可分成整列式、散列式、相应式三种情况。

① 整列式

整列式(图 11.15(a))是按一定行列配置符号,如苗圃、草地、经济林等。

② 散列式

散列式(图 11.15(b))不按一定行列配置,如灌木林、石块地等。

③ 相应式

相应式按实地的疏密或位置表示符号，如疏林、零星树木等。

【释义】 地类界是指用以区分不同类别的地面覆盖物的界线。

(5) 居民地要素

居民地要素通常用符号加注记的方式表示居民地位置、形状、类型、建筑物的质量特征、人口数量和行政等级等。

(6) 交通要素

交通要素指陆路交通、水路交通、空中交通和管线运输。

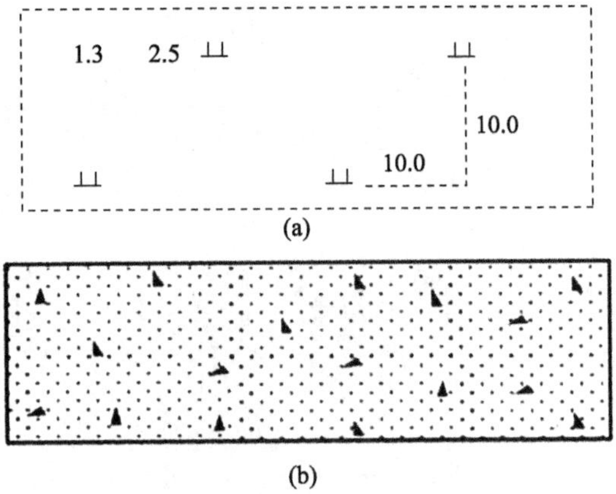

图 11.15 整列式(a)和散列式(b)

(7) 测量控制点

在图上绘出控制点符号，并在符号右边用分子表示点名，分母表示高程。控制点位于居民地内影响居民地时，水准点可不表示，其他控制点可不表示高程。

(8) 地貌符号

用地貌符号来表示微地貌补充等高线的不足，如独立微地貌(山洞、火山口等)、激变地貌(冲沟、滑坡等)。

2. 专题地图表示方法

专题地图表示方法应突出专题要素内容，表示方法的选择应与专题地图内容相适应。

点状、线状、面状表示方法应配合使用，两种专题地图表示方法一起配合时要突出主要的表示方法，多种表示方法配合时还应注意色彩选择和搭配。

专题地图表示方法适用范围和主要特点见表 11.4 和表 11.5。

表 11.4 专题地图表示方法适用范围

项目	定点符号法	线状符号法	范围法	质底法	等值线法	定位图表法	点值法	运动线法	分级统计图法	分区统计图表法
点状分布	√							√	√	√
线状分布		√				√		√	√	√
间断面			√							
全域面				√	√	√		√	√	√
分散面							√	√	√	√

表 11.5 专题地图要素表示方法的选用

专题要素类型	专题要素表示等级	指标数量及组合	表示方法
精确点状要素	定性，分类，分级	单一指标，多种指标	定点符号法、统计图表法
精确线状要素	定性，分类	单一指标	线状符号法

（续表）

专题要素类型	专题要素表示等级	指标数量及组合	表示方法
模糊线状要素	定性,分类,分级	单一指标,多种指标	动线法
零星面状要素	定性,数值	单一指标,多种指标	范围法
断续面状要素	定性,数值	单一指标	范围法、点值法
连续面状要素	分类,数值	单一指标	质底法、等值线法
统计面状要素	分级,数值	单一指标,多种指标	等值区域法、统计图表法

【释义】 连续面状为全制图区域表示方法,断续面状为非全制图区域表示方法。

定性和分类都表示质量特征,分类需要设立分类表,分级表示数量特征。

（1）定位符号法

符号法是采用不同形状、大小、颜色、组合的符号表示点状分布的物体位置,反映特定时刻独立的点要素的方法。

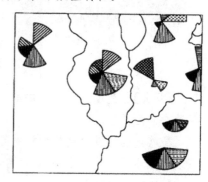

定点符号分为单一定位符号和组合定位符号两种。不同性质现象定位于同一点,可用组合定位符号法表示（图11.16）。

符号应按同一时间和同一性质的制图统计资料进行分级。

图11.16 组合定位符号法

如图11.17所示,点状符号大小分级方法分为绝对分级比率（符号表达的数量特征和符号大小严格按实际比例划分）和条件分级比率（符号表达的数量特征和符号大小不严格按实际比例,而是按给定的条件划分）。

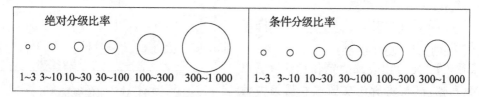

图11.17 符号的分级方法

分级范围的确定又分为等差分级（0～10、10～20、20～30）和等比分级（0～10、10～30、30～60）,以及等差和等比结合的方式。

（2）线状符号法

线状符号法表示呈线状分布的对象。

专题地图上的线状符号用一定宽度的线条反映现状地理现象的质量等级差异,如主要地物和次要地物的区分。符号粗细一般不表示数量指标。

（3）质底法

质底法（图11.18(a)）用来表示连续分布、满布整个区域的面状现象,如地质现象、土地利用状况、土壤类型、政区图等。这种方法用来表达全制图区域地理现象的质量差别,一般不表示数量特征。

(4) 范围法

范围法(图11.18(b))又叫面积法,用来表示间断分布的面状对象,如森林分布、沼泽范围、某种农作物分布等。按范围界限分为精确范围和概略范围两种。

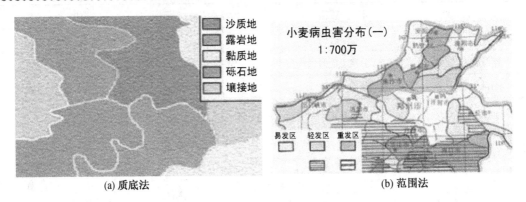

(a) 质底法　　　　　　　　　　　　(b) 范围法

图 11.18　质底法和范围法

【释义】　范围法和质底法都表示面状地理现象,范围法是局部的表示方法,质底法覆盖了整个制图区域。

概略范围法没有精确的轮廓线,甚至可以只用文字和单个符号来表示现象的分布范围,它表示概略的区域分布,和定位符号法要精确表示位置有所不同。

(5) 定位图表法

定位图表法(图11.19)用图表反映定位于制图区域某些点的周期性现象的数量特征和变化,如气象气候图中的风玫瑰图、气温变化曲线图、降水量柱状图等。

定位图表法中常用的点状符号扩展图形有柱状图、曲线图、玫瑰图等。

【释义】　定位图表法的定位统计数据应具有代表性,能反映所代表区域在周期内的实际状况。

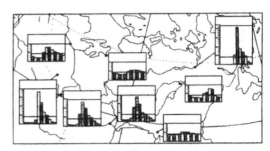

图 11.19　定位图表法

定位图表法表示制图区间的周期性变化数据,与定位符号法相区别。

(6) 分级统计图法

分级统计图法是根据分出的各单元统计数据进行分级,用不同色阶或晕线级别反映整个制图区域各分区现象集中程度或发展水平的方法,也称分级比值法。

分级统计图法有绝对指标法和相对指标法两类,如图11.20所示。

【释义】　质底法主要表达整个制图区域各分区的质量特征,分级统计图法反映的是整个制图区域各分区的数量特征。

(7) 分区统计图表法

分区统计图表法(图11.21)用统计数据图表描述各个分区单元现象的总量、构成、变化。

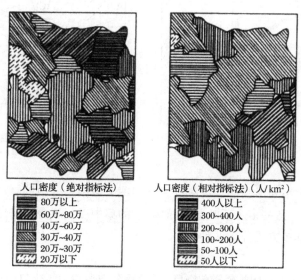

图 11.20 绝对指标和相对指标分级统计图法

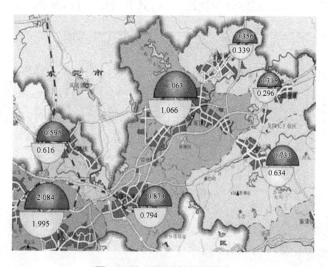

图 11.21 分区统计图表法

【释义】 分区统计图表法表示的既不是分级信息也不是分类信息,而是用统计图表法表示绝对统计数据来表达数量特征。图表位置不代表精确定位,一般要表示在制图分区的大致中央位置。

(8) 运动线法

运动线法(图 11.22)用不同宽度、颜色的条带矢量线状符号表示地理现象移动的方向、路径和数量、质量特征,如洋流、资本流向等都适合运动线法来表示。

(9) 等值线法

等值线法(图 11.23)用等值线的形式表示布满全区域的面状现象,适用于表示地形起伏(等高线)、气温带分布等布满整个制图区域的均匀渐变的自然地理现象。

图 11.22 运动线法

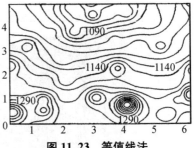

图 11.23 等值线法

（10）点值法

点值法用一定大小和形状的点群来反映来制图区域中呈分散的、复杂分布的地理现象，像人口、动物分布等。点的多少反映数量指标，点的集中度反映分布密度。

点值法接点的排布方式分为两种：

① 均匀布点法

均匀布点法不考虑地理要素分布密度，只表示分布范围，如图 11.24(b)。

② 定位布点法

定位布点法按地理要素实际分布状况布点，具有疏密特征，如图 10.24(a)。

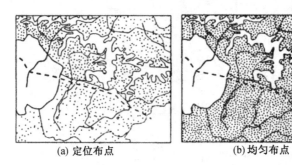

(a) 定位布点　　　　(b) 均匀布点

图 11.24 点值法

3. 专题地图表示方法选择因素

◎要能表示地理现象的分布性质。

◎要能反映专题要素表示的量化程度和数量特征。

◎要明确专题要素类型及组合形式。

◎要考虑地图用途、制图区域特点、地图比例尺等因素。

11.2.3 地图集设计

地图集是围绕特定的主题和用途，系统汇集成相互有逻辑关系的地图的合集。

地图集的制作是地图制图技术的综合性运动，把地图的科学性、实用性、艺术性相结合，编图程序和制印工艺相对复杂，地图集是一部完整而统一的科学作品。

1. 地图集设计

（1）开本设计

地图集开本设计主要取决于地图集的用途和在某特定条件下的方便使用性，以及地图个性化表现形式。

国家级的地图集一般用 4 开或 8 开表示,省级地图集一般用 8 开或 16 开,大城市地图集也可以用 8 开或更小开本,其他特殊用途便于携带的地图集也可设计为 24 开等。

【释义】 开本指书刊幅面的规格大小,即一张全开的印刷用纸裁切成多少页。

(2) 内容设计

地图集内容设计取决于地图集性质和用途。

① 普通地图集内容

普通地图集是由统一设计的普通地图为主构成的系统地图汇编。

普通地图集内容包括总图、分区图、地名索引(可选)三个部分,一般总图编排在前,各类分区图编排在后。

② 综合性地图集

综合性地图集由普通地图与专题地图组成,内容包括序图组、普通地图组、专题图组。序图组是概览图组,编排顺序在前,总结性的图组编排在后,中间按专题学科特点有序安排。

(3) 数学基础设计

① 分幅设计

对于普通地图集而言,制图区域应是一个完整的自然区划、经济区划或一个行政单元,应充分利用幅面大小将所要表达的制图区域完整地安排在一个幅面内。

对于专题图集来说,应视所表达专题而定。

② 比例尺设计

地图集比例尺应根据开本和制图区域大小来确定。图集中比例尺应该有统一的系统,各图之间比例尺需要存在简单倍率关系,比例尺种类要适量,不宜过多。

③ 投影设计

地图集各图投影的选择要尽量保持制图区域内投影变形最小,或者投影变形误差分布符合设计要求,以最大可能保证地图精度,保证一个图组内图幅间内容的延续性和可比性。

(4) 表示设计

① 图型和表示法设计

综合地图集的图型分为分布图、等值线图、区划图、类型图、统计图、动线图等,按内容综合概括程度分为解析型、合成型、复合型。

【释义】 解析型图描述个别制图现象分布位置、强度、空间变化、运动方向等。

合成型图描述制图区域统一完整的综合性组合结果。

复合型图是解析型和合成型组合在一起表示的图型。

② 图面配置设计

要在一定的原则下,充分利用地图的幅面,合理地摆放地图的主体、附图、附表、图名、图例、比例尺、文字说明等。

③ 图式图例设计

普通地图集或单一性专题地图集要设计符合不同比例尺地图的统一图例。

综合性专题图集的每个专题应设计相应图例,但整部图集应统一协调。

各种地理现象的分类、分级表达等在图例符号的颜色、晕纹、代号设计上必须反映分类的系统性。

(5) 整饰设计

地图集整饰设计包括如下内容：

◎统一的版式设计。

◎统一协调的符号、注记和色相系统设计。

◎统一符号和注记的大小、线划和用色。

◎统一用色原则、并对各图幅的色彩设计进行协调。

◎进行图集的封面设计、内封设计,确定图集封面的材料。

◎确定装帧方法,以及扉页、封底设计等。

2. 统一和协调

为了正确反映地理要素之间相互联系和制约的客观规律,消除各幅地图作者意见不一致、资料不平衡、制图方法不同等产生的分歧,统一表达和整饰方法便于各地图间比较和使用,地图集设计应遵循统一协调原则。

◎地图集总体设计原则应统一协调。

◎地图表示方法和分类分级指标应统一协调。

◎制图综合指标应统一协调。

◎地理底图应统一协调。

◎整饰方法应统一协调。

11.2.4 章节练习

(一) 单项选择题

1. 根据所在区域和特点,制作长江干流专题地图应选择( )投影。

    A. 正轴圆柱投影   B. 正轴圆锥投影

    C. 横轴圆柱投影   D. 方位投影

2. 制作我国中部地区各省份政区和土地资源分布图专题挂图应选择( )投影。

    A. 横轴等角圆柱投影   B. 正轴等积圆锥投影

    C. 正轴等角圆柱投影   D. 正轴等角圆锥投影

3. 以下因素,( )不是地图比例尺选择需要考虑的因素。

    A. 地图的用途   B. 图纸大小

    C. 制图区域大小   D. 中央经线位置

4. 地图集比例尺设计一般采用套框法,即用固定的( )在工作底图上套制算出比例尺。

    A. 制图区域   B. 制图精度   C. 分幅规格   D. 图纸大小

5. 如采取长边咬口,一副全开 787 mm×1 092 mm 纸可以印刷的区域尺寸为( )。

    A. 787 mm×1 077 mm   B. 757 mm×1 092 mm

    C. 780 mm×1 092 mm   D. 772 mm×1 092 mm

6. 经纬线分幅会产生拼接裂缝,常采用( )方法解决该问题。

    A. 合幅   B. 破图廓   C. 设计补充图幅   D. 设置重叠边带

7. 大比例尺城市专题图坐标网通常的形式是( )。

A. 直角坐标网　　　　　　　　　　　　B. 地理坐标网

C. 直角坐标网为主、地理坐标网为辅　　D. 不表示坐标网

8. 多幅挂图拼接时,拼接顺序应是(　　)。

A. 上幅压下幅、左幅压右幅　　　　　　B. 下幅压上幅、左幅压右幅

C. 上幅压下幅、右幅压左幅　　　　　　D. 下幅压上幅、右幅压左幅

9. 专题图编绘时,范围法适宜来表示(　　)。

A. 地类分布　　　　　　　　　　　　　B. 人口总数统计

C. 棉花种植分布　　　　　　　　　　　D. 地貌类型

10. 以下方法中,一般不用来在纸质地图上表示地貌特征的是(　　)。

A. 高程等值线法　　　B. 高程点法　　　C. 写景法　　　　D. DEM 法

11. 为了表示地貌高程数量等级特征,常采用(　　)表示。

A. 等高线法　　　　　B. 写景法　　　　C. 分层设色法　　D. 晕渲法

12. 专题地图中,不能用于表示整体制图区域面状现象的是(　　)。

A. 定位图表法　　　　B. 质底法　　　　C. 等值线法　　　D. 点值法

13. 专题地图中,采用不同形状、大小和颜色的符号表示工业企业位置、质量和数量特征的表示方法是(　　)。

A. 定位符号法　　　　B. 范围法　　　　C. 点值法　　　　D. 定位图表法

14. 下列数据类型中,适合制作地貌晕渲图的是(　　)。

A. DLG　　　　　　　B. DTM　　　　　C. DEM　　　　　D. DSM

15. 大比例尺地图上,位于居民地内影响居民地表示的水准点(　　)。

A. 可不表示高程和符号　　　　　　　　B. 可不表示高程,但需表示符号

C. 可不表示符号,但需表示高程　　　　D. 必须表示高程和符号

16. 专题地图中,(　　)较好地反映制图区域某些点呈周期性现象的数量特征和变化。

A. 定位图表法　　　　　　　　　　　　B. 等值线法

C. 分级统计图表法　　　　　　　　　　D. 分区统计图表法

17. 一般来说,普通地图集的内容不包括的(　　)。

A. 总图　　　　　　　B. 分区图　　　　C. 地名索引　　　D. 序图组

18. 某市工业布局和产值汇总专题图集制作中,下列编排顺序合理的是(　　)。

A. 中国工业布局序图—本市地理概要图—各类工业专题图—工业产值汇总图

B. 本市地理概要图—各类工业专题图—工业产值汇总图—中国工业布局序图

C. 中国工业布局序图—各类工业专题图—本市地理概要图—工业产值汇总图

D. 中国工业布局序图—本市地理概要图—工业产值汇总图—各类工业专题图

(二)多项选择题

1. (　　)不属于道路符号设计时要考虑的形状视觉变量因素。

A. 道路符号由单实线绘制　　　　　　　B. 道路符号由直线弯曲

C. 沿路独立地物符号的绘制　　　　　　D. 面状符号的视觉变量

E. 道路交叉处道路符号的绘制

2. 地形图上,下列符号的符号方向不固定的是(　　)。

A. 独立房　　　　B. 独立树　　　　C. 烟囱　　　　D. 消防栓

E. 运河

3. 用定位图表法进行专题图表示,常用的点状符号扩展图形有(　　)。

A. 柱状图　　　　B. 统计表　　　　C. 曲线图　　　　D. 玫瑰图

E. 饼图

4. 制图资料收集后要进行评价来确定基本资料、补充资料、参考资料,以下属于评价指标的是(　　)。

A. 资料完备性　　　　　　　　　B. 与标准图示的符合度

C. 测制单位　　　　　　　　　　D. 编制方法

E. 成图年代

5. 按照地图表示的内容,普通地图的主体地理要素一般分为(　　)。

A. 独立地物要素　　　　　　　　B. 辅助要素

C. 社会经济要素　　　　　　　　D. 注记要素

E. 自然要素

6. 地图集制作时,比例尺设计应根据(　　)来确定。

A. 开本　　　　　　　　　　　　B. 制图区大小

C. 用途　　　　　　　　　　　　D. 各分图比例尺比率

E. 美观

习题答案与解析

(一) 单项选择题

1.【B】　解析:在赤道附近用正轴圆柱投影,在中纬度地区用圆锥投影,南北延伸地区多选用横圆柱投影。

2.【B】　解析:我国分省地图常采用正轴等角割圆锥投影,政区图等要求面积比例符合实际情况时可采用等面积投影,故选B。

3.【D】　解析:地图编制时,选择比例尺的条件取决于制图区域大小、图纸规格、需要的精度等。

4.【D】　解析:选择地图比例尺一般采用套框法,即用固定的图纸大小计算得到内图廓尺寸,然后在透明纸上画出图廓,在工作底图上套制制图范围算出比例尺。

5.【D】　解析:咬口是印刷机卡纸不能有效上油墨的部分,处于出图的一边,印刷机左右为拉规,用以控制纸张对齐。一般对开时,印刷机咬口在 8 mm 左右,全开时15 mm 左右。本题咬口在全开纸的长边一侧,故短边要减去咬口量。

6.【D】　解析:统一分幅地图的图廓为经纬线或者矩形,常采取合幅、破图廓或设计补充图幅、设置重叠边带等分幅设计方式来弥补缺点。为了解决经纬线分幅的拼接裂缝,常采取重叠带设计。

7.【D】　解析:地形图的坐标网大多选用双重网的形式。大比例尺地形图多以直角坐标网为主,地理坐标网为辅(绘制于内外图廓之间);中小比例尺地形图及地理图则只选地理坐标网;不求几何精度(如旅游地图)或大比例尺城市图通常不表示任何坐标网。

第8.【A】 解析:多幅挂图拼接时,为避免裁切不准导致的露白或切掉内容,通常在两幅相邻的分幅图之间设置一个1 cm左右的重叠带。图幅拼接时按上压下、左压右顺序进行。

9.【C】 解析:范围法又叫面积法,表示间断分布的面状对象,如森林、沼泽、某种农作物分布等,其他选项适宜用质底法来表示。

10.【D】 解析:地貌要素反映地貌的形态特征,表示类型和分布特点,显示地面起伏效果。一般有等高线法、分层设色法、晕渲法、写景法、晕瀹法等表示方法。高程注记点法也可以用来辅助等高线表示地形图的高程,DEM一般与DOM叠加才作为地貌表示方法。

11.【C】 解析:分层设色法是以颜色变化次序或色调深浅在等高线之间普染来表示地貌的方法。采用分层设色法前需要对地貌高程进行预先分级。

12.【D】 解析:点值法用于表示制图区域中呈分散的、复杂分布的现象,如人口、动物分布。

13.【A】 解析:定位符号法是表示点状分布的物体,常用不同形状、大小、颜色的符号表示其位置。定点符号分为单一符号和组合结构符号两种。不同性质现象定位于同一点,可用组合结构符号表示。

14.【C】 解析:晕渲法是假定光源照射地表产生阴影,利用墨色的浓淡或彩色的深浅显示坡面明暗变化,以表达地貌的起伏、分布、类型特征的方法。现在一般利用等高线或DEM自动制作地貌晕渲图。

15.【A】 解析:控制点位于居民地内,并影响居民地时,水准点可不表示,其他控制点可不表示高程。

16.【A】 解析:定位图表法用图表反映定位于制图区域某些点的周期性现象的数量特征和变化。

17.【D】 解析:普通地图集内容包括总图(反映全区总貌,编排顺序在前)、分区图(各类主体图,编排顺序在后)、地名索引(不是必备)三个部分。

18.【A】 解析:综合性地图集由普通地图与专题地图组成,内容包括序图组、普通地图组、专题图组。序图组编排顺序在前,总结性的图组编排在后,中间按专题学科特点有序安排。

(二) 多项选择题

1.【AC】 解析:现状符号形状变量指的是组成线状符号的图形构成形式,及这些线划形状的组合与变化。直线与曲线的变化不属于形状的变化,只是一种制图现象本身的变化。面状符号无形状变量,因为面状符号的轮廓差异是由制图现象本身所决定的,与符号设计无关。故选A、C。

2.【AE】 解析:独立地物指地图上无法以比例尺表示的一些地物,一般用方向固定的符号表示,一般比其他建筑物更具有指向作用,需要精确定位。独立房是面状符号,运河属于线状符号,其他要素属于独立地物。

3.【ACD】 解析:定位图表法用图表反映定位于制图区域某些点的周期性现象的数量特征和变化,如气象气候图中的风玫瑰图、气温变化曲线图、降水量柱状图等。定位图表法中常用的点状符号扩展图形有柱状图、曲线图、玫瑰图等。饼图一般用来表示比率,不适合表现区域内周期性现象,故一般不用于定位图表法。

4.【ABCE】 解析:对收集的资料进行全面分析和评价,评价的内容有测制单位、数学基础、成图年代、地图内容精度、可靠性、完备性、现势性、与标准图示的符合度及转换原则等,来确定资料编绘类别,主要分为基本资料、补充资料和参考资料。

5.【ACE】 解析:普通地图要素有独立地物要素,自然要素,社会经济要素。

6.【ABC】 解析:地图集开本设计主要取决于地图集的用途,地图集比例尺根据开本和制图区域大小来确定。图集中比例尺应该有统一的系统,各图之间需要存在简单倍率关系,比例尺种类要适量,不宜过多。

11.3　地图绘制

11.3.1　制图综合

地图数据主要包括图形数据、属性数据,以及时间因素。

图形数据是空间点集在一个二维平面上的投影,其重要性体现在空间定位、空间度量、空间结构和空间关系,包括矢量数据和栅格数据两种形式。

属性数据是用来描述地理实体质量和数量特征的数据。属性数据通常是以特征码表现。所谓特征码即为根据地图要素的类别、级别等分类特征和其他质量特征进行定义的数字编码。

地图数据繁杂,需要对之进行概括和取舍。制图综合是根据地图的用途、比例尺和制图区域的地理特征,选择主要的、本质的要素,把基本的、典型的图形轮廓以及特点概括地表示在地图上的方法。

1. 制图综合方法

制图综合方法包括选取、化简、概括、移位。

【释义】 也可分为选取和概括两种主要方法,其中化简属于图形概括,移位也可属于图形概括。

(1) 选取的方法

选取又称为取舍,指选择保留对制图目的有用的信息,删除不需要的信息的工作。

选取时要正确反映地图图形要素分布特点,能反映实地要素分布密度的对比,依据从主到次、从大到小的选取次序选取,尽量保留有重要意义的地物。

制图对象的密度越大选取的指标越高,密度系数损失的绝对值应从高密度区向低密度区逐渐减少。在保持各密度区间最小辨认系数前提下,尽量保持各区域密度对比。

选取的指标一般采取资格法、定额法、平方根定律法确定,常用定额指标、分级指标、分界尺度来表示地图编绘的数量指标和质量指标。

【释义】 选取的密度系数指单位区间内某种地理现象的选取数量。如河网的选取密度单位可以是 km/km^2,即每平方千米选取的河网长度作为选取密度指标。

① 资格法

资格法是以一定数量(分界尺度)或质量标志作为地图要素选取标准的方法。

【释义】　例如把 2 cm 的长度作为道路的选取标准,地图上长度小于 2 cm 的道路被删除。

② 定额法

定额法是规定单位面积内应选取的制图物体的数量作为定额指标进行选取的方法,制图物体的选取定额由地域特征与地图载负率决定。

【释义】　例如假设林地的选取标准是图上每平方厘米选取 10 mm²,即为定额法。

③ 平方根定律法

平方根定律法是根据资料图的载负量与新编图的载负量之间的关系同两者比例尺分母的平方根比例关系相同来选取制图要素的方法。

$$N_c/N_s = \sqrt{S_c/S_s}$$

式中　N_c, N_s——新编图要素总量和资料图要素总量;

　　　S_c, S_s——新编图比例尺分母和资料图比例尺分母。

(2) 化简的方法

化简又称为图形概括,包括外部轮廓化简和内部结构化简两类。

化简方法主要是通过删除、合并、夸大微小弯曲等手段使图形清晰,显示出主要图形的特征。

制图物体形状化简要尽量保持各线段上单位长度弯曲个数对比,保持面状物体面积平衡,保持重要特征点的位置正确性和图形的相似性,及图上各种要素间的协调关系。

① 删除

删除缩小后无法清晰表示的制图地物碎部。

【释义】　如删除河、街区轮廓的小弯曲。

② 夸大

为了强调某些物体的形状特征需要夸大一些本来应当删除的碎部。

【释义】　如一条微弯曲的河流,须删去大量小弯曲同时,适当夸大其中一部分小弯曲,使其与实地尽量相似。

③ 合并

图形及间隔小到不能详细区分时,用合并同类物体细部的方法来反映主要特征。

【释义】　如删除次要街道、合并居民地街区等。

(3) 概括的方法

随着地图比例尺的缩小,制图物体的特征趋向概略,这种方法称为概括,包括:

① 数量特征概括

数量特征指物体的长度、面积、高度、深度、坡度、密度等可以用数量表达的特征。对制图要素进行分级是区分同类物体质量或数量标志的某种差异,按一定标准划分的工作。

数量特征概括方法有分级合并、取消低级、用概括数字代替精确数字等。

【释义】　如去掉小数点后面的值、使高程或比高注记简化,都是数量特征概括。

居民地按行政区划或按人口数分级,可用定点符号法(圈形符号)表示,随着地图比例尺缩小,分级划分的尺度变大,也属于数量概括。

② 质量特征概括

质量特征指决定物体性质的特征。

分类是区分归类性质上有重要差异的要素,如河流和居民地属于不同的类,质量概括的主要方法有分类合并、概念转换和图形转换等。

质量特征概括主要表现在分类的合并,即以概括的分类代替详细的分类,或次要类别用图上相邻其他类别代替。

【释义】 地图比例尺缩小时,对多类制图现象的性质进行合并叫分类合并,当多类别合并为新类时叫概念转换,如乔木要素图块和灌木要素图块合并为树林要素图块。

③ 图形概括

图形概括即化简。

(4) 移位的方法

图形要素的移位主要是为了解决以符号表示的制图物体之间因形状概括引起或相邻地物重叠引起的相互压盖问题,保证地图各要素总体结构的适应性与协调性。

移位的方法主要分为分开表示法和组合表示法,移位时要考虑的内容有:

① 要素重要性

同要素矛盾时移位低级别要素,不同要素矛盾时移位次要要素。

两地物相重叠或立体交叉时,按投影原则下层被上层遮盖的部分断开,上层保持完整。

② 要素稳定性

自然物体和人工物体矛盾时,移位人工物体。有控制意义的物体要保持位置精度,如独立地物与其他要素矛盾时,移位其他要素。

河流、经纬线应尽量保持其位置的准确性。

国界线无论在什么情况下,均不允许移位,周围地物相对关系要与国界相对应;省县级界线一般也不应移位,有时在不产生归属问题时,可适当移位。

【释义】 独立地物为点状要素,对定位的准确性有要求,而且独立地物在地图上一般具有指向性和便于读图作用,故一般不移位。

③ 要素间的相互关系

移位时要注意要素间的相切、相割、相离关系,一般要保持与实地相对应,并尽量保持主从关系,只具有相对位置的点要素依附于其他要素,跟随所依附的要素变动。

境界线、重要居民点、道路应尽量保持其位置的相对准确性。

④ 按图元类型冲突处理

◎点点冲突移位低层次点状要素。

◎点线冲突隐去被压盖线状要素。

◎线面冲突断开并分解面状要素。

◎线线冲突隐去被压盖低层次线状要素。

◎点面冲突压盖面状符号,把面状要素分解为一多边形加一内含多边形。

11.3.2 普通地图编绘

普通地图编绘要客观表示制图区域内的内容,保持地理物体和现象的分布特点,并反映地理物体和现象的密度对比,既尊重选取指标又要灵活掌握尺度。

普通地图编绘一般指的是基础地形图的编绘,其他地形图按设计要求编绘。

1. 数学基础

（1）坐标格网

地图坐标格网分为经纬网和方里网。

1∶2 000～1∶100 万比例尺基础地形图经纬网图廓线由经纬线构成,其东西两边的图廓线为直线表示,南北两边的图廓线以多段折线表示,1∶5 万及以上比例尺基础地形图南北两边的图廓可视为直线。图幅以主要居民地名称命名。

1∶500～1∶1 000 比例尺基础地形图按矩形分幅,分幅可按 40 cm×50 cm 或 50 cm×50 cm,1∶2 000 比例尺基础地形图可按矩形分幅或经纬线分幅,小于等于 1∶5 000 比例尺基础地形图按经纬线分幅。其他比例尺基础地形图经纬网和方里网表示规格见表 11.6。

表 11.6 基础地形图经纬网和方里网表示规格

比例尺	图内经纬网间隔		图上方里网间距/cm	实地方里网间距/km	内图廓分段短线	备注
	经度	纬度				
1∶100 万	1°	1°	/	/	5′	不绘制方里网
1∶50 万	30′	20′	/	/	5′	
1∶25 万	15′	10′	4	10	1′	图内加绘经纬网十字短线
1∶10 万	/	/	4	4	1′	不绘制经纬格网,只在内图廓四个角标注经纬度
1∶5 万	/	/	4	2	1′	
1∶2.5 万	/	/	4	1	1′	
1∶1 万	/	/	10	1	/	不绘制经纬格网,只在内图廓四个角标注经纬度
1∶5 000	/	/	10	0.5	/	
1∶2 000	/	/	10	0.2	/	可按经纬度分幅,也可按矩形分幅
1∶1 000	/	/	10	0.1	/	矩形分幅
1∶500	/	/	10	0.05	/	

【释义】 标出内图廓分段短线便于在图上量算经纬度坐标。从表 11.6 可以看出依据比例尺不同,基础地形图分为五大类,其中 1∶500～1∶2 000 为地市级大比例尺地形图,1∶5 000～1∶1 万为省级地形图,1∶2.5 万～1∶10 万为国家级大比例尺地形图,1∶25 万为国家级中比例尺地形图,1∶50 万～1∶100 万为国家级小比例尺地形图,编绘和格网规定都有所不同。

（2）投影方式

基本比例尺地形图投影方式见表 11.7。

表 11.7 国家基本比例尺地形图投影方式与分带

地图比例尺	投影方式	分带
1:100万	兰勃特投影	/
1:2.5万~1:50万	高斯-克吕格投影	6°
大于等于1:1万	高斯-克吕格投影	3°

（3）国家基本比例尺地图的经纬网间隔

国家基本比例尺地图的经纬网间隔见表11.8。

表 11.8 国家基本比例尺地图的经纬网间隔

比例尺	1:1万	1:2.5万	1:5万	1:10万	1:25万	1:50万	1:100万
经差	3'45″	7'30″	15'00″	30'00″	1°30'	3°	6°
纬差	2'30″	5'00″	10'00″	20'00″	1°	2°	4°

（4）精度要求

基本比例尺地形图平面、高程精度及等高距要求见表11.9。

表 11.9 国家基本比例尺地形图精度要求　　　　单位:mm

比例尺	高程精度和等高距	平地	丘陵	山地	高山
1:500	等高线高程中误差	0.25	0.5	0.7	1.0
	基本等高距	0.5	1	1	1
1:1 000	等高线高程中误差	0.25	0.7	1	2
	基本等高距	0.5	1	1	2
1:2 000	等高线高程中误差	0.5	0.7	1.5	2
	基本等高距	1	1	2	2
1:5 000	等高线高程中误差	0.5	1.5	3	4
	基本等高距	1	2.5	5	5
1:1万	等高线高程中误差	0.5	1.5	3	6
	基本等高距	1	2.5	5	10
1:2.5万	等高线高程中误差	1.5	2.5	4	7
	基本等高距	5	5	10	10
1:5万	等高线高程中误差	3	5	8	14
	基本等高距	10	10	20	20
1:10万	等高线高程中误差	6	10	16	28
	基本等高距	20	20	40	40
1:25万	等高线高程中误差	由编绘原图决定			
	基本等高距	50	50	100	100

（续表）

比例尺	高程精度和等高距	平地	丘陵	山地	高山
1：50 万	等高线高程中误差	由编绘原图决定			
	基本等高距	100	100	200	200
1：100 万	等高线高程中误差	由编绘原图决定			
	基本等高距	200	200	250	250
比例尺		平地	丘陵	山地	高山
$m \geqslant 1：2\,000$	平面位置中误差（图上）	0.6	0.6	0.8	0.8
$1：2\,000 \geqslant m \geqslant 1：25$ 万		0.5	0.5	0.75	0.75
$m \leqslant 1：25$ 万		由编绘原图决定			

【释义】　平面精度同航空摄影测量与遥感章节相应表格，等高距要求与工程测量章节相应表格相区别，表中平面精度和等高距大于 1：25 万比例尺地形图要重点掌握，等高线高程中误差了解即可。

2. 地形图编绘

地形图制作可采用航空摄影测量、全野外测量、大比例尺地形图缩编，以及其他符合制图要求的方法制作。

编绘是根据编辑设计文件，将各种资料编制成一幅编绘原图的技术过程。

（1）编绘法的选择

◎小比例尺非基础地形图一般采用编绘法成图，大比例尺的也可按项目设计要求选用其他方法。

◎大于或等于 1：10 万比例尺基础地形图除了外业采集测绘方法制图外，也可选用编绘法进行制图。

◎1：25 万比例尺基础地形图编绘一般使用大比例尺基础地形图数据进行缩编方法制作。

◎1：50 万、1：100 万比例尺基础地形图编绘时使用 1：25 万比例尺基础地形图数据进行缩编。

（2）地图编绘步骤

◎数据收集验收。

◎数据分析和制图区域分析。

◎对基本数据进行预处理，内容有坐标转换、数据拼接、投影带转换、扫描图的矢量化等。

◎按地形图难易程度决定是否制作综合参考图。

◎制定制图综合指标，根据参考资料修改补充。

◎根据制图综合原则进行地图编绘。

◎地形数据接边。相邻图幅间接边的要素图上位置误差相差 0.6 mm 以内的，应将图幅两边要素平均移位进行接边。相差超过 0.6 mm 的要素应检查和分析原因,处理结果需记录在原数据及图历簿中,小于 0.3 mm 的可以单边移动。

3. 地图要素编绘要求

(1) 独立地物要素编绘要求

◎独立地物与线状地物应保持相交、相切、相离的关系。

◎独立地物与次要地物一起时,要保持独立地物的中心位置而移动其他次要地物的位置。点状地物相距很近,同时绘出有困难时,要表示高大突出的,另一个移位 0.2 mm 表示。

◎同色要素地物在一起时,若设色比例相同则间断其他要素,若设色比例不同则压盖其他要素。

◎独立地物按重要性和密度选取,只有数量取舍,没有图形概括问题。

【释义】 独立地物以点符号表示,故不存在图形概括问题,也不可以合并或转换。

(2) 水系编绘要求

◎要保持水系要素位置准确,正确反映水系的类型和形状特征,正确反映水系要素的整体分布特点及密度对比,以及与其他要素的相对位置关系。

◎湖泊和池塘不得合并,可以进行选取和岸线概括。要保持湖泊与陆地的面积对比,保持湖泊固有形态和周围环境的联系。

◎河流的图形概括主要是删除小弯曲、夸大弯曲类型特征、保持河段曲折对比。

◎图上大于 0.4 mm 的河流以双线河表示,小于 0.4 mm 的以单线河表示,其间用 0.1~0.4 mm 线粗作为过渡。

运河和沟渠大于 0.4 mm 的需依比例尺绘出,不足 0.4 mm 的用蓝色单实线表示,时令河用蓝色虚线表示。流向用箭头符号表示,双线符号很近时,可以共线。

◎淡水湖用蓝色表示,咸水湖用紫色表示。

◎河流遇桥梁、水坝、水闸等应中断。水涯线和陡坎重合时,可用陡坎边线代替水涯线,水涯线与斜坡脚重合时,应在坡脚将水涯线绘出。

(3) 居民地编绘要求

◎居民地的编绘主要是选取和概括。

选取应按行政等级、重要性、密度对比和分布特征及与其他要素相互关系进行。

◎街道网是显示居民地内部结构的主要内容。城镇居民地概括和化简要正确放映居民地内部通行状况、街区图面特征、街道密度和街区大小对比、建筑物与非建筑物之间的面积对比,以及外轮廓特征。

◎农村居民地类型主要有街区式、散列式、分散式、特殊式。

街区式居民地、密集街区要以合并街区为主,舍去次要街区为辅;稀疏街区要对独立建筑进行取舍;散列式居民地独立房屋只能选取不能合并。

◎随着比例尺的缩小,大的居民地可用很概括的轮廓表示,小的居民地可用圈形符号表示,街区图上面积小于 2 mm² 时,一般用单圈形符号表示。

圈形符号要考虑符号的设计、符号定位,以及与线状要素相接、相切、相离的关系(图 11.25)。

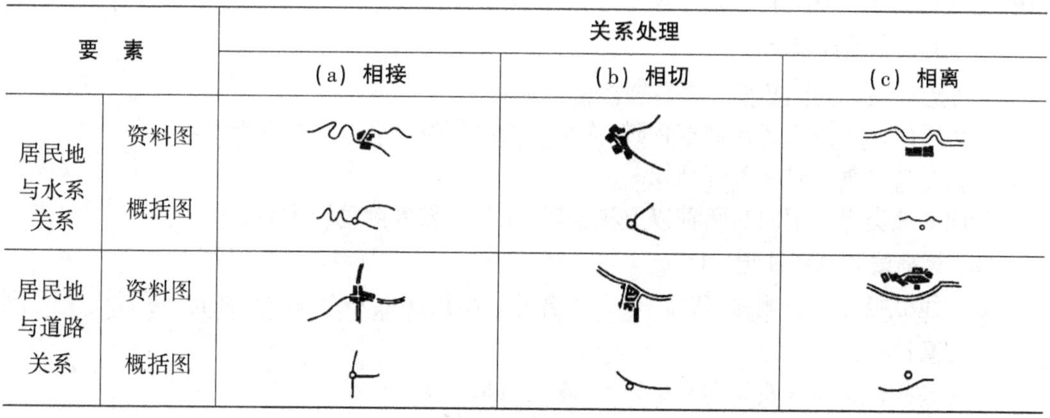

要　素		关系处理		
		（a）相接	（b）相切	（c）相离
居民地与水系关系	资料图			
	概括图			
居民地与道路关系	资料图			
	概括图			

图 11.25　圈形符号与线状符号关系处理

【释义】　圈形符号一般可以用来表示行政区人口或行政区等级。

◎陡坎和斜坡上的建筑物，陡坎无法准确绘出时可以移位，并留 0.2 mm 间隔，悬空建筑与水涯线重合时断水涯线。

◎居民地选取指标的确定主要有解析法、图解法、图解和解析结合法等方法。

◎对外国居民地要素，通常只区分出首府和一级行政中心。

（4）道路

◎按道路的等级自高级到低级进行选取，道路的选取要与居民地的选取相适应，保持道路网平面图形的特征和不同地区道路网的密度对比关系。

◎特殊意义的道路优先选取，如通往国境的道路、通往机场等重要目标的道路。

◎桥梁作为道路附属物跟随道路选取，大比例尺地形图双线河上的桥梁都要选取，隧道都必须表示，且不能合并。

◎道路弯曲概括包括删除小弯曲、夸大特殊弯曲、共线或局部缩小山区"之"字路（图 11.26）。

◎铁路在大比例尺地图上用黑白相间的花线表示，必要时与说明注记及颜色配合表示，小于或等于 1∶25 万比例尺地形图上则用黑色实线表示。

◎公路要素一般用单、双实线等线形符号、说明注记及颜色配合使用表示。其他道路一般用细实线、虚线、点线等线形符号表示，必要时与颜色配合表示。公路穿过街区时，街区内不绘制双线，双线符号停留在街区入口，并与街区入口留 0.2 mm 间距。双线道路与建筑物边重合时，可以建筑物边线代替道路边线，接头处留 0.2 mm 间隔。

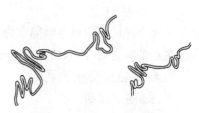

图 11.26　山间"之"字路的概括

铁路与道路水平相交时，中断道路符号，不在同一水平相交时，在道路的交叉处，应绘以相应的桥梁符号。

◎内河航道线常用短线加箭头表示河流通航的起讫点。海洋航线由港口和航线两种标志组成，用符号表示港口位置，蓝色虚线表示航线。空中交通常采用符号来表示航空机场，除航空专题图外一般不表示航空线。

（5）土质和植被要素

◎地类界与地面线状地物重合时不表示。

◎与地面无实体线状地物重合时,应将地类界移位0.2 mm加以表示。

◎和等高线重合时压盖等高线。

◎同一地类界范围内有两种以上植被时,符号可按实际情况配置。

（6）等高线和高程注记

等高线概括方法有删除、移位、夸大和合并。高程注记分为高程点注记、等高线注记、地貌符号比高注记。

◎等高线注记时字头朝向高地,故一般不选取北坡。

◎高程注记需要取整时采用只舍不进方式。按照注记的密度、重要性来选取。

◎等高线形状应随删去的碎部而改变。

◎同一斜坡的等高线图形应协调一致。

◎等高线的制图综合要强调显示地貌基本形态的特征,反映地貌类型方面的特征。

◎选取以正向形态为主的地貌应扩大正向形态,以负向形态为主的地貌应扩大负向形态。

（7）境界

◎不同等级境界重合时,表示高级境界。

◎不与线状地物重合的,应连续绘出,中心线位置保持不变。

◎境界线以线状地物一侧为界时,应离线状地物0.2 mm绘出。

◎以线状地物中心为界,不能在线状符号中心绘出时,可沿两侧每隔3～5 cm交错绘出。

◎境界线的转角处不得有间断,应在转角上绘出点或线。

（8）测量控制点

测量控制点的制图综合没有图形概括问题,只有取舍。

（9）管线

城市建筑区内的电力线、通信线可不连接,但应绘出连线方向。

（10）注记

文字注记之间最小间隔应为0.5 mm,最大间隔不宜超过字大的9倍,高程注记一般注记在点的右方,距离点位0.5 mm。

4. 基础地形图的更新

（1）更新周期

基础地形图应采取定期更新和动态更新结合的更新策略,定期更新的周期见表11.10。

表11.10　地形图更新周期

比例尺	更新周期		
	经济发达区	经济中等发达区	经济不发达区
1：500～1：2 000	2～3年		
1：5 000～1：10 000	4～5年	5～8年	8～10年
1：25 000～1：100 000	5～10年	8～12年	10～15年
1：250 000～1：1 000 000	不宜超过15年		

（2）更新类型

地形图的更新类型分为重测、修测、修编三类。修测更新衔接处测区应外扩便于接边和防止漏测，更新地物与原图衔接差如在限差以内，应移动原地物。

① 重测

地物要素变化大于40%，或更新过3次，或精度不满足时要重测地形图。

② 修测

地物要素变化大于10%、小于40%时，或重要地物位置变化要修测地形图。

③ 修编

原图技术标准变化时，或地物要素属性变化时，或已有较大或更强现势性地图时要修编地形图。

11.3.4　专题地图编绘

1. 专题信息综合处理

（1）制图资料处理

制图资料处理内容包括坐标和比例尺变换、度量单位统一、专题要素分类分级处理、制图对象的符号化等。

（2）制图数据的分类处理

编制采用质底法、范围法或定点符号法、线状符号法的专题地图时，必须根据分类指标体系划分类型或分区。

（3）制图数据的分级处理

表示方法需要对数量进行分级的，分级数的确定不仅要考虑地图用途、地图比例尺，还应注意保持数据的客观分布特征和专业习惯，总分级数一般定在4到7级。

【释义】　用定点符号法、动线符号法、统计图表法、等值线法等表示的专题内容，都要对庞大数据集进行分级。

2. 专题地图编制

（1）地图设计与编辑准备

◎根据制图目的、任务和用途，确定地图的选题、内容、指标和比例尺等。

◎分析和评价制图资料，研究地图的内容特征。

◎了解制图区域或制图对象特点和分布规律，选择表示方法，拟定图例符号。

◎确定制图综合原则与编绘工艺、要求，以及专题内容分类分级的原则。

◎专业性强的图种要由专业单位编制作者原图和设计样图，写出专题地图编制设计文件，并制定完成地图编制的具体工作。

（2）编稿与编绘

① 资料处理

对资料进行处理，并确定底图，按规定的技术要求，将专题内容转绘到底图上。输入资料分为图形资料、数据资料和影像资料三种。

② 编稿

编绘阶段制图综合指标和原则要贯彻始终，在地图正式编绘前要编稿，即编出作者原图。

③ 编绘

由专业制图人员把作者原图加工成正式编绘原图。

【释义】 作者原图指的是由学科专业人员在地理基础底图上编绘的专业原图。这种作者原图要求专业内容完备无误,定位准确,符号、注记工整,对色彩、线划的整饰质量要求不严格。

(3) 计算机制图和地图制印

使用计算机制图,并对地图进行印制。

11.3.5 电子地图

1. 电子地图概述

数字地图是存储于计算机可识别的介质上,具有确定坐标和属性特征,按特殊数学法则构成的地理现象离散数据的有序组合,是一种以数字形式存储的抽象地图。

电子地图是以数字地图为基础,以多种媒体显示的地图数据的可视化产品,是数字地图的可视化。

电子地图分为单机或局域网电子地图、触摸屏电子地图、掌上电脑(PDA)电子地图、互联网电子地图等。

【释义】 数字地图和电子地图在概念表述上有细微区别,数字地图偏向存储,电子地图偏向显示,实际上数字地图相关技术发展迅猛,两者界线越来越模糊,可认为是相同的。

(1) 电子地图特点

① 动态性

电子地图用时间维的动画地图来反映事物随时间变化的动态过程,并通过对动态过程的分析来反映事物发展变化的趋势;利用闪烁、渐变、缩放、漫游等虚拟动态显示技术来表示没有时间维的静态信息。

② 交互性

数据存储与数据显示分离。用户可对显示内容及显示方式进行选择。

③ 无级缩放

无级缩放指电子地图可以无限平滑扩大和缩小,可以根据需要进行缩放和开窗显示。

④ 无缝拼接

电子地图不需要进行地图分幅,不使用投影,以经纬度表示,可阅读整个地区地图。

⑤ 多尺度显示

计算机按照预先设计好的模式,动态调整地图载负量。

⑥ 地理信息多维化表示

直接生成三维立体影像,运用计算机动画技术。

⑦ 超媒体集成

以地图为主体,将图像、图表、文字、声音、视频作为补充。

⑧ 共享性

电子地图可通过网络传播。

(2) 电子地图系统构成

电子地图系统由软件系统和电子地图组成,其中电子地图软件系统由操作系统、地图数据库管理软件、专业软件以及其他应用软件组成。

电子地图软件应具有地图构建功能、管理功能、检索查询功能、数据分析处理功能、数据更新功能、地图概括功能、输出功能等。

（3）电子地图的结构

① 总体结构

包括片头、封面、图组、主图、图幅、插图、片尾等。

② 页面结构

包括图幅窗口、索引图窗口、图幅名列表框、热点名列表框、地图名称条、系统工具条、伴随视频窗口、背景乐、多媒体信息窗口、其他信息输入输出窗口。

2. 电子地图设计

电子地图的设计主要由界面设计、符号与注记设计、色彩设计等内容。

（1）界面设计

界面形式有菜单式、命令式和列表式等，电子地图常采用菜单式和列表式。

界面设计应充分考虑到用户使用方便性和操作习惯，工具条一般设计在上下方，查询条一般在左右方。

考虑到电子设备的显示特点，图层的显示设计主要采取图层控制、视野控制以及两者结合等方式进行。

（2）符号与注记设计

◎符号应与纸质地图符号保持一致或一定的联系。

◎符号要精确、综合、清晰和形象，能体现逻辑性与协调性。

◎符号的尺寸要根据视距和屏幕分辨率来设计。

◎合理利用符号和注记鼠标跟踪显示等方式，减少图面载负。

◎特别重要的要素可以使用闪烁符号。

（3）色彩设计

◎地图色彩与地图用途、性质应一致。

◎地图色彩与地图内容应一致。

◎充分利用色彩的感觉和象征性。

◎在色彩设计上主要强调整体协调性。

◎考虑利用色彩来表示要素数量和质量的特征。

◎符号的设色应尽量使用习惯用色。

◎界面设色要体现电子地图的整体风格。

◎地图内容的设色与界面的设色应有对比。

◎面状符号是电子地图设色的关键。

◎注记色彩应与符号色彩有一定的联系，可以用同一色相或类似色。

11.3.6 地图制作工艺

1. 普通地图制作工艺

地图制作软件和方式很多，这里以 CorelDRAW 软件为例简述过程。

（1）资料导入

◎把各种制图资料转换成 CorelDRAW 软件能处理的格式。

◎导入的数据主要有栅格格式图形、矢量格式图形、格网图形、文字注记等。

【释义】 如扫描底图(BMP)、格网层底图(CDR)、GNSS 或 GIS 数据(DXF)等格式文件。

（2）套合

把各种格式数据按照一定的数学参考系进行套合，生成带有投影格网的图形图像文件(CDR)。

（3）数据分层和编辑

◎对栅格数据矢量化。

◎数据分层生成格网层、水系层、独立地物层、地貌层、境界层、图例层、居民地层、道路层、注记层、图框层等。

◎编辑地图。数据处理包括数据预处理、地图符号化、生僻汉字处理、制图综合、地貌表示、数据编辑处理等内容。

（4）组版整饰

对各层数据重新图文编排，并进行图面整饰，组版生成全要素地图(CDR)。

（5）输出

软件直接可以转换生成 EPS、PS 文件，输出分色菲林片。

（6）打样印刷

将普通地图打样并交印刷厂印制。

2. 专题地图制作工艺

（1）资料导入

包括导入地理底图层、专题层(专业作者原图)、统计图表层、文字层、图片层等。

（2）套合

由地理底图层、专题层(专业作者原图)、统计图表层生成专题地图单元层；再套合图片层和文字层。

（3）组版整饰

组版整饰以生成全要素地图。

（4）输出

转换成 EPS、PS 文件，打样印刷。

11.3.7 章节练习

(一) 单项选择题

1. 地图编绘时，两地物相重叠或立体交叉时，原则上（   ）。

　　A. 表示上层要素　　　　　　　　　B. 表示下层要素

　　C. 上下层要素都表示　　　　　　　D. 上下层移位错开

2. 制图综合时，河的选取可把河流之间的间距作为选取指标，该方法属于（   ）。

　　A. 资格法　　　　B. 分界尺度法　　　　C. 定额法　　　　D. 间距法

3. 在国家基本比例尺地形图编绘中，水塔与公路出现压盖时，以下编绘方法正确的是（　　）。

 A. 保证水塔符号完整,隐去对应位置公路符号

 B. 保证水塔符号位置正确,公路符号移位

 C. 保证公路符号完整,删除水塔符号

 D. 保证公路符号位置正确,水塔符号移位

4. 根据《第二次全国土地调查技术规程》规定,城镇、村及工矿用地图上 $4.0\ mm^2$ 及以上应上图,该选取方法属于（　　）。

 A. 资格法　　　　　B. 定额法　　　　　C. 比例法　　　　　D. 概括法

5. 在国家基本比例尺地形图编绘中,河流与并行的公路出现压盖时,以下编绘方法正确的是（　　）。

 A. 公路位置不变,河流移位 0.2 mm　　　B. 公路符号压盖河流符号绘出

 C. 河流位置不变,公路移位 0.2 mm　　　D. 河流符号压盖公路符号绘出

6. 制图综合时,关于高程注记的选取,下列说法中,错误的是（　　）。

 A. 选取高程注记时,常采用定额法

 B. 选取高程注记时,首先选取区域的最高点和最低点

 C. 等高线的注记一般指头朝向山顶

 D. 高程注记取整时应四舍五入

7. 在地形类别为山地的区域,使用 1:1 000 比例尺地形图编绘 1:5 000 比例尺地形图,等高线编绘所采用的最为主要的综合方法为（　　）。

 A. 移位　　　　　B. 删除　　　　　C. 夸大　　　　　D. 合并

8. 下列要素中,当其符号与地类界重合时,地类界不用表示的是（　　）。

 A. 村界　　　　　B. 小路　　　　　C. 电缆线　　　　　D. 等高线

9. 地图编绘时,小于 0.4 mm 的河流应以（　　）表示。

 A. 依比例尺符号　　　　　　B. 半依比例尺符号

 C. 不依比例尺符号　　　　　D. 象形符号

10. 沟渠由于是人工建造,形状比较规则,（　　）。

 A. 大于 0.4 mm 的需要依比例尺绘出

 B. 小于 0.4 mm 的用 0.1～0.4 mm 的双实线半依比例尺绘出

 C. 用双线河符号依比例尺绘出

 D. 用不依比例尺的沟渠符号绘制

11. 地图制图时,若铁路与道路水平相交时,则（　　）。

 A. 中断铁路符号　　　　　　B. 中断道路符号

 C. 叠置两种符号　　　　　　D. 交叉处绘出桥梁符号

12. 地图编绘时,（　　）是显示居民地内部结构的主要内容。

 A. 建筑物　　　　B. 街区轮廓　　　　C. 街道　　　　D. 河流

13. 地图制图时,如以单线河中心为界时,多界线符号应（　　）。

 A. 压盖河流线连续绘出　　　　B. 沿河流在我国一侧连续绘出

 C. 沿河流在外国一侧连续绘出　　D. 沿河流两侧交替绘出

14. 国家基本比例尺地形图中,即绘出平面直角坐标网、又绘出经纬网的是(   )。

    A. 1∶5 万   B. 1∶10 万   C. 1∶25 万   D. 1∶50 万

15. 当原图的成图技术标准发生了变化,应采取(   )进行更新。

    A. 重测   B. 补测   C. 修测   D. 修编

16. 地形图接边时,相邻图幅间的接边要素图上位置相差 0.3 mm 以内的,(   )。

    A. 应将图幅两边要素平均移位进行接边

    B. 可以直接接边

    C. 可以单边移动

    D. 应检查和分析原因,处理结果需记录在元数据及图历簿中

17. 电力公司技术人员把电力专题数据和基础地理底图拼合形成全市电力维修点分布图,该图属于(   )。

    A. 编绘原图   B. 作者原图   C. 印前原图   D. 专题原图

18. 关于 GoogleEarth 采用的投影,正确的是(   )。

    A. 通用墨卡托投影   B. 兰勃特投影

    C. 高斯—克吕格投影   D. 以上都不正确

19. 以下特性中,不是电子地图的特点的是(   )。

    A. 动态性   B. 无级缩放   C. 无缝拼接   D. 高精度

20. 存储在磁盘上,可以多媒体显示的可视化地图数据是(   )。

    A. 矢量地图   B. 栅格地图   C. 电子地图   D. 数字地图

(二) 多项选择题

1. 在大比例尺地图编绘成小比例地图时,以下做法属于图形概括综合方法的是(   )。

    A. 位移重叠的符号   B. 删除旱地和水田之间的分界,合并为田地

    C. 保留河流主干,删去小弯曲   D. 删除小于图上 2 cm² 的湖泊

    E. 合并居民地街区

2. 普通地图制作时,组版生成带格网的全要素地图,并输出为 PS 格式,需要输入的资料不包括(   )。

    A. 扫描图像 BMP 文件   B. 格网层 CDR 文件

    C. DXF 图形文件   D. 统计图表层 XLS 文件

    E. 多媒体 WMV 文件

3. 常用制图编绘指标包括(   ),是制图综合的依据。

    A. 定额指标   B. 上限指标   C. 分界尺度   D. 平方根指标

    E. 等级指标

4. 电子地图界面设计时,界面形式常采用(   )等形式。

    A. 菜单式   B. 弹出式   C. 命令式   D. 表格式

    E. 列表式

5. 以下基本比例尺地形图中,一般采用编绘方式绘制的是(   )比例尺地形图。

    A. 1∶1 万   B. 1∶10 万   C. 1∶25 万   D. 1∶50 万

    E. 1∶100 万

习题答案与解析

(一) 单项选择题

1.【A】 解析:两地物相重叠或立体交叉时,按投影原则下层被上层遮盖的部分断开,上层保持完整。

2.【C】 解析:定额法是规定单位面积内应选取的制图物体的数量而进行选取的方法,制图物体的选取定额由地域特征与地图载负率决定。河流间的平均间隔反应为水网密度,进而可转换为单位面积内应选取的制图物体的数量。

3.【A】 解析:点线冲突时,保证点状要素完整,线状要素图形与点状要素图形重叠部分应隐去。

4.【A】 解析:资格法是以一定数量或质量标志(分界尺度)作为地图要素选取标准的方法。

5.【C】 解析:自然物体和人工物体矛盾,移动人工物体,保持主从关系。道路与水系要素发生争位时,宜保持水系要素的位置准确,移动道路,保持图上 0.2 mm 间距。

6.【D】 解析:高程注记分为高程点注记、等高线注记、地貌符号比高注记。高程注记的选取应按一定比例疏密选择,并首先选取区域的最高点和最低点。等高线注记字头朝向高地,故一般不选取北坡。高程注记需要取整时采用只舍不进方式。按照注记的密度、重要性来选取。

7.【B】 解析:1∶1000 比例尺地形图的基本等高距为 1 m,1∶5000 比例尺地形图的基本等高距为 5 m,因此 1∶1000 地形图上的计曲线即为 1∶5000 地形图的首曲线,等高线制图综合时采用的最为主要的方法为删除。

8.【B】 解析:地类界与地面线状地物重合时不表示,与地面无实体线状地物重合时,应将地类界移位 0.2 mm 加以表示,和等高线重合时压盖等高线。同一地类界范围内有两种以上植被时,符号可按实际情况配置。

9.【B】 解析:图上大于 0.4 mm 的河流以双线河表示,小于 0.4 mm 的以单线河(半依比例尺线性符号)表示,其间用 0.1~0.4 mm 线粗作为过渡。

10.【A】 解析:运河和沟渠大于 0.4 mm 的需依比例尺绘出,不足 0.4 mm 的用蓝色单实线表示,时令河用蓝色虚线表示。流向用箭头符号表示,双线符号很近时,可以共线。

11.【B】 解析:铁路与道路水平相交时,中断道路符号,不在同一水平相交时,在道路的交叉处,应绘以相应的桥梁符号。

12.【C】 解析:地图制图时,街道网是显示居民地内部结构的主要内容。城镇居民地概括和化简要正确放映居民地内部通行状况、街区图面特征、街道密度和街区大小对比、建筑物与非建筑物之间的面积对比,以及外轮廓特征。

13.【D】 解析:境界线的转角处不得有间断,应在转角上绘出点或线。境界线与线状地物一侧为界时,应离线状地物 0.2 mm 绘出,如以线状地物中心为界,不能在线状符号中心绘出时,可沿两侧每隔 3~5 cm 交错绘出。

14.【C】 解析:1∶25 万绘出平面直角坐标网的同时绘出经纬网十字线,大于 1∶25 万比例尺地形图只绘出平面直角坐标网,小于 1∶25 万比例尺地形图只绘出经纬网。

15.【D】 解析：基本比例尺地形图在以下情况下采取修编：①原图技术标准变化；②地物要素属性变化；③已有较大或更强现势性地图。

16.【C】 解析：地形数据接边时，相邻图幅间接边的要素图上位置误差相差0.6 mm以内的，应将图幅两边要素平均移位进行接边；相差超过0.6 mm的要素应检查和分析原因，处理结果需记录在元数据及图历簿中。小于0.3 mm的可以单边移动。

17.【B】 解析：专业性强的图种要由专业单位编制作者原图和设计样图，写出专题地图编制设计文件，并制定完成地图编制的具体工作。在地图正式编绘前编出作者原图，由制图人员加工成正式编绘原图。

18.【D】 解析：电子地图无需采用投影，但如果要输出平面纸图，需要采用对应的投影方式。

19.【D】 解析：电子地图具有以下主要特点：动态性、交互性、无级缩放、无缝拼接、多尺度显示、超媒体集成、共享性。

20.【C】 解析：电子地图是以数字地图为基础，以多种媒体显示的地图数据的可视化产品，是数字地图的可视化。

(二) 多项选择题

1.【CE】 解析：化简又称为图形概括，包括外部轮廓化简和内部结构化简两类。化简方法主要是通过删除、合并、夸大微小弯曲等手段使图形清晰，显示出主要图形的特征。选项B属于分类合并，是质量概括的方法。选项D属于资格法选取。

2.【DE】 解析：在普通地图制图中，带有投影格网的图形图像CDR文件由扫描底图BMP文件、格网层CDR文件、DXF图形文件组成。选项D、E为专题图资料。

3.【ACE】 解析：常用制图编绘指标包括定额指标、等级指标、分界尺度指标等，它是制图综合的依据。

4.【AE】 解析：电子地图常采用菜单式和列表式作为界面形式。

5.【BCD】 解析：对于1：2.5万～1：10万比例尺地形图编绘，采用采集地形数据与符号化编辑方式进行。对于1：25万比例尺地形图编绘，使用大比例尺地形图数据进行缩编。对于1：50万、1：100万比例尺地形图编绘，使用1：25万比例尺地形图数据进行缩编。

11.4 地图制印和质量控制

11.4.1 地图制印

1. 一些术语解释

◎分色：印刷时，把彩色原稿分解成四色单色版的过程。

◎纸张光边：裁切印刷原纸张毛边使变光滑的过程。光边尺寸规定不超过3 mm(两边加起来6 mm)。

◎出血线：为了保证裁切时不因误差留白，规定印刷时必须超出的界线。

◎成品线：最终出图的切线裁边位置。

◎光栅图像处理器（RIP）：一种用于把图像转换成印刷图像的优化软件。

◎PS 格式：桌面排版格式，打印图形语言 PostScript 的通用文件格式。

◎EPS 格式：带有预视图像的 PS 格式，文件较大，一般不用来存储。

◎CDR 格式：是矢量图形软件 CorelDRAW 的文件格式。

◎BMP 格式：一种扫描位图格式。

◎DXF 格式：用于 AutoCAD 与其他软件之间进行 CAD 数据交换的矢量 CAD 数据文件格式。

◎DWG 格式：AutoCAD 图形存储格式。

◎菲林片：印刷制版所用的胶片，被称为菲林片。

2. 地图制印过程

地图制作流程为地图设计、数据输入、地图编绘、地图制印。

地图制印流程包括印前数据处理、地图印刷和地图印后加工。

（1）印前数据处理

印前数据处理内容主要包括数据格式转换、符号压印的透明化处理、拼版、组版、分色加网及出血线、成品线、套合线和印刷装订的控制要素的添加、光栅化处理（RIP）、喷绘样图等工作。

【释义】　地图出版系统中处理的文件可分为矢量图形文件和栅格图像文件，要转换为 PS 或 EPS，再由激光照排机经 RIP 处理后形成分色胶片。

（2）地图印刷

地图印刷包括制版、打样（打印样图）、印刷、分检（对印刷品逐张检核）等工作。

地图输出方式主要有：

◎彩色喷墨打印和彩色激光打印常用于生产过程中的检查修改，数码打样可获得较少份数的成品。

◎激光照排机输出供制版印刷用的四色（CYMK）菲林片，分色胶片输出用于制作印刷版，分色版输出可直接得到印刷版，上机印刷。

◎数字式直接印刷机可直接输出彩色地图，又称数字印刷等。

◎数字式直接制版机制成直接上机印刷的印刷版。

◎电脑屏幕上显示。

（3）地图印后加工

地图印后加工的工序为覆膜、拼贴、裁切、装订和包装。

其工艺流程包括（以无线胶粘装订为例）接页、折页、配页、查号、撞胶、分本、贴背、压背、裁切、自检、上书皮、打包。

11.4.2　地图制图质量控制和成果归档

1. 质量控制

（1）地图编绘质量控制

地图编绘的质量控制依据主要有地图编绘引用文件、地图编绘使用资料、地图设计文件等。编绘的质量要求包括数学基础、地理要素及主题要素、数据结构、整饰等要符合规定要求。

(2)印刷质量控制

印刷成图质量控制的依据为地图印刷和装订相关规范、地图设计文件等。

印刷成图时应检查印刷品外观、墨色网点、套印误差等是否符合以下要求:

◎全开图幅精度要求较高的地图误差不大于 0.2 mm,一般的不大于 0.3 mm。

◎小于对开且精度较高的地图误差不大于 0.1 mm,一般的不大于 0.2 mm。

◎双面正反误差不大于 0.5 mm。

【小知识】

纸质地图线划不小于 0.08 mm,线划间距不小于 0.2 mm,其他精度要求见表 11.11。

表 11.11 地图印刷精度 单位:mm

图种	实际尺寸与理论尺寸允许最大误差		拼接边允许最大较差	分层要素同向套合允许最大较差
	边长	对角线		
国家基本比例尺地图、海底地形图、高精度地图	±0.2	±0.3	0.2	0.2
低精度地图	±0.4	±0.6	0.3	0.3

2. 成果整理

(1)成果整理要求

地图编制的成果整理以"项目"为单位立卷,以每一盘为一卷,可独立数据读取,并附带说明文件,按要求包装。

(2)成果归档内容

成果归档内容有项目文档、项目成果、归档目录。

(3)成果归档要求

◎提交项目归档申请表。

◎提交正本原件纸质文档和电子文档。

◎数据成果资料刻成光盘归档。

◎每个案卷都要有卷内目录,有必要说明事项和备考表。

◎成果汇交后,汇交单位有一年的备份保存义务,期满后按要求销毁。

(4)地图成果检查要求

◎归档内容完整性和一致性检查。

◎数据成果存储介质符合性检查。

◎文件有效性检查。

◎病毒检验。

11.4.3 章节练习

(一)单项选择题

1. 地图印刷时,纸张光边是使印刷纸张变光滑的过程,在宽度上光边导致裁切掉的尺寸不应超过( )mm。

    A. 3   B. 4   C. 5   D. 6

2. 地图印刷时,"分色"工序的作用是( )。

    A. 颜色制式转换用于印刷

    B. 使地图要素颜色更加清晰

    C. 印刷时纠正去除杂色,提高印刷质量

    D. 用于地图颜色分级,生成各种表示方法

3. 地图制印过程包括印前数据处理、地图印刷和地图印后加工,( )工作属于印前数据处理内容。

    A. 制版制版   B. 样图分检

    C. 光栅化处理   D. 覆膜裁切

(二) 多项选择题

1. 地图印刷成图时进行质量控制的工作有( )等。

    A. 点位精度检查   B. 套印误差检查

    C. 印刷品外观检查   D. 整饰质量检查

    E. 墨色网点检查

2. 地图编绘质量控制内容不包括( )。

    A. 检查数学基础   B. 检查整饰质量

    C. 检查数据结构   D. 检查文件病毒

    E. 检查文件有效性

3. 以下地图输出模式中,可以用来大规模地图生产的是( )。

    A. 激光照排机制作印刷版   B. 数字式直接印刷机

    C. 彩色喷墨打印   D. 数字式直接制版机

    E. 彩色激光打印

习题答案与解析

(一) 单项选择题

    1.【D】 解析:光边,即对印刷原纸张"粗糙的毛边"进行裁切,使其变得光滑整齐的过程。地图印刷时,纸张光边的尺寸不超过3 mm,两侧加起来不应超过6 mm。

    2.【A】 解析:印刷中一般采用CMYK四色印刷。印刷分色目的是把RGB彩色原稿分解成为CMYK单色版(四色菲林片),再合成印刷的过程。

    3.【C】 解析:印前处理内容包括数据格式转换、符号压印的透明化处理、拼版、组版、分色加网及出血线、成品线、套合线和印刷装订的控制要素的添加、光栅化处理(RIP)、喷绘样图等工作。

(二) 多项选择题

    1.【BCE】 解析:印刷成图时应检查印刷品外观、墨色网点、套印误差等是否符合规定要求。

    2.【DE】 解析:地图编绘质量要求检查数学基础、地理要素及主题要素、数据结构、整

饰符合要求等。检查文件病毒和文件有效性属于数据文件归档时候检查,而不是编绘成果检查。

3.【ABD】 解析:地图输出方式主要有:

① 彩色喷墨打印和彩色激光打印常用于生产过程中的检查修改,数码打样可获得较少份数的成品。

② 激光照排机输出供制版印刷用的四色(CYMK)菲林片,分色胶片输出用于制作印刷版,分色版输出可直接得到印刷版,上机印刷。

③ 数字式直接印刷机可直接输出彩色地图,又称数字印刷等。

④ 数字式直接制版机制成直接上机印刷的印刷版。

⑤ 电脑屏幕上显示。

规范引用

GB/T 18315—2001	数字地形图系列和基本要求
GB/T 19996—2005	公开版地图质量评定标准
GB/T 14268—2008	国家基本比例尺地形图更新规范
GB/T 17278—2009	数字地形图产品基本要求
GB/T 14511—2008	地图印刷规范
GB/T 12343.(1-3)—2009	国家基本比例尺地图编绘规范
GB/T 13989—2012	国家基本比例尺地形图分幅和编号
GB/T 20257.(1-4)—2017	国家基本比例尺地图图式
GB/T 16820—2009	地图学术语

第12章　地理信息系统

考试大纲

1. 根据项目要求,进行需求调查与分析,确定基础地理信息数据库系统的建设原则、定位与时间基准,明确运行的基础地理信息数据,制订系统更新策略与管理机制。

2. 根据项目要求进行数据库设计,完成概念设计、逻辑结构设计、物理设计、数据字典设计、符号库设计、元数据库设计和数据库更新设计等。

3. 根据系统设计,进行平台选择、软件开发和集成,进行样例数据的小区试验和系统功能测试。

4. 根据项目要求和条件,实施数据库构建,进行数据准备、数据库模式创建、数据入库和质量检验工作。

5. 实施基础地理信息数据库系统的整体测试、部署、交付与评价,并进行系统的运行、管理与维护。

6. 依据基础地理信息系统专业的理论和测绘的相关知识及有关规定和实践经验,对完成的基础地理信息系统项目过程文件、项目实施管理、系统测试及相关工作进行检查。

7. 依据基础地理信息系统专业通用的标准、规范和规程,运用空间信息(数据)获取、处理、分析、表达以及应用的基本原理,对基础地理信息系统和工程设计、数据库运行和应用开发进行测试及评价,提出产品服务模式。

章节介绍

地理信息系统是测绘师考试的三大基础知识之一,需要对计算机程序设计知识有一定了解。传统测绘和遥感航摄测量负责空间数据的定位和采集,地理信息系统则是空间数据的处理和分析,在测绘行业中正在日益替代传统"绘"的内容,并有极大地的延伸。

本章主要包括五个部分:一是空间数据结构;二是数据库知识;三是空间分析;四是地理信息系统软件工程设计;五是空间数据库建库。

地理信息系统是未来行业的主要发展方向,是测绘数据数字化后必然的延展,地理信息是国家基础信息资源,日益成为互联网、物联网、人工智能等前沿领域的基础,战略地位凸显,在注册测绘师考试中的分数比例逐年增加,本章的学习至关重要,是每一个注册测绘师提升专业技能、扩展眼界,需要重点掌握的关键知识。

考点分析

本书知识点涵盖率:★☆☆　技术发展快,相关领域多,偏计算机电脑知识。
与其他章节相关度:★★★　本章是全书的基础知识之一。

分析考试难度等级：★★★　较抽象，应用非常广，会有复习盲点出现。

平均每年总计分数：15.5 分　在 12 个专业中排名：第 4 位。

12.1 地理信息系统概述

地理信息系统(Geographical Information System，GIS)是一种决策支持系统，是在计算机软硬件网络支持下，对有关地理空间数据进行输入、存储、检索、更新、显示、制图、综合分析和应用的技术系统。

1. 地理信息

（1）信息和数据

数据是人类在认识世界和改造世界过程中，对事物和环境描述的直接或间接的原始定性或定量记录。数据可以以多种方式和存储介质存在。

信息是用文字、数字、符号、语言、图像等介质来表示事物现象的内容、数量或特征，从而向外提供关于现实世界新的事实和知识，信息具有客观性、适用性、可传输性和共享性等特征。

数据和信息的关系：

◎信息来源于数据，是数据内涵的意义，是数据的内容和解释。

◎信息是一种客观存在，它不随载体物理设备形式的改变而改变。

◎数据是用以载荷信息的物理符号，数据本身并没有意义。

【释义】　信息依附于数据，数据因信息而有意义。

（2）地理信息和地理数据

① 地理信息

地理信息是有关地理实体和地理现象的性质、特征和运动状态的表征和一切有用的知识，是对地理数据的解释。

地理特征和现象的数据描述包括空间位置、属性特征及时域特征三部分。

② 地理数据

地理数据是指表征地理圈或地理环境固有要素或物质的数量、质量、分布特征、联系和规律的数字、文字、图像和图形等的总称。

2. 地理信息系统与相关专业的关系

（1）地理信息系统与地图关系

地理信息系统是地图学理论、方法与功能的延伸，两者都是地理信息载体，地图强调图形信息传播媒介功能，地理信息系统强调空间数据处理分析功能。

【释义】　电子地图发展到三维化后，也就具备了一定的空间分析能力，地图和 GIS 日益融合，未来将密不可分，地图会成为 GIS 的一部分，也可说地图成为 GIS 的数据基础，或成为 GIS 的一个产品或服务，GIS 应用就是一个数字化和智慧化的地图系统。

（2）地理信息系统与数据库系统关系

地理信息系统与数据库系统都能存储地理数据，一般数据库没有空间分析功能，地理信息系统能处理海量复杂的空间信息数据。

【释义】　数据库是 GIS 的一个关键组件，GIS 是数据库的高级应用。

（3）地理信息系统与辅助设计 CAD 关系

地理信息系统与辅助设计 CAD 都能表达和处理空间数据，都能处理非图形属性数据。

◎CAD 的三维数据处理能力和属性库比较弱，属于几何坐标系，基本不具备空间分析能力。

◎地理信息系统的属性库强，多采用大地坐标系，数据分析专业化，空间处理能力强。

【释义】　CAD 即计算机辅助设计（CAD－Computer Aided Design），是利用计算机及其图形设备帮助设计人员进行设计工作的工具，和 CAD 并行的还有 CAE（分析）和 CAM（制造），AutoCAD 是 CAD 软件其中的一种。CAD 可进行工业设计，但本质上 CAD 是二维软件，不具备三维空间分析功能。

（4）3S 融合

"3S"技术是遥感技术（Remote Sensing，RS）、全球定位系统（Global Positioning System，GPS）、地理信息系统（Geographical Information System，GIS）的统称，这三种技术的有机整合形成了地理空间技术的核心。

◎GNSS 主要用来导航和提供空间定位基础，帮助 RS 进行几何校正和图形镶嵌拼接。

◎RS 主要用来空间数据采集，帮助 GIS 进行空间数据实时更新。

◎GIS 主要用来数据处理和分析，帮助 RS 提高了数据提取分析能力。

【释义】　目前越来越多的应用需要 3S 技术协调发展，随着移动网络的发展，RS 提供的电子影像地图经过 GIS 技术进行空间数据解析处理，结合 GNSS 卫星导航定位，使人类生活的数字化进程大大加快。

12.1.1　地理信息系统构成和功能

1. 地理信息系统的组成

从系统论和应用的角度出发，地理信息系统被分为四个子系统，即计算机硬件和系统软件、数据库系统、数据库管理系统、技术人员。

（1）系统支持条件

◎硬件：地理信息系统的硬件支持系统由计算机主机、输入输出设备、存储设备、通信网络等组成。

◎软件：地理信息系统的软件支持系统由系统软件、数据库软件、地理信息系统软件等组成。

（2）地理信息系统数据库

地理信息系统数据库包含了用于表达地理信息系统数据模型的空间数据集，描述了地理实体空间特征、属性特征和时间特征。

（3）数据库管理系统

通过数据库管理系统，可以完成对地理数据的输入、处理、管理、分析和输出等功能。

（4）技术人员

地理信息系统技术人员包括地理信息系统信息管理技术人员、系统开发人员、系统应用人员等。

2. 地理信息系统功能

（1）数据采集和输入

将收集的已有数据转换为地理信息系统可以接收处理的数据。数据输入是建立地理信息系统的工作量最大的部分。

【释义】 数据输入费用通常是地理信息系统软硬件费用的 5～10 倍。

（2）数据编辑和更新

数据编辑包括空间位置数据编辑和属性数据编辑，如拓扑关系建立、图形编辑和整饰和接边、空间参考系变换、图形变换、投影变换、误差校正、属性要素编辑等内容。

数据更新的目的是维持数据的现势性。

（3）数据存储和管理

在地理信息数据库中，一般采用空间数据存放于空间数据库中，属性数据的管理直接利用商用关系数据库软件，用数据库管理引擎来管理整个空间数据库系统的方式。

（4）空间查询和分析

空间查询是从数据库中找出所有满足属性约束条件和空间约束条件的地理对象，主要包括图形查询、属性查询、图形和属性互查、地址匹配等。

空间分析是对空间数据的分析技术，可以实现缓冲区分析、叠加分析、网络分析、空间插值、统计分析等功能。

（5）数据显示和输出

提供给用户各种地图、图表、数据报表、文字报告、多媒体和虚拟现实表达等。

【小知识】

地理信息系统基本功能需求包括位置、条件、趋势、模式、模拟五类。

◎位置，地理信息系统中，采用空间查询技术来实现位置查找功能。

◎条件，特指设置条件的空间查询问题。

◎趋势，要求地理信息系统能根据已有数据，对现象的变化过程做出分析判断，并对未来做出预测和对过去做出回溯。

◎模式，即地理对象实体和现象的空间分布之间的空间关系问题。

◎模拟，是在模式和趋势的基础上，建立现象和因素之间的模型关系，从而发现规律。

12.1.2 地理信息系统的发展

1. 地理信息系统开发类型

按软件开发模式和支撑环境，地理信息系统软件可分为集成式 GIS、模块化 GIS、核心式 GIS、组件式 GIS 和 WebGIS、分布式 GIS 等几种类型，从前到后，反映了地理信息系统开发和集成发展的不同阶段。

（1）集成式 GIS

集成式 GIS 集成了 GIS 的各项功能并形成独立完善的系统，但系统复杂庞大，导致成本高且难以与其他系统进行集成。

（2）模块化 GIS

模块化 GIS 是把 GIS 按照功能划分为一系列模块，运行于统一的集成环境之上。模块化 GIS 难以与管理信息系统、专业应用模型等进行无缝集成。

（3）核心式 GIS

核心式 GIS 提供一系列的 GIS 功能动态链接库（DLL），通过计算机高级语言和 API 访问和调用内核所提供的 GIS 功能。核心式 GIS 开发过于底层，给应用开发者带来一定的难度。

（4）组件式 GIS

组件式 GIS 基于标准的组件式平台，各个组件之间可以自由灵活地重组，而且具有可视化的界面和使用方便的标准接口。

【释义】　主要厂商的组件 GIS 产品有 ESRI 公司的 ArcObjects，MapInfo 公司的 MapX，SuperMap 公司的 SuperMap 等。

（5）分布式 GIS

分布式 GIS 是指在计算机网络环境下，实现空间数据和数据处理功能的共享和相互操作的 GIS，用分布式计算处理多源异构（多种来源，不同结构）数据，构建在地理上分布、逻辑上统一的 GIS。

2. 地理信息系统发展方向

（1）WebGIS

WebGIS 是互联网技术和地理信息系统技术结合的产物，一般由多主机、多数据库和多个客户端以分布方式连接在互联网上，应用 CGI、API、plug-in、ActiveX 等开发集成技术，建立交互式、分布式的动态 GIS，以实现空间数据的共享和互操作。

WebGIS 包括 WebGIS 浏览器、WebGIS 服务器、WebGIS 编辑器、WebGIS 信息代理等功能组件。

【释义】　通用网关接口 CGI 是 Web 服务器运行时外部程序的规范，按 CGI 编写的程序可以扩展服务器功能。

服务器应用程序接口 API 是一些预先定义的函数，可直接由开发人员访问引用。

插件法 plug-in 是一种计算机应用程序，它和主应用程序互相交互，以提供特定的功能。

分布式面向对象程序组件技术 ActiveX 是一个开放的集成平台，为开发人员、用户和 Web 生产商提供一个快速而简便的互联网上创建程序集成和内容的方法。

【小知识】

ServiceGIS 是面对服务的 GIS，属于高级的 WebGIS，是组件式 GIS 和 WebGIS 的集成，使 GIS 服务在互联网上以分布式组件形式提供服务。

（2）智能化 GIS

智能化 GIS 是在 GIS 中引入了空间数据挖掘与知识发现机制，通过在大量的地理信息数据中获得有用的隐藏知识，来解决 GIS 智能化问题和空间决策支持问题。

空间数据知识挖掘的主要步骤如下。

① 数据处理

对数据进行分类和聚集,并加以分析和数据变换。

② 挖掘设计

在数据分析基础上确定挖掘目标,确定知识发现算法。

③ 知识挖掘

知识发现是在数据中发掘知识,将低层次的原始数据转换为高层次的信息的过程。

每一种数据挖掘方法都有一定的适用范围。在实际应用中,为了发现某类知识,常常要综合运用这些方法。

【释义】 空间数据挖掘的常用方法有空间分析法、统计分析法、聚类分类法、关联规则发掘法、Rough 集方法、神经网络法、云理论法、证据理论法、模糊集理论、遗传算法、决策树法、数据可视化法等。

④ 模式解释

对发掘的知识要用模式进行描述。

【释义】 模式是一个用语言来表示的一个表达式,它可用来描述数据集的某个子集。

⑤ 知识评价

对发掘的知识进行有效性评价。

【小知识】

下面以沃尔玛卖啤酒与尿不湿的故事来说明数据之间的联系。

沃尔玛超市的数据分析人员经过数据挖掘,将啤酒放在尿不湿旁边陈列,结果是二者的销售量都大幅度提升,他们是根据以下几个不相关的信息得到了知识。

◎周末出现啤酒和尿不湿销量增加。

◎购买者以已婚男士为主。

◎年龄段有孩子且不到两岁。

◎喜欢看体育比赛节目,且喜欢边喝啤酒边看。

◎周末体育比赛多。

以上每一个信息孤立看都没有大的意义,经过特殊的知识发现方法产生了关联,发现了其中隐藏的知识,即周末啤酒和尿不湿的销售上涨是有关联的。对这个发现的新知识进行利用,产生了周末尿不湿和啤酒销售都大幅度增长的效果,也就意味着这个新的知识是有效的。

(3) 时空 GIS

时空 GIS 是在关系数据库中加入时间维,在对象模型中加入时间属性,建立四维时空数据模型。

【释义】 时空 GIS 是建立在时态数据库、GIS、人工智能等基础上的一种综合型应用性技术,是静态 GIS 发展到一定程度向动态 GIS 的必然演变趋势。

(4) 真三维 GIS

传统的 GIS 把高程与平面位置分别表示,一般采用格网属性表示高程,虽然记录了空间数据的三维坐标,却不是真三维数据结构,属于假三维格式,即 GIS 的 2.5 维格式。

用真三维形式来对空间数据进行存储、分析、表达,叫做真三维 GIS,分为三维矢量格式和三维栅格格式(图 12.1)。

(5)移动 GIS

移动 GIS,又叫嵌入式 GIS,指运行于移动客户端上的 GIS,移动 GIS 是一种集成系统,是 GIS、GNSS、移动通信、互联网服务、多媒体技术、移动终端系统等的集成。

随着智能手机和移动互联网的飞速发展,移动 GIS 市场占有率已经超过桌面 GIS,GIS 系统的轻量级趋势非常明显。

【释义】 目前由移动通信和互联网结合构成移动互联网,嵌入式 GIS 一般运行于移动互联网中,也可以离线运行。

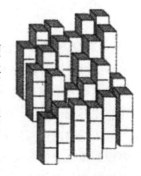

图 12.1　三维栅格格式

(6)虚拟空间 GIS

虚拟空间技术是基于空间位置,融合现实世界和计算机世界的技术,与 GIS 系统有良好的契合性,尤其是 AR 技术更是依赖 GIS 系统和电子地图。

◎虚拟现实技术(VR)是一种可以创建和体验虚拟世界的计算机仿真系统,它利用计算机生成一种模拟环境,是一种多源信息融合的、交互式的三维动态视景系统。

◎增强现实技术(AR)是一种实时地计算摄影机影像的位置及角度并加上相应图像、视频、3D 模型的技术,这种技术的目标是在屏幕上把虚拟世界套在现实世界并进行互动(图 12.2)。

图 12.2　AR 系统实现现实和虚拟的叠置

增强现实技术与 GIS 整合,把 3S 技术融合在一起以实现 AR 技术表达。

◎混合现实技术(MR)包括增强现实和增强虚拟,它是虚拟现实技术的进一步发展,该技术通过在虚拟环境中引入现实场景信息,在虚拟世界、现实世界和用户之间搭起一个交互反馈的信息回路,以增强用户体验的真实感。

【释义】 VR 虚拟现实需要全封闭头戴设备完成虚拟世界里的沉浸体验,看到的是一个 100% 虚拟的世界。

AR 增强现实设备通常以眼镜的形式呈献,AR 使用者是处于现实世界,所观察到的内容是叠加在现实世界上的,其显示的画面一半真,一半假。

MR 混合现实定义是将真实世界和虚拟世界混合在一起,来产生新的可视化环境,环境中包含了物理实体与虚拟信息,并且必须是"实时的"。

(7) 智慧城市建设

通过智能计算技术的应用,使得城市管理、教育、医疗、房地产、交通运输、公用事业和公众安全等城市组成的关键基础设施组件和服务更互联、高效和智能,是传统城市的数字化、智能化形态。

依托物联网可实现智能化感知、识别、定位、跟踪和监管;借助云计算及智能分析技术可实现海量信息的处理和决策支持。智慧城市是将城市生活管理的领域生成子层,有机地融合在地理信息层上,利用空间数据挖掘技术来强化城市公共管理和服务,实现智能化 GIS 的功能。

(8) 海绵城市

海绵城市是新一代城市雨洪管理系统,在下雨时吸水、蓄水、渗水、净水,需要时将蓄存的水"释放"并加以利用的城市管理体系,海绵城市的建设与 GIS 密不可分。

城市建设将强调优先利用植草沟、渗水砖、雨水花园、下沉式绿地等"绿色"措施来组织排水,以"慢排缓释"和"源头分散"控制为主要规划设计理念,既避免了洪涝,又有效的收集了雨水。

(9) 物联网

物联网是信息化时代的重要发展阶段,是物物相连的互联网。物联网通过智能感知、识别技术与普适计算等通信感知技术,广泛应用于网络的融合中。

在物联网应用中有三项关键技术,传感器技术、RFID 标签、嵌入式系统技术。

物联网的用户为物,每个用户都具有空间位置属性,物联网技术与 GIS 融合才能发挥更大作用。

【释义】 普适计算是一个强调和环境融为一体的计算概念,人们能够在任何时间、任何地点、以任何方式进行信息的获取与处理,包括分布式计算、移动计算、人机交互、人工智能、嵌入式系统、感知网络以及信息融合等多方面技术的融合。

传感器技术把现实世界模拟信号转换成数字信号。

RFID 标签是无线射频自动识别技术,和二维码识别技术一起是物品进入网络的身份标签。

嵌入式系统技术综合了计算机软硬件、传感器技术、集成电路技术、电子应用技术为一体。

12.1.3 章节练习

(一) 单项选择题

1. (   )不属于空间地理信息数据编辑过程。

    A. 拓扑建立   B. 空间相似变换

    C. 多边形闭合检查   D. 源数据整理

2. 地理信息系统能根据已有的数据发现规律,对未来做出预测和决策,该功能体现了地理信息系统基本功能需求中的(   )特征。

A. 模式　　　　　B. 条件　　　　　C. 趋势　　　　　D. 模拟

3. 对本市的不动产籍管理数据库进行立项分析,需要投入配置资源最大的应是(　　)阶段。

A. 需求分析　　　B. 软件开发　　　C. 数据入库　　　D. 调试安装

4. 在数字城市地理空间框架数据建设中,RS 技术主要用于(　　)。

A. 数据处理　　　B. 数据获取　　　C. 数据建库　　　D. 数据分析

5. 下列关于 WEBGIS 的特点,不正确的是(　　)。

A. 数据源结构不同　　　　　　　　B. 数据存储地不同

C. 数据源来源不同　　　　　　　　D. 数据逻辑不同

6. 对公众开放的某地政务信息查询系统应用时的数据转换功能按钮可能的作用是(　　)。

A. 建立地理数据索引和拓扑关系

B. 统一数据录入格式来实现地理要素分层编辑

C. 保证与系统更新数据的有效拼接

D. 满足系统数据的跨平台服务功能

7. 在 GIS 中引入了知识发现机制,用来解决 GIS 的(　　)问题。

A. 空间数据挖掘　　　　　　　　　B. 空间决策支持

C. 空间数据分析　　　　　　　　　D. 空间数据存储

(二)多项选择题

1. GIS 数据采集与输入包括(　　)等工作。

A. 数据录入　　　B. 数据整理　　　C. 航空摄影　　　D. 格式转换

E. GNSS 采集

2. 信息是用文字等介质来表示事物现象的内容、特征,向外提供事实和知识,信息具有(　　)等特性。

A. 客观性　　　　B. 正确性　　　　C. 可存储性　　　D. 可传输性

E. 可共享性

3. 移动 GIS 系统主要由(　　)组成。

A. 移动通信网络　　B. 移动终端　　　C. 空间数据库　　D. 定姿系统

E. 定位系统

习题答案与解析

(一) 单项选择题

1.【D】　解析:空间数据编辑与处理过程包括数据格式转换、拓扑关系的建立、图形编辑、图形整饰、图形变换、投影变换、误差校正等内容。空间相似变换是空间基准的转换和统一,多边形闭合检查属于图形编辑内容。D 选项属于数据准备过程。

3.【C】　解析:数据采集和输入是将收集的已有数据转换为 GIS 可以接收处理的数据。数据输入费用通常是 GIS 软硬件费用的 5~10 倍。

4.【B】　解析:在数字城市地理空间框架数据建设中,地理信息技术主要用于数据分析,遥感技术主要用于数据获取。

5.【D】 解析:分布式 GIS 用分布式计算处理多源异构(多种来源,不同结构)数据,构建在地理上分布,逻辑上统一的 GIS 内。WEBGIS 是一个交互式、分布式的动态 GIS。

6.【D】 解析:选项 D 是空间数据库在应用阶段的功能,其他选项为数据编辑阶段功能。

7.【B】 解析:在 GIS 中引入了空间数据挖掘与知识发现机制,来解决 GIS 智能化问题和空间决策支持问题。

(二) 多项选择题

1.【ABD】 解析:数据采集和输入是将现有数据转换为 GIS 可以接收的数据,数据输入费用通常是 GIS 软硬件的 5~10 倍。此处的采集是已有数据的转换,不包括外业采集内容。

2.【ADE】 解析:信息是用文字、数字、符号、语言、图像等介质来表示事物现象的内容、数量或特征,从而向外提供关于现实世界新的事实和知识,信息具有客观性、适用性、可传输性和共享性等特征。

3.【ABCE】 解析:移动 GIS 系统主要由移动通信网络、GIS、定位系统和移动终端四个部分组成。

12.2 地理信息数据

12.2.1 空间数据模型

地理信息系统首先必须将现实世界描述成计算机能理解和操作的数据形式。数据模型是对现实世界进行认知、简化和抽象表达,并将抽象结果组织成数据集,是地理信息系统的基础。

1. 空间数据模型

空间数据模型用概念模型、逻辑模型、物理模型,空间认知三层模型表示。

(1) 概念模型

概念模型把地理实体抽象化,用地理学语言来描述和定义。地理空间数据的概念模型大体上分为两类,即对象模型和场模型。

① 对象模型

对象模型也称作要素模型,是将地理现象和空间实体作为独立的对象分布在空间域中,按照其空间特征分为点、线、面、体 4 种基本对象,如图 12.3(a)所示。

② 场模型

场模型是把地理空间中的现象作为连续的变量或体来看待,如图 12.3(b)所示。

(2) 逻辑模型

逻辑模型是从建模的角度,对地理实体抽象形成的数据建模。逻辑模型是根据概念模型确定的空间信息内容,以计算机能理解和处理的形式,具体地表达空间实体及其关系。针对对象模型和场模型两类概念模型,一般采用矢量数据模型、栅格数据模型、面向对象数据

(a) 对象模型　　　　　　　　(b) 场模型

图 12.3　概念模型

模型等逻辑数据模型来进行空间实体及其关系的逻辑表达。

以下空间数据逻辑模型除了面向对象数据模型和空间数据模型外都属于传统数据库逻辑模型。

① 层次模型

层次模型呈树形结构,地理要素之间为一对多关系。

② 网络模型

网络模型节点之间没有明显从属关系,地理要素之间为多对多关系。

③ 关系模型

关系模型是采用二维表格结构表达实体类型及实体间联系的数据模型,其优点是数据结构简单、查询处理方便、数据独立性强和 SQL 语言联合紧密,缺点是查询效率低。

【释义】　关系模型如 MySQL、SyBase、Oracle、DB2、SQL Server、Informix 等数据库模型图 12.4。

结构化查询语言(Structured Query Language)简称 SQL,是一种数据库查询和程序设计语言,用于存取数据以及查询、更新和管理关系数据库系统。

【小知识】

Oracle Database 是甲骨文公司的一款关系数据库管理系统,是目前世界上流行的关系数据库管理系统,系统可移植性好、使用方便、功能强。

MySQL 由瑞典 MySQL AB 公司开发,目前属于甲骨文公司产品,是最流行的 WEB 关系数据库管理系统应用软件。

SQL Server 是微软公司开发的全面的关系型数据库平台。

④ 面向对象数据模型

面向对象数据模型是把系统工程中的某个模块和构件视为问题空间的一个或一类对象建立整体模型处理。它属于非关系数据库(NoSQL)中的一个类型,面向对象方法将对象的属性和方法进行封装。

【释义】　例如在城市地籍管理中,采用面向对象数据模型将宗地多边形类和内部包括的建筑物多边形聚集为宗地类进行管理和处理,简化了空间数据的分析。

DB4o 是一种纯面向对象数据库,具有程序开源、多平台使用、易嵌入的特点,目前官方已经停止更新。

【小知识】

面向对象数据模型具有分类、概括、聚集、联合等对象抽象技术以及继承和传播等强有力的抽象工具。

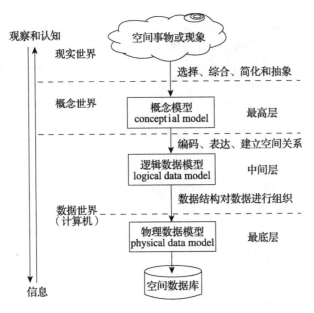

图 12.4   空间认知三层模型

⑤ 空间数据模型

空间数据模型分为混合数据模型、全关系型空间数据模型、对象关系型空间数据模型、面向对象空间数据模型等几类。

（3）物理模型

物理模型由实现它的数据库,用数据库语言定义和描述,形成计算机可以实现的模式。

2. 空间数据的特征

地理信息系统中空间数据的特征分为空间特征、属性特征、时间特征三种特征。

（1）空间特征

空间特征即几何坐标,标识地理实体和地理现象在某个已知坐标系中的空间位置,可以是经纬度、平面直角坐标、矩阵的行列数等。

① 绝对位置

绝对位置由在相应坐标系中的坐标定义。

② 相对位置

相对位置由空间关系定义,表示点、线、面实体之间的空间联系。

（2）属性特征

属性特征是对应地理实体或地理现象的描述信息,如分类、数量、名称、标志码等。属性分为定性和定量两种。

① 定性属性

定性属性包括名称、类型、特性等,常用来描述土壤种类、行政区划等属性。

② 定量属性

定量属性包括数量和等级等,常用来描述面积、长度、土地等级、人口数量等属性。

（3）时间特征

描述地理实体或地理现象随时间变化的特征。

12.2.2　空间数据结构

空间数据结构主要有矢量数据结构和栅格数据结构两类,对地理要素的表达如图 12.5 所示,左侧为矢量点、线、面要素,右侧为栅格点、线、面要素。

1. 空间数据结构

（1）矢量数据

矢量数据是在直角坐标系中,以坐标形式表示空间位置的数据,适宜表达离散空间数据。矢量数据分为零维点元素、一维线元素、二维面元素、三维体元素。

矢量数据分为几何特征数据和属性特征数据。几何特征用坐标和空间关系表达,属性特征分为编码和表单数据,其中标志码和几何特征是软件系统决定的,其他属性可以由用户添加或修改。

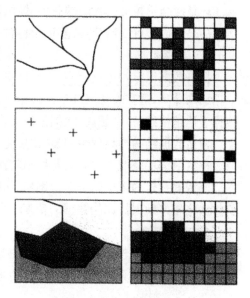

图 12.5　空间数据结构

矢量数据结构位置明显、属性隐含。

空间数据可抽象表示为点、线、面三种基本的图形要素,如图 12.6 所示。

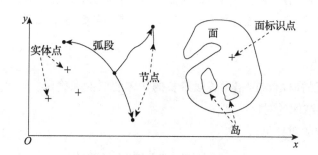

图 12.6　矢量点、线、面要素

① 点要素

点要素主要用于标识空间点状实体。作为标记点时仅用于特征的标注和说明,或作为面域的内点用于标明该面域的属性。作为线的起点、终点或交点时,称为节点。

② 线要素

线要素是具有相同属性点的轨迹,线的起点和终点表明了线的方向。线上各点具有相同的公共属性并至少存在一个属性。

弦列是点的序列,一段无分支的线段。

弧段是形成曲线点的轨迹。一般用弦列近似表示。

链是有方向无分支的线段或弧段。

③ 面要素

面要素是线包围的有界连续的具有相同属性值的面域,或称为多边形。

环是两个不相交的封闭的弦列、弧段、链之间的区域。

岛是多边形可以嵌套,被多边形包含的多边形称为岛。

(2) 栅格数据

栅格数据以行列进行分格,以坐标系左上角为原点,并对格网中心进行属性赋值。栅格数据结构简单,适宜表达连续空间数据。栅格数据的精度与格网尺寸有关,格网尺寸越小,数据表达越精细、精度越高、数据量越大。

栅格数据结构类型属性明显、位置隐含。

栅格数据的获取主要有矢量数据转换法、扫描数字化、分类影像输入等方法。

当依据一定的要求给定单位网格后,而网格中有多种地物类型时,需要正确选用栅格赋值方法来较好地保持原始数据的精度。

① 中心点法

中心点法取位于栅格中心的属性值为该栅格的属性值。

【释义】 对于具有连续分布特征的地理要素,如降水分布、人口密度等问题,中心法首要选用。

② 面积占优法

面积占优法是取栅格单元属性值为面积最大者,常用于分类较细,图斑较小的栅格。

③ 重要性法

重要性法取重要的属性值为栅格属性值,常用于具有特殊意义而面积较小的地理要素。

【释义】 如城镇、交通枢纽、交通线、河流水系等,在栅格中代码应尽量表示这些重要地物。

④ 长度占优法

每个栅格单元的值由该栅格中线段最长的实体的属性来确定。

(3) 两种数据结构的对比

两种数据结构的对比见表12.1。

表 12.1 矢量数据与栅格数据优缺点

比较项目	矢量数据结构		栅格数据结构	
	优点	缺点	优点	缺点
数据大小	冗余度小	算法复杂	结构简单	数据量大
拓扑关系	便于网络分析	难以叠置	便于叠置	难以建立网络
数据模型	面向对象模式	难以建立	模拟容易	投影变换难
数据处理	便于更新	技术复杂	算法简单	操作繁琐
数据输出	质量和精度高	成本较高	快速简便	质量低

2. 空间数据的说明

(1) 空间数据的描述

空间数据的描述主要有编码、位置、行为、属性、说明、关系等类型。图 12.7 中 FID、Shape、FNODE_、TNODE_分别表示标志码、图元类型、起始结点、终止结点。

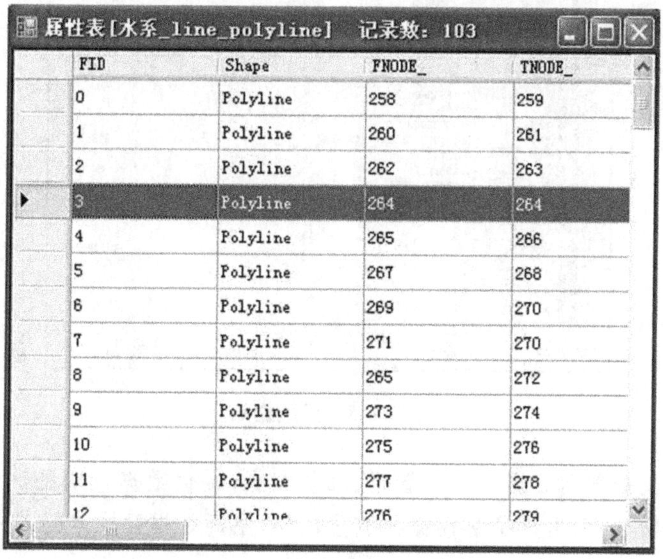

属性表[水系_line_polyline] 记录数: 103			
FID	Shape	FNODE_	TNODE_
0	Polyline	258	259
1	Polyline	260	261
2	Polyline	262	263
3	Polyline	264	264
4	Polyline	265	266
5	Polyline	267	268
6	Polyline	269	270
7	Polyline	271	270
8	Polyline	265	272
9	Polyline	273	274
10	Polyline	275	276
11	Polyline	277	278
12	Polyline	276	279

图 12.7　空间数据属性表

① 编码

空间数据编码分为分类码和标志码。

对空间数据编码的原则主要有系统性、科学性、一致性、标准化、通用性、简捷性、可扩展性等要求。

【释义】　分类码表示地理实体所属类别。标志码用来标识计算机可以辨认的唯一地理实体。

② 位置

空间数据的绝对坐标和相对位置关系。

③ 行为

表示了地理实体或现象的行为和功能。

④ 属性

属性指实体的非空间信息,包括对地理实体的定性和定量描述。

⑤ 说明

说明表明数据来源、质量等信息,一般用元数据来描述。

⑥ 关系

空间数据集合之间的关系,如空间索引、数据层关联等。

(2) 元数据

元数据是对数据变化的描述,是描述数据的数据,是数据的说明表单资料(图 12.8),一般用关系数据表描述空间数据集的内容、质量、表达方式、精度、空间参考系、管理方式、其他特征等内容。

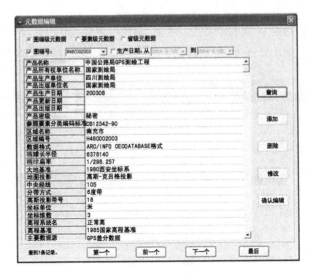

图 12.8　元数据表

【释义】　元数据帮助数据生产者管理、维护数据，提供数据说明描述便于数据查询、数据交换和数据传输，帮助用户了解数据的质量，提供空间数据互操作的基础。

空间数据元数据的获取主要有以下几个方面。

① 数据收集前

根据数据库需要设计元数据。

② 数据收集中

随数据的生成而生成。

③ 数据收集后

对元数据进行描述和管理。

12.2.3　空间数据压缩和转换

1. 空间数据压缩

空间数据集非常庞大，为了能在计算机上更快和更流畅地存储和处理，一般要采取一定的算法或编码对数据进行压缩处理。空间数据压缩按压缩方式分为有损压缩和无损压缩两类。

（1）栅格数据压缩

无压缩的栅格数据按行列式编码，数据量大，需要采取一定的编码方式进行数据压缩。

除了采取面域邻接线段的删除、共同属性的界线合并、清除杂斑等方法来进行栅格数据有损压缩外，以下编码形式属于无损压缩。

① 链码

链码是用曲线出发点坐标和斜率代码描述二值化（黑白）图像的编码方式，如图 12.9所示。

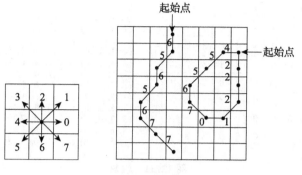

图 12.9　链码

链码对多边形的表示具有很强的数据压缩能力,对于估算面积、长度、转折方向的凹凸度等运算十分方便。但对局部修改时链码将改变整体结构,效率较低,且相邻区域的边界被重复存储会产生数据冗余。

【释义】　图 12.9 中左边的线要素链码编码为 1,4,6,5,6,5,6,7,7,其中(1,4)表示起始点的行列坐标,后面编码为线路代码。

② 游程长度码

游程长度码以线为单元把相邻等值像元合并,并记录重复像元个数。

采用游程长度码编码进行叠加、合并等运算简单,编码和解码运算快。图形越简单数据的相关性越强,压缩率越大。

【释义】　如图 12.10 所示,(7,5)表示连续 5 个属性为 7 的像元连续。

0 4 4 7 7 7 7 7	0, 1; 4, 2; 7, 5;
4 4 4 4 4 7 7 7	4, 5; 7, 3;
4 4 4 4 8 8 7 7	4, 4; 8, 2; 7, 2;
0 0 4 8 8 8 7 7	0, 2; 4, 1; 8, 3; 7, 2;
0 0 8 8 8 8 7 8	0, 2; 8, 4; 7, 1; 8, 1;
0 0 0 8 8 8 8 8	0, 3; 8, 5;
0 0 0 0 8 8 8 8	0, 4; 8, 4;
0 0 0 0 0 8 8 8	0, 5; 8, 3;

图 12.10　游程长度码

③ 块码

块码是将游码长度编码方法从一维扩大到二维的方法,把多边形范围划分成由像元组成的正方形,对各个正方形编码。

【释义】　图 12.11 所示,(1,1,1,0)表示行列为(1,1),半径为 1,属性为 0。

④ 四叉树码

四叉树码把二维图像进行 2×2 递归分解,用莫顿码(MORTON)进行二进制编码,如图 12.12 所示。

四叉树码各部分的分辨率是可变的,既可精确表示图形结构又可减少存贮量。

八叉树码是四叉树的三维拓展。

0	4	4	7	7	7	7	7
4	4	4	4	4	7	7	7
4	4	4	4	8	8	7	7
0	0	4	8	8	8	7	7
0	0	8	8	8	8	7	8
0	0	0	8	8	8	8	8
0	0	0	0	8	8	8	8
0	0	0	0	0	8	8	8

(1, 1, 1, 0); (4, 1, 2, 0);
(6, 1, 3, 0); (7, 4, 1, 0);
(8, 4, 1, 0); (8, 5, 1, 0);
(1, 2, 1, 4); (1, 3, 1, 4);
(2, 1, 2, 4); (2, 3, 2, 4);
(2, 5, 1, 4); (1, 4, 1, 7);
(1, 5, 1, 7); (1, 6, 1, 7);
(1, 7, 2, 7); (2, 6, 1, 7);
(3, 7, 2, 7); (5, 7, 1, 7);
(3, 5, 2, 8); (4, 4, 1, 8);
(5, 3, 1, 8); (5, 4, 2, 8);
(5, 6, 1, 8); (5, 8, 1, 8);
(7, 5, 1, 8); (6, 6, 3, 8);

图 12.11　块码

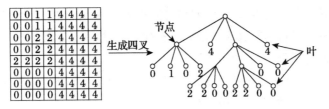

图 12.12　四叉树码

【小知识】

莫顿码的编码方法为:

假设一像元的行号为 5 列号为 7,把行列号都进行二进制转换,则行号为(0101),列号为(0111),把两个二进制数列每一个数交叉错开合并,即取(0101)的第一位 0,再取(0111)的第一位 0,然后取(0101)的第二位 1,再取(0111)的第二位 2,如此交错反复得到新的编码(00110111),换算成十进制等于 55。

通过莫顿码,可以将 $2n \times 2n$ 图像压缩成线性四叉树,其步骤如下:

◎按照莫顿码把图象读入一维数组。

◎相邻的四个像元比较,一致的合并,只记录第一个像元的莫顿码。

◎比较所形成的大块,相同的再合并,直到不能合并为止。

(2) 矢量数据压缩

矢量数据压缩一般采用有损压缩方式。

特征点筛选也叫曲线压缩或特征点提取,其目的是剔除多余点保留特征点,使矢量要素平滑化。

2. 空间数据格式转换

栅格数据和矢量数据可以依一定的算法相互转换。

(1) 栅格数据转化成矢量数据

栅格数据转化成矢量数据一般要经过二值化、平滑细化、追踪和提取操作。

① 二值化

把扫描数字化形成的栅格数据进行属性分类调整,转化为黑白位图格式,黑色为矢量提取的对象,如图 12.13(a)所示。

② 平滑

对二值化图像进行编辑,去除噪音、清除杂点,如图 12.13(b)所示。

③ 细化

把线元素细化为一个像素宽度的栅格线段,线元素必须连续,作为数据矢量化的基础。具体方法有剥皮法和骨架化法等,如图 12.13(c)所示。

④ 追踪

处理骨架图,从线要素端点开始,进行连续追踪处理,把栅格线要素转化为连续的坐标序列,如图 12.13(d)所示。

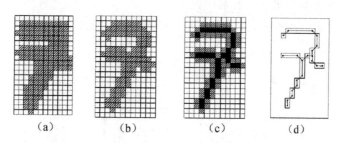

（a）　　　　　（b）　　　　　（c）　　　　　（d）

图 12.13　栅格数据矢量化

【释义】　追踪方式同链码编码方式。

⑤ 矢量线提取

提取线要素特征点,简化和平滑线要素,生成矢量线。

（2）矢量数据转化为栅格数据

矢量数据转化为栅格数据一般采用内部点扩散法、扫描法、边填充算法等方法。

12.2.4　空间关系

地理信息数据空间关系包含顺序关系、度量关系、拓扑关系三类。

1. 空间顺序关系和空间度量关系

（1）空间顺序关系

空间顺序关系也叫空间方位关系,描述了空间实体之间在空间上的排序关系。

空间实体之间的前后上下、东南西北等方位关系,用实体之间连线和基准线之间的角度来度量。

（2）空间度量关系

空间度量关系描述空间实体之间的距离关系,用实体之间的距离来度量。

2. 空间拓扑关系

空间拓扑关系描述空间实体之间的相对关系,拓扑关系是空间信息进行空间分析的基础。

（1）拓扑属性

空间变换时,属性保持不变的属性称为拓扑属性。

如一个点是一个弧段的端点;一个弧段是简单弧段(弧段自身不相交);一个点在区域的

边界上；一个点在一个区域的内部；一个点在区域的外部；一个点在一个环的内部；一个面是一个简单面(面上没有岛或环)；点、线之间的关联性；多边形的邻接性等都属于拓扑属性。

线的方向、弧的长度、区域的周长、区域的面积、两点之间的距离等不是拓扑属性。

【释义】 想象一张橡皮纸，如果经过各种拉升，上面的要素相对位置关系保持不变，即为拓扑属性。

(2) 拓扑关系

拓扑关系指存在于结点、弧段、多边形元素之间具有拓扑属性的空间相对位置关系。

① 关联关系

关联关系指不同类图元之间的拓扑关系。

【释义】 如图 12.14 所示，面的定义是弧段封闭成的区域，是线元素和面元素的关系，属于关联关系。

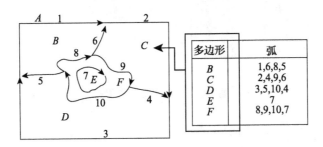

图 12.14 多边形区域定义

② 邻接关系

邻接关系指同类图元之间的拓扑关系。

【释义】 如弧段两端点之间的拓扑关系。

③ 连通关系

连通关系指由结点和弧段构成的有向网络图形中，结点之间是否存在通达的路径。

④ 其他拓扑关系

除以上几种基本拓扑关系外，还有地理要素两两之间具有的包含关系、分离、相邻、重合、相交关系。

【小知识】

四元组模型和九元组模型：

四元组模型又称为四交模型，是以点集拓扑学为基础，通过边界和内部两个点集的交进行定义，并根据其内容进行关系划分定义拓扑关系的方法。把空间拓扑关系扩展到两实体的边界、内部和外部三部分相交构成的 3×3 九元组来决定时，称之为九交模型，考虑每组取值有空和非空两种情况，可以确定有 $2^9 = 512$ 种二元拓扑关系。

(3) 建立拓扑关系的意义

◎拓扑关系能清楚地反映地理实体之间的逻辑结构关系，能更稳定地反映地理实体之间的关系。

◎利用拓扑关系有利于空间要素的查询。

◎可以根据拓扑关系重建地理实体,如重建路网的拓扑连通便于网络分析。

12.2.5 地理数据

地理数据分为基础地理数据和专题地理数据两类。

1. 基础地理数据

基础地理数据是描述地表形态及其所附属的自然人文特征和属性的总称,是统一的空间定位框架和空间分析的基础数据。基础地理数据的特点是基础性、权威性、现势性、动态性、抽象性、多尺度多分辨率性、多样性、复杂性。

(1)标准体系

基础地理数据必须具备通用性和基础性特点,需要标准化管理和生产。

① 基础标准

基础标准包括空间参考系、分幅与编号、图式、要素分类编码、数据字典、元数据、数据交换格式等系列标准。

② 产品标准

产品标准包括 4D 产品等基本类型。规定产品的分类、标记、技术指标与要求、产品包装、检测与评价、分发格式等内容。

③ 技术标准

技术标准包括生产技术方法、工艺流程、技术指标与要求、检查等做出的相应技术规定。同时也包括基础地理信息系统建设与应用服务的基本技术规定。

④ 管理标准

管理标准是在基础地理数据生产、建库和系统建设中需要统一协调的技术管理、质量监督等方面的标准,包括产品检测与评价、数据库设计与建库、数据库和管理系统运行管理与维护等方面的技术规定等。

⑤ 要素编码标准

基础地理信息要素代码结构为六位数组成。其中大类有 8 类,分别为定位基础、水系、居民地与设施、交通、管线、境界与政区、地貌、植被与土质。

大类码(1)+中类码(1)+小类码(2)+子类码(2)

【释义】 如 810301 是稻田的基础地理信息要素编码,植被和土质(8)+农林用地(1)+耕地类(03)+稻田(01)。

(2)基础地理数据采集

采集方法有全野外数据采集、航测和遥感法、地图数字化等。

(3)地理空间数据编辑

空间数据的错误类型主要有定位错误和拓扑错误两类。对定位错误的编辑采用非拓扑编辑进行,对拓扑错误的编辑要采用拓扑编辑方法。

① 非拓扑编辑

非拓扑编辑是数据的整形,内容包括编辑节点、线条的简化和平滑、分割合并多边形等。空间数据的定位错误通常有数字化中的人为错误、数字化误差、数字化地图与现实世界地理实体坐标误差等,一般用逻辑检查法、目视检查法、叠合对比法进行检查。

【释义】 非拓扑编辑的工具主要有 MapInfo、ArcView、AutoCAD 等。

无拓扑矢量格式只存储坐标和属性,不存储空间关系,如 AutoCAD 处理的矢量格式不具有拓扑属性。

② 拓扑编辑

拓扑编辑生成拓扑关系,使计算机能辨认独立的结点、弧线、多边形等,在此过程中能消除数字化错误。

拓扑错误主要有以下几类:

◎当一条线没有一次录入完毕时,就会产生伪节点,使一条完整的线变成两段。

◎弧段某个结点与要素不相关时,线要素上将出现悬挂节点,悬挂节点有过头和不及、多边形不封闭、节点不重合等几种情形(图 12.15)。

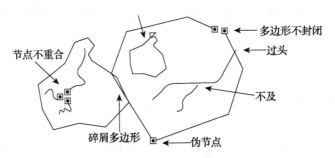

图 12.15　空间数据拓扑检查

◎两次录入同一条线的位置不一致,会产生碎屑多边形。

◎输入线要素错误导致多边形扭曲,会产生不规则多边形。

拓扑构建的步骤是先剪断所有相交弧段,根据设定的模糊容差捕捉节点,并连接各节点,根据设定的悬挂长度编辑弧段,删除过头弧段,最后构建拓扑表,生成拓扑关系。

【释义】 拓扑编辑的工具主要有 ArcInfo 等。

【小知识】

ArcGIS(ArcGIS Desktop)是 Esri 公司开发的 GIS 软件桌面版,也是目前使用最广泛的地理信息系统软件,由三个用户桌面组件组成,即 ArcMap、ArcCatalog、ArcToolbox,ArcInfo 是 ArcGIS 的一个用户级别,包括两个较低级别 ArcView 和 ArcEditor 的所有功能。

(4) 数据的几何纠正

由于扫描过程中的各种因素影响,扫描得到的地形图数据和遥感数据存在变形,必须加以纠正。

【释义】 对地形图的纠正,一般采用四点纠正法或逐网格纠正法。

(5) 坐标系变换

空间数据参考系一是空间数据进行编辑处理和进行空间分析的前提。

① 多源空间数据的空间变换

◎相似变换采用七参数进行不同坐标系统之间的转换,如图 12.16(b)所示。

◎仿射变换用于处理坐标在(x,y)上比例因子不一致的问题,通过平移、缩放、旋转,并在不同方向有不同的压缩和扩张,如图12.16(a)所示。

② 常见 GIS 坐标系

在计算机图形学中,一般采用如下几个坐标系统。

◎世界坐标系

世界坐标系即空间数据在实际位置上的坐标系,作为场景的唯一统一的公共空间参照基准。

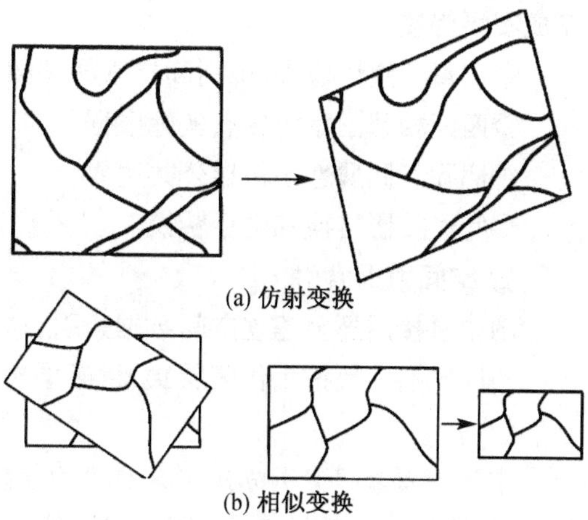

◎规范化坐标系

规范化坐标系作为世界坐标系与设备坐标系的中间坐标系。

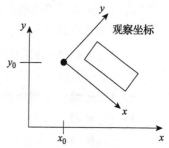

图 12.16　仿射变换和相似变换

◎设备坐标系

设备坐标系适合特定设备输出的坐标系。

◎观察坐标系

观察坐标系(图 12.17)适合观察者视角在世界坐标系内重新定位与描述的坐标系。

(6) 地图投影变换

在地理信息系统中所配置的投影系统应与相应比例尺的国家基本图投影一致,所用投影以等角投影为宜,应能与网络坐标系统相适应。系统中至多采用两种投影系统,一种应用于大比例尺的数据处理与输出、输入,另一种服务于小比例尺。

图 12.17　观察坐标系

地图投影变换指从一种地图投影点的坐标变换为另一种地图投影点的坐标。目前常用的地图投影变换方法主要有解析变换法和数值变换法。

① 解析变换法

解析变换法是通过建立两种投影之间数学关系的方法进行转换,分为正解变换和反解变换。

【小知识】

反解法是根据原始地图的投影方程式反解原始地图投影点的经纬度,再代入新编图的地图投影方程式,得到两种投影的平面直角坐标关系。

正解法是建立两种不同地图资料间相应点坐标的直接关系,代入逼近多项式建立方程组,求出方程系数,再代入逼近多项式求出新编图投影点的坐标。

② 数值变换法

数值变换法指利用若干同名点用插值法进行转换。

(7) 图幅拼接和索引

① 图幅拼接

通过以下步骤计算机自动或半自动把图幅拼接成整幅,建立物理和逻辑上的无缝图层,

完成图幅拼接:

　　◎逻辑一致性检查,识别和检索相邻图幅。

　　◎匹配相邻图幅边界点坐标数据。

　　◎删除相同属性多边形公共边界。

　　◎完成投影转换和坐标转换。

　　② 空间数据索引

　　图幅拼接后还要建立空间数据索引,这是构建空间数据查询的基础工作。

　　空间索引一般按工作区层次、目标层次、地物层次,自顶向下、逐层索引的方式进行。

　　【小知识】

　　常用空间数据索引方法有窗口索引、格网索引、二叉树索引(BSP 树、KDB 树)、矩形框树索引(R 树)、单元树索引(CELL 树)等。

　　(8) 空间数据分层

　　为了便于分类存储、数据拆分和组合、专题图制作等工作,空间数据一般按专题、时间序列、地理实体几何类型、实体属性结构等方式分层。

　　◎同一类数据放在同一层。

　　◎用户使用频率高的数据放在主要层。

　　◎为显示绘图或控制地名注记位置的辅助点、线、面应放在辅助层。

　　◎尽量减少数据冗余。

　　◎处理好数据与功能之间的关系。

　　(9) 拓扑生成

　　经过图形编辑处理以后可以建立拓扑关系,对空间数据进行空间关系判别。

　　可以定义以下内容:

　　◎区域性,每个多边形可以用一组弧段表示。

　　◎邻接性,多边形之间的关系。

　　◎连通性,对弧段连接的判别。

　　(10) 地理数据更新

　　数据应及时更新,维持空间数据的现势性。

　　当数据为基础地理信息数据时,数据更新主要分为确定更新策略、变化信息获取、采集变化数据、现势数据生产、现势数据提供等步骤。

　　① 确定更新策略

　　基础地理数据一般采取全要素更新,也可按需要和周期选择更新内容,确定更新周期方法分为逐年更新、定期全面更新、动态实时更新等方式,可以组建专门队伍包片包干,实现实时更新。

　　更新的组织和实施方案应确定责任机构,制定组织机制,明确投入经费和利益分配。

　　更新范围主要采取以图幅为单位的方式,也可以将更新区域按区域和街区分片更新,便于建库和数据组织,但会一定程度上影响数据管理。

　　② 获取变化信息

　　可采取专业队伍进行定期现势调查,或将卫星遥感影像与现有数据比较,以及根据其他渠道获得变化信息等方式来发现基础地理数据变化信息。

③ 采集变化数据

人工数据采集：包括对标绘图进行数字化、野外勘测数字作业、GNSS 采集等。

交互式数据采集：包括摄影测量、遥感图像处理等。

自动数据采集：卫星遥感影像识别与处理等。

【释义】　如基于 SPOT、TM 的更新方案，可用于 1∶5 万～1∶10 万比例尺基础数据的更新，基于 IKONOS、QuickBird 的更新方案，可用于 1∶1 万以上比例尺基础地理数据的更新。

④ 现势数据生产

新采集的数据与原数据要进行融合，采取插入、删除、匹配和替换等方法进行更新，历史数据要进行保存与管理。

现势数据生产中需要提供足够的元数据以便对更新过程进行追踪，并注意数据模型的演变、比例尺与数量标准等变换问题。数据的匹配的方法有人工匹配、交互匹配、自动匹配等。

被更新数据应存于历史库中以备数据回溯管理。

⑤ 现势数据提供

现势数据提供给用户时，需要保留用户购买数据后附加的独有属性及语义，所以有时只需要提供变化部分和相应的元数据，供用户与其独有属性联结。

【释义】　注意普通地理信息数据更新与基础地理信息数据更新的区别。

（11）属性信息

属性数据主要是获取空间要素的特征，对属性信息分类时应尽量少分类目。

属性数据的校核包括两部分内容：属性数据与空间数据是否正确关联，标识码是否唯一；属性数据是否准确，是否超过其取值范围。

属性信息的更新方法有：

◎由现有的信息数据生成新的属性信息。

◎把属性信息数据取值分成少数几类来简化现有属性信息数据。

◎从现有属性信息数据计算新的属性信息。

◎在计算中结合专业知识生成属性解释数据。

（12）地理信息数据的可视化

地理信息数据可视化是将原有的地理信息数据转化为直观图形、图像的综合技术。

GIS 可视化方面的研究主要集中在以下几个方面：

◎运用动画技术制作动态地图，可用于涉及时空变化的现象或概念的可视化分析。

◎运用虚拟现实技术进行地形环境仿真，真实再现场景，用于交互式观察和分析。

◎运用图形显示技术进行空间数据不确定性和可靠性的检查，把抽象数据可视化。

◎运用图形界面和交互式手段进行地图设计和编绘。

（13）空间数据质量

① 衡量指标

空间数据质量衡量指标有专题准确度、位置精度、逻辑一致性、完备性、时间准确性、现势性等。

② 空间数据的误差

空间数据的误差主要有几何误差、属性误差、时间误差、逻辑误差等(表12.2)。

表12.2 空间数据的误差

误差类型	具体内容
地形图本身的误差	地形图的位置误差
	地形图的属性误差
	时间误差
	逻辑不一致性误差
	不完整性误差
数据转换和处理的误差	数字化误差
	格式转换误差
	不同 GIS 系统间数据转换误差
应用分析时的误差	数据层叠加时的冗余多边形
	数据应用时,由应用模型引进的误差

2. 专题地理数据

专题地理数据显示空间的专题要素和推算的专题现象,同时不仅显示专题内容的空间分布,也反映这些要素的特征以及它们之间的联系及发展。

专题地理数据包含了空间定位信息、专题属性信息和统计信息等。

(1)专题地理数据组成

专题地理数据由专题空间数据、专题非空间数据(专题属性数据、专题统计数据和多媒体数据等)组成。

(2)专题地理数据采集

◎地理数据采集:充分利用1:100万、1:25万比例尺已建成基础地理信息库资料,以1:10万和1:5万比例尺地理数据为辅。

◎文档数据采集:键盘录入、扫描识别。

◎统计数据采集:Oracle 等关系型数据库存储和处理。

◎声像数据采集:Recorder、Photoshop 等软件处理。

(3)专题地理数据更新

专题地理数据更新分为专题地理数据更新和非专题地理信息数据更新。

① 更新原则

专题地理数据更新要遵循精度匹配原则、现势性原则、空间信息和属性信息同步更新原则,对于数据现势性要求高的应提高更新周期。

② 专题地理信息标准

专题地理信息标准除了基础地理信息系统标准外还包括各领域专题地理信息标准。

③ 专题地理信息数据库构成

专题地理信息数据库由专题地理信息数据库、基础地理信息数据库、元数据库、共享数据库、备份数据库等构成。

12.2.6　章节练习

（一）单项选择题

1. 以下空间数据逻辑模型中,地理要素节点之间呈现多对多关系的是（　　）。
   A. 网模型　　　　B. 节点模型　　　　C. 树模型　　　　D. 二维表模型

2. 面向对象数据模型相对传统数据模型主要的区别是（　　）。
   A. 对数据一对一映射　　　　　　　B. 将对象的属性和方法进行封装
   C. 可以编辑属性数据　　　　　　　D. 便于采用 SQL 语言查询数据

3. NoSQL 数据库是目前非常流行的数据库模式,可以补充传统关系型数据库的不足,以下数据库属于 NoSQL 数据库的是（　　）。
   A. Oracle　　　　B. MySQL　　　　C. DB4o　　　　D. DB2

4. 下列选项不属于关系数据模型优点的是（　　）。
   A. 结构灵活　　　　　　　　　　　B. 可以方便地采用继承方法
   C. 数据独立性强　　　　　　　　　D. 查询处理方便

5. 在地理信息系统中,地理空间数据的绝对位置特征由（　　）定义。
   A. 空间坐标　　　B. 空间拓扑关系　　C. 空间顺序关系　　D. 空间度量关系

6. 结构化语言 SQL 常用于关系型数据库中,是一种（　　）。
   A. 面向对象的数据库编程语言　　　B. 可视化编程语言
   C. 数据库查询语言　　　　　　　　D. 可扩展标记语言

7. GIS 数据格式中,矢量数据相对于栅格数据而言表达的数据更加（　　）。
   A. 离散　　　　　B. 密集　　　　　C. 连续　　　　　D. 平整

8. 下列矢量元素中,属于二维元素的是（　　）。
   A. 链　　　　　　B. 弧段　　　　　C. 多边形　　　　D. 弦列

9. 空间数据库中,矢量数据几何特征用（　　）表示。
   A. 坐标和拓扑关系　　　　　　　　B. 绝对位置和空间关系
   C. 坐标和度量关系　　　　　　　　D. 坐标和属性特征

10. 在地理信息系统中,以下不是空间数据点要素用途的是（　　）。
    A. 作为图幅格网交叉点　　　　　　B. 作为说明标记点
    C. 作为线要素特征点　　　　　　　D. 作为面域属性标记点

11. 空间数据库元数据同步产生于（　　）阶段。
    A. 数据收集前　　B. 数据收集中　　C. 数据收集后　　D. 数据检查中

12. 和栅格数据格式相比,下面不是矢量数据格式优点的是（　　）。
    A. 显示图形的质量高　　　　　　　B. 便于网络分析
    C. 便于叠置分析　　　　　　　　　D. 便于更新

13. 同样地物,采用栅格线表达方式所用的计算机存储空间比矢量线方式（　　）。
    A. 大　　　　　　B. 小　　　　　　C. 相当　　　　　D. 无法比较

14. 对有特殊意义,面积小而狭长的地理要素进行栅格属性赋值,应选用（　　）赋值。
    A. 中心点法　　　B. 面积占优法　　C. 长度占优法　　D. 重要性法

15. 由平面表象对应位置上像元灰度值所组成的矩阵形式数据称为（　　）。

    A. DEM   B. 二维表数据   C. 格网数据   D. 栅格数据

16. 生产 DLG 数据时，"二值化"是对（　　）进行加工使之最终成为测绘数字成果的一个步骤。

    A. DLG 数据   B. DOM 数据   C. DEM 数据   D. DSM 数据

17. 以下栅格数据编码中，不是选取正方形阵列编码的是（　　）。

    A. 八叉树码   B. 块码   C. 游程码   D. 四叉树码

18. 以下栅格数据编码形式中，对多边形转折方向的凹凸度运算最方便的是（　　）。

    A. 链码   B. 块码   C. 游程码   D. 四叉树码

19. 以下对地理信息空间数据的压缩处理方法中，不会有数据损失的是（　　）。

    A. 相邻多边形共同链检查   B. 影像图冗点检查

    C. 用链码方式追踪线型   D. 矢量数据特征线化简

20. 关于空间数据拓扑关系建立的主要作用，以下说法错误的是（　　）。

    A. 反映地理实体间的逻辑结构关系   B. 有利于空间要素的查询

    C. 便于重建地理实体之间关系   D. 能提高系统运行速度

21. 以下属于空间地理数据 A 点和 B 点之间拓扑关系的是（　　）。

    A. A 点在 B 点西边 360 m   B. A 点在 B 点正西 0°方向

    C. A 点在 B 点西面   D. A 点与 B 点可以通过弧段相通

22. GIS 空间分析时，查询某条铁路上的一个站点，其要素关系属于（　　）。

    A. 拓扑邻接关系   B. 拓扑关联关系

    C. 空间顺序关系   D. 非拓扑关系

23. 在空间数据位置关系中，地理实体之间的连线和基准线之间的角度用来度量空间数据（　　）。

    A. 拓扑关系   B. 坐标关系   C. 顺序关系   D. 度量关系

24. 以下关于铁路站点的描述中，符合拓扑属性特征的是（　　）。

    A. 站点不在某铁路上   B. 两个站点之间的铁路长 10 km

    C. 站点位于某市东面   D. 站点每天的客流量

25. GIS 数据空间关系中，描述空间实体之间在空间上的排序叫（　　）。

    A. 拓扑关系   B. 方向关系   C. 联通关系   D. 邻接关系

26. 当地下给水管道维修时，分析多少用户会受到影响停水，并及时发放通知，该事项可以通过 GIS 分析中的（　　）获取数据。

    A. 缓冲区分析   B. 网络分析   C. 叠置分析   D. 包含分析

27. 下列空间关系描述项中，属于拓扑关系的是（　　）。

    A. 要素之间的空间坐标关系   B. 要素之间的空间度量关系

    C. 要素之间的空间指向关系   D. 要素之间的空间相对关系

28. 用 CAD 系统绘制简单线(line)命令，在两点之间画一条线，以下说法正确的是（　　）。

    A. 该线段是空间数据，有属性，有拓扑属性

    B. 该线段是空间数据，没有属性，没有拓扑属性

C. 该线段是空间数据,有属性,没有拓扑属性

D. 该线段不是空间数据,有属性,没有拓扑属性

29. GIS 空间数据的不完整或位置的误差,一般不采用(　　)方法进行检查。

　　A. 目视检查法　　　B. 叠合对比法　　　C. 实地检测法　　　D. 逻辑检查法

30. 关于基础地理信息数据库的现势数据生产,以下说法不正确的是(　　)。

　　A. 新数据采取插入、删除、匹配和替换等方法进行更新

　　B. 需要建立新数据库,删除历史库

　　C. 现势数据生产需要更新替换元数据库

　　D. 数据的匹配的方法可以采用人工匹配

31. 多源空间数据在进行空间变换时,在处理前和处理后图形无法保持相似的是(　　)。

　　A. 仿射变换　　　B. 平移变换　　　C. 缩放变换　　　D. 旋转变换

32. 以下比例尺属于省、直辖市、自治区级基础地理信息库比例尺的是(　　)。

　　A. 1∶5 万　　　B. 1∶1 万　　　C. 1∶2 000　　　D. 1∶1 000

(二) 多项选择题

1. 地理信息系统中,以下关于栅格数据格式正确的说法有(　　)。

　　A. 栅格数据以行列进行分格,并对格网点进行属性赋值

　　B. 栅格数据比矢量数据表达形式落后,逐渐被淘汰

　　C. 栅格数据结构简单,适宜表达连续空间数据

　　D. 栅格数据可以建立拓扑关系,能进行空间分析

　　E. 一定范围内,栅格数据的精度与格网数目有关

2. 以下栅格地图数据生产方法中,不需要进行重采样工序的是(　　)。

　　A. 分类影像导入　　　　　　　　B. DLG 数据导入

　　C. 纸质地图数字化　　　　　　　D. TM 影像处理

　　E. 属性录入

3. 空间数据属性特征中,一般为系统锁定,不可以被用户添加和修改的是(　　)。

　　A. 线型　　　B. 几何特征　　　C. 类型码　　　D. 元数据

　　E. 标志码

4. 对专题地理信息数据应用系统,数据的更新应采取(　　)原则。

　　A. 数据精度匹配　　　　　　　　B. 数据表示美观

　　C. 尽量保持现势性　　　　　　　D. 数据全面性和完整性

　　E. 空间信息和属性信息同步更新

5. 在 GIS 中,每个空间地理数据具有(　　)等数据来描述其特征。

　　A. 坐标　　　B. 时间特征　　　C. 地理实体　　　D. 数据字典

　　E. 要素分类码

6. 以下属于增强地理信息数据可视化可以采用的主要技术是(　　)。

　　A. 运用动画技术制作动态地图　　　B. 运用空间数据分层和索引便于图形分析

　　C. 运用图形界面和交互式手段　　　D. 运用虚拟现实技术进行地形环境仿真

　　E. 运用图形显示技术把抽象数据可视化

习题答案与解析

(一) 单项选择题

1.【A】 解析:网络模型节点之间没有明显从属关系,地理要素之间为多对多关系。

2.【B】 解析:面向对象数据模型属于非关系数据库(NoSQL)中的一个类型,面向对象方法将对象的属性和方法进行封装,还具有分类、概括、聚集、联合等对象抽象技术以及继承和传播等强有力的抽象工具。

3.【C】 解析:DB4o是一种纯面向对象数据库,属于非关系数据库(NoSQL)中的一个类型。结构化查询语言,简称SQL,是一种数据库查询和程序设计语言,用于存取数据以及查询、更新和管理关系数据库系统。NoSQL即非关系型数据。

4.【B】 解析:关系模型是采用二维表格结构表达实体类型及实体间联系的数据模型,其优点是数据结构简单、查询处理方便、数据独立性强、和SQL语言联合紧密,缺点是查询效率低。选项B是面向对象数据库的特点。

5.【A】 解析:空间特征即几何坐标,标识地理实体和地理现象在某个已知坐标系中的空间位置,可以是经纬度、平面直角坐标、矩阵的行列数等。绝对位置由坐标定义,相对位置由空间关系定义。

6.【C】 解析:结构化查询语言,简称SQL,是一种数据库查询和程序设计语言,用于存取数据以及查询、更新和管理关系数据库系统。

7.【A】 解析:矢量数据是在直角坐标系中,以坐标形式表示空间位置的数据,适宜表达离散空间数据。

8.【C】 解析:矢量数据分为零维点元素、一维线元素、二维面元素、三维体元素。其中多边形(面)是二维元素。

9.【B】 解析:矢量数据分为几何特征和属性特征,几何特征用坐标和空间关系表达。

10.【A】 解析:在地理信息系统中空间数据点要素可用于:

(1) 标识空间点状实体。

(2) 作为标记点仅用于特征的标注和说明。

(3) 作为面域的内点用于标明该面域的属性。

(4) 作为线的起点、终点或交点,称为节点。

11.【B】 解析:元数据是对数据变化的描述,是数据的数据。在数据收集前,根据数据库需要设计元数据。数据收集中,元数据随数据的生成而生成。数据收集后,对元数据进行描述和管理。

12.【C】 解析:矢量数据数据量小,易于网络分析,而且能方便地记录每个目标的具体属性描述信息。能够实现图形数据的恢复、更新和综合,图形显示质量好、精度高。栅格属性便于采用叠置分析。

13.【A】 解析:栅格单元的大小决定了在一个象元所覆盖的面积范围内地理数据的精度。栅格线要素需要相邻所有栅格的行列式表达,矢量线只需要表示首尾坐标。

14.【D】 解析:重要性法赋值常用于具有特殊意义而面积较小的地理要素,取重要的属性值为栅格属性值。常用于具有特殊意义的较小地物如城镇、交通枢纽、交通线、河流水系等,在栅格中代码应尽量表示这些重要地物。

15.【D】 解析:栅格数据以行列进行分格,以坐标系左上角为原点,并对格网中心进行属性赋值。栅格数据结构简单,适宜表达连续空间数据。

16.【B】 解析:图像的二值化是将图象上的像素点的灰度值设置为 0 或 255,也就是只有黑和白视觉效果,是目前栅格地图矢量化工艺中的中间过程。选项中只有 B 是栅格数据。

17.【C】 解析:四叉树码把二维图像进行 2×2 递归分解,八叉树码是四叉树的三维拓展,块码是将游码长度扩大到二维,把多边形范围划分成由像元组成的正方形,对各个正方形编码。游程长度码是把相邻等值元合并,并记录重复个数。

18.【A】 解析:链码用曲线出发点坐标和斜率描述二值化图像的编码方式。对多边形的表示具有很强的数据压缩能力,对局部修改将改变整体结构,效率较低,相邻区域的边界被重复存储而产生冗余。对于估算面积、长度、转折方向的凹凸度等运算十分方便。

19.【C】 解析:空间数据压缩按压缩方式分为有损压缩和无损压缩两类。链码是用曲线出发点坐标和斜率描述二值化图像的编码方式,属于无损失压缩。其他选项都会删除部分元素。

20.【D】 解析:空间数据的拓扑关系可清楚地反映实体间的逻辑结构关系,有利于空间要素的查询,便于重建地理实体。

21.【D】 解析:空间关系包含顺序关系、度量关系、拓扑关系三类。拓扑关系是描述空间实体之间的相对关系。空间变换时,属性保持不变的属性称为拓扑属性,拓扑关系指存在于结点、弧段、多边形元素之间具有拓扑属性的空间相对位置关系,选项 D 是拓扑连通关系和拓扑邻接关系。

22.【B】 解析:空间拓扑关系常用的有关联关系、邻接关系、连通关系、包含关系等。铁路和其站点的关系是点和线的拓扑关系,故选 B,即不同元素之间的拓扑关系。

23.【C】 解析:地理信息数据空间关系包含顺序关系、度量关系、拓扑关系三类。空间顺序关系描述空间实体之间在空间上的排序关系,如实体之间前后上下、东南西北等方位关系,用实体之间连线和基准线之间的角度来度量。

24.【A】 解析:空间变换时,属性保持不变的属性称为拓扑属性,只有选项 A 符合该特征,属于点线关系。

25.【B】 解析:空间顺序关系是描述空间实体之间在空间上的排序关系。

26.【B】 解析:网络分析中的连通分析可以根据网路和节点判断地理要素之间的拓扑连通性。本案例中通过分析维修处点要素与用户要素的管道连通性来判断受影响范围。

27.【D】 解析:空间拓扑关系是描述空间实体之间的相对关系。空间变换时,属性保持不变的属性称为拓扑属性。

28.【C】 解析:CAD 图形数据是矢量数据,它分为几何特征和属性特征,但不具备拓扑属性,也没法进行空间分析。

29.【C】 解析:空间数据的不完整或位置误差,一般用逻辑检查法、目视检查法、叠合对比法进行检查。

30.【B】 解析:基础地理信息数据库的现势数据生产时,新采集的数据与原数据要进行融合,采取插入、删除、匹配和替换等方法进行更新,历史数据要进行保存与管理。现势数据生产中需要提供足够的元数据以便对更新过程进行追踪,并注意数据模型的演变、比例尺与数量标准等变换问题。数据的匹配的方法有人工匹配、交互匹配、自动匹配等。

31.【A】 解析:仿射变换用于处理坐标在 x,y 上比例因子不一致的问题,通过平移、缩放、旋转,并在不同方向有不同的压缩和扩张。仿射变换是把图形进行拉伸,无法再保持与原图形相似。

32.【B】 解析:国家级基础地理信息库的比例尺分为 1:100 万、1:25 万和1:5 万;省、直辖市、自治区级分为 1:1万、和1:5 000;设区的地级市以下分为 1:2 000、1:1 000 和1:500。

(二) 多项选择题

1.【CE】 解析:栅格数据以行列进行分格,并对格网中心进行属性赋值;栅格数据能进行空间分析,但不能建立拓扑关系;栅格数据和矢量数据各有优势。选项 B 没有这说法。

2.【BE】 解析:栅格数据的获取主要有人工编码法、矢量数据转换法、扫描数字化法、分类影像输入等,其中后面两类方法需要重采样。

3.【BE】 解析:空间数据属性特征分为编码和表单数据,其中标志码、几何特征是软件系统决定的,其他属性可以用户添加和修改。

4.【ACE】 解析:地理信息数据更新原则:精度匹配原则、现势性原则、空间信息和属性信息同步更新原则。

5.【ABE】 解析:地理信息系统中空间数据的特征分为空间特征、属性特征和时间特征等三个基本特征。选项 A 为空间特征,选项 E 为属性特征。

6.【ACDE】 解析:GIS 可视化方面的研究主要集中在以下几个方面:

(1) 运用动画技术制作动态地图,可用于涉及时空变化的现象或概念的可视化分析;

(2) 运用虚拟现实技术进行地形环境仿真,真实再现场景,用于交互式观察和分析;

(3) 运用图形显示技术进行空间数据不确定性和可靠性的检查,把抽象数据可视化;

(4) 运用图形界面和交互式手段进行地图设计和编绘。

12.3 空间分析基础

12.3.1 空间量算和插值

1. 空间量算

空间信息量算是空间分析的定量化基础,空间量算包括以下内容:

(1) 几何量算

对矢量数据结构或栅格数据结构的空间数据的点、线、面状地物进行几何量算。

几何量算对点状地物量算坐标;对线状要素量算长度、曲率、方向等;对面状要素量算面积、周长、形状、曲率等;对体状要素量算体积、表面积等。

（2）形状量算

面状地物形状量算主要是空间一致性问题和多边形边界特征描述问题。

（3）质心量算

质心是描述地理对象空间分布的一个重要指标，通常为一个多边形或面的几何中心，在某些情况下，质心描述的是分布中心，而不是绝对几何中心。

【释义】 质心量测经常用于宏观经济分析和市场区位选择，还可以跟踪人口变迁，土地类型变化等。

（4）距离量算

距离量算描述了两个实体之间的远近程度。

2. 空间插值

空间插值常用于将离散点的测量数据转换为连续的曲面数据，以便与其他空间现象的分布模式进行比较。空间插值的方法有很多，通常分为整体内插法和局部内插法。

（1）离散空间

对于离散空间，一般采用邻近元法插值。

【释义】 邻近元法是以区域内最邻近图元的特征值表征未知图元的特征值。

（2）连续空间

对于连续空间的插值一般采用空间拟合法，如以待定点为中心进行空间插值的逐点内插法等。

12.3.2 空间分析方法

空间分析是 GIS 的核心内容，是 GIS 区别于一般信息系统的主要方面，空间分析是指以地理事物的空间位置和形态为基础，提取和产生新的空间信息技术和过程。

1. 栅格数据的空间分析方法

（1）聚类分析（图 12.18）

聚类分析是根据给定条件，对原有数据选择性提取，建立新的数据系统的方法。常用于合并空间数据集中由相似对象组成的相邻类，即同类合并。

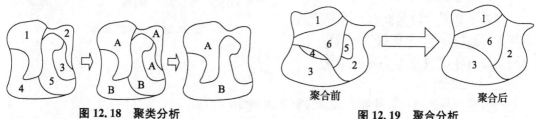

图 12.18 聚类分析 图 12.19 聚合分析

（2）聚合分析（图 12.19）

聚合分析是根据空间分辨率和分类表，进行数据类别的合并或转换，以实现空间地域的兼并。

【释义】 聚类分析和聚合分析区别在于前者为重新分类合并，后者为大类兼并相近小类。

（3）栅格叠置分析（图12.20）

栅格叠置分析是将不同图幅或不同数据层的栅格数据叠置在一起，在叠置后的地图相应位置上聚合产生新的属性的空间分析方法。

（4）追踪分析

追踪分析是对于特定的栅格数据系统，由某一个或多个起点，按照一定的追踪线索进行目标追踪或者轨迹追踪，以便进行信息提取的空间分析方法。栅格数据与矢量数据转换中的追踪即采用该法。

【释义】 追踪分析的追踪编码规则同栅格链码编制规则。

（5）窗口分析

窗口分析是在一个固定分析窗口，对数据进行极值、均值等计算。

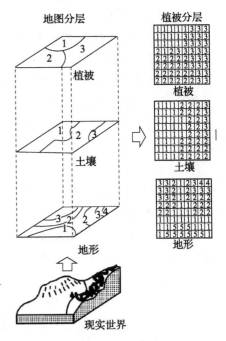

2. 矢量数据的空间分析方法

（1）包含分析

包含分析用于判断某个地理元素、实体是否位于另一地理实体范围之内。

（2）缓冲区分析（图12.21）

缓冲区分析是以点、线、面实体为基础，自动建立其周围一定宽度范围内的缓冲区多边形图层，然后建立该图层与目标图层的叠加，进行分析而得到所需结果的方法。

◎点的缓冲方向是以点为中心画圆。

◎线的缓冲方向是以线为中心向两边画平行线。

◎面的缓冲方向是以面为中心向外（或向内、向内外）画平行线扩展面域。

（3）多边形叠置分析

多边形叠置分析是在统一空间参考系统下，通过对两个矢量数据集进行的一系列集合运算，产生新数据集的过程。

图12.20 栅格叠置分析

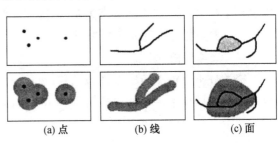

(a) 点　　　(b) 线　　　(c) 面

图 12.21 缓冲区分析

① 合成叠置

合成叠置是通过叠置使新多边形具有多重属性。

② 统计叠置

统计叠置是把其他图上的多边形的属性信息提取到本多边形中来。

③ 集合分析

集合分析是在叠置分析的基础上进行的逻辑选择过程。按照两个逻辑子集给定的条件进行布尔运算。

（4）网络分析

网络分析是对地理网络（如交通网络）、城市基础设施网络（如各种通风管线、电力线、供排水管线等）展开的地理分析和模型化的研究。

① 最佳路径分析

最佳路径分析就是在指定网络的两结点间，找一条阻碍强度最小的路径。最佳路径的产生基于网线和结点转角的阻碍强度。

② 地址匹配

根据地址来查询事物的空间位置和属性信息，是地理信息系统特有的一种查询功能，是将统计资料或地址信息建立空间坐标关系的过程，又叫地理编码。

③ 资源分配分析

资源分配分析是根据中心地理路框架，通过对供给系统和需求系统两者空间行为相互作用的分析，来实现网络设施布局的最优化。

④ 最小生成树分析

最小生成树分析又叫连通分析，是根据网路和节点判断地理要素之间的拓扑连通性，在连通图中按照最小的非回路路线（树，即支线）各边权值之和求最小连通路径的方法。

【释义】　如图 12.22 所示，从结点 5 处按照路线上链的权之和生成到结点 1、6 的最小路径。

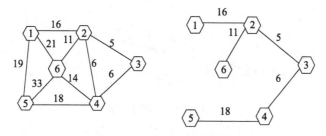

图 12.22　最小生成树分析

（5）空间定位查询分析

空间定位查询分析给定一个点或几何图形，检索出该图形范围内的空间对象以及相应属性。

（6）邻近分析

邻近分析可计算输入要素与其他图层或要素类中的最近要素之间的距离和其他邻近性信息。

3. DEM 数据的空间分析方法

数字地形分析是指在数字高程模型上进行地形属性计算和特征提取的数字信息处理技术，主要内容有两方面，一是提取描述地形属性和特征因子，利用各种相关技术分析解释地貌形态等；二是 DTM 可视化分析。

（1）地形曲面参数提取

地形曲面参数具有明确的数学表达式和物理定义，并可在 DEM 上直接量算。

① 坡度分析

坡度有两种表示方法,一种是用斜面倾角的正切值表示,即比高与平距之比;另一种是用水平面与斜面之间夹角表示。

② 坡向分析

坡向定义为坡面法线在水平面上的投影的方向。

③ 表面曲率分析

表面曲率分析即地表分析,曲率是对地形表面一点扭曲变化程度的定量化度量因子。

④ 宏观地形因子分析

地形起伏度、地形表面粗糙度与地表切割深度等地形因子是描述和反映地形表面较大区域内地形的宏观特征,这些参数对于在宏观尺度上的研究中具有重要的理论意义。

(2) 地形特征提取

地形特征点主要包括山顶点、凹陷点、山脊点、山谷点、鞍部点、平地点等。

【释义】 山脊线和山谷线构成了地形起伏变化的骨架线,因此对于地形地貌研究具有重要的意义。另一方面,对于水文研究而言,山脊、山谷分别表示分水线与汇水线。

(3) 视域分析

视域分析包括两方面内容,一是两点之间的可视性分析,如图 12.23 所示;二是可视域分析,即对于给定的观察点所覆盖的通视区域。

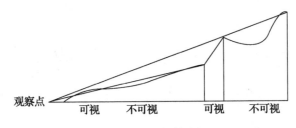

图 12.23 可视性分析

(4) 淹没区分析

分为有源淹没区分析与无源淹没区分析。无源淹没区分析是给定高程值,低于指定高程值的点,均计入淹没区;有源淹没区分析需要考虑洪水淹没所有能流到的地方。

(5) 其他 DEM 数据分析

① 垂直剖面分析

垂直剖面分析指对高度沿一条水平线上的变化分析。

② 土石方量计算

利用 DEM 可以很方便地进行工程项目土石方量计算。

12.3.3 章节练习

(一) 单项选择题

1. 要在 GIS 中计算和分析多边形要素周长,应采用(   )量算方式进行。

A. 几何   B. 形状   C. 网络   D. 质心

2. 在 GIS 系统中,(　　)常用于将离散点的测量数据转换为连续的曲面数据。

    A. 空间插值　　　　B. 栅格采样　　　　C. 赋值量化　　　　D. 仿射转换

3. 计算整个经济技术开发区建设需要拆除的民房面积,采用的空间分析方法是(　　)。

    A. 缓冲区分析　　　B. 叠置分析　　　　C. 网络分析　　　　D. 聚合分析

4. 地理信息系统应用中,把空间数据集中的草地和园地要素合并为绿化要素,该方法称作(　　)。

    A. 空间聚类　　　　B. 多边形叠置　　　C. 合成叠置　　　　D. 空间聚合

5. 在 GIS 中,对多张专题图分析统计中国各省政区范围内钨矿采场分布的工作中,以下步骤不需要进行的是(　　)。

    A. 叠置分析　　　　B. 缓冲区分析　　　C. 空间查询　　　　D. 属性赋值

习题答案与解析

(一) 单项选择题

  1.【A】　解析:几何量算是对矢量数据结构或栅格数据结构的空间数据的点、线、面状地物进行几何量算,几何量算对面状要素量算面积、周长、形状、曲率等。距离量算描述了两个不同实体之间的远近程度。

  2.【A】　解析:空间插值常用于将离散点的测量数据转换为连续的曲面数据,以便与其他空间现象的分布模式进行比较。空间插值的方法有很多,通常分为整体内插法和局部内插法。

  3.【B】　解析:多边形叠置是把两个图层叠合来进行空间分析,此题是用叠合分析叠置居民地图层与拆迁范围线图层来分析统计范围内拆迁面积。

  4.【A】　解析:空间聚类即合并空间数据集中由相似对象组成的相邻类;聚合分析即根据空间分辨率和分类表,进行数据类别的合并或转换,以实现空间地域的兼并;合成叠置即通过叠置使新多边形具有多重属性;叠置分析是不同图层或图幅间的套合分析,它包括栅格数据和矢量数据两类叠置,多边形叠置即矢量合成叠置。空间聚类与聚合则属于同一幅图内栅格数据的处理。

  5.【B】　解析:政区图(多边形)和一个全国矿产分布图(点),二者经叠加分析后,并且将政区图多边形有关的属性信息加到矿产的属性数据表中,然后通过属性查询,可以查询指定省有多少种矿产,产量有多少;而且可以查询,指定类型的矿产在哪些省里有分布等信息。缓冲区分析是以点、线、面实体为基础,自动建立其周围一定宽度范围内的缓冲区多边形图层,然后建立该图层与目标图层的叠加,进行分析而得到所需结果的方法。

12.4 地理信息工程设计

    信息系统的生命周期指系统从工程立项开始,直到最后被淘汰的整个过程。整个信息系统开发过程划分为各自独立的系统分析、程序设计、系统测试、运行和维护以及系统评估等步骤。

系统设计是为实现用户需求分析提出的系统功能所进行的各种技术设计的总称,包括总体设计、详细设计和设计审查等,是在用户需求分析的基础上进行具体设计的过程,也是选择最佳实现方案的过程。

城市地理信息系统的设计应遵循实用性原则、标准化原则、可行性原则、可扩充性原则、成本效益优化原则、先进性原则。

12.4.1 系统需求分析

需求分析是确定系统要达到的目标和效果进行的分析工作,把委托方需求反映到信息系统需求说明书中。

需求分析工作主要由系统分析人员承担。在进行地理信息系统设计时,应进行需求调查和分析,并形成用户需求调查报告和分析报告。用户需求具有随系统开发进程逐步提高的特点,因而用户需求调查和分析应在系统设计和开发过程中反复进行。

需求分析是系统设计的依据,是工程项目实施过程中极其重要和核心的内容,其特点体现在以下几点。

(1) 需求动态化

由于委托方开始时仅仅是对软件工程有一个大概的认知,在开发过程中,会对需求进行动态调整。

(2) 供需交流困难

委托方熟悉项目需要,不熟悉计算机表达;开发方熟悉软件开发,不熟悉产品要求。

(3) 出错后续影响

需求调研是项目最开始的步骤,一旦发生变化就会产生严重的后续影响。

1. 需求分析内容

需求分析内容主要是需求调查、系统分析、需求规格说明书编写。

(1) 需求调查

需求调查内容包括调查用户概况、现状与问题、管理需求、应用需求、数据需求、安全需求、设备需求等。

(2) 系统目标分析

系统目标分析目的是要明确系统的建设目标和任务,系统目标分析可以通过分析用户类型、分析现行系统、分析系统服务对象、调查用户应用现状等方式进行。

(3) 系统功能分析

确立系统建设目标后对系统需求分解细化,进行系统功能分析,根据用户对数据和功能的需求和系统性能调查分析结果,提出系统实现的硬、软件及网络需求。

(4) 系统可行性分析

系统可行性分析的主要内容有数据源调查和评估、技术可行性评估、系统支持状况分析、经济社会效益评估等内容,分析现有工作流程、数据项及其数据流程和在系统中实现的可能性。

(5) 提交需求调研报告

根据需求调查结果进行统计汇总,分析找出数据、功能和用户间的关系,编写需求分析报告。需求规格说明书是在系统分析的基础上建立的自顶向下任务分析模型,作为系统分析的技术文档提交,一旦用户审议通过即为与用户之间的技术合同。

其主要内容有:

(1) 项目概述

项目目标、内容、现行系统情况等。

(2) 系统数据描述

静态动态数据、数据流图和数据字典、所使用的数据库描述、数据加工和采集情况等。

(3) 系统功能需求

系统功能划分和功能描述。

(4) 系统性能需求

数据精确性、时间特征、系统变化适应力等。

(5) 系统运行需求

用户界面、软硬件接口、故障处理、质量保证等。

2. 系统分析方法

系统分析工具主要有数据流模型、数据字典、加工逻辑说明(结构化语言、判定表和判定树)等。

数据流图(图 12.24)是结构化分析方法主要表达方式,数据流图表项与数据字典一一对应,数据字典是数据流图的文字描述。

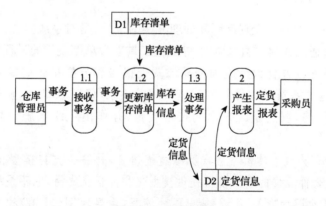

图 12.24　数据流图

【释义】　数据流图的圆形表示处理、方形表示数据源、半框表示存储、箭头方向指向数据流。

系统分析方法主要有:

(1) 结构化分析方法

结构化分析方法也称作生命周期法,是采用瀑布流分析方式,自顶向下逐层分解来分析需求。

结构化分析方法的优点是强调系统开发过程的整体性和全局性,降低了系统开发的复杂性。缺点是开发顺序线性,各阶段工作不能同时进行,更正错误工作量大,难以适应工程变化要求,不支持反复开发。

（2）面向对象分析方法

面向对象分析方法是在一个系统的开发过程中进行了需求调查后，按照面向对象的思想来分析问题，自底向上提取对象（系统实体、实体属性、实体关联、系统方法、函数，以及它们之间关系）进行抽象组合。

面向对象分析方法把问题事务分解成各个对象，建立对象的目的不是为了完成一个步骤，而是为了描叙某个事物在整个解决问题的步骤中的行为。

（3）快速原型化分析方法

快速原型化分析方法把系统设计和开发过程作为一个迭代过程的系统设计方法。其设计原则是先确定部分要求制定初步方案，快速开发出一个能满足用户基本需求的示范性原型，然后让用户找出原型的缺点和不足，进行修改补充，如此反复，逐渐形成一个完善的系统。

城市地理信息系统的设计宜采用原型法进行系统分析，当需求分析明确时，也可使用生命周期法或模块结构法。

（4）模块结构分析方法

模块结构分析方法是一种面向数据流的系统设计方法。指用一组标准的准则和图表工具确定系统的组成部分、联系方式，从而构成最优的系统结构，将系统分为若干个模块进行设计和开发，然后将各个模块拼装而成一个完整的系统。

12.4.2　系统总体设计

系统总体设计是对系统全局问题和处理方案的设计，是对系统数据结构和软件体系用HIPO图、结构图、通用建模语言（UML）等表达工具进行总体设计的过程（图12.25）。

城市地理信息系统总体设计应根据需求调查报告和分析报告确定系统总体目标，规划系统的规模和建立系统的总体结构和模块间的关系，确定系统软、硬件及网络配置，设计数据库和数据结构，规定系统采用的技术规范，并作出组织实施计划，提出总体设计方案。

【释义】　UML为统一建模语言或标准建模语言，是一个支持模型化和软件系统开发的图形化语言，为软件开发的所有阶段提供模型化和可视化支持，它不是编程语言。

HIPO图是层次图加输入/处理/输出图的缩写，由层次图（H图）和IPO图构成，H图表示总体结构，IPO图描绘输入数据，对数据处理和输出数据之间的关系。

1. 系统体系结构设计

系统体系结构设计应遵循先进性、科学规范性、可操作性、可扩展性、安全性原则，来进行系统构建的关键技术、数据及数据库体系结构、接口、模块体系、软硬件环境、系统组网及安全性等设计。

地理信息工程总体设计还包括选择合适的软硬件配置、海量数据存储、系统伸缩性、系统开放性、并发访问、网络环境等需求。

（1）系统体系结构

软件体系结构是具有一定形式的结构化元素，即构件的集合，包括处理构件、数据构件和连接构件。三层网络结构指的是将数据处理过程分为三部分：

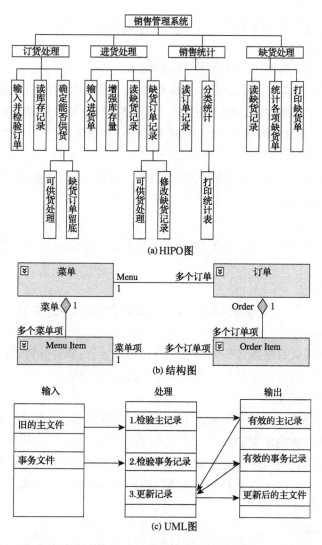

(a) HIPO 图

(b) 结构图

(c) UML 图

图 12.25 总体设计工具图

① 应用层

应用层也称为用户层、客户端层、表示层，提供用户与系统的友好访问。

② 应用服务层

应用服务层也称为中间层、业务逻辑层，负责对数据层的操作和业务逻辑的实现。

③ 服务器层

服务器层也称数据源层或数据库系统层，负责数据信息存储、访问及其优化，是对数据库的操作，具体为业务逻辑层或表示层提供数据服务。

（2）模块体系设计

模块体系设计论述模块之间的关系和划分，并给出了其物理实现（组件、插件、服务、dll 库、可执行文件）及部署位置，用表格和框图说明系统各元素（各层模块、子程序、公用程序等）的标识符和功能，分层次地表现元素之间的关系。

（3）系统功能设计

系统功能设计应绘出功能关系图,描述每个功能的表现、输入、输出。

① 数据输入模块

数据输入模块主要有图形图像输入、属性数据输入、数据导入功能。

数据输入设计的内容包括数据源的分析与选择、数据采集前的预处理、数据采集方式的确定、数据采集技术要求和技术规定、与空间参照系配准、数据质量控制和检查验收规定、属性项的选择和定义、数据更新的技术方法、数据接边处理规定等。

② 数据编辑模块

数据编辑模块主要有数字化坐标修改、属性文件修改、结点检错、多边形内点检错、结点匹配、元数据修改等功能。

③ 数据处理模块

数据处理模块主要有拓扑关系生成、属性文件建立、坐标系统转换、地图投影转换、矢量栅格转换等功能。

④ 数据查询模块

数据查询模块主要有空间范围检索、按图形查属性、按属性查图形等功能。

⑤ 空间分析模块

空间分析模块主要有叠置分析、缓冲区分析、邻近分析、拓扑分析、统计分析、回归分析、聚类分析、地形因子分析、网络分析与资源分配等功能等功能。

⑥ 数据输出和制图模块

数据输出和制图模块主要有矢量绘图、栅格绘图、报表输出、数据导出、统计制图、专题制图及三维动态模拟和显示等功能。

数据输出设计的内容包括确定数据输出的产品形式和要求、选择符号库系统或设计符号库、文本和表格设计、确定数据转出的数据转换标准和格式转换的接口。

（4）系统安全设计

① 网络安全和保密

网络的安全性是指保证数据和程序等资源安全可靠,网络安全和保密可采取涉密专网和防火墙等措施。

【释义】 涉密专网指与互联网物理隔离的内部专用网络。

【小知识】

我国的电子政务网络分为政务内网和政务外网。

政务内网指用于承载各级政务部门的内部办公、管理、协调、监督和决策等业务信息系统,实现安全互联互通、资源共享和业务协同的涉密网。

政务外网是非涉密网,与互联网逻辑隔离,定位为各级政务部门履行职能提供服务,为面向公众、服务民生的业务应用系统以及国家基础信息资源的开放共享提供信息支持。

各部门的专网是历史问题,是部门条块的体现,国家现在原则不再建设专网,要逐步迁移和融合到内外网上来。

② 应用系统的安全措施

应用系统的安全措施有很多,不同应用系统应采取与之相应的合理的安全措施来加强系统安全防护。

③ 数据恢复和备份机制

数据备份功能分为完全备份和增量备份,数据同时应有两份,并异地存放。

备份管理内容包括备份的可计划性、备份设备自动化操作、历史记录保存、日志记录等。

④ 用户管理

用户权限设置是对权限对象的维护和分配,权限对象包括功能权限和数据权限。用户权限管理包括权限提取和用户授权步骤。

2. 运行环境配置

系统配置要遵循满足系统规模、功能、数据容量、数据处理速度等要求的同时,技术上要稳定可靠,投资少、见效快,立足现在并顾及未来发展。

(1) 软件选择要求

根据系统功能要求,提出目标系统的软件配置方案。

◎图像、图形与 DEM 三库一体化及面向对象的数据模型。

◎海量无缝、多尺度空间数据库(栅格数据,矢量数据,影像数据)管理。

◎动态、多维与空间数据可视化。

◎基于网络的 C/S、B/S 系统。

◎数据融合与信息融合。

◎空间数据挖掘与知识发现。

◎地理信息公共服务与互操作。

(2) 硬件选择要求

根据系统规模和数据容量,提出目标系统的硬件配置方案。

◎性能价格比最优,具有通用性和可升级性。

◎运算速度和存储容量等性能指标满足数据管理要求。

◎与其他硬件的兼容性、可连接性、共享性好。

◎与所选软件兼容性、对系统软件和应用软件的适应性好。

◎硬件接口丰富。

(3) 网络配置要求

根据系统用户和数据分布,提出网络配置方案。

◎写明网络设计原则、技术要求、产品选型、拓扑结构、基本部件与配件、传输介质、接口、通信协议、约束条件、结构化布线方案等。

◎画出网络结构图。

◎如采用公用网或因特网需具体指出。

◎说明各个服务器或客户机的作用、配置和具体位置。

◎说明拟采用的网络安全保护技术,如防火墙等。

3. 软件结构设计

(1) 客户-服务器模式 C/S

客户-服务器模式 C/S 是用户由客户机发出请求,由服务器响应的模式。服务器集中管理数据资源,与客户端进行数据交互,同时客户机具有自主的控制和计算能力。一般用于核心模块和局域网中(图12.25(a))。

【释义】 例如客户端网络游戏C/S模式需要下载安装程序来运行,直接通过客户端程序发送指令给数据服务器。

① 优点

响应速度快,交互性比较强,降低了数据流量;界面可以进行个性化设计;能实现复杂的业务流程。

② 缺点

需要专门的安装程序,分布性差,不能实现快速部署;兼容性差,若采用不同工具要重写程序;开发成本高。

(2) 浏览器-服务器模式B/S

浏览器-服务器模式B/S是将C/S模式的结构与Web结合而成的三层体系结构(图12.26(b))。

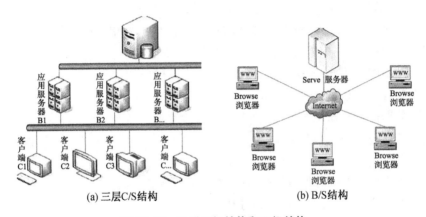

(a) 三层C/S结构　　　　　(b) B/S结构

图 12.26　三层 C/S 结构和 B/S 结构

第一层客户机通过Web把用户与系统连接起来;第二层的Web服务器来响应请求,并动态生成结果返回给客户机的浏览器,如客户机提交的请求包括数据的存取,Web服务器还需与数据库服务器协同完成;第三层数据库服务器的任务类似于C/S模式,负责协调不同的Web服务器发出的SQL请求管理数据库。

【释义】 B/S模式例如网页版本网络游戏,不需要下载安装,通过网页服务器作为中转翻译来发送指令给数据服务器。

① 优点

具有分布性,服务便捷;业务拓展简便;维护简单;开发简单。

② 缺点

个性化特点降低;无法满足快速操作功能;响应速度低;无法分页显示,给服务器造成压力;难以实现复杂功能。

4. 数据库设计

地理信息空间数据模型由概念数据模型、逻辑数据模型和物理数据模型三个有机联系的层次所组成。其中概念数据模型是关于实体及实体间联系的抽象概念集,逻辑数据模型是表达概念数据模型中数据实体(或记录)及其关系,物理数据模型则是描述数据在计算机中的物理组织、存储路径和数据库结构。

数据库设计一般包括概念设计阶段、逻辑设计阶段、物理设计阶段。

(1) 概念设计

概念设计是对现实世界进行抽象,建立空间数据库系统模型和应用系统模型的过程。

① 提取实体

通过需求分析,提取和抽象出空间数据库中的实体。

② 抽象处理

确定实体、属性及联系,并加以正确表达。

③ 绘制数据流图

根据系统数据流图及实体特征来定义实体间的关系。

④ 绘制 E-R 图

根据系统实体、实体属性、实体关系绘制空间 E-R 图概念模型(图 12.27)。

E-R 模型包括实体(矩形)、联系(菱形)和属性(椭圆)三个基本成分。

⑤ 优化和评估

根据划分的标准和原则对 E-R 图进行优化综合,形成一个整体。

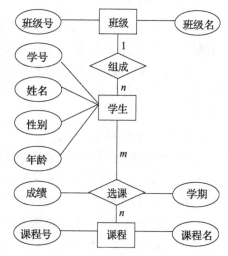

图 12.27 E-R 图概念模型

(2) 逻辑设计

逻辑设计是将概念模型结构转换为 DBMS(数据库管理系统)可处理的地理数据库的逻辑结构,也叫数据库模式创建。

逻辑设计是从 E-R 模型向关系模型转换的过程,主要内容包括确定数据项、记录、记录间的联系,考虑数据安全性、完整性、一致性约束等要求。

① 模型转换

逻辑设计先确定各实体主关键字和实体内部属性之间的数据关系表达式。

② 逻辑模型建立

把消冗后的数据关系表达式中的实体作为相应主关键字,形成新的数据逻辑关系。

③ 优化和评估

最后进行分析、评估、优化。

【释义】 如图 12.28 所示,数据库的三级模式结构。

◎模式即各个逻辑结构表。

◎外模式也称为子模式或用户模式,设计留出局部与用户互动、展示给用户的窗口。

◎内模式为物理模式。

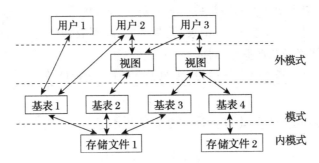

图 12.28　数据库模式

（3）物理设计

物理设计是将空间数据库逻辑结构模型在物理存储器上实现,导出地理数据库的存储模式。

【释义】　物理设计形成数据内模式,很大程度上与选用的 DBMS 有关。

① 确定数据库物理结构

确定数据库物理结构包含确定数据对象、确定数据存放位置、确定数据存储结构、确定数据存取方法、建立数据存储路径和索引、确定存储硬件配置等工作。

使用频繁的数据文件应隔离在单独磁盘上,将系统表空间数据文件和其他活动性强的数据文件放置在一起。设计时需要考虑数据存取时间、存储空间利用率和维护代价等因素。

② 对物理结构进行评估

评估内容包括分析时间效率、空间效率、维护代价、用户要求等。

【释义】　数据库系统具有数据独立性的特点,数据独立性一般分为物理独立性与逻辑独立性两级,物理独立性指数据的物理结构的改变不影响数据库的逻辑结构;逻辑独立性指数据库总体逻辑结构的改变不需要相应修改应用程序。所以,在数据系统中,数据的物理结构并不一定与逻辑结构一致。

（4）数据字典设计

数据字典是对系统中使用的所有数据元素的定义的集合,用来解释说明数据流图中的所有要素,描述数据流图中各图形要素的名字、别名、编号、分类、描述、定义、位置等内容。

【释义】　数据流图和数据字典一起形成系统分析规格说明,数据字典最重要的用途是系统分析阶段的工具。数据字典属于元数据,在需求分析中建立,在设计阶段、实施阶段、维护阶段不断完善增补。

① 数据字典内容

数据字典描述了数据流图中各图形要素的名字、别名、编号、分类、描述、定义、位置等内容。

◎空间数据字典内容:空间数据字典条目包括名称、层名、层元素性质、拓扑关系、属性表、关联属性项、关联字段、文件位置、操作限制、元数据文件或表名、备注等。

◎属性数据字典内容:属性数据字典条目包括数据元素、数据结构、数据流、数据存储、处理过程、外部实体。

② 地理要素数据字典特征

◎点要素分为标注点（无实体对应，如高程点）、定位点（有实体对应，如灯塔）、有向点（有方向性，如里程碑）。

◎线要素分为线（无实体对应，如等高线）、中心线（有实体对应，如铁路）、有向线（有方向性，如坎线）。

◎面要素分为轮廓线构面（有实体对应）和范围线构面（无实体对应）。

◎复合要素分为点、线、面或辅助制图的点、线、面组合而成。

（5）空间数据库设计

空间数据库逻辑设计对图形数据库进行抽象提取，整理成数据集，继而对数据分层。分为空间数据现势库、空间数据历史库、空间数据操作库（图12.29）。

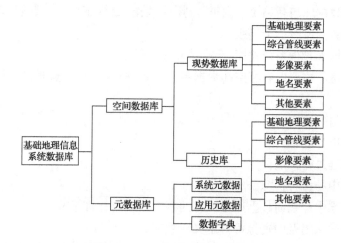

图12.29 空间数据库设计示例

【释义】 空间数据存储在操作库中完成处理，完备后再转移到现势库中。

① 空间数据库设计的基本原则

◎提供稳定的数据结构。

◎尽量减少空间数据存储的冗余量。

◎提供满足用户访问和查询的高效索引方式。

② 数据层设计

空间数据按照逻辑关系或专业属性分为各种逻辑数据层或专业数据层。数据层的设计一般按照数据的专业内容进行划分，同时要考虑数据之间的关系及数据的标准分类与编码。不同类型数据由于应用类型相同的应分为同一层。

（6）属性数据库设计

针对不同专题和行业分别设计属性数据库，可采用常规数据库设计或按照相关部门的指导规范设计。

（7）符号库设计

符号库设计包括符号类型设计、符号样例设计等。如表12.3所示。

表 12.3 符号库设计

符号类型	英文	代码	符号定义	符号举例
点状	G	0	具有一定大小、颜色和方向的点类符号	埋石图根点、阀门
简单线	L	1	具有一定宽度和颜色的实线	实线田埂、海岸线
复杂线	LC	2	含有绘图指令、图元或文字而形成的线类符号	干出线、瀑布、跌水
两点比例	P	3	按基线长度比例缩放的线类符号	宣传橱窗、隧道入口
四点结构	Y	4	由有限个基本点定位生成辅助线的线类符号	明峒、浮码头跳板设施
面状填充	H	5	指定范围线内按一定规则填充的面类符号	坟群、火烧迹地
特殊线	E	6	需特定程序实现的具有线状或面状特征的线类符号	已加固的路堤、人行索

(8) 元数据库设计

空间数据元数据库包括系统元数据、应用元数据、数据字典等,按适用等级分为数据元素级、数据集级、数据库级三个等级。

使用关系数据库管理系统建库,要支持 CWM 标准。

元数据库表达的主要内容有空间数据集的内容、质量、表达、精度、空间参考、管理方式、其他特征等。

元数据库的组建原则有:

◎以现有标准为基础。

◎对现有标准进行扩展。

◎对数据库中的多种资源分解细化。

◎对现有标准中存在而数据库中没有的字段按现有标准增补。

◎对现有标准未提及的资源可自定义元数据。

【释义】 公共元数据库模型 CWM 是国际标准组织制定的一个互操作标准,为数据库和业务分析领域中使用的元数据定义了一种通用语言和交换机制。

元数据是空间数据交换基础,是空间数据标准化保证,为空间数据的质量提供保障。建立元数据库的主要好处是提供了统一的关键数据结构和业务规则,易于将企业内部的多个数据集有机地结合起来。

(9) 共享数据库设计

提取不涉及保密的数据存入共享库用于信息发布和广域网查询,共享数据库和非共享数据库分开,提供一个数据分享和互操作的窗口。

(10) 数据更新设计

通过实测更新、遥感信息更新、编绘更新、计算机地图制图更新、GNSS 信息更新等方式保持数据库现势性。

(11) 城市地理信息系统子系统

一个城市的地理信息系统可由若干子系统组成,但必须包含一个基础地理信息子系统。不同类型的城市地理信息系统具有不同的系统结构体系:

① 城市基础地理信息系统

由地形数据库、正射影像数据库和数字高程模型数据库等组成。

② 城市专题地理信息系统

由一个基础地理信息子系统和若干个功能性子系统组成。

③ 城市综合地理信息系统

由一个基础地理信息子系统和若干个专题信息子系统组成。

12.4.3 系统详细设计

在总体设计和数据库设计之后需要进行详细设计,细化程序编写流程,为项目实施做好准备。

1. 详细设计流程与设计工具

(1) 详细设计内容

◎细化总体设计体系流程图,绘出程序结构图。

◎选定每个模块的算法和模块数据组织。

◎确定模块接口细节以及模块间调度关系。

◎描述模块流程逻辑。

◎编写详细设计文档,主要包括细化的系统结构图和各模块描述。

(2) 详细设计阶段的工具

① 图形描述工具

图形描述工具有程序流程图(图 12.30(a))、盒图(图 12.30(b))和问题分析图。

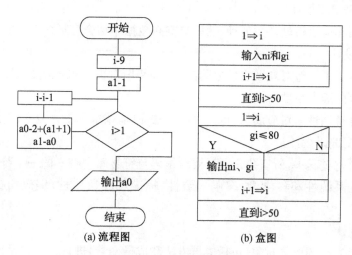

(a) 流程图　　　　(b) 盒图

图 12.30　流程图和盒图

② 语言描述工具

PDL 语言是设计性程序语言的缩写,PDL 文档不可执行,主要供开发人员使用。

③ 表格描述工具

判定表和判定树(图 12.31 为一个判定树示例)。

2. 详细设计内容

详细设计内容包括模块设计、数据结构设计、代码设计、用户界面设计、标准化设计、编写详细设计书等内容。

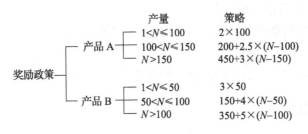

图 12.31 判定树

（1）模块设计

模块设计要明确说明模块名、模块设计功能、模块包含的类、与其他模块的关系等内容。

（2）数据结构设计

数据结构设计应明确给出每个数据结构的名称、标识符，以及它们之中每个数据项、记录、文卷和系统的标志、定义、长度及它们之间关系，并说明各数据结构与访问这些数据结构的形式。

模块数据组织内容包括空间数据组织设计、属性数据组织设计、对象图设计、编码设计等。

① 空间数据组织设计

空间数据组织按照逻辑类型分层，分别存储，叠合进行分析和处理。

② 属性数据组织设计

属性数据用其他表格软件预处理，然后与空间数据库结合管理。

③ 对象图设计

对象图是显示了一组对象及它们之间的关系，使用对象图来说明数据结构和类图中的类或组件等实例的静态快照。

对象图设计遵循性质对应属性、行为对应方法原则，采取一对一或一对多关系设计。

④ 空间数据编码设计

在进行符号化过程中，所有要素通过要素编码与符号库中唯一的一个符号相对应。

编码要遵循系统性和科学性、编码一致性、标准化和通用性、编码简捷性、可扩展性原则。

（3）代码设计

代码设计是对类的成员对象（包括成员方法和成员变量）进行设计。设计内容包括类的命名、功能表述、类的继承关系、类的成员对象设计等。

【释义】 代码设计不等于代码编写，代码编写是工程实施内容。

类（Class）是面向对象程序设计实现信息封装的基础，可以提供模块级别之下的命名空间。如果一个模块写很多函数，某些函数之间共同完成一组功能，用类会看起来更清晰便于调用。

（4）用户界面设计

用户界面设计要注重让用户来控制界面，减少用户记忆负担，保持界面一致性。

用户界面设计要遵循易用性原则、规范性原则、帮助设施原则、合理性原则、美观协调原则、菜单位置合理原则、独特性原则、快捷方式组合原则、排错性考虑原则、多窗口应用与系统资源原则等。

用户界面设计内容主要有界面结构设计、交互设计、视觉设计等。

① 结构设计

用户界面结构设计即用户界面概念设计，是界面设计骨架，主要包括目录体系的逻辑分类和词语定义。

② 交互设计

交互设计的要求主要有：要有清楚的错误提示；让用户控制界面；允许兼用鼠标和键盘；允许工作中断；使用用户的语言，而非技术语言；提供快速反馈；方便退出；导航功能；让用户知道自己当前位置。

③ 视觉设计

视觉设计包括色彩、字体、页面设计等。要求主要有：

界面清晰明了；减少短期记忆的负担；依赖认知而非记忆；提供视觉线索；提供默认、撤销、恢复的功能；提供界面的快捷方式；尽量使用真实世界的比喻；完善视觉的清晰度；界面的协调一致；同样功能用同样的图形；整体软件不超过 5 个色系，尽量少用红色、绿色；近似的颜色表示近似意思。

（3）标准化设计

系统标准化的益处主要有：

◎设计质量有保证，有利于提高工程质量。

◎可以减少重复劳动，加快设计速度。

◎有利于采用和推广新技术。

◎有利于加快开发与建设进度。

◎有利于节约成本，降低造价，提高经济效益。

（4）详细设计说明书

详细设计说明书主要内容有系统概述、参考资料说明和术语说明、模块架构、模块描述、模块功能和性能、输入输出项、模块处理过程说明、模块接口、存储分配、模块运行限制条件、测试计划等。

12.4.4　章节练习

（一）单项选择题

1. 下列关于软件开发方进行需求分析的说法，错误的是（　　）。

　　A. 需求分析时，与用户的交流困难

　　B. 系统需求出错后续影响大

　　C. 系统需求分析报告是需求调查的原始记录

　　D. 需求分析有动态化特点

2. 数据库设计中，以下不属于需求分析工作内容的是（　　）。

　　A. 需求的调查　　　B. 需求的分解　　　C. 需求的设计　　　D. 需求的记录

3. GIS 系统的软件需求规格说明书中不包括（　　）内容。

A. 运行需求　　　　B. 功能需求　　　　C. 测试需求　　　　D. 性能需求

4. 根据相关规范规定,城市地理信息系统的设计宜采用(　　)进行系统分析。

A. 原型法　　　　　　　　　　　B. 模块法

C. 面向对象分析方法　　　　　　D. 生命周期法

5. 以下系统可行性分析方法中,应用了瀑布流模型的是(　　)。

A. 面向对象法　　B. 模块法　　　　C. 原型法　　　　D. 结构化法

6. 下列关于系统安全设计的说法,不正确的是(　　)。

A. 网络的安全性是指保证数据和程序等资源安全可靠

B. 数据备份管理要有可计划性

C. 不同应用系统应采取统一规定的安全措施

D. 用户管理包括权限设置和用户授权

7. E-R图描述的是实体、(　　)和属性之间的关系。

A. 联系　　　　　B. 处理　　　　　C. 数据源　　　　D. 存储

8. 数据库的用户级层次对应的模式是(　　)。

A. 概念模式　　　B. 内模式　　　　C. 物理模式　　　D. 外模式

9. 在GIS开发过程中,空间数据库的概念模型设计与(　　)无关。

A. 抽象方法　　　　　　　　　　B. 数据流模型图

C. 地理实体　　　　　　　　　　D. 数据库管理系统

10. 在GIS逻辑设计阶段,不需展开的工作有(　　)。

A. 对每个要素进行分类编码　　　B. 设计数据结构模型

C. 设计表单关键字　　　　　　　D. 确定属性之间数据关系表达式

11. 基于E-R图法进行空间数据库概念设计的主要步骤不包括(　　)。

A. 调整优化空间E-R图　　　　　B. 映射E-R图到数据表

C. 确定地理实体属性　　　　　　D. 定义地理实体之间关系

12. 下列关于GIS工程开发中,关于软件系统B/S模式的说法中,错误的是(　　)。

A. 使用浏览器访问服务器　　　　B. 系统维护简单

C. 系统响应速度高　　　　　　　D. 业务拓展简便

13. 数据库设计中对数据物理结构进行评价不包括(　　)。

A. 分析时间效率　　　　　　　　B. 分析数据质量

C. 分析空间性　　　　　　　　　D. 分析用户要求

14. 著名3D网络游戏《魔兽世界》开放了更新下载安装包,该游戏属于(　　)软件架构。

A. B/S　　　　　B. C/S　　　　　C. D/S　　　　　D. B/S和C/S结合

15. 下列关于空间数据库设计的基本原则,描述不正确的有(　　)。

A. 提供稳定的数据结构　　　　　B. 完全消除空间数据存储冗余

C. 提供用于查询的高效索引方式　D. 满足用户访问的需求

16. 数据字典是系统中使用的所有数据元素定义的集合,在(　　)阶段建立。

A. 需求分析　　　B. 设计阶段　　　C. 实施阶段　　　D. 维护阶段

17. 地理要素数据字典中,下列元素属于有向线的是(　　)。

A. 铁路　　　　　B. 坎线　　　　　C. 等高线　　　　　D. 多边形边线

18. 下列措施中,可以在有涉密地理信息数据的情况下促进数据共享和利用的是(　　)。

A. 建立历史库　　B. 建立用户库　　C. 建立共享库　　D. 建立内部库

19. GIS 系统总体设计的过程中,采用面向对象的方法进行设计,主要借助以下哪种表达工具(　　)。

A. 盒图　　　　　B. UML 图　　　　C. E-R 图　　　　　D. 数据流图

20. GIS 用户界面设计可以分为(　　)、交互设计、视觉设计等部分。

A. 结构设计　　　B. 逻辑设计　　　C. 代码设计　　　　D. 编码设计

21. 地理信息工程的系统详细设计内容不包括(　　)。

A. 类的继承关系　B. 类的编写　　　C. 类的命名　　　　D. 类的功能描述

(二) 多项选择题

1. 在 GIS 系统中,元数据用关系数据表描述空间数据集的(　　)等。

A. 管理方式　　　B. 表达方式　　　C. 空间参考系　　D. 编码

E. 精度

2. 系统需求可行性分析内容不包括(　　)。

A. 数据质量评估　　　　　　　　　B. 系统适用性评估

C. 系统支持评估　　　　　　　　　D. 用户实力评估

E. 市场情况评估

3. 地理信息系统的软件体系结构分为 C/S 结构和 B/S 结构,以下哪些是 C/S 结构的特点(　　)。

A. 服务器集中管理数据源,接收客户机请求,并将查询结果发送给客户机

B. 客户机具有自主的控制能力和计算能力,向服务器发送请求,接收结果

C. 网络上流动的仅仅是请求信息和结果信息,流量大大地降低了

D. 客户的应用程序精简到一个通用的浏览器软件

E. 一个服务器专门响应用户的请求,另外一个服务器管理数据库

4. 根据相关规范规定,城市地理信息系统的设计应遵循(　　)等原则。

A. 实用性　　　　B. 独特性　　　　C. 可行性　　　　　D. 先进性

E. 成本最低

习题答案与解析

(一) 单项选择题

1.【C】　解析:需求分析就是确定要计算机"做什么",要达到什么样的效果。需求分析是重要的工作,具有困难性,体现在需求动态化、供需交流困难、出错后续影响大等特点上。系统需求是分析用户提出的要求后经过系统分析产生的分析结果。

2.【C】　解析:需求分析是整个空间数据库设计与建立的基础,主要进行调查用户需求、需求数据的收集和分析以及编制用户需求说明书三项工作。需求是设计的依据,反映了系统的客观需要和要达到的目标,其不能作为设计的标的。

3.【C】　解析:软件需求规格说明书中包括引言、项目概述、系统数据描述、系统功能

需求、系统性能需求、系统运行需求、质量保证和其他需求。

4.【A】 解析:城市地理信息系统的设计宜采用原型法进行系统分析。当需求分析明确时,也可使用生命周期法或模块结构法。

5.【D】 解析:结构化分析方法也称作生命周期法,采用瀑布流分析方式,以自顶向下逐层分解的方式来分析需求。

6.【C】 解析:系统安全设计,主要包括数据安全和系统应用安全。不同安全策略对应着不同的应用。

7.【A】 解析:E-R图描述的是实体、联系和属性之间的关系,是进行概念设计的主要输出图件。

8.【D】 解析:逻辑设计形成各模式,即各个逻辑结构表,并设计留出局部与用户互动、展示给用户的窗口,称作外模式。

9.【D】 解析:概念模型由地理实体进行抽象,用地理学语言描述和定义。概念设计是收集地理实体信息和数据进行分析整理,确定实体、属性及联系,形成以 E-R 图表示的概念模式。

10.【A】 解析:逻辑设计是将概念模型结构转换为 DBMS(数据库管理系统)可处理的地理数据库的逻辑结构,也叫数据库模式创建。选项 A 属于详细设计阶段。

11.【B】 解析:E-R 图在空间数据库设计处于概念设计阶段,其流程包括:通过需求分析,提取和抽象出空间数据库中的实体;确定实体属性并加以正确表达;根据系统数据流图及实体特征来定义实体间的关系;根据系统实体、实体属性、实体关系绘制空间 E-R 图;根据划分的标准和原则对 E-R 图进行优化综合,形成一个整体。选项 B 为逻辑设计阶段工作。

12.【C】 解析:软件系统 B/S 模式的优点有具有分布性、服务便捷、业务拓展简便,维护简单,开发简单;缺点有个性化特点降低,无法满足快速操作功能,响应速度低,无法分页显示,给服务器造成压力,难以实现复杂功能。

13.【B】 解析:对物理结构进行评价包括分析时间效率、空间效率、维护代价及用户要求等。数据库的物理结构是计算机进行数据存储的形式,它和数据质量没有关系。

14.【B】 解析:C/S 模式例如客户端网络游戏,需要下载安装来运行,直接通过客户端程序发送指令给数据服务器。

15.【B】 解析:空间数据库设计的基本原则有:

(1) 提供稳定的数据结构;

(2) 尽量减少空间数据存储的冗余量;

(3) 提供满足用户访问和查询的高效索引方式。

16.【A】 解析:数据字典是一个预留空、一个数据库,是对系统中使用的所有数据元素的定义的集合,用来解释说明数据流图中的所有要素,在需求分析中建立,在设计阶段、实施阶段、维护阶段不断完善增补。

17.【B】 解析:地理要素数据字典中,线要素分为线(无实体对应,如等高线)、中心线(有实体对应,如铁路)、有向线(有方向性,如坎线)。

18.【C】 解析:提取不涉及保密的数据存入共享库用于信息发布和广域网查询,共享数据库和非共享数据库分开,提供一个数据分享和互操作的窗口。

19.【B】 解析：系统总体设计是对系统体系结构和软件体系用层次图，HIPO图，结构图，通用建模语言(UML)等表达工具进行总体设计的过程。UML是目前GIS系统设计中主要用到的表达工具，主要包括用例图、活动图、类图、顺序图，贯穿整个面向对象设计的整个过程。

20.【A】 解析：GIS用户界面设计从流程上可以分为结构设计、交互设计、视觉设计三部分。结构设计即概念设计，是界面设计骨架，主要包括目录体系的逻辑分类和词语定义。

21.【B】 解析：GIS软件详细设计的内容包括数据结构设计、模块设计、代码设计。代码设计即类设计，包含于模块之中，是对类的成员对象(包括成员方法和成员变量)进行设计。设计内容包括类的命名、功能表述、类的继承关系、类的成员对象设计等。代码设计不等于代码编写，代码编写是工程实施内容。

(二) 多项选择题

1.【ABCE】 解析：元数据用关系数据表描述空间数据集的内容、质量、表达方式、精度、空间参考系、管理方式、其他特征等。

2.【ACE】 解析：系统可行性分析的主要内容有数据源调查和评估、技术可行性评估、系统支持状况分析、经济社会效益评估等内容，分析现有工作流程、数据项及其数据流程和在系统中实现的可能性。

3.【ABC】 解析：客户—服务器模式C/S是用户由客户机发出请求，服务器响应的模式。属于第四代计算机系统，由服务器集中管理数据资源，与客户端进行数据交互，同时客户机具有自主的控制和计算能力。一般用于核心模块和局域网。

4.【ACD】 解析：城市地理信息系统的设计应遵循实用性原则、标准化原则、可行性原则、可扩充性原则、成本效益优化原则、先进性原则。

12.5 地理信息系统开发与维护

12.5.1 系统开发与集成

1. 系统开发

GIS工程的突出特点是要把GIS技术与专业应用领域的技术紧密结合，强烈依赖于二次开发，核心工作之一就是基于底层GIS软件或第三方GIS软件及与相关硬件设备进行的应用开发与集成。

(1) 系统开发准备和选型工作

系统开发准备和选型工作要明确GIS系统需求；明确GIS应用项目类型；明确GIS软件系统在项目中的角色来选型；分析GIS软件功能来选型。

GIS应用项目类型主要可分为以下几类。

① 根据GIS工程特点分类

面向工程的GIS应用：强调一次性输出以GIS方式表达的数据或成果。

面向业务的 GIS 应用:强调 GIS 在某一专业领域业务流程中全过程中的应用。

② 根据应用项目目标分类

档案型 GIS 应用:突出的是对数据的管理和可视化表现。

决策支持型 GIS 应用:突出的是对空间数据、专题属性数据以及二者关联信息的分析,利用现有信息分析计算导出新的时空信息。

(2)软硬件平台选择

① 硬件平台选择

从性能指标、与其他硬件和软件的兼容性、硬件接口、网络化能力等方面选择电脑及辅助设备。

② 软件平台选择

从软件适应性与完备性、对用户适用能力、对不同用户的通用性和针对性来进行软件选型,具体考虑内容有与硬件的兼容性、与其他软件的接口能力、模型化能力、二次开发能力、界面友好度、GIS 软件的价格、系统文档、用户培训、技术支持等方面选择软件。

(3)系统开发技术要求

系统开发技术要求分为独立开发、宿主型二次开发、组件式二次开发三个层次。

① 完全自主性开发

完全自主性开发采取自己设计底层软件的形式开发,难度大、成本高,但有利于今后发展。

② 软件系统依赖性开发

软件系统依赖性开发又叫宿主型二次开发,使用 GIS 控件和其他工具以及普通高级语言在已有的 GIS 平台上进行开发,开发周期短、成本低,但后续发展受限。

③ 组件式二次开发

大多数 GIS 软件产商都提供商业化的 GIS 组件,开发人员可以基于通用软件开发工具尤其是可视化开发工具,进行二次开发,能大大提高应用系统的开发效率,而且可靠性好、易于移植、更于维护,是目前主流的 GIS 开发模式。

(4)系统开发的质量要求

质量具有动态性和相对性,质量管理在质量方面指挥和控制组织的协调活动,包括制定质量方针和质量目标以及质量策划、质量控制、质量保证和质量改进等。

GIS 开发工程质量要求体现在软件的质量要求、软硬件集成质量要求、GIS 工程的质量要求等方面。

(5)程序编制要求

将详细设计产生的模块用编程语言具体实现。

可采用结构化程序设计方法,也可以采用面向对象的程序设计方法。每一个程序都应有详细的程序说明书,包括程序流程图、源程序、调试记录以及要求的数据输入格式和产生的输出形式。

选择开发语言要考虑以下因素:

◎考虑编程效率、代码可读性和通用性。

◎考虑编码和维护成本。

◎根据系统开发的不同规模,选择合适的高级语言。

◎根据不同的开发平台和使用平台,选择不同的语言。

◎考虑系统的兼容性、移植性等。

【释义】　目前主流的开发语言主要有 C++(偏向于底层开发,程序运行效率高)和 Java(平台兼容性好)等。

2. 系统集成

系统集成是将基于信息技术的资源以应用的方式集聚成一个协同工作的整体。集成包括功能交互、信息共享、数据通信等。

(1) GIS 集成的总体结构

GIS 集成的总体结构一般分为基础层、数据层、支撑层、应用层、表现层等。

(2) 系统集成遵循的标准和规范

系统集成遵循的标准和规范有元数据仓库规范、目录规则驱动规范、工作流应用规范、插件和组件规范、功能插件注册规范、数据中心 URL 定义规范、数据中心中间件规范等。

(3) 系统集成的内容

① 数据集成

实现各子系统对空间数据和属性数据的访问和管理,实现系统内数据共享。

② 功能集成

实现各子系统提供的专题功能的基础构件功能共享与集成管理。

③ 模型集成

实现对各子系统提供的专用模型和基本模型的共享与集成管理。

④ 表示集成

为各子系统提供一个统一的表示形式和界面。

(4) 集成方式

软件集成方式有 B/S 模式和 C/S 模式等。

12.5.2　系统测试和调试

1. 系统测试

系统测试是对系统进行整体性测试,以验证需求说明书是否得到有效实现。

【释义】　一般说来,应当由系统分析员提供测试标准、制订测试计划、确定测试方法,然后和用户、系统设计员、程序设计员共同对系统进行测试。测试的数据可以是模拟的,也可以是来自用户的实际业务。

(1) 系统测试过程

① 单元测试

单元测试即模块测试,测试对象是软件设计的最小单位——模块。测试依据是详细设计的描述,多采用白盒技术,系统内多个模块可以并行测试。单元测试一般由软件开发人员和测试人员一同负责。

② 集成测试

集成测试即组装测试、联合测试,是单元测试的逻辑扩展。已经测试过的单元组合成一个组件,测试它们之间的接口,将模块与其他组的模块一起测试,并将构成进程的所有模块一起测试。集成测试一般由不是该开发组的软件设计人员或测试人员负责。

③ 确认测试

确认测试即有效性测试,在模拟的环境下运用黑盒测试的方法,验证被测软件是否满足需求规格说明书列出的需求,任务是验证软件的功能和性能及其他特性是否与用户的要求一致。

主要内容包括安装测试、安全性测试、功能测试、可靠性测试、时间及空间性能测试、易用性测试、可移植性测试、可维护性测试、文档测试等。

【释义】 并发测试主要指当测试多用户并发访问同一个应用、模块、数据时是否产生隐藏的并发问题,几乎所有的性能测试都会涉及并发测试。

(2) 软件测试方法

① 测试过程

◎文档审查:文档审查是利用系统开发过程中的一切文档确定系统功能作为测试的依据。

◎模拟运行测试:模拟运行测试分为专项功能模拟测试和系统综合模拟测试,用于基础型、专用型和专题应用型软件测试,比较系统运行结果与实际情况的差异。

◎模拟开发测试:模拟开发测试根据现有的功能和开发环境由用户进行二次开发完成指定的目标。

② 技术方法

◎白盒测试:白盒测试也称结构测试或逻辑驱动测试,只检查软件结构和逻辑是否符合要求,而不考虑功能,是穷举路径测试。白盒测试主要用于软件测试,主要方法有逻辑驱动法、基路测试法等。

◎黑盒测试:黑盒测试也称功能测试或者数据驱动测试,只检查程序功能是否按照需求规格说明书的规定正常使用,而不考虑软件内部结构,是穷举输入测试。黑盒测试主要用于确认测试,方法有等价类划分法、边值分析法、因果图法、错误推测法。

◎ALAC测试:ALAC测试也称用户行为测试,针对客户知识对最可能发生的错误进行测试。

【小知识】

健壮性又称鲁棒性,是指软件对于规范要求以外的输入情况的处理能力。所谓健壮的系统是指对于规范要求以外的输入能够判断出这个输入不符合规范要求,并能有合理的处理方式。

(3) 自动化测试方法

自动化测试是通过设计的特殊脚本程序来模拟测试人员对计算机的操作过程和行为,一般只适用于基础型 GIS。测试过程包括:

◎制订系统测试计划。

◎设计系统测试用例。

◎测试组长邀请开发人员和同行专家进行技术评审。

◎执行系统测试并将测试结果记录在测试报告中。

◎用缺陷管理工具来管理缺陷,并及时通报给开发人员。

◎缺陷管理与改错,及时消除缺陷,并马上进行回归测试。

2. 系统调试

系统开发和测试后,还需要在具体的环境下进行调试以进一步发现和改正错误。

【释义】 系统测试是在开发环境或模拟应用环境中,系统调试是在用户实际实用环境中。

(1)调试步骤

◎在指定的系统运行环境下进行系统安装。

◎选取足够的测试数据对系统进行试验,记录发生的错误。

◎定位系统中错误的位置。

◎通过研究系统模块,找出故障原因,并改正错误。

(2)调试方法

系统调试的方法主要有硬性排错、归纳法排错、演绎法排错、跟踪法排错等。

① 硬性排错

硬性排错是设置临时变量、断点,采用试验方法排错的方法,速度和准确性不佳。

② 归纳法排错

归纳法排错是代入代表性数据,并归纳出错可能位置,再用新的数据验证的方法。

③ 演绎法排错

演绎法排错是列举可能引起出错的原因,根据测试数据用排除法逐步排错的方法。

④ 跟踪法排错

跟踪法排错是在错误征兆附近进行跟踪查错,修改完后用测试用例重复先前测试过程,进一步验证排错正确性的方法。

3. 系统试运行

系统软硬件在具体环境测试完毕后,为使各子系统、数据、端口等之间能协调运行和工作需要进一步进行综合测试,需要试运行。

试运行的检验指标与系统维护指标一样,主要有系统运行环境、软硬件支撑体系结构、系统各项功能指标、系统综合性指标。

12.5.3　系统运行与维护

1. 系统部署

(1)系统部署和安装

狭义的系统安装指简单地把软件安装到电脑上,广义的系统安装内容包括系统硬件的安装和调试、系统软件的安装和测试、系统综合调试。

(1)系统部署单元

系统部署的基本单位是数据中心的基础单元,从而实现数据与功能的集中管理。一个数据中心基础单元主要由以下部分构成。

◎功能仓库集中管理功能中间件、流程库等。

◎数据仓库集中管理文件、数据库、空间数据库、元数据库等。

◎资源目录服务器、数据交换服务器、GIS 应用服务器、Web 服务器、负载均衡调度服务器等。

◎用户。

(2)系统部署模式

① 集中式部署模式

在每层建立多个数据中心基础单元,层与层之间通过数据交换机制实现数据更新。

② 分布式部署模式

在组织的基础层上,建立多个数据中心基础单元,上层数据中心在逻辑上管理基础层的资源,实现分布式管理。

③ 混合式部署模式

结合集中式、分布式两种部署模式优点的部署模式。上层在逻辑上管理下层数据、功能模块,在物理上管理下层汇集而来的数据,而下层独立管理自己的数据和功能模块。

2. 系统运行和管理

(1)验收和交付

系统交付包括技术培训和成果移交。后者包括安装介质交付、文档交付、源代码交付和数据成果交付等内容。

系统验收的依据有需求说明书、合同文件、需求变更材料、规范标准等。

(2)系统运行和管理

系统可分为客户端系统和中心服务器系统两部分,大型系统还包括网络设备等。GIS 日常维护管理包括计算机资源管理、机房管理以及安全管理等工作。

(3)系统安全管理

系统安全管理内容包括系统安全管理和数据安全管理。

◎在数据安全管理方面,为了保密,运行系统要与外网物理隔离,并制定容灾计划。

◎在系统安全方面,主要是防火墙技术、开放型密码技术、防病毒软件等。

【释义】 容灾计划是指为了保护数据安全和提高数据的持续可用性,要从数据冗余结构、数据备份、故障预警等多方面考虑建立一个异地的数据系统存放数据。

3. 系统维护和更新

(1)系统维护的内容

系统维护的内容主要包括纠错维护、数据更新维护、完善性和适应性维护、预防性维护、硬件设备维护等。

① 纠错维护

纠错性维护是在开发期间,对未能发现的遗留错误进行纠正。

② 数据更新维护

为了保证数据的现势性,进行数据的及时更新。

③ 完善性维护和适应性维护

完善和适应性维护是指因系统功能扩充、性能提高、用户业务变化、硬件更新、操作系统升级、数据形式变换等因素引起的对系统的修改维护。

【释义】 完善性维护指用户在使用系统过程中要求对系统进行完善和改进的维护,适应性维护是为了使系统适应环境的变化而进行的维护工作。

④ 预防性维护

预防性维护是通过预防性维护措施为未来的修改与调整做出准备的维护工作。

⑤ 硬件设备维护

硬件设备的维护包括机器设备的日常管理和维护工作。

（2）系统维护的步骤

对系统维护提出修改意见，领导批准并分配维护任务，对维护工作验收。

（3）可维护性评价指标

GIS 系统的可维护性评价一般从系统运行环境、软硬件体系支撑结构、系统各项功能指标、系统综合性能指标四个方面考虑。

（4）维护更新

数据维护更新、应用系统维护更新、网络维护和安全管理。

数据更新模式主要分为自主模式、外包模式、众包模式等。

【释义】 众包模式是外包模式的一类，指公司把工作任务以自由自愿形式外包给非特定的大众网络的模式，强调大众参与，就是所谓的共享经济。

外包是封闭式投标筛选，中标的供应商需要承担项目责任。

众包是开放式参与制模式，对参与者的资质审核较为宽松。

12.5.4 章节练习

(一) 单项选择题

1. GIS 工程详细设计产生的模块选用 Java 编程语言来实现，主要是考虑（　　）因素。

 A. 运行效率   B. 可视化编程   C. 兼容性   D. 维护成本

2. GIS 开发时的准备选型工作，以下分析工作与之无关的是（　　）。

 A. 明确 GIS 系统是主系统还是分系统 B. 分析 GIS 项目所需功能

 C. 分析数据源的质量和格式   D. 确定 GIS 软件系统

3. 以下软件开发模式，成本高、难度大的是（　　）。

 A. 自主开发   B. 二次开发   C. 依赖性开发   D. 私人开发

4. 传统 GIS 的基本功能有数据采集与输入、数据编辑、空间数据管理、空间分析、地形分析、数据显示与输出等，其核心功能是（　　）。

 A. 对空间数据的存储   B. 对空间数据的操作

 C. 对属性数据的管理   D. 视觉表达的展现

5. 下列 GIS 软件测试方法中，也可称为逻辑驱动测试的是（　　）。

 A. 白盒测试   B. 黑盒测试   C. 集成测试   D. ALAC 测试

6. 对 GIS 软件系统进行系统安全性测试，应采用（　　）测试方法。

 A. 白盒测试   B. 模块测试   C. 黑盒测试   D. 模拟开发测试

7. 以下软件测试方法中，不是运用黑盒方法测试的是（　　）。

 A. 用户行为测试 B. 功能测试   C. 可移植性测试   D. α 测试

8. 系统测试时将构成进程的所有模块一起测试，这种测试属于（　　）测试。

A. 单元   B. 集成   C. 确认   D. 功能

9. 白盒测试,只检查软件结构和逻辑是否符合要求,属于穷举( )测试。

A. 路径   B. 功能   C. 输入   D. 输出

10. 系统测试是验证系统是否满足需求说明书的工作,一般说来,应当由( )确定测试方法。

A. 系统维护人员   B. 系统实施人员

C. 系统设计人员   D. 系统分析人员

11. GIS系统软件测试时,其过程不包括( )。

A. 系统综合模拟测试   B. 软件部署测试

C. 文档审查   D. 专项功能模拟测试

12. 在程序某行加入临时断点打断程序运行,采用试验方法查找错误,该调试方法为( )。

A. 硬性排错   B. 归纳法排错   C. 演绎法排错   D. 跟踪法排错

13. 硬件更新因素引起的GIS应用系统修改属于( )维护。

A. 硬件设备维护   B. 完善和适应性维护

C. 数据更新   D. 纠错性维护

14. 纠错性维护是在系统( )对发现的错误进行纠正。

A. 开发期间   B. 测试期间   C. 调试期间   D. 运营期间

15. 以下中,不属于GIS系统交付内容的是( )。

A. 设计文件交付   B. 用户培训   C. 源代码交付   D. 数据成果交付

16. GIS系统的可维护性评价不包括( )指标。

A. 系统运行环境   B. 系统健壮性指标

C. 软硬件体系支撑结构   D. 系统功能指标

(二)多项选择题

1. GIS开发与集成是GIS系统建设的主要阶段,下列说法正确的是( )。

A. ComGIS是结构化程序设计技术在GIS软件开发中的具体应用

B. GIS软件的集成一般在系统详细设计阶段规划和设计

C. WebGIS是指在局域网内,对地理空间数据进行集中分发和管理

D. 根据不同的开发平台和使用平台,可选择不同的编程语言

E. 传统GIS对空间数据的管理一般按图层方式进行

2. 以下情况属于系统完善和适应性维护的是( )。

A. 因功能扩充改写代码   B. 新购置硬件

C. 提升数据现势性   D. 因用户业务变化改变系统

E. 操作系统升级软件维护

习题答案与解析

(一)单项选择题

1.**【C】** 解析:目前主流的开发语言主要有C++(偏向于底层开发,程序运行效率

高)和Java(平台兼容性好)等。

2.【C】　解析：系统开发准备和选型工作主要分析内容有：

(1) 明确GIS系统需求。

(2) 明确GIS应用项目类型。

(3) 明确GIS软件系统在项目中的角色来选型。

(4) 分析GIS软件功能来选型。

3.【A】　解析：系统开发技术要求分为完全自主性开发和软件系统依赖性开发两个层次。完全自主性开发采取自己设计底层软件的形式开发，难度大、成本高，但有利于今后发展。软件系统依赖性开发是使用GIS控件和其他工具以及普通高级语言开发，开发周期短、成本低，但后续发展受限。

4.【B】　解析：传统GIS的基本功能有数据采集与输入、数据编辑、空间数据管理、空间分析、地形分析、数据显示与输出等，核心是对空间数据的操作，包括地理实体的空间位置、拓扑关系和属性等。

5.【A】　解析：白盒也称结构测试或逻辑驱动测试，只检查软件结构和逻辑是否符合要求，而不考虑功能，是穷举路径测试。主要用于软件测试，方法有：逻辑驱动法、基路测试法等。

6.【C】　解析：确认测试即有效性测试，在模拟的环境下运用黑盒测试的方法，验证被测软件是否满足需求规格说明书列出的需求，主要内容包括安装测试、安全性测试、功能测试、可靠性测试、时间及空间性能测试、易用性测试、可移植性测试、可维护性测试、文档测试等。

7.【A】　解析：ALAC测试也称用户行为测试，是针对客户知识对最可能发生的错误进行的测试。其他选项都用黑盒方法进行的测试。

8.【B】　解析：集成测试即组装测试、联合测试，是单元测试的逻辑扩展。已经测试过的单元组合成一个组件，测试它们之间的接口，将模块与其他组的模块一起测试，并将构成进程的所有模块一起测试。

9.【A】　解析：白盒测试也称结构测试或逻辑驱动测试，只检查软件结构和逻辑是否符合要求，而不考虑功能，是穷举路径测试。

10.【D】　解析：系统测试是对系统进行整体性测试，以验证需求说明书是否得到有效实现。一般说来，应当由系统分析员提供测试标准、制订测试计划、确定测试方法，然后和用户、系统设计员、程序设计员共同对系统进行测试。

11.【B】　解析：软件测试过程有文档审查、专项功能模拟测试、系统综合模拟测试、模拟开发测试。

12.【A】　解析：硬性排错是设置临时变量、断点等，用试验方法排错，速度和准确性不佳。

13.【B】　解析：功能扩充、性能提高、用户业务变化、硬件更新、操作系统升级、数据形式变换等因素引起的对系统的修改维护。

14.【D】　解析：纠错性维护是在系统运维阶段对未能发现的遗留错误进行纠正。

15.【A】　解析：系统交付包括培训和成果移交。后者包括安装介质交付、文档交付、源代码交付和数据成果交付等内容。

16.【B】 解析：GIS系统的可维护性评价一般从系统运行环境、软硬件体系支撑结构、系统各项功能指标、系统综合性能指标四个方面考虑。系统健壮性是系统测试的指标。

(二) 多项选择题

1.【BDE】 解析：选项A，ComGIS是按照面向对象程序设计思想开发；选项C，WebGIS是指通过互联网对地理空间数据进行发布和管理。

2.【ADE】 解析：功能扩充、性能提高、用户业务变化、硬件更新、操作系统升级、数据形式变换等因素引起的对系统的修改维护。选项B属于硬件更新维护,选项C属于数据更新。

12.6 地理信息数据建库

12.6.1 空间数据库模式的建立

GIS空间数据库与传统数据库比较,空间数据模型复杂,数据量庞大。目前大多数商品化的GIS软件都是建立在关系型数据库管理系统(RDBMS)基础上的综合数据模型。

1. 空间数据库组织模式

(1) 文件管理方式

空间数据、属性数据、元数据都用文件系统管理,常用于影像管理数据库,不利于数据的安全性、并发控制和数据共享。

(2) 文件关系型

文件与关系数据库混合管理系统。一般用文件管理空间数据,用关系数据库管理属性数据,通过标识码进行连接。两个子系统联系非常脆弱,属于早期技术。

(3) 全关系型

图形数据和属性数据都用某一关系数据库系统管理,由软件开发商直接在某一关系型数据库的基础上开发,采用关系型数据库管理系统(RDBMS),在处理复杂数据、进行复杂操作时有很多限制难以克服。

(4) 面向对象数据库

面向对象模型最适应于空间数据的表达和管理,具有很强的数据建模能力,大量减少冗余的关系表数目,具有丰富的可扩展性,和编程语言紧密结合。

(5) 对象—关系型

将复杂的数据类型作为对象引入关系数据库中,并在空间数据之上增加空间数据引擎(SDE)实现对空间数据和属性数据的一体化管理。

【释义】 随着关系数据模型的有效扩展和商业化实现,使得面向对象的关系数据库管理系统成为海量空间数据管理的有效载体,对象—关系型是目前GIS空间数据库的主流模式。

2. 空间数据库引擎

空间数据库引擎SDE(Spatial Database Engine)是基于大型关系型数据库,处于客户端和数据库之间,使空间数据在数据库管理系统中存储、管理和快速查询检索的软件。

【小知识】

目前常用的 SDE 产品有:Esri 公司的 ARCSDE,Maplnfo 公司的 SpatialWare,Ceilergraph 公司的 GeoMedia,武汉吉奥的 GeoSDE,超图公司的 SuperMap SDX,Oracle 公司的 OracleSpatial,Informix 公司的 Spatial Data-Blade 等。

12.6.2　地理信息数据建库

GIS 基本建库流程包括数据准备、数据编辑、数据库设计和开发、数据入库、数据库维护和数据更新等几项工作。

1. 数据建库流程

(1) 数据检查验收

采用抽样详查、全库概查对源数据验收。

◎注重检查不同单位生产的数据。

◎不同区域的数据。

◎不同图幅数据之间的不完整、不一致等问题。

◎图形要素之间的关系协调。

(2) 栅格数据数字化

将现有地图、外业观测成果、航空像片、遥感图片数据、文本等转换成 GIS 可用的数字形式,录入电脑。

(3) 数据格式转换

多源异构空间数据的统一成为建立地理信息数据库的关键的步骤,空间数据转换格式是一种标准数据中介,不同空间参考系的数据需要一个标准格式来互相转换。

【小知识】

Shapefile(shp)是 Esri 公司开发的空间数据开放格式。该文件格式已经成为了地理信息软件界的一个开放标准,成为一个非常重要的交换数据格式,基本上所有的 GIS 软件都支持 Shapefile 的读写。

Shapefile 属于一种矢量图形格式,它能够保存几何图形的位置及相关属性,缺点是不能存储拓扑关系。

一个 shapefile 是由若干个文件组成的,空间信息和属性信息分离存储,所以称之为"基于文件"的 GIS 数据格式。

◎shp——用于保存元素的几何实体,存储的是几何要素的空间信息。

◎shx——用于保存几何实体索引,存储的是有关.shp 存储的索引信息。

◎dbf——数据库,用于保存关于元素的属性信息表。

MIF 是 Mapinfo 用来向外交换数据的一种中间交换文件。当用户在 Mapinfo 中将一张 Mapinfo 地图表以 MIF 格式转出来 MIF 文件中后,Mapinfo 会同时在用户指定的保存目录下生成两个文件(. mif,. mid)。

GeoJSON 是一种对各种地理数据结构进行编码,基于 Javascript 对象表示法的地理空间信息数据交换格式。JavaScript 一种直译式脚本语言,是一种动态类型、弱类型、基于原型的语言,内置支持类型。

GML,地理标记语言,是可扩展标记语言在地理空间信息领域的应用,利用 GML 可以存储和发布各种特征的地理信息,并控制地理信息在 Web 浏览器中的显示。GML 在表示实体的空间信息的同时加入了实体的其他属性信息,是表示实体的空间信息和属性的编码标准,但它并不支持直接显示图形。

SVG 是 W3C 组织为适应互联网应用的飞速发展需要而制定的一套基于 XML 语言的二维可缩放矢量图形语言描述规范。SVG 作为 XML 的一个描述矢量图形的子集的出现,为解决 WebGIS 面临的静态性,数据格式多样性,平台相关的 Web 内容表现和缺乏交互性,网络传输慢等问题提供了一个全新的解决方法。

KML,用于描述和保存地理信息标记语言。

(4) 数据预处理

数据预处理包括数字化信息规范化(一致化)处理和新地图编制进行的数据处理。

① 数据一致化处理

数据一致化处理主要包括代码转换、格式转换、坐标转换、投影转换、数据压缩等工作。

◎数字纠正检查,重新生成数字化文件,比例尺变换,数据合并归类。

◎多源空间数据高斯投影转换为地理坐标,并统一坐标系。

◎数据层属性项若中英文需要统一的要进行转换。

◎合并因分幅而分割的重要要素。

◎元数据汇总和整理,由文本格式转换为关系表达式。

② 新地图编制进行的数据处理

主要有数学基础建立,投影转换,数据综合,符号、图形、注记的处理等工作。

(5) 数据库结构设计与开发

概念设计、逻辑设计、物理设计、元数据库设计等,空间数据库开发和测试。

(6) 预入库

按设计要求将数据预入库到相应的数据层,数据不做处理,产生临时数据库。

(7) 空间数据入库前编辑

采用拓扑编辑和非拓扑编辑对空间数据进行入库前处理,进行接边、合并、修改。

◎图幅接边处进行线实体连接,面实体进行合并并封闭。

◎线型和图元检查,各图元的注记必须是整体,不得逐字注记,图元层属性要匹配。

◎面要素线性化处理,如河流面要素。

◎清理重复地形要素。

◎地形要素编码和扩展属性设置。

(8) 数据正式入库

空间数据编辑后正式入库。

(9) 数据库管理系统(DBMS)功能设计开发

主要功能有入库检查、视图管理、查询检索、输入输出、数据编辑、空间分析、制图、分发服务、数据库维护、安全管理等,按项目需求选择。

DBMS 设计应遵循灵活性、易操作性、高效性原则。

(10) 项目验收

2. 属性数据建库

(1) 关系型数据库

关系型数据库是目前主流数据模型,是一个二维表(图 12.32)。其中每一行是一个记录,每一列是一个字段,表中第一行是各字段的型的集合。构成如下:

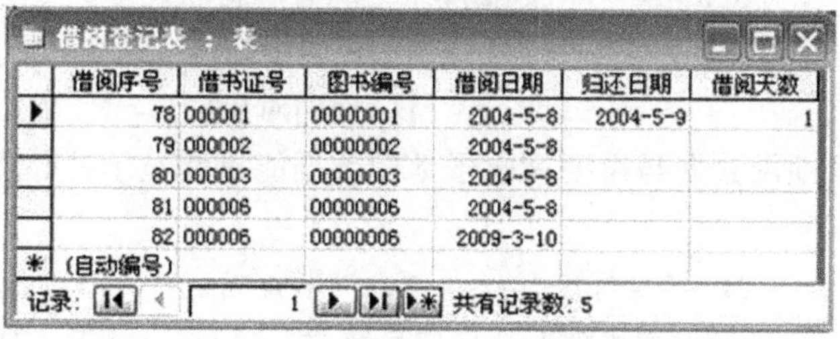
借阅登记表 : 表

	借阅序号	借书证号	图书编号	借阅日期	归还日期	借阅天数
▶	78	000001	00000001	2004-5-8	2004-5-9	1
	79	000002	00000002	2004-5-8		
	80	000003	00000003	2004-5-8		
	81	000006	00000006	2004-5-8		
	82	000006	00000006	2009-3-10		
*	(自动编号)					

记录: 1 共有记录数: 5

图 12.32 关系型数据库二维表

① 表

一种按行与列排列的相关信息的逻辑组。关系数据库可以由多个表组成,表与表之间可以以不同的方式相互关联。

② 字段

数据库表中的每一列称作一个字段,字段可包含各种字符、数字甚至图形。表是由其包含的各种字段定义的,每个字段描述了它所含有的数据。创建一个数据库时,须为每个字段分配一个数据类型、最大长度和其他属性。

③ 记录

记录是指对应于数据源中一行信息的一组完整的相关信息。一般来说,数据库表创建时任意两个记录都不能相同。

④ 键

键是表中的某个字段,为快速检索而被索引。键可以是唯一的,也可以不是。

(2) 属性数据编辑

属性表格有两种基本形式:

◎与地理信息内容紧密相关的属性表。

◎外置的与属性表可以实现连接(join)或链接(link)的数据库表。

(3) 属性数据入库条件

◎表中每个属性不可再分。

◎表中每列属性名唯一。

◎表中每列必须有相同数据类型。

◎表中不能有相同行。

12.6.3 章节练习

(一) 单项选择题

1. 以下软件不属于数据库软件的是(   )。

　　A. Oracle　　　　　B. DB2　　　　　C. SuperMap　　　　D. SQLServer

2. 对象—关系型空间数据管理模式相对于文件关系型管理模式主要的区别是引入了（　　）。

　　A. 空间数据引擎　　　　　　　　　B. 关系型数据库管理系统

　　C. 地图数据引擎　　　　　　　　　D. 面向对象数据库管理系统

3. 目前 GIS 技术中,一般采用（　　）数据库来组织管理属性数据。

　　A. 空间模型　　　　　　　　　　B. 逻辑模型

　　C. 关系模型　　　　　　　　　　D. 面向对象模型

4. 若要求专题电子地图数据与全要素电子地图数据能重叠显示,两者的（　　）必须保持一致。

　　A. 坐标系　　　　B. 精度标准　　　　C. 投影方式　　　　D. 比例尺

5. 采用 1∶50 000 DLG 数据建立专题地理信息库,并进行空间分析,需要进行（　　）。

　　A. 大地反算　　　B. 比例尺转换　　　C. 投影换带　　　D. 高斯反算

6. 以下描述不是地理信息入库前数据预处理工作主要目的是（　　）。

　　A. 检查拓扑关系,保证地理要素连接正确 B. 数据文件整理,为入库做准备

　　C. 统一数据格式,建立标准数据规格　　　D. 对数据进行初步处理,使符合系统要求

7. 对多源 DLG 数据入库,需要进行规范化处理,以下做法不正确的是（　　）。

　　A. 把不同比例尺 DLG 通过投影转换归算到 3°分带

　　B. 统一不同来源数据的文件格式

　　C. 汇总元数据,把格式转换为关系表达式

　　D. 把数据层属性项中的中英文进行统一处理

8. 属性数据入库应具备一定的条件,下列描述不正确的是（　　）。

　　A. 表中每个属性值都是不可再分的基本单元

　　B. 表中的每一列的属性名必须是唯一

　　C. 表中不能有完全相同的键

　　D. 表中不能有完全相同的记录

习题答案与解析

（一）单项选择题

　　1.【C】　解析:选项 C 是超图公司开发的 GIS 软件,其他选项都是数据库软件。

　　2.【A】　解析:将复杂的数据类型作为对象引入关系数据库中,并在空间数据之上增加空间数据引擎(SDE)实现对空间数据和属性数据的一体化管理。空间数据库引擎 SDE 是基于大型关系型数据库,使空间数据在数据库管理系统中存储、管理和快速查询检索的软件。

　　3.【A】　解析:目前属性数据库的建库一般与空间数据分开,属性数据库用关系型数据库建立,几何数据存储在空间数据管理系统中。

　　4.【A】　解析:空间数据参考系统一是空间数据进行编辑处理,并进行空间分析的前提。电子地图采用大地坐标系,比例尺无级缩放,但坐标系涉及不同椭球参数,必须统一。

故选 A。

5.【D】　解析：1∶50 000 DLG 数据存入空间数据库，需要转换为地理坐标系，故需要高斯反算。

6.【A】　解析：选项 A 是通过拓扑编辑在入库前编辑数据，达到数据入库要求，不是数据预处理内容。

7.【A】　解析：选项 A 应统一归算到地理坐标系进行数据统一工作，作为下一步数据整合的基础。

8.【C】　解析：GIS 地理数据的属性数据入库要达到的条件：

(1) 表中每个属性不可再分；

(2) 表中每列属性名唯一；

(3) 表中每列必须有相同数据类型；

(4) 表中不能有相同行。

12.7　质量控制和成果检验

12.7.1　GIS 工程标准化

GIS 标准化促进了空间数据的使用和交换和地理信息共享，未来的数据共享将以分布式网络传输方式为主。

【释义】　GIS 标准化内容包括统一术语定义、统一设计与实施方法、统一体系结构、统一信息分类和编码、统一数据交换格式、统一接口规范等，其中编码一般有层次码、顺序码、复合码、简码等方式，我国以层次码为主。

1. GIS 标准体系

GIS 标准化要制定完整配套的反映标准项目类别和结构的标准体系表，实现在全国范围内标准系列和标准制定上的统一规划、统一组织和部署。

地理信息系统按标准体系划分为基础地理信息系统、专业应用的地理信息系统、专项应用的地理信息系统三层七大类，具有全面性、先进性、系统性、适用性、可扩展性特点。

(1) 地理信息基础类（第一层）

地理信息基础类包括通用类、数据资源类、应用服务类、环境与工具类、管理类 5 大类标准。它们科学界定了地理信息获取、处理、管理、服务、更新、分析、查询、表示，以及在不同用户、不同系统和不同空间位置之间转换的方法、过程、工艺等。

(2) 专业类（第二层）

专业类是面向各专业领域对地理信息的需求，对基础类标准进行扩展和裁减而形成的专业用标准，涵盖公安、政区与地名、土地、生态与环境、交通、水利、农业、地震等领域。

(3) 专项类（第三层）

专项类是面向各类与地理信息相关的专项工程的需要，对基础类和专业类标准进行组合、扩展和裁减而形成的专项用标准，涵盖电子政务、数字城市、导航、应急服务等领域。

【释义】 国家地理信息系统标准体系中数据资源类标准、环境与工具类标准、管理类标准、应用服务类标准互相联系并依赖于通用类标准,在以上 5 类基础上上划分专业类标准,在以上 6 类基础上上划分专项类标准。

2. GIS 软件工程标准

GIS 软件工程应符合软件工程通用标准,以及符合 GIS 的专业标准。

◎GIS 软件工程标准根据标准制定的机构与适用的范围分为国际标准、国家标准、行业标准、社会团体标准、企业规范及项目规范六个类别。

◎GIS 软件工程标准按软件工程分为过程标准、产品标准、专业标准、记法标准。

◎GIS 软件工程标准按主要内容分为硬件标准、软件标准、数据和格式标准、数据集标准。

【小知识】

(1)主要软件工程标准

◎FIPS 135,美国国家标准局发布的《软件文档管理指南》。

◎ISO 5807,国际标准化组织公布的《信息处理—数据流程图、程序流程图、程序网络图和程序资源图的文件编制符号及约定》,现已被选用为中国国家标准。

(2) 主要的 GIS 标准

◎ISO/TC211(国际标准化组织所属的地理信息技术委员会)制定的地理信息与地球信息科学标准。

◎FGDC(美国联邦地理数据委员会 Federal Geodata Commission)制定的空间数据转换标准 SDTS(Spatial Data Transfer Standard)以及数字空间元数据标准 DSMS(Digital Spatial Metadata Standard)。

◎美国国防系统标准 TSSDS(Tri Service Spatial Data Standard)。

◎美国 OpenGIS(Open Geodata Ceileroperation Specification)组织的软件标准。

◎加拿大政府组织以 Mercator(墨卡托投影)命名的国家 GIS 数据标准。

3. GIS 工程质量认证和评价

(1) GIS 工程质量认证

产品质量认证是指依据产品标准和相应技术要求,经认证机构确认并通过颁发认证证书和认证标志来证明某一产品符合相应标准和相应技术要求。

◎ISO 9000 系列标准。

◎CMM 模型。

【释义】 能力成熟度模型 CMM,核心是把软件开发视为一个过程,并根据这一原则对软件开发和维护进行过程监控和研究。

(2) GIS 工程质量评价

GIS 工程质量评价是在 GIS 测试的基础上,通过对技术因子和经济因子进行评价,从而得出对系统整体水平以及系统实施所能取得的效益的认识和评价,GIS 设计要满足加强实用性、降低成本、提高生命周期三个基本条件。

① 系统经济评价指标

系统经济评价指标包括系统产生的效益和价值、软件商品化程度和用户满意度、技术服务支持能力、软件易于维护与运行管理能力。

② 系统技术评价指标

系统技术评价指标包括可靠性和安全性、可扩展性、可移植性、系统效率。

12.7.2 GIS 数据质量保证

1. GIS 数据标准化

GIS 数据标准化是实现信息共享的前提条件。不同尺度、不同区域的基础地理数据应遵从统一的技术标准,包括数据模型、投影、表达方式等,不同尺度的基础地理数据对于同一地理对象的描述要有连贯性和一致性。

基础地理信息数据是作为统一的空间定位框架和空间分析基础的地理信息数据,主要有控制点、水系、居民地及设施、交通、管线、境界与政区、地貌、植被与土质、地籍、地名、数字正射影像等自然和人文要素的位置、形态和属性。

2. 空间数据质量控制

基础地理数据的质量控制具体表现在检测数据可靠性和分析数据的不确定性,从定位精度(偏差与精度)、属性精度、逻辑一致性、数据完整性等多方面对数据进行质量控制。

(1) 数据质量控制内容

① 空间数据质量控制

空间位置精度主要是数学基础、平面精度和高程精度。

属性数据的质量控制

属性数据的质量控制主要是描述空间数据的属性项定义要正确,属性表中各数据项的属性值及单位要正确,标识码要唯一有效,属性表之间的相关性和映射关系应当正确描述和建立。

② 空间关系质量控制

空间关系质量控制主要内容有空间实体点、线、面之间的组合能表达实体间拓扑关系的相邻性、连续性、闭合性、包含性、一致性等关系。

③ 空间数据和属性数据关系的质量控制

空间数据与属性数据必须具有正确的相关性。

(2) 质量控制方法

① 过程控制

过程控制属于数据录入前和录入中的检查,主要是采用设法减少和消除误差及错误的技术。

② 成果控制

成果控制属于数据录入后的后处理检查,以进一步发现数据错误和改正数据错误。

③ 基于拓扑关系规则的数据检查

用户可以指定空间数据必须满足的拓扑关系约束。

3. 数据质量检验与监理

(1) 数据质量检查依据

◎数据的分类系统。

◎数据类型名称和定义。

◎数据获取方法的评价。

◎所使用的仪器设备及其精度的规定。

◎数据获取时的环境背景和测试条件的规定。

◎数据的计量单位和数据精度分级的规定。

◎数据的编码或代表符号的规定。

◎数据的更新周期的规定。

◎数据的密级和使用数据的规定等。

（2）数据质量检查内容

数据质量检查主要是入库时检查空间数据和属性数据的逻辑错误。

① 图形检查

点、线、面要素的检查,拓扑检查。

② 属性检查

字段非空、字段唯一性、图形和属性一致性、数据整理检查。

③ 数据接边情况等检查

12.7.3 GIS 软件质量保证

1. GIS 质量管理要求

（1）软件质量管理要求

◎重视系统的正确性、可靠性、可维护性、效率、安全性、灵活性、可实用性等度量标准。

◎技术监督组负责对工程质量进行监督,负责组织数据库和系统软件的测试。

◎实行文件化管理制度,每一步的工作及执行情况都有完整的文件记录。

◎在系统开发期间,对软件的每一单元都要进行认真的单元测试,并且要定期开展开发小组间的测试和整个系统的测试。重要的测试工作都有技术监督组负责组织实行。

◎如有必要可以引人第三方监理。

（2）数据库质量管理要求

◎数据生产建库实行统一设计、统一组织、全程监控的项目管理体制。

◎采取多级检查和验收方式,验收时抽取的样本不少于 10％,并对样本进行详查,对样本外的产品进行概查。

◎数据检查采用程序检查、矢量与栅格地图叠加人机交互检查、回放图检查等。

（3）提高软件可维护性

◎提高软件可维护性的方法有明确软件质量目标。

◎采用现代化的开发方法。

◎建立明确的质量保证审查。

◎选择可维护的语言。

◎改进程序的文档。

2. 软件质量度量

软件质量度量贯穿于软件工程的全过程以及软件交付之后,软件质量度量有两类,即预测度量和验收度量。

（1）预测度量

预测度量是软件交付之前的度量，分为尺度度量和二元度量两类，如程序复杂性、模块有效性、程序规模等。

① 尺度度量

尺度度量是定度量量，如缺陷密度、缺陷率、单位时间千行代码错误率（KLOC）等。

② 二元度量

二元度量是定性度量，适用于只能间接度量的特性，如可使用性、灵活性等。

（2）验收度量

验收度量是软件交付之后的度量，是软件开发各阶段的检查点和对预测度量进行的评价，如残存的缺陷数、系统的可维护性等。

（3）衡量软件质量指标

软件系统发布前应检查缺陷密度、缺陷检出率、缺陷去除率、潜在缺陷数、平均失效时间、平均修复时间等指标。

$$缺陷密度＝缺陷数量÷软件规模$$
$$缺陷检出率＝某阶段当时发现的缺陷÷该阶段的全部缺陷$$
$$平均失效时间＝软件持续运行时间÷缺陷数量$$

【释义】 程序规模的基准是 10 000 行源程序（LOC），每一千行有 3 个错误是测试发现率的基准。

3. 软件质量度量模型

用来评估软件质量的软件质量度量模型主要有以下几类。

（1）软件质量度量三层模型

软件质量度量层次模型又叫做 FCM3 层模型。

① 第一层——质量特性

功能性、易用性、可靠性、可移植性、可维护性、效率等质量要素。

② 第二层——衡量标准

用来衡量第一层质量特性的一组具体度量标准组合。

③ 第三层——度量标准

针对每个阶段制定问卷表，以实现软件开发过程的质量度量，其度量标准由使用单位自行定义。

（2）ISO 9126 度量模型

ISO 9126 是在 FCM3 层模型基础上发展演变，并向国际推荐的软件质量管理技术（SQM）。

质量模型共包括三个层次，第一、二层形成国际标准，第三层由使用单位自行定义。

◎第一层 6 个质量特性：功能性、可使用性、可靠性、可移植性、可维护性、效率。

◎第二层 27 个质量子特性。

◎第三层度量。

【小知识】

ISO 1985 软件质量管理把软件质量管理度量模型分为三个层次。

第一层:软件质量需求评价准则(SQRC)。

第二层:软件质量设计评价准则(SQDC)。

第三层:软件质量度量评价准则(SQMC)。

4. 软件评价与评审

软件评审是软件工程的过滤器。为使用户满意有两个必要条件:

◎设计的规格说明书符合用户要求。

◎程序要按照规格说明书要求正确运行。

12.7.4 章节练习

(一)单项选择题

1. GIS 工程质量评价包括经济评价和技术评价两个方面,下列选项中( )不属于技术评价指标。

   A. 技术服务支持能力　　　　　　B. 系统的可靠性和安全性

   C. 系统的可扩展性和可移植性　　D. 系统运行效率

2. GIS 系统技术评价指标不包括( )。

   A. 可靠性　　　B. 安全性　　　C. 系统效率　　　D. 用户满意度

3. GIS 软件工程进行质量认证活动,可采取( )模型。

   A. TSSDS　　　B. CMM　　　C. FIPS 135　　　D. SDTS

4. 以下不属于 GIS 工程经济评价指标的是( )。

   A. GIS 工程带来的直接经济利益　　B. GIS 工程必须有足够的可靠性

   C. GIS 工程产品包装美观　　　　　D. 能提供技术培训和维护

5. 在空间数据建库时,下列选项不属于图形检查的是( )。

   A. 拓扑检查　　　　　　　　　　B. 线要素连接性检查

   C. 要素赋值检查　　　　　　　　D. 线要素悬挂点检查

6. GIS 数据质量控制方法不包括以下的( )。

   A. 入库时检查数据属性精度　　　B. 用查错软件检核多边形是否封闭

   C. 检查空间数据拓扑相邻关系　　D. 检查系统可维护性指标是否达标

7. 关于 GIS 设计要尽量满足的条件错误的是( )。

   A. 提高系统更新频率,始终维持系统的技术先进性

   B. 尽量节省资金,最大限度地降低成本

   C. 尽量多平台兼容,提高系统可用性

   D. 即使产生额外支出,数据编码也需严格按标准实施

8. 以下措施不能明显提高 GIS 软件可维护性的是( )。

   A. 选用比较通用的开发方法　　　B. 采用有发展趋势的高级语言

   C. 采取措施提高数据质量　　　　D. 明确软件质量目标

9. 可移植性指标属于 GIS 软件质量量度层次模型(FCM3 层模型)中的( )层次。

A. 衡量标准　　　　B. 度量组合　　　　　C. 质量要素　　　　D. 度量标准

10. GIS 软件质量总结中,质量模型中的高层质量评价模型指的是(　　)评价准则。

A. 度量　　　　　　B. 设计　　　　　　C. 进度　　　　　　D. 需求

(二) 多项选择题

1. 以下属于 GIS 数据质量检验中属性数据的质量控制内容是(　　)。

A. 字段非空检查　　　　　　　　　B. 字段唯一性检查

C. 图形属性一致性检查　　　　　　D. 拓扑关系检查

E. 要素节点挂接检查

2. ISO 9126 规定了软件质量管理模型有 6 个质量特性,包括(　　)等。

A. 互操作性　　B. 可维护性　　　C. 可靠性　　　D. 易测试性

E. 可移植性

3. 全国地理信息标准委员会把地理信息系统分为(　　)等几类。

A. 区域地理信息系统　　　　　　B. 基础地理信息系统

C. 地理信息系统工具　　　　　　D. 专用地理信息系统

E. 专项地理信息系统

习题答案与解析

(一) 单项选择题

1.【A】　解析:系统技术评价指标包括可靠性和安全性、可扩展性、可移植性、系统效率。系统经济评价指标包括系统产生的效益和价值、软件商品化程度和用户满意度、技术服务支持能力、软件易于维护与运行管理能力。

2.【D】　解析:系统技术评价指标包括可靠性和安全性、可扩展性、可移植性、系统效率。用户满意度属于系统经济评价指标。

3.【B】　解析:能力成熟度模型 CMM,核心是把软件开发视为一个过程,并根据这一原则对软件开发和维护进行过程监控和研究认证。其他选项为 GIS 相关标准。

4.【B】　解析:GIS 系统经济评价指标有系统产生的效益和价值、软件商品化程度和用户满意度、技术服务支持能力、软件易于维护与运行管理能力。其中选项 A 属于效益指标,B 属于技术指标,C 属于商品化程度,D 属于技术服务支持能力,故选 B。

5.【C】　解析:空间数据建库图形检查包括点、线、面要素的检查、拓扑检查等内容。选项 C 属于属性检查。

6.【D】　解析:GIS 空间数据质量控制方法有:

(1) 过程控制中,采用设法减少和消除误差及错误的技术。

(2) 成果控制,后处理检查以进一步发现数据错误和改正数据错误。

(3) 基于拓扑关系规则的数据检查。检查系统可维护性指标是否达标是软件质量检查内容。

7.【A】　解析:GIS 设计要满足三个基本条件:加强实用性、降低成本、提高生命周期。选项 A 缩短了 GIS 生命周期。

8.【C】　解析:提高软件可维护性的措施有:

(1) 提高软件可维护性的方法有明确软件质量目标。

(2) 采用现代化的开发方法。

(3) 建立明确的质量保证审查。

(4) 选择可维护的语言。

(5) 改进程序的文档。

9.【C】 解析：软件质量量度层次模型又叫做 FCM3 层模型,第一层质量特性由功能性、易用性、可靠性、可移植性、可维护性、效率等质量要素构成。

10.【D】 解析：ISO 9126 将软件质量总结为 6 特性,每个特性含一系列副特性,质量模型包括:高层,软件质量需求评价准则(QSRC);中层,软件质量设计评价准则(SQDC);低层,软件质量度量评价准则(SMQC)。

(二) 多项选择题

1.【ABC】 解析：GIS 数据质量检验中属性数据的质量控制内容有字段非空、字段唯一性、图形和属性一致性、数据整理检查等。

2.【BDE】 解析：ISO 9126 是在 FCM3 层模型基础上发展演变,并向国际推荐的软件质量管理技术。其三层模型的第一层有 6 个质量特性,即功能性、可使用性、可靠性、可移植性、可维护性、效率。

3.【BDE】 解析：全国地理信息标准委员会把地理信息系统分为基础地理信息系统、专用地理信息系统、专项地理信息系统三类。

规范引用

GB 21139—2007　　基础地理信息标准数据基本规定

GB/T 20258.(1-3)—2007　　基础地理信息要素数据字典

GB/T 18578—2008　　城市地理信息系统设计规范

GB/T 21740—2008　　基础地理信息城市数据库建设规范

GB/T 19710—2005　　地理信息元数据

GB/T 13923—2006　　基础地理信息要素分类与代码

CH/T 9004—2009　　地理信息分类与编码规则地理信息公共平台基本规定

GB/T 21337—2008　　地理信息　质量原则

GB/T 25528—2010　　地理信息　数据产品规范

GB/T 33453—2016　　基础地理信息数据库建设规范

第 13 章　导航电子地图

章节介绍

　　导航电子地图是电子地图的分支,是一种特殊的 GIS 应用,为了指导行进路线和路径决策,对道路和检索信息有特殊要求,其他则可以简略表示。本章内容与 GIS 项目设计非常接近,应视为 GIS 的扩展应用。

　　导航电子地图为 2014《测绘分级标准》更新追加内容,故无考试大纲。

考点分析

　　本书知识点涵盖率:★★☆　除个别规范外基本全覆盖。

　　与其他章节相关度:★★☆　导航电子地图数据常用来更新其他 GIS 应用系统。

　　分析考试难度等级:★☆☆　分值非常集中。

　　平均每年总计分数:3.2分　在 12 个专业中排名:第 11 位。

13.1　导航电子地图概述

　　导航是通过实时测定运动体的当前位置及速度、方向等运动参数,通过一系列的分析和计算,确定若干条符合某些条件要求的路线和行驶方案,然后利用系统进行引导按确定的路线行驶。

　　导航电子地图是含有空间位置地理坐标,能够与空间定位系统结合,准确引导人或交通工具从出发地到达目的地的电子地图或数据集。

13.1.1　导航电子地图系统构成

　　导航电子地图系统按载体一般分为机载、车载、手机移动端等系统。

　　车载导航电子地图由 GNSS 与航位推算法组合定位,由定位系统、硬件系统、软件系统、电子地图构成。

　　(1)定位系统

　　定位系统由空间部分、控制部分、客户端组成。

　　(2)硬件平台

　　硬件平台由车载主机、显示器、定位系统、其他控制模块组成。

　　车载主机是整个车载导航系统的心脏,其最重要的模块是定位模块,包括 GNSS 接收机和航位推算装置。航位推算法由航位推算微处理器 DR、车速传感器、陀螺传感器组成,在没有 GNSS 信号时推算汽车行进位置。

目前普通民用导航系统可以达到 1 km 内无 GNSS 信号的情况下保持 10 m 的航向距离精度。

【释义】 手机上安装有三轴陀螺仪,也可以推算航位。

(3) 软件系统

软件系统由系统软件(操作系统与设备驱动软件)和导航应用软件构成。

① 系统软件

嵌入式实时操作系统(RTOS)。

【释义】 如 VX_work、QNX、PalmOS、WindowsCE,国产的 HopenOS。

② 导航应用软件

导航应用软件主要功能有定位与显示、地图浏览与信息查询、智能路线规划、语音引导等。

(4) 导航电子地图

导航电子地图是导航的核心组成部分,数据信息丰富、信息内容准确、数据现势性高是高质量电子地图数据的三个关键因素。重要内容的更新周期应不超过一年。

① 导航电子地图特点

导航电子地图相对于普通电子地图的特点有:

◎能查询目的地信息。

◎存在大量能够用于引导的交通信息。

◎需要不断进行实地信息更新和扩大采集。

② 导航电子地图的可视化表达设计

符号设计、界面设计、注记设计、图层设计。

13.1.2　导航电子地图内容

导航电子地图的四个主要内容是路网信息、背景信息、注记信息、索引信息,还有用于显示增强的图形文件和辅助增强的语音文件。导航电子地图要素见表 13.1。

表 13.1　导航电子地图要素

要素	描述	类型	功能
道路 LINK	道路的最小单位	线	路径计算
节点	道路交叉点、图廓点	点	拓扑描述
POI	检索点	点	检索
建筑层	背景数据	面	显示布局
铁路数据	背景数据	线	显示走向
水系	背景数据,水沟水渠为线类	面	背景显示
植被	背景数据	面	背景显示
行政区界	背景数据	面	显示范围
图形	3D 图为模型类	图片	显示增强
语音	辅助数据	声音文件	导航辅助

1. 路网信息

路网信息分为道路信息与结点信息。

(1) 道路信息

道路信息包括道路编号、道路名称、道路功能等级、道路形态、宽度、通行方向、通行限制等,道路几何形态为线。

① 道路功能等级

道路功能等级(表 13.2)主要用于优化路径计算,显示城市路网的规划状态,同时在不同的比例尺下可以根据功能等级显示不同路网。

表 13.2　道路功能等级

道路种别	道路等级	颜色
高速路,城市快速路	1 级	紫色
一级公路,城市快速路,城市主干道	2 级	红色
二级公路,城市主干道	3 级	绿色
三级公路,城市次干道	4 级	橙色
四级公路,城市支路	5 级	棕色
等外公路,单位内部路	6 级	灰色

② 道路形态

道路形态包括出入口、连接路、桥梁、隧道、车渡、服务区等。

③ 通行方向

道路通行方向分为双向通行、正向通行(通行方向与指示线方向相同)、反向通行(通行方向与指示线方向相反)、双向禁止四种。

(2) 结点信息

结点信息包括交叉口类别、交叉口标识、连接路信息、交通限制信息等,结点几何形态为点。

① 交叉口类别

交叉口类别分为普通交叉口、出入口和收费站。

② 交叉口标识

交叉口标识分为普通交叉口和复合交叉口。复合交叉口中可选一结点记录交叉口相关信息作为主点,其他交叉点不记录信息作为子点。

③ 连接路信息

连接路信息记录与交叉口结点直接相连的所有道路标识。

④ 交通限制信息

交通限制信息包括时间段限制信息和禁止信息。

2. 背景信息

背景信息包括行政区划(只表示县级以上的境界)和其他地物要素信息。背景信息应至少包括电子地图所显示范围内的境界、铁路、水系、绿地,按地图显示级别表示要素内容的详细程度。背景信息显示规定见表13.3。

表13.3 背景信息显示规定

电子地图显示级别	比例尺	标识内容
0	小于1∶250 000	省界及以上境界、干线铁路、主要水系
1	1∶250 000~1∶25 000	铁路、水系
2	大于1∶25 000	铁路、水系、绿地

3. 注记信息

注记信息包括地名、道路名、道路编号、设施名等的文本及符号。

(1) 注记符号

注记符号分为两种尺度。8×8(像素)的符号在小于等于1∶5 000比例尺下显示,16×16(像素)在大于等于1∶2 000比例尺下显示。

(2) 设施符号

设施分9大类,大类又分中类和小类,设施符号分为两种尺度。16×16(像素)的符号在小于等于1∶5 000比例尺下显示,32×32(像素)在大于等于1∶2 000比例尺下显示。

4. 索引信息

索引信息应至少包括POI索引和地址检索信息,主要用于设施和地址的查询检索。

(1) POI索引

兴趣点POI查询是按照用户的兴趣选择相应类别,查询相关的地理点要素信息。

POI索引包括种类、名称、所在的行政区划、邮编、地址、电话、位置信息等属性。

(2) 地址索引

地址索引包括名称、所在行政区划、位置信息。

【释义】 POI的采集是非常费时费事的工作,对一个地理信息系统来说,POI的数量在一定程度代表着整个系统的价值。每个POI包含四方面信息,名称、类别、坐标、分类,导航地图POI多少状况直接影响到导航电子地图的质量。

5. 图形要素表示

(1) 图形要素几何表达

① 点要素

点要素主要有连接点、路标、交通灯、交通标志、路面标志、环境和安全设备、人行横道、服务入口点等。

② 线要素

线要素主要有道路、车渡要素、区域边界、路面标记、环境和安全设备、人行横道等。

③ 面要素

面要素主要有区域、土地覆盖与利用要素、人行横道等。

(2) 要素几何表示的层次

① 0层

几何表达,是没有现实意义的图元(结点、边、面)。

② 1 层

简单要素,是由 0 层图元构成的地理实体的基本表达单元(点要素、线要素、面要素)。

③ 2 层

复杂要素,是根据实际应用需求将 1 层要素组合而成的复杂要素。

13.1.3　章节练习

(一) 单项选择题

1. 以下选项中,( )不是车载导航系统的必要组成部分。

  A. 航位推算处理器　　　　　　　　B. 系统软件

  C. 通信网络　　　　　　　　　　　D. 电子地图

2. 航位推算法由航位推算微处理器 DR、( )组成,可以在没有 GNSS 信号时推算汽车行进位置。

  A. IMU 系统和定位传感器　　　　　B. 雷达系统和 IMU 系统

  C. 速度感应器和陀螺定向装置　　　D. 惯性姿态装置和 CCD

3. 导航电子地图相对于普通电子地图的特点来说,( )。

  A. 存在大量冗余信息　　　　　　　B. 能多尺度显示

  C. 需要进行信息更新　　　　　　　D. 能查询目的地信息

4. 导航电子地图数据中,利用道路数据的( )属性可以优化路径计算。

  A. 功能等级　　　B. 道路编号　　　C. 道路形态　　　D. 通行方向

5. 以下中,( )不是衡量导航电子地图数据质量的关键因素。

  A. 信息丰富　　　B. 高精度　　　C. 高现势性　　　D. 内容准确

6. 导航电子地图要素中,用于索引的要素是( )。

  A. LINK　　　　　B. POI　　　　　C. 节点　　　　　D. 注记

7. 导航电子地图要素中,检索要素不包括( )。

  A. 点门牌　　　　B. 地名　　　　C. 兴趣点　　　　D. LINK

8. 以下导航电子地图要素,可以以线要素来表达的是( )。

  A. 人行横道　　　B. 交通标志　　　C. 路标　　　　D. 服务入口点

9. 导航电子地图的可视化表达设计不包括( )。

  A. 图层设计　　　B. 注记设计　　　C. 分幅设计　　　D. 符号设计

(二) 多项选择题

1. 导航电子地图背景信息包括以下中的( )数据。

  A. 行政区划　　　B. 建筑　　　　C. 道路　　　　D. 收费站

  E. 农田

2. 用导航电子地图表示城市主干道,可以选用( )级道路功能等级表示。

  A. 1　　　　　　　B. 2　　　　　　C. 3　　　　　　D. 4

  E. 5

3. 下列属于导航电子地图录入作业时的要素内容有( )。

  A. DEM 数据　　　B. 检索数据　　　C. 语音数据　　　D. 行政境界

E. 水网数据

4. GPS 导航系统中,电子地图道路的通行方向一般可分为(　　)。

　　A. 单向限行　　　　B. 单向顺行　　　　C. 单向逆行　　　　D. 双向通行

　　E. 双向禁止

习题答案与解析

(一) 单项选择题

1.【C】 解析:车载主机是整个车载导航系统的心脏,其最重要的模块是定位模块:GNSS 接收机,航位推算装置。航位推算法由航位推算微处理器 DR、车速传感器、陀螺传感器组成,在没有 GNSS 信号时推算汽车行进位置。

2.【C】 解析:航位推算法由航位推算微处理器 DR、车速传感器、陀螺传感器组成,在没有 GNSS 信号时推算汽车行进位置。

3.【D】 解析:导航电子地图相对于普通电子地图的特点有:能查询目的地信息;存在大量能够用于引导的交通信息;需要不断进行实地信息更新和扩大采集。

4.【A】 解析:道路功能等级主要用于优化路径计算,显示城市路网的规划状态,同时在不同的比例尺下可以根据功能等级显示不同路网。

5.【B】 解析:数据信息丰富、信息内容准确、数据现势性高是高质量电子地图数据的三个关键因素。导航电子地图是公开版本地图,对精度要求不高。

6.【B】 解析:LINK 指的是导航电子地图数据中的线,节点用于拓扑描述,并连接 LINK,注记用于图面标注,POI 即检索信息。

7.【D】 解析:索引信息主要包括 POI 索引和地址检索信息,分为四大类,即兴趣点、地名、道路交叉点、点门牌。

8.【A】 解析:导航电子地图图形要素几何表达:①点要素:连接点、路标、交通灯、交通标志、路面标志、环境和安全设备、人行横道、服务入口点等。②线要素:道路、车渡要素、区域边界、路面标记、环境和安全设备、人行横道等。③面要素:区域、土地覆盖与利用要素、人行横道等。

9.【C】 解析:导航电子地图的可视化表达设计包括符号设计、界面设计、注记设计、图层设计等。

(二) 多项选择题

1.【ABE】 解析:导航电子地图背景信息包括行政区划(只表示县级以上的境界)和其他地物要素信息。背景信息应至少包括电子地图所显示范围内的境界、铁路、水系、绿地。选项 C、D 为道路信息。

2.【BC】 解析:如下表。

道路种别	道路等级	颜色
高速路,城市快速路	1级	紫色
一级公路,城市快速路,城市主干道	2级	红色

（续表）

道路种别	道路等级	颜色
二级公路,城市主干道	3 级	绿色
三级公路,城市次干道	4 级	橙色
四级公路,城市支路	5 级	棕色
等外公路	6 级	灰色

3.【BCDE】　解析：导航电子地图录入作业的要素包括：道路数据、poi 数据、注记、背景数据、行政境界、图形数据、语音数据、文字数据。

4.【BCDE】　解析：道路通行方向分为双向通行、单向顺行（与指示线方向相同）、单向逆行（与指示线方向相反）、双向禁止四种。

13.2　导航电子地图产品生产

13.2.1　导航电子地图产品设计

1. 产品设计阶段

（1）产品设计流程

◎需求分析,将公司策略、客户需求及改善需求纳入需求汇总管理并分级。

◎需求评审,决定需求是否在产品中体现以及如何体现。

◎产品设计,根据需求分析结果、生产计划、资源配置进行产品设计,设计产品开发范围、开发路线、产品关键节点。

◎规格设计,根据产品设计进行数据生产的规格设计以及工艺流程设计,同时进行风险评估和预防,并进行测试方案设计。

◎工具开发,根据产品设计和规格设计进行各项工具的设计和开发。

◎工具测试,测试验证设计,进行样品测试。

◎风控设计,品质过程设计、风险控制设计。

◎发布过程设计。

◎样品制作,制作能够反映数据特性的一定区域的样品数据,以供数据分析及测试。

◎任务编制,根据需求评审结果,编制产品设计书,汇总整理、组织评审。

（2）设计的目标

◎满足客户和市场需求。

◎满足行业应用和环境需求。

◎对数据采集、编辑、转换发布过程进行说明定义。

◎满足相关政策法规要求。

◎满足相关行业标准。

（3）设计内容

◎需求及需求对应方案。

◎产品开发范围的定义。

◎产品生产规模的定义。

◎产品开发具体路线。

◎生产工艺要求和生产流程。

◎产品应用的环境要求。

◎数据生产采集和加工方案。

◎产品开发关键节点设计。

◎电子地图表达的要求。

2. 产品规格设计

（1）产品标准

导航电子地图标准包括数据采集标准和数据制作标准,采集和制作标准要合理的表达要素类别和要素间的拓扑关系是导航功能实现的关键。

导航电子地图制作标准具有准确性、适用性、权威性特点。

（2）数据库规格设计内容

① 要素定义

准确地描述设计对象的性质和内涵,并与现实世界建立对应关系。

② 功能设计

明确要素在导航系统中用途,是要素模型设计和制作标准的基础。

③ 模型设计

构建要素的存储结构,并设置与其他要素之间的逻辑关系。

（3）车道信息

导航数据采集中道路要素和属性是核心,最基本的内容是建立道路网络拓扑关系。

以导航电子地图里的车道信息模型（图13.1)举例。

① 车道信息构成

车道信息由车道数、行驶方向引导箭头构成。车道信息在数据库中记录为一组关系信息,按"线(LINK)—点—线"的模型记录和存储,用进入和退出 LINK 来表示具体车道信息,用交叉点建立路网拓扑关系。或者按"线—线"的模型记录和存储连续的路线。

② POI 设计内容

POI 模型包括属性信息、空间信息、关联信息。

功能设计:通过名称、拼音、分类菜单等方式检索具体 POI 对象,根据不同 POI 不同分

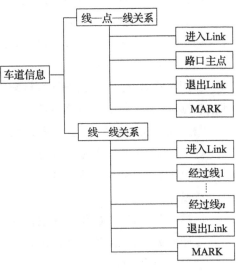

图 13.1　车道信息模型

类显示不同类别检签图。

行政区划代码：任何 POI 都属于某一个行政主体。

关联道路 LINK：任何 POI 都属于某一条道路。

类别检签图图形：任何 POI 都属于某一个分类，给定一个显示类别的特征检签图。

（4）产品标准测试

产品标准测试方法为按照既定标准，通过对小范围数据样品试做，对标准进行测试和修正。产品标准测试的目的是测试标准是否符合用户需求，是否涵盖前期调研的大部分情况，工艺和作业水平是否满足标准要求。

（5）产品制作工艺设计

产品制作工艺设计是根据产品设计要求、采集制作标准、生产类型和企业自身的生产能力等制定的为实现最终产品而需要的具体任务和措施的指导文件。应用流程图或其他形式表示，并说明制作项目的主要生产过程和这些过程之间的输入输出接口关系。

工艺设计类型主要分为新产品小范围试做工艺、老产品改进工艺、量产生产工艺，按涵盖范围分位整体工艺设计、详细工艺设计。

◎制作过程清晰明了，有明确的输入输出过程相关文件和数据。

◎在流程图中能清晰显示各环节的责任体。

◎需要体现出品质控制节点。

◎必要时除流程图外还需制作对应各个制作环节的工程表。

3. 制作工具开发

电子地图制作工具软件分为通用软件和专用软件。

【释义】 目前主流电子地图厂商使用专用软件开发。

（1）需求设计

① 需求分析

需求分析的最终成果是需求规格说明书：

◎导航功能描述用于阐述该项需求需要实现的功能。

◎数据表达内容用于阐述该项需求具体实现的内容。

◎数据规格用于阐述该项需求通过何种形式来实现，点、线、面或一组关系。

◎操作界面说明描述功能的操作过程，明确人机交互流程和输入输出数据格式等。

② 可行性分析

需求分析以后首先与用户和开发人员进行可行性分析，要考虑时间和资源上的限制、数据源调查和评估、技术可行性评估、系统的支持状况等因素。

③ 需求规格说明书

需求规格说明书通过评审后即成为有约束力的指导性文件，描述了工具的需求，是联系需求分析与系统分析的重要桥梁。

（2）工具开发

① 概要设计

概要设计内容包括系统的基本处理流程、系统的组织结构、模块划分、功能分配、结构设计、运行设计、数据结构设计和出错处理设计等。

② 详细设计

详细设计描述实现具体模块所涉及的主要算法、数据结构、类的层次结构及调用关系。详细设计应当足够详细,能够根据详细设计报告进行编码。编码过程中,需要对整个编码过程使用文档记录,以备未来查错升级和模板复用。

③ α 测试

α 测试属于确认测试,由研发测试人员在开发环境下模拟实际操作,其目的是评价软件产品的功能、局域化、可使用性、可靠性、性能和支持。

α 测试在编码结束时或者模块测试完成后开始。

④ β 测试

β 测试属于验收测试,是完成了功能测试和系统测试以后,在产品发布之前所进行的测试活动。β 测试由多个软件使用者来承担,使用者通过不同的测试用例,来测试软件各项功能。通过 β 测试之后,软件才能正常的投入使用。

【释义】 通过综合测试之后,软件已完全组装起来,确认测试即可开始。确认测试应检查软件能否按合同要求进行工作,即是否满足软件需求说明书中的确认标准。软件开发人员不可能完全预见用户实际使用程序的情况。此时多采用称为 α、β 测试的过程,以期发现那些似乎只有最终用户才能发现的问题。

如常见的网络游戏限量发布账号进行公开的公测属于 β 测试。

⑤ γ 测试

γ 测试是第三阶段测试,此时产品已经相当成熟,只需在个别地方再做进一步的优化处理即可上市发行。

⑥ 样品制作

重点项目要经过样品制作,用于测试每个项目的具体功能。

整个省份或城市按照常规作业方法进行作业,经过样品制作,用于测试软件整体性能。

⑦ 工具测试

工具测试目的是避免错误发生,确保工具正常高效运行,通过好的调试用例发现至今未发现的错误。

13.2.2 导航电子地图产品开发

1. 产品生产阶段流程

(1)生产计划编制

根据产品设计的要求编制产品生产的日程计划。

(2)公共情报信息收集

公共情报信息主要获取途径,一是从国家权威部门获取,二是从市场收集。

【释义】 公共情报信息指的是导航电子地图上需要描绘的城市公共服务事项的信息,如医院、学校等名称、属性等,公共情报信息作为导航电子地图数据库开发、更新过程中的参考信息,并不直接成为导航电子地图数据库的组成部分。

(3)公共情报信息处理

整理公共情报信息形成导航电子地图实地采集确认的参考信息。

（4）实地采集验证

实地采集和内业处理制作产品图稿和电子信息库。

（5）导航数据库制作

（6）逻辑检查

逻辑检查和拓扑一致性检查。

（7）产品检测

室内检测和现场实地检测。

（8）保密处理

根据国家的相关规定,进行空间位置技术处理和敏感信息处理等。

（9）数据审查

根据国家的相关规定,将数据库提交到地图审查机构,取得审图号。

（10）数据转换和编译

根据客户需求形成最终格式。

（11）产品发布

报送国家指定的出版部门,取得出版号,上市销售。

2. 作业书编制

作业任务书是用来指导生产作业全过程的规范性文件。

（1）内容

说明本次作业对应的产品版本、任务目标、任务量、整体完成期限等内容。

（2）任务分解

◎根据作业类型、性质、所处地理位置将整体的作业任务分解为若干子任务。

◎对于分解后的子任务分别明确作业区域、任务量、任务开始时间及截止时间。

（3）技术指标和规格

明确作业成果的种类及形式、坐标系统、投影方法、比例尺、数据基本内容、数据格式、数据精度以及其他技术指标等。

（4）设计方案

◎规定装备、工具、程序软件和其他设施。

◎规定各工序作业方法和精度质量要求。

（5）质量保证措施和要求

◎明确抽样检查比率。

◎明确重点对象。

◎明确自查、小组内互查、实地抽样检查、品质监察等各环节的详细要求。

◎明确作业各环节的成果质量要求。

◎规定对于数据质量的保证措施。

3. 外业调查

（1）出工前的准备

◎资源准备:基础参考数据、设备、人员。

◎技术准备:培训人员并考核。

◎安全保密教育。

(2)实地生产作业

传统采集方法外业主要包括照相、画草图、图形编号三件工作。

目前已经发展到采用多数据源综合采集方式,如影像分析技术(图13.2)、采集车(图13.3)、多渠道信息综合技术等,大大提高了采集精度和效率。

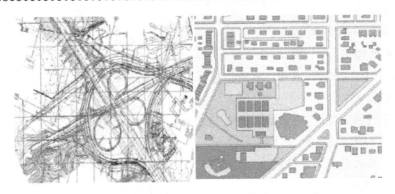

图13.2 根据影像资料分析获得的路网数据和背景数据

【释义】 目前主流的导航地图厂商一般采用集中式数据采集方法或众包式数据采集方法。集中式数据采集方法精度高,但效率差;众包式数据采集方法精度差,效率高。也可采用两者结合的方式进行,先集中式采集道路坐标,再用众包模式更新和迭代,这样既提高了工作效率又有比较满意的精度。

① 道路要素生产作业

◎采集道路形状:测绘作业区内所有可通行道路的形状,采用底图或用 GNSS 接收机采集道路中心线轨迹。

◎采集路口信息:车道信息、通行方向、交通限制、红绿灯等路口处道路的挂接关系。

◎采集道路属性:通过属性采集系统(图13.3)采集要素的属性,如道路等级、道路幅宽、通行方向、道路名称、禁止信息、红绿灯、车道信息、标志标线、速度限制等。

图13.3 高精度导航电子采集车系统和属性采集系统

◎采集路口实景图:现场状况比较复杂的路口要进行全方位拍照以便制作路口实景图。

② POI 要素生产作业

◎采集 POI 坐标:参照道路形状现场采集所有 POI 位置坐标。

【释义】 坐标系统一般制作为两套,引导坐标用于路径计算和定位,显示坐标用于小大区域对象整体显示以增强效果。

◎采集 POI 属性:现场采集 POI 要素的属性,POI 名称(一般为牌匾名称)、POI 地址信息、电话号码、POI 分类、邮政编码、行政区划、其他信息。对于主要商业区等区域的内部、星级酒店、重要景点等要保证现场采集完整。还要采集门牌、道路交叉点等信息。

◎采集辅助注记:文字信息、语音、图形等信息。

(3) 作业结果检查

外业成果检查验收的主要方式有作业员自查、组长抽查、接边检查、对 POI 等检索类要素电话抽查等。

◎通过 GNSS 轨迹确认作业区域内的所有道路数据是否都已经进行了调查采集。

◎检查所有新采集的道路及道路形状修改处与其周边的 POI 的逻辑关系是否正确。

◎对于多个作业区域的相邻接边处,检查确认道路数据的形状、属性接边是否正确,POI 数据是否存在采集重复的情况。

◎确认生产任务书中要求拍照的复杂路口的照片是否拍摄完整,照片是否清晰可用。

(4) 数据成果质量要求

◎采集正确率是指现场采集到的要素正确对象所占的比重。

◎采集覆盖率是指采集到的要素占作业区域要素总量的比重。

◎位置精度、POI 地址完整度、POI 电话完整度等要求。

◎一般悄况下,城市区城交通网络类中,要素的最大误差为 15 m,非城市区域交通网络类中要素的最大误差为 30 m。

道路相对误差大于 15 m 属于严重差错,在 15 m 到 10 m 之间属于大差错,在 10 m 到 5 m 之间属于一般差错。

◎POI 相对误差大于 30 m 属于大差错,在 15 m 到 30 m 之间属于一般差错。

(5) 成果提交

按类型、区域汇总,统计详细成果履历,整理后提交给后续部门,双方填写交接表。

4. 录入制作

(1) 录入作业前的准备

◎数据准备:现场采集的成果数据,其他数据。

◎技术准备:人员培训并考核,测试工具。

◎安全保密教育。

(2) 录入作业

参照外业采集的道路、POI 数据按照设计方案进行录入。

① 道路网数据制作

◎道路形状处理:参照 GNSS 采集结果人工描绘道路形状。

◎道路挂接制作:保证路网挂接正确和高等级道路之间道路的连通性。

◎录入属性:录入道路数据的属性信息和关系信息。

◎其他:路网功能信息制作;在复杂道路路口处记录路口实景图的编号。

② POI 数据

◎编辑 POI 位置:参照道路数据调整 POI 的相对位置。

◎检查逻辑关系：调整相邻 POI 之间的相对位置关系，检查与其他要素之间的逻辑关系。

◎标准化处理：对 POI 的名称、地址、电话、类别等信息进行标准化处理。

③ 注记

参照 1∶5 万比例尺地名库数据选取作业区域内主要地名、自然地物名制作为注记要素。

选取区域内代表性的 POI 制作注记要素，如地标性建筑物、历史景点、市政府等。

选取高速、国道的道路名按一定的密度要求均匀分布的制作为注记要素。

按功能性质为制作的注记要素赋类别代码。如学校类、地物类、大厦类等。

按注记的重要程度为注记要素赋显示等级，用以控制注记要素的可表达的比例尺。

④ 背景数据

参考卫星影像、城市旅游图等基础数据，描绘出湖泊、河流的形状。

参照公园、景区的规划示意图，描绘出公园、景区的形状。

参照城市旅游图及其他相关基础数据为背景数据赋中、英文名称。

按照国家对湖泊、河流定义的等级及湖泊的面积，为背景要素赋显示等级，用以控制不同湖泊、河流的可表达的比例尺。

确保重要岛屿及界河中岛屿的表达符合国家规定。

⑤ 行政境界

参考国家 1∶400 万比例尺的基础数据制作行政境界的形状。确保国界、未定国界、南海诸岛范围界等重要境界线的表达符合国家规定。

⑥ 图形数据

按外业现场拍摄的复杂路口照片制作路口实景图，并按原则为路口实景图进行编号。还有一种是显示道路形状和挂接的模式图。

制作 POI、注记要素不同类别所对应的类别检签图标。

制作不同城市的标志性建筑物的三维模型。

⑦ 语音数据

录制重要的道路名称、POI 名称的普通话语音，分为固定语音和特定语音，存储方式分为调用预先录制的和使用语音播报软件。

⑧ 文字数据

显示等级制作、调压盖关系、名称简化。

5. 检查验收

(1) 逻辑检查

逻辑错误分为绝对性错误和可能性错误，逻辑检查通过率 100％才能作为产品提交。

① 绝对性逻辑错误

绝对性逻辑错误即逻辑检查所发现的问题一定是错误的，必须进行修正。

【释义】 如相同的位置有多个同名同类 POI、路网不连通等。

② 可能性逻辑错误

可能性错误即逻辑检查所发现的问题有很大可能性是数据制作错误，需要进行重点确认。

【释义】 如道路叠加在河流背景数据上。

（2）实地验证

◎道路要素的形状与现场的一致性。

◎道路要素中名称等属性与现场比较是否正确。

◎路口实景图中表达的内容与现场情况是否一致。

◎POI 数据的位置、名称等属性与现场比较是否正确。

◎确认重要区域的重点 POI 的完整性。

（3）测绘主管部门审图

录入作业的成果需要由国家测绘地理信息主管部门地图技术审查中心进行地图审查。

◎中国境界的表达是否完整、正确。

◎注记名称表达是否正确。

◎我国的重要岛屿及界河中岛屿的表达是否完整、正确。

◎保密问题。

6. 导航应用软件开发

（1）软件开发流程

软件开发包括任务接收、数据编译、软件设计、系统集成、系统测试、保密审查等步骤。

（2）数据编译

① 地图分区

把地图划分成标准的区域。

② 创建路径层

主要是把不同的道路网络放置到不同比例尺层次上，只考虑路网的连接关系，不考虑道路的形状和走向。

③ 创建显示层

主要是把不同等级的道路、水系、植被、建筑物、显示文字等地图要素放置到不同比例尺的显示层次上，用于不同比例尺下地图浏览的显示效果和系统性能问题。

④ 创建检索层

检索层主要用于地图查询和目的地检索，提高检索效率。

⑤ 其他功能

建立 DTM、3D 地标、图形、语音与道路和 POI 的关系。

13.2.3 导航电子地图产品制作

1. 保密处理

（1）脱密处理

导航电子地图公开使用前必须进行空间位置技术处理，对敏感内容必须进行过滤并删除，该技术处理必须由国务院测绘主管部门指定的机构采用国家规定的方法。目前行政主管部门指定的技术处理单位为中国测绘科学研究院。

生产单位应提供导航电子地图制作资质证明文件、导航电子地图数据及其数据情况说明,数据情况说明包括空间参照系统、数据生产方式、数据范围、数据尺度、数据格式和数据提供方式。

(2) 不得采集的内容

◎控制点相关:重力数据、测量控制点。

◎高程相关:高程点、等高线及数字高程模型。

◎管线相关:高压电线、通信线及管道。

◎植被和土地覆盖信息。

◎国界线和行政区划界线。

◎法律禁止采集的其他信息。

【释义】 不得采集的内容并不一定不可表示。

(3) 不得表达的内容

◎直接用于军事的设施或军事禁区、军事管理区。

◎与公共安全有关的单位(监狱等)或设施。

◎涉及国家经济命脉对人民生产生活有重大影响的民用设施:水利、电力、通信、燃气设施,粮库、气象站、水文观测站。

◎专用铁路、站内火车线路,铁路编组站、专用公路。

◎桥梁的限高、限宽、净空、载重、坡度等属性;隧道的高度、宽度、公路的路面铺设材料等属性。

◎江河的通航能力、水深、流速、底质、岸质。水库的库容,拦水坝的高度。水源的性质;沼泽的水深、泥深及边界轮廓。渡口的内部结构及属性。

◎公开机场的内部结构及运输能力属性。

◎高压电线、通信线及管道。

◎显式的参考椭球、经纬网、方里网及注记(显式包括实时显示,图面注记和属性查询)。

◎重力数据、测量控制点。

◎显式的空间位置坐标、高程信息,国家正式公布的除外。

◎法律法规禁止公开的其他信息。

(4) 地图审查

导航电子地图公开出版前必须取得相应审图号。

2. 编译测试

(1) 理论检查

编译前的理论检查过程是对成果数据在编译转换之前进行结构性检查、逻辑性验证以及既定规格检查。

(2) 编译转换

成果格式有日系车厂的 KIWI 格式、欧美系车厂的 NDS 格式、欧美系交换格式 GDF、便于互联网并发应用的瓦片格式等。

(3) 统计分析

统计分析是对编译成果进行要素、属性、规模大小的数量统计,分析验证其是否满足产品设计要求。

（4）实地测试验证

实地验证是对地图产品的功能正确性、属性正确性、表达准确性、时效性进行验证。把系统装载于导航仪上现场测试。

（5）出品判定

出品判定阶段是导航电子地图生产的最后一个步骤，流程如下：

◎在生产结束后、出版提交之前，由品质保证部门组织相关生产部门召开出品判定会。

◎各相关部门准备会议材料，如：产品设计材料、生产工艺流程材料、产品生产履历及修改记录、工具开发过程及测试记录、产品理论检查日志及修改记录、产品编译记录、产品实地测试报告及问题修改记录等。

◎召开出品判定会议，对照各项材料逐一审查、讨论，对问题点进行记录。

◎判定最终产品是否能够满足设计和质量要求。

◎满足要求的产品通过判定予以发布，不满足要求的返回修改准备再次判定。

3. 出版发行

（1）盘面设计

公开出版、展示和使用的导航电子地图，应当在地图版权页或显著位置载明审图号，著作权人有权在地图上署名并显示著作权人的标志。

（2）产品打样

按照电子文档，模拟真实生产流程来制作样品。样品经需求方、客户方等各方签字确认后，便成为各方公认的标准模版。

13.2.4　章节练习

（一）单项选择题

1. 用 MMS 系统更新三维街景图时，采用（　　）方法采集要素空间位置。

　　A. 空间后方交会　　　　　　　　B. 空间前方交会

　　C. 空间侧方交会　　　　　　　　D. 三维极坐标

2. 在导航数据制作中，（　　）工作对整个项目起的作用最关键。

　　A. 道路形状采集　　　　　　　　B. 检索信息分类

　　C. 道路正确挂接　　　　　　　　D. 兴趣点属性匹配

3. 通常城市车载导航电子地图的数据坐标以（　　）形式表示。

　　A. 3°带高斯直角坐标系　　　　　B. 6°高斯直角坐标系

　　C. 大地坐标系　　　　　　　　　D. 空间直角坐标系

4. 导航电子地图质量控制进行逻辑检查，逻辑检查通过率达到（　　）才能作为产品提交。

　　A. 100%　　　　B. 99%　　　　　C. 98%　　　　　D. 95%

5. 在车载导航电子地图生产流程中不包括（　　）程序。

　　A. 分色制版　　　B. 工具开发　　　C. 需求分析　　　D. β测试

6. 某大型网络游戏对部分游戏爱好者发放限定数量的账号进行测试活动，该行为属于软件( )阶段。

    A. α测试   B. β测试   C. γ测试   D. ALAC测试

7. 车道信息在数据库中记录为一组关系信息,按( )的模型记录和存储。

    A. 起点—点(n)—端点   B. 起点—线(n)—端点

    C. 线—点—线   D. 线—POI—线

8. 以下关于电子导航地图数据中的POI数据的说法,不正确的是( )。

    A. 任何POI都属于某一条道路   B. 任何POI都属于某一建筑

    C. 任何POI都属于某一个行政主体   D. 任何POI都匹配一张类别检签图

9. 导航系统的定位系统中,采用( )方法,计算待测点位置。

    A. 空间距离后方交会   B. 空间距离前方交会

    C. 空间方位定位   D. 空间高程定位

10. 目前,欧美系车一般安装的导航电子地图格式是( )。

    A. KIWI   B. NDS   C. GDF   D. 瓦片格式

11. 导航电子地图发行之前,需要对其敏感信息数据进行脱密处理,目前技术处理单位是( )。

    A. 省级测绘地理信息主管部门   B. 国家测绘信息中心

    C. 中国测绘科学研究所   D. 国家测绘质检中心

12. 导航电子地图产品在出品发行前,需经过( )确定其质量。

    A. 技术会审   B. 编译验证   C. 实地验证   D. 方案审视

13. 导航电子地图在公开出版和使用前,必须取得相应的( )。

    A. 版权号   B. 审图号   C. 版本号   D. 资质号

14. ( )是由多个软件使用者来承担测试用例来测试软件各项功能。

    A. 确认测试   B. α测试   C. β测试   D. ALAC测试

15. ( )是导航电子地图生产的最后一个步骤。

    A. 检查验收   B. 申请审图   C. 出品判定   D. 现场测试

(二) 多项选择题

1. 车载导航电子地图兴趣点要素生产作业时,以下属性需要采集的是( )。

    A. 房屋层数   B. 牌匾名称   C. 权利人名称   D. 电话号码

    E. 邮政编码

2. 导航电子地图在编译转换前应进行理论检查,包括( )。

    A. 结构检查   B. 保密检查   C. 逻辑检查   D. 规格检查

    E. 易用检查

习题答案与解析

(一) 单项选择题

    1.【B】 解析:车载移动测图系统又称移动道路测量系统(MMS),以车辆为平台,集成GNSS接收机,视频传感器CCD,惯性导航系统INS,快速采集道路两边数据成图,属于空间前方交会原理。

2.【C】 解析：在导航数据库中,道路要素和属性是核心,道路网络的拓扑建立是导航数据最基本也是最重要的内容,选项 C 是道路拓扑建立的前提条件。

3.【C】 解析：导航电子地图只需要显示概略位置即可,同时具有保密性所以不会以任何坐标形式显示。

4.【A】 解析：导航电子地图质量控制进行逻辑检查,逻辑错误分为绝对性错误和可能性错误,逻辑检查通过率 100% 才能作为产品提交。

5.【A】 解析：选项 A 是地图制图工艺流程,是印刷前的准备工作,导航电子地图属于电子产品,无需印刷。

6.【B】 解析：α、β、γ 测试常用来表示测试过程中的三个阶段,α 是第一阶段,一般只供内部测试使用;β 是第二个阶段,已经消除了中大部分的不完善之处,但仍有可能还存在缺陷和漏洞,一般只提供给特定的用户群来测试使用;λ 是第三个阶段,此时产品已经相当成熟,只需在个别地方再做进一步的优化处理即可上市发行。

7.【C】 解析：车道信息在数据库中记录为一组关系信息,按"线(LINK)—点—线"的模型记录和存储,用进入和退出 LINK 来表示具体车道信息,用交叉点建立路网拓扑关系。POI 是检索信息。

8.【B】 解析：任何 POI 都属于某一个行政主体;任何 POI 都属于某一条道路;任何 POI 都属于某一个分类,给定一个显示类别的特征检签图。

9.【A】 解析：卫星导航系统的定位系统是以卫星为已知点,利用至少四个卫星进行空间后方距离交会,求得地面待定点的三维坐标。

10.【B】 解析：编译成果格式有日系车厂的 KIWI 格式、欧美系车厂的 NDS 格式、欧美系交换格式 GDF、便于互联网并发应用的瓦片格式等。

11.【C】 解析：导航电子地图公开使用前必须进行空间位置技术处理,对敏感内容必须进行过滤并删除,该技术处理必须由国务院测绘主管部门指定的机构采用国家规定的方法。目前行政主管部门指定的技术处理单位为中国测绘科学研究院。

12.【C】 解析：实地验证是对地图产品的功能正确性、属性正确性、表达准确性、时效性进行验证。把系统装载于导航仪上现场测试。

13.【B】 解析：导航电子地图在公开出版、展示和使用前,必须取得相应的审图号,产品发布必须取得出版号。

14.【C】 解析：β 测试属于验收测试,是完成了功能测试和系统测试以后,在产品发布之前所进行的测试活动。β 测试由多个软件使用者来承担,使用者通过不同的测试用例,来测试软件各项功能。通过 β 测试之后,软件才能正常的投入使用。

15.【C】 解析：出品判定是导航电子地图生产的最后一个步骤,是控制导航电子地图质量的最终关口。

(二) 多项选择题

1.【BDE】 解析：POI 要素生产作业现场采集 POI 要素的属性有:POI 名称(一般为牌匾名称)、POI 地址信息、电话号码、POI 分类、邮政编码、行政区划、其他信息等。

2.【ACD】 解析：导航电子地图在编译前的理论检查过程是对成果数据在编译转换之前进行结构性检查、逻辑性验证以及既定规格检查。

规范引用

GB/T 20267—2006	车载导航电子地图产品规范
GB/T 20268—2006	车载导航地理数据采集处理技术规程
GB 20263—2006	导航电子地图安全处理技术基本要求
GB/T 19711—2005	导航地理数据模型与交换格式

《关于导航电子地图管理有关规定的通知》

《地图审核管理规定》

《公开地图内容表示若干规定》

第 14 章　互联网地理信息服务

章节介绍

广义上,在线地理数据服务即为 WebGIS,本章特指国家地理信息公共服务平台。

本章知识点主要集中在互联网地图数据的规格以及制作流程上。本章述及的地名地址数据非常重要,是城市基础地理信息数据库的主要数据之一,也是空间定位数据和专题属性数据的纽带,对其进行匹配能使地理地信息系统应用的建立提供很多方便。

互联网地理信息服务为 2014《测绘分级标准》更新追加内容,故无考试大纲。

考点分析

本书知识点涵盖率:★★★　除个别规范外基本全覆盖。

与其他章节相关度:★★☆　是国家基础地理信息数据共享应用的基础。

分析考试难度等级:★☆☆　分值非常集中。

平均每年总计分数:3.2 分　在 12 个专业中排名:第 12 位。

14.1　在线地理信息服务概述

在线地理信息服务是指利用网络技术和计算机技术,发布地理空间信息,提供信息查找、交换、分发以及加工、处理和其他增值服务。

在线地理信息服务由网络中的信息用户、信息生产者、信息营销者共同组成。

国家建立在线地理信息公共服务平台减少了地理信息重复生产,促进基础地理信息数据共享和利用,降低了数据分发和应用成本。

1. 在线地理信息服务架构

在线地理信息服务是面向服务的架构(服务导向结构 SOA),由分布式节点组成,各节点通过统一的技术标准,访问统一的控制体系,以聚合服务的方式,实现整体协同服务。

在线地理信息服务基于统一访问控制体系对所有服务进行注册管理,实现对服务的发现、状态监测、质量评价、访问量统计、服务代理等功能。

当前的在线地理信息服务主要是门户网站、服务接口方式对外提供服务。

(1)面向服务的架构

SOA 是一种软件系统松耦合,通过协议和标准接口把各独立功能实体进行网络业务集成,基于开放标准(万维网 W3C),独立于操作系统、编程语言、硬件平台,具有可重用性和很强灵活性,能满足按需业务应用。服务与数据之间、服务与软件之间、服务与软硬件支撑环境之间非紧密绑定,通过规范性服务接口与协议实现互操作。

① SOA 服务分类

◎服务使用者,查询并使用接口来执行服务。

◎服务提供者,可通过网络寻址接受服务使用者的请求,并发布到注册中心。

◎服务注册中心,一个服务存储库,连接服务使用者和服务提供者。

② SOA 操作分类

◎发布,发布描述使用户可以发现该服务。

◎发现,通过查询注册中心来找到符合标准的服务。

◎绑定和调用,服务使用者根据服务描述信息来调用服务。

【小知识】

对于软件模块独立性评估一般采用内聚度和耦合度来表示,划分模块的一个准则就是高内聚低耦合。

内聚度指的是单个模块所执行的诸任务在功能上互相关联的程度,标志一个模块内部各成分彼此结合的紧密程度,内聚度越高越好。

耦合度指的是模块之间相互依赖的度量。局域网系统是紧耦合系统,互联网属于松耦合系统。

(2)云计算

云计算是基于网络的计算方式,是网格计算、分布式计算、并行计算、效用计算、网络存储、虚拟化、负载均衡等的融合产物,能以按需配给的方式实现软硬件资源和信息共享。

云计算提供应需自助服务,有广泛的网络接入,是一个互联网资源池,提供快速灵活、可量测的网络计算服务。

云计算提供四个层次的服务:

① 基础设施即服务(IAAS)

消费者通过互联网在提供商获得基础设施服务(图 14.1(a))。

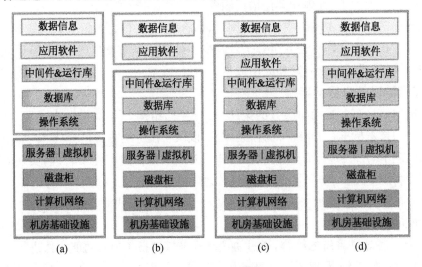

图 14.1　云计算

② 平台即服务(PAAS)

消费者通过互联网在提供商获得软件开发和基础设施服务(图 14.1(b))。

③ 软件即服务(SAAS)

消费者通过互联网在提供商获得应用、开发、基础设施服务(图 14.1(c))。

④ 数据即服务(DAAS)

消费者通过互联网在提供商获得应用、开发、基础设施服务和数据服务(图 14.1(d))。

【释义】　IAAS 如阿里云等,PAAS 如虚拟机服务等,SAAS 如企业资源计划管理软件 ERP 等,DAAS 如大数据服务等。

2. 在线地理信息服务

(1) 在线地理信息服务分类

① 按访问权限分类

按服务对象访问权限分为注册用户(授权访问),非注册用户(一般性访问)。

② 按使用对象分

按服务对象类型分为普通用户(通过门户网站访问),开发用户(通过 API 访问)。

(2) 服务内容

① 电子地图服务

在线地理信息服务提供在线电子地图服务,从形式上分为二维电子地图、三维电子地图、影像图、街景图等。

② 地理空间信息数据服务

网络地理信息提供地理空间信息数据服务,如基础地理数据、遥感影像、与空间位置有关的专题信息数据等。

③ 专题地理信息产品服务

④ 地球科学普及知识服务

(3) 服务方式

① 地理信息浏览查询

提供地理信息浏览、兴趣点查找定位、空间查询、用户信息标绘、相关帮助信息及技术文档资源浏览等服务。

② 分析处理

提供空间量算、信息叠加、路径分析、区域分析、空间统计等分析处理服务。

③ 服务接口与程序接口

提供给普通用户和开发用户服务接口与程序接口服务。

④ 元数据查询服务

⑤ 地理空间数据下载服务

(4) 服务标准

在线地理信息服务标准分为数据规范、服务规范、应用技术开发规范等。

① 数据规范

分类与编码、模型、表达,以及数据质量控制、数据处理、维护更新规则与流程等数据规范。

② 服务规范

服务接口规范如国际开放地理空间联盟(OGC)的网络地图服务规范 wms、网络要素服务规范 wfs、网络覆盖服务规范 wcs、网络处理服务规范 wps、目录服务规范 csw 等,还包括服务分类命名、服务元数据内容与接口规范、服务质量规范、服务管理规范、用户管理规范等。

【释义】 网络地图服务(wms)利用具有地理空间位置信息的数据制作地图,将地图定义为地理数据可视的表现,能够根据用户的请求返回相应的地图数据。

网络要素服务(wfs)支持用户在分布式的环境下通过 HTTP 对地理要素进行插入,更新、删除、检索和发现服务。

网络覆盖服务(wcs)是面向空间影像数据,它将包含地理位置的地理空间数据作为"覆盖"在网上相互交换,如卫星影像、数字高程数据等栅格数据。

③ 应用技术开发规范

API 相关规定和说明。

3. 国家地理信息公共服务平台

国家地理信息公共服务平台是数字中国的重要组成部分,由国家测绘地理信息局牵头建设,是实现全国地理信息网络服务所需的信息数据、服务功能、支撑环境的总称。

(1) 国家地理信息公共服务平台特点

◎在线地理信息服务是国家空间数据基础设施的技术平台。国家空间数据基础设施是指获取、处理、访问、分发、利用所需的政策、标准、技术、人力资源形成的有机整体的总称。

◎在线地理信息服务建设离不开国家政策法规和专业标准的支持。

◎建设原则是统一设计,分步实施,逐渐完善。

◎需要地理信息数据生产部门、科研部门、企业、用户、共同参与建设。

◎要充分利用网络技术组织实施。

◎数据源和服务形式多样。

(2) 建设目标

◎建成多级节点构成的一体化地理信息网络服务系统,实现全国信息资源有效集成。

◎建成分布式地理信息服务系统,多级互动,提供一站式的综合服务。

◎建成在线地理信息服务管理体系,形成有效的运行服务机制。

(3) 分类

根据运行环境和访问密级不同分为公众版、政务版、涉密版。

① 公众版

天地图运行于互联网、移动通信网等公共网络,以门户网站和服务接口两种形式向公众、企业、专业部门、政府部门提供 24 h 不间断"一站式"地理信息服务。

② 政务版

运行于国家电子政务外网。

③ 涉密版

运行于国家电子政务内网。

【释义】 天地图作为国家基础地理信息数据公共服务平台与百度地图等商业公司服务

侧重点不同。

　　天地图侧重于基础地理信息,优点是数据量全面,在非城市区优势明显;相对于侧重于城市导航的商业地图来说道路、导航方面投入不足。

　　(4) 组成

　　国家地理信息公共服务平台由国家级主节点、省级分节点、市级信息基地组成。通过网络实现服务聚合,提供协同服务。各节点以运行支持层、数据层、服务层组成(图 14.2)。

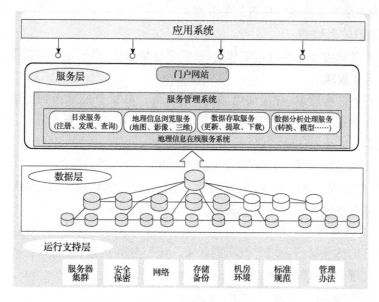

图 14.2　在线地理信息服务的节点架构

　　(5) 节点服务方式

　　① 门户网站

　　供普通用户浏览、下载、提供技术帮助入口。

　　② 服务接口

　　供开发者调用的开放式接口,各节点聚合协同提供范围服务。

14.2　在线地理信息数据

1. 源数据

　　国家地理信息公共服务平台的数据源包括矢量地图数据、影像数据、模型数据、地理监测数据、实时传感数据等。

　　(1) 矢量数据

　　◎各级测绘部门的线划地形图数据。

　　◎企业的导航电子地图数据。

　　◎专业部门的专题数据。

　　◎用户与志愿者的标注数据等。

（2）影像数据

地表遥感影像数据、建(构)筑物纹理、实拍街景等。

（3）模型数据

地表数字高程模型、三维建(构)筑物模型、计算分析模型等。

（4）地理监测数据

（5）实时传感数据

手机、监控终端等传感器的位置相关数据。

2. 在线地理信息数据

以源数据为基础整合形成地理实体数据、地名地址数据、电子地图数据等。

（1）地理实体数据

对源数据进行内容提取、分层细化、模型重构、统计分析等处理得到地理实体数据。包括基本地理实体数据和扩展地理实体数据。每个要素对应唯一的要素标志、实体标志、分类标志、生命周期标志。

基本地理实体数据包括境界实体、政区实体、道路实体、铁路实体、河流实体、房屋实体、院落实体等,扩展地理实体数据由用户自定义。基于面状、线状要素表达的地理监测及各类专题信息可附载在地理实体之上进行表达、查询和分析。

① 境界与政区实体

境界与政区实体包括行政境界及所围区域。级别分为国家、省、地区、县、乡等,每个行政界线实体由相邻行政区域单元定义。

② 道路(铁路)实体

道路实体按道路名划分,以道路中心线表达。

③ 河流实体

河流实体按河流名划分,以河流骨架表达。

④ 房屋院落实体

房屋院落实体以能用独立标志表示的封闭房屋(院落)外轮廓表达。

（2）地名地址数据

地名是地理实体的专有名称,以地理标志点来表达地名地址的数据,包括结构化地名地址描述、地名地址代码、地址时态等信息,用来表达一般的 POI 数据、点状专题数据,基于点状要素表达的地理国情信息也可附在地名地址上表达。

（3）电子地图数据

电子地图数据依据服务对象和信息负载量设定。

3. 在线地理信息数据生产流程与处理

（1）生产流程和内容

在线地理信息数据生产流程为内容提取、模型重构、一致性处理、规范化处理。电子地图还需要进行符号化表达、地图整饰、地图瓦片生产等处理。

公众版和政务版地理信息数据需要进行必要的脱密处理。

（2）电子地图数据处理要求

电子地图数据处理要规范地图表达和分级要求、坐标系统要求、地图瓦片要求、数据源要求等。地图表达若有规范未涵盖内容,可自行按同风格进行扩展。

电子地图按地面分辨率或显示比例尺不同共分为 20 级,见表 14.1。

表 14.1　电子地图分级

级别	1	2	3	4	5
比例尺分母	100 万	100 万	100 万	100 万	100 万
级别	6	7	8	9	10
比例尺分母	100 万	100 万	100 万	100 万	100 万
级别	11	12	13	14	15
比例尺分母	25 万	25 万	5 万	5 万	1 万
级别	16	17	18	19	20
比例尺分母	1 万	1 万,5 000	2 000、1 000	2 000、1 000	1 000、500

备注:此处比例尺为数据源比例尺。

电子地图分级原则为:

◎每级地图负载量和显示比例尺相适应前提下,尽可能保留数据源信息。

◎下一级要素不应少于上一级,随着显示比例尺的增大,内容不断增多。

◎保证跨级调用平滑过渡,相邻两级负载量变化相对平缓。

(3) 地图瓦片

地图瓦片技术又称为地图缓存和切片技术,是为了加快网络显示速度,按照一定级别分割电子地图的分块,缓存地图服务适合不会经常变化的地图。瓦片显示速度和比例尺有关,比例尺越大,分块越多,地图显示越慢。

地图瓦片起点在西经 180°、北纬 90°,向东向南行列递增。

切图原点为切图范围的左上角坐标,瓦片分块大小为 256 像素×256 像素,使用 png 或 jpg 格式储存。

每个地图缓存在缓存目录中都有一个切片方案文件,地图瓦片按树状结构组织命名,目录组织方式为数据集、数据层、数据行。如图 14.3 所示,"地图瓦片数据集"为地图瓦片文件数据的根目录,其下的目录为各数据层,分级目录下再分地图瓦片矩阵数据行,行目录下为具体的地图瓦片文件,文件名命名方式为列号。

【释义】　180°经线,又称为对向子午线,是本初子午线向东或向西 180°的经线,既为东经 180°,又为西经 180°。

4. 在线地理实体数据处理要求

在线地理实体数据处理包括坐标系统、几何表达规则、概念模型、数据组织、地理实体多尺度表达与地理实体数据内容等。

(1) 数据建模

① 地理实体概念模型

地理实体概念模型由图元和地理实体两个层次组成。建模时,要保证线的连续、面的封闭、要素间和空间关系的合理与逻辑一致性。

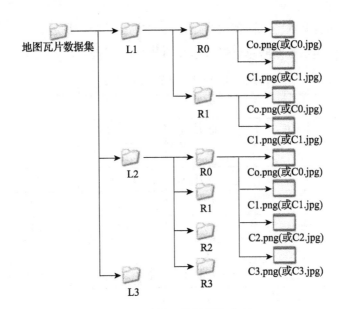

图14.3 地图瓦片目录和命名

【释义】 图元为实体的构成单元,以点、线、面表达,被图元标识码唯一标志。

地理实体为图元的组合,以实体标识码标志。

◎多尺度表达:按照比例尺的不同,地理实体数据分为小比例尺、中比例尺和大比例尺数据,地理实体表达的最小粒度应与对应比例尺相适应。

1:5万比例尺政区与境界实体的最小粒度表达至三级行政区(市辖区、县级市)及相应界线;1:2 000及大比例尺的境界与政区实体的最小粒度至四级行政区(镇、乡、街道)及相应界线。

【释义】 小比例尺:国家级地理信息公共服务平台数据小于等于1:5万。

中比例尺:省级地理信息公共服务平台数据1:5000和1:1万。

大比例尺:市县级地理信息公共服务平台数据大于等于1:2 000。

◎几何表达:以线表达的水系、交通等要素应保证线段的连续。

【释义】 面状河流或道路应提取骨架线或中轴线,并与相接的线状河流或道路构成连通网络,遇有桥梁使河流或道路中断时,应在断开处添加线段使河流或道路保持连通。

以面表达的政区、院落、房屋等要素应保证面的封闭。

要正确处理要素间的空间关系,保证要素间空间关系的合理与逻辑一致。

② 数据组织

地理实体数据以空间无缝、内容分层的方式组织,由图元表和地理实体表构成,通过图元标识码建立联系。

【释义】 如图14.4所示,路网实体信息通过图元标志码进行连接,数据生产时可以把实体表合并到图元表,具体做法是在图元表内增加地理实体标识码字段,为防止同名,可在地理实体标识码后加顺序号。

【小知识】

比例尺编码与基础比例尺地形图编码相同,数据内容码包括境界、政区、路网、铁路网、

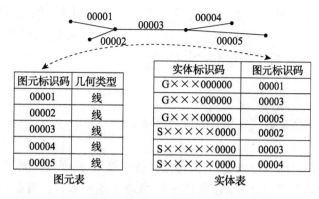

图 14.4 地理实体数据组织

水网、院落、房屋、地名地址数据,几何类型码分为点、线、面图元,行政区划代码应标明数据来源,如国家级数据的编码为"000000",省级数据(黑龙江)为"230000"。

图元表编码:比例尺编码(1)+数据内容(3)+几何类型码(2)+政区码(6)。

地理实体表编码:比例尺编码(1)+数据内容(3)+政区码(6)。

图元标识码:行政区域代码(6)+数据比例尺代码(1)+顺序代码(可根据实际情况扩充)。

③ 属性赋值

地理实体数据基本属性项有图元标识码、实体标识码、信息分类码、地理实体名称,前3项为必填项目。

(2)地名地址数据处理要求

① 数据建模

地名地址以地理位置标志点(经纬度坐标)表达。

◎区域实体地名:地理位置标志点位于行政区划政治、经济、文化中心所在地,标志性建筑点位,面状区域的重心。

◎线状实体地名:线状实体中心点的点位,线状实体中心线系列点的点位,线状地物(河流、山脉等)的标志点。

◎局部点实体地名:地理位置标志点位于中心点点位。

② 数据组织

地名地址数据以地名地址数据表表达。

【小知识】

地名地址表编码:比例尺编码(1)+数据内容(3)+几何类型码(2)+政区码(6)。

③ 属性赋值

属性赋值内容包括结构化地名地址描述、地名地址坐标、地名地址代码、地理实体名称、地址时态(采集时间、命名时间等)、地名地址分类,前2项为必填项目。

【释义】 结构化地名地址描述是用分块划分的标准地名地址描述,内容包括行政区划、基本区域、局部点位置。

(3)数据保密处理

数据内容与表示、影像分辨率、空间位置精度要符合保密规定。

公众版在线地理信息服务数据规定要对数据进行重采样,使空间位置精度不高于 50 m,等高距不小于 50 m,DEM 格网间距不小于 100 m,影像地面分辨率不优于 0.5 m,不标注涉密信息,不处理建筑物构筑物等固定设施。

(4) 数据更新

数据更新分为日常更新和应急更新。

公众版在线地理信息数据集更新大致内容如下:

◎收集资料。

◎用现势性高的道路、POI 数据对其他数据进行更新,使现势性满足要求。

◎对更新后的地图进行分级,生产 15～20 级电子地图数据。省级地图一般使用 15～17 级电子地图,市级使用 18～20 级,城市建成区用相应的最新的大比例尺地形图数据,郊区可以放宽比例尺。

◎在生产过程中需要进行内容提取、模型重构、规范化处理、一致性处理、符号化表达、地图整饰、瓦片化处理等工作,然后按照公众版数据处理要求进行脱密处理。

14.3 在线地理信息系统运行和维护

1. 在线地理信息服务系统

在线地理信息服务系统由数据生产和管理(维护管理)、在线服务(服务发布)、运行维护监控(服务管理与用户管理)、应用(应用系统开发)四个层面构成。

(1) 数据生产与管理

数据生产与管理服务是在线地理信息服务系统的运行和维护管理工作,主要的内容有地理实体整合处理、地名地址整合处理、影像处理、三维建模、内容过滤、电子地图配置、地图瓦片生产和交换、数据格式转换、投影转换、质量检查、成果数据集成管理系统等。

(2) 服务发布软件功能

在线地理信息服务发布软件平台必须是 SOA 架构,实现分布式多源服务聚合,并要支持 OGC 主要服务规范性服务接口与协议,不间断地发布标准服务。

重点考虑技术先进性、开放性、成熟度、商业化服务响应能力等因素。

① 在线服务基础系统

在线服务基础系统应具备正确响应符合国际开放地理空间联盟(OGC)操作规范的调用指令的能力,支持地理信息资源元数据(目录)服务、(二维、三维)地理信息浏览、数据存取、数据分析、地名地址查询等服务的实现。

② 门户网站系统

门户网站应包括的栏目有地理信息浏览、地名地址查找定位、空间要素查询分析、信息标绘与纠错、数据提取与下载、路线规划、实时信息显示以及个性地图定制、照片及视频上传、接入各类网站的专题服务等。

门户网站展示的电子地图必须标注审图号,提供使用条款、服务运行状态等信息,提供平台使用帮助信息,为用户提供交流渠道。对于注册用户,门户网站须提供注册、服务查询、用户登录、用户注册、服务运行状态检测等服务。

③ API 与控件库（二次开发接口）

应提供调用各类服务的应用程序编程接口与控件，实现对各类互联网地理信息服务资源和功能的调用。

（3）运行维护监控系统功能

① 服务管理系统

服务管理系统实现对服务的发现、状态监测、质量评价、运行情况统计、服务代理等功能。

◎平台运营管理者：平台运营管理者对各类服务进行综合管理，包括对注册信息的审核、服务授权、服务信息管理、服务状态检测、服务质量评价、服务代理、日志管理、用户审核和授权、用户行为审计。

◎服务发布者：服务注册、服务信息管理、服务授权、服务情况查询。

◎服务调用者：应用系统开发人员查询可用服务、获取开发许可。

② 用户管理系统

用户管理系统要实现用户注册、用户认证、用户授权、用户活动审计、用户活动日志、用户使用服务情况统计分析、使用计费等功能。

③ 计算机和网络设备管理系统

监控管理软硬件系统。

（4）应用系统模板

基于所发布的服务资源与服务接口，提供面向政府、专业部门、企业、社会公众用户的开发框架模版，以便方便快捷地搭建各类应用系统。

2. 在线地理信息服务运行支持

在线地理信息服务运行支持系统由网络接入系统、服务器系统、存储备份系统、安全保密系统等构成。

（1）网络接入系统

每个在线地理信息服务节点规划三个分区：

◎对外服务区，Web 服务器和应用服务器系统。

◎数据存储管理区，数据库服务器系统。

◎数据生成加工区，数据检查、处理、建库计算机软硬件设备。

（2）服务器系统

在集群构架中，部署满足高可用性和负载均衡服务要求的 WEB 应用服务器集群，数据库服务器集群，以及主流厂商的数据库管理软件。

（3）存储备份系统

各节点构建存储区域网 SAN，必要时配置异地存储备份系统。

（4）安全保密系统

① 涉密广域网环境

对于涉密广域网环境中的在线地理信息服务，需从应用、数据、存储、物理、网络、主机等六个层面建立安全保密防护系统。防护范围包括各节点广域网络接入部分和数据生产加工区，按照计算机信息系统等级保护第三级的标准部署，能够抵御互联网环境下的黑客攻击、网络病毒、各种安全漏洞以及内部非授权访问导致的安全威胁。同时实行等级保护系统管理制度。

　　② 非涉密广域网环境

　　对于非涉密广域网环境中的在线地理信息服务,需部署适当的措施能够抵御网络环境中各种安全威胁。

14.4　章节练习

(一) 单项选择题

1. 云计算是基于网络的计算方式,能以(　　)视觉实现软硬件资源和信息共享。
   A. 供给方　　　　　B. 管理方　　　　　C. 服务方　　　　　D. 需求方

2. 在线网络地图基于服务导向结构 soa 架构,(　　)。
   A. 需要 Unix 系统支持　　　　　　B. 需要 Linux 系统支持
   C. 需要 Windows 系统支持　　　　　D. 以上系统都可以

3. 下列关于网络地理信息服务系统说法不恰当的是(　　)。
   A. 网络地理信息服务能提高空间信息共享率
   B. 网络地理信息服务具有松耦合特征,其程序代码编写应力求独立性
   C. 网络地理信息服务具有分布式结构特点
   D. 网络地理信息服务系统依赖统一标准和规范

4. 在线地理信息数据中,地名地址数据必需具有的属性包括(　　)。
   A. 地名地址代码、地名地址坐标　　　B. 地名地址分类、地名地址描述
   C. 地名地址描述、地名地址坐标　　　D. 地名地址代码、地名地址分类

5. 在线地理信息数据库中,地名地址数据以(　　)表达。
   A. 点要素　　　　　B. 线要素　　　　　C. 面要素　　　　　D. 体要素

6. 在线地理信息系统更新工作时,对收集到的矢量数据集不需要进行的处理步骤为(　　)。
   A. 数学基础统一　　B. 地图瓦片生产　　C. 符号化处理　　　D. 矢量数据栅格化

7. 采用地面分辨率为 0.31 m 的遥感卫片制作天地图影像数据,经过(　　)步骤,并审批合格后可上线。
   A. 重采样调整分辨率　　　　　　　B. 影像高质量融合
   C. 正射微分纠正处理　　　　　　　D. 色差调整,图面协调

8. 在线地理信息的电子地图数据发布前的处理工作不包括(　　)。
   A. 提交管理部门审查　　　　　　　B. 地图表达内容自查
   C. 逻辑一致性检查　　　　　　　　D. 源数据编辑上图

9. 在线地理信息数据中的地理实体图元标志码为 330033E03,则该图的比例尺(　　)。
   A. 为 1∶50 000　　B. 为 1∶100 000　　C. 为 1∶25 000　　D. 无法得知

10. 地理实体数据由图元表和实体表构成,其中实体表的编码形式为(　　)。
    A. 比例尺编码＋数据内容码＋政区码

B. 比例尺编码＋数据内容码＋几何类型码＋政区码

C. 数据内容码＋几何类型码＋政区码

D. 比例尺编码＋数据内容码＋几何类型码

11. 关于基于地理信息公共服务平台的 GIS 应用开发,以下正确的是该应用可为公共服务平台提供(　　　)。

A. 数据更新服务

B. 系统维护服务

C. 系统管理服务

D. 数据共享机制

12. 门户网站是在线地理信息服务系统主要的服务发布方式,以下错误的是(　　　)。

A. 门户网站应提供用户编辑数据的功能

B. 门户网站展示的电子地图必须标注审图号

C. 门户网站应提供接入各类网站的端口和帮助信息

D. 门户网站应提供用户上传注记信息的功能

13. 在线地理信息服务系统运行维护监控主要是(　　　)内容。

A. 服务管理与用户管理

B. 服务升级与服务调配

C. 服务审核与服务集成

D. 服务分发与服务审核

14. 以下不属于涉密广域网环境网络地理信息服务安全防护系统建立要考虑的层面是(　　　)。

A. 应用安全　　　　B. 物理安全　　　　C. 主机安全　　　　D. 用户安全

15. 国家地理信息公共服务平台中,运行于国家电子政务外网环境的是(　　　)。

A. 公众版　　　　B. 政务版　　　　C. 涉密版　　　　D. 天地图

16. 电子地图可以分 20 级,下列对其分级原则描述正确的是(　　　)。

A. 每级地图尽可能精简概括数据源信息

B. 保证相邻两级负载量变化相对平缓

C. 下一级地理要素不应多于上一级

D. 随着显示比例尺的减小,地图内容不断增多

17. 以下内容中,(　　　)编码不是地理实体表中的数据内容码内容。

A. 政区要素　　　B. 地名地址数据　　　C. 点图元　　　　D. 房屋要素

18. 县域行政区实体的地名地址数据应定位在(　　　)。

A. 行政区划政府所在地

B. 全域最高点点位

C. 区域西南角坐标原点

D. 主要河流中心点

19. 天地图的架构由面向(　　　)的分布式节点组成。

A. 对象　　　　B. 数据　　　　C. 应用　　　　D. 服务

20. 网络地理信息服务中,为了提高地图的网络显示速度,通常采用(　　　)技术。

A. SEO 架构　　　B. 云计算　　　C. 图像压缩　　　D. 地图瓦片

21. 申请网络地理信息公共服务平台 API 接入应用的是(　　　)用户。

A. 普通　　　　B. 底层　　　　C. 开发　　　　D. 管理

(二) 多项选择题

1. 在线地理信息服务系统由(　　　)等层面构成。

A. 服务发布　　　　B. 用户管理　　　　C. 维护管理　　　　D. 应用开发

E. 服务部署

2. 地理信息公共服务平台上,地理实体可不表示的属性项有(　　　)。

A. 实体标识码　　B. 图元标识码　　　C. 实体描述　　　　D. 实体名称

E. 信息分类码

3. 根据相关规范规定,在线地理信息数据地图瓦片采用(　　　)格式。

A. BMP　　　　　B. TIFF　　　　　C. GeoTIFF　　　　D. PNG

E. JPG

习题答案与解析

(一) 单项选择题

1. 【D】 解析:云计算是基于网络的计算方式,是网格计算、分布式计算、并行计算、效用计算、网络存储、虚拟化、负载均衡等的融合产物,能以按需配给的方式实现软硬件资源和信息共享。

2. 【D】 解析:SOA 是一种软件系统松耦合,通过协议和标准接口把各独立功能实体进行网络业务集成,基于开放标准(万维网 W3C),独立于操作系统、编程语言、硬件平台,具有可重用性和很强灵活性,能满足按需业务应用。

3. 【B】 解析:网络地理信息服务具有采取 SOA 架构,具有松耦合特征,耦合度指的是模块之间相互依赖的度量,互联网属于松耦合系统。和程序代码独立性无关,模块内部结合紧密程度越高越好。

4. 【C】 解析:在线地理信息数据中,地名地址数据属性赋值内容包括结构化地名地址描述、地名地址坐标、地名地址代码、地理实体名称、地名地址分类,前 2 项为必填项目。

5. 【A】 解析:地名地址以地理位置标志点(经纬度坐标)表达。其他附属信息作为点要素的属性数据存储。

6. 【D】 解析:生产流程为内容提取、模型重构、一致性处理、规范化处理、符号化表达、地图整饰、地图瓦片生产等处理。在线地理信息服务数据中不包括栅格数据,故不需要转换。

7. 【A】 解析:公众版网络地理信息服务数据要对数据进行重采样,使影像地面分辨率不优于 0.5 m。

8. 【A】 解析:在线地理信息数据在进行网络发布之前均需经过内容提取、模型重构、规范化处理、一致性处理等过程对源数据进行处理,转换成在线地理信息数据,源数据不得直接上图。

9. 【A】 解析:图元标识码:行政区域代码(6)+数据比例尺代码(1)+顺序代码(可根据实际情况扩充),故比例尺编码为 E 时,比例尺为 1:5 万。

10. 【A】 解析:图元表编码规则为:比例尺编码(1)+数据内容码(3)+几何类型码(2)+政区码(6);实体表编码规则为:比例尺编码(1)+数据内容码(3)+政区码(6)。地理实体是由图元整合一起的组合要素,故不表示几何类型码。

11. 【D】 解析:基于所发布的服务资源与服务接口,提供面向政府、专业部门、企业、社会公众用户的开发框架模版,以便方便快捷地搭建各类应用系统,这些系统实际上起到了促成公开地理信息共享的作用。

12.【B】　解析:在线地理信息数据不能被用户随意修改,电子地图的发布应严格经过审核。门户网站不能提供用户编辑数据的功能。

13.【A】　解析:在线地理信息服务系统运行维护监控主要是服务管理、用户管理、计算机和网络设备管理系统等内容。

14.【D】　解析:对于涉密广域网环境中的网络地理信息服务,需从应用、数据、存储、物理、网络、主机等六个层面建立安全保密防护系统。

15.【B】　解析:国家地理信息公共服务平台根据运行环境不同分为公众版(互联网)、政务版(国家电子政务外网)、涉密版(国家电子政务内网),其中的公众版就是天地图。

16.【B】　解析:电子地图分级原则为:

(1) 每级地图负载量和显示比例尺相适应前提下,尽可能保留数据源信息;

(2) 下一级要素不应少于上一级,随着显示比例尺的增大,内容不断增多;

(3) 保证跨级调用平滑过渡,相邻两级负载量变化相对平缓。

17.【C】　解析:地理实体表中,数据内容码包括境界、政区、路网、铁路网、水网、院落、房屋、地名地址数据,几何类型码分为点、线、面图元。

18.【A】　解析:区域实体地名规则为:地理位置标志点位于行政区划政治、经济、文化中心所在地,标志性建筑点位,面状区域的重心。

19.【D】　解析:网络地理信息服务是面向服务的架构(服务导向结构 SOA),由分布式节点组成。各节点通过统一的技术标准,访问统一控制体系,以聚合服务的方式实现整体协同服务。

20.【D】　解析:地图瓦片是为了加快网络显示速度,按照一定级别分割电子地图的方法。

21.【C】　解析:服务对象按对象分为普通用户(通过门户网站访问),开发用户(通过 API 开发)。

(二) 多项选择题

1.【ABCD】　解析:在线地理信息服务系统由数据生产和管理(维护管理)、在线服务(服务发布)、运行维护监控(服务管理与用户管理)、应用(应用系统开发)四个层面构成。

2.【CD】　解析:地理实体数据基本属性赋值包括图元标识码、实体标识码、信息分类码、地理实体名称,前 3 项为必填项目。

3.【DE】　解析:地图瓦片是为了加快网络显示速度,按照一定级别分割电子地图的分块,分块大小为 256×256 像素,使用 png 或者 jpg 格式。

规范引用

CH/Z 9011—2011　　地理信息公共服务平台电子地图数据规范

CH/Z 9010—2011　　地理信息公共服务平台地理实体与地名地址数据规范

第5篇

历年试题及解析
与仿真模拟测试卷及解析

第15章　历年试题及解析（2011—2018）

2011 年注册测绘师综合能力试题及解析

15.1.1　综合能力试题

一、单项选择题(共 80 题,每题 1 分,每题的备选项中,只有 1 个最符合题意)

1. 使用 N 台($N>3$) GPS 接收机进行同步观测所获得的 GPS 边中,独立的 GPS 边的数量是(　　)。

   A. N　　　　　　B. $N-1$　　　　　C. $N(N+1)/2$　　　D. $N(N-1)/2$

2. 我国现行的大地原点、水准原点分别位于(　　)。

   A. 北京、浙江坎门　　　　　　　　　　B. 北京、山东青岛

   C. 陕西泾阳、浙江坎门　　　　　　　　D. 陕西泾阳、山东青岛

3. 在大地水准面精化工作中,A、B 级 GPS 观测应采用(　　)定位模式。

   A. 静态相对　　　　B. 快速静态相对　　　C. 准动态相对　　　　D. 绝对

4. 为求定 GPS 点在某个参考坐标系中的坐标,应与该参考坐标系中的原有控制点联测,联测的点数不得少于(　　)个。

   A. 1　　　　　　　B. 2　　　　　　　　C. 3　　　　　　　　D. 4

5. 地面上任意一点的正常高为该点沿(　　)的距离。

   A. 垂线至似大地水准面　　　　　　　　B. 法线至似大地水准面

   C. 垂线至大地水准面　　　　　　　　　D. 法线至大地水准面

6. GPS 的大地高 H、正常高 h 和高程异常 ζ 三者之间正确的关系是(　　)。

   A. $\zeta=H-h$　　　B. $\zeta<H-h$　　　　C. $\zeta=h-H$　　　　D. $\zeta<h-H$

7. 按现行的《全球定位系统(GPS)测量规范》,随 GPS 接收机配备的商用软件只能用于(　　)。

   A. C 级及以下各级 GPS 网基线解算　　　B. A 级 GPS 网基线预处理

   C. B 级 GPS 网基线精处理　　　　　　　D. A 级 GPS 网基线处理

8. 进行水准测量时,应使前后视距尽可能相等,其目的是减弱(　　)的误差影响。

   A. 圆水准器轴不平行于仪器竖轴　　　　B. 十字丝横丝不垂直于仪器竖轴

   C. 标尺分划误差　　　　　　　　　　　D. 仪器视准轴不平行于水准管轴

9. 国家一、二等水准测量单一水准路线高差闭合差的分配原则是(　　)。

A. 按距离成比例反号分配　　　　　　　B. 按距离成比例同号分配

C. 按测段平均反号分配　　　　　　　　D. 按测段平均同号分配

10. 一、二等水准路线跨越江、河,当视线长度大于(　　)m时,应根据视线长度和仪器设备等情况,选用规范的相应方法进行跨河水准测量。

A. 50　　　　　　B. 100　　　　　　C. 150　　　　　　D. 200

11. 在加密重力测量测线中,当仪器静放 3 h 以上时,必须在(　　)读数,按静态零漂计算。

A. 静放前　　　　B. 静放后　　　　C. 静放中　　　　D. 静放前后

12. 相对重力测量是测定两点间的(　　)。

A. 重力差值　　　B. 重力平均值　　C. 重力绝对值　　D. 重力加速度

13. 在工矿区 1∶500 比例尺竣工图测绘中,主要建筑物细部点坐标中误差不应超过(　　)m。

A. ±0.05　　　　B. ±0.07　　　　C. ±0.10　　　　D. ±0.14

14. 陀螺经纬仪测定的方位角是(　　)。

A. 坐标方位角　　　　　　　　　　　　B. 磁北方位角

C. 施工控制网坐标系方位角　　　　　　D. 真北方位角

15. 在建筑物沉降观测中,基准点至少应有(　　)个。

A. 1　　　　　　B. 2　　　　　　C. 3　　　　　　D. 4

16. 某平坦地区 1∶2 000 比例尺地形图的基本等高距确定为 1 m。用全站仪测图时,除应选择一个图根点作为测站定向点外,尚应施测另一个图根点作为测站检核点,检核点的高程较差不应大于(　　)m。

A. ±0.10　　　　B. ±0.15　　　　C. ±0.20　　　　D. ±0.25

17. 在水准测量中,若后视点读数小于前视点读数,则(　　)。

A. 后视点比前视点低　　　　　　　　　B. 后视点比前视点高

C. 后视点、前视点等高　　　　　　　　D. 后视点、前视点的高程取决于仪器高度

18. 如图所示,由两个已知水准点 1、2 测定未知点 P 的高程,已知数据和观测数据见表,其中 H_i 为高程,h_i 为高差,n_i 为测站数。P 点的高程应为(　　)m。

A. 36.00　　　　B. 36.04　　　　C. 36.07　　　　D. 36.1

项目	1	2
H_i(m)	35.60	35.40
h_i(m)	0.60	0.60
n_i	2	1

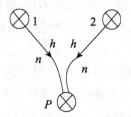

19. 为实现测量成果一测多用,在满足精度的前提下,工程测量应采用(　　)平面直角坐标系。

A. 任意带高斯正形投影　　　　　　　　B. 独立

C. 国家统一 3° 带高斯正形投影　　　　D. 抵偿投影面的 3° 带高斯正形投影

20. 市政工程施工设计阶段需要的地形图比例尺一般为(　　)。

A. 1:100～1:200   B. 1:500～1:1 000

C. 1:2 000～1:5 000   D. 1:10 000

21. 某丘陵地区 1:1 000 地形测图基本等高距确定为 1 m,那么图根控制点的高程相对于邻近等级控制点的中误差不应超过(   )m。

     A. ±0.10   B. ±0.15   C. ±0.20   D. ±0.25

22. 大比例尺地形测图时,图根控制点相对于邻近等级控制点的平面点位中误差不应大于图上(   )mm。

     A. ±0.1   B. ±0.2   C. ±0.3   D. ±0.5

23. 测图控制网的平面精度应根据(   )来确定。

     A. 控制网测量方法   B. 测图比例尺

     C. 测绘内容的详细程度   D. 控制网网形

24. 地形测图时,图根水准测量起算点的精度不应低于(   )的精度。

     A. 等外水准点   B. 一级导线点   C. 四等水准点   D. 三等水准点

25. 如右图所示,采用小角法测定观测点 P 与基准线 AB 间的水准位移 Δ,已知 P 点与 A 点间的距离 S 为 40 m,测角中误差为 ±5″,在不考虑距离测量中误差的影响的情况下,Δ 的测定精度为(   )mm。(提示:$\Delta = \alpha/\rho S$,此处 ρ 取 200 000)

     A. ±0.5   B. ±1.0   C. ±1.5   D. ±2.0

26. 在施工放样中,若设计允许的总误差为 Δ,允许测量工作的误差为 Δ_1,允许施工产生的误差为 Δ_2,且 $\Delta^2 = \Delta_1^2 + \Delta_2^2$,按"等影响原则",有 $m_1 = ($ $)$。

     A. $1/2\Delta$ B. $1/\sqrt{2}\Delta$ C. $1/3\Delta$ D. $1/\sqrt{3}\Delta$

27. 按现行的《工程测量规范》,一条长度为 6 km 的隧道相对施工,其中线在贯通面上的高程贯通误差不应大于(   )mm。

     A. 50   B. 60   C. 70   D. 80

28. 在大坝变形测量中,视准线法可以用来测定坝体的(   )。

     A. 垂直位移   B. 挠度   C. 主体倾斜   D. 水平位移

29. 《国家基本比例尺地形图分幅和编号》规定,我国基本比例尺地形图均以(   )地形图为基础,按经差和纬差划分图幅。

     A. 1:100 万   B. 1:50 万   C. 1:10 万   D. 1:1 万

30. 在航空摄影测量中,因地面有一定高度的目标物体或地形自然起伏所引起的航摄像片上的像点位移称为航摄像片的(   )。

     A. 倾斜误差   B. 辐射误差   C. 畸变误差   D. 投影差

31. 按现行的《1:500、1:1 000、1:2 000 地形图航空摄影测量数字化测图规范》,一幅图内宜采用一种基本等高距,当用基本等高距不能描述地貌特征时,应加绘(   )。

     A. 计曲线   B. 等值线   C. 首曲线   D. 间曲线

32. 按现行的《数字地形图系列和基本要求》,数字地形图产品标记内容的顺序为(   )。

     A. 分类代号、分幅编号、使用标准号、产品名称

B. 产品名称、分类代号、分幅编号、使用标准号

C. 分幅编号、分类代号、使用标准号、产品名称

D. 使用标准号、产品名称、分幅编号、分类代号

33. 在基于胶片的航测内业数字化生产过程中,内定向的主要目的是实现(　　)的转换。

　　A. 像片坐标到地面坐标　　　　　　　　B. 扫描仪坐标到地面坐标

　　C. 像平面坐标到像空间坐标　　　　　　D. 扫描仪坐标到像片坐标

34. 在解析法相对定向中,一个像对所求的相对定向元素共有(　　)个。

　　A. 4　　　　　　B. 5　　　　　　C. 6　　　　　　D. 7

35. 城区航空摄影时,为减小航摄像片上地物的投影差,应尽量选择(　　)焦距摄影机。

　　A. 短　　　　　　B. 中等　　　　　　C. 长　　　　　　D. 可变

36. 航测法成图的外业主要工作是(　　)和像片调绘。

　　A. 地形测量　　　　B. 像片坐标测量　　　C. 地物高度测量　　　D. 像控点坐标测量

37. 在 GPS 辅助航空摄影测量中,机载 GPS 的主要作用之一是测定(　　)的初值。

　　A. 外方位线元素　　B. 内定向参数　　　C. 外方位角元素　　　D. 地面控制点坐标

38. 就目前的技术水平而言,下列航测数字化生产环节中,自动化水平相对较低的是(　　)。

　　A. 摄影内定向　　　B. DOM 的生产　　　C. DLG 的生产　　　D. 空中三角测量

39. 多源遥感影像数据融合的主要优点是(　　)。

　　A. 可以自动确定多种传感器影像的外方位元素

　　B. 可以充分发挥各种传感器影像自身的特点

　　C. 可以提高影像匹配的速度

　　D. 可以自动发现地物的变化规律

40. 推扫式线阵列传感器的成像特点是(　　)。

　　A. 每一条航线对应着一组外方位元素　　B. 每一条扫描行对应着一组外方位元素

　　C. 每一个像元对应着一组外方位元素　　D. 每一幅影像对应着一组外方位元素

41. 基于共线方程制作的数字正射影像上仍然存在投影差的主要原因是(　　)。

　　A. 计算所使用的共线方程不严密

　　B. 地面上的建筑物太多

　　C. 计算所使用的 DEM 没有考虑地面目标的高度

　　D. 地形的起伏太大

42. 对航空摄影机进行检校的主要目的之一是精确获得摄影机的(　　)。

　　A. 内方位元素　　　B. 变焦范围　　　　C. 外方位线元素　　　D. 外方位角元素

43. 在数字航空摄影中,地面采样间隔(GSD)表示(　　)。

　　A. 时间分辨率　　　B. 光谱分辨率　　　C. 空间分辨率　　　D. 辐射分辨率

44. 对平坦地区航空摄影而言,若航空重叠度为 60%,旁向重叠度为 30%,那么航摄像片所能达到的最大重叠像片数为(　　)张。

　　A. 4　　　　　　B. 6　　　　　　C. 8　　　　　　D. 9

45. 在设计地图投影方式时,呈圆形轮廓的区域宜采用(　　)投影。

A. 圆柱   B. 圆锥   C. 方位   D. 多圆锥

46. 地图缩编时,多采用舍弃、移位和压盖等手段来处理要素间的争位性矛盾。下列关于处理争位性矛盾的说法,错误的是( )。

A. 街区中的有方位意义的河流可以采用压盖街区的办法完整地绘出河流符号

B. 当人工物体与自然物体发生位置矛盾时一般移动自然物体

C. 连续表示的国界线无论在什么情况下均不允许移位,周围地物的相对关系要与之相适应

D. 居民点与河流、交通线相切、相割、相离的关系一般要保持与实地相适应

47. 在专题地图表示方法中,能较好地反映制图区域某些点的周期性现象的数量特征和变化的方法是( )。

A. 等值线法   B. 定位图表法   C. 质底法   D. 范围法

48. 下列关于制图综合物体选取顺序的说法,错误的是( )。

A. 从主要到次要   B. 从高等级到低等级

C. 从大到小   D. 从数量到质量

49. 在国家基本比例尺 1:2.5 万、1:5 万和 1:10 万地图编绘中,图廓边长与理论值之差不得大于( )mm。

A. ±0.15   B. ±0.20   C. ±0.25   D. ±0.30

50. 在地图图幅设计中,某图幅确定使用地理坐标网,应选择( )作为本图幅的中央经线。

A. 图幅中最小的整数位经线   B. 靠近图幅中间位置的整数位经线

C. 靠近图幅东边位置的整数位经线   D. 公里网线

51. 下列比例尺地形图中,采用高斯-克吕格投影 6° 分带法的是( )。

A. 1:2 000   B. 1:5 000   C. 1:1 万   D. 1:5 万

52. 在我国基本比例尺地形图中,若某点经度为 $114°33'45''$,纬度为 $39°22'30''$,其所在 1:100 万比例尺地形图的编号是( )。

A. J49   B. H49   C. J50   D. H50

53. 与矢量数据相比,栅格数据的特点是( )。

A. 数据结构简单   B. 能够提供有效的拓扑关系

C. 数据所占空间小   D. 图形与属性数据联动

54. 图形输出设备可分为矢量型和栅格型两类。下列各组图形输出设备中,全部为栅格型的是( )。

A. 喷墨绘图仪、笔式绘图仪、激光照排机、点阵式打印机

B. 激光照排机、喷墨绘图仪、静电绘图仪、笔式绘图仪

C. 点阵式打印机、激光照排机、笔式绘图仪、静电绘图仪

D. 静电绘图仪、点阵式打印机、喷墨绘图仪、激光照排机

55. 在国家基本比例尺地形图编绘中,当地物符号化后出现压盖时,应进行符号移位,移位后符号间保持的间隔值一般不小于( )mm。

A. 0.1   B. 0.2   C. 0.3   D. 0.4

56. 在标准的实体-关系(E-R)图中,分别用方框和椭圆表示( )。

A. 联系、属性 B. 属性、实体类型 C. 实体类型、属性 D. 联系、实体类型

57. GIS 软件测试四个基本步骤的先后顺序是( )。

  A. 系统测试、确认测试、联合测试、模块测试

  B. 模块测试、确认测试、联合测试、系统测试

  C. 系统测试、联合测试、确认测试、模块测试

  D. 模块测试、联合测试、确认测试、系统测试

58. GIS 工程项目在设计阶段需要进行需求分析。下列关于需求分析的说法,正确的是( )。

  A. 需求分析报告要获得用户认可 B. 系统需求是用户提出的要求

  C. 用户可以不参与需求分析过程 D. 不是所有的项目都需要需求分析

59. 下列内容中,属性数据字典不描述的是( )。

  A. 数据元素与数据结构 B. 数据存储与处理

  C. 数据流 D. 拓扑关系

60. 下列方法中,可用于矢量空间数据压缩的是( )。

  A. 行程编码和四叉树编码 B. 利用算法删除线状要素上的部分点

  C. 建立图元之间的拓扑关系 D. 将图形数据和属性数据分开存储

61. 商住楼中住宅与商业共同使用的共有建筑面积,按住宅与商业的( )比例分摊给住宅和商业。

  A. 房屋价值 B. 建筑面积 C. 土地面积 D. 土地价值

62. 地籍图上一类界址点相对于邻近图根点的点位中误差不得超过( )cm。

  A. ±5 B. ±7.5 C. ±10 D. ±15

63. 地籍管理的内容包括土地调查、土地登记、土地统计、土地分等定级估价、( )等。

  A. 地籍档案建立 B. 地籍图测绘 C. 界址点测定 D. 宗地图测绘

64. 地籍控制测量坐标系统应优先选用( )坐标系。

  A. 独立 B. 任意 C. 国家 D. 地方

65. 当一幅地籍图内变更面积超过( )时,应对该图幅进行更新测量。

  A. 1/2 B. 1/3 C. 1/4 D. 1/5

66. 现行界线测绘应采用的坐标系与高程基准是( )。

  A. 2000 国家大地坐标系和 1985 国家高程基准

  B. 1980 西安坐标系和 1985 国家高程基准

  C. 2000 国家大地坐标系和 1956 年黄海高程

  D. 1980 西安坐标系和 1956 年黄海高程

67. 界线测量的内容包括界线测量准备、( )、边界点测定、边界线及相关地形要素调绘、边界协议书附图制作与印刷、边界点位置和边界走向说明的编写。

  A. 界桩埋设和测定 B. 边界地形图测绘

  C. 边界线情况图编制 D. 边界主张线图标绘

68. 按现行的《行政区域界线测绘规范》,边界协议书附图中界桩点的最大展点误差不应超过相应比例尺地形图图上( )mm。

A. ±0.1   B. ±0.2   C. ±0.3   D. ±0.4

69. 边界协议书附图的内容应包括边界线、界桩点及相关的地形要素、名称、注记等,各要素应( )表示。

A. 系统   B. 简要   C. 详尽   D. 突出

70. 按现行的《房产测量规范》,房屋的建筑面积由( )组成。

A. 套内建筑面积和套内墙体面积

B. 使用面积、套内墙体面积、套内建筑面积和分摊得到的共有建筑面积

C. 套内建筑面积和分摊得到的共有建筑面积

D. 套内建筑面积、套内阳台建筑面积和套内墙体面积

71. 房屋建筑结构可分为砖木结构、混合结构、( )、钢结构、钢筋混凝土结构和其他结构。

A. 砖混结构   B. 土木结构

C. 钢和钢筋混凝土结构   D. 石结构

72. 房产变更测量分为( )测量两类。

A. 现状变更和权属变更   B. 面积变更和结构变更

C. 权界变更和权属变更   D. 面积变更和权属变更

73. 按现行的《房产测量规范》,房屋层高在( )m 以下不计算建筑面积。

A. 2.2   B. 2.4   C. 2.6   D. 2.8

74. 现行的《房产测量规范》作出测量精度要求规定的房产测量对象是( )。

A. 界址点   B. 房角点   C. 房屋面积   D. 房屋边长

75. 现行海道测量用的高程系统是( )。

A. 理论深度基准面   B. 当地平均海面

C. 吴淞零点   D. 1985 国家高程基准

76. 干出礁高度从( )起算。

A. 理论深度基准面   B. 当地平均海面

C. 平均大潮低潮面   D. 理论大潮高潮面

77. 海图上的潮信资料有平均高潮间隙、平均低潮间隙、平均大潮升、平均小潮升和( )。

A. 平均海面   B. 最高潮位   C. 最低潮位   D. 涨潮历时

78. 海图内容的三大要素是数学要素、地理要素和( )。

A. 水部要素   B. 陆部要素   C. 勘航要素   D. 辅助要素

79. 人工观测水位时对水尺设置的要求是( )。

A. 水尺零点不低于平均海面   B. 水尺零点低于最低潮面

C. 水尺零点不高于平均海面   D. 水尺零点高于最高潮面

80. 目前海道测量平面控制常用的测量方法是( )。

A. 三角测量   B. 三边测量   C. 导线测量   D. GPS 测量

二、多项选择题(共 20 题,每题 2 分。每题的备选项中,有 2 个或 2 个以上符合题意,至少有 1 个错项。错选,本题不得分;少选,所选的每个选项得 0.5 分)

81. GPS 控制网技术设计的一般内容包括( )。

A. 控制网应用范围   B. 分级布网方案   C. 测量精度标准

D. 坐标系统与起算数据　　E. 测站间的通视

82. 目前"2000 国家 GPS 控制网"是由（　　）组成的。
    A. 国家测绘地理信息局布设的 GPS A、B 级网
    B. 总参测绘局布设的 GPS 一、二级网
    C. 中国地壳运动观测网
    D. 中国大陆环境构造监测网
    E. 国家天文大地网

83. 下列测量方法中,可用于建立国家一、二等高程控制网的方法包括（　　）。
    A. 三角高程测量　　　　　B. 水准测量　　　　　C. GPS 水准测量
    D. 地形控制网测量　　　　E. 重力测量

84. 按现行的《工程测量规范》,在测量过程中必须立即报告建设单位和施工单位采取相应安全措施的情况包括（　　）。
    A. 变形量达到预警值或接近允许值　　B. 变形量出现异常变化
    C. 少数变形观测点遭到破坏　　　　　D. 工程或地表的裂缝迅速扩大
    E. 数据处理结果不符合技术方案的要求

85. 线路定测的主要工作内容包括（　　）。
    A. 地形图测绘　　　　　　B. 中线测量　　　　　C. 纵断面测量
    D. 横断面测量　　　　　　E. 土方测量

86. 精密三角高程测量精度的影响因素有（　　）等。
    A. 边长误差　　　　　　　B. 垂直折光误差　　　C. 水平折光误差
    D. 垂直角误差　　　　　　E. 水平角误差

87. 下列测量方法中,可用于测定工程建筑物垂直位移的有（　　）。
    A. 水准测量　　　　　　　B. 极坐标测量　　　　C. 垂线法
    D. 三角高程测量　　　　　E. 液体静力水准测量

88. 按现行的《1∶500、1∶1 000、1∶2 000 地形图航空摄影测量内业规范》,地形图航空摄影测量中地形的类别包括（　　）。
    A. 平地　　　　　　　　　B. 极高山地　　　　　C. 丘陵地
    D. 山地　　　　　　　　　E. 高山地

89. 在航空摄影生产的数据处理过程中,可通过空中三角测量环节计算得到的参数包括（　　）。
    A. 航摄像片的外方位元素　B. 加密点的地面坐标　C. 外业控制点的坐标
    D. 地物投影差的大小　　　E. 地面点坐标

90. 机载定位与定向系统（POS）的组成部分包括（　　）。
    A. CCD　　　　　　　　　B. GPS　　　　　　　C. IMU
    D. LIDAR　　　　　　　　E. INSAR

91. 按现行的《国家基本比例尺地形图更新规范》,地形图更新方式依据地形要素变化情况、比例尺大小、资料情况等因素可分为（　　）等。
    A. 重测　　　　　　　　　B. 修测　　　　　　　C. 重采样

　　D. 修编　　　　　　　　　E. 联测

92. 地理信息系统输出产品包括(　　)。

　　A. 专题地图　　　　　　　B. 栅格地图　　　　　　　C. 矢量地图

　　D. 统计图表　　　　　　　E. 实体-关系图

93. 电子地图的设计应重点从(　　)等方面来考虑。

　　A. 界面设计　　　　　　　B. 比例尺设计　　　　　　C. 符号设计

　　D. 色彩设计　　　　　　　E. 图层设计

94. 下列关于数据库系统的说法,正确的有(　　)。

　　A. 数据库系统可减少数据冗余

　　B. 数据库系统避免了一切数据冗余

　　C. 数据库系统比文件系统管理更安全

　　D. 数据库是一个独立的系统,不需要操作系统的支持

　　E. 数据库系统中数据的物理结构必须与逻辑结构一致

95. 数据字典是开展 GIS 系统分析和设计的工作基础,其主要内容包括(　　)等。

　　A. 空间数据库的名称、层名　　B. 关联属性项、关联字段　　C. 拓扑关系、属性表

　　D. 要素类型、操作限制　　　　E. 需求分析、统计表

96. 界址点坐标测定可采用的方法包括(　　)。

　　A. 图解法　　　　　　　　B. 极坐标法　　　　　　　C. 交会法

　　D. 正交法　　　　　　　　E. GPS 定位法

97. 《中华人民共和国省级行政区域边界协议书附图集》要求表示的内容包括(　　)。

　　A. 图例　　　　　　　　　B. 边界地形图　　　　　　C. 边界主张线图

　　D. 编制说明　　　　　　　E. 界桩登记表

98. 房产权属所有人对其所有的房产依法享有的权利有(　　)。

　　A. 占有权　　　　　　　　B. 使用权　　　　　　　　C. 收益权

　　D. 处分权　　　　　　　　E. 地役权

99. 测量水深可采用的仪器设备包括(　　)。

　　A. 测深杆　　　　　　　　B. 机载激光测深系统　　　C. 旁侧声呐

　　D. 多波束测深系统　　　　E. 磁力仪

100. 利用单波束回声测深仪进行水深测量时,对主测深线与等深线应保持的方向的要求包括(　　)。

　　A. 0°　　　　　　　　　　B. 30°　　　　　　　　　　C. 45°

　　D. 60°　　　　　　　　　　E. 90°

15.1.2　答案及解析

一、单项选择题

1.【B】知识点：GNSS 控制网设计

　　出处:《测绘综合能力体系和题解(上、下册)》3.9.2

　　解析:独立观测量指相互之间不存在函数关系的观测量,必要观测量必须是独立观测

量。一个时段独立基线数的计算式为 $B = N - 1$，N 为观测仪器数。

2.【D】知识点：高程框架

出处：《测绘综合能力体系和题解(上、下册)》3.4.3

解析：1980 西安坐标系大地原点在陕西省泾阳县永乐镇;1985 年国家高程基准水准原点位于山东省青岛市观象山。现行的大地坐标系从 2008 年开始即采用 CGCS2000,属于地心坐标系,没有大地原点,故此题有误。

3.【A】知识点：GPS 定位

出处：《测绘综合能力体系和题解(上、下册)》3.6.3

解析：静态相对定位指多台 GNSS 接收机静止不动同步观测 4 颗以上相同的卫星,确定点的相对位置。这种观测模式观测时间长,经过观测值在卫星间和接收机间求差,减小了一些共同误差,精度较高。若采用卫星连续运行站模式采集动态数据,则采用绝对定位模式。综合起来此题选 A 为宜。

4.【C】知识点：GNSS 控制网设计

出处：《测绘综合能力体系和题解(上、下册)》3.9.2

解析：新布设的 GPS 网应与附近已有的国家高等级 GPS 点进行联测,或求定 GPS 点在某个参考坐标系中的坐标,应联测至少 3 个点。

5.【A】知识点：高程系统

出处：《测绘综合能力体系和题解(上、下册)》3.4.1

解析：似大地水准面是由由地面沿垂线向下量取正常高所得的点形成的连续曲面,它不是水准面,只是用于计算的辅助面。沿垂线方向或正常重力线方向向下量取高程只在角度上有非常小的差异,即垂线偏差,在高程上基本无差异。由于野外测量以垂线为基准,故采用垂线更加准确。

6.【A】知识点：高程框架

出处：《测绘综合能力体系和题解(上、下册)》3.4.3

解析：高程异常为似大地水准面至参考椭球面的垂直距离,大地高＝正常高＋高程异常。

7.【A】知识点：GNSS 控制网数据处理

出处：《测绘综合能力体系和题解(上、下册)》3.9.6

解析：A、B 级 GNSS 网采用专用软件和精密星历;C、D、E 级 GNSS 网采用随机配备的商用软件和广播星历。

8.【D】知识点：水准测量误差

出处：《测绘综合能力体系和题解(上、下册)》3.10.6

解析：仪器视准轴不平行于水准管轴即水准仪 i 角误差。严格限制每站的前后视距差和每站的前后视距累积差可以减小水准仪 i 角误差。

9.【A】知识点：测量平差

出处：《测绘综合能力体系和题解(上、下册)》2.2.3

解析：单一附合水准平差是把附合路线闭合差按照测站或距离反号成比例分配到各测段。

10.【B】知识点：跨河水准测量

出处：《测绘综合能力体系和题解(上、下册)》3.10.8

解析：一、二等水准路线跨河视线长度大于100 m时进行跨河测量,三、四等水准路线跨河视线长度大于200 m时进行跨河测量。

11.【D】知识点：重力测量

出处：《测绘综合能力体系和题解(上、下册)》3.11.4

解析：加密重力点联测,在基本点或一等点的基础上形成闭合或附合路线,闭合时间不超过60 h,特殊的应在84 h内闭合,仪器静放3 h以上时,必须在静放前后按静态零漂读数。

12.【A】知识点：重力测量概述

出处：《测绘综合能力体系和题解(上、下册)》3.11.1

解析：相对重力测量是测定两点间的重力(重力加速度)差值,即段差。

13.【A】知识点：工程测图技术设计

出处：《测绘综合能力体系和题解(上、下册)》5.3.2

解析：在工矿区1∶500比例尺竣工图测绘中,主要建筑物细部点坐标中误差不应超过5 cm,次要建筑物细部点坐标中误差不应超过7 cm。

14.【D】知识点：联系测量

出处：《测绘综合能力体系和题解(上、下册)》5.9.4

解析：陀螺经纬仪(纬度不大于75°)测定的是真北方位角。

15.【C】知识点：监测控制网布设

出处：《测绘综合能力体系和题解(上、下册)》5.12.2

解析：每个工程至少应有3个基准点,布设在变形影响区域外稳固可靠的位置,作为变形观测的基准。

16.【C】知识点：工程测图实施方法

出处：《测绘综合能力体系和题解(上、下册)》5.3.3

解析：用全站仪测图要通过测定较远的另一个已知点进行检核,平面位置较差不应超过图上±0.2 mm,高程较差不应超过1/5基本等高距。

17.【B】知识点：水准测量概述

出处：《测绘综合能力体系和题解(上、下册)》3.10.1

解析：水准测量是依据前后视水平视线相等来求读数差从而获得高差。若后视点读数小于前视点读数,表示后视点高程较高。

18.【C】知识点：误差传播率

出处：《测绘综合能力体系和题解(上、下册)》2.2.1

解析：由水准点1计算得P点的高程为$H_1 = 35.60 + 0.60 = 36.20$ m,由水准点2计算得P点的高程为$H_2 = 35.40 + 0.60 = 36.00$ m,较差为0.20 m。

若以水准路线1计算,按测站数定权反号分配,则改正数：$v_1 = -0.20 \times 2/3 = -0.13$ m;高程：$P_1 = 36.20 - 0.13 = 36.07$ m。

若以水准路线2计算,则改正数：$v_2 = 0.20 \times 1/3 = 0.07$ m,高程：$P_2 = 36.00 + 0.07 = 36.07$ m。

两条路线都算得 P 点的高程等于 36.07 m,故正确答案为 C。

19.【C】知识点：**工程控制网设计**

出处:《测绘综合能力体系和题解(上、下册)》5.2.2

解析:在小区域内,当按坐标反算的边长值与实际边长变形值之比不大于 2.5 cm/km,即边长变形产生的相对误差不大于 1∶4 万时,应优先采用国家统一高斯投影 3°带平面直角坐标系。

20.【B】知识点：**工程测图技术设计**

出处:《测绘综合能力体系和题解(上、下册)》5.3.2

解析:初步设计,施工图设计,城镇、工矿总图管理,竣工验收,运营管理的工程测量设计用图一般选择 1∶1 000～1∶500 的比例尺。

21.【A】知识点：**工程测图实施方法**

出处:《测绘综合能力体系和题解(上、下册)》5.3.3

解析:图根点相对于基本控制点的点位中误差不应超过图上±0.1 mm,高程中误差不应超过 1/10 基本等高距。

22.【A】知识点：**工程测图实施方法**

出处:《测绘综合能力体系和题解(上、下册)》5.3.3

解析:图根点相对于基本控制点的点位中误差不应超过图上±0.1 mm,高程中误差不应超过 1/10 基本等高距。

23.【B】知识点：**工程控制测量概述**

出处:《测绘综合能力体系和题解(上、下册)》5.2.1

解析:测图控制网的特点:控制范围较大,点位分布均匀,点位选择取决于地形条件,精度取决于测图比例尺。地形图测图比例尺精度不应超过图上±0.1 mm,即人眼能分辨的最小距离。

24.【C】知识点：**工程测图实施方法**

出处:《测绘综合能力体系和题解(上、下册)》5.3.3

解析:图根点相对于基本控制点的点位中误差不应超过图上±0.1 mm,高程中误差不应超过 1/10 基本等高距。基本控制点指的是国家一到四等水准点。

25.【B】知识点：**精密测量设计和实施**

出处:《测绘综合能力体系和题解(上、下册)》5.13.2

解析:小角法是通过测定基准线方向与观测点的视线方向之间的微小角度计算观测点相对于基准线的偏离值的方法。

$d=\alpha D/\rho$,其中 ρ 为弧度和秒的换算常数,取值为 206 265;d 为偏距;D 为平距。本题只需把相应的参数代入公式中即可。

26.【B】知识点：**工程控制网设计**

出处:《测绘综合能力体系和题解(上、下册)》5.2.2

解析:"等影响原则"即假设所有因素中误差的影响一样进行精度分配,以便求出各项测量应达到的必要精度,然后根据具体施工情况加以调整。

27.【C】知识点：**贯通测量**

出处：《测绘综合能力体系和题解(上、下册)》5.9.5

解析：隧道工程的中线在贯通面上的高程贯通误差不应大于70 mm。

28.**【D】**知识点：**变形监测实施**

出处：《测绘综合能力体系和题解(上、下册)》5.12.3

解析：位移观测一般采用双测站极坐标法、数字近景摄影测量法、GNSS法、视准线法(小角法、活动标牌法)、激光准直法、倾斜仪法等,并绘制水平位移曲线图。

29.**【A】**知识点：**数学基础**

出处：《测绘综合能力体系和题解(上、下册)》11.1.4

解析：我国的1：100万比例尺地形图采用行列法编号,其他比例尺地形图在1：100万地形图的基础上加行列号表示。

30.**【D】**知识点：**像点位移**

出处：《测绘综合能力体系和题解(上、下册)》10.2.1

解析：航空摄影时,由于实际地面有起伏,导致每一点的航高不同,从而引起像点位移,叫投影差。

31.**【D】**知识点：**工程测图实施方法**

出处：《测绘综合能力体系和题解(上、下册)》5.3.3

解析：一幅图内宜采用一种基本等高距。间曲线是按1/2等高距描绘的细长虚线。

32.**【B】**知识点：**DLG质量控制和成果整理**

出处：GB/T 18315—2001《数字地形图系列和基本要求》

解析：数字地形图产品标记内容为产品名称＋分类代号＋分幅编号＋使用标准号。

33.**【D】**知识点：**影像定位**

出处：《测绘综合能力体系和题解(上、下册)》10.2.2

解析：恢复一个像对的两张像片的内方位元素的工作称为内定向。在数字摄影测量中,内定向的目的是确定扫描坐标系与像平面坐标系之间的关系以及数字影像可能存在的变形。

34.**【B】**知识点：**影像定位**

出处：《测绘综合能力体系和题解(上、下册)》10.2.2

解析：由共面方程求得两张像片之间的相对定向元素,即2个线元素(不包含航向线元素)和3个角元素。一般采用解析法相对定向,需要最少量测6对同名点像片坐标,用最小二乘法求出5个相对定向元素。

35.**【C】**知识点：**航空摄影设计分析**

出处：《测绘综合能力体系和题解(上、下册)》9.3.1

解析：依据投影差的特性,在其他条件相同的情况下,摄影机的主距越大,投影差越小。因此,城区航空摄影时,为减小航摄像片上地物的投影差,应尽量选择长焦距摄影机。

36.**【D】**知识点：**像片控制网**

出处：《测绘综合能力体系和题解(上、下册)》10.4

解析：航测法成图的外业主要工作是像控点坐标测量和像片调绘,其他选项都是内业工作。

37.**【A】**知识点：**影像定位**

出处:《测绘综合能力体系和题解(上、下册)》10.2.2

解析: 在 GPS 辅助航空摄影测量中,机载 GPS 的主要作用之一是测定曝光瞬间摄影中心的地面坐标(X,Y,Z),即外方位线元素。

38.【C】知识点:**DLG 制作方法**

出处:《测绘综合能力体系和题解(上、下册)》10.7.2

解析: DLG 的生产需要进行立体测图采集空间数据,目前需要人工生产。

39.【B】知识点:**DOM 制作方法**

出处:《测绘综合能力体系和题解(上、下册)》10.9.2

解析: 多源遥感影像数据融合可以充分发挥各种传感器影像自身的特点,提高解译效率。

40.【B】知识点:**航摄仪类别**

出处:《测绘综合能力体系和题解(上、下册)》9.2.1

解析: 推扫式线阵列传感器得到的是线中心投影的条带影像,无数条带(扫描行)构成一条扫描线,每条扫描线都有独立摄影中心,对应着一组外方位元素。单线阵列传感器一条航线对应一条扫描线。

41.【C】知识点:**DOM 制作方法**

出处:《测绘综合能力体系和题解(上、下册)》10.9.2

解析: 所谓真正射影像就是以数字表面模型 DSM 进行数字微分纠正。对于空旷的地区而言,DSM 和 DEM 一致,只要知道了影像内外方位元素和所覆盖地区的 DEM,就可以按共线方程进行数字微分纠正,且纠正后没有投影差。

42.【A】知识点:**航摄仪检定**

出处:《测绘综合能力体系和题解(上、下册)》9.2.2

解析: 摄影测量所采用的各种类型摄影机的检查与校正是摄影测量作业全过程的一个重要组成部分,是摄影测量后续解析计算正确性的重要保障。通过对航空摄影机进行检校,可精确获得摄影机的内方位元素。

43.【C】知识点:**遥感概述**

出处:《测绘综合能力体系和题解(上、下册)》10.2.3

解析: 几何特征和空间分辨率:遥感图像上能详细区分的最小单元的尺寸,用地面分辨率或影像分辨率表示。地面采样间隔(GSD)指以地面距离表示的相邻像素中心的距离。

44.【B】知识点:**航摄基本要求**

出处:《测绘综合能力体系和题解(上、下册)》9.4.2

解析: 第一个像对航向重叠度为 60%,相邻像对的第三张像片落在第一张像片上的最大航向重叠度为 20%,旁向重叠度为 30% 时,航摄像片所能达到的最大重叠像片数为 6 张。

45.【C】知识点:**地图设计基础**

出处:《测绘综合能力体系和题解(上、下册)》11.2.1

解析: 接近圆形轮廓的区域宜选择方位投影,如我国全图采用斜轴等积方位投影。

46.【B】知识点:**制图综合**

出处:《测绘综合能力体系和题解(上、下册)》11.3.1

解析:制图编绘时,如自然物体和人工物体矛盾,应移动人工物体,保持主从关系。

47.【B】**知识点:地图表达方式设计**

出处:《测绘综合能力体系和题解(上、下册)》11.2.2

解析:定位图表法用图表反映定位于制图区域的某些点的周期性现象的数量特征和变化,如某个区域一年内降雨量的变化图。定位图表法的定位统计数据应具有代表性,能反映所代表区域在周期内的实际状况。

48.【D】**知识点:制图综合**

出处:《测绘综合能力体系和题解(上、下册)》11.3.1

解析:制图物体选取的规律:制图对象的密度越大,选取的指标越高;从主到次、从大到小;密度系数损失的绝对值应从高密度区向低密度区逐渐减小;在保持各密度区间最小辨认系数的前提下,保持各区域的密度对比。选项 D 应为从质量到数量。

49.【B】**知识点:地图制图质量控制和成果归档**

出处:《测绘综合能力体系和题解(上、下册)》11.5

解析:在国家基本比例尺 1∶2.5 万、1∶5 万和 1∶10 万地图编绘中,图廓边长与理论值之差不得大于±0.20 mm。

50.【B】**知识点:地图设计基础**

出处:《测绘综合能力体系和题解(上、下册)》11.2.1

解析:地图定向分为北方定向和斜方位定向,我国一般采用北方定向,即图幅的中央经线指向北方。

51.【D】**知识点:基本比例尺地形图编绘**

出处:《测绘综合能力体系和题解(上、下册)》11.3.3

解析:1∶100 万比例尺地形图采用双标准纬线正轴等角圆锥投影(兰勃特投影);大于或等于 1∶50 万比例尺地形图采用高斯投影,其中 1∶1 万以上比例尺地形图按经差 3°分带高斯投影,其他比例尺地形图按 6°分带高斯投影。

52.【C】**知识点:数学基础**

出处:《测绘综合能力体系和题解(上、下册)》11.1.4

解析:我国的 1∶100 万比例尺地形图采用行列法编号,其他比例尺地形图在 1∶100 万地形图的基础上加行列号表示。行号从赤道到南北纬分别编 22 行,每 4°一行,用大写字母 A~V 表示;列号从 180°经线起算,由西向东共 60 列,每 6°一列。

53.【A】**知识点:空间数据模型**

出处:《测绘综合能力体系和题解(上、下册)》12.2.1

解析:栅格数据以行列进行分格,并对格网中心进行属性赋值,栅格数据结构简单,适宜表达连续空间数据。

54.【D】**知识点:空间数据结构**

出处:《测绘综合能力体系和题解(上、下册)》12.2.2

解析:笔式绘图仪属于矢量绘图仪,其他都属于栅格绘图仪。

55.【B】**知识点:普通地图编绘**

出处:《测绘综合能力体系和题解(上、下册)》11.3.2

解析：在国家基本比例尺地形图编绘中,当地物符号化后出现压盖时,移位后符号间保持的间隔值一般不小于 0.2 mm。

56.【C】知识点：**系统总体设计**

出处：《测绘综合能力体系和题解(上、下册)》12.4.2

解析：E-R 模型包括实体(方框)、联系(菱形)和属性(椭圆)三个基本成分。

57.【D】知识点：**系统测试和调试**

出处：《测绘综合能力体系和题解(上、下册)》12.5.2

解析：GIS 软件测试四个基本步骤的先后顺序是模块测试、联合测试、确认测试、系统测试。

58.【A】知识点：**系统需求分析**

出处：《测绘综合能力体系和题解(上、下册)》12.4.1

解析：需求分析是分析用户提出的要求后经过系统分析产生的分析结果,必须得到用户认可。

59.【D】知识点：**系统总体设计**

出处：《测绘综合能力体系和题解(上、下册)》12.4.2

解析：属性数据字典是对非几何元素的数据描述,故选 D。

60.【B】知识点：**空间数据压缩和转换**

出处：《测绘综合能力体系和题解(上、下册)》12.2.3

解析：矢量空间数据压缩主要采用特征点筛选的方式进行,其目的是剔除多余点、保留特征点,是一种有损压缩。

61.【B】知识点：**建筑面积分摊**

出处：《测绘综合能力体系和题解(上、下册)》6.4.3

解析：根据住宅和商业的不同功能区将全幢的共有建筑面积分摊成住宅和商业两部分,将分摊得到的幢共有建筑面积加上住宅部分(商业部分)的共有建筑面积,按各套的套内建筑面积分摊计算各套房屋分摊的共有建筑面积。

62.【A】知识点：**地籍界址点测量**

出处：《测绘综合能力体系和题解(上、下册)》7.3.2

解析：地籍图上一类界址点相对于邻近图根点的点位中误差不得超过±5 cm。

类别	相对于邻近图根点的点位误差		相邻点间距限差/cm	使用范围
	中误差/cm	允许误差/cm		
一	±5	±10	±10	土地使用权明显的界址点
二	±7.5	±15	±15	土地使用权隐蔽的界址点
三	±10	±20	±20	土地所有权界址点,可选用一、二、三级

63.【A】知识点：**地籍测绘概述**

出处：《测绘综合能力体系和题解(上、下册)》7.1

解析：地籍管理是一项集政策、法律、经济和技术于一体的综合管理措施,内容包括土地调查、土地登记、土地统计、土地分等定级估计、地籍档案建立等。其他三项是地籍测绘的内容,为地籍管理提供数据支持。

　　64.【C】知识点:**地籍控制测量**

　　出处:《测绘综合能力体系和题解(上、下册)》7.3.1

　　解析:地籍控制测量坐标系统尽量采用 2000 国家大地坐标系。采用其他坐标系的需要与国家统一坐标系建立联系。

　　65.【A】知识点:**日常地籍测量**

　　出处:《测绘综合能力体系和题解(上、下册)》7.6.2

　　解析:一幅图或者一个街坊内宗地变更面积超过 1/2 时,必须重测基本地籍图,不论变更宗地的界址是否发生变化,都必须重新绘制宗地图。这个规定在 TD/T 1001—2012《地籍调查规程》中已经删除。

　　66.【A】知识点:**界线测量概述**

　　出处:《测绘综合能力体系和题解(上、下册)》8.1

　　解析:界线测量采用 2000 国家大地坐标系和 1985 国家高程基准。

　　67.【A】知识点:**界线测量概述**

　　出处:《测绘综合能力体系和题解(上、下册)》8.1

　　解析:界线测量的内容包括界线测量准备、界桩埋设和测定、边界点测定、边界线及相关地形要素调绘、边界协议书附图制作与印刷、边界点位置和边界走向说明的编写。实际上本题的四个选项都是界线测量的内容,只是后三个选项没有列出来。

　　68.【B】知识点:**界线测量概述**

　　出处:《测绘综合能力体系和题解(上、下册)》8.1

　　解析:边界协议书附图展点误差不大应于图上±0.2 mm,补调地物点相对于邻近固定地物点的间距中误差不应大于图上±0.5 mm。

　　69.【C】知识点:**边界协议书附图**

　　出处:《测绘综合能力体系和题解(上、下册)》8.4

　　解析:边界协议书附图的内容应包括边界线、界桩点、相关的地形要素、名称、注记等,各要素应详尽表示。

　　70.【C】知识点:**建筑面积分摊**

　　出处:《测绘综合能力体系和题解(上、下册)》6.4.3

　　解析:成套房屋的套内建筑面积由套内使用面积、套内墙体面积、套内阳台面积构成。房屋的建筑面积等于套内建筑面积和共有分摊建筑面积之和。

　　71.【C】知识点:**房屋调查**

　　出处:《测绘综合能力体系和题解(上、下册)》6.2.2

　　解析:房屋建筑结构可分为砖木结构、混合结构、钢和钢筋混凝土结构、钢结构、钢筋混凝土结构和其他结构。房屋建筑结构根据房屋的梁、柱、墙等主要承重构件的建筑材料划分,不承重的隔墙不需考虑。

　　72.【A】知识点:**房产变更测量**

　　出处:《测绘综合能力体系和题解(上、下册)》6.6

解析:房产变更测量分为现状变更测量和权属变更测量。

73.【A】**知识点:面积测算方法**

出处:《测绘综合能力体系和题解(上、下册)》6.4.1

解析:房屋建筑面积认定应具备的条件:具有上盖;有围护物;结构牢固,属永久性建筑物;层高在 2.20 m 以上;可作为人们生产或生活的场所。

74.【D】**知识点:房产要素测绘**

出处:《测绘综合能力体系和题解(上、下册)》6.3.2

解析:GB/T 17986.1—2000《房产测量规范》对房产的界址点、房角点、房屋面积均作出了相应的测量精度要求。

75.【D】**知识点:海洋测绘基准**

出处:《测绘综合能力体系和题解(上、下册)》4.1.1

解析:本题问的是高程系统,海洋测量的陆地高程系统采用 1985 国家高程基准,故选 D,如果问深度基准则选 A。要注意区别高程基准和深度基准,高程基准是陆地上高程的起算面,深度基准是海水中测量的起算面。

76.【A】**知识点:海岸地形测量**

出处:《测绘综合能力体系和题解(上、下册)》4.2.8

解析:干出滩是海岸线与水深零米线间的海滩,海岸线是大潮高潮位时海陆分界的痕迹线,干出高度是深度基准面以上的高度。干出高度从深度基准面起算,为深度基准面以上的高度。

77.【A】**知识点:水文观测**

出处:《测绘综合能力体系和题解(上、下册)》4.2.4

解析:潮信资料常用来计算潮汐,包括平均大(小)潮升、平均高(低)潮间隙和平均海面。

78.【D】**知识点:海图编辑设计**

出处:《测绘综合能力体系和题解(上、下册)》4.3.1

解析:海图三要素包括数学要素、地理要素和辅助要素。

79.【B】**知识点:深度基准**

出处:《测绘综合能力体系和题解(上、下册)》4.2.1

解析:水尺前方应无沙滩阻隔,海水可自由流通,低潮时不干出,能充分反映当地海区的潮汐情况。规范要求水尺在低潮时不干出,即要求水尺零点低于最低潮面。

80.【D】**知识点:海洋控制测量**

出处:《测绘综合能力体系和题解(上、下册)》4.2.3

解析:海控一、二级点布测主要采用 GPS 测量、导线测量和三角测量等方法。目前 GPS 应用很广泛,主要采用 GPS 测量法进行控制测量。

二、多项选择题

81.【ABCD】**知识点:GNSS 控制网设计**

出处:《测绘综合能力体系和题解(上、下册)》3.9.2

解析:GNSS 控制网技术设计要考虑应用范围、分级方式、精度要求、起算数据等因素。

GPS 布设大地控制点时不需要通视,但在小区域工程测量时为了便于测量,有通视的要求。

82.【ABC】知识点:常见坐标系统

出处:《测绘综合能力体系和题解(上、下册)》3.2.4

解析: CGCS 2000 是使 CGCS 2000 框架与 ITRF 1997 框架重合,通过 GPS A、B 级网,总参测绘局布设的 GPS 一、二级网,中国地壳运动观测网三个空间网,在 ITRF 1997 框架下联合平差,计算基准站点在历元 2000.0 下的坐标和速度场。

83.【BE】知识点:水准测量概述

出处:《测绘综合能力体系和题解(上、下册)》3.10.1

解析: 目前精密的大范围高程控制网只能采用水准测量法建立,并需要联测重力进行相应的改正。考虑到一、二等高程控制网也需要进行跨河水准测量,选项 A、C 也应该选上。但考试时摸不清出题人的思路,建议只选 B、E。

84.【ABD】知识点:变形监测概述

出处:《测绘综合能力体系和题解(上、下册)》5.12.1

解析: 在变形监测中,工程出现以下情况需预警:变形量达到预警值或接近允许值;变形量或变形速率出现异常变化;变形体、周边建(构)筑物或地表出现裂缝快速扩大等异常变化。变形监测的变形量预警值通常取允许值的 75%。

85.【BCD】知识点:线路测量设计阶段的勘测

出处:《测绘综合能力体系和题解(上、下册)》5.7.2

解析: 线路定测是根据设计文件在现场进行勘测落实,为编制设计施工图提供所需的资料,内容主要包括纵、横断面测量,中线测量。

86.【ABD】知识点:垂直角观测

出处:《测绘综合能力体系和题解(上、下册)》3.7.5

解析: 三角高程测量是通过观测两点间的水平距离和天顶距(与垂直角互余)求两点间高差的方法。选项 C、E 影响水平角测量,因此选 A、B、D。

87.【ADE】知识点:变形监测实施

出处:《测绘综合能力体系和题解(上、下册)》5.12.3

解析: 垂直位移观测一般选用水准测量法。测站距离较长时可以采用液体静力水准测量法一站获得高程数据,建筑物楼顶等特殊情况也适合采用液体静力水准测量法。精度要求较低时,可以采用电磁波测距三角高程测量法,一般监测等级不高于三、四等。

88.【ACDE】知识点:像控点布设

出处:《测绘综合能力体系和题解(上、下册)》10.4.2

解析: 地形图航空摄影测量中地形的类别包括平地、丘陵地、山地、高山地。

89.【AB】知识点:空三概述

出处:《测绘综合能力体系和题解(上、下册)》10.6.1

解析: 空中三角测量是利用航摄像片与所摄目标之间的空间几何关系,根据少量像片控制点,计算待求点的平面位置、高程和航摄像片的外方位元素的测量方法。

90.【BC】知识点:空三测量实施

出处:《测绘综合能力体系和题解(上、下册)》10.6.4

解析：CCD：电荷耦合器件,数字航摄仪是通过电荷耦合器件把接收到的数字影像直接记录在磁盘上。

GPS：全球定位系统。

IMU：惯性测量装置。

LIDAR：激光雷达。

INSAR：雷达干涉测量。

POS 主要包括 GPS 信号接收机和惯性测量装置(IMU)两个部分,亦称 GPS/IMU 集成系统。

91.【ABD】知识点：**基本比例尺地形图编绘**

出处:《测绘综合能力体系和题解(上、下册)》11.3.3

解析:地形图更新方式有重测、修测、修编。

92.【ABCD】知识点：**系统总体设计**

出处:《测绘综合能力体系和题解(上、下册)》12.4.2

解析:地理信息系统输出产品包括矢量绘图、栅格绘图、报表输出、数据导出、统计制图、专题制图及三维动态模拟和显示等。

93.【ACD】知识点：**电子地图**

出处:《测绘综合能力体系和题解(上、下册)》11.3.5

解析:电子地图设计的内容有界面设计、符号和注记设计、色彩设计。

94.【AC】知识点：**地理信息系统构成和功能**

出处:《测绘综合能力体系和题解(上、下册)》12.1.1、12.4.2

解析:数据库系统可在一定程度上减少数据冗余,数据具有权限管理,比文件系统封闭;数据库不能离开操作系统的支持;数据库系统具有数据独立性,数据独立性一般分为物理独立性与逻辑独立性两级,在数据系统中,数据的物理结构并不一定与逻辑结构一致。

95.【ABCD】知识点：**系统总体设计**

出处:《测绘综合能力体系和题解(上、下册)》12.4.2

解析:数据字典包括以下主要内容：名称、层名、层元素性质、拓扑关系、属性表、关联属性项、关联字段、文件位置、要素类型、操作限制、元数据文件或表名、备注。

96.【BCDE】知识点：**地籍界址点测量**

出处:《测绘综合能力体系和题解(上、下册)》7.3.2

解析:界址点测量方法包括解析法和图解法。解析法是采用全站仪通过全野外测量技术获取界址点坐标的方法,主要有极坐标法、正交法、截距法、距离和角度交会法、GNSS 法等。图解界址点坐标不能用于放样实地界址。

97.【AD】知识点：**边界协议书附图**

出处:《测绘综合能力体系和题解(上、下册)》8.4

解析:边界协议书附图集是由边界协议书附图和界桩成果表集合而成的矢量带状地图集,包括封面、封底、版权页、示意图、图例、图幅接合表、边界协议书附图、编制说明、界桩坐标表等。

98. 【ABCD】知识点:**房屋调查**

出处:《测绘综合能力体系和题解(上、下册)》6.2.2

解析:房产所有权人对自己的不动产或者动产依法享有占有、使用、收益和处分的权利。

99. 【ABD】知识点:**水深测量**

出处:《测绘综合能力体系和题解(上、下册)》4.2.6

解析:水深测量的方法包括单波束测量、多波束测量、机载激光测深、测深杆、测深锤等。旁侧声呐可以测量深度,但一般用于扫海测量;磁力仪用于海洋磁力异常测量。

100. 【CE】知识点:**水深测量**

出处:《测绘综合能力体系和题解(上、下册)》4.2.6

解析:主测深线方向应与等深线总方向垂直,在狭窄的航道、锯齿形海岸等处,应与水流轴线成45°。在岬角、小岛等处,测深线应呈螺旋线、平行圈、辐射线。

实际上辐射线呈现的是多种角度,严谨来说测线布设角度有很多可能,但在考试中还是谨慎为宜。

15.2 2012 年注册测绘师综合能力试题及解析

15.2.1 综合能力试题

一、单项选择题(共 80 题,每题 1 分。每题的备选项中,只有 1 个最符合题意)

1. 选取 GPS 连续运行参考站时,视场内障碍物的高度角一般不超过( )。
   A. 5°　　　　　B. 10°　　　　　C. 15°　　　　　D. 20°

2. 某 GPS 网同步观测一个时段,共得到 6 条基线边,则使用的 GPS 接收机台数为( )台。
   A. 3　　　　　B. 4　　　　　C. 5　　　　　D. 6

3. 某地区最大冻土深度为 1.2 m,埋设 B 级 GPS 点土层天线墩需要的挖坑深度为( )m。
   A. 1.7　　　　　B. 1.8　　　　　C. 1.9　　　　　D. 2.0

4. 某观测员用基座安置 GPS 天线,分 3 个互为120°的位置量取天线高,读数分别为 0.073、0.074、0.076,此时对天线高的正确处理方法是( )。
   A. 取中数 0.074 3 作为天线高
   B. 取中数 0.074 作为天线高
   C. 重新选择 3 个位置量取天线高
   D. 重新整平仪器量取天线高

5. 通常所说的海拔高指( )。
   A. 大地高　　　B. 正常高　　　C. 正高　　　D. 比高

6. 一个晴朗的夏日,某一等水准面在北京地区观测,测段进行一半时,已经接近上午十点,此时观测组应( )。
   A. 继续观测
   B. 打伞观测

C. 打间歇
D. 到下一个水准点结束观测

7. 采用数字水准仪进行二等水准观测,仪器设置完成后,起测的第一站前后视距分别为50 m、48 m,后尺读数为 1.542 88 m,前尺读数为 0.542 88 m,仪器显示超限,其原因是(   )超限。

A. 视线长度　　　　B. 前后视距差　　　　C. 前后视距累计差　　D. 视线高度

8. 在水准测量中,若后视点读数大于前视点读数,则前后视点的高度关系是(   )。

A. 前后视点的高度取决于仪器高
B. 前后视点等高
C. 后视点比前视点高
D. 后视点比前视点低

9. 在重力测量中,段差指相邻两个点间的(   )差值。

A. 距离　　　　　　B. 高程　　　　　　C. 重力　　　　　　D. 坐标

10. 中国沿海地区深度基准目前采用的是(   )。

A. 当地平均海面　　B. 海洋大地水准面　　C. 平均大地高潮面　　D. 理论最低潮面

11. 现行的《海道测量规范》规定,可直接用于测图比例尺为 1∶2 000 的水深测量的平面控制点是(   )。

A. 海控一级点　　　B. 测图点　　　　　　C. 海控二级点　　　D. 图根点

12. 航海图分幅时,图内海陆面积比例要适当,一般情况下,陆地面积不宜大于图幅总面积的(   )。

A. 1/2　　　　　　B. 1/3　　　　　　　C. 1/4　　　　　　D. 1/5

13. 现行的《工程测量规范》规定,利用导线测量建立工程平面控制网时,导线网中结点与结点、结点与高级点之间的导线长度不应大于相应等级导线长度的(   )倍。

A. 0.3　　　　　　B. 0.5　　　　　　　C. 0.7　　　　　　D. 1

14. 某丘陵地区工程测量项目,采用 GPS 拟合高程测量法建立五等高程控制网。按技术设计,将联测四等水准点 5 个,新设 GPS 高程点 15 个。根据现行的《工程测量规范》,对 GPS 点的拟合高程成果应进行检测,检测点数不应少于(   )个。

A. 2　　　　　　　B. 3　　　　　　　　C. 4　　　　　　　D. 5

15. 某工程控制网点的误差椭圆长半轴、短半轴长度分别为 8 mm 和 6 mm,则该点的平面点位中误差为(   )mm。

A. ±8　　　　　　B. ±10　　　　　　　C. ±12　　　　　　D. ±14

16. 现行的《工程测量规范》规定,在现状地形测量中,工矿区一般建(构)筑物的坐标点的点位中误差不应大于(   )cm。

A. ±2　　　　　　B. ±3　　　　　　　C. ±5　　　　　　D. ±7

17. 现行的《工程测量规范》规定,测绘 1∶1 000 水下地形图采用 GPS-RTK 方法进行平面定位时,流动站相对于基准站的作业半径不得超过(   )km。

A. 5　　　　　　　B. 10　　　　　　　　C. 15　　　　　　　D. 20

18. 建筑物施工控制网坐标轴方向选择的基本要求是(   )。

A. 与国家统一坐标系方向一致
B. 与所在城市地方坐标系方向一致
C. 与设计所用的主副轴线方向一致
D. 与正北、正东方向一致

19. 某地下管线测量项目共探查隐蔽管线点 565 个,根据现行的《工程测量规范》,采用开挖验证法进行质量检查,开挖验证的点数至少为(　　)个。

    A. 3　　　　　　　　B. 4　　　　　　　　C. 5　　　　　　　　D. 6

20. 利用全站仪在某测站进行水平角观测,当下半测回零方向的 2C 互差超限时,正确的处理方式是(　　)。

    A. 重测下半测回　　B. 重测零方向　　C. 重测该测回　　D. 重测该测站

21. 现行的《工程测量规范》规定,线路定测放线测量前,应对初测高程控制点进行检测,检测点的比例应达到(　　)。

    A. 0.05　　　　　　B. 0.1　　　　　　C. 0.5　　　　　　D. 1

22. 下列测绘工作中,属于新建公路工程初测的是(　　)。

    A. 中线测量　　　　B. 纵横断面测量　　C. 曲线测量　　　　D. 带状地形图测绘

23. 在建筑物沉降观测中,确定观测点布设位置应重点考虑的是(　　)。

    A. 能反映建筑物的沉降特征　　　　　　B. 能保证相邻点间的通视

    C. 能不受日照变形的影响　　　　　　　D. 能同时用于测定水平位移

24. 对变形测量成果进行原因解释的目的是确定(　　)之间的关系。

    A. 变形与变形原因　　　　　　　　　　B. 变形量与变形速度

    C. 变形点与基准点　　　　　　　　　　D. 变形与观测方法

25. 下列测量方法中,最适合测定高层建筑物日照变形的是(　　)。

    A. 实时动态 GPS 测量方法　　　　　　B. 激光准直测量方法

    C. 液体静力水准测量方法　　　　　　　D. 合成孔径雷达干涉测量方法

26. 利用高精度全站仪进行精密工程测量时,为获得高精度的方向观测值,应当特别注意减弱(　　)误差的影响。

    A. 天顶距测量　　　B. 距离测量　　　　C. 仪器对中　　　　D. 垂直折光

27. 土地权属调查的基本单元是(　　)。

    A. 房屋　　　　　　B. 产权人　　　　　C. 宗地　　　　　　D. 街区

28. 采用独立坐标系统建立地籍控制网,其坐标系统应与(　　)坐标系统建立联系。

    A. 国际　　　　　　B. 国家　　　　　　C. 独立　　　　　　D. 任意

29. 在城镇土地调查中,对难以调解处理的争议土地和未确定使用权的土地,可仅调查(　　)。

    A. 使用权人　　　　B. 土地面积　　　　C. 土地地类　　　　D. 争议原由

30. 产权人甲、乙共用一宗面积为 $300\ m^2$ 的土地,无独自使用院落。甲、乙分别拥有的独立建筑物面积为 $100\ m^2$、$100\ m^2$,建筑物的占地面积分别为 $100\ m^2$、$50\ m^2$,则乙拥有的土地面积权益为(　　)m^2。

    A. 75　　　　　　　B. 100　　　　　　C. 125　　　　　　D. 150

31. 地籍图上相邻地物点间距中误差不得大于图上(　　)mm。

    A. ±0.1　　　　　　B. ±0.2　　　　　　C. ±0.3　　　　　　D. ±0.4

32. 一宗地分割为数宗地后,各分割宗地面积之和与原宗地面积的差值在规定的限差内时,差值按(　　)配赋。

    A. 各分割宗地平均　　　　　　　　　　B. 各分割宗地价值的比例

C. 各分割宗地面积的比例　　　　　　D. 地籍管理部门的要求

33. 我国土地证附图是(　　)。

    A. 宗地图　　　　　B. 地籍图　　　　　C. 地形图　　　　　D. 地调底图

34. 某省级行政区域界线测绘所用边界地形图比例尺为 1:50 000,根据现行的《行政区域界线测绘规范》,界桩点平面位置中误差一般不应大于(　　)m。

    A. ±2.5　　　　　B. ±5.0　　　　　C. ±7.5　　　　　D. ±10.0

35. 某县级行政区域界线位于地物稠密地区,根据现行的《行政区域界线测绘规范》,边界协议书附图的比例尺宜选(　　)。

    A. 1:5 000　　　　B. 1:10 000　　　C. 1:25 000　　　D. 1:50 000

36. 某基于 1:10 000 比例尺地形图的行政区域界线测绘项目采用光电测距附合导线测量法测定界桩点的平面坐标。该导线全长 15 km,共有 15 条边,根据现行的《行政区域界线测绘规范》,其方位角闭合差不应超过(　　)。

    A. ±60″　　　　　B. ±80″　　　　　C. ±100″　　　　D. ±120″

37. 下列测量工作中,不属于房产测绘工作的内容的是(　　)。

    A. 控制测量　　　B. 变更测量　　　C. 界址测量　　　D. 竣工测量

38. 房产平面控制测量末级相邻基本控制点的相对点位中误差不超过(　　)cm。

    A. ±1.5　　　　　B. ±2.0　　　　　C. ±2.5　　　　　D. ±3.0

39. 在房屋附属设施测量中,柱廊的测量应以(　　)为准。

    A. 顶盖投影　　　B. 中心线　　　　C. 柱外围　　　　D. 基座

40. 有套房屋登记建筑面积为 120 m²,共有面积分摊系数为 0.200,则该套房屋的套内建筑面积为(　　)m²。

    A. 96　　　　　　B. 100　　　　　　C. 140　　　　　　D. 144

41. 某宗地内共有登记房屋 36 幢,若幢号为 35、36 的两幢房屋进行房产合并,则合并后的房产幢号为(　　)。

    A. 35　　　　　　B. 36　　　　　　C. 37　　　　　　D. 35−1

42. 用于权属登记的房产测绘成果备案时,下列内容中,房地产行政主管部门不需审核的是(　　)。

    A. 界址点准确性　　　　　　　　　　B. 面积测算的方法和依据

    C. 测绘单位的资格　　　　　　　　　D. 面积计算的结果是否正确

43. 现行的《房产测量规范》规定,一级房屋房产面积测算限差的计算公式为(　　)。

    A. $\pm(0.02\sqrt{S}+0.000\,6S)$　　　　　　B. $\pm(0.01\sqrt{S}+0.000\,6S)$

    C. $\pm(0.02\sqrt{S}+0.000\,1S)$　　　　　　D. $\pm(0.01\sqrt{S}+0.000\,2S)$

44. 根据《数字航摄仪检定规程》,检定场应满足不少于 2 条航线,每条航线最少曝光(　　)次的条件。

    A. 10　　　　　　B. 11　　　　　　C. 12　　　　　　D. 13

45. 对 18 cm×18 cm 的像片进行建模时,如要求航向重叠度为 60%,则该像对的基线长度为(　　)cm。

    A. 7.2　　　　　　B. 9.0　　　　　　C. 10.0　　　　　　D. 12.0

46. 根据《无人机航摄安全作业基本要求》,无人机飞行高度应高于摄区内最高点(   )m以上。

    A. 50   B. 100   C. 150   D. 200

47. 摄影测量共线方程是按照摄影中心、像点和对应的(   )三点位于一条直线上的几何条件构建的。

    A. 像控点   B. 模型点   C. 地面点   D. 定向点

48. 数字摄影测量中与影像相关的重要任务是寻找像对左、右数字影像中的(   )。

    A. 同名点   B. 共面点   C. 地面点   D. 视差点

49. 航摄比例尺 S 的计算公式为(   )。

    A. $S = $ 摄影机主距 / 相对航高   B. $S = $ 摄影机焦距 / 相对航高

    C. $S = $ 摄影机主距 / 绝对航高   D. $S = $ 摄影机焦距 / 绝对航高

50. 在遥感影像计算机解译中,监督分类的重要环节是(   )。

    A. 合并   B. 控制   C. 检查   D. 训练

51. 摄影测量内定向是恢复像片的(   )的作业过程。

    A. 像点坐标   B. 内方位元素   C. 外方位元素   D. 图像坐标

52. 在航外控制测量过程中,要求在现场用刺点针把目标点刺在主像片上,刺孔要为小圆圈,刺孔直径不得大于(   )mm。

    A. 0.1   B. 0.15   C. 0.2   D. 0.25

53. 现行的《遥感影像平面图制作规范》规定,地物点平面位置中误差在平地和丘陵地不得大于图上(   )mm。

    A. ±0.50   B. ±0.75   C. ±1.00   D. ±1.50

54. 采用航摄法生产数字地形图时,若采用全野外布点法,无须进行的作业步骤是(   )。

    A. 像控点测量   B. 数据采集   C. 数据编辑   D. 空中三角测量

55. 数字正射影像图的地面分辨率在一般情况下应不大于(   )M 图(M 图为成图比例尺分母)。

    A. 0.000 5   B. 0.01   C. 0.001   D. 0.000 1

56. 根据影像特征的差异可以识别和区分不同的地物,判断出地物的性质、类型或状况,这些典型的影像特征称为(   )。

    A. 判读特征   B. 解译区域   C. 判读标志   D. 解译标志

57. 航空摄影采用的投影为(   )。

    A. 中心投影   B. 正射投影   C. 圆锥投影   D. 高斯投影

58. 数字航摄影像的分辨率通常是(   )。

    A. 每毫米的线对数   B. 每平方厘米的点数

    C. 每平方厘米的像素个数   D. 每个像素的实地尺寸

59. 空中三角测量是利用航摄像片所摄目标之间的空间几何关系计算待求点的平面位置、高程和(   )的测量方法。

    A. 内方位元素   B. 外方位元素   C. 像框坐标   D. 像点坐标

60. 现行的《1:500、1:1 000、1:2 000 地形图航空摄影测量内业规范》规定,丘陵地 1:

2 000 地形图基本等高距为(　　)m。

 A. 0.5   B. 1.0   C. 1.5   D. 2.0

61. 在地图编制中,确定地图比例尺不需要考虑的因素是(　　)。

 A. 制图区域要素密度   B. 制图区域范围大小

 C. 地图需要的精度   D. 地图设计的规格

62. 关于中小比例尺地图道路要素编绘的说法中,错误的是(　　)。

 A. 由高级到低级优先选取重要道路

 B. 保持道路绝对位置准确

 C. 道路的选取表示要与居民地的选取表示相适应

 D. 保持道路网平面图形的特征

63. 经可视化处理在屏幕上显示的数字地图被称为(　　)。

 A. 矢量地图   B. 栅格地图   C. 电子地图   D. 模拟地图

64. 下列资料中,不作为普通地图集编绘质量控制依据的是(　　)。

 A. 引用文件   B. 使用资料   C. 设计文件   D. 行业规范

65. 下列设计内容中,不属于 GIS 数据库设计的是(　　)。

 A. 概念设计   B. 界面设计   C. 逻辑设计   D. 物理设计

66. 与 CAD 制图系统相比,GIS 系统特有的功能是(　　)。

 A. 图形处理   B. 输入输出   C. 存储与管理   D. 空间分析

67. 按照现行的《基础地理信息标准数据基本规定》,1∶10 000 基础地理信息地图投影方式采用(　　)。

 A. 正轴等角割圆锥投影   B. 通用墨卡托投影

 C. 等距离圆锥投影   D. 高斯-克吕格投影

68. 道路拓宽时,计算道路拆迁指标采用的空间分析方法是(　　)。

 A. 缓冲区分析   B. 包含分析   C. 网络分析   D. 最短路径分析

69. 在 GIS 数据检查中,利用拓扑关系规则可进行(　　)检查。

 A. 空间数据精度分析   B. 空间数据关系

 C. 属性数据逻辑性   D. 属性数据完整性

70. 下列地理信息系统测试中,不应由开发方进行的是(　　)。

 A. 单元测试   B. 集成测试   C. 黑盒测试   D. 确认测试

71. 下列模型中,不属于数据库模型的是(　　)。

 A. 关系模型   B. 层次模型   C. 实体关系模型   D. 面向对象模型

72. 下列测试项目中,属于 GIS 性能测试项目的是(　　)。

 A. 多边形闭合性   B. 运行正确性   C. 数据完整性   D. 数据现势性

73. 下列关于 GIS 开发模式的说法中,错误的是(　　)。

 A. B/S 模式具有分布性服务便捷的特点

 B. C/S 模式使用专门开发的客户端软件访问服务器

 C. B/S 模式的所有业务处理都在服务器上进行

 D. C/S 模式的系统维护与升级只需在服务器上进行

74. 利用影像资料更新1:10 000地形图数据时,影像的地面分辨率不得低于(　　)m。

　　A. 1.0　　　　　　B. 2.5　　　　　　C. 5.0　　　　　　D. 10.0

75. 根据《基础地理信息城市数据库建设规范》,下列规格的格网中,满足城市DEM格网大小要求的是(　　)。

　　A. 10 m×10 m　　B. 20 m×20 m　　C. 30 m×30 m　　D. 50 m×50 m

76. 下列基础地理信息数据检查项中,属于元数据检查项的是(　　)。

　　A. 属性正确性　　B. 数据生产者　　C. 属性完整性　　D. 数据使用者

77. 下列数据中,不属于导航电子地图数据的是(　　)。

　　A. 地形地貌数据　　B. 道路数据　　C. 行政境界数据　　D. 兴趣点数据

78. 根据现行的《导航电子地图安全处理技术基本要求》,下列地理空间信息中,导航电子地图编制不得采集的是(　　)。

　　A. 门牌地址　　　B. 渡口位置　　　C. 绿化带位置　　D. 行政区划界线

79. 网络地理信息服务的标准主要是(　　)。

　　A. 数据标准、服务标准及应用标准　　　　B. 数据标准、软件标准及硬件标准

　　C. 网络标准、软件标准及硬件标准　　　　D. 网络标准、服务标准及应用标准

80. 现行的《遥感影像公开使用管理规定(试行)》规定,公众版网络地理信息服务数据的影像分辨率不得优于(　　)m。

　　A. 0.5　　　　　　B. 1.0　　　　　　C. 2.5　　　　　　D. 5.0

二、多项选择题(共20题,每题2分。每题的备选项中,有2个或2个以上符合题意,至少有1个错项。错选,本题不得分;少选,所选的每个选项得0.5分)

81. 下列关于2000国家大地坐标系定义的描述中,正确的有(　　)。

　　A. 地心坐标系

　　B. 原点为包括海洋和大气的整个地球的质量中心

　　C. Z轴由原点指向历元2000.0的地球磁极方向

　　D. X轴由原点指向格林尼治参考子午线与地球赤道面(历元2000.0)的交点

　　E. Y轴与Z轴、X轴构成右手正交坐标系

82. GPS观测成果的外业检核主要有(　　)。

　　A. 各时间段的同步观测数据检核　　　　　　B. 各时间段的较差检核

　　C. 同步环检核　　　　D. 异步环检核　　　　E. 重复设站检核

83. 二等水准观测可采用尺垫作为转点尺承的水准路线场地有(　　)。

　　A. 水泥路　　　　　B. 草地　　　　　　C. 砂石路

　　D. 斜坡　　　　　　E. 坚实的土路

84. 使用测深仪时,应测定仪器的总改正数。总改正数为(　　)改正数的代数和。

　　A. 水位　　　　　　B. 转速　　　　　　C. 声速

　　D. 吃水　　　　　　E. 基线

85. 利用GPS-RTK测量1:1 000地形图时,在基准站需要做的工作包括(　　)。

　　A. 接收机天线对中整平　　　　B. 输入基准站坐标、天线高等参数

　　C. 选择接收机测量精度　　　　D. 正确连接天线电缆

E. 选择电台频率

86. 在桥梁施工控制测量数据处理中,导线测量的边长斜距须经( )后才能进行水平距离计算。

    A. 测距仪固定常数改正　　　B. 测距仪加常数改正　　　C. 测距仪周期数改正

    D. 测距仪乘常数改正　　　E. 气象改正

87. 在隧道工程测量中,竖井联系测量的平面控制方法有( )。

    A. GPS-RTK 测量法　　　B. 陀螺经纬仪定向法　　　C. 激光准直投点法

    D. 悬挂钢尺法　　　E. 联系三角形法

88. 下列测量对象中,属于地籍要素测量的有( )。

    A. 建筑物　　　　　　　　　　　　　　　　　　　　B. 永久性构筑物

    C. 为地上建筑物服务的地下管线　　　　　　　　D. 行政区域界线

    E. 地类界线

89. 下列资料中,属于地籍调查成果的有( )。

    A. 地籍平面控制测量原始记录　　　B. 面积量算原始记录

    C. 地籍图分幅接合表　　　D. 土地利用现状分类和编码表

    E. 地籍图图式

90. 当界桩点对边界走向影响较大且容易被破坏时,为便于寻找确定界桩点可设方位物,方位物的设立和测定的主要要求有( )。

    A. 方位物应有利于判定界桩点的位置　B. 方位物必须明显、固定、不易被破坏

    C. 方位物不能选择大的物体　　　D. 每个界桩点的方位物不少于 2 个

    E. 界桩点与方位物的距离一般应实测

91. 计算房产面积时,下列部位中可被各专有部位分摊的有( )。

    A. 建筑物内的公共楼梯　　　B. 建筑物内的市政配电间

    C. 建筑物内的消防水池　　　D. 建筑物内的地下室人防工程

    E. 建筑物楼顶的电梯机房

92. 区域网空中三角测量上交成果包括( )。

    A. 控制像片　　　B. 测绘像片　　　C. 观测手簿

    D. 电算手簿　　　E. 技术总结

93. 1∶50 000 地形图境界调绘包括( )。

    A. 国界调绘　　　B. 省界调绘　　　C. 县界调绘

    D. 乡镇界调绘　　　E. 村组界调绘

94. 遥感图像的分辨率按特征分为( )。

    A. 影像分辨率　　　B. 像素分辨率　　　C. 地面分辨率

    D. 光谱分辨率　　　E. 时间分辨率

95. 航测像片调绘的方法有( )。

    A. 室内判调法　　　B. 全野外调绘法　　　C. 室内外综合调绘法

    D. 计算机辅助调绘法　　　E. GPS 辅助调绘法

96. 普通地图集设计的主要内容有( )。

A. 开本、分幅与整饰设计　　　　　　B. 内容与编排设计

C. 投影选择与比例尺设计　　　　　　D. 表示方法、图例与图面配置设计

E. 专题要素分类设计

97. 设计普通地图时,一般需要考虑的因素有(　　)。

A. 满足地图用途　　　　　　　　　　B. 保证制图精度

C. 反映制图区域的地理特征　　　　　D. 突出表示水系

E. 图面清晰易读

98. 地理信息工程需求分析的主要内容包括(　　)。

A. 系统现状调查　　　　B. 系统目标和任务确定　　　　C. 系统可行性分析

D. 系统数据库设计　　　　E. 需求分析报告撰写

99. 下列地理信息开发过程中,属于设计过程的有(　　)。

A. 需求调查分析　　　　B. 系统总体设计　　　　　　　C. 系统详细设计

D. 系统开发与集成　　　　E. 系统测试

100. 地理信息系统日常维护工作主要包括(　　)。

A. 改正性维护　　　　B. 适应性维护　　　　　　　　　C. 完善性维护

D. 应急性维护　　　　E. 预防性维护

15.2.2 答案及解析

一、单项选择题

1.【B】知识点:CORS 建设

出处:《测绘综合能力体系和题解(上、下册)》3.8.2

解析:连续运行参考站选址的环境条件包括具有 $10°$ 以上地平高度角卫星通视条件,困难地区可放宽至 $25°$。

2.【B】知识点:GNSS 控制网设计

出处:《测绘综合能力体系和题解(上、下册)》3.9.2

解析:如果 GNSS 网由 3 台以上接收机构成,则同步观测可以形成的基线总数 $J = N(N-1)/2$,本题仪器数 $N = 4$。

3.【C】知识点:GNSS 控制测量选址埋石

出处:GB/T 18314—2009《全球定位系统(GPS)测量规范》

解析:见测量规范。

4.【D】知识点:GNSS 控制网观测实施

出处:《测绘综合能力体系和题解(上、下册)》3.9.5

解析:用基座架设 GNSS 接收机时,每时段在观测前后分别量取天线高(围绕接收机每隔 $120°$ 量取一次),取至 $1\,\text{mm}$,两次测量高差应小于 $3\,\text{mm}$。该题测量高差达到了 $3\,\text{mm}$,所以要重新整平。

5.【C】知识点:高程系统

出处:《测绘综合能力体系和题解(上、下册)》3.4.1

解析:由正高和正常高的概念可知两者是同一个概念的理论值和实际应用值。海拔在

理论表述的时候应采用正高,如实际应用显然应采用正常高。一般对海拔的定义都属于理论上的表述,应为正高。

6.【C】知识点:**水准观测要求**

出处:《测绘综合能力体系和题解(上、下册)》3.10.5

解析:一、二等水准面在正午前后两小时不适合观测,故应打间歇。观测间歇时最好在水准点上结束,否则应在最后一站选择两个坚稳、可靠的固定点作为间歇点。

7.【D】知识点:**水准观测要求**

出处:《测绘综合能力体系和题解(上、下册)》3.10.5

解析:数字水准仪设置参数后即完成了高等级水准观测的外业所需要控制的各项误差值的设置,一旦在观测过程中有超限值出现仪器就会自动报警,并且不会记录超限数据。本题中前后视距差(规定不大于 1.5 m)与视线高度(规定不小于 0.55 m)都超限,题目有误。

8.【D】知识点:**水准测量概述**

出处:《测绘综合能力体系和题解(上、下册)》3.10.1

解析:水准测量是依据前后视水平视线相等来求读数差,从而获得高差。

9.【C】知识点:**重力测量概述**

出处:《测绘综合能力体系和题解(上、下册)》3.11.1

解析:段差指相邻重力点之间重力的差值。

10.【D】知识点:**深度基准**

出处:《测绘综合能力体系和题解(上、下册)》4.2.1

解析:海洋测量深度基准采用理论最低潮面,深度基准面的高度从当地平均海面起算,且与国家高程基准联测。

11.【A】知识点:**海洋控制测量**

出处:《测绘综合能力体系和题解(上、下册)》4.2.3

解析:比例尺大于 1:5 000 时海控一级点 H_1 可以直接用来测图。

12.【B】知识点:**海图编辑设计**

出处:《测绘综合能力体系和题解(上、下册)》4.3.1

解析:海图一般根据制图区域的情况自由分幅,陆域面积不宜大于图幅总面积的 1/3。

13.【C】知识点:**工程控制网施测**

出处:《测绘综合能力体系和题解(上、下册)》5.2.3

解析:导线网中结点之间的导线长度不应大于相应等级导线长度的 0.7 倍。

14.【B】知识点:**工程控制网施测**

出处:《测绘综合能力体系和题解(上、下册)》5.2.3

解析:对 GPS 点的拟合高程成果应进行检测,检测点数不应少于全部高程点的 10% 且不少于 3 个。

15.【B】知识点:**误差理论与处理**

出处:《测绘综合能力体系和题解(上、下册)》2.2.2

解析:平面点位中误差为误差椭圆长半轴、短半轴长度的矢量和。

16.【D】知识点：工程测图技术设计

出处：《测绘综合能力体系和题解(上、下册)》5.3.2

解析：工矿区一般建(构)筑物的坐标点的点位中误差不应大于±7 cm。

17.【D】知识点：工程测图实施方法

出处：《测绘综合能力体系和题解(上、下册)》5.3.3

解析：参考站的有效作业半径不得超过 10 km。用于水下地形图测绘时,流动站相对于参考站的作业半径可放宽到 20 km。

18.【C】知识点：高层建筑施工实施

出处：《测绘综合能力体系和题解(上、下册)》5.5.2

解析：建筑工程施工控制网通常布设为施工坐标系下的独立网,一般布设为坐标轴与建筑物平行的方格控制网。建筑物占地不大、结构简单时可采用建筑基线法。

19.【D】知识点：地下管线测量质量检查和成果归档

出处：《测绘综合能力体系和题解(上、下册)》5.10.4

解析：明显管线点和隐蔽管线点分别随机抽取各自总数的5%进行重复探测,检查管线的属性调查质量和数学精度,再随机抽取隐蔽管线点总数的1%开挖验证,且不应少于 3 个检查点。

20.【C】知识点：水平角测量

出处：《测绘综合能力体系和题解(上、下册)》3.7.4

解析：在一测回中,如重测方向超过(含)所测方向总数的1/3,应重测全部测回;零方向超限时,需重测全部测回;在一个测站中,若基本测回重测的方向测回数超过(含)方向测回总数的1/3,则该份成果全部重测;重测时必须联测零方向;因三角形闭合差、极校验、基线条件和方位角条件闭合差超限重测时,应重测整份成果。

21.【D】知识点：线路测量设计阶段的勘测

出处：《测绘综合能力体系和题解(上、下册)》5.7.2

解析：在定测作业前应逐一检查初测高程点。

22.【D】知识点：线路测量设计阶段的勘测

出处：《测绘综合能力体系和题解(上、下册)》5.7.2

解析：初测指为线路设计服务,提供编制初步设计文件所需的资料。初测的内容包括插大旗平面和高程控制测量以及带状地形图测绘。

23.【A】知识点：监测控制网布设

出处：《测绘综合能力体系和题解(上、下册)》5.12.2

解析：变形观测点布设在变形体上能反映变形特征的敏感位置。

24.【A】知识点：变形监测数据处理分析

出处：《测绘综合能力体系和题解(上、下册)》5.12.4

解析：变形监测物理解释是为了确定变形体的变形与变形原因之间的关系,解释变形原因。

25.【A】知识点：变形监测实施

出处：《测绘综合能力体系和题解(上、下册)》5.12.3

解析：动态变形监测测量变形体在日照、风荷、振动等动载荷作用下产生的变形,可采用实时动态 GNSS 测量、近景摄影测量、三维激光扫描等方法。

26.【C】**知识点：精密测量设计和实施**

出处：《测绘综合能力体系和题解(上、下册)》5.13.2

解析：精密角度测量采用高精度经纬仪、全站仪(徕卡 TPS2000 全站仪,一测回方向标准差 0.5″)、电子经纬仪(TM5100A 电子经纬仪),此外需减弱对中误差、目标偏心差、照准误差、竖轴倾斜误差、环境影响等因素的影响。

27.【C】**知识点：地籍调查单元**

出处：《测绘综合能力体系和题解(上、下册)》7.2.1

解析：地籍调查单元是宗地,即土地权属界线封闭的地块或空间。

28.【B】**知识点：地籍控制测量**

出处：《测绘综合能力体系和题解(上、下册)》7.3.1

解析：地籍控制测量坐标系统尽量采用 2000 国家大地坐标系统。采用其他坐标系统的需要与国家统一坐标系统建立联系。

29.【C】**知识点：土地权属调查**

出处：《测绘综合能力体系和题解(上、下册)》7.2.2

解析：在城镇土地调查中,对难以调解处理的争议土地和未确定使用权的土地,可仅调查土地地类。

30.【C】**知识点：地籍量算方法**

出处：《测绘综合能力体系和题解(上、下册)》7.5.1

解析：分摊土地面积时,先分摊基地面积,再分摊公共面积。乙的土地面积权益＝100＋50/2＝125 m²。

31.【D】**知识点：地籍图测绘方法**

出处：《测绘综合能力体系和题解(上、下册)》7.4.2

解析：地籍图上相邻地物点间距中误差不得大于图上±0.4 mm,地物点间距一般是同测站采集的地物点相对精度,比地物点相对于控制点的精度略高。

32.【C】**知识点：日常地籍测量**

出处：《测绘综合能力体系和题解(上、下册)》7.6.2

解析：对宗地进行分割的,分割后宗地面积之和与原宗地面积的差值满足规定的限差要求的按比例配赋到变更后的宗地面积,如差值超限,应查明原因。

33.【A】**知识点：宗地图制作**

出处：《测绘综合能力体系和题解(上、下册)》7.4.3

解析：宗地图是土地证附图,具有法律效力。

34.【B】**知识点：界线测量概述**

出处：《测绘综合能力体系和题解(上、下册)》8.1

解析：界桩点平面位置中误差不应大于图上±0.1 mm,高程中误差不应大于1/10 基本等高距,困难地区可以放宽 0.5 倍。边界地形图比例尺为 1∶50 000,图上±0.1 mm 对应实地±5.0 m。

35.【A】知识点：界线测量概述

出处：《测绘综合能力体系和题解(上、下册)》8.1

解析：省级行政区域边界协议书附图的比例尺选用1∶5万和1∶10万,省级以下采用1∶1万,地物稀少地区可以适当缩小比例尺,地物稠密地区可以适当放大比例尺。

36.【B】知识点：边界测绘要求

出处：《测绘综合能力体系和题解(上、下册)》8.3

解析：方位角闭合差≤±20$\sqrt{15+1}$＝±80″,故选B。

37.【D】知识点：房产测绘概述

出处：《测绘综合能力体系和题解(上、下册)》6.1

解析：房产测绘的内容有房产平面控制测量,房产调查,房产要素测量,界址测量,房产图绘制,房产面积测算,变更测量,成果资料检查验收。

38.【C】知识点：房产测绘控制测量

出处：《测绘综合能力体系和题解(上、下册)》6.3.1

解析：房产平面控制测量的精度要求:最末等级房产基本控制网相邻控制点的相对点位中误差不大于±2.5 cm,最大误差不超过±5.0 cm。

39.【C】知识点：房产要素测绘

出处：《测绘综合能力体系和题解(上、下册)》6.3.2

解析：测量房屋附属设施时,柱廊测量以柱外围为准;檐廊、架空通廊测量以外轮廓水平投影为准;门廊测量以柱或围护物外围为准;独立柱的门廊测量以顶盖投影为准;挑廊测量以外轮廓投影为准。

40.【B】知识点：建筑面积分摊

出处：《测绘综合能力体系和题解(上、下册)》6.4.3

解析：分摊系数＝分摊面积总和/总的套内面积,每户分摊面积＝分摊系数×该户套内面积,该户建筑面积＝该户分摊面积＋该户套内面积。该套房屋的套内建筑面积＝120/(1＋0.200)＝100 m²。

41.【C】知识点：房产变更测量

出处：《测绘综合能力体系和题解(上、下册)》6.6

解析：合并或者分割后应重新编丘,新增丘号、丘支号、界址点、幢号应按最大号续编。

42.【D】知识点：房产测绘成果归档

出处：《测绘综合能力体系和题解(上、下册)》6.7.2

解析：房产主管部门备案主要审查测绘单位的资格、测绘成果适用性、界址点准确性和面积测算的依据和方法、其他当地房地产管理局规定的内容。房产主管部门主要审查房产测绘成果是否适用于办理本地区的房屋产权证,并审视成果格式与计算方法,至于房屋在测量过程中产生的误差和错误并不在房产主管部门的审查范围内。

43.【A】知识点：建筑面积分摊

出处：《测绘综合能力体系和题解(上、下册)》6.4.3

解析：见下表。

等级	房屋面积中误差	房屋面积误差的限差	适用范围
一级	$\pm(0.01\sqrt{S}+0.0003S)$	$\pm(0.02\sqrt{S}+0.0006S)$	特殊要求或黄金地段
二级	$\pm(0.02\sqrt{S}+0.001S)$	$\pm(0.04\sqrt{S}+0.002S)$	新建商品房
三级	$\pm(0.04\sqrt{S}+0.003S)$	$\pm(0.08\sqrt{S}+0.006S)$	其他普通房屋

44.【C】知识点：航摄仪检定

出处：《测绘综合能力体系和题解（上、下册）》9.2.2

解析：在航摄试验场检测时，每条航线应最少曝光 12 次，不少于 2 条航线。

45.【A】知识点：**航空摄影设计分析**

出处：《测绘综合能力体系和题解（上、下册）》9.3.1

解析：基线长度＝影像宽度×（1－航向重叠度）＝18×0.4＝7.2 cm。

46.【B】知识点：航空摄影新技术应用

出处：《测绘综合能力体系和题解（上、下册）》9.4.3

解析：无人机航摄在设计飞行高度时，应高于摄区内和航路上最高点 100 m 以上。

47.【C】知识点：影像定位

出处：《测绘综合能力体系和题解（上、下册）》10.2.2

解析：共线方程是中心投影的构像方程，其含义为摄影中心、像点、地面点三点一线。共线方程包含 1 个摄影仪主距、2 个像平面坐标元素 (x,y)、3 个地面坐标元素 (X,Y,Z) 以及 6 个像片外方位元素，一共由 12 个元素构成。

48.【A】知识点：影像定位

出处：《测绘综合能力体系和题解（上、下册）》10.2.2

解析：数字摄影测量采用立体影像匹配自动测量像点坐标。影像匹配是利用互相关函数评价左、右影像的相似性以确定同名点，包括基于特征和基于小区域影像灰度两类匹配，它的早期技术叫影像相关。

49.【A】知识点：航摄基本要求

出处：《测绘综合能力体系和题解（上、下册）》9.4.2

解析：摄影比例尺＝摄影机主距/相对航高＝像元大小/GSD。

50.【D】知识点：**遥感概述**

出处：《测绘综合能力体系和题解（上、下册）》10.2.3

解析：监督分类采用分类标准样板作为计算机分类训练的基准技术，是具有先验知识的分类方法。

51.【A】知识点：影像定位

出处：《测绘综合能力体系和题解（上、下册）》10.2.2

解析：内定向是从扫描坐标到像片坐标的仿射变换。不选 B 是因为内方位元素是检校得到的。

52.【A】知识点：像控点布设

出处：《测绘综合能力体系和题解（上、下册）》10.4.2

解析：在像片上选点后需要在像片上刺出点位。选点原则有：选用相邻影像最清晰的一张用于刺点,同一控制点只能刺于一张像片上,像片上只能有一个刺孔;刺点误差和刺孔直径不得大于 0.1 mm;国家等级平面和高程等级控制点都要刺点;像控点根据刺点的位置实地打桩以备后用。

53.【A】知识点:**像控点布设**

出处:《测绘综合能力体系和题解(上、下册)》10.4.2

解析:数字航摄成图时,地物点平面位置中误差在平地和丘陵地不得大于图上±0.50 mm。

54.【D】知识点:**航摄区域网**

出处:《测绘综合能力体系和题解(上、下册)》10.4.1

解析:布设空中三角网的目的是建立像片之间的连接关系,从而减少野外控制点。若采用全野外布点法则无须布设空中三角网。

55.【D】知识点:**DOM 概述**

出处:《测绘综合能力体系和题解(上、下册)》10.9.1

解析:DOM 地面分辨率不大于万分之一成图比例尺分母。

56.【D】知识点:**影像调绘**

出处:《测绘综合能力体系和题解(上、下册)》10.5.1

解析:影像判读是根据地物的光谱特性、成像规律、影像特征识别地物,判断出地物的类别和属性,其分为专业判读和地形判读,通过解译要素和解译标志来实现。

57.【A】知识点:**摄影设备和投影方式**

出处:《测绘综合能力体系和题解(上、下册)》10.1.2

解析:航空摄影采用的投影为中心投影,其比例尺随航高改变,会产生投影差影响。

58.【D】知识点:**遥感概述**

出处:《测绘综合能力体系和题解(上、下册)》10.2.3

解析:数字影像分辨率以地面分辨率表示,以米/像素为单位。地面采样间隔(GSD)指以地面距离表示的相邻像素中心的距离。

59.【B】知识点:**空三概述**

出处:《测绘综合能力体系和题解(上、下册)》10.6.1

解析:空中三角测量是利用航摄像片所摄目标之间的空间几何关系,根据少量像片控制点,计算待求点的平面位置、高程和像片外方位元素的测量方法。

60.【B】知识点:**像控点布设**

出处:《测绘综合能力体系和题解(上、下册)》10.4.2

解析:丘陵地 1∶2 000 地形图基本等高距为 1.0 m。

成图比例尺	平地/m	丘陵地/m	山地/m	高山地/m
1∶500	等高距0.5	等高距1.0	等高距1.0	等高距1.0
1∶1 000	等高距0.5或1.0	等高距1.0	等高距1.0	等高距2.0
1∶2 000	等高距1.0	等高距1.0	等高距2.0	等高距2.0

61.【A】知识点：**地图设计基础**

出处：《测绘综合能力体系和题解(上、下册)》11.2.1

解析：地图主比例尺的选择取决于制图区域大小、图纸规格、需要的精度等。

62.【B】知识点：**普通地图编绘**

出处：《测绘综合能力体系和题解(上、下册)》11.3.2

解析：地图综合时道路的选取原则：

(1) 按道路的等级自高级到低级进行选取。

(2) 道路的选取表示要与居民地的选取表示相适应。

(3) 保持道路网平面图形的特征和不同地区道路网的密度对比关系。

63.【C】知识点：**电子地图**

出处：《测绘综合能力体系和题解(上、下册)》11.3.5

解析：电子地图是以数字地图为基础,以多种媒体显示地图数据的可视化产品,是可视化的数字地图。

64.【D】知识点：**地图制图质量控制和成果归档**

出处：《测绘综合能力体系和题解(上、下册)》11.5

解析：地图编绘质量控制依据有地图编绘引用文件、地图编绘使用资料、地图设计文件。此处行业规范指的是专业标准,相对于专题要素,普通地图集具有全要素的特点。

65.【B】知识点：**系统总体设计**

出处：《测绘综合能力体系和题解(上、下册)》12.4.2

解析：数据库设计包括概念设计、逻辑设计、物理设计。选项 B 属于详细设计的内容,不属于数据库设计。

66.【D】知识点：**地理信息系统概述**

出处：《测绘综合能力体系和题解(上、下册)》12.1

解析：两者都能表达空间数据,都能处理非图形属性数据。CAD 的三维数据处理能力和属性库比较弱,采用几何坐标系,基本不具备空间分析能力;GIS 的属性库强,多采用大地坐标系,数据分析专业,空间处理能力强。

67.【D】知识点：**基本比例尺地形图编绘**

出处：《测绘综合能力体系和题解(上、下册)》11.3.3

解析：1∶1 万比例尺基础地理信息地图投影方式采用 3°带高斯-克吕格投影。

68.【A】知识点：**空间分析方法**

出处：《测绘综合能力体系和题解(上、下册)》12.3.2

解析：缓冲区分析以点、线、面实体为基础,自动建立其周围一定宽度范围内的缓冲区多边形图层,然后叠加该图层与目标图层,进行分析得到所需的结果。

69.【B】知识点：**空间关系**

出处：《测绘综合能力体系和题解(上、下册)》12.2.4

解析：空间拓扑关系描述空间实体之间的相对关系。

70.【C】知识点：**系统测试和调试**

出处：《测绘综合能力体系和题解(上、下册)》12.5.2

解析：系统测试的过程包括单元测试、集成测试和确认测试,都由开发方负责测试。选项 C 是测试方法,不一定所有黑盒测试后都由开发方负责测试,比如 β 测试。

71.【C】知识点：空间数据模型

出处：《测绘综合能力体系和题解(上、下册)》12.2.1

解析：数据库模型包括层次模型、网络模型、空间数据模型、关系模型、面向对象模型等。

72.【B】知识点：GIS 数据质量保证

出处：《测绘综合能力体系和题解(上、下册)》12.7.2

解析：运行正确性是 GIS 性能测试项目之一。其他选项都是数据检查项目。

73.【D】知识点：系统总体设计

出处：《测绘综合能力体系和题解(上、下册)》12.4.2

解析：C/S 是用户由客户机发出请求,服务器响应的模式。

(1) 优点：响应速度快,交互性比较强,降低了流量;界面可以进行个性化设计;能实现复杂的业务流程。

(2) 缺点：需要专门的安装程序,分布性差,不能实现快速部署;兼容性差,若采用不同工具要重写程序;开发成本高。

74.【A】知识点：影像资料收集

出处：《测绘综合能力体系和题解(上、下册)》10.3.1

解析：利用影像资料更新 1：10 000 地形图数据时,影像的地面分辨率不得低于1.0 m。

75.【A】知识点：DEM 概述

出处：GB/T 21740—2008《基础地理信息城市数据库建设规范》5.2.3

解析：数字高程模型格网尺寸可根据城市地貌复杂程度选取 10 m×10 m、5 m×5 m 或2.5 m×2.5 m 等。

76.【B】知识点：空间数据结构

出处：《测绘综合能力体系和题解(上、下册)》12.2.2

解析：元数据是对数据变化的描述,是数据的数据,是数据的说明表单资料。元数据用关系数据表描述空间数据集的内容、质量、表达方式、精度、空间参考系、管理方式、其他特征等。选项 A、C 是属性检查项,选项 D 是干扰项。

77.【A】知识点：导航电子地图内容

出处：《测绘综合能力体系和题解(上、下册)》13.1.2

解析：导航电子地图的四个主要内容是路网信息、背景信息、注记信息、索引信息,不表示地形地貌数据。

78.【D】知识点：导航电子地图产品制作

出处：《测绘综合能力体系和题解(上、下册)》13.4

解析：导航电子地图不得采集的内容如下：

(1) 控制点相关(重力数据、测量控制点)。

(2) 高程相关(高程点、等高线及数字高程模型)。

(3) 管线相关(高压电线、通信线及管道)。

(4) 植被和土地覆盖信息。

(5) 行政区划界线。

(6) 法律禁止采集的其他信息。

79. 【A】知识点：在线地理信息服务概述

出处：《测绘综合能力体系和题解(上、下册)》14.1

解析：网络地理信息服务的标准主要是数据标准、服务标准及应用标准。

80. 【A】知识点：在线地理信息数据

出处：《测绘综合能力体系和题解(上、下册)》14.2

解析：公众版网络地理信息服务数据规定：空间位置精度不高于 50 m,等高距不小于 50 m,DEM 格网间距不小于 100 m,地面分辨率不优于 0.5 m,不标注涉密信息,不处理建筑物、构筑物等固定设施。

二、多项选择题

81. 【ABDE】知识点：常见坐标系统

出处：《测绘综合能力体系和题解(上、下册)》3.2.4

解析：2000 国家大地坐标系的 Z 轴由原点指向历元 2000.0 的地球参考极方向,X 轴由原点指向格林尼治参考子午线与地球赤道面(历元 2000.0)的交点,Y 轴与 Z 轴、X 轴构成右手正交坐标系,于 2008 年 7 月 1 日启用,过渡期为 8~10 年。

82. 【BCD】知识点：GNSS 控制网数据处理

出处：《测绘综合能力体系和题解(上、下册)》3.9.6

解析：GPS 观测成果的外业检核主要有数据剔除率检核、任意两条不同时段重复观测基线的长度较差检核、同步环闭合差检核、异步环闭合差检核、独立环闭合差及附合路线分量闭合差检核。

83. 【AE】知识点：水准观测要求

出处：《测绘综合能力体系和题解(上、下册)》3.10.5

解析：二等水准观测采用尺垫作为转点尺承的目的是转点时使水准尺能立在一个固定、稳定的点位上。选项 A、E 能起到这个作用。草地应用尺桩,斜坡和砂石路不能用尺垫。该题属于实践操作的内容,尺垫应根据实际情况灵活选择,作为考试题目并不严谨。

84. 【BCDE】知识点：水深测量

出处：《测绘综合能力体系和题解(上、下册)》4.2.6

解析：单波束测深需要进行吃水改正(水面到换能器底面的垂直距离)、基线改正(换能器位置与船底位置不同)、转速改正(测深仪实际转速与设计转速不同)、声速改正(输入的声速与实际声速不同)。通常综合处理求得总改正数。

85. 【ABDE】知识点：GNSS 接收机

出处：《测绘综合能力体系和题解(上、下册)》3.9.4

解析：精度是没法设置的,所以选项 C 不正确。其他选项都应选上。但是当基准站不架设在控制点上时,选项 A、B 不是必需的。

86. 【BDE】知识点：导线

出处:《测绘综合能力体系和题解(上、下册)》3.7.6

解析:电磁波测距的改正有加常数改正、乘常数改正、归心改正、波道曲率改正、周期误差改正、气象改正,不存在周期数改正和固定常数改正。

87.【BCE】知识点:**联系测量**

出处:《测绘综合能力体系和题解(上、下册)》5.9.4

解析:平面联系测量一般采用几何(竖井)定向法、陀螺经纬仪定向法,激光准直投点法可以代替垂球法来传递平面坐标。井下连接测量通常采用联系三角形法进行。

88.【ABDE】知识点:**地籍图内容**

出处:《测绘综合能力体系和题解(上、下册)》7.4.1

解析:地籍图是制作宗地的基础图件,具有国家基础图的特点,是关于地籍要素以及与地籍有密切关系的专题图,其他要素摘要表示。该题问的实际上是要素测量,而不是地籍要素。

89.【ABC】知识点:**地籍测绘检查验收的实施**

出处:《测绘综合能力体系和题解(上、下册)》7.7.1

解析:地籍调查成果有文字资料、图件资料、簿册资料、电子数据。选项 D、E 属于要收集的资料,而非成果文件。

90.【ABE】知识点:**边界测绘要求**

出处:《测绘综合能力体系和题解(上、下册)》8.3

解析:当界桩点容易受破坏时要设立方位物。设立原则如下:应有利于判定界桩点的位置;必须明显,固定,长久;每个界桩点的方位物不少于 3 个;以大物体为方位物时,要明确测点在方位物的部位;界桩点与方位物的距离应实地量至 0.1 m,界桩点相对于方位物的间距误差不大于 2.0 m。

91.【ACE】知识点:**建筑面积分摊**

出处:《测绘综合能力体系和题解(上、下册)》6.4.3

解析:不可分摊的共有部分有独立使用的地下室,车棚、车库;为多幢建筑的服务的警卫室,管理用房;作为人防工程的地下室等。

92.【AE】知识点:**空三质量控制和成果整理**

出处:《测绘综合能力体系和题解(上、下册)》10.6.5

解析:根据规范,只有选项 E 是确定要选的,选项 B 所指含糊不清,选项 C、D 分别为像控点测量和空三平差的中间成果,不需要作为成果提交。选项 A 应为野外控制点成果资料,虽然无法对应规范规定的成果清单内容,但采用排除法只能选择。

93.【ABC】知识点:**影像调绘**

出处:《测绘综合能力体系和题解(上、下册)》10.5.1

解析:各级政区境界只表示县级及以上的境界,其位置应准确绘出。

94.【ACDE】知识点:**遥感概述**

出处:《测绘综合能力体系和题解(上、下册)》10.2.3

解析:遥感图像的分辨率按特征分为空间分辨率、光谱分辨率、时间分辨率、辐射分辨率。影像分辨率和地面分辨率属于空间分辨率。

95.【BC】知识点：影像调绘

出处：《测绘综合能力体系和题解（上、下册）》10.5.1

解析：航测像片调绘方法分为室内外综合调绘法、全野外调绘法。

96.【ABCD】知识点：地图集设计

出处：《测绘综合能力体系和题解（上、下册）》11.2.3

解析：选项 E 属于专题地图集设计的内容，其他选项都是普通地图集设计的内容。

97.【ABCE】知识点：地图表达方式设计

出处：《测绘综合能力体系和题解（上、下册）》11.2.2

解析：普通地图的要素有独立地物要素、自然要素、社会经济要素，属于全要素地图。选项 A、B、C、E 都是普通地图编制生产时需要考虑的因素，选项 D 为专题地图编制应考虑的因素。

98.【ABCE】知识点：系统需求分析

出处：《测绘综合能力体系和题解（上、下册）》12.4.1

解析：系统需求分析的具体工作内容包括：用户情况调查（现有软件系统问题调查、系统现状调查、业务需求调查）；明确系统建设目标和任务；系统可行性分析研究；撰写并提交需求调研报告。

99.【BC】知识点：地理信息工程设计

出处：《测绘综合能力体系和题解（上、下册）》12.4

解析：地理信息系统设计过程分为系统总体设计和系统详细设计。

100.【ABCE】知识点：系统运行与维护

出处：《测绘综合能力体系和题解（上、下册）》12.5.3

解析：GIS 系统维护的内容有改正性维护、数据更新、完善性和适应性维护（功能扩充、性能提高、用户业务变化、硬件更新、操作系统升级、数据形式变换引起的对系统的修改维护等）、硬件设备维护（包括预防性维护）。

15.3　2013 年注册测绘师综合能力试题及解析

15.3.1　综合能力试题

一、单项选择题(共 80 题,每题 1 分。每题的备选项中,只有 1 个最符合题意)

1. 一等重力点联测路线的测段数不应超过(　　)个。

　　A. 4　　　　　　　B. 5　　　　　　　C. 6　　　　　　　D. 7

2. 布测 C、D、E 级 GPS 网时,可视测区范围的大小实行分区观测,分区观测时,相邻分区的公共点至少应有(　　)个。

　　A. 2　　　　　　　B. 3　　　　　　　C. 4　　　　　　　D. 5

3. 高斯投影的投影方式是(　　)。

　　A. 等角横切圆锥投影　　　　　　　　　B. 等角竖切圆锥投影

C. 等角横切椭圆柱投影　　　　　　　　　D. 等角竖切椭圆柱投影

4. 省级似大地水准面精化中所用的数字高程模型的分辨率不应低于(　　)。

A. $3'' \times 3''$　　　　B. $4'' \times 4''$　　　　C. $5'' \times 5''$　　　　D. $6'' \times 6''$

5. 使用 DJ1 型经纬仪采用方向观测法进行三等三角观测,应测(　　)个测回。

A. 6　　　　　　B. 9　　　　　　C. 12　　　　　　D. 15

6. C 级 GPS 网最简异步观测环的边数不应超过(　　)条。

A. 4　　　　　　B. 5　　　　　　C. 6　　　　　　D. 7

7. 在一、二等导线测量中,同时间段经气象改正后的距离值测回互差限差为(　　)mm。

A. ± 5　　　　B. ± 10　　　　C. ± 15　　　　D. ± 20

8. GPS 测定某点的大地高程误差为 ± 6 mm,水准测定该点的高程误差为 ± 8 mm,则利用 GPS 水准计算该点的高程异常中误差为(　　)mm。

A. ± 6　　　　B. ± 8　　　　C. ± 10　　　　D. ± 14

9. B 级 GPS 控制点观测的采样间隔是(　　)s。

A. 20　　　　　　B. 30　　　　　　C. 40　　　　　　D. 50

10. 1985 国家高程基准水准原点的起算高程为(　　)m。

A. 72.289　　　　B. 72.26　　　　C. 71.289　　　　D. 71.26

11. 我国海洋测绘深度基准采用的是(　　)。

A. 平均海水面　　B. 大地水准面　　C. 似大地水准面　　D. 理论最低潮面

12. 在海洋测量中,采用 GPS 进行控制测量时,海控一级点定位误差不应超过(　　)cm。

A. ± 10　　　　B. ± 15　　　　C. ± 20　　　　D. ± 25

13. 在海洋潮汐观测中,岸边水位站水位观测允许偏差为(　　)cm。

A. ± 1　　　　　B. ± 2　　　　　C. ± 3　　　　　D. ± 4

14. 下列要素中,不属于海洋水文要素的是(　　)。

A. 温度　　　　　B. 潮流　　　　　C. 深度　　　　　D. 声速

15. 在海洋测量定位中,双曲线法属于(　　)定位方法。

A. 光学　　　　　B. 无线电　　　　C. 卫星　　　　　D. 水声

16. 通过图上交会或解析计算的方法进行海洋定位时,应至少利用(　　)条位置线。

A. 2　　　　　　B. 3　　　　　　C. 4　　　　　　D. 5

17. 规范要求,采用方向法进行水平角观测时,方向数超过 3 个应归零。"归零"指(　　)。

A. 半测回结束前再观测一次起始方向

B. 半测回结束后将度盘位置调到 $0°00'00''$

C. 一测回结束后将度盘位置调到 $0°00'00''$

D. 一测站结束前再观测一次起始方向

18. 某工程施工放样误差的限差为 ± 20 mm,则该工程放样中误差为(　　)mm。

A. ± 5　　　　　B. ± 10　　　　C. ± 15　　　　D. ± 20

19. 下列测量方法中,最适合测绘建筑物立面图的是(　　)。

A. 三角高程测量　B. 地面激光扫描　　C. 精密水准测量　　D. GPS-RTK 测量

20. 某四等附合导线全长 8.1 km,经测量计算其方位角闭合差为 $15''$,纵向误差和横向误差分别为 16 cm 和 12 cm,则该导线的全长相对闭合差为(　　)。

A. 1/54 000　　　　B. 1/50 625　　　　C. 1/40 500　　　　D. 1/28 928

21. 采用水准仪倒尺法放样隧道洞顶标高时,地面已知点高程为 35.00 m,待定点高程为 38.00 m。若已知点上水准尺的读数为 1.50 m,待定点上水准尺的读数为(　　)m。

A. 1.50　　　　B. 2.00　　　　C. 2.50　　　　D. 3.00

22. 在地下铁道工程测量中,为建立统一的地面与地下坐标系统,应采取的测量方法为(　　)。

A. 联系测量　　　B. 贯通测量　　　C. 细部测量　　　D. 检核测量

23. 如下图所示,a、b、c 为一条直线上的三个点,通过测量 a、b 间的长度 S_{ab} 和 a、c 间的长度 S_{ac} 获得 b、c 间的长度 S_{bc}。已知 S_{ab}、S_{ac} 的测量中误差分别为 ±3.0 mm、±4.0 mm,则 S_{bc} 的测量中误差为(　　)mm。

A. ±1.0　　　　B. ±2.6　　　　C. ±5.0　　　　D. ±7.0

24. 规范规定,对隐蔽管线点的平面位置和埋深探查结果进行质量检验时,应抽取不少于隐蔽管线点总数 1% 的点进行(　　)。

A. 野外巡查　　　B. 交叉测量　　　C. 资料对比　　　D. 开挖验证

25. 在变形监测中,布设于待测目标体上并能反映变形特征的点为(　　)。

A. 基准点　　　B. 工作基点　　　C. 变形点　　　D. 连接点

26. 在建筑物变形检测中,与全站仪测量方法相比,近景摄影测量方法的突出特点是(　　)。

A. 可同时获得大量变形点信息　　　　B. 可获得不同周期的变形量
C. 可测定水平和竖直方向的变形　　　D. 不需要设置基准点和工作基点

27. 某市下辖的甲、乙、丙、丁四个区的行政代码分别为 03、04、05、06,该市某宗房产用地的丘号为 030604050304,则该房产位于(　　)区。

A. 甲　　　　B. 乙　　　　C. 丙　　　　D. 丁

28. 在房产分丘图绘制中,房屋权界线与丘界线重合的处理方式为(　　)。

A. 错开表示　　　B. 交替表示　　　C. 用丘界线表示　　　D. 用房屋权界线表示

29. 房产分幅平面图上某房屋轮廓线中央注记为"1234",则该房屋的层数为(　　)。

A. 4　　　　B. 12　　　　C. 23　　　　D. 34

30. 下列建筑结构中,测算房屋建筑面积时,应按其水平投影面积的一半计算的是(　　)。

A. 房屋间无上盖的架空通廊　　　　B. 无顶盖的室外楼梯
C. 利用高架路为顶盖建造的房屋　　　D. 房屋天面上的露天泳池

31. 下列房屋或其用地状况发生变化的情形中,应进行房屋权属变更测量的为(　　)。

A. 房屋扩建层数发生变化　　　　B. 房屋附属门廊拆除量
C. 房屋门牌号变化　　　　D. 房屋用地权界截弯取直

32. 按现行的《房产测量规范》中的三级房产面积精度要求,面积为 100 m² 的房产面积限差为( )m²。

    A. ±1.2   B. ±1.4   C. ±1.6   D. ±1.8

33. 在地籍测绘过程中,可用图解法计算土地面积的地块图上面积不应小于( )cm²。

    A. 4   B. 5   C. 6   D. 7

34. 在地籍测量中,利用图根级导线布设同级附合导线时,所利用的图根级导线最短边不应短于( )m。

    A. 20   B. 15   C. 10   D. 5

35. 在地籍调查过程中,按我国土地利用现状分类,编码 071 代表的是( )。

    A. 住宅餐饮用地   B. 商务金融用地   C. 农村宅基地   D. 城镇住宅用地

36. 在地籍测绘成果中,某界址点相对于邻近图根控制点的点位中误差为 ±50 mm,则该界址点为( )类界址点。

    A. 一   B. 二   C. 三   D. 四

37. 按现行的《地籍测绘规范》,地籍图上界址点与邻近地物点关系距离的中误差不应大于图上( )mm。

    A. ±0.2   B. ±0.3   C. ±0.4   D. ±0.5

38. 编号为 7、8、9 的三块宗地合并后,新宗地号为( )。

    A. 7   B. 7-1   C. 9   D. 9-1

39. 江西省行政区划代码为 360000,福建省行政区划代码为 350000,则按现行的《行政区域界线测绘规范》,江西、福建二省的边界线名称为( )。

    A. 福江线   B. 江福线   C. 闽赣线   D. 赣闽线

40. 现行的界线测量采用的平面坐标基准是( )。

    A. WGS-84 坐标系   B. 任意坐标系

    C. 地方坐标系   D. 2000 国家大地坐标系

41. 摄影测量共线方程包括像点坐标、对应的地面点坐标、像片主距、外方位元素共( )个参数。

    A. 8   B. 10   C. 12   D. 14

42. 下列要求中,符合航空摄影规范关于航摄分区原则的是( )。

    A. 分区界线应与图廓线一致   B. 首末航线应在分区边界线上或边界线外

    C. 摄区内地貌类型应尽量一致   D. 应充分考虑航摄飞机飞行的安全距离

43. 采用 POS 辅助航空摄影生产 1:2 000 地形图时,摄区内任意位置与最近基站间的最远距离不应大于( )km。

    A. 200   B. 150   C. 100   D. 50

44. 按航摄仪检定要求,新购或距前次检定已超过( )年的航摄仪须进行检定。

    A. 1   B. 2   C. 3   D. 4

45. 下列参数中,不属于推扫式数字航空摄影成果技术参数的是( )。

    A. 航摄仪主距   B. 摄区代号   C. 地面分辨率   D. 航摄时间

46. 同一条航线相邻像片之间的重叠称为( )重叠。

A. 航向　　　　　B. 旁向　　　　　C. 基线　　　　　D. 相邻

47. 在数字城市地理空间框架数据建设中,遥感技术主要用于(　　)。

A. 数据处理　　B. 数据获取　　　C. 数据建库　　　D. 数据分析

48. 在单张像片后方交会中,需已知地面点坐标的点数至少为(　　)个。

A. 1　　　　　　B. 2　　　　　　C. 3　　　　　　D. 4

49. 在遥感领域,SAR 指的是(　　)。

A. 激光测地雷达　B. 卫星测高雷达　C. 合成孔径雷达　D. 地下管线探测雷达

50. 在摄影测量中,像片上地物投影差改正的计算公式为 $\delta A = \Delta h R / H$。进行高层房屋的投影差改正时,$\Delta h$ 指的是(　　)。

A. 屋顶到平均海水面的高度　　　　　B. 屋顶到城市平均高程面的高度

C. 屋顶到地面的高度　　　　　　　　D. 屋顶到纠正起始面的高度

51. HIS 是一种图像处理的彩色空间模型,其中 H 代表(　　)。

A. 亮度　　　　　B. 饱和度　　　　C. 色调　　　　　D. 色温

52. 对 Landsat TM 影像的近红外、红、绿三个波段分别赋予红色、绿色、蓝色合成假彩色后,植被在该假彩色图像上的颜色为(　　)。

A. 红色　　　　　B. 绿色　　　　　C. 蓝色　　　　　D. 黄色

53. 空中三角测量有不同的像控点布点方式,下图表示的布点方式为(　　)布点。(黑点为高程控制点,圆圈为平高控制点)

A. 全野外　　　　　　　　　　　　B. 单模型

C. 区域网　　　　　　　　　　　　D. 航线网

54. 下列地形地物要素中,可作为中小比例尺航测外业高程控制点的是(　　)。

A. 圆山顶　　　　B. 房屋墙角拐点　C. 电杆顶　　　　D. 尖山顶

55. 航空摄影的像片倾角是(　　)与铅垂线的夹角。

A. 投影基线　　　B. 核线　　　　　C. 方位线　　　　D. 主光轴

56. 机载侧视雷达方位分辨率的方向与飞行方向的关系为(　　)。

A. 垂直于飞行方向　　　　　　　　B. 平行于飞行方向

C. 成 45°夹角　　　　　　　　　　D. 成 135°夹角

57. 我国南海海域呈南北延伸形状,在设计其地图投影方式时,宜采用(　　)投影。

A. 圆柱　　　　　B. 方位　　　　　C. 圆锥　　　　　D. 球面

58. 编制专题地图时,用于表示连续面状分布现象的方法是(　　)。

A. 范围法　　　　B. 点值法　　　　C. 质底法　　　　D. 动线法

59. 依据地形图资料和幅面大小设计地形时,所确定的图幅比例尺通常称为(　　)。

A. 平均比例尺　　B. 基本比例尺　　C. 局部比例尺　　D. 主比例尺

60. 下列地图特征中,不能作为专题地图的设计依据的是(　　)。

A. 地图的用途　　B. 地图的比例尺　C. 制图区域的形状　D. 地图的表示方法

61. 绘制 1:5 万地形图的水系要素,当底图上河流宽度大于(　　)mm 时,河流应用双线依比例尺表示。

A. 0.3　　　　　　B. 0.4　　　　　C. 0.5　　　　　D. 0.6

62. 利用1：5万地形图编制普通地图集市、县图时，用于框幅定向的是地形图上的（   ）方向。

  A. 平面坐标 x B. 平面坐标 y C. 磁北   D. 真北

63. 绘制1：2.5万、1：5万地形图时，对整齐排列、成行列分布的一片单幢房屋，下列绘制方法中正确的是（   ）。

  A. 固定两端位置，中间内插房屋符号，不合并为街区

  B. 固定两端位置，外围选取房屋符号，中间合并为街区

  C. 固定两端位置，全部合并为街区

  D. 不固定两端位置，按密度选取房屋符号

64. 下列关于等高线绘制质量检验要求的说法中，错误的是（   ）。

  A. 等高线形状不应随碎部的删除而改变 B. 同一斜坡上等高线图形应协调一致

  C. 等高线应显示地貌基本形状的特征 D. 等高线应反映地貌类型方面的特征

65. 下列关于GIS与地图学的说法中，错误的是（   ）。

  A. 地图学是 GIS 的基础   B. 地图学强调图形信息传输

  C. GIS 强调空间数据分析   D. GIS 是地图学研究的前提

66. 某地发生重大洪灾，政府要对沿江一定区域的受灾人口数量进行统计分析。下列 GIS 空间分析功能中，可以组合利用的是（   ）。

  A. 叠加分析、缓冲区分析   B. 通视分析、缓冲区分析

  C. 网络分析、叠加分析   D. 网络分析、缓冲区分析

67. 基于 E-R 图法进行空间数据库概念设计的主要步骤包括：分析地理实体、确定地理实体属性、定义地理实体之间的关系、绘制空间 E-R 图和（   ）。

  A. 调整优化空间 E-R 图   B. 映射空间 E-R 图到数据表

  C. 转化空间 E-R 图到数据模型   D. 用空间 E-R 图展示现实世界

68. 确定栅格数据单元属性的方法中，常用于分类图斑较小、狭长的地理要素的赋值方法是（   ）。

  A. 中心归属法   B. 长度占优法   C. 面积占优法   D. 重要性法

69. 在分析商业中心、港口的辐射范围以及确定设立商店、学校、医院的最佳位置的应用中，常采用的 GIS 技术是（   ）。

  A. 最短路径分析技术   B. 缓冲区分析技术

  C. 空间叠加分析技术   D. 资源定位和配置技术

70. 下列关于基础地理信息数据更新的说法中，错误的是（   ）。

  A. 可以定期进行全面更新也可以进行动态局部更新

  B. 可以全要素更新也可以一种或几种要素更新

  C. 更新后成果整体精度高于原数据精度

  D. 可以按图幅进行更新也可以按区域进行更新

71. 下列关于专题地理信息的说法中，错误的是（   ）。

  A. 是面向用户需求的特定地理信息 B. 可分为专题空间数据和专题非空间数据

  C. 专题空间数据包括点、线、面三种类型D. 只能反映可见的自然、社会、经济现象

72. 在道路专题数据生产中，除采集空间数据和属性数据外，还应建立相应的元数据。下列

数据中属于元数据的是(　　)。

    A. 道路名称　　　　　　　　　　　B. 道路起止点

    C. 道路日常养护单位　　　　　　　D. 道路数据生产单位

73. GIS 软件开发的主要工作基础包括明确 GIS 项目需求、类型以及(　　)。

    A. 确定 GIS 软件系统选型　　　　　B. 分析 GIS 项目风险

    C. 培训 GIS 项目用户　　　　　　　D. 明确 GIS 数据用途

74. 下列指标中,不属于 GIS 软件工程技术评价指标的是(　　)。

    A. 系统效率　　　　B. 系统效益　　　　C. 可扩展性　　　　D. 可靠性

75. 下列关于导航电子地图系统特点的说法中,错误的是(　　)。

    A. 具有相应的交通信息　　　　　　B. 具有实时导航功能

    C. 具有地面高程信息　　　　　　　D. 具有兴趣点信息

76. 确定产品需求后,导航电子地图产品设计的步骤是(　　)。

    A. 产品开发任务编制、样品制作、规格设计、产品设计、工具开发

    B. 产品设计、规格设计、工具开发、样品制作、产品开发任务编制

    C. 产品开发任务编制、产品设计、规格设计、工具开发、样品制作

    D. 工具开发、产品设计、规格设计、样品制作、产品开发任务编制

77. 下列关于互联网地图服务的说法中,错误的是(　　)。

    A. 提供地理信息浏览查询　　　　　B. 一般采用 C/S 模式

    C. 一般采用 SOA 架构　　　　　　　D. 基于开放的标准

78. 下列基础地理信息数据库设计工作中,属于物理设计的是(　　)。

    A. 数据文件命名规则设计　　　　　B. 数据分层原则设计

    C. 数据空间索引设计　　　　　　　D. 数据关联方式设计

79. 下列软件中,不属于在线地理信息服务系统组成部分的是(　　)。

    A. 服务发布软件　　B. 服务管理软件　　C. 数据采集软件　　D. 数据维护软件

80. 下列技术中,不属于网络地图服务常用技术的是(　　)。

    A. 信息检索技术　　　　　　　　　B. 地图瓦片生成技术

    C. AJAX/Flash 技术　　　　　　　　D. 动态地图投影技术

二、多项选择题(共 20 题,每题 2 分。每题的备选项中,有 2 个或 2 个以上符合题意,至少有 1 个错项。错选,本题不得分;少选,所选的每个选项得 0.5 分)

81. 按现行的国家标准 GB 22021—2008《国家大地测量基本技术规定》,下列基准中,其建立与维持属于大地测量任务的有(　　)。

    A. 大地基准　　　　　B. 时间基准　　　　　C. 高程基准

    D. 深度基准　　　　　E. 重力基准

82. 国家等级水准网的布设原则有(　　)。

    A. 由高级到低级　　　B. 从整体到局部　　　C. 逐级控制

    D. 保证精度　　　　　E. 逐级加密

83. 全球卫星导航定位连续运行基准站的组成部分有(　　)。

    A. POS 系统　　　　　B. 数据中心　　　　　C. 卫星系统

D. 数据通信网络　　　　　E. 基准站

84. 下列要素中,属于海图要素的有(　　)。

A. 地理要素　　　　　B. 地质要素　　　　　C. 数学要素

D. 水质要素　　　　　E. 整饰要素

85. 下列方法中,可用于高层建筑物铅垂线放样的有(　　)。

A. 水准仪法　　　　　B. 激光铅垂仪法　　　　　C. 光学铅垂仪法

D. 全站仪弯管目镜法　　　E. 引张线法

86. 平面曲线放样时需先测设曲线的主要点,下列点中属于圆曲线的主要点的有(　　)。

A. 直圆点　　　　　B. 圆心点　　　　　C. 曲中点

D. 圆直点　　　　　E. 离心点

87. 城市排水管道实地调查的内容有(　　)。

A. 压力　　　　　B. 管径　　　　　C. 埋深

D. 材质　　　　　E. 流向

88. 下列建筑部位中,应计入房屋套内使用面积的有(　　)。

A. 套内楼梯　　　　　B. 不包括在结构面积内的套内管井

C. 套内卧室　　　　　D. 套内阳台　　　　　E. 内墙面装饰厚度

89. 下列地籍图要素中,属于地籍要素的有(　　)。

A. 行政界线　　　　　B. 地籍图分幅编号　　　　　C. 土地使用者

D. 水系　　　　　E. 界址点

90. 界线测绘时,下列边界走向角度中(以真北方向为基准),属于东南方位的有(　　)。

A. 117°　　　　　B. 127°　　　　　C. 137°

D. 147°　　　　　E. 157°

91. 下列遥感卫星中,影像地面分辨率不低于1 m的有(　　)。

A. SPOT5　　　　　B. ASTER　　　　　C. QuickBird

D. WorldView-1　　　E. GeoEye-1

92. 摄影测量经历的发展阶段有(　　)。

A. 航空摄影测量　　　B. 模拟摄影测量　　　C. 解析摄影测量

D. 近景摄影测量　　　E. 数字摄影测量

93. 采用航空摄影测量方法可为水库设计提供的资料有(　　)。

A. 地形图　　　　　B. 水文图　　　　　C. 断面图

D. 数字高程模型　　　E. 地质图

94. 设计航外控制测量方案设计时,应收集的资料包括(　　)。

A. 重力资料　　　　　B. 地图资料　　　　　C. 航摄资料

D. 气象资料　　　　　E. 水准资料

95. 绘制1:2.5万、1:5万、1:10万地形图时,下列说法中符合等高线图形综合技术要求的有(　　)。

A. 正确表示山脊、山头、谷地、斜坡以及鞍部的形态特征

B. 合理删除次要的负向地貌细部

C. 为强调地貌特征,个别等高线局部应适当移位

D. 相邻两条等高线间距不应小于 0.2 mm,不足时可以合并表示

E. 等高线遇到双线表示的沟渠、冲沟、陡崖、路堤等符号时应连续绘出

96. 地图要素可分为点、线、面要素。在制图综合过程中,正确处理地图要素争位现象的方法有(　　)。

A. 点点冲突时保持高层次点状要素图形完整,低层次点状要素移位

B. 点线冲突时保持点状要素图形完整,点状要素压盖线状要素

C. 点面冲突时保持点状要素图形完整,点状要素压盖面状要素

D. 线线冲突时保持线状要素各自完整,互相压盖时不得移位

E. 线面冲突时保持线状要素完整,线状要素压盖面状要素

97. 在 GIS 系统详细设计阶段,需开展的工作有(　　)。

A. 确定输入、输出参数　　　B. 确定系统模型　　　　　C. 确定用户界面

D. 绘制逻辑流程图　　　　　E. 编写应用实例

98. GIS 软件结构设计的主要依据有(　　)。

A. 已有数据库系统软件　　　B. 用户界面要求　　　　　C. 已有网络条件

D. 数据资源使用方式　　　　E. 数据资源管理方式

99. 地理信息系统安全保密可采用的技术包括(　　)。

A. 数字水印技术　　　　　　B. 数据备份与恢复技术　　C. 数据分块技术

D. 数据质量控制技术　　　　E. 用户登录控制技术

100. 导航电子地图制作技术设计内容包括(　　)。

A. 设计要素可视化符号　　　　　B. 确定要素在导航中的作用

C. 构建要素及其关系的存储结构　D. 描述要素的性质

E. 规定要素转换方法

15.3.2　答案及解析

一、单项选择题

1.【B】知识点:重力测量

出处:《测绘综合能力体系和题解(上、下册)》3.11.4

解析:一等重力点联测应闭合或附合在两个基本点之间,在特殊情况下可按辐射状支一个一等点,测段数不超过 5 个。基本重力点的每条测线应计算 1 个联测成果。

2.【C】知识点:GNSS 控制网设计

出处:《测绘综合能力体系和题解(上、下册)》3.9.2

解析:GNSS B、C、D、E 级网相邻分区的公共点至少要有 4 个。

3.【C】知识点:数学基础

出处:《测绘综合能力体系和题解(上、下册)》11.1.4

解析:高斯-克吕格投影又称为等角横切椭圆柱投影,它是假设一个椭圆柱面与地球椭球体面横切于某一条经线上,按照等角条件将中央经线投影到椭圆柱面上,然后将椭圆柱面展开成平面而成的。

4.【A】知识点：**似大地水准面精化流程**

出处：《测绘综合能力体系和题解(上、下册)》3.12.2

解析：省级和城市级似大地水准面精化中所用的数字高程模型的分辨率不应低于$3''$ $\times 3''$。

5.【B】知识点：**三角网**

出处：《测绘综合能力体系和题解(上、下册)》3.7.3

解析：使用DJ1型经纬仪采用方向观测法进行三等三角观测,应测9个测回。

6.【C】知识点：**GNSS控制网设计**

出处：《测绘综合能力体系和题解(上、下册)》3.9.2

解析：C级GPS网最简异步观测环的边数不应超过6条。

7.【D】知识点：**导线**

出处：《测绘综合能力体系和题解(上、下册)》3.7.6

解析：在一、二等导线测量中,同时间段经气象改正后的距离值测回互差限差为± 20 mm。

8.【C】知识点：**高程框架**

出处：《测绘综合能力体系和题解(上、下册)》3.4.3

解析：高程异常＝大地高－正常高。高程异常方差＝大地高方差＋正常高方差。高程异常中误差＝$\pm\sqrt{6^2+8^2}=\pm 10$ mm。

9.【B】知识点：**GNSS控制网设计**

出处：《测绘综合能力体系和题解(上、下册)》3.9.2

解析：采样间隔指获取数据的频率。B级GPS控制点观测的采样间隔是30 s。

10.【B】知识点：**高程框架**

出处：《测绘综合能力体系和题解(上、下册)》3.4.3

解析：1985国家高程基准是我国现行的高程基准,通过从1979年开始的10个19年验潮数据建立,水准原点位于青岛观象山,高程为72.260 4 m。

11.【D】知识点：**深度基准**

出处：《测绘综合能力体系和题解(上、下册)》4.2.1

解析：海洋测绘深度基准采用理论最低潮面,深度基准面的高度从当地平均海面起算,且与国家高程基准联测。

12.【C】知识点：**海洋控制测量**

出处：《测绘综合能力体系和题解(上、下册)》4.2.3

解析：IHO标准规定:主要平面控制点采用GPS法测量定位误差不应大于± 10 cm,海控一级点相对于起算点的点位中误差不应大于± 0.2 m。IHO标准属于国际标准,该题应使用我国的标准,即海道测量中规定的海控点标准,且控制点的要求与测量方法无关。但题目中问的是定位误差限值,应为中误差的2倍,即± 0.4 m。显然本题有误,所给选项中没有答案。

13.【B】知识点：**深度基准**

出处：《测绘综合能力体系和题解(上、下册)》4.2.1

解析:沿岸验潮站采用水尺或验潮仪观测,误差不应大于±2 cm。

14.【C】知识点:**水文观测**

出处:《测绘综合能力体系和题解(上、下册)》4.2.4

解析:海洋水文观测是在某点或某一断面上观测各种水文要素,并对观测资料进行分析和整理的工作,主要观测温度、盐度、密度、含沙量、化学成分、潮汐、潮流、波浪、声速等要素,深度不属于水文要素。

15.【B】知识点:**海洋定位**

出处:《测绘综合能力体系和题解(上、下册)》4.2.5

解析:无线电定位是利用无线电波测定测量船与岸上的控制点的距离或距离差。其按定位方式可以分为圆—圆(两距离法)定位和双曲线(距离差法)定位。

16.【A】知识点:**海洋定位**

出处:《测绘综合能力体系和题解(上、下册)》4.2.5

解析:海洋定位是利用两条以上位置线,通过图上交会或解析计算的方法求得海上某点位置的理论与方法。根据交会法的原理,至少需要两条位置线才能定位。海洋测绘测量条件差,精度要求低,不像陆地定位至少需要 3 条位置线进行定位。

17.【A】知识点:**水平角测量**

出处:《测绘综合能力体系和题解(上、下册)》3.7.4

解析:若上半测回依次观测了各方向之后再观测一次零方向,即观测顺序为 A、B、C、D、A,则称为全圆方向观测法。当观测方向数大于 3(包括零方向)时应采用全圆方向观测法。

18.【B】知识点:**海图制图综合**

出处:《测绘综合能力体系和题解(上、下册)》4.3.2

解析:《工程测量规范》规定,测量限差取 2 倍中误差。

19.【B】知识点:**工程测量仪器和方法**

出处:《测绘综合能力体系和题解(上、下册)》5.1.2

解析:立面测量属于非常规的工程测量,常用于计算外墙涂料面积核实工程量、文物古迹保护建模等工作,可以采用三维激光扫描、全站仪解析测量、钢尺或手持测距仪实量等方法测量。

20.【C】知识点:**精度指标**

出处:《测绘综合能力体系和题解(上、下册)》2.1.2

解析:导线的全长闭合差 $f=\sqrt{16^2+12^2}=20\,\text{cm}$;导线的全长相对闭合差 $K=f/D=0.20/8\,100=1/40\,500$。故选 C。

21.【A】知识点:**隧道施工测量**

出处:《测绘综合能力体系和题解(上、下册)》5.9.2

解析:水准仪倒尺法用于待测点高于视线高的情况,具体方法如下:将水准尺底部置于待测点位置上垂直倒挂,待测点高程等于视线高加上读数值,读数不管正负。

22.【A】知识点:**联系测量**

出处:《测绘综合能力体系和题解(上、下册)》5.9.4

解析:联系测量的作用是为了确保隧道贯通,建立地面、地下统一的坐标系统,实现空间位置的传递。

23.【C】知识点:**误差传播率**

出处:《测绘综合能力体系和题解(上、下册)》2.2.1

解析:$S_{bc} = S_{ab} - S_{ac}$。根据协方差传播律,S_{bc} 的测量中误差 $= \sqrt{3.0^2 + 4.0^2} = 5.0$。

24.【D】知识点:**地下管线测量质量检查和成果归档**

出处:《测绘综合能力体系和题解(上、下册)》5.10.4

解析:明显管线点和隐蔽管线点分别随机抽取各自总数的 5‰ 重复探测,检查管线的属性调查质量和数学精度,隐蔽管线点再随机抽取隐蔽管线点总数的 1‰ 开挖验证,且不应少于 3 个检查点。

25.【C】知识点:**监测控制网布设**

出处:《测绘综合能力体系和题解(上、下册)》5.12.2

解析:变形观测点布设在变形体上能反映变形特征的敏感位置。

26.【A】知识点:**变形监测实施**

出处:《测绘综合能力体系和题解(上、下册)》5.12.3

解析:近景摄影测量信息丰富,外业工作量小,效率高,可同时获得大量变形点信息。

27.【D】知识点:**房屋用地调查**

出处:《测绘综合能力体系和题解(上、下册)》6.2.1

解析:以房产分区为编号区,按市代码(2 位)+区(县)代码(2 位)+房产区代码(2 位)+房产分区代码(2 位)+丘号(4 位)进行编号。题目中房产用地的丘号为 030604050304,可知该房屋位于 06 辖区,则该房屋位于丁区。

28.【C】知识点:**分丘图**

出处:《测绘综合能力体系和题解(上、下册)》6.5.2

解析:房屋权界线与丘界线重合时表示丘界线;房屋轮廓线与房屋权界线重合时表示房屋权界线。

29.【D】知识点:**分丘图**

出处:《测绘综合能力体系和题解(上、下册)》6.5.2

解析:房屋注记代码把房屋的重要特性信息注记于房产图上,加以直观表达。由于分丘图和分幅图的作用和要素表达详细度不同,房屋注记代码表达位数不一致。

(1)在分幅图上:产别(1 位数)+结构(1 位数)+总层数(2 位数)。

(2)在分丘图上:产别(1 位数)+结构(1 位数)+总层数(2 位数)+竣工年份(4 位数)。

30.【B】知识点:**面积计算原则**

出处:《测绘综合能力体系和题解(上、下册)》6.4.2

解析:无顶盖的室外楼梯按各层水平投影面积的一半计算。选项 A、C、D 不计算建筑面积。

31.【D】知识点:**房产变更测量**

出处:《测绘综合能力体系和题解(上、下册)》6.6

解析:权属变更测量的内容如下:

(1)房屋买卖、交换、继承、分割、赠与、兼并等引起的权属的转移。

(2)土地使用权界的调整,包括合并、分割、塌没和截弯取直。

(3)征拨、出让、转让土地而引起的土地权属界线的变化。

(4)他项权利范围的变化和注销。

32.【B】知识点:**建筑面积分摊**

出处:《测绘综合能力体系和题解(上、下册)》6.4.3

解析:现行的《房产测量规范》规定三级房产面积限差不大于 $\pm(0.08\sqrt{S}+0.006S)$ $=\pm(0.08\times\sqrt{100}+0.006\times100)=\pm1.4\ \text{m}^2$。

33.【B】知识点:**地籍量算方法**

出处:《测绘综合能力体系和题解(上、下册)》7.5.1

解析:在地籍图上,对图上面积小于 $5\ \text{cm}^2$ 的地块不得采用图解法计算其面积。

34.【C】知识点:**地籍控制测量**

出处:《测绘综合能力体系和题解(上、下册)》7.3.1

解析:当图根级导线存在短于 $10\ \text{m}$ 的边时,不应利用该导线布设同级附合导线。

35.【D】知识点:**土地权属调查**

出处:《测绘综合能力体系和题解(上、下册)》7.2.2

解析:地类分为农用地、建设用地、未利用地三大类。宗地较小的住宅可以不注记,其他各类用地不得省略。道路用地应注记地类代码,如"071"表示城镇住宅用地。

36.【A】知识点:**地籍界址点测量**

出处:《测绘综合能力体系和题解(上、下册)》7.3.2

解析:土地使用权明显的界址点采用一类界址点标准,其相对于邻近图根点的点位中误差为 $\pm5\ \text{cm}$。

37.【B】知识点:**地籍图内容**

出处:《测绘综合能力体系和题解(上、下册)》7.4.1

解析:地籍图上界址点与邻近地物点关系距离的中误差不应大于图上 $\pm0.3\ \text{mm}$。

38.【B】知识点:**日常土地权属调查**

出处:《测绘综合能力体系和题解(上、下册)》7.6.1

解析:新的《地籍调查规程》规定宗地合并后在编号区的最大号后续编,老的规定是在最小号后编支号。此题为错题,使用了废弃的规范。

39.【C】知识点:**界桩点埋设和编号**

出处:《测绘综合能力体系和题解(上、下册)》8.2.2

解析:边界线命名为两省简称从小到大排列,后加"线"字。

40.【D】知识点:**界线测量概述**

出处:《测绘综合能力体系和题解(上、下册)》8.1

解析:界线测量基准采用 2000 国家大地坐标系和 1985 国家高程基准。

41.【C】知识点:**影像定位**

出处:《测绘综合能力体系和题解(上、下册)》10.2.2

解析：共线方程是中心投影的构像方程,摄影中心、像点、地面点三点一线,由像片主距、2个像点坐标、3个地面点坐标以及外方位元素,一共12个参数构成。

42.【A】知识点：航空摄影设计分析

出处：《测绘综合能力体系和题解(上、下册)》9.3.1

解析：航摄分区原则:

(1) 根据成图比例尺确定分区的最小跨度,尽量划大。

(2) 分区界线与图廓线一致。

(3) 分区内的地形高差一般不大于相对航高的1/4,航摄比例尺大于或等于1∶7 000(或地面分辨率小于或等于20 cm)时一般不大于相对航高的1/6。

(4) 分区内地物景物反差、地貌类型应尽量一致。

(5) 地形特征显著不同时在用户许可下可破图幅分区。

(6) 应考虑飞机侧前方安全距离和高度。

43.【C】知识点：空三测量实施

出处：《测绘综合能力体系和题解(上、下册)》10.6.4

解析：根据GB/T 27919—2011《IMU/GPS辅助航空摄影技术规范》,采用POS辅助航空摄影生产1∶2 000地形图时,摄区内任意位置与最近基站间的最远距离不应大于100 km。

44.【B】知识点：航摄仪检定

出处：《测绘综合能力体系和题解(上、下册)》9.2.2

解析：出现以下情况应对航摄仪进行检定:检定时间超过2年;曝光次数达到20 000次;经过较大的修理;经过剧烈震动。

45.【A】知识点：航摄仪类别

出处：《测绘综合能力体系和题解(上、下册)》9.2.1

解析：推扫式数字航空摄影得到的是线中心投影的条带影像,其成果无须获知主距。

46.【A】知识点：航摄基本要求

出处：《测绘综合能力体系和题解(上、下册)》9.4.2

解析：航向重叠又称为纵向重叠。在一般情况下,连续拍摄的航空像片都具有一定程度的航向重叠。这种重叠不仅确保了一条航线上的完全覆盖,而且从相邻两个摄站所获得的重叠的影像可以构成立体像对,它是立体测图的基础。沿航向重叠部分与像片的长度之比称为线航向重叠度,以百分数表示。

47.【B】知识点：遥感概述

出处：《测绘综合能力体系和题解(上、下册)》10.2.3

解析：在数字城市地理空间框架数据建设中,遥感技术主要用于数据获取。

48.【C】知识点：影像定位

出处：《测绘综合能力体系和题解(上、下册)》10.2.2

解析：空间后方交会是已知地面控制点和像点坐标恢复外方位元素的方法,一般采用角锥法,即使用4个不在一条直线上的野外控制点,依据共线方程在4个角布设地面控制点,采用最小二乘法进行解算。由于一共需要求解6个未知数(外方位元素),需列出6个方程,故最少需要3个像点坐标。

49.【C】知识点：**航空摄影新技术应用**

出处：《测绘综合能力体系和题解(上、下册)》9.4.3

解析：合成孔径雷达(SAR)是把较小的真实天线孔径用数据处理方法合成一个较大的等效天线孔径的雷达,其特点是分辨率高,全天候工作,高方位分辨力相当于一个大孔径天线所能提供的方位分辨力。

50.【D】知识点：**像点位移**

出处：《测绘综合能力体系和题解(上、下册)》10.2.1

解析：δA 为投影差改正值,单位为 m;Δh 为地物点相对于纠正起始面的高度,单位为 m;H 为像片纠正起始面的相对航高,单位为 m;R 为图上地物点到像底点的向径,单位为 m。因此正确答案为 D。

51.【C】知识点：**地图语言**

出处：《测绘综合能力体系和题解(上、下册)》11.1.2

解析：HIS 从人的视觉系统出发,用色调(Hue)、饱和度(Saturation)和亮度(Intensity)来描述色彩。

52.【A】知识点：**影像调绘**

出处：《测绘综合能力体系和题解(上、下册)》10.5.1

解析：假彩色合成图像用红色代替近红外波段、绿色代替红色波段、蓝色代替绿色波段,广泛应用于农、林、植被资源和植物病虫害调查。

53.【B】知识点：**航摄区域网**

出处：《测绘综合能力体系和题解(上、下册)》10.4.1

解析：全野外布点方式通过野外控制测量获得的航片像片控制点不需要内业加密,直接提供定向,连接点应全部是平高点。航线网属于区域网,布点的基本原则是在每条航线上布设 6 个平高点,即六点法。当规范规定采用单模型法布点时,像主点处可以布设高程点,故选 B。

54.【A】知识点：**像控点布设**

出处：《测绘综合能力体系和题解(上、下册)》10.4.2

解析：高程像片控制点的刺点应选在高程变化不大处,一般选在地势平缓的线状地物交会处、地角等,在山区常选在平山顶以及坡度变化较缓的圆山顶、鞍部等,狭沟、太尖的山顶和高程变化急剧的斜坡不宜做刺点目标。

55.【D】知识点：**航摄基本要求**

出处：《测绘综合能力体系和题解(上、下册)》9.4.2

解析：像片倾角是摄影物镜的主光轴与铅垂线的夹角,小于 2°～3° 的称为竖直航空摄影,一般不大于 2°,个别最大的不大于 4°。

56.【B】知识点：**航空摄影新技术应用**

出处：《测绘综合能力体系和题解(上、下册)》9.4.3

解析：雷达图像的分辨率就是在图像上一个像元的大小对应于水平地面的大小。由于一个像元的长和宽对应的地面的长度和宽度常常不相等,因此将分辨率分成两种。把侧视方向上的分辨率称为距离分辨率,航线方向上的分辨率称为方位分辨率,也称沿迹分辨率。

即侧视雷达的分辨率可分为距离分辨率(垂直于飞行方向)和方位分辨率(平行于飞行方向)。

57.【A】知识点：**地图设计基础**

出处：《测绘综合能力体系和题解(上、下册)》11.2.1

解析：南北延伸地区多选用横圆柱投影。

58.【C】知识点：**地图表达方式设计**

出处：《测绘综合能力体系和题解(上、下册)》11.2.2

解析：范围法和质底法都可表示面状现象,区别在于范围法是局部的表示方法,质底法覆盖了整个制图区域。概略范围法没有精确的轮廓线,甚至可以只用文字和单个符号来表示现象的分布范围,它表示的是一个区域,并不具有定位的特征,和定位符号法不同。

59.【D】知识点：**数学基础**

出处：《测绘综合能力体系和题解(上、下册)》11.1.4

解析：地图上标明的比例尺指投影标准线与实地地物的比值,即地图主比例尺。

60.【D】知识点：**地图设计基础**

出处：《测绘综合能力体系和题解(上、下册)》11.2.1

解析：选项D是专题图的要素表达方式,不能作为制图依据。

61.【B】知识点：**普通地图编绘**

出处：《测绘综合能力体系和题解(上、下册)》11.3.2

解析：编绘地图时,图上宽度大于0.4 mm的河流以双线河表示,小于或等于0.4 mm的以单线河表示,其间用0.1~0.4 mm粗的线作为过渡。运河和沟渠宽度大于0.4 mm的需依比例尺绘出,不足0.4 mm的用蓝色单实线的表示。时令河用蓝色虚线表示。流向用箭头符号表示。双线符号很近时,可以共线。

62.【D】知识点：**数学基础**

出处：《测绘综合能力体系和题解(上、下册)》11.1.4

解析：地图定向分为北方定向和斜方位定向,我国一般采用北方定向,即图幅中央经线指向北方。此题中原图为基本比例尺地形图,成图为普通地图,因不是高斯投影坐标系,故不选用坐标北定向。

63.【A】知识点：**普通地图编绘**

出处：GB/T 12343.1—2008《国家基本比例尺地图编绘规范 第1部分：1∶25 000、1∶50 000、1∶100 000地形图编绘规范》

解析：1∶25 000、1∶50 000地形图上对于整齐排列、成行列分布的单幢房屋,应固定两端位置,中间内插房屋符号,不合并为街区。街区外缘的普通房屋不应并入街区,应进行适当取舍。

64.【A】知识点：**普通地图编绘**

出处：《测绘综合能力体系和题解(上、下册)》11.3.2

解析：等高线形状应随碎部的删去而改变,同一斜坡上等高线图形应协调一致,强调显示地貌基本形态的特征,反映地貌类型方面的特征。其概括方法有删除、移位、夸大和合并。以正向形态为主的地貌扩大正向形态,减少负向形态;以负向形态为主的地貌扩大负向形态,减少正向形态。

65.【D】知识点：地理信息系统概述

出处：《测绘综合能力体系和题解(上、下册)》12.1

解析：地图学是 GIS 的基础,强调图形信息传输,GIS 强调空间数据分析。

66.【A】知识点：空间分析方法

出处：《测绘综合能力体系和题解(上、下册)》12.3.2

解析：多边形叠加分析是在统一的空间参考系统下,通过对两个数据进行一系列集合运算产生新数据的过程。缓冲区分析是以点、线、面实体为基础,自动建立其周围一定宽度范围内的缓冲区多边形图层,然后叠加该图层与目标图层,分析得到所需的结果。

67.【A】知识点：系统总体设计

出处：《测绘综合能力体系和题解(上、下册)》12.4.2

解析：概念设计流程：通过需求分析提取和抽象出空间数据库中的实体;确定实体属性并加以正确表达;根据系统数据流图及实体特征定义实体间的关系;根据系统实体、实体属性、实体关系绘制空间 E-R 图;根据划分的标准和原则对 E-R 图进行优化综合,形成一个整体。

68.【C】知识点：空间数据结构

出处：《测绘综合能力体系和题解(上、下册)》12.2.2

解析：面积占优法赋值栅格数据单元属性值为面积最大者,常用于分类较细、图斑较小的栅格。

69.【D】知识点：空间分析方法

出处：《测绘综合能力体系和题解(上、下册)》12.3.2

解析：网络分析中的定位-配置分配分析根据中心地理论框架,通过对供给系统和需求系统两者的空间行为相互作用的分析,实现网络设施布局的最优化。

70.【C】知识点：地理数据

出处：《测绘综合能力体系和题解(上、下册)》12.2.5

解析：更新后成果整体精度应与原数据精度一致。

71.【D】知识点：地理数据

出处：《测绘综合能力体系和题解(上、下册)》12.2.5

解析：专题地理信息数据突出空间的某一种或几种专题要素,除了包括可见的、能测量的自然、社会、经济现象外,还反映人们看不见的和推算的各种专题现象;不仅显示专题内容的空间分布,也反映这些要素的特征以及它们之间的联系及发展。

72.【D】知识点：空间数据结构

出处：《测绘综合能力体系和题解(上、下册)》12.2.2

解析：元数据是对数据变化的描述,是数据的数据,是数据的说明表单资料。元数据用关系数据表描述空间数据集的内容、质量、表达方式、精度、空间参考系、管理方式、其他特征等。除了选项 D 都是属性数据。

73.【A】知识点：系统开发与集成

出处：《测绘综合能力体系和题解(上、下册)》12.5.1

解析：GIS 软件开发的准备工作有：明确 GIS 项目需求；明确 GIS 项目类型；明确 GIS 软件系统在项目中的角色,分析软件功能来选型。

74.【B】知识点：**GIS 工程标准化**

出处：《测绘综合能力体系和题解(上、下册)》12.7.1

解析：GIS 软件工程技术评价指标有可靠性和安全性、可扩展性、可移植性、系统效率。

75.【C】知识点：**导航电子地图产品制作**

出处：《测绘综合能力体系和题解(上、下册)》13.4

解析：在导航电子地图上显式的空间位置坐标、高程信息不得表达。

76.【B】知识点：**导航电子地图产品设计**

出处：《测绘综合能力体系和题解(上、下册)》13.2

解析：导航电子地图产品设计书编写流程:分析需求,设计产品开发范围、路线、关键点,产品规格设计,工艺路线设计,工具设计,测试验证设计,品质过程设计,风险控制设计,发布过程设计,汇总整理、组织评审。

77.【B】知识点：**系统总体设计**

出处：《测绘综合能力体系和题解(上、下册)》12.4.2

解析：互联网地图服务一般采用 B/S 模式,即浏览器—服务器模式。

78.【C】知识点：**系统总体设计**

出处：《测绘综合能力体系和题解(上、下册)》12.4.2

解析：确定数据库的物理结构主要包含确定需要存储的数据对象,数据存放位置,数据存储结构,数据存取方法,数据存储路径(主要是指如何建立索引),系统配置等。

79.【C】知识点：**在线地理信息系统运行和维护**

出处：《测绘综合能力体系和题解(上、下册)》14.3

解析：在线地理信息服务系统包括数据生产和管理(维护管理)、在线服务(服务发布)、运行维护监控(服务管理与用户管理)、应用(应用系统开发)四个层面。

80.【D】知识点：**在线地理信息数据**

出处：《测绘综合能力体系和题解(上、下册)》14.2

解析：信息检索包括 POI 索引和地址检索。地图瓦片是为了加快网络显示速度,按照一定级别分割电子地图的分块。AJAX 是一种用于创建快速动态网页的技术,通过在后台与服务器进行少量数据交换,AJAX 可以使网页异步更新,这意味着可以在不重新加载整个网页的情况下对网页的某部分进行更新。

二、多项选择题

81.【ACDE】知识点：**大地测量概述**

出处：《测绘综合能力体系和题解(上、下册)》3.1

解析：大地测量框架是大地测量系统的具体实现。大地测量系统包括坐标系统、重力系统、高程系统、深度基准。大地参考框架包括坐标框架、高程框架、重力框架。

82.【ABCE】知识点：**水准测量概述**

出处：《测绘综合能力体系和题解(上、下册)》3.10.1

解析：水准网的布设原则是从高级到低级,从整体到局部,逐级控制,逐级加密。

83.【BDE】知识点：**CORS 概述**

出处：《测绘综合能力体系和题解(上、下册)》3.8.1

解析：GNSS 连续运行基准站由基准站、数据中心、数据通信网络构成。

84.【ACE】知识点：**海图编辑设计**

出处：《测绘综合能力体系和题解(上、下册)》4.3.1

解析：海图三要素同地图三要素一样，也是数学要素、地理要素、整饰要素。

85.【BCD】知识点：**高层建筑施工实施**

出处：《测绘综合能力体系和题解(上、下册)》5.5.2

解析：轴线投测采用经纬仪，全站仪弯管目镜法，光学铅垂仪法，激光铅垂仪法等方法。

86.【ACD】知识点：**线路施工测量**

出处：《测绘综合能力体系和题解(上、下册)》5.7.3

解析：圆曲线的主要点有圆曲线的起点(直圆点)、中点(曲中点)、终点(圆直点)。选项 A、E 属于曲线要素，但不是圆曲线上的点。

87.【BCDE】知识点：**地下管线探查**

出处：《测绘综合能力体系和题解(上、下册)》5.10.2

解析：进行管线调查时，自流管道没有压力调查项目，以内底为准调查埋深，如污水管。压力管道没有流向调查项目，以外顶为准调查埋深，如给水管。

88.【ABCE】知识点：**建筑面积分摊**

出处：《测绘综合能力体系和题解(上、下册)》6.4.3

解析：成套房屋的套内面积由套内使用面积、套内墙体面积、套内阳台面积构成。套内使用面积包含套内楼梯面积、不包括在结构面积内的套内管井面积、内墙面装饰厚度面积。

89.【CE】知识点：**地籍图内容**

出处：《测绘综合能力体系和题解(上、下册)》7.4.1

解析：地籍要素包括界址点、界址线、地类、地籍号、地籍区(子区)界线、地籍区(子区)号、坐落、宗地号、土地使用者或所有者及土地等级等。

90.【BC】知识点：**边界协议书附图**

出处：《测绘综合能力体系和题解(上、下册)》8.4

解析：边界走向说明中的方向采用以真北方向为基准的 16 方位制，东南方位的角度范围为 $123°45'\sim146°15'$。

91.【CDE】知识点：**影像资料收集**

出处：《测绘综合能力体系和题解(上、下册)》10.3.1

解析：SPOT5 全色与多光谱空间分辨率分别为 2.5 m、5 m。

ASTER 传感器有 3 个谱段，空间分辨率分别为 15 m、30 m、90 m。

QuickBird 全色与多光谱空间分辨率分别为 0.61 m、2.44 m。

WorldView-1 全色空间分辨率为 0.5 m。

GeoEye-1 全色与多光谱空间分辨率分别为 0.41 m、1.65 m。

92.【BCE】知识点：**摄影测量和遥感类型**

出处：《测绘综合能力体系和题解(上、下册)》10.1.1

解析：模拟航空摄影采用机械化模拟测图仪来实现空三定向。计算机日益普及后,模拟空三改进为电算空三,采用电脑计算的数字投影是摄影测量的巨大技术进步,从此航空摄影测量进入了数学解析航空摄影测量时代。解析摄影测量时,影像源数据还有部分是胶片影像数字化产物,空三建模需要手动配准建立航带法平差模型,随着影像同名点自动配准、数字微分纠正、光束法空三加密等技术的完善和发展,航空摄影测量定位模型已经完全由电脑自动解算和建立,航空摄影进入了全数字时代。

93.【ACD】**知识点**：DLG 制作方法

出处：《测绘综合能力体系和题解(上、下册)》10.7.2

解析：采用航空摄影测量方法可为水库设计提供的资料有 DEM、DOM、DLG。选项 C 可以通过 DLG 得到。

94.【BCE】**知识点**：航摄区域网

出处：GB/T 7931—2008《1∶500、1∶1 000、1∶2 000 地形图航空摄影测量外业规范》3.6.1

解析：设计航外控制测量方案时,应收集的资料包括：航摄资料；基础控制点成果(包括水准资料)；各种地图资料,如相关的地形图、交通图、水利图、行政区划图、地名录等。

95.【ABC】**知识点**：普通地图编绘

出处：《测绘综合能力体系和题解(上、下册)》11.3.2

解析：综合等高线图形时应根据不同地区的地貌类型特点,正确表示山脊、山头、谷地、斜坡以及鞍部的形态特征。

一般情况下删除次要的负向地貌细部,但在概括刃脊、角峰、冰斗、凹地、盆地等的图形时,可删除次要的正向地貌细部。

为强调地貌特征,个别等高线可局部适当移位,但需注意避免等高线与附近的控制点和高程点之间出现矛盾。

相邻两条等高线间距不应小于 0.2 mm,不足时可以间断个别等高线,但不应成组断开。

等高线遇到房屋、窑洞、公路、双线表示的沟渠、冲沟、陡崖、路堤等符号时应断开。

96.【ABCE】**知识点**：制图综合

出处：《测绘综合能力体系和题解(上、下册)》11.3.1

解析：制图矛盾处理方法：点点冲突,移动低层次点状要素；点线冲突,隐去被压盖的线状要素；线面冲突,分解面状要素；线线冲突,隐去被压盖的低层次线状要素；点面冲突,分解面状要素为一个多边形加一个内含多边形。

97.【ACD】**知识点**：系统详细设计

出处：《测绘综合能力体系和题解(上、下册)》12.4.3

解析：详细设计时,模块设计要确定接口的输入、输出参数,并细化程序流程图用于编程,另外用户界面设计也属于详细设计工作。选项 B 属于体系设计的内容,选项 E 是干扰项。

98.【ABC】**知识点**：系统总体设计

出处：《测绘综合能力体系和题解(上、下册)》12.4.2

解析：软件结构设计主要是 C/S 模式和 B/S 模式的设计。

99.【**BE**】知识点：**系统总体设计**

出处：《测绘综合能力体系和题解(上、下册)》12.4.2

解析：GIS 系统可采用的安全技术有：网络安全和保密技术，应用系统安全技术，数据恢复、备份技术，用户管理技术等。

100.【**BCD**】知识点：**导航电子地图产品设计**

出处：《测绘综合能力体系和题解(上、下册)》13.2

解析：导航电子地图数据库规格设计内容包括：要素定义(描述设计对象的性质和内涵，并与现实世界建立明确的对应关系)；功能设计(明确要素在导航系统中所起的作用与用途)；模型设计(构建要素的存储结构，并设置与其他要素之间的逻辑关系)；采集制作的标准(科学合理地表达要素类别和拓扑模型)，故答案为 BCD。

15.4 2014 年注册测绘师综合能力试题及解析

15.4.1 综合能力试题

一、单项选择题(共 80 题，每题 1 分。每题的备选项中，只有 1 个最符合题意)

1. FG5 绝对重力仪的观测值是重力点的(   )。

    A. 重力差值   B. 重力垂线偏差   C. 重力加速度   D. 重力垂直梯度值

2. 使用全站仪等精度观测三角形的 3 个角，观测值分别为 $29°59'54''$、$60°00'06''$、$90°00'12''$，平差后 3 个角的值分别为(   )。

    A. $29°59'50''$、$60°00'02''$、$90°00'08''$ B. $29°59'52''$、$60°00'02''$、$90°00'06''$

    C. $29°59'48''$、$60°00'02''$、$90°00'10''$ D. $30°00'00''$、$60°00'00''$、$90°00'00''$

3. B 级 GPS 网观测时，3 个时段的数据利用率分别为 79.2%、85.0%、92.3%，按规范要求必须重测的时段数是(   )个。

    A. 0   B. 1   C. 2   D. 3

4. 《国家一、二等水准测量规范》规定，使用数字水准仪前应进行预热，预热至少为(   )次单次测量。

    A. 5   B. 10   C. 15   D. 20

5. 某大地点的大地高为 92.51 m、正高为 94.40 m、正常高为 94.26 m、大地水准面差距为 -1.89 m，则该点的高程异常是(   )m。

    A. -0.14 B. -1.75 C. 0.14   D. 1.75

6. 区域似大地水准面精化时，下列数据中不需要的是(   )。

    A. 区域沉降测量数据   B. 区域水准测量数据

    C. 区域数字高程模型数据   D. 区域 GPS 测量数据

7. 下列关于高斯坐标投影长度比的说法中，正确的是(   )。

    A. 与方向有关，与位置有关   B. 与方向有关，与位置无关

C. 与方向无关,与位置无关　　　　　　D. 与方向无关,与位置有关

8. 一、二等水准观测选用的尺台质量至少应为( )kg。

A. 3　　　　　　B. 4　　　　　　C. 5　　　　　　D. 6

9. 水网地区或经济发达地区一、二等水准路线的普通水准点应埋设的标石类型是( )。

A. 钢管水准标石　　　　　　　　　　B. 道路水准标石

C. 混凝土柱水准标石　　　　　　　　D. 墙角水准标志

10. 已知 A、B 两点间的坐标增量 ΔX_{AB} 为负,ΔY_{AB} 为正,则方位角 α_{BA} 所在象限为第( )象限。

A. 一　　　　　　B. 二　　　　　　C. 三　　　　　　D. 四

11. 1秒级经纬仪观测某角度(秒值)6个测回的成果如下所示,测回互差限差为 $5''$,则下列测量数据取舍的说法中正确的是( )。(6个测回的角度观测值:$26.15''$,$26.70''$,$25.55''$,$31.30''$,$24.60''$,$25.60''$)

A. 6个测回全部采用　　　　　　　　B. 舍去第4测回,重新补测至合格

C. 舍去第4、5测回,重新补测至合格　D. 舍去第3、4、5测回,重新补测至合格

12. 下列地球椭球参数中,2000国家大地坐标系与WGS-84坐标系数值不同的是( )。

A. 扁率　　　　B. 长半径　　　　C. 地心引力常数　　　D. 地球自转角速度

13. 用三角测量法布设海控点,布设中点多边形时已知边长最长为( )km。

A. 6　　　　　　B. 7　　　　　　C. 8　　　　　　D. 9

14. 各种比例尺海底地形图均采用( )分幅。

A. 经纬线　　　　B. 地形线　　　　C. 特征线　　　　D. 直角坐标线

15. 下列航行图的地理位置说明中正确的是( )。

A. 中国辽东半岛黄海　　　　　　　　B. 黄海辽东半岛中国

C. 中国黄海辽东半岛　　　　　　　　D. 辽东半岛黄海中国

16. 使用回声探测仪测量海水深度,在置信度为 95% 的条件下,海水深度处于 $30\sim50$ m 的区间时,测量极限误差最大为( )m。

A. ±0.3　　　B. ±0.4　　　C. ±0.5　　　D. ±1.0

17. 利用建筑方格网进行细部放样时,最高效的方法是( )。

A. 前方交会法　　B. 后方交会法　　C. 极坐标法　　　D. 直角坐标法

18. 在图根控制测量中,图根点相对于邻近等级控制点的点位中误差最大为图上( )mm。

A. ±0.05　　　B. ±0.10　　　C. ±0.15　　　D. ±0.20

19. 下列测量工作中,不属于一般市政工程测量工作的是( )。

A. 道路中线测量　B. 施工放样　　　C. 基础控制测量　　D. 纵横断面测量

20. 下列因素中,对某两期变形测量成果整体质量影响最大的是( )。

A. 基准点稳定性　B. 监测点位置　　C. 工作基点设置　　D. 监测点数量

21. 下列公式中,由两次重复测量较差计算单次测量中误差的是( )。

A. $m=\pm\sqrt{[vv]/(n-1)}$　　　　　　B. $m=\pm\sqrt{[vv]/3n}$

C. $m=\pm\sqrt{[\Delta\Delta]/n}$　　　　　　D. $m=\pm\sqrt{[\Delta\Delta]/2n}$

22. 由已知高程点经过 4 个测站水准测量测定未知点的高程,设已知点的高程中误差为 8 mm,每测站高差测量中误差为 2 mm,则未知点的高程中误差为( )mm(结果取至整数)。

　　A. ±9 　　　　　　 B. ±10 　　　　　　 C. ±12 　　　　　　 D. ±16

23. 现行规范规定,探查地下管线隐蔽管线点时,埋深限差要求为 $\pm 0.15h$,此处 h 指的是( )。

　　A. 探管仪的测程 　 B. 管线外径 　　　 C. 管线两端的高差 　 D. 管线中心的埋深

24. 与专业管线图相比,综合管线图的最大不同是( )。

　　A. 包含管线两侧的地形信息 　　　　　　 B. 包含管线的基本属性

　　C. 包含各种类型的管线 　　　　　　　　 D. 包含管线的图式图例

25. 下列关于 1∶500～1∶2 000 比例尺地形图中等高线测绘技术要求的说法中,错误的是( )。

　　A. 同一幅图只应采用一种基本等高距 　 B. 山顶、鞍部、凹地处应加绘示坡线

　　C. 等高线与图上的高程注记点之间应协调 D. 首曲线上高程注记的字头应朝向高处

26. 某施工放样工作总误差由控制点误差和放样作业误差两部分构成。按误差等影响"忽略不计原则",若放样作业误差为 ±18 mm,当控制点误差最大为( )mm 时,认为其对施工放样的影响可忽略不计。

　　A. ±2 　　　　　　 B. ±3 　　　　　　 C. ±6 　　　　　　 D. ±9

27. 下列测量方法中,可用于地下工程竖井平面联系测量的是( )。

　　A. 陀螺经纬仪定向法 　　　　　　　　　 B. GPS 定位法

　　C. 三角高程测量法 　　　　　　　　　　 D. 导线测量法

28. 下列测量作业方法中,基于前方交会原理的是( )。

　　A. 利用 GPS 测量测定地面点位 　　　　 B. 利用定位定姿数据进行航测成图

　　C. 利用检验场对航摄仪进行精密检校 　 D. 利用管线探测仪进行地下管线探测

29. 现行规范规定,房产测量末级相邻基本控制点的相对点位中误差最大为( )mm。

　　A. ±20 　　　　　　 B. ±25 　　　　　　 C. ±50 　　　　　　 D. ±75

30. 下列图形中,房廓线内房屋幢号标注正确的是( )。

　　A. [(1)　　] 　 B. [　　　　 (1)] 　 C. [(1)　　] 　 D. [　　　　　 (1)]

31. 下列房屋内部结构中,净高度达到 2.50 m 时需计算全部建筑面积的是( )。

　　A. 房屋内的设备夹层 　　　　　　　　　 B. 房屋内的操作平台

　　C. 厂房内的上料平台 　　　　　　　　　 D. 大型水箱构架

32. 依据建筑设计图纸进行房屋面积测算时,下列关于其结果的说法中正确的是( )。

　　A. 无错误,可能有误差 　　　　　　　　 B. 可能有错误,无误差

　　C. 无错误,无误差 　　　　　　　　　　 D. 可能有错误,可能有误差

33. 按现行的规范,街坊外围界址点相对于邻近控制点点位误差的最大允许值为( )cm。

　　A. ±5 　　　　　　 B. ±10 　　　　　　 C. ±15 　　　　　　 D. ±20

34. 某地籍图上房屋注记为"304""405",该注记中数字"3""4"代表的

305	406

是( )。

  A. 房屋层数   B. 房屋产别   C. 房屋类别   D. 房屋结构

35. 编号为6的宗地分割为6-1、6-2两块宗地,其中6-2号宗地再次分割为三块宗地,则其中编号数字最小的宗地编号为( )。

  A. 6-2-1   B. 6-3-1   C. 6-2   D. 6-3

36. 采用图解法量算宗地面积时,面积量算采用二级控制,用于首级控制的面积是( )。

  A. 宗地丈量面积 B. 街坊平差面积 C. 图幅理论面积 D. 街道统计面积

37. 省级以下行政区边界地形图应采用的比例尺为( )。

  A. 1∶10 000 B. 1∶25 000 C. 1∶50 000 D. 1∶100 000

38. 在边界地形图上绘制边界主张线时,下列说法中正确的是( )。

  A. 主张线应采用0.3 mm的虚线绘制 B. 主张线颜色统一采用红色

  C. 主张线可压盖图上任何要素 D. 主张线由相邻两行政区域之一绘制

39. 根据现行的测绘航空摄影规范,采用航测法生产地物点精度达到±0.5 m的地形图时,航摄设计用图比例尺为( )。

  A. 3.513 888 889 B. 1∶10 000 C. 1∶50 000 D. 1∶100 000

40. 在中等城市进行航摄,要求阴影倍数小于1,则对应的太阳高度角最小为( )。

  A. 20°   B. 30°   C. 45°   D. 60°

41. 下列参数中,与像点位移无关的是( )。

  A. 飞行速度 B. 曝光时间 C. 地面分辨率 D. 绝对航高

42. 采用IMU/GPS辅助航摄时,机载GPS接收机的数据采样间隔最大为( )s。

  A. 1   B. 2   C. 5   D. 10

43. 为分析某地2014年9月的土地利用状况,需利用卫星遥感影像数据制作地面分辨率为1m的彩色正射影像图,下列数据中可优先利用的是( )。

  A. 2014年8月获得的SPOT5全色和多光谱影像数据

  B. 2014年8月获得的IKONOS全色和多光谱影像数据

  C. 2014年9月获得的QuickBird多光谱影像数据

  D. 2014年9月获得的资源三号全色影像数据

44. 规范规定,丘陵地区基本等高距为1 m的1∶2 000数字航空摄影测量成图项目,像控点高程中误差最大为( )m。

  A. ±0.1   B. ±0.25   C. ±0.33   D. ±0.5

45. 规范将像片调绘面积界线统一规定为右、下为直线,左、上为曲线,其主要目的是( )。

  A. 保持适当的调绘重叠   B. 不产生调绘漏洞

  C. 不分割重要地物   D. 保持调绘片美观

46. 在航空摄影测量中,利用定位定姿系统可以直接获取的参数是( )。

  A. 影像曝光时的外方位元素   B. 航摄仪的内方位元素

  C. 空三加密点的量测坐标   D. 地面控制点的三维坐标

47. 航空摄影测量绝对定向的基本任务是( )。

A. 实现两个影像上同名点的自动匹配　　B. 恢复两个影像间的位置和姿态关系

C. 将立体模型纳入地图测量坐标系统　　D. 消除由于影像倾斜产生的像点位移

48. 某项目采用高精度检测方法对1∶10 000数字正射影像图的平面位置精度进行检测,当某检测点的较差超过允许中误差的(　　)倍时,将该点视为粗差点。

A. $\sqrt{2}/2$ 　　　　B. 1 　　　　C. $\sqrt{2}$ 　　　　D. 2

49. 采用数字摄影测量方法制作1∶5 000数字高程模型时,对采集的双线河水涯线高程的正确赋值方法是(　　)。

A. 取上下沿水位高程的均值统一赋值

B. 依据上下沿水位高程分段内插赋值

C. 按高程空白区处理,赋予高程值-9 999

D. 按高程推测区处理,分别赋予最大值、最小值

50. 下列因素中,对利用机载激光扫描数据生成数字高程模型的质量影响最显著的是(　　)。

A. 点云数据的密度　　　　　　　　B. 点云数据的平面密度

C. 点云数据的坐标系　　　　　　　D. 点云数据的存储方式

51. 采用航空摄影测量方法制作1∶2 000数字线划图时,先进行立体测图,再进行调绘的作业模式属于(　　)模式。

A. 全野外 　　　B. 全室内 　　　C. 先外后内 　　　D. 先内后外

52. 下列指标中,最能反映三维建筑物模型数据产品基本特征的是(　　)。

A. 几何精度 　　　B. 属性精度 　　　C. 纹理 　　　D. 细节层次

53. 在遥感影像计算机自动分类中,主要根据像元间相似度进行归类合并的方法属于(　　)。

A. 监督分类法 　　B. 非监督分类法 　　C. 目标分类法 　　D. 层次分类法

54. 下式为数字摄影测量成果质量检验中计算涉及错误率的质量元素得分值的公式,其中 r_0 指的是(　　)。

$$S = \begin{cases} 60 + \dfrac{40(r_0 - r)}{r_0}, & r_0 > 0 \text{ 且 } r \leqslant r_0 \\ 100, & r_0 = 0 \end{cases}$$

A. 错误率均值 　　B. 错误率检测值 　　C. 错误率限值 　　D. 错误率实际值

55. 在国家基本比例尺地形图中,从某一级比例尺地形图开始,铁路改用半依比例尺单线符号表示,该级比例尺是(　　)。

A. 1∶10万 　　　B. 1∶25万 　　　C. 1∶50万 　　　D. 1∶100万

56. 在大比例尺地形图上,烟囱的符号类别属于(　　)。

A. 依比例尺符号 　　B. 半依比例尺符号 　　C. 象形符号 　　D. 几何符号

57. 在我国范围内,下列地图中选用双标准纬线正轴圆锥投影的是(　　)。

A. 近海航行图　　　　　　　　　　B. 省级政区地图

C. 大比例尺普通地图　　　　　　　D. 导航电子地图

58. 在专题地图表示方法中,反映不连续面状分布现象,用轮廓线表示其分布区域,用符号

或颜色区分其质量特征的方法称为(　　)。

  A. 质底法   B. 线状符号法   C. 范围法   D. 分区统计图法

59. 地形图符号由两个基本要素构成,一个是图形,另一个是(　　)。

  A. 色彩   B. 大小   C. 结构   D. 线型

60. 设计地图集时,一般要确定页码和印张数量,1个标准印张折叠成标准8开本后相当于(　　)个页码。

  A. 4   B. 8   C. 16   D. 32

61. 下列地理要素中,属于地形图上的地貌要素的是(　　)。

  A. 戈壁滩   B. 沙地   C. 沼泽地   D. 冲沟

62. 我国的地图按照图上表示的内容可分为(　　)。

  A. 系列地图和地图集   B. 人文地图和自然地图

  C. 普通地图和专题地图   D. 地形图和非地形图

63. 下列指标中,不属于GIS系统技术评价指标的是(　　)。

  A. 系统效率   B. 可移植性   C. 可扩展性   D. 技术服务

64. 基于地理信息公共服务平台的GIS应用开发中,最主要的开发成本为(　　)。

  A. 地理信息数据生产   B. GIS基础软件平台采购

  C. 应用软件系统开发   D. 软件质量控制

65. 下列GIS系统需求规格说明项中,属于性能需求的是(　　)。

  A. 软件接口   B. 数据类型   C. 数据精确度   D. 故障处理

66. 在获取栅格数据时,能提高精度、减少信息损失的办法是(　　)。

  A. 增大栅格单元面积   B. 减小栅格单元面积

  C. 改变栅格形状   D. 减少栅格总数

67. 下列图形对象中,具有拓扑关系的是(　　)。

  A. ∧   B. ___   C. ◆   D. •

68. 与一般的数据库相比,地理信息数据库的显著特征是具有(　　)。

  A. 关系数据模型 B. 层次数据模型 C. 空间数据模型 D. 网状数据模型

69. 在地理信息公共服务平台体系的层次中,平台门户网站属于(　　)。

  A. 运行支撑层   B. 数据层   C. 应用层   D. 服务层

70. 在1:1万比例尺基础地理信息数据中,政区与境界实体的最小粒度为(　　)。

  A. 县   B. 乡镇   C. 村   D. 组

71. 下列专题数据中,可用于更新GIS系统基础空间数据的是(　　)。

  A. 政区专题数据 B. 环保专题数据 C. 气象专题数据 D. 地震专题数据

72. 下列数据库平台中,支持非关系型数据库的是(　　)。

  A. DB2   B. DB4o   C. Sybase   D. Oracle

73. 下列GIS软件测试方法中,一般由代码编写者自己完成的是(　　)。

  A. 单元测试   B. 回归测试   C. Alpha测试   D. Beta测试

74. GIS中地理编码的作用是(　　)。

  A. 对实体目标进行分类编码   B. 实现非空间信息的空间化

C. 建立空间数据的拓扑关系　　　　　　　D. 建立实体数据与元数据的关系

75. 下列道路属性中,不属于导航电子地图数据道路基本属性的是(　　)。

A. 道路通行方向　　B. 道路种别　　　　C. 道路功能等级　　D. 道路材质

76. 下列数据中,不得出现在导航电子地图上的是(　　)。

A. 道路网数据　　　B. 企事业单位数据　C. 水系、植被数据　D. 通信设施数据

77. 导航电子地图产品资信的质量元素是(　　)。

A. 安全保密性和数据合法性　　　　　　　B. 数据合法性和资质合法性

C. 安全保密性和出版合法性　　　　　　　D. 资质合法性和出版合法性

78. 网络电子地图平台的第三方矢量数据加载功能属于(　　)。

A. 地图引擎功能　　　　　　　　　　　　B. 后台信息数据库功能

C. 数据更新功能　　　　　　　　　　　　D. 网站管理功能

79. 我国网络电子地图的地图瓦片分块的起始点是(　　)。

A. 西经 180°、北纬 0°　　　　　　　　　B. 东经 180°、北纬 90°

C. 东经 180°、北纬 0°　　　　　　　　　D. 西经 180°、北纬 90°

80. 用于地理信息公共服务平台的电子地图数据中,第 20 级数据使用的数据源比例尺可以是(　　)。

A. 1∶1 000　　　B. 1∶2 000　　　C. 1∶5 000　　　D. 1∶10 000

二、多项选择题(共 20 分,每题 2 分。每题的备选项中,有 2 个或 2 个以上符合题意,至少有 1 个错项。错选,本题不得分;少选,所选的每个选项得 0.5 分)

81. 下列误差中,与 GPS 接收机有关的包括(　　)。

A. 多路径效应误差　　　B. 接收机钟差　　　　　　C. 星历误差

D. 电离层传播误差　　　E. 天线相位中心偏移导致的误差

82. 下列基准中,属于大地测量基准的有(　　)。

A. 长度基准　　　　　　B. 高程基准　　　　　　　C. 重力基准

D. 时间系统　　　　　　E. 坐标基准

83. 下列检验工作中,首次用于卫星大地控制网观测的 GPS 仪器需进行的包括(　　)。

A. 零基线检验　　　　　B. 天线相位中心稳定性检验　C. 短基线检验

D. 长短基线对比观测　　E. 仪器内置软件性能检验

84. 海道测量的主要任务包括(　　)。

A. 获取海底地貌　　　　B. 获取底质情况　　　　　C. 监测海床变化

D. 海岸地形测量　　　　E. 海水水深测量

85. 下列测量工作,属于建筑工程施工阶段的测量工作的有(　　)。

A. 立面测绘　　　　　　B. 点位放样　　　　　　　C. 高程传递

D. 剖面测量　　　　　　E. 轴线测设

86. 下列检验内容中,属于 1∶500、1∶1 000、1∶2 000 比例尺数字线划图质量检验详查的有(　　)。

A. 仪器检定的符合性　　　　　　　　　　B. 等高线高程中误差

C. 数据分层的正确性、完备性　　　　　　D. 地理要素的完整性和规范性

E. 图根控制测量方法的符合性

87. 下列工作内容中,不属于变形测量物理解释的有(　　)。

A. 对基准点的稳定性进行分析　　　B. 确定变形与变形原因间的关系

C. 对监测点的变化情况进行分析　　D. 对观测数据的可靠性进行评估

E. 对各期观测数据进行统一平差

88. 下列测量工作中,属于一般工程测量业务的有(　　)。

A. 控制测量　　　　　B. 地形测量　　　　　C. 权属调查

D. 放样测量　　　　　E. 竣工测量

89. 下列工作中,属于房产测绘作业的内容的有(　　)。

A. 测量房产界址点　　　B. 测量房屋内部尺寸　　　C. 绘制房屋登记用图

D. 计算专有共有面积　　E. 办理房屋交易登记

90. 在开展地籍测绘工作之前,核实权属调查资料的工作主要包括(　　)。

A. 查询测区范围内已有的控制成果　　B. 接收各类权属调查原始资料

C. 核实宗地界址点编号的正确性　　　D. 核实房屋单元划分与编号的正确性

E. 查对各类行政界线、境界资料

91. 下列界桩号中,表示同号三立界桩的有(　　)。

A. 3132001B　　　　B. 3233001B　　　　C. 4243105D

D. 3536003E　　　　E. 3334002Q

92. 与常规航摄相比,低空无人机航摄的主要优点包括(　　)。

A. 降低摄影测量工作成本　　B. 减少对天气的依赖　　　C. 提高航摄质量

D. 提高航摄灵活性　　　　　E. 提高航摄工作效率

93. 下列情形中,利用摄影测量制作大比例尺数字线划图时应进行野外补测的有(　　)。

A. 航摄出现绝对漏洞　　B. 图幅跨投影带接边　　　C. 居民地变化较大

D. 影像中有大片阴影　　E. 要素拓扑关系不正确

94. 应用数字摄影测量系统制作数字高程模型的主要工作包括(　　)。

A. 影像定向　　　　　B. 特征点、线采集　　　　C. 影像纠正

D. 影像融合　　　　　E. 数据编辑

95. 下列措施中,能提高遥感影像解译质量的有(　　)。

A. 使用分辨率更高、波谱范围更广的遥感影像数据

B. 利用定位定姿数据对影像进行纠正

C. 使用高精度地面控制点进行空中三角测量

D. 使用高效、可靠的影像处理算法

E. 利用丰富的辅助资料和数据

96. 下列因素中,可以作为地图集设计依据的有(　　)。

A. 性质　　　　　　　B. 开本　　　　　　　C. 页码

D. 用途　　　　　　　E. 资料

97. 中、小比例尺地图缩编,用图形符号表示居民地时,符合制图综合技术要求的居民地选取方法有(　　)。

A. 优选法　　　　　B. 定额法　　　　　C. 分配法

D. 随机法　　　　　E. 资格法

98. 矢量要素空间关系的基本类型包括(　　)。

A. 度量关系　　　　B. 相关关系　　　　C. 耦合关系

D. 方向关系　　　　E. 拓扑关系

99. 矢量数据空间分析的基本方法包括(　　)。

A. 包含分析　　　　B. 缓冲分析　　　　C. 聚类分析

D. 叠置分析　　　　E. 窗口分析

100. 公众版地理框架数据包括(　　)。

A. 地名地址数据　　B. 行政界线数据　　C. 街景影像数据

D. 地下管网数据　　E. 大地控制网数据

15.4.2　答案及解析

一、单项选择题

1.【C】知识点：**重力测量概述**

出处：《测绘综合能力体系和题解(上、下册)》3.11.1

解析：绝对重力测量是测定重力加速度绝对值的方法。

2.【A】知识点：**测量误差**

出处：《测绘综合能力体系和题解(上、下册)》2.1.1

解析：由于 3 个内角是等精度观测，所以三角形简易平差按反号平均分配。

3.【C】知识点：**GNSS 控制网数据处理**

出处：《测绘综合能力体系和题解(上、下册)》3.9.6

解析：同一时段观测值数据剔除率不得高于 10%。数据剔除率指在同一时段中，删除的观测值个数与获取的观测值总数的比值。数据可利用率是外业采集的合格数据与数据总数的比值。数据剔除率是在外业数据粗查合格的基础上主动删除的这一时段不合格的基线观测数据量与观测值总数的比值。本题指出 3 个时段，故指的是剔除率，选 C。

4.【D】知识点：**水准观测要求**

出处：《测绘综合能力体系和题解(上、下册)》3.10.5

解析：水准测量前 30 min 仪器应放于露天阴影下，用测伞遮阳；搬站时盖仪器罩；数字水准仪要预热不少于 20 次单次测量。

5.【B】知识点：**高程框架**

出处：《测绘综合能力体系和题解(上、下册)》3.4.3

解析：高程异常＝大地高－正常高＝92.51－94.26＝－1.75 m。

6.【A】知识点：**似大地水准面精化流程**

出处：《测绘综合能力体系和题解(上、下册)》3.12.2

解析：区域似大地水准面精化是根据区域水准测量数据和区域 GPS 测量数据求得高程异常控制网，利用 DEM(区域数字高程模型数据)进行重力空间改正，和重力测量数据、重力场模型一起获得高精度高程异常模型，搭建高程框架的工作。

7.【D】知识点：数学基础

出处：《测绘综合能力体系和题解(上、下册)》11.1.4

解析：等角投影也叫正形投影,某点的长度比随位置变化,不随方向变化,在原面上和投影面上保持了图形相似性,投影后角度不变形,等角投影的经纬线必定正交。

8.【C】知识点：水准观测要求

出处：《测绘综合能力体系和题解(上、下册)》3.10.5

解析：一、二等水准观测应根据路线、土质选用尺桩(尺桩质量不轻于 1.5 kg,长度不短于 0.2 m)或尺台(尺台质量不轻于 5 kg,所用尺桩数不少于 4 个),特殊地段可采用大帽钉作为转点尺承。

9.【B】知识点：水准测量选点埋石

出处：《测绘综合能力体系和题解(上、下册)》3.10.3

解析：水网地区或经济发达地区的普通水准点埋设道路水准标石。

10.【D】知识点：高斯平面归算

出处：《测绘综合能力体系和题解(上、下册)》3.5.3

解析：平面直角坐标系是大地坐标系经过投影转换而成的,便于实际应用。我国主要采用高斯平面直角坐标系。在测量中,平面直角坐标系以纵轴为 X 轴、横轴为 Y 轴,象限按顺时针方向排列。与此相反,笛卡儿坐标系从横轴起按逆时针方向排列象限。

11.【B】知识点：水平角测量

出处：《测绘综合能力体系和题解(上、下册)》3.7.4

解析：观测值呈孤值指某个观测值明显偏离其他观测值,应重测该测回。本题中第 4 测回和第 5 测回较差 $=31.30''-24.60''=6.70''$,超限,第 5 测回和其他测回互差没有超限,故第 4 测回为孤值,需重测。

12.【A】知识点：坐标系统

出处：《测绘综合能力体系和题解(上、下册)》3.2.3

解析：CGCS 2000 实际上是 ITRF 1997 框架在我国的加密和实现。CGCS 2000 的椭球常数除地心引力常数外,其他与 GRS 80 相同,与 WGS-84 在短半轴和扁率上有微小差别,基本可以直接使用。

13.【C】知识点：海洋控制测量

出处：GB 12327—1998《海道测量规范》5.1.12

解析：用三角测量法布设海控点,布设中点多边形或线形锁时,已知边长不应大于 8 km。这是已经过时的规范内容,在实际生产中三角测量法几乎已经不用了。

14.【A】知识点：海底地形图制作

出处：《测绘综合能力体系和题解(上、下册)》4.3.4

解析：各种比例尺图均采用经纬线分幅,基本比例尺图以 1：100 万为基础分幅。

15.【C】知识点：海图编辑设计

出处：《测绘综合能力体系和题解(上、下册)》4.3.1

解析：航行图的地理位置说明应取海名及著名的岛、群岛、半岛、湾等名称,名称前加注所属国国名,如中国黄海辽东半岛。

16.【C】知识点：**水深测量**

出处：《测绘综合能力体系和题解(上、下册)》4.2.6

解析：测深范围为 $30 < Z \leqslant 50$，测深限差为 ± 0.5 m。

17.【D】知识点：**建筑施工放样方法**

出处：《测绘综合能力体系和题解(上、下册)》5.5.3

解析：直角坐标法是利用已有的直角坐标系采用坐标增量支距法来测设位置，适用于放样点距离控制点不大于 100 m 时，优点是方便快捷。

18.【B】知识点：**工程测图实施方法**

出处：《测绘综合能力体系和题解(上、下册)》5.3.3

解析：图根点相对于基本控制点的点位中误差不超过图上 ± 0.10 mm，高程中误差不超过 1/10 基本等高距。

19.【C】知识点：**市政工程测量**

出处：《测绘综合能力体系和题解(上、下册)》5.8.3

解析：基础控制测量属于基础测绘的内容，其他选项都属于市政工程测量的内容。

20.【A】知识点：**变形监测数据处理分析**

出处：《测绘综合能力体系和题解(上、下册)》5.12.4

解析：四个选项对测绘成果质量都会有影响，其中影响最大的是基准点稳定性。

21.【D】知识点：**中误差相关计算**

出处：《测绘综合能力体系和题解(上、下册)》2.2.2

解析：选项 A 是观测个数有限时的中误差公式；选项 B 是费列罗公式；选项 C 是由真误差求中误差的公式；选项 D 是由两次重复测量较差计算单次测量中误差的公式。

22.【A】知识点：**误差传播率**

出处：《测绘综合能力体系和题解(上、下册)》2.2.1

解析：根据误差传播率，$m = \pm\sqrt{8^2 + (\sqrt{4} \times 2)^2} = \pm 8.94$ mm。

23.【D】知识点：**地下管线测量概述**

出处：《测绘综合能力体系和题解(上、下册)》5.10.1

解析：地下管线隐蔽管线点的探查精度：位置限差为 $0.1h$，埋深限差为 $0.15h(h$ 为管线中心的埋深，小于 1 m 时按 1 m 计)。

24.【C】知识点：**地下管线测量概述**

出处：《测绘综合能力体系和题解(上、下册)》5.10.1

解析：综合管线图包含所有管线，专业管线图只含有专业管线。

25.【D】知识点：**工程测图实施方法**

出处：《测绘综合能力体系和题解(上、下册)》5.3.3

解析：地形图上只有计曲线注记高程，首曲线不注记高程。同一幅图宜采用一种基本等高距，而不是只应。D 不对，A 也有问题。

26.【C】知识点：**工程控制网设计**

出处：《测绘综合能力体系和题解(上、下册)》5.2.2

解析："忽略不计原则"：当几个中误差中某一个中误差的影响小于另一个中误差的影

响的 1/3 时,可以忽略不计。

27.【A】知识点:**联系测量**

出处:《测绘综合能力体系和题解(上、下册)》5.9.4

解析:平面联系测量一般采用几何(竖井)定向法、陀螺经纬仪定向法。

28.【B】知识点:**影像定位**

出处:《测绘综合能力体系和题解(上、下册)》10.2.2

解析:选项 D 和测量无关,可排除。选项 A、C 为后方交会的内容。前方交会是在已知位置上测量未知位置的空间几何数据的方法,选项 B 是已知外方位元素去求未知的地面点坐标,故选 B。

29.【B】知识点:**房产测绘控制测量**

出处:《测绘综合能力体系和题解(上、下册)》6.3.1

解析:房产平面控制精度要求:最末等级房产基本控制网相邻控制点间相对点位中误差不大于±2.5 cm,最大误差不超过±5 cm。

30.【C】知识点:**房屋调查**

出处:《测绘综合能力体系和题解(上、下册)》6.2.2

解析:幢号以丘为单位,自大门起,从左到右,从前到后,按 S 形编号,幢号标注在房廓线内左下角,并加括号表示。在他人用地范围内所建的房屋,在幢号后面加编房产权号 A。多户共有的房屋,在幢号后面加编共有权号 B。幢号是以丘为单元,按进门的感官视觉习惯编号,与丘号的编制顺序不同。

31.【A】知识点:**面积计算原则**

出处:《测绘综合能力体系和题解(上、下册)》6.4.2

解析:房屋内的夹层、技术层及其梯间、电梯间等层高在 2.20 m 以上的部位应计算全部建筑面积。选项 B、C、D 均不计算建筑面积。

32.【D】知识点:**面积测算方法**

出处:《测绘综合能力体系和题解(上、下册)》6.4.1

解析:房屋面积测算是根据经规划部门审核的设计图纸,对房屋进行图纸数据采集,获取房屋面积数据的过程。预测绘的时候房产还未竣工,不存在测量误差,但在预测绘过程中可能存在制图过程粗差、小数位数误差、计算机制图软件算法不一致误差等。

33.【B】知识点:**地籍界址点测量**

出处:《测绘综合能力体系和题解(上、下册)》7.3.2

解析:街坊外围界址点即明显界址点,采用一级界址点标准。其相对于邻近控制点点位误差的最大允许值为±10 cm。

34.【D】知识点:**分丘图**

出处:《测绘综合能力体系和题解(上、下册)》6.5.2

解析:《地籍测绘规范》与《房产测量规范》一样,房屋注记后 3 位为结构和层次,不表示产别。

35.【D】知识点:**日常土地权属调查**

出处:《测绘综合能力体系和题解(上、下册)》7.6.1

解析: 新的《地籍调查规程》规定宗地合并后要在编号区的最大号后续编,老的规定是在最小号后编支号。此题使用了废弃的规范,故作废。

36.【C】**知识点:地籍量算方法**

出处:《测绘综合能力体系和题解(上、下册)》7.5.1

解析: 采用图解法时宜采用二级控制,首先以图幅理论面积为首级控制,将闭合差(图幅理论面积和各街坊及其他面积之和的差)按比例分配,再控制街坊内各宗地面积。采用实测解析法测算的宗地面积只参加闭合差的计算,不参加闭合差的配赋。

37.【A】**知识点:界线测量概述**

出处:《测绘综合能力体系和题解(上、下册)》8.1

解析: 省级行政区选用 $1:5$ 万和 $1:10$ 万比例尺,省级以下采用 $1:1$ 万,地物稀少地区可以适当缩小比例尺,地物稠密地区可以适当放大比例尺。

38.【C】**知识点:边界调查**

出处:《测绘综合能力体系和题解(上、下册)》8.2.1

解析: 边界主张线图:将各自的主张线编绘在边界情况图上。两边的主张线分别用红、蓝色的 0.3 mm 实线绘出,可以压盖图上其他任何要素。

39.【B】**知识点:航空摄影设计分析**

出处:《测绘综合能力体系和题解(上、下册)》9.3.1

解析: 数字航空摄影测量地物点的精度为图上 ± 0.5 mm,故地物点精度为 ± 0.5 m 的地形图比例尺为 $1:1\,000$,航摄设计用图比例尺为 $1:1$ 万。

40.【C】**知识点:航空摄影设计分析**

出处:《测绘综合能力体系和题解(上、下册)》9.3.1

解析: 在中等城市进行航摄,太阳高度角最小为 $45°$。

41.【D】**知识点:航空摄影质量控制**

出处:《测绘综合能力体系和题解(上、下册)》9.5.1

解析: 像点位移=(飞行速度×曝光时间)/地面分辨率,地面分辨率与相对航高有关,和绝对航高没有必然联系。

42.【A】**知识点:空三测量实施**

出处:《测绘综合能力体系和题解(上、下册)》10.6.4

解析: 采用 IMU/GPS 辅助航摄时,机载 GPS 接收机的数据采样间隔最大为 1 s。

43.【B】**知识点:影像资料收集**

出处:《测绘综合能力体系和题解(上、下册)》10.3.1

解析: 选取合适的卫星遥感影像考虑三个因素要符合制作彩色正射影像图的要求,即现势性、分辨率、数据种类。卫星遥感全色影像比多光谱影像分辨率高。综合来说选项 B 最合适。

44.【A】**知识点:像控点布设**

出处:《测绘综合能力体系和题解(上、下册)》10.4.2

解析: 丘陵地区基本等高距为 1 m 的 $1:2\,000$ 数字航空摄影测量成图项目,像控点高程中误差最大为 ± 0.1 m。

45. 【B】知识点：**影像调绘**

出处：《测绘综合能力体系和题解(上、下册)》10.5.1

解析：为了避免产生调绘漏洞,规定要留重叠带。

46. 【A】知识点：**空三测量实施**

出处：《测绘综合能力体系和题解(上、下册)》10.6.4

解析：POS 系统由差分 GPS 和惯性量测单元 IMU 两部分组成,其中差分 GPS 可以获得飞行瞬间的 3 个角元素,而惯性量测单元 IMU 可以获得曝光瞬间的 3 个线元素,因此带 POS 系统飞行,一次性就获得 6 个外方位元素,大大提高了航摄效率。

47. 【C】知识点：**影像定位**

出处：《测绘综合能力体系和题解(上、下册)》10.2.2

解析：绝对定向是在相对定向的基础上,利用地面控制点解算 7 个绝对定向元素,把像片坐标系归化到地面摄影坐标系的过程。

48. 【D】知识点：**DOM 质量控制和成果整理**

出处：《测绘综合能力体系和题解(上、下册)》10.9.3

解析：对数字正射影像图的平面位置精度进行检测,当检测点的较差超过允许中误差的 2 倍时,将该点视为粗差点。

49. 【B】知识点：**DEM 质量控制和成果整理**

出处：《测绘综合能力体系和题解(上、下册)》10.8.3

解析：DEM 赋值时,静止的水体范围内的 DEM 高程值应一致,流动水域的 DEM 高程值应自上而下平缓过渡,关系合理,依据上下沿水位高程分段内插赋值。达不到规定的高程精度要求的区域应划为 DEM 高程推测区。空白区域的格网应赋予高程值－9 999。

50. 【A】知识点：**三维模型制作方法**

出处：《测绘综合能力体系和题解(上、下册)》10.11.2

解析：机载激光雷达产生的点云是以离散、不规则的方式分布在三维空间中的点的集合。点云密度是单位面积内点的数量,由于激光点云具有海量的特点,生成 DEM 时必须首先抽稀,使 DEM 既美观又具有足够高的精度。

51. 【D】知识点：**影像调绘**

出处：《测绘综合能力体系和题解(上、下册)》10.5.1

解析：以人工作业为主的三维立体测图分为先内后外测图方式、先外后内测图方式、内外调绘采编一体化测图方式。题目所述的先立体测图后外业调绘属于先内后外的方式。一般采取先内后外法采集影像上所有可见的地物要素,由内业定位、外业定性,按规定图层赋要素代码。对把握不准的要素只采集可见部分,未采集处或采集不完整处用红线圈出范围,由外业补调。

52. 【C】知识点：**三维建模概述**

出处：《测绘综合能力体系和题解(上、下册)》10.11.1

解析：按规范规定,三维建筑物模型按细节层次分为 LOD1～LOD4 四个等级,是最直接反映三维建筑物模型特征的指标。

53. 【B】知识点：**遥感概述**

出处:《测绘综合能力体系和题解(上、下册)》10.2.3

解析:自动分类包括非监督分类和监督分类。

(1)非监督分类一般包括影像分析、分类器选择与优化、影像分类、类别定义与类别合并、分类后处理、结果验证,是以不同影像地物在特征空间中的类别特征差别为依据的一种无先验类别标准的图像分类方法,是以集群为理论基础,通过计算机对图像进行集聚统计分析的方法。

(2)监督分类一般包括类别定义与特征判别、训练样本选择、分类器选择与优化、影像分类、分类后处理、结果验证,是采用分类标准样板作为计算机分类的训练基准技术,即具有先验知识的分类方法。

54.【C】知识点:**DLG 质量控制和成果整理**

出处:GB/T 18316—2008《数字测绘成果质量检查与验收》

解析:从公式中可以看出,r 越小,分数越高,故 r 为错误率,与错误率相比较的是限值。故选 C。

55.【B】知识点:**基本比例尺地形图编绘**

出处:GB/T 20257.4—2007《国家基本比例尺地图图式　第 4 部分:1:250 000　1:500 000　1:1 000 000 地形图图式》4.4.1

解析:在 1:10 万基本比例尺地形图上,要求铁路用双线符号表示;在 1:25 万基本比例尺地形图上,要求铁路用半依比例尺单线符号表示。

56.【C】知识点:**地图语言**

出处:《测绘综合能力体系和题解(上、下册)》11.1.2

解析:象形符号是用图形来代表物体或概念的符号。线状符号在一个延伸方向上有定位意义,而不管其宽度,一般以半依比例尺符号表示,长度依比例尺表示,宽度不依比例尺表示,如单线河等。几何符号是由基本几何图形构成的简单地图符号。

57.【B】知识点:**地图设计基础**

出处:《测绘综合能力体系和题解(上、下册)》11.2.1

解析:我国分省地图常采用正轴等角割圆锥投影(必要时也可采用等面积和等距离圆锥投影)或宽带高斯-克吕格投影(经差可达 9°)。

58.【C】知识点:**地图表达方式设计**

出处:《测绘综合能力体系和题解(上、下册)》11.2.2

解析:范围法又叫面积法,用于表示间断分布的面状对象,如森林、沼泽、某种农作物分布等。其按范围界限分为精确范围法和概略范围法两种。

59.【A】知识点:**地图语言**

出处:《测绘综合能力体系和题解(上、下册)》11.1.2

解析:地形图符号由两个基本要素构成,即图形和色彩。

60.【B】知识点:**地图设计基础**

出处:《测绘综合能力体系和题解(上、下册)》11.2.1

解析:印刷时 1 个标准印张为 1 张单面全开纸,1 全张标准纸张有正反 2 个标准印张。

61.【D】知识点:**地图表达方式设计**

出处:《测绘综合能力体系和题解(上、下册)》11.2.2

解析:地貌即地球表面各种形态的总称,也能称为地形,表示的是地面的起伏情况,地貌要素是地貌形态的各个组成部分。地貌要素反映地貌的形态特征,表示地貌的类型和分布特点,显示地面起伏效果。地貌符号用来表示微地貌,补充等高线的不足,如独立微地貌(山洞、火山口等)、激变地貌(冲沟、滑坡等)。选项 A、B、C 属于地表地物,不属于地貌要素。

62.【C】知识点:**地图特征**

出处:《测绘综合能力体系和题解(上、下册)》11.1.1

解析:地图按表示的内容分为专题地图和普通地图。

63.【D】知识点:**GIS 工程标准化**

出处:《测绘综合能力体系和题解(上、下册)》12.7.1

解析:GIS 系统技术评价指标有可靠性和安全性、可扩展性、可移植性、系统效率。

64.【C】知识点:**在线地理信息服务概述**

出处:《测绘综合能力体系和题解(上、下册)》14.1

解析:本题考查通过 API 接口获得地理信息公共服务平台数据的 GIS 应用开发,在这样的应用中数据不是由应用软件生产的,故选 C。如是一般的 GIS 工程,主要开发成本为数据生产成本。

65.【C】知识点:**系统需求分析**

出处:《测绘综合能力体系和题解(上、下册)》12.4.1

解析:GIS 系统需求规格说明项中的性能需求有数据精确度、时间特征、系统变化适应力等内容。

66.【B】知识点:**空间数据结构**

出处:《测绘综合能力体系和题解(上、下册)》12.2.2

解析:减小栅格单元面积,使每个栅格单元代表更为精细的地面矩形单元,减少混合单元、混合类型与混合面积,可大大提高量算精度,保持真实形态及更细小的地物类型。

67.【A】知识点:**空间关系**

出处:《测绘综合能力体系和题解(上、下册)》12.2.4

解析:选项 C 在 GIS 中用链来生成多边形,并判断其包含的面域,简单多边形(简单面)有拓扑属性,但单一的多边形无拓扑关系。选项 B、D 都是图元要素,不构成拓扑关系。选项 A 有可能表达两条空间线段,但没有画出节点,无法证明是否存在两个线要素的拓扑连接。此题有瑕疵,图形表示不清晰,综合判断选 A 为宜。

68.【C】知识点:**地理信息系统构成和功能**

出处:《测绘综合能力体系和题解(上、下册)》12.1.1

解析:一般的数据库不能存储空间数据,GIS 数据库能处理空间信息数据。GIS 空间分析是对空间数据进行分析的技术,可以实现缓冲区分析、叠加分析、网络分析、空间插值、统计分析等功能。

69.【D】知识点:**在线地理信息服务概述**

出处:《测绘综合能力体系和题解(上、下册)》14.1

解析：地理信息公共服务平台体系由各节点组成,节点由数据层、服务层、运行支撑层组成。平台门户网站属于服务层。

70.【B】知识点：**在线地理信息数据**

出处：《测绘综合能力体系和题解(上、下册)》14.2

解析：按照比例尺的不同,地理实体数据分为小比例尺、中比例尺和大比例尺,地理实体表达的最小粒度应与对应的比例尺相适应。1∶5万政区与境界实体的最小粒度为三级行政区(市辖区、县级市)及相应的界线;1∶2 000及大比例尺政区与境界实体的最小粒度为四级行政区(镇、乡、街道)及相应的界线。此题考的是中比例尺,没有具体规定,故选项A、B都有可能是答案。

71.【A】知识点：**地理数据**

出处：《测绘综合能力体系和题解(上、下册)》12.2.5

解析：基础地理数据是描述地表形态及其所附属的自然、人文特征和属性的总称,政区专题数据可对全要素中的行政界线数据进行更新。其他选项不是全要素地理信息数据更新的内容。

72.【B】知识点：**空间数据模型**

出处：《测绘综合能力体系和题解(上、下册)》12.2.1

解析：DB4o是一种纯面向对象数据库,具有程序开源、多平台使用、易嵌入的特点。其他选项都是关系型数据库。

73.【A】知识点：**系统测试和调试**

出处：《测绘综合能力体系和题解(上、下册)》12.5.2

解析：单元测试即模块测试,测试对象是软件设计的最小单位——模块,测试依据是详细设计的描述,多采用白盒技术,系统内多个模块可以并行测试。单元测试一般由软件开发人员和测试人员一同负责。

74.【B】知识点：**空间分析方法**

出处：《测绘综合能力体系和题解(上、下册)》12.3.2

解析：GIS地址匹配根据地址查询事物的空间位置和属性信息,是地理信息系统特有的一种查询功能,是将统计资料或地址信息建立空间坐标关系的过程,又叫地理编码。

75.【D】知识点：**导航电子地图内容**

出处：《测绘综合能力体系和题解(上、下册)》13.1.2

解析：在导航电子地图中,道路基本属性有道路编号、道路名称、道路种别、道路功能等级、道路形态、道路宽度、道路通行方向、道路通行限制等。

76.【D】知识点：**导航电子地图产品制作**

出处：《测绘综合能力体系和题解(上、下册)》13.4

解析：涉及国家经济命脉,对人民生产、生活有重大影响的民用设施不得出现在导航电子地图上,如水利、电力、通信、燃气设施,粮库,气象站,水文观测站。

77.【C】知识点：**导航电子地图产品制作**

出处：CH/T 1019—2010《导航电子地图检测规范》6.1

解析：导航电子地图产品资信的质量元素是安全保密性和出版合法性。

78.【A】知识点：空间数据库模式的建立

出处：《测绘综合能力体系和题解(上、下册)》12.6.1

解析：地图引擎部署在 WebGIS 的服务端,用于响应客户端浏览器的地图请求,并把相应的地图数据发送到客户端浏览器。第三方矢量数据加载功能属于 API 调用,由地图引擎管理。

79.【D】知识点：在线地理信息数据

出处：《测绘综合能力体系和题解(上、下册)》14.2

解析：地图瓦片是为了加快网络显示速度,按照一定级别分割电子地图的分块。其起点在西经 180°、北纬 90°,向东向南行列递增,分块大小为 256 像素×256 像素,采用 png 或者 jpg 格式。

80.【A】知识点：在线地理信息数据

出处：《测绘综合能力体系和题解(上、下册)》14.2

解析：地图数据源依地面分辨率或显示比例尺不同分为 20 级,最小的比例尺为 1：100 万,第 20 级的比例尺为 1：1 000。

二、多项选择题

81.【BE】知识点：GPS 定位

出处：《测绘综合能力体系和题解(上、下册)》3.6.3

解析：接收机部分的误差包括接收机钟差、接收机对中误差、天线相位中心偏移导致的误差、天线相位中心和几何中心不一致误差。

82.【BCE】知识点：大地测量概述

出处：《测绘综合能力体系和题解(上、下册)》3.1

解析：大地测量基准由大地测量系统和大地测量框架组成,大地测量基准包括坐标基准、重力基准、高程基准。在海洋上规定理论深度基准面作为海洋测量的测量系统,其与陆地高程系统有所不同,但从测量框架上而言两者都以平均海平面为测量基准面,故在深度系统基准上有特别的区分。

83.【ABCD】知识点：GNSS 接收机

出处：《测绘综合能力体系和题解(上、下册)》3.9.4

解析：见下表。

检定项目	新购置	使用中
接收机系统检视	+	+
接收机通电检验	+	+
内部噪声水平测试	+	+
接收机频标稳定性检验和数据质量评价	+	+
附件检验	+	+
数据后处理软件测试	+	—
接收机综合性能评价	+	—

（续表）

检定项目	新购置	使用中
天线相位中心稳定性测试	＋	－
接收机野外作业性能及不同测程精度指标的测试	＋	－
接收机高低温性能测试	＋	－

注：其中接收机的内部噪声是接收机内各种测距和测相误差的综合反映，一般进行零基线检验，也可进行短基线检验或长短基线对比观测。

84.【ABDE】知识点：**海洋测绘概述**

出处：《测绘综合能力体系和题解（上、下册）》4.1

解析：海道测量是海洋测绘中最重要的一类，主要任务是进行海水水深测量和海岸地形测量，获取海底地貌、底质情况和航行障碍物等资料，目的是为编绘航海图提供数据，以保证船舶航行安全。

85.【BCE】知识点：**建筑施工测量概述**

出处：《测绘综合能力体系和题解（上、下册）》5.5.1

解析：建筑工程施工阶段的测量工作不包括立面测绘和剖面测量。

86.【BCD】知识点：**DLG 质量控制和成果整理**

出处：《测绘综合能力体系和题解（上、下册）》10.7.3

解析：仪器检定文件应和成果一起提交，没有符合性检查；图根点测量只需精度达标、满足实际工作需求即可。

87.【ACDE】知识点：**变形监测数据处理分析**

出处：《测绘综合能力体系和题解（上、下册）》5.12.4

解析：几何分析是为了确定变形量的大小、方向及变化所做的数据分析工作；物理解释是为了确定变形体的变形和变形原因之间的关系，解释变形原因。

88.【ABDE】知识点：**工程测量分类**

出处：《测绘综合能力体系和题解（上、下册）》5.1.1

解析：工程测量不用进行权属调查，其他选项都会涉及。

89.【ABCD】知识点：**房产测绘概述**

出处：《测绘综合能力体系和题解（上、下册）》6.1

解析：房产测绘作业的内容主要有房产平面控制测量、房产调查、房产要素测量、房产图绘制、房产面积测算、变更测量、成果资料的检查验收、房产测绘数据库的建立。

90.【BCDE】知识点：**土地权属调查**

出处：CJJ/T 8—2011《城市测量规范》10.1.5

解析：开展地籍测绘工作之前，应实地核实权属调查资料。资料的核实应包括下列内容：

（1）接收地籍调查表、宗地草图、宗地关系草图及街坊划分示意图等权属调查原始资料。

（2）核实宗地草图的界址点编号与实地的一致性。

（3）核实界址点设置是否符合测量技术要求,不符合的,可提请权属调查人员纠正或增设界址点,并应订正权属调查原始资料。

（4）核实宗地及界址点编号的正确性。

（5）核实房屋单元的划分与编号的正确性。

（6）查对地名、路名及行政区域界线如区界、街道(街坊)、镇、村界等有关名称、境界资料。

91.【CD】知识点:界桩点埋设和编号

出处:《测绘综合能力体系和题解(上、下册)》8.2.2

解析:两面型三立界桩设立在两省交界反映边界线走向、具有重要意义的界河交叉口岸,该段边界线交叉口的转折点即为边界点,特征码编写为 C、D、E。

92.【ABDE】知识点:航空摄影新技术应用

出处:《测绘综合能力体系和题解(上、下册)》9.4.3

解析:低空遥感受天气因素和起飞场地条件的影响小,效率高,可降低摄影测量工作成本,获取的影像分辨率高,具有对地快速、实时调查和监测能力。

93.【CD】知识点:影像调绘

出处:《测绘综合能力体系和题解(上、下册)》10.5.1

解析:航摄后需要补测的内容有影像模糊的地物,不进行补摄的绝对漏洞,被阴影遮盖的地物,航摄时的水淹、云影地段,自由图边,新增地物。航摄出现绝对漏洞在不能补飞的前提下才能补测,故不选 A。

94.【ABE】知识点:DEM 制作方法

出处:《测绘综合能力体系和题解(上、下册)》10.8.2

解析:制作数字高程模型的主要工作包括资料准备,影像定向,特征点、线采集,构建 TIN 内插 DEM,DEM 数据编辑、接边、镶嵌与裁切,质量检查,成果整理与提交。

95.【ADE】知识点:遥感概述

出处:《测绘综合能力体系和题解(上、下册)》10.2.3

解析:提高波谱分辨率有利于选择最佳波段或波段组合来获取有效的遥感信息,提高判读质量。优化算法和利用辅助资料都可以提高判读质量。

96.【AD】知识点:地图集设计

出处:《测绘综合能力体系和题解(上、下册)》11.2.3

解析:地图集内容和内容编排设计取决于地图集的性质和用途。选项 E 实际上也可以选,收集的资料会制约地图集的内容,但教材上没有提及,故不选。

97.【BE】知识点:制图综合

出处:《测绘综合能力体系和题解(上、下册)》11.3.1

解析:制图综合的选取方法有资格法、定额法。

98.【ADE】知识点:空间关系

出处:《测绘综合能力体系和题解(上、下册)》12.2.4

解析:空间关系包含方向关系、度量关系、拓扑关系三类。

99.【ABD】知识点:空间分析方法

出处：《测绘综合能力体系和题解（上、下册）》12.3.2

解析：聚类分析和窗口分析属于栅格数据空间分析方法，叠置分析方法可以用于矢量数据和栅格数据。

100.【ABC】知识点：在线地理信息数据

出处：《测绘综合能力体系和题解（上、下册）》14.2

解析：大地控制网数据和地下管网数据都不是公开版网络地图可以表达的内容。

15.5 2015 年注册测绘师综合能力试题及解析

15.5.1 综合能力试题

一、单项选择题(共 80 题,每题 1 分。每题的备选项中,只有 1 个最符合题意)

1. LCR-G 型相对重力仪必须锁摆的情况是(　　)。

　　A. 运输过程中　　　　B. 仪器检查时　　　　C. 观测读数时　　　　D. 静置时

2. 三角高程垂直角观测的最佳时间段为(　　)。

　　A. 日出前后　　　　B. 日落前后　　　　C. 上午 10 至 11 点　　D. 中午前后

3. 海拔的起算面是(　　)。

　　A. 参考椭球面　　　B. 平均大潮高潮面　　C. 大地水准面　　　　D. 理论最低潮面

4. 按照国家秘密目录,国家等级控制点坐标成果的密级是(　　)。

　　A. 绝密　　　　　　B. 机密　　　　　　C. 秘密　　　　　　　D. 内部使用

5. 下列关于我国高程基准与深度基准关系的说法中,正确的是(　　)。

　　A. 二者是两个不同的大地水准面

　　B. 二者是同一个大地水准面

　　C. 二者是两个不平行的空间曲面

　　D. 二者是两个平行且相差一个常数的平面

6. 某水准仪标称精度为偶然中误差 $MA \leqslant \pm 1.0\,\text{mm/km}$,按照我国的水准仪系列标准,该仪器的型号是(　　)。

　　A. DS0　　　　　　B. DS1　　　　　　C. DS3　　　　　　　D. DS10

7. 为有效抑制多路径效应的影响,GNSS 基准站接收机天线应具备的特性或特定设备是(　　)。

　　A. 抗电磁干扰能力　B. 指北标志　　　　C. 天线保护罩　　　　D. 扼流圈

8. 下列功效中,能够借助 GPS 接收机同步观测来实现的是(　　)。

　　A. 解算转换参数　　　　　　　　　B. 提高工作效率

　　C. 提高仪器对中精度　　　　　　　D. 削弱卫星星历误差的影响

9. 在水准测量中,使用光学水准仪往测时,偶数测站照准标尺的顺序为(　　)。

　　A. 前后后前　　　　B. 后前前后　　　　C. 前后后前　　　　　D. 后前后前

10. 选择 GPS 点位时,要求附近不应有强烈反射卫星信号的物体,主要目的是控制(　　)。

A. 天线相位中心不正确误差   B. 电离层传播误差

C. 旁折光的影响   D. 多路径效应

11. 在一等三角点测量中,要求日夜观测时段数符合一定比例,其主要目的是减小( )。

  A. 旁折光的影响   B. 望远镜的照准误差

  C. 水平度盘的刻划误差   D. 归零差

12. 沿附合水准路线测定 P 点的高程,如下图所示,观测结果如下表所示,则 P 点高程的最或然值是( )m。

  A. 22.60   B. 22.63   C. 22.64   D. 22.66

已知点	已知高程/m	水准路线	观测高差/m	距离/km
A	21.10	1	+1.56	2
B	18.10	2	−4.50	4

13. 现行规范规定,下列图幅尺寸中不属于海道测量中水深测量标准图幅尺寸的是( )。

  A. 40 cm×50 cm   B. 50 cm×70 cm

  C. 70 cm×100 cm   D. 80 cm×110 cm

14. 现行规范规定,进行比例尺为1:10 000 的海岸地形测量时,海岸线以上向陆地测进的距离应大于( )m。

  A. 25   B. 50   C. 100   D. 125

15. 现行规范规定,对地貌较复杂的沿岸地区进行海道水深测量应选用的测图比例尺为( )。

  A. 1:10 000   B. 1:25 000   C. 1:100 000   D. 1:500 000

16. 一般情况下,海底地形图专色印刷采用的四种颜色是( )。

  A. 黑、蓝、绿、棕   B. 黑、红、绿、棕   C. 红、蓝、紫、黑   D. 黑、蓝、紫、棕

17. 施工控制网通常采用工程独立坐标系,其投影面一般采用( )。

  A. 国家坐标系参考椭球面   B. 任意假定水平面

  C. 施工区域的平均高程面   D. 大地水准面

18. 工程控制网优化设计分为零至三类,其中一类优化设计指的是( )。

  A. 网的基准设计   B. 网的图形设计   C. 观测值精度设计   D. 网的费用设计

19. 某1:1 000 地形图图幅的左下角坐标为(3 000 m,1 500 m),右上角坐标为(3 500 m, 2 000 m),按照矩形分幅编号要求,其编号为( )。

  A. 3 000—1 500   B. 3 500—2 000   C. 3.0—1.5   D. 3.5—2.0

20. 某附合导线全长为 620 m,纵、横坐标增量闭合差分别为 $f_x = 0.12$ m、$f_y = -0.16$ m, 则该导线全长相对闭合差为( )。

  A. 1/2 200   B. 1/3 100   C. 1/4 500   D. 1/5 500

21. 等高距为 h 的地形图上,下列关于等高距的说法中正确的是( )。

  A. 相邻首曲线间的高差为 h B. 首曲线与间曲线的高差为 h

C. 相邻等高线间的水平距离为 h　　　　D. 相邻计曲线间的高差为 h

22. 采用全野外数字测图进行 1:500 地形图测绘时,每平方千米图根点个数不应少于( )个。

　　A. 50　　　　　　B. 64　　　　　　C. 100　　　　　　D. 150

23. 某农场实地面积为 25 km²,图上面积为 100 cm²,则该图的比例尺为( )。

　　A. 1:1 万　　　B. 1:2.5 万　　　C. 1:5 万　　　　D. 1:10 万

24. 三维激光扫描测量获得的原始数据主要是( )。

　　A. 点云数据　　B. 格网数据　　　C. 纹理数据　　　D. 影像数据

25. 现行规范规定,等高距为 0.5 m 的 1:1 000 地形图的高程中误差不超过( )m。

　　A. ±0.10　　　B. ±0.17　　　　C. ±0.20　　　　D. ±0.50

26. 线路定测阶段中线测量的主要工作内容是( )。

　　A. 测设线路的中线桩　　　　　　　B. 进行线路的纵断面图测绘

　　C. 进行线路的带状地形图测绘　　　D. 进行线路的横断面图测绘

27. 隧道施工控制网的主要作用是( )。

　　A. 控制隧道的长度　　　　　　　　B. 测量隧道断面尺寸

　　C. 变形监测　　　　　　　　　　　D. 保证隧道准确贯通

28. 下列测量工作中,不属于城乡规划测量的是( )。

　　A. 拨地测量　　B. 放样测量　　　C. 规划监督测量　　D. 定线测量

29. 现行规范规定,房产分幅图采用的图幅规格是( )。

　　A. 40 cm×50 cm　B. 50 cm×40 cm　C. 50 cm×50 cm　　D. 自由分幅

30. 某套房屋的套内面积为 120 m²,共有面积分摊系数为 0.200,则该套房屋的建筑面积为( )m²。

　　A. 96　　　　　　B. 100　　　　　　C. 140　　　　　　D. 144

31. 房产分丘图上某房屋轮廓线中央注记为"12023002",其中数字"1"表示该房屋的( )。

　　A. 结构　　　　　B. 产别　　　　　C. 幢号　　　　　D. 建成年份

32. 下列建筑部位中,层高达到 2.20 m 以上不应计算建筑面积的是( )。

　　A. 无顶盖的室外楼梯　　　　　　　B. 未封闭的阳台

　　C. 可通屋内的有柱走廊　　　　　　D. 以高架路为顶盖的房屋

33. 下列地籍要素中,对地籍管理最重要的是( )。

　　A. 土地权属　　B. 土地价格　　　C. 土地质量　　　D. 土地用途

34. 现行规范规定,地籍一等平面控制网最弱相邻点中误差不得大于( )cm。

　　A. ±1.0　　　　B. ±2.0　　　　　C. ±5.0　　　　　D. ±10.0

35. 测定界址点时,利用实地观测数据(角度和距离)按公式计算界址点坐标的方法是( )。

　　A. 图解法　　　　B. 求积仪法　　　C. 格网法　　　　D. 解析法

36. 地籍图上某宗地编号为 GB00005/071,其中分母"071"表示( )。

　　A. 宗地号　　　B. 地籍区号　　　C. 地籍子区号　　　D. 地类号

37. 界线测绘中常用16个方位描述边界走向,边界走向角度为10°(以真北方向为基准)的方位是(   )。

    A. 北   B. 北偏东北   C. 东北   D. 东偏东北

38. 湖北省行政区域代码为420000,湖南省行政区域代码为430000,则湖北湖南省级界线的编号为(   )。

    A. 4243   B. 4342   C. 42000043000   D. 43000042000

39. 下列要素对象中,属于二维对象的是(   )。

    A. 点   B. 线   C. 面   D. 体

40. 定位定姿系统(POS)在航空摄影测量中的主要用途是(   )。

    A. 稳定航摄仪   B. 提高航摄效率

    C. 传输数据   D. 获取外方位元素

41. 制订航摄计划时需考虑季节因素,主要原因是考虑(   )。

    A. 太阳高度角对航摄的影响   B. 地表覆盖物对航摄的影响

    C. 太阳光照强度对航摄的影响   D. 大气透明度对航摄的影响

42. 下图为像片旋偏角 K 检查示意图,点①和点②为两张像片上用于测算像片旋偏角的一对点,则点①和点②为(   )。

    A. 像主点   B. 像底点   C. 中心点   D. 同名点

43. 下列关于像片调绘的说法中,错误的是(   )。

    A. 调绘像片的比例尺应小于成图比例尺 B. 像片调绘可采用综合判调法

    C. 调绘面积的划分不能产生漏洞   D. 调绘像片应分色清绘

44. 地形图数据拓扑检查是对(   )的检查。

    A. 空间数据精度   B. 属性数据完整性

    C. 空间数据关系   D. 属性数据准确性

45. 数字三维地形景观一般由 DEM 与(   )组合而成。

    A. DLG   B. DOM   C. DRG   D. DSM

46. 现行规范规定,经济发达地区 1：5 000～1：10 000 地形图的全面更新周期一般为(   )年。

    A. 1～2   B. 4～5   C. 6～8   D. 9～10

47. 航空摄影测量相对定向完成后,下列关于其成果特征的说法中错误的是(   )。

    A. 模型比例尺是无约束的   B. 模型坐标系为地面坐标系

    C. 同名光线对对相交   D. 投影光线满足共线议程要求

48. 规则格网的数字高程模型行列号表示的是格网点的(   )。

    A. 坐标   B. 高程   C. 坡度   D. 坡向

49. 下列要素中,当其符号与地类界符号重合时,地类界符号应移位表示的是(   )。

    A. 道路   B. 陡坎   C. 水系   D. 电力线

50. 下列工作内容中,不属于数字高程模型生产必需的内容是(   )。

A. 绝对定向　　　　B. 特征点线采集　　　C. 影像纠正　　　　D. 数据编辑

51. 现行规范规定,相同比例尺、相同地形类别的数字高程模型成果按精度可划分为
( )级。

　　A. 1　　　　　　　B. 2　　　　　　　　C. 3　　　　　　　　D. 4

52. 航摄影像投影差是由( )引起的像点位移。

　　A. 镜头畸变　　　　B. 像片倾斜　　　　C. 大气折光　　　　D. 地形起伏

53. 现行规范规定,在同比例尺、不同地形类别空三加密网接边工作中,接边差满足要求后,
最终成果坐标的处理方法是( )。

　　A. 按接连处坐标平均数据取值　　　　　B. 按中误差比例配赋接边差

　　C. 按各自坐标取值　　　　　　　　　　D. 按高精度区域坐标取值

54. 在像片调绘中,低等级公路进入城区时,其符号的处理方式是( )。

　　A. 用公路符号代替街道线　　　　　　　B. 公路符号与街道线重合表示

　　C. 用街道线代替公路符号　　　　　　　D. 公路符号与街道线交替表示

55. 我国标准分幅 1∶25 万地貌图上表示的主要专题要素是( )。

　　A. 地貌形态成因类型　　　　　　　　　B. 地貌构造类型

　　C. 地貌起伏形态变化　　　　　　　　　D. 地貌结构与地形变化

56. 1∶25 万地形图丘陵地区的基本等高距是( )m。

　　A. 10　　　　　　　B. 25　　　　　　　C. 50　　　　　　　D. 100

57. 现行规范规定,下列公开版地图的质量特性中,属于一般差错的是( )。

　　A. 个别等高线、等深线及高程注记的差错　　B. 重要居民地符号、注记的差错

　　C. 高速公路表示为一般公路　　　　　　D. 重要要素间的关系处理不当

58. 编制矿产分布图时,将表示矿井位置及储存量的符号绘制在井口位置,该方法属于专题
地图表示方法中的( )。

　　A. 分区统计图法　　B. 分级统计图法　　C. 范围法　　　　　D. 定点符号法

59. 现行规范规定,纸质印刷的地图上线划的最小宽度是( )mm。

　　A. 0.05　　　　　　B. 0.08　　　　　　C. 0.15　　　　　　D. 0.2

60. 小比例尺地图缩编时,根据居民地的人口数或行政等级来确定居民地取舍的方法
是( )。

　　A. 质底法　　　　　B. 资格法　　　　　C. 符号法　　　　　D. 点值法

61. 地图图面配置设计时,为节约纸张,扩大主图的比例尺和充分利用地图版面,对于一些
形状特殊的制图区域,通常采用两种方法表示超出内图廓线的局部区域,一种是破图
廓,另一种是( )。

　　A. 插图　　　　　　B. 略图　　　　　　C. 附图　　　　　　D. 移图

62. 下列地图中,不属于自然地图的是( )。

　　A. 农业地图　　　　B. 海洋地图　　　　C. 动物图　　　　　D. 土壤图

63. 下列系统功能项中,不属于 GIS 系统安全设计考虑范畴的是( )。

　　A. 用户管理　　　　B. 数据备份　　　　C. 结点检错　　　　D. 信息认证

64. 实施地理信息系统工程时,第一步要做的工作一般是( )。

A. 方案设计　　　　B. 数据采集　　　　C. 系统开发　　　　D. 需求分析

65. 下列地理信息数据采集方法中,不属于野外采集方法的是( )。

A. 平板测量　　　　B. 扫描矢量化　　　C. GPS 测量　　　　D. 像片调绘

66. 下列数据库操作项中,属于数据概念设计阶段应考虑的是( )。

A. 确定 ER 模型　　B. 确定各实体主键　C. 分析时间效率　　D. 设计数据字典

67. 用户需要计算某水库周边海拔 500 m 以下区域内的居民地数量,下列空间分析方法中可以满足用户需求的是( )。

A. 缓冲分析　　　　B. 叠置分析　　　　C. 邻近分析　　　　D. 网络分析

68. 下列关于属性数据入库的说法中错误的是( )。

A. 数据库表中每一列的属性名必须是唯一的

B. 数据库表中每一列必须有相同的数据类型

C. 数据库表中不能有完全相同的行

D. 数据库表中的属性值是可再分的单元

69. 下列 GIS 软件测试方法中,也可称为功能测试的是( )。

A. 白盒测试　　　　B. 黑盒测试　　　　C. 集成测试　　　　D. 系统测试

70. 下列系统需求中,GIS 系统功能设计需考虑的是( )。

A. 空间分析　　　　B. 网络速度　　　　C. 操作系统　　　　D. 数据备份

71. 若要求专题地理信息数据与基础地理信息数据能重叠显示,两者的( )必须保持一致。

A. 坐标系统　　　　B. 数据格式　　　　C. 拓扑关系　　　　D. 比例尺

72. 下列 GIS 系统维护措施中,属于适应性维护措施的是( )。

A. 软件 bug 纠正　B. 操作系统升级　　C. 数据更新　　　　D. 服务器维修

73. 下列数据类型中,适合制作地貌晕渲图的是( )。

A. DLG　　　　　　B. DOM　　　　　　C. DEM　　　　　　D. DRG

74. 下列数据检查项中,不属于入库数据检查内容的是( )。

A. 数学基础　　　　　　　　　　　B. 数学精度

C. 数据格式　　　　　　　　　　　D. 数据项的完整性

75. 现行规范规定,车载导航电子地图数据集中重要内容的更新周期应不超过( )。

A. 1 个月　　　　　B. 3 个月　　　　　C. 1 年　　　　　　D. 2 年

76. 车载导航电子地图数据的道路要素一般包含道路 LINK 和节点,道路交叉点是节点之一,它的直接功能是( )。

A. 路径计算　　　　B. 连接道路　　　　C. 辅助导航　　　　D. 拓扑描述

77. 逻辑一致性是导航电子地图数据质量元素之一,其质量子元素不包括( )。

A. 概念一致性　　　B. 格式一致性　　　C. 拓扑一致性　　　D. 表达一致性

78. 下列数据格式中,符合现行规范规定的互联网电子地图瓦片的数据格式的是( )。

A. png　　　　　　B. gif　　　　　　　C. tif　　　　　　　D. bmp

79. 现行规范规定,地理信息公共服务平台发布的影像数据分辨率不能高于( )m。

A. 5　　　　　　　　B. 2　　　　　　　　C. 0.5　　　　　　　D. 0.2

80. 现行规范规定,我国网络电子地图瓦片数据分为(　　)级。

    A. 15　　　　　　　　B. 17　　　　　　　　C. 20　　　　　　　　D. 25

二、多项选择题(共 20 题,每题 2 分。每题的备选项中,有 2 个或 2 个以上符合题意,至少有 1 个错项。错选,本题不得分;少选,所选的每个选项得 0.5 分)

81. 经纬仪的主要三轴指的是(　　)。

    A. 横水准器轴　　　　　　B. 垂直轴　　　　　　　C. 水平轴

    D. 圆水准器轴　　　　　　E. 视准轴

82. 在三角高程测量中,能有效地减弱大气垂直折光的影响的方法有(　　)。

    A. 照准目标打回光　　　　B. 上、下午对称观测　　　C. 选择最佳观测时间

    D. 对向观测　　　　　　　E. 提高观测视线高度

83. 下列参数中,属于 2000 国家大地坐标系参数的有(　　)。

    A. 椭球长半径　　　　　　B. 参考历元　　　　　　　C. 中央子午线

    D. 大地水准面　　　　　　E. 扁率

84. 海水中影响声波传播速度的主要因素有(　　)。

    A. 潮汐　　　　　　　　　B. 盐度　　　　　　　　　C. 温度

    D. 波浪　　　　　　　　　E. 压力

85. 下列准则中,属于工程测量质量准则的有(　　)。

    A. 灵敏度准则　　　　　　B. 平衡准则　　　　　　　C. 精度准则

    D. 多样性准则　　　　　　E. 费用准则

86. 下列测图方法中,可用全站仪采集数据来完成的有(　　)。

    A. 编码法　　　　　　　　B. 扫描法　　　　　　　　C. 草图法

    D. 摄影法　　　　　　　　E. 电子平板法

87. 下列定位方法中,可用于水下地形图测绘的有(　　)。

    A. 全站仪定位　　　　　　B. 经纬仪后方交会定位　　C. GPS 定位

    D. 水下声学定位　　　　　E. 无线电定位

88. 下列因素中,用于确定动态变形测量精度的有(　　)。

    A. 变形速率　　　　　　　B. 测量要求　　　　　　　C. 变形体特性

    D. 经济因素　　　　　　　E. 变形幅度

89. 下列关于房产测绘幢号编立的说法中,正确的有(　　)。

    A. 幢号应以丘或宗地为单位编立

    B. 幢号应自大门起从左至右、从前至后编立

    C. 幢号应按反 S 形编立

    D. 幢号注在房廓线内右下角

    E. 幢号应加括号表示

90. 下列空间对象中,属于地籍要素测量对象的有(　　)。

    A. 界址点　　　　　　　　B. 高程点　　　　　　　　C. 行政区域界线

    D. 建筑物　　　　　　　　E. 永久构筑物

91. 下列关于界线测绘界桩埋设的说法中,正确的有(　　)。

A. 界桩埋设的密度要能控制边界的走向,尽量多埋设

B. 界线走向实地明显、且无道路通过的地段必须埋设

C. 有天然或人工标志的地段可不埋设

D. 界河两岸应设置同号双立界桩

E. 界河交叉口岸应设置同号三立界桩

92. 下列航摄参数中,影响航摄比例尺的有(　　　)。

A. 相对航高   B. 绝对航高   C. 摄影仪主距

D. 摄影仪框幅尺寸   E. 像片重叠度

93. 下列测绘方法中,可用于三维城市建模的有(　　　)。

A. 激光扫描   B. 倾斜摄影测量   C. 卫星遥感解译

D. 水准测量   E. 野外实地测量

94. 下列质量检查项中,属于 DLG 成果质量检查内容的有(　　　)。

A. 位置精度   B. 格网参数   C. 属性精度

D. 逻辑一致性   E. 完整性

95. 下列地形图中,高程注记应注至整米的有(　　　)。

A. 1∶5 000 地形图   B. 1∶10 000 地形图   C. 1∶25 000 地形图

D. 1∶50 000 地形图   E. 1∶100 000 地形图

96. 下列因素中,影响专题地图投影选择的有(　　　)。

A. 地图用途   B. 区域位置   C. 区域大小

D. 区域形状   E. 区域地形

97. 在 1∶10 000 地形图上,下列独立地物中,其符号属于几何中心定位的有(　　　)。

A. 移动通信塔   B. 水车   C. 石油井

D. 贮油罐   E. 发电厂

98. 下列工作中,属于地理信息数据输入设计工作的有(　　　)。

A. 确定数据采集方式   B. 选择符号库系统   C. 选择空间参照系

D. 设计文本与表格   E. 数据更新的技术方法

99. 下列需求中,属于地理信息系统设计应考虑的有(　　　)。

A. 人员需求   B. 管理需求   C. 数据需求

D. 安全需求   E. 设备需求

100. 下列检测项中,属于车载导航电子数据属性精度检测项的有(　　　)。

A. 要素分类正确性   B. 要素代码正确性   C. 要素属性值正确性

D. 几何位置接边正确性   E. 要素表达正确性

15.5.2　答案及解析

一、单项选择题

1.【A】知识点:重力仪

出处:《测绘综合能力体系和题解(上、下册)》3.11.3

解析:重力仪在观测前要通电 24 h;运输、搬动仪器或读数轮转动一圈以上时必须锁

摆;观测时必须恒温,不得断电。

2.【D】知识点:垂直角观测

出处:《测绘综合能力体系和题解(上、下册)》3.7.5

解析:在近地面处,大气在垂直方向上的密度变化相对较大,造成视线在垂直方向上往上或往下偏,这种现象称为大气垂直折光。垂直折光系数一般为 0.09~0.16,它在中午前后较稳定,在日出、日落前后值较大,且变化快。三角高程测量与水准测量对时间的要求不同,本题应选中午前后。

3.【C】知识点:高程系统

出处:《测绘综合能力体系和题解(上、下册)》3.4.1

解析:与平均海水面重合并延伸到整个地球的水准面叫大地水准面,它是一个特殊的水准面。正高是以大地水准面为基准面的高程,即地面点到大地水准面的铅垂距离,又称绝对高程或者海拔。

4.【B】知识点:三角网

出处:《测绘管理工作国家秘密范围的规定》

解析:国家等级控制点坐标成果的密级是机密,应长期保存。

5.【C】知识点:深度基准

出处:《测绘综合能力体系和题解(上、下册)》3.4.2

解析:深度基准和高程基准同属于垂直空间基准,我国于 1957 年起采用理论深度基准,即理论最低潮面。深度基准与高程基准的异同如下。

(1)二者都以由海洋验潮确定的平均海水面为基准,理论上指的都是海平面,即大地水准面。

(2)深度基准基于当地海平面确定,没有全国统一标准;高程基准以青岛验潮站平均海平面作为国家高程基准面,通过水准原点传递到全国。

6.【B】知识点:水准测量仪器选择和检验

出处:《测绘综合能力体系和题解(上、下册)》3.10.4

解析:水准仪的型号有 DS05、DS1、DS3、DS5,对应的水准测量每千米往返测偶然中误差分别为 ±0.5 mm、±1.0 mm、±3.0 mm、±5.0 mm。DSZ 为自动安平水准仪。

7.【D】知识点:CORS 建设

出处:《测绘综合能力体系和题解(上、下册)》3.8.2

解析:GNSS 基准站接收机天线要安装抗多路径扼流圈或抑径板,以减小多路径效应的影响。

8.【D】知识点:GPS 定位

出处:《测绘综合能力体系和题解(上、下册)》3.6.3

解析:在接收机间求一次差可以消除卫星钟误差的影响;可以大大削弱卫星星历误差的影响;可以大大削弱对流层折射和电离层折射的影响。

9.【A】知识点:水准观测要求

出处:《测绘综合能力体系和题解(上、下册)》3.10.5

解析:进行一、二等水准观测,光学水准仪的读数顺序为往测时奇数测站后前前后,偶数测站前后后前,返测时相反;数字水准仪的读数顺序为奇数测站后前前后,偶数测站前后后前,往、返测相同。三等水准观测的读数顺序为后前前后。四等水准观测的读数顺序为后后前前。

10.【D】知识点：GPS 定位

出处：《测绘综合能力体系和题解(上、下册)》3.6.3

解析：多路径效应指载波经过地面反射被接收机接收,从而影响正确的信号,产生误差。其可通过远离大面积水域、高层建筑和山坡等容易发生反射的地物,将测站设在草地等吸收微波强的地方,设置抑径板,延长观测时间等方式改正。

11.【A】知识点：水平角测量

出处：《测绘综合能力体系和题解(上、下册)》3.7.4

解析：水平折光(旁折光)的规律如下：白天和夜间折光误差的绝对值趋于相等,符号相反;视线越靠近(或通过距离越长)地物,水平折光的影响越大;引起空气密度不均匀的地物越靠近测站,水平折光的影响越大;视线方向与水平密度梯度方向越垂直,水平折光的影响愈大。减小水平折光误差的主要办法有保证视线离开障碍物一定距离,在不同时间段观测,选择良好的观测时间,缩短边长等。

12.【C】知识点：高程控制网数据处理

出处：《测绘综合能力体系和题解(上、下册)》3.10.7

解析：附合水准路线闭合差为 $21.10+1.56-4.50-18.10=0.06$ m,按照距离定权计算改正数,反符号按比例配赋,$21.10+1.56+(-0.06/6)\times 2=22.64$ m。

13.【A】知识点：水深测量

出处：《测绘综合能力体系和题解(上、下册)》4.2.6

解析：水深测量标准图幅尺寸为 50 cm×70 cm、70 cm×100 cm、80 cm×110 cm,坐标格网或经纬线格网图上间距一般为 10 cm 或 20 cm。

14.【C】知识点：海岸地形测量

出处：《测绘综合能力体系和题解(上、下册)》4.2.8

解析：海岸线以上向陆地测进的距离,大于或等于 1∶1 万比例尺为图上 1 cm,小于 1∶1 万比例尺为图上±0.5 cm,密集城镇及居民区可测至第一排建筑物。

15.【B】知识点：水深测量

出处：《测绘综合能力体系和题解(上、下册)》4.2.6

解析：水深测量比例尺的要求：

(1)海港等重要地区使用 1∶2 000～1∶2.5 万比例尺。

(2)开阔的海湾、地貌复杂的沿岸、多岛地区使用 1∶2.5 万比例尺。

(3)沿岸开阔海区使用 1∶5 万比例尺。

(4)离岸 200 海里以内的海域,以 1∶10 万或 1∶25 万比例尺施测。

(5)离岸 200 海里以外的海域,一般以 1∶50 万比例尺施测。

16.【D】知识点：海底地形图制作

出处：《测绘综合能力体系和题解(上、下册)》4.3.4

解析：海底地形图用色：紫色、黄或棕色(等高线、海岸性质的地貌符号)、蓝色(等深线、水域分层设色)、黑色(其他)。

17.【C】知识点:**工程控制网设计**

出处:《测绘综合能力体系和题解(上、下册)》5.2.2

解析:当测区距离国家统一高斯投影3°带中央子午线不远时,采用测区中部的国家3°带中央子午线,投影面采用测区平均高程面。

18.【B】知识点:**工程控制网设计**

出处:《测绘综合能力体系和题解(上、下册)》5.2.2

解析:一类优化设计是在精度要求已知的前提下,优化得到最优的网形,多用于观测元素类型、观测方案的优化设计。

19.【C】知识点:**工程测图技术设计**

出处:《测绘综合能力体系和题解(上、下册)》5.3.2

解析:工程地形图的分幅编号宜采用图幅西南角坐标的千米数表示;带状地形图或小测区地形图可采用顺序编号;已施测过地形图的测区也可沿用原有的分幅编号。

20.【B】知识点:**测量平差**

出处:《测绘综合能力体系和题解(上、下册)》2.2.3

解析:导线全长闭合差 $f = \sqrt{0.16^2 + 0.12^2} = 0.20$ m;导线全长相对闭合差 $K = f/D = 0.20/620 = 1/3\,100$。

21.【A】知识点:**工程测图实施方法**

出处:《测绘综合能力体系和题解(上、下册)》5.3.3

解析:首曲线是按规定的等高距测绘的细实线,不标注高程注记,也叫基本等高线。

22.【B】知识点:**工程测图实施方法**

出处:《测绘综合能力体系和题解(上、下册)》5.3.3

解析:采用全野外数字测图进行1∶500地形图测绘时,每平方千米图根点个数不应少于64个。

23.【C】知识点:**数学基础**

出处:《测绘综合能力体系和题解(上、下册)》11.1.4

解析:比例尺=图上距离/实际距离,面积的比例尺是边长的比例尺的平方。

24.【A】知识点:**三维模型制作方法**

出处:《测绘综合能力体系和题解(上、下册)》10.11.2

解析:传感器系统集成在稳固的车顶上,和POS系统结合,可快速采集大面积的点云数据,获得空间信息。

25.【B】知识点:**工程测图技术设计**

出处:《测绘综合能力体系和题解(上、下册)》5.3.2

解析:按照教材,地形图的精度指的是等高线插求点的精度。等高距为0.5 m的1∶1000地形图对应的是平地地形,等高线插求点的中误差为基本等高距的三分之一,故选B。此题把地形图的高程中误差与等高线插求点的中误差强制画上等号,并不严谨。

26.【A】知识点:**线路测量设计阶段的勘测**

出处:《测绘综合能力体系和题解(上、下册)》5.7.2

解析：中线测量是把道路的设计中心线测设在实地上,主要工作是放线和中线桩测设。

27.【D】知识点：**隧道测量概述**

出处：《测绘综合能力体系和题解(上、下册)》5.9.1

解析：隧道施工控制网的作用主要是保证隧道准确贯通。

28.【B】知识点：**城乡规划测量概述**

出处：《测绘综合能力体系和题解(上、下册)》5.4.1

解析：城乡规划测量是为了服务城乡建设规划管理而进行的工程测量,包括定线测量、拨地测量、日照测量、规划监督测量。

29.【C】知识点：**分幅图**

出处：《测绘综合能力体系和题解(上、下册)》6.5.1

解析：房产分幅图是全面反映房屋及其用地的位置和权属等状况的基本图,是测绘分丘图、分户图的基础资料,采用 50 cm×50 cm 的图幅。

30.【D】知识点：**建筑面积分摊**

出处：《测绘综合能力体系和题解(上、下册)》6.4.3

解析：分摊系数＝分摊面积总和/总的套内面积,每户分摊面积＝分摊系数×该户套内面积,该户建筑面积＝该户分摊面积＋该户套内面积。该套房屋的建筑面积＝120×(1＋0.200)＝144 m^2。

31.【B】知识点：**分丘图**

出处：《测绘综合能力体系和题解(上、下册)》6.5.2

解析：房屋注记代码在分丘图上：产别(1 位数)＋结构(1 位数)＋总层数(2 位数)＋竣工年份(4 位数)。

32.【D】知识点：**面积计算原则**

出处：《测绘综合能力体系和题解(上、下册)》6.4.2

解析：以引桥、高架路、高架桥、路面作为顶盖建造的房屋不计算建筑面积。

33.【A】知识点：**地籍测绘概述**

出处：《测绘综合能力体系和题解(上、下册)》7.1

解析：土地权属调查和土地登记是土地管理的主要内容;土地权属调查和地籍测量是基础工作。

34.【C】知识点：**地籍控制测量**

出处：《测绘综合能力体系和题解(上、下册)》7.3.1

解析：四等及以下平面控制网最弱相邻点(或相对于起算点)的相对点位中误差不得超过 5.0 cm,四等平面控制网中最弱边相对中误差不得大于 1/45 000。

35.【D】知识点：**地籍界址点测量**

出处：《测绘综合能力体系和题解(上、下册)》7.3.2

解析：解析法是采用全站仪通过全野外测量技术获取界址点坐标的方法。

36.【D】知识点：**地籍图内容**

出处：《测绘综合能力体系和题解(上、下册)》7.4.1

解析：土地使用权宗地地号和地类号的注记以分式表示,分子表示宗地号,分母表示地类号。

37.【A】知识点：**边界协议书附图**

出处：《测绘综合能力体系和题解(上、下册)》8.4

解析：边界走向说明中的方向采用以真北为基准的 16 方位制。

38.【A】知识点：**界桩点埋设和编号**

出处：《测绘综合能力体系和题解(上、下册)》8.2.2

解析：两省交会处界线编号由两省的两位简码组成,数值小的在前。

39.【C】知识点：**空间数据结构**

出处：《测绘综合能力体系和题解(上、下册)》12.2.2

解析：矢量数据分为零维点元素、一维线元素、二维面元素、三维体元素。

40.【D】知识点：**空三测量实施**

出处：《测绘综合能力体系和题解(上、下册)》10.6.4

解析：POS 由差分 GPS 和惯性量测单元 IMU 两部分组成,其中差分 GPS 可以获得飞行瞬间的 3 个角元素,惯性量测单元 IMU 可以获得曝光瞬间的 3 个线元素,因此带 POS 飞行,一次性就可获得 6 个外方位元素。

41.【B】知识点：**航空摄影设计分析**

出处：《测绘综合能力体系和题解(上、下册)》9.3.1

解析：在合同允许的范围内应选择最佳季节进行航摄：晴天日数多,大气透明度好,光照充足,地表覆盖物影响最小,彩红外及真彩色摄影在北方地区要避开冬季。此题较有迷惑性,四个答案都是影响航摄计划的因素,但题目是问季节因素,因此地表覆盖物对航摄的影响应该最符合题意。

42.【D】知识点：**航摄基本要求**

出处：《测绘综合能力体系和题解(上、下册)》9.4.2

解析：旋偏角为相邻像片框标连线和像片主点连线的夹角,旋偏角过大会减小立体像对的有效范围。一般选取两个同名点来计算旋偏角的大小。

43.【A】知识点：**影像调绘**

出处：《测绘综合能力体系和题解(上、下册)》10.5.1

解析：调绘像片时应采用放大片调绘,比例尺不应小于成图比例尺的 1.5 倍,其他说法无误。

44.【C】知识点：**空间关系**

出处：《测绘综合能力体系和题解(上、下册)》12.2.4

解析：由拓扑关系的定义可知,拓扑关系反映的是空间要素的相对关系。

45.【B】知识点：**DEM 概述**

出处：《测绘综合能力体系和题解(上、下册)》10.8.1

解析：数字三维地形景观由 DEM 表示格网和高程,然后用 DOM 贴图,两者在统一空间参考下产生,具有立体、形象的特点。

46.【B】知识点：**基本比例尺地形图编绘**

出处：《测绘综合能力体系和题解(上、下册)》11.3.3

解析：经济发达地区 1∶5 000～1∶10 000 地形图的全面更新周期一般为 4～5 年。

比例尺	更新周期		
	经济发达地区	经济中等发达地区	经济不发达地区
1∶500～1∶2 000	2～3 年		
1∶5 000～1∶10 000	4～5 年	5～8 年	8～10 年
1∶25 000～1∶100 000	5～10 年	8～12 年	10～15 年
1∶250 000～1∶1 000 000	不宜超过 15 年		

47. **【B】知识点：影像定位**

出处：《测绘综合能力体系和题解(上、下册)》10.2.2

解析：相对定向暂不考虑外方位元素,建立任意比例尺和方位的相对立体模型,相对定向后的坐标系为像辅助坐标系,绝对定向后才是地面坐标系。

48. **【A】知识点：DEM 概述**

出处：《测绘综合能力体系和题解(上、下册)》10.8.1

解析：规则格网的 DEM 行列号表示的是格网点的坐标,属性值表示的是高程。

49. **【D】知识点：普通地图编绘**

出处：《测绘综合能力体系和题解(上、下册)》11.3.2

解析：地类界与地面线状地物重合时不表示,与地面无实体线状地物重合时应将地类界移位 0.2 mm 加以表示,和等高线重合时压盖等高线。同一地类界范围内有两种以上植被时,符号可按实际情况配置。

50. **【C】知识点：DEM 制作方法**

出处：《测绘综合能力体系和题解(上、下册)》10.8.2

解析：影像纠正属于 DOM 制作流程,如 DEM 不通过 DOM 制作,则不需要该步骤。

51. **【C】知识点：DEM 概述**

出处：《测绘综合能力体系和题解(上、下册)》10.8.1

解析：DEM 成果按精度分为 3 级,用格网点的中误差表示,高程中误差的 2 倍为采样点数据的最大误差。

52. **【D】知识点：像点位移**

出处：《测绘综合能力体系和题解(上、下册)》10.2.1

解析：由于实际地面有起伏,导致每一点的航高不同,从而引起像点位移,叫投影差。

53. **【B】知识点：空三质量控制和成果整理**

出处：GB/T 23236—2009《数字航空摄影测量　空中三角测量规范》

解析：同比例尺、不同地形类别空三加密网接边工作中,接边差满足要求后,最终成果坐标的处理方法是按中误差比例配赋接边差。

54. **【C】知识点：影像调绘**

出处：《测绘综合能力体系和题解(上、下册)》10.5.1

解析：在像片调绘中,道路通过居民地不宜中断。公路进入城区时,公路符号应以街道线代替。

55.【D】知识点：地图特征

出处：《测绘综合能力体系和题解(上、下册)》11.1.1

解析：地貌图主要反映陆地和海底地貌结构与地形变化过程。

56.【C】知识点：普通地图编绘

出处：《测绘综合能力体系和题解(上、下册)》11.3.2

解析：1：250 000 国家基本比例尺地形图等高距一般为 50 m,山地等高线过密时可采用 100 m。

57.【A】知识点：普通地图编绘

出处：GB/T 19996—2005《公开版地图质量评定标准》3.3

解析：在公开版地图的质量检查项中,个别等高线、等深线及高程注记的差错属于一般差错。

58.【D】知识点：地图表达方式设计

出处：《测绘综合能力体系和题解(上、下册)》11.2.2

解析：定点符号法是采用不同形状、大小、颜色的符号表示点状分布的物体的位置,反映特定时刻独立的点要素。

59.【B】知识点：地图制图质量控制和成果归档

出处：《测绘综合能力体系和题解(上、下册)》11.5

解析：地图印刷时的精度为线划宽度不小于 0.08 mm,线划间距不小于 0.2 mm。

60.【B】知识点：普通地图编绘

出处：《测绘综合能力体系和题解(上、下册)》11.3.2

解析：资格法是以一定数量或质量标志(分界尺度)作为地图要素选取标准的方法,例如把 2 cm 的长度作为道路的选取标准,将地图上长度小于 2 cm 的道路删除。

61.【D】知识点：地图设计基础

出处：《测绘综合能力体系和题解(上、下册)》11.2.1

解析：移图和破图廓是一些形状特殊区域的制图处理方法。

62.【A】知识点：地图特征

出处：《测绘综合能力体系和题解(上、下册)》11.1.1

解析：农业地图属于人文专题图中的经济地图。

63.【C】知识点：系统总体设计

出处：《测绘综合能力体系和题解(上、下册)》12.4.2

解析：GIS 系统可采用的安全技术有网络安全和保密技术,应用系统的安全技术,数据恢复、备份技术,用户管理技术(包括用户授权和信息认证)等。选项 C 属于质量控制的内容。

64.【D】知识点：系统需求分析

出处：《测绘综合能力体系和题解(上、下册)》12.4.1

解析：需求分析是为确定系统要达到的目标和效果而进行分析工作,把企业需求反映在信息系统需求说明书中。需求分析工作主要由系统分析人员承担。

65.【B】知识点：空间数据压缩和转换

出处：《测绘综合能力体系和题解(上、下册)》12.2.3

解析：扫描矢量化是先扫描纸质图,再进行矢量化来生产矢量数据的方法。

66.【A】知识点：系统总体设计

出处：《测绘综合能力体系和题解(上、下册)》12.4.2

解析：概念设计是对现实世界进行抽象,建立空间数据库系统模型和应用系统模型的过程,根据系统实体、实体属性、实体关系确定空间 E-R 模型。

67.【B】知识点：空间分析方法

出处：《测绘综合能力体系和题解(上、下册)》12.3.2

解析：多边形叠置分析是在统一空间参考系统下,通过对两个数据进行一系列集合运算产生新数据的过程。本题属于统计叠置,即把其他图上的多边形的属性信息提取到本多边形中来。

68.【D】知识点：地理信息数据建库

出处：《测绘综合能力体系和题解(上、下册)》12.6.2

解析：属性数据入库的条件如下：

(1) 表中每个属性值都不可再分。

(2) 表中每一列的属性名唯一。

(3) 表中每一列必须有相同的数据类型。

(4) 表中不能有相同的行。

69.【B】知识点：系统测试和调试

出处：《测绘综合能力体系和题解(上、下册)》12.5.2

解析：黑盒测试也称为功能测试或者数据驱动测试,只检查程序功能是否按照需求规格说明书的规定正常使用,而不考虑软件内部结构,是穷举输入测试,主要用于确认测试,方法有等价类划分法、边值分析法、因果图法、错误推测法。

70.【A】知识点：系统总体设计

出处：《测绘综合能力体系和题解(上、下册)》12.4.2

解析：系统功能设计要考虑数据输入输出、数据编辑、数据处理、数据查询、空间分析等。

71.【A】知识点：地理数据

出处：《测绘综合能力体系和题解(上、下册)》12.2.5

解析：空间数据参考系统(坐标系统、投影等)是空间数据进行编辑处理,并进行空间分析的前提。

72.【B】知识点：系统运行与维护

出处：《测绘综合能力体系和题解(上、下册)》12.5.3

解析：功能扩充、性能提高、用户业务变化、硬件更新、操作系统升级、数据形式变换引起的对系统的修改维护等情况需要进行适应性维护。

73.【C】知识点：地图表达方式设计

出处：《测绘综合能力体系和题解(上、下册)》11.2.2

解析:晕渲法是假定光源照射地表产生阴影,利用墨色的浓淡或彩色的深浅显示坡面明暗变化,以表达地貌的起伏、分布、类型特征的方法。现在一般利用等高线或 DEM 自动制作地貌晕渲图。

74.【B】知识点:GIS 数据质量保证

出处:《测绘综合能力体系和题解(上、下册)》12.7.2

解析:地理信息数据的数学精度在收集资料时进行检查验收,入库时不需要检查。

75.【C】知识点:导航系统构成

出处:《测绘综合能力体系和题解(上、下册)》13.1.1

解析:数据信息丰富、信息内容准确、数据现势性高是高质量电子地图数据的三个关键因素,重要内容的更新周期应不超过 1 年。

76.【D】知识点:导航电子地图内容

出处:《测绘综合能力体系和题解(上、下册)》13.1.2

解析:道路交叉点的直接功能是拓扑描述。

77.【D】知识点:DLG 制作方法

出处:《测绘综合能力体系和题解(上、下册)》10.7.2

解析:逻辑一致性包括概念一致性、拓扑一致性、格式一致性。

78.【A】知识点:在线地理信息数据

出处:《测绘综合能力体系和题解(上、下册)》14.2

解析:地图瓦片是为了加快网络显示速度,按照一定级别分割电子地图的分块。其起点在西经 180°、北纬 90°,向东、向南行列递增。其分块大小为 256 像素×256 像素,采用 png 或者 jpg 格式。

79.【C】知识点:在线地理信息数据

出处:《测绘综合能力体系和题解(上、下册)》14.2

解析:公众版网络地理信息服务数据要对数据进行重采样,使空间位置精度不高于 50 m,等高距不小于 50 m,DEM 格网间距不小于 100 m,地面分辨率不优于 0.5 m,不标注涉密信息,不处理建筑物、构筑物等固定设施。

80.【C】知识点:在线地理信息数据

出处:《测绘综合能力体系和题解(上、下册)》14.2

解析:地图数据源依地面分辨率或显示比例尺不同分为 20 级,最小比例尺为 1∶100 万。

二、多项选择题

81.【BCE】知识点:水平角测量

出处:《测绘综合能力体系和题解(上、下册)》3.7.4

解析:经纬仪三轴指视准轴、水平轴、垂直轴。水准器轴应垂直于纵轴;圆水准器轴应平行于纵轴;视准轴应垂直于横轴;横轴应垂直于纵轴。因为三轴几何关系不满足产生的误差叫三轴误差。

82.【CDE】知识点:水准测量误差

出处:《测绘综合能力体系和题解(上、下册)》3.10.6

解析：减弱大气垂直折光的影响的措施有：

（1）前后视距尽量相等。

（2）视线离开地面足够的高度。

（3）在坡度较大的地段适当缩短视线。

（4）选择观测时间，日出后（日落前）半小时及中午前后不要进行水准测量。

（5）对向观测，提高观测视线高度，利用短边传算高程来减弱影响。

83.【ABE】知识点：**常见坐标系统**

出处：《测绘综合能力体系和题解（上、下册）》3.2.4

解析：选项 A、E 属于椭球几何参数，参考历元与坐标系定向有关。选项 C、D 与大地坐标系无关。

84.【BCE】知识点：**水文观测**

出处：《测绘综合能力体系和题解（上、下册）》4.2.4

解析：海水测深仪器一般利用声学原理进行测量，所以声速的测量和纠正是极为重要的。影响声波传播速度的主要因素有盐度、深度（压力）、温度，其中温度影响最大。

85.【ACE】知识点：**工程控制测量质量控制与成果归档**

出处：《测绘综合能力体系和题解（上、下册）》5.2.4

解析：工程测量质量准则有精度准则、可靠性准则、费用准则、灵敏度准则。

86.【ACE】知识点：**工程测图实施方法**

出处：《测绘综合能力体系和题解（上、下册）》5.3.3

解析：全野外采集法是利用野外布设的控制点，通过测角和测边，采集数据内业成图的方法，分为模拟法测图、解析法测图两类。选项 A、C、E 属于全站仪解析测图法。

87.【ACDE】知识点：**工程测图实施方法**

出处：《测绘综合能力体系和题解（上、下册）》5.3.3

解析：水下地形图测绘的定位方法主要有无线电定位、全站仪定位、GNSS 定位、水下声学定位、断面索法等，主要采用 GNSS 定位。

88.【ABDE】知识点：**变形监测概述**

出处：《测绘综合能力体系和题解（上、下册）》5.12.1

解析：动态变形测量的精度应根据变形速率、变形幅度、测量要求和经济因素来确定。

89.【BE】知识点：**房屋调查**

出处：《测绘综合能力体系和题解（上、下册）》6.2.2

解析：幢号以丘为单位，自大门起从左到右、从前到后，按 S 形编立，幢号注在房廓线内左下角，并加括号表示。

90.【ACDE】知识点：**地籍图内容**

出处：《测绘综合能力体系和题解（上、下册）》7.4.1

解析：地籍图是制作宗地的基础图件，具有国家基础图的特点，是关于地籍要素以及与地籍有密切关系的专题图，其他要素摘要表示。该题实际上问的是地籍的要素测量，而不是地籍要素的测量。

91.【CDE】知识点：**界桩点埋设和编号**

出处:《测绘综合能力体系和题解(上、下册)》8.2.2

解析:界桩埋设原则如下:

(1)界桩位置应选在对反映边界线走向具有重要意义的边界点上或边界点附近。

(2)一般为实地地形不易辨别的边界线转折处。

(3)界线与河流、过境道路相交处,以线状地物为界的边界线起讫处等。

(4)各级行政区域界桩埋设的密度应以能控制边界的基本走向、尽量少埋设为原则,具体由双方视边界线地形情况共同商定。

(5)界线走向实地明显、且无道路通过的地段,一般不埋设界桩。

(6)有天然或人工标志的地段,也可不埋设界桩。

(7)两面型双立界桩设立在两省交界反映边界线走向的具有重要意义的界河两岸,界桩连线与界河中线的交叉点为边界点。

(8)两面型三立界桩设立在两省交界反映边界线走向的具有重要意义的界河交叉口岸,该段边界线交叉口的转折点即为边界点。

92.**【AC】**知识点:**航摄基本要求**

出处:《测绘综合能力体系和题解(上、下册)》9.4.2

解析:航摄比例尺=摄影仪主距/相对航高。绝对航高是到大地水准面的高程,与航摄比例尺不一定相关。由于摄影仪主距固定,影响航摄比例尺的主要是相对航高。

93.**【ABE】**知识点:**三维模型制作方法**

出处:《测绘综合能力体系和题解(上、下册)》10.11.2

解析:三维城市建模的主要方法有航空摄影测量、激光扫描、倾斜摄影测量、近景摄影测量、野外实地测量等。卫星遥感数据精度较差,水准测量只能测出高程数据,因此无法实现三维建模。

94.**【ACDE】**知识点:**DLG 制作方法**

出处:《测绘综合能力体系和题解(上、下册)》10.7.2

解析:DLG 成果质量的检查项有空间参考系(大地基准、高程基准、地图投影)、位置精度(地物平面、高程精度)、属性精度(分类代码、属性正确性)、完整性(地图基本要素完整性)、逻辑一致性(概念一致性、拓扑一致性、格式一致性)、表征质量(几何表达、地理表达、符号、注记和整饰)和附件质量检查(元数据,质量检查记录,质量验收报告,技术总结完整性、正确性)。

95.**【DE】**知识点:**基本比例尺地形图编绘**

出处:GB/T 20257.3—2006《国家基本比例尺地图图式　第 3 部分:1∶25 000　1∶50 000　1∶100 000 地形图图式》

解析:1∶25 000 国家基本比例尺地形图上高程注记注至整分米,1∶50 000、1∶100 000 国家基本比例尺地形图上高程注记注至整米。

96.**【ABCD】**知识点:**地图设计基础**

出处:《测绘综合能力体系和题解(上、下册)》11.2.1

解析:地图投影选择与地图用途、区域位置、区域大小、区域形状等因素有关。

97.**【BDE】**知识点:**地图语言**

出处:《测绘综合能力体系和题解(上、下册)》11.1.2

解析:组合符号,下部为几何体的,一般于几何中心定位,下部为线段的,一般于线段中心定位,选项 A、C 属于底部中心定位。

98.**【ACE】知识点:系统总体设计**

出处:《测绘综合能力体系和题解(上、下册)》12.4.2

解析:GIS 数据输入设计的内容包括:数据源的分析与选择、数据采集前的预处理、数据采集方式的确定、数据采集技术要求和技术规定、与空间参照系配准(空间参照系与系统采用的参照系保持一致)、数据质量控制和检查验收规定、属性项的选择和定义、数据更新的技术方法、数据接边处理规定。选项 B、D 属于数据输出设计的内容。

99.**【BCDE】知识点:系统需求分析**

出处:《测绘综合能力体系和题解(上、下册)》12.4.1

解析:需求调查的内容有用户概况、现状与问题、管理需求、应用需求、数据需求、安全需求、设备需求等。

100.**【ABC】知识点:DLG 制作方法**

出处:《测绘综合能力体系和题解(上、下册)》10.7.2

解析:属性精度分为分类、代码正确性和属性值正确性。

15.6 2016 年注册测绘师综合能力试题及解析

15.6.1 综合能力试题

一、单项选择题(共 80 题,每题 1 分。每题的备选项中,只有 1 个最符合题意)

1. 在一、二等水准路线上加测重力,主要目的是对水准测量成果进行( )。

    A. 面倾斜改正   B. 归心改正   C. 重力异常改正   D. i 角改正

2. GPS 观测中记录的 UTC 是( )。

    A. 协调世界时   B. 世界时   C. 北京时间   D. 原子时

3. 在 GPS 测量中,大地高的起算面为( )。

    A. 大地水准面   B. 参考椭球面   C. 地球表面   D. 似大地水准面

4. 在各三角点上,把以垂线为依据的水平方向值归算到以法线为依据的方向值,应进行的改正是( )。

    A. 垂线偏差改正   B. 归心改正   C. 标高差改正   D. 截面差改正

5. 对某大地点进行测量,GPS 大地高中误差为 ±10 mm,高程异常中误差为 ±15 mm,仪器高测量中误差为 ±6 mm,则该点的正常高中误差是( )。

    A. ±31 mm   B. ±25 mm   C. ±22 mm   D. ±19 mm

6. 理论上与经纬仪圆水准轴正交的轴线是( )。

    A. 视准轴   B. 横轴   C. 竖轴   D. 铅垂线

7. 采用两台以上同型号 GPS 接收机同时接收同一组卫星信号,下列误差中无法削弱或消除的是(　　)。

　　A. 电离层传播误差　　　　　　　　B. 卫星的钟差

　　C. 对流层传播误差　　　　　　　　D. 接收机天线对中误差

8. 我国将水准路线两端地名简称的组合定为水准路线名,组合的顺序是(　　)。

　　A. 起东止西起北止南　　　　　　　B. 起东止西起南止北

　　C. 起西止东起南止北　　　　　　　D. 起西止东起北止南

9. 在最大冻土深度为 0.8 m 的地区埋设道路水准标石,标石坑的深度最小应为(　　)m。

　　A. 0.8　　　　　B. 1.0　　　　　C. 1.1　　　　　D. 1.3

10. 现行规范规定,在精密水准测量前,数字水准标尺检校不包括的项目是(　　)。

　　A. 圆水准气泡检校　　　　　　　　B. 标尺基辅分划常数测定

　　C. 标尺分划面弯曲差测定　　　　　D. 一对标尺零点不等差测定

11. 现行规范规定,下列时间段中,国家一、二等水准测量观测应避开的是(　　)。

　　A. 日出后 30 分钟至 1 小时　　　　B. 日中天前 2 小时至 3 小时

　　C. 日落前后 30 分钟　　　　　　　D. 日中天后 2 小时至 3 小时

12. 按照国家秘密目录,单个国家重力基本点成果的密级是(　　)。

　　A. 内部使用　　　　B. 秘密　　　　　C. 机密　　　　　D. 绝密

13. 在海道测量中,灯塔的灯光中心高度起算面是(　　)。

　　A. 平均海水面　　　　　　　　　　B. 理论最低海水面

　　C. 似大地水准面　　　　　　　　　D. 平均大潮高潮面

14. 海洋工程测量汇总确定海岸线的方法是(　　)。

　　A. 按平均潮位高程进行海岸测绘　　B. 按最低潮位高程进行海岸测绘

　　C. 按平均大潮高潮所形成的实际界线测绘　D. 按历史资料形成的界线测绘

15. 电子海图按规则单元分幅时,最小分区为(　　)

　　A. 经差 4°×纬差 4°　　　　　　　 B. 经差 1°×纬差 1°

　　C. 经差 30′×纬差 30′　　　　　　 D. 经差 15′×纬差 15′

16. 现行规范规定,在离岸 300 海里处的海域进行水深测量时,宜采用的测图比例尺是(　　)。

　　A. 1∶1 万　　　　B. 1∶5 万　　　　C. 1∶10 万　　　　D. 1∶50 万

17. 工程控制网优化设计分为零～三类,其中二类优化设计指的是(　　)。

　　A. 网的精度设计　　B. 网的图形设计　　C. 网的基准设计　　D. 网的改进设计

18. 按 6°带投影的高斯平面直角坐标系中,地面上某点的坐标为 $x = 3\ 430\ 152$ m、$y = 20\ 637\ 680$ m,则该点所在投影带的中央子午线为(　　)。

　　A. 114°　　　　　B. 117°　　　　　C. 120°　　　　　D. 123°

19. 普通工程测量中测量距离时,可用水平面代替水准面的最大范围是(　　)。

　　A. 半径 5 km　　　B. 半径 10 km　　　C. 半径 15 km　　　D. 半径 20 km

20. 在丘陵地区测绘 1∶500 地形图,高程注记点间距宜为(　　)m。

　　A. 5　　　　　　　B. 15　　　　　　C. 30　　　　　　D. 50

21. 某水准仪的型号为 DS3,其中"3"的含义是(　　)。

A. 该仪器的测角中误差为±3 mm

B. 该仪器的每站高程中误差为±3 mm

C. 该仪器的每千米高差测量中误差为±3 mm

D. 该仪器的每千米距离测量中误差为±3 mm

22. 已知 A 点高程为 18.500 m,现欲测设一条坡度为 2.5%的线路 AB。从设计图上量得 A、B 间的水平距离为 120.000 m,则 B 点需测设的高程为(   )m。

  A. 21.500   B. 15.500   C. 21.000   D. 18.800

23. 在建筑物沉降观测中,每个工程项目设置的基准点至少应为(   )个。

  A. 2   B. 3   C. 4   D. 5

24. 经纬仪测角时出现视差的原因是(   )。

  A. 仪器校正不完善   B. 十字丝分划板位置不准确

  C. 目标成像与十字丝面未重合   D. 物镜焦点误差

25. 已知某农场的实地面积为 4 km^2,图上面积为 400 cm^2,则该图的比例尺为(   )。

  A. 1∶5 000   B. 1∶1 万   C. 1∶5 万   D. 1∶10 万

26. 下列测量工作中,不属于规划监督测量的是(   )。

  A. 放线测量   B. 验线测量   C. 日照测量   D. 验收测量

27. 对某工程进行变形监测时,其允许变形值为±40 mm。下列各变形监测网精度能满足对其进行监测的最低精度的是(   )。

  A. ±1 mm   B. ±2 mm   C. ±3 mm   D. ±4 mm

28. 若某工程施工放样的限差为±40 mm,则该工程的放样中误差最大为(   )。

  A. ±4 mm   B. ±10 mm   C. ±20 mm   D. ±40 mm

29. 若某三角形每个角的测角中误差都为±2 s,则该三角形角度闭合差不应超过(   )。

  A. ±2 s   B. ±6 s   C. ±2$\sqrt{3}$ s   D. ±4$\sqrt{3}$ s

30. 现行规范规定,采用三角测量的方法进行房产平面控制测量时,在困难的情况下,三角形内角最小值应为(   )。

  A. 35°   B. 30°   C. 25°   D. 20°

31. 房屋调查与测绘的基本单元是(   )。

  A. 间   B. 幢   C. 层   D. 套

32. 下列部位的水平投影面积中,不可计入房屋套内使用面积的是(   )。

  A. 套内两卧室间的隔墙   B. 套内两层间的楼梯

  C. 内墙装饰面厚度   D. 套内过道

33. 房产分幅图上亭的符号如右图所示,则该符号的定位中心在(   )。

  A. 三角形顶点   B. 三角形中心

  C. 三角形底边中点   D. 符号底部中心

34. 在某省会城市中心商业区开展地籍图测绘工作,宜选用的成图比例尺为(   )。

  A. 1∶500   B. 1∶1 000   C. 1∶2 000   D. 1∶5 000

35. 地籍图上某点的编号后 6 位为"3×××××",则该点类型为(   )。

  A. 控制点   B. 图根点   C. 界址点   D. 建筑物角点

36. 产权人甲、乙共用一宗土地,无独自使用的院落。该宗地内甲、乙分别拥有的独立建筑物面积为 100 m²、200 m²,建筑占地总面积为 150 m²。不考虑其他因素,如甲分摊得到的宗地院落使用面积为 100 m²,则该宗地面积为( )m²。

　　A. 150　　　　　　B. 300　　　　　　C. 450　　　　　　D. 600

37. 某地籍图成果概查结论为合格,则该成果概查中查出的 A 类错漏最多为( )个。

　　A. 0　　　　　　B. 1　　　　　　C. 2　　　　　　D. 3

38. 在边界地形图修测过程中,调绘图上某要素颜色为棕色,则该要素为( )要素。

　　A. 地貌　　　　　B. 植被　　　　　C. 水系　　　　　D. 数学

39. 在边界线走向说明中,某边界线走向为东南方位。则下列边界线走向角度(以真北方向为基准)中,符合这一方位描述的是( )。

　　A. 90°　　　　　B. 122°　　　　　C. 145°　　　　　D. 168°

40. 航空摄影机一般分为短焦、中焦、长焦三类,对应的焦距分别小于或等于 102 mm、大于 102 mm 且小于 255 mm、大于或等于 255 mm。如果相对航高为 3 000 m,下列摄影比例尺中适合采用长焦距镜头的是( )。

　　A. 1:3 万　　　　B. 1:2 万　　　　C. 1:1.5 万　　　　D. 1:1 万

41. 下列摄影仪检校内容中,不属于胶片摄影仪检校内容的是( )。

　　A. 像主点位置　　B. 镜头主距　　C. 像元大小　　D. 光学畸变差

42. 某航摄区最高点海拔高度为 550 m,则无人机最低飞行高度为( )m。

　　A. 600　　　　　B. 650　　　　　C. 700　　　　　D. 750

43. 对于地形图测绘航空摄影,下列关于构架航线的描述中,不符合要求的是( )。

　　A. 构架航线摄影比例尺应与测图航线相同

　　B. 航向重叠度应不小于 80%

　　C. 应保证隔号像片能构成立体像对

　　D. 周边的构架航线像主点应落在边界线之外

44. 在数字化立体测图中,当水崖线与斜坡脚重合时,正确的处理方法是( )。

　　A. 用坡脚线代替水崖线　　　　　　B. 用水崖线代替坡脚线

　　C. 将水崖线断至坡脚　　　　　　　D. 水崖线与坡脚线同时绘出

45. 对现势性较好的影像进行调绘时,航测外业调绘为内业编辑提交的信息主要是( )信息。

　　A. 属性　　　　　B. 位置　　　　　C. 地形　　　　　D. 拓扑

46. 现行规范规定,解析空中三角测量布点时,区域网凸出处的最佳处理方法是( )。

　　A. 布设平面控制点　　　　　　　　B. 布设高程控制点

　　C. 布设平高控制点　　　　　　　　D. 不布设任何控制点

47. 下列地理信息成果中,可用于城市区域地形统计分析的是( )。

　　A. 地表覆盖数据　　　　　　　　　B. 地理要素数据

　　C. 数字高程模型数据　　　　　　　D. 数字表面模型数据

48. 下列传感器的特点中,不属于机载 LIDAR 特点的是( )。

　　A. 主动式工作方式　　　　　　　　B. 可直接获取地表三维坐标

C. 可获取光谱信息   D. 可全天候工作

49. 下列影响航空摄影质量的因素中,导致倾斜误差产生的主要因素是( )。

  A. 地面起伏   B. 航摄仪主光轴偏离铅垂线

  C. 航线弯曲度   D. 像片旋偏角

50. 像素为 10 000×10 000 的 DOM 地面分辨率为 0.5 m,以 1∶1 万比例尺打印输出的影像图尺寸是( )。

  A. 50 cm×50 cm   B. 55 cm×55 cm

  C. 100 cm×100 cm   D. 110 cm×110 cm

51. 在航空摄影中,POS 系统的惯性测量装置(IMU)用来测定航摄仪的( )。

  A. 位置参数   B. 姿态参数   C. 外方位元素   D. 内方位元素

52. 在 DSM 编辑中,采集多层及以上房屋建筑顶部特征点、线时,应切准的部位是( )。

  A. 房屋顶部外围   B. 房屋底部外围

  C. 房屋顶部中心   D. 房屋底部中心

53. 影像自动相关是自动识别影像( )的过程。

  A. 定向点   B. 视差点   C. 像主点   D. 同名点

54. 现行规范规定,在遥感影像图精度检测中,每幅图的检测点一般不少于( )个。

  A. 10   B. 20   C. 30   D. 40

55. 下列关于三维地理信息模型的描述中,错误的是( )。

  A. 三维模型可用不同的表现方式   B. 三维模型可用不同的要素分类

  C. 三维模型之间具有属性一致性   D. 三维模型之间不存在拓扑关系

56. 地形图和地理图是普通地图的两种类型。对于地理图来说,下列说法中错误的是( )。

  A. 统一采用高斯投影   B. 没有分幅编号系统

  C. 制图区域大小不一   D. 比例尺可以灵活设定

57. 在一定程度上反映被注制图对象数量特征的地图注记要素是( )。

  A. 字级   B. 字列   C. 字隔   D. 字体

58. 现行规范规定,双面印刷的地图,其正反面的套印误差不应超过( )。

  A. 0.2 mm   B. 0.5 mm   C. 0.8 mm   D. 1.0 mm

59. 下列特性中,不属于地图基本特征的是( )。

  A. 直观性   B. 可量测性   C. 一览性   D. 公开性

60. 下列制图综合方法中,不属于等高线图形概括常用方法的是( )。

  A. 分割   B. 移位   C. 删除   D. 夸大

61. 编制某省的学校分布图,用分级统计图法反映各县(市、区)的学校数量。下列分级中最合理的是( )。

  A. >100   100~80   80~60   60~40   <40

  B. >100   99~80   79~60   59~40   <40

  C. ≥100   100~80   80~60   60~40   <40

  D. ≥100   99~80   79~60   59~40   <40

62. 下列颜色中,不属于国家基本比例尺地形图上符号或注记用色的是(　　)。

    A. 蓝色　　　　　　B. 黑色　　　　　　C. 棕色　　　　　　D. 紫色

63. 下列空间数据格式中,属于 JavaScript 对象表示法的为(　　)。

    A. Shp　　　　　　B. GeoJSON　　　　C. GML　　　　　　D. KML

64. 下列工作内容中,属于空间数据编辑阶段的是(　　)。

    A. RTK 测量　　　　B. 数据分发　　　　C. 投影转换　　　　D. 数据发布

65. 下列空间关系描述项中,不属于拓扑关系的是(　　)。

    A. 一个点指向另一个点的方向　　　　　B. 一个点在一个弧段的端点

    C. 一个点在一个区域的边界上　　　　　D. 一个弧段在一个区域的边界上

66. 下列系统需求选项中,属于 GIS 系统安全需求的是(　　)。

    A. 能进行空间分析　　　　　　　　　　B. 具备 100 Mbps 以上的网络速度

    C. 服务器内存在 16 G 以上　　　　　　D. 能完成数据备份

67. 右图中长方形为房屋,AB 为道路,沿 AB 的中心线作一个
    1 000 m 带宽的缓冲区分析,图内缓冲区中房屋的数量是
    (　　)个。

    A. 1　　　　　　　　　　　B. 2

    C. 3　　　　　　　　　　　D. 4

68. 右图中 ABCD 为正方形,r 为影响车辆行驶速度的阻尼系数。若
    时间 $= rs/v$,其中 v 为车辆行驶速度,s 为车辆行驶距离,从 A 到
    C 花费时间最短的线路是(　　)。

    A. ABC　　　　　　　　　　B. AC

    C. ADC　　　　　　　　　　D. AEC

69. 下列地理信息数据中,适用于在三维 GIS 系统中进行房屋、树林
    等遮挡分析的是(　　)。

    A. DOM　　　　　B. DLG　　　　　C. DEM　　　　　D. DSM

70. 目前地图网站流行让地图使用者完成数据更新,这种数据更新模式被称为(　　)。

    A. 集中更新模式　　B. 定期更新模式　　C. 众包更新模式　　D. 全面更新模式

71. 下列地理信息工程任务中,属于地理信息系统工程维护阶段的任务的是(　　)。

    A. 数据更新　　　　B. 软件开发　　　　C. 数据建库　　　　D. 软件测试

72. 下列设计内容中,属于 GIS 系统总体设计的是(　　)。

    A. 用户界面　　　　B. 功能模块　　　　C. 体系结构　　　　D. 数据结构

73. 如果互联网地图更新精度要求在 10 m 左右,下列测量手段中对互联网地图更新最经济
    适用的是(　　)。

    A. 网络 RTK　　　　B. GPS 单点定位　　C. 全站仪碎步测量　　D. 航空摄影测量

74. 下列国际认证中,与 GIS 系统软件开发质量和能力相关的是(　　)。

    A. ISO 27001　　B. ISO 50001　　　C. ISO 26000　　　D. CMM

75. 下列地理要素中,不得在互联网电子地图上表示的是(　　)。

    A. 沼泽　　　　　B. 军事基地　　　　C. 时令湖　　　　D. 地下河段出入口

76. 现行规范规定,地理信息公共平台电子地图数据源的最小比例尺是( )。

    A. 1:500 万   B. 1:200 万   C. 1:100 万   D. 1:50 万

77. 现行规范规定,互联网地图瓦片分块大小为( )。

    A. 512 像素×512 像素   B. 256 像素×256 像素

    C. 512 像素×256 像素   D. 256 像素×512 像素

78. 车载导航电子地图数据采集处理时,下列道路附属设施中可以表示为面要素的是( )。

    A. 交通灯   B. 路面标记   C. 安全设备   D. 人行横道

79. 下列信息中,不属于车载导航电子地图基本四大类信息的是( )。

    A. 路网信息   B. 街区信息   C. 背景信息   D. 索引信息

80. 按照道路功能等级与现行道路分类标准的对应关系,在导航电子地图产品中,四级功能道路与( )对应。

    A. 一级公路、城市快速路   B. 二级公路、城市主干道

    C. 三级公路、城市次干路   D. 四级公路、城市支路

二、多项选择题(共 20 题,每题 2 分。每题的备选项中,有 2 个或 2 个以上符合题意,至少有 1 个错项。错选,本题不得分;少选,所选的每个选项得 0.5 分)

81. 下列投影方式中,具备等角投影特点的有( )。

    A. 高斯-克吕格投影   B. 兰勃托投影   C. 通用横轴墨卡托投影

    D. 等差分纬线多圆锥投影   E. 彭纳投影

82. 下列改正项中,高精度电磁波测距成果必须加的有( )。

    A. 气象改正   B. 仪器加常数改正   C. 旁折光改正

    D. 重力异常改正   E. 仪器乘常数改正

83. 下列系统中,属于国家 GNSS 基准站组成部分的有( )。

    A. GNSS 观测系统   B. 惯性导航系统   C. 气象测量及防护系统

    D. 数据通信系统   E. 验潮系统

84. 下列关于测深手簿填写与整理的说法中正确的有( )。

    A. 测深时改变航速无须记录   B. 手簿上经分析不采用的成果划去即可

    C. 变换测深工具时应用符号文字说明 D. 遇干出礁时手簿应描绘其形状

    E. 应该记载定位方法和测定底质工具

85. 下列质量元素中,属于工程测量控制网质量检验的有( )。

    A. 数据质量   B. 地理精度   C. 点位质量

    D. 整饰质量   E. 资料质量

86. 下列检验项目中,用经纬仪观测水平角时需进行的有( )。

    A. 棱镜加常数检验   B. 指标差检验   C. 横轴误差检验

    D. 垂直轴误差检验   E. 视准轴误差检验

87. 下列设备中,集成在车载移动测量系统中的有( )。

    A. GPS 接收机   B. 陀螺经纬仪   C. 视频系统

    D. 电子全站仪   E. 惯性导航系统

88. 下列测量工作中,属于日照测量的有(　　)。
    A. 建筑物平面位置测量　　　B. 建筑物立面测量　　　C. 建筑物轴线测量
    D. 建筑物剖面测量　　　　　E. 建筑物室内地坪高程测量

89. 下列管线信息中,属于城市地下给水管道实地探查内容的有(　　)。
    A. 压力　　　　　　　　　B. 管径　　　　　　　　C. 埋深
    D. 材质　　　　　　　　　E. 流向

90. 下列空间部位的水平投影面积中,可作为房屋共有面积分摊的有(　　)。
    A. 建筑物外墙一半水平投影面积　　B. 地下室人防水平投影面积
    C. 地面露天停车位水平投影面积　　D. 楼顶电梯机房水平投影面积
    E. 建筑物首层入口门厅水平投影面积

91. 按我国现行的土地利用分类,下列项目用地中不属于特殊用地的有(　　)。
    A. 某住宅小区用地　　　　B. 某边防雷达站用地　　C. 某市政府机关用地
    D. 某国驻华大使馆用地　　E. 某民用机场用地

92. 下列工作中,属于界线测量工作的有(　　)。
    A. 制作边界地形图　　　　　　　B. 界桩埋设和测定
    C. 边界线相关地形要素调绘　　　D. 制作边界协议书
    E. 编写边界线走向说明

93. 下列航摄技术要求中,确定航摄分区需考虑的有(　　)。
    A. 地形高差一般不大于1/4相对航高
    B. 航摄飞机两侧与前方安全距离应达到规范要求
    C. 地物景物反差、地貌类型应尽量一致
    D. 要尽可能避免像主点落水
    E. 飞机一般应东西向直线飞行

94. 下列立体测图质量检查内容中,属于空间参考系检查内容的有(　　)。
    A. 坐标系　　　　　　　　B. 投影参数　　　　　　C. 高程基准
    D. 高程精度　　　　　　　E. 平面精度

95. 与原始航空影像相比,DOM具备的特征有(　　)。
    A. 正射投影　　　　　　　B. 比例尺统一　　　　　C. 分辨率更高
    D. 色彩更丰富　　　　　　E. 可量测

96. 下列航空摄影测量成果中,可通过空三加密直接获得的有(　　)。
    A. 影像的外方位元素　　　B. 数字地表模型　　　　C. 测图所需控制点坐标
    D. 正射影像图　　　　　　E. 影像分类图斑

97. 下列专题地图表示方法中,可用于编制人口分布地图的有(　　)。
    A. 底质法　　　　　　　　B. 定位符号法　　　　　C. 等值线法
    D. 分级统计图法　　　　　E. 点值法

98. 下列空间分析方法中,属于栅格数据空间分析的有(　　)。
    A. 窗口分析　　　　　　　B. 包含分析　　　　　　C. 地形分析
    D. 网络分析　　　　　　　E. 聚类分析

99. 下列 GIS 系统功能中,系统安全设计需考虑的有(　　)。

A. 审计、认证　　　　　B. 查询、统计　　　　　C. 备份、恢复

D. 用户管理　　　　　　E. 编辑、处理

100. 下列道路信息中,现行规范规定可以在车载导航电子地图数据中表示的有(　　)。

A. 道路等级　　　　　　B. 道路路面材质　　　　C. 道路功能等级

D. 道路编号　　　　　　E. 道路通行方向

15.6.2　答案及解析

一、单项选择题

1.【C】知识点:高程控制网数据处理

出处:《测绘综合能力体系和题解(上、下册)》3.10.7

解析:一、二等水准高差概略表编算时加入标尺长度改正、正常水准面不平行改正、环闭合差改正、标尺温度改正、重力异常改正、固体潮改正,各自独立计算并校检。重力观测的目的是进行正常水准面不平行改正和重力异常改正。

2.【A】知识点:时间系统与框架

出处:《测绘综合能力体系和题解(上、下册)》3.2.2

解析:协调世界时 UTC 是世界时时刻和原子时秒长结合的时间系统。北京时间属于 UTC 时区中的东八区。

3.【B】知识点:高程系统

出处:《测绘综合能力体系和题解(上、下册)》3.4.1

解析:大地高是从一个地面点沿过此点的地球椭球面的法线到地球椭球面的距离。外业测量数据归算到参考椭球面时,需要计算大地高,也就是大地坐标系。GNSS 直接测量得到大地坐标,所以使用的也是大地高系统。

4.【A】知识点:椭球面归算

出处:《测绘综合能力体系和题解(上、下册)》3.5.2

解析:垂线偏差是似大地水准面上以铅垂线为准观测的方向值归算为参考椭球面上以法线为准的值,其数值主要与测站点的垂线偏差和观测方向的天顶距有关。

5.【D】知识点:误差传播率

出处:《测绘综合能力体系和题解(上、下册)》2.2.1

解析:大地高-仪器高-高程异常=正常高。套用误差传播定律,$m_{正常}^2 = m_{大地}^2 + m_{仪器}^2 + m_{高程异常}^2$,代入相关数据得到 $m_{正常} = \sqrt{10^2 + 6^2 + 15^2} = 19$ mm。若题中所给的大地高为仪器直接观测值,应考虑仪器高的影响;若大地高为控制点成果值,则仪器高已含在内,无须再考虑。题目中没有更多信息阐明,从选项的角度看只能选 D。

6.【B】知识点:工程测量仪器和方法

出处:《测绘综合能力体系和题解(上、下册)》5.1.2

解析:经纬仪三轴指视准轴、横轴、竖轴。水准管轴应垂直于纵轴;圆水准轴应平行于纵轴;视准轴应垂直于横轴;横轴应垂直于纵轴。因为三轴几何关系不满足产生的误差叫三

轴误差。

7.【D】知识点：**GPS 定位**

出处：《测绘综合能力体系和题解（上、下册）》3.6.3

解析：对流层传播误差、电离层传播误差、卫星的钟差都可以通过短基线站间求差来削弱。

8.【D】知识点：**水准网设计**

出处：《测绘综合能力体系和题解（上、下册）》3.10.2

解析：水准路线以起止地名的简称为线名。起止地名顺序为西向东、北向南，一、二等水准路线的等级分别以Ⅰ、Ⅱ列于线名之前表示。

9.【D】知识点：**水准测量选点埋石**

出处：GB/T 12897—2006《国家一、二等水准测量规范》

解析：在最大冻土深度为 0.8 m 的地区埋设道路水准标石，标石坑的深度应不小于冻土深度以下 0.5 m。

10.【B】知识点：**水准测量仪器选择和检验**

出处：《测绘综合能力体系和题解（上、下册）》3.10.4

解析：标尺基辅分划常数是木质标尺需要测定的，而数字水准标尺是因瓦条码尺，无须进行标尺基辅分划常数测定。

11.【C】知识点：**水准观测要求**

出处：《测绘综合能力体系和题解（上、下册）》3.10.5

解析：一、二等水准测量在日出后日落前后半小时内、太阳中天前后各 2 小时内不应进行观测。

12.【C】知识点：**重力测量概述**

出处：《测绘综合能力体系和题解（上、下册）》3.11.1

解析：国家等级重力点成果及其他精度相当的重力点成果属于机密成果。

13.【D】知识点：**海道其他测量**

出处：《测绘综合能力体系和题解（上、下册）》4.2.7

解析：灯塔、灯桩的灯光中心高度从平均大潮高潮面起算，还应测灯塔的底部高程。

14.【C】知识点：**海岸地形测量**

出处：《测绘综合能力体系和题解（上、下册）》4.2.8

解析：海岸线指大潮高潮位时海陆分界的痕迹线，干出高度是深度基准面以上的高度。

15.【D】知识点：**航海图制作**

出处：《测绘综合能力体系和题解（上、下册）》4.3.3

解析：为了便于有效处理电子海图数据，将地理区域分成单元（cell）。每个单元的数据包含在标志唯一的文件中，称为数据集文件。单元形状必须为矩形，每个数据集不超过 5M，单元容量也不应过小，最小分区不小于 15′经纬差。

16.【D】知识点：**水深测量**

出处：《测绘综合能力体系和题解（上、下册）》4.2.6

解析：水深测量采用的比例尺有：

(1) 海港等重要地区使用 1：2 000～1：2.5 万比例尺。

(2) 开阔的海湾、地形复杂的沿岸、多岛地区使用 1：2.5 万比例尺。

(3) 沿岸开阔的海区使用 1：5 万比例尺。

(4) 离岸 200 海里以内的海域采用 1：10 万或 1：25 万比例尺施测。

(5) 离岸 200 海里以外的海域一般采用 1：50 万比例尺施测。

17.【A】知识点：工程控制网设计

出处：《测绘综合能力体系和题解(上、下册)》5.2.2

解析：二类优化设计是在网形和点位精度要求已知的情况下,优化观测值的权阵。

18.【B】知识点：高斯平面归算

出处：《测绘综合能力体系和题解(上、下册)》3.5.3

解析：本题考查中央子午线计算,高斯投影平面坐标系 6°分带从本初子午线起算,中央子午线经度公式为 $L = 6n - 3$,得出 $L = 117°$,其中 n 代表投影带带号。

19.【B】知识点：工程控制网设计

出处：《测绘综合能力体系和题解(上、下册)》5.2.2

解析：在以 10 km 为半径的小测区范围内,可以采用水平面代替水准面进行距离测量,高程控制测量不能用水平面代替。

20.【B】知识点：工程控制网施测

出处：CJJ/T 8—2011《城市测量规范》

解析：在地形图上高程注记点应分布均匀,丘陵地区 1：500 地形图高程注记点间距宜为 15 m。

21.【C】知识点：水准测量仪器选择和检验

出处：《测绘综合能力体系和题解(上、下册)》3.10.4

解析：水准仪的型号有 DS05、DS1、DS3、DS5,分别对应水准测量的偶然中误差为 0.5 mm、1 mm、3 mm、5 mm。DSZ 代表自动安平水准仪。

22.【A】知识点：工程测图实施方法

出处：《测绘综合能力体系和题解(上、下册)》5.3.3

解析：设 A、B 间高差为 h,则有 $h/120.000 = 2.5/100$,得出 $h = 3.000$ m,则 $H_B = H_A + h = 21.500$ m。

23.【B】知识点：监测控制网布设

出处：《测绘综合能力体系和题解(上、下册)》5.12.2

解析：每个工程项目至少设置 3 个基准点,布设在变形影响区域外稳固、可靠的位置,作为变形观测的基准。

24.【C】知识点：水平角测量

出处：《测绘综合能力体系和题解(上、下册)》3.7.4

解析：望远镜瞄准时会有视差,产生的原因是目标成像与十字丝面未重合。

25.【B】知识点：数学基础

出处：《测绘综合能力体系和题解(上、下册)》11.1.4

解析：比例尺=图上距离/实地距离。面积的比例尺是边长的比例尺的平方。

26.【C】知识点：**城乡规划测量概述**

出处：《测绘综合能力体系和题解(上、下册)》5.4.1

解析：规划监督测量是根据规划许可证件实地验证建筑物的位置、高程等与规划核准数据的符合性的测量。规划监督测量包括规划放线测量、规划验线测量和规划验收测量。

27.【D】知识点：**变形监测概述**

出处：《测绘综合能力体系和题解(上、下册)》5.12.1

解析：变形监测的等级及精度要求取决于设计允许值和监测目的。中误差不超过设计允许值的 1/20～1/10 或 1～2 mm。

28.【C】知识点：**海图制图综合**

出处：《测绘综合能力体系和题解(上、下册)》4.3.2

解析：《工程测量规范》规定,测量限差取 2 倍中误差。

29.【D】知识点：**误差传播率**

出处：《测绘综合能力体系和题解(上、下册)》2.2.1

解析：根据误差传播定律,闭合差中误差为 $\sqrt{2^2+2^2+2^2}=2\sqrt{3}$ s,最大闭合差为 $4\sqrt{3}$ s。

30.【C】知识点：**三角网**

出处：《测绘综合能力体系和题解(上、下册)》3.7.3

解析：采用三角测量法布网时三角形内角不应小于 30°,确有困难时,个别可放宽至 25°。

31.【B】知识点：**房屋调查**

出处：《测绘综合能力体系和题解(上、下册)》6.2.2

解析：房屋调查以幢为单元分户进行。幢是一座独立的、包括不同结构和不同层次的房屋。幢的划分应以按权利人使用现状和房屋功能,相对独立,便于分摊计算为原则。

32.【A】知识点：**建筑面积分摊**

出处：《测绘综合能力体系和题解(上、下册)》6.4.3

解析：套内使用面积包含套内专有空间面积,套内楼梯面积,不在结构面积内的套内井道面积,内墙装饰面厚度面积。

33.【D】知识点：**分幅图**

出处：《测绘综合能力体系和题解(上、下册)》6.5.1

解析：圆形、矩形、三角形等几何图形符号,定位中心在其图形中心;宽底符号,在底线中心;底部为直角的符号,在直角的顶点;由两种及以上几何图形组成的符号,在下方图形的中心点或交叉点;下方没有底线的符号,在其下方两端间的中心点;不依比例尺表示的其他符号,在符号的中心点;线状符号,在符号的中心线。

34.【A】知识点：**地籍图测绘方法**

出处：《测绘综合能力体系和题解(上、下册)》7.4.2

解析：城镇繁华地区地籍图基本比例尺应采用 1∶500,农村或周边地区可放宽采用 1∶1 000、1∶2 000 的比例尺。

35.【C】知识点：**房产要素测绘**

出处：《测绘综合能力体系和题解(上、下册)》6.3.2

解析：此题出自《地籍测绘规范》，与《房产测量规范》的规定相同，类别代码用1位数表示，1代表平面控制点、2代表高程控制点、3代表界址点、4代表房角点、5代表高程特征点。在实际操作中已不用这个规范了，此题质量不高。

36.【C】**知识点：地籍量算方法**

出处：《测绘综合能力体系和题解（上、下册）》7.5.1

解析：甲分摊到的院落使用面积＝甲的建筑面积/总建筑面积×总院落使用面积，100＝100/（100＋200）×总院落使用面积，得到总院落使用面积＝300 m^2。宗地面积＝总院落使用面积＋建筑占地总面积＝300＋150＝450 m^2。

37.【A】**知识点：地籍测绘检查验收的内容**

出处：《测绘综合能力体系和题解（上、下册）》7.7.2

解析：成果概查结论为合格表明没有A类错漏。

38.【A】**知识点：边界调查**

出处：《测绘综合能力体系和题解（上、下册）》8.2.1

解析：边界地形图调绘时，植被要素为绿色、地貌要素为棕色、水系要素为蓝色，其他要素用黑色标绘在边界地形图上。

39.【C】**知识点：边界协议书附图**

出处：《测绘综合能力体系和题解（上、下册）》8.4

解析：边界走向说明中的方向采用以真北方向为基准的16方位制。

40.【D】**知识点：航摄基本要求**

出处：《测绘综合能力体系和题解（上、下册）》9.4.2

解析：根据$f/H＝1/S$，代入$f＝255\,mm$，$H＝3\,000\,m$，得出$S＝11\,765$，根据题意，比例尺应大于1∶11 765，只有1∶1万符合。

41.【C】**知识点：航摄仪检定**

出处：《测绘综合能力体系和题解（上、下册）》9.2.2

解析：胶片摄影仪检校内方位元素（镜头主距f和像主点位置x_0，y_0）、光学畸变差（径向畸变差）、最佳对称主点坐标、自准直主点坐标、底片压平装置、框标间距以及框标坐标系垂直性等内容。像元大小属于数字航摄仪检校内容。

42.【B】**知识点：航空摄影新技术应用**

出处：《测绘综合能力体系和题解（上、下册）》9.4.3

解析：无人机航摄在设计飞行高度时应高于摄区和航路最高点100 m以上。

43.【A】**知识点：航空摄影设计分析**

出处：《测绘综合能力体系和题解（上、下册）》9.3.1

解析：构架航线又名控制航线，指在困难地区为了减少野外像控点的布设沿和原来的航线垂直的方向飞行。

（1）位于摄区或分区周边的构架航线要保证像主点落在边界线上或之外（或分区边界线两侧0.5条基线内），两端超出摄区或分区边界线4条基线。

（2）构架航线之间的交叉处要保证有4条基线的重叠。

（3）构架航线比测图航线航摄比例尺大25%左右，应有不小于80%的航向重叠度。

（4）应保证隔号像片能构成立体像对。

44.【D】知识点：普通地图编绘

出处：《测绘综合能力体系和题解（上、下册）》11.3.2

解析：水崖线和陡坎重合时，可用陡坎边线代替水崖线；水崖线与斜坡脚重合时，应在坡脚将水崖线绘出。

45.【A】知识点：DLG 制作方法

出处：《测绘综合能力体系和题解（上、下册）》10.7.2

解析：影像调绘一般先内后外，采集影像上所有可见的地物要素，由内业定位、外业定性，按规定图层赋要素代码。

46.【C】知识点：航摄区域网

出处：《测绘综合能力体系和题解（上、下册）》10.4.1

解析：平高区域网不规则时，应在区域网周边的凸角处布设平高点，凹角处布设高程点；当沿航向的凸凹角间距大于或等于 3 条基线时，则在凹角处也应布设平高点。

47.【C】知识点：空间分析方法

出处：《测绘综合能力体系和题解（上、下册）》12.3.2

解析：数字高程模型数据是表达地形高程的格网数据，能进行地形统计分析。

48.【C】知识点：三维模型制作方法

出处：《测绘综合能力体系和题解（上、下册）》10.11.2

解析：机载激光三维雷达系统（LIDAR）是一种集激光扫描仪、全球定位系统、惯性导航系统以及高分辨率数码相机等技术于一身的光机电一体化集成系统，用于获得激光点云数据，并生成精确的数字高程模型、数字表面模型、数字正射影像信息，选项 A、B、D 都属于其特点。LIDAR 搭载多光谱传感器也可以获得多光谱信息，但不属于其特点。

49.【B】知识点：像点位移

出处：《测绘综合能力体系和题解（上、下册）》10.2.1

解析：在理想情况下，像片完全与地面平行，但实际上由于航摄仪主光轴偏离铅垂线，像片一般会倾斜，以致影像上比例尺处处不等，由此引起像点位移，导致几何变形。

50.【A】知识点：影像资料收集

出处：《测绘综合能力体系和题解（上、下册）》10.3.1

解析：影像范围的图幅尺寸为地面尺寸除以比例尺的分母，地面尺寸为地面分辨率和像素的乘积。$0.5 \text{ m} \times 10\ 000（像素）/10\ 000（比例尺的分母）=50 \text{ cm}$。

51.【B】知识点：空三测量实施

出处：《测绘综合能力体系和题解（上、下册）》10.6.4

解析：POS 系统和航摄仪集成在一起，通过 GNSS 载波相位差分定位获取航摄仪的位置参数，通过惯性测量装置（IMU）测定航摄仪的姿态参数，经 IMU、GNSS 数据联合后处理，直接获得每张像片的外方位元素，大大减少乃至无须地面控制直接进行定位。

52.【A】知识点：DEM 概述

出处：《测绘综合能力体系和题解（上、下册）》10.8.1

解析：DSM 要构筑三维模型，特征线要采集外围轮廓线。题目中要采集的是"顶部特征点、线",显然选 A。

53.【D】知识点：影像定位

出处：《测绘综合能力体系和题解(上、下册)》10.2.2

解析：影像匹配是利用互相关函数评价左右影像的相似性以确定同名点,包括基于特征和基于小区域影像灰度两类匹配,它的早期技术叫影像相关。

54.【B】知识点：DLG 质量控制和成果整理

出处：GB/T 15968—2008《遥感影像平面图制作规范》7.2.2

解析：在遥感影像图精度检测中,每幅图的检测点一般不少于 20 个。

55.【D】知识点：三维模型制作方法

出处：《测绘综合能力体系和题解(上、下册)》10.11.2

解析：三维模型作为一个整体,其之间也存在拓扑关系。

56.【A】知识点：地图特征

出处：《测绘综合能力体系和题解(上、下册)》11.1.1

解析：对于地理图来说比例尺可以灵活设定,没有标准分幅,所以制图区域大小不一。

57.【A】知识点：地图语言

出处：《测绘综合能力体系和题解(上、下册)》11.1.2

解析：在地图上用字大或字号来区分制图对象的重要性或数量关系,字级即字号。

58.【B】知识点：地图制图质量控制和成果归档

出处：《测绘综合能力体系和题解(上、下册)》11.5

解析：印刷成图要求：小于对开且精度较高的地图误差不大于 0.1 mm,一般的不大于 0.2 mm,双面正反误差不大于 0.5 mm。

59.【D】知识点：地图特征

出处：《测绘综合能力体系和题解(上、下册)》11.1.1

解析：地图具有可量测性、直观性和一览性。

60.【A】知识点：普通地图编绘

出处：《测绘综合能力体系和题解(上、下册)》11.3.2

解析：等高线图形概括方法有删除、移位、夸大和合并。

61.【A】知识点：地图表达方式设计

出处：《测绘综合能力体系和题解(上、下册)》11.2.2

解析：分级范围的确定分为等差分级(0~10,10~20,20~30)、等比分级(0~10, 10~30,30~60)以及等差和等比结合分级。

62.【D】知识点：地图语言

出处：《测绘综合能力体系和题解(上、下册)》11.1.2

解析：我国的基本比例尺地形图一般用黑色表示地物要素及注记;棕色表示地貌要素及等高线注记;蓝色表示水系要素及注记。

63.【B】知识点：地理信息数据

出处：《测绘综合能力体系和题解(上、下册)》12.2

解析：GeoJSON 是一种对各种地理数据结构进行编码,基于 JavaScript 对象表示法的地理空间信息数据交换格式。

JavaScript,直译式脚本语言,是一种动态类型、弱类型、基于原型的语言,内置支持类型。

GML,地理标记语言,是可扩展标记语言在地理空间信息领域的应用。

KML 用于描述和保存地理信息标记语言。

Shp 是 shape 文件主文件的扩展名。

64.【C】知识点：地理数据

出处：《测绘综合能力体系和题解(上、下册)》12.2.5

解析：投影转换属于空间数据编辑阶段的工作。

65.【A】知识点：空间关系

出处：《测绘综合能力体系和题解(上、下册)》12.2.4

解析：空间拓扑关系是空间实体之间的相对关系。空间变换时属性保持不变的属性称为拓扑属性。选项 B、C、D 都表达了空间元素间的相对位置关系,选项 A 表达的是空间元素间的空间方向关系,不是拓扑关系。

66.【D】知识点：系统总体设计

出处：《测绘综合能力体系和题解(上、下册)》12.4.2

解析：GIS 系统可采用的安全技术有网络安全和保密技术,应用系统的安全技术,数据恢复、备份技术,用户管理技术等。

67.【B】知识点：空间分析方法

出处：《测绘综合能力体系和题解(上、下册)》12.3.2

解析：缓冲区分析是以点、线、面实体为基础,自动建立其周围一定宽度范围内的缓冲区多边形图层,然后叠加该图层与目标图层,进行分析得到所需的结果。道路每边的缓冲区带宽为 500 m,故选 B。

68.【A】知识点：空间分析方法

出处：《测绘综合能力体系和题解(上、下册)》12.3.2

解析：(1) 线路 ABC 花费的时间：$rs/v = 1 \times 2a/v$。

(2) 线路 AC 花费的时间：$rs/v = 2 \times \sqrt{2}a/v$。

对比两个方案的结果可知选项 A 是花费时间最短的线路。

注：a 为正方形的边长。

69.【D】知识点：DEM 概述

出处：《测绘综合能力体系和题解(上、下册)》10.8.1

解析：DSM 即数字表面模型,是包含了地表建筑物、桥梁和树木等的高度的地面高程模型。DSM 在 DEM 的基础上进一步涵盖了除地面以外的其他地表信息的高程,在一些对建筑物高度有需求的领域得到了很大程度的重视。

70.【C】知识点：系统运行与维护

出处：《测绘综合能力体系和题解(上、下册)》12.5.3

解析：众包模式是公司把工作任务以自由、自愿的形式外包给非特定的大众网络的模式。

71.【A】知识点：**系统运行与维护**

出处：《测绘综合能力体系和题解(上、下册)》12.5.3

解析：系统维护的内容有纠错维护、数据更新、完善和适应性维护、硬件设备维护等。

72.【C】知识点：**系统总体设计**

出处：《测绘综合能力体系和题解(上、下册)》12.4.2

解析：系统总体设计是对系统体系结构和软件体系用层次图、HIPO图、结构图、通用建模语言(UML)等表达工具进行总体设计的过程。

73.【B】知识点：**在线地理信息系统运行和维护**

出处：《测绘综合能力体系和题解(上、下册)》14.3

解析：对于互联网地图小范围更新,在精度不高的时候,最经济适用的是GPS单点定位。航空摄影测量适用于大面积更新。

74.【D】知识点：**GIS工程标准化**

出处：《测绘综合能力体系和题解(上、下册)》12.7.1

解析：CMM是能力成熟度模型,其核心是把软件开发视为一个过程,并根据这一原则对软件开发和维护进行过程监控和研究。

75.【B】知识点：**导航电子地图产品制作**

出处：《测绘综合能力体系和题解(上、下册)》13.4

解析：直接用于军事的设施或军事禁区、管理区不得在互联网电子地图上表示。

76.【C】知识点：**在线地理信息数据**

出处：《测绘综合能力体系和题解(上、下册)》14.2

解析：地图数据源依地面分辨率或显示比例尺不同分为20级,最小比例尺为1∶100万。

77.【B】知识点：**在线地理信息数据**

出处：《测绘综合能力体系和题解(上、下册)》14.2

解析：地图瓦片是为了加快网络显示速度,按照一定级别分割电子地图的分块。其起点在西经180°、北纬90°,向东、向南行列递增。其分块大小为256像素×256像素,采用png或者jpg格式。

78.【D】知识点：**导航电子地图内容**

出处：《测绘综合能力体系和题解(上、下册)》13.1.2

解析：导航电子地图图形要素的几何表达如下。

(1)点要素：连接点,路标,交通灯,交通标志,路面标志,环境和安全设备,人行横道,服务入口点等。

(2)线要素：道路,车渡要素,区域边界,路面标记,环境和安全设备,人行横道等。

(3)面要素：区域,土地覆盖与利用要素,人行横道等。

79.【B】知识点：**导航电子地图内容**

出处：《测绘综合能力体系和题解(上、下册)》13.1.2

解析：导航电子地图的四个主要内容是路网信息、背景信息、注记信息、索引信息。

80.【C】知识点：**导航电子地图内容**

出处:《测绘综合能力体系和题解(上、下册)》13.1.2

解析: 在导航电子地图产品中,四级功能道路与三级公路、城市次干路对应。

二、多项选择题

81.【ABC】知识点:**数学基础**

出处:《测绘综合能力体系和题解(上、下册)》11.1.4

解析: 等差分纬线多圆锥投影是任意投影,彭纳投影是等面积伪圆锥投影。兰勃托投影、高斯-克吕格投影、通用横轴墨卡托投影都是等角投影。

82.【ABE】知识点:**导线**

出处:《测绘综合能力体系和题解(上、下册)》3.7.6

解析: 电磁波测距的改正有仪器加常数改正、仪器乘常数改正、归心改正、波道曲率改正、周期误差改正、气象改正。

83.【ACD】知识点:**CORS 概述**

出处:《测绘综合能力体系和题解(上、下册)》3.8.1

解析: GNSS 连续运行基准站由基准站、观测系统、数据中心、数据通信系统构成,气象测量及防护系统也是国家 GNSS 基准站的组成部分。

84.【CDE】知识点:**水深测量**

出处:《测绘综合能力体系和题解(上、下册)》4.2.6

解析: 测深手簿填写与整理的内容有:

(1)填写定位方法,测深工具和测定底质工具,测深仪的检查方法。

(2)在测深中改变航向、航速或换标时应及时记录。

(3)当测量船转向时,应在手簿中的水深一栏内以铅笔画斜线表示。

(4)经分析确定不采用之成果应用铅笔以斜线划去,并注明原因,当事者签名。

(5)在变换测深工具时,用符号文字说明。

(6)手簿内应描绘干出礁、明礁、石陂的形状和范围,并注明正北方向。

(7)新绘制草图均应记在定位点下面。

85.【ACE】知识点:**工程控制测量质量控制与成果归档**

出处:《测绘综合能力体系和题解(上、下册)》5.2.4

解析: 工程测量控制网质量检验元素包括数据质量(数学精度、观测质量、计算质量)、点位质量(选点质量、埋石质量)、资料质量(整饰质量、资料完整性)。

86.【CDE】知识点:**工程测量仪器和方法**

出处:《测绘综合能力体系和题解(上、下册)》5.1.2

解析: 指标差检验属于垂直角测量检验,棱镜加常数检验与经纬仪测角无关。其他三个选项对应经纬仪的三个主要轴。

87.【ACE】知识点:**工程测图实施方法**

出处:《测绘综合能力体系和题解(上、下册)》5.3.3

解析: 车载移动测量系统又称移动道路测量系统(MMS),其以车辆为平台,集成 GNSS 接收机、视频传感器 CCD、惯性导航系统 INS,快速采集道路两边的数据成图。

88.【ABE】知识点:**日照测量**

出处:《测绘综合能力体系和题解(上、下册)》5.4.3

解析:日照测量的内容有建筑物平面位置,建筑物室内地坪、室外地面高程,建筑物高度,建筑层高,阳台等。建筑物立面测量官方教材中没有提到,但规范里有载。

89.【BCD】知识点:**地下管线探查**

出处:《测绘综合能力体系和题解(上、下册)》5.10.2

解析:城市地下给水管道属于压力管,不需要调查流向,规范规定也无须注明压力大小。

90.【ADE】知识点:**建筑面积分摊**

出处:《测绘综合能力体系和题解(上、下册)》6.4.3

解析:不可分摊的共有建筑面积有:

(1) 独立使用的地下室,车棚,车库。

(2) 为多幢服务的警卫室,管理用房。

(3) 作为人防工程的地下室等。

91.【ACE】知识点:**土地权属调查**

出处:GB/T 21010—2017《土地利用现状分类》

解析:特殊用地包括军事设施用地、使领馆用地、监狱场所用地、宗教用地、殡葬用地。

92.【ABCE】知识点:**界线测量概述**

出处:《测绘综合能力体系和题解(上、下册)》8.1

解析:界线测量的内容包括前期准备,界桩埋设和测定,边界点测定,边界线和地形要素调绘,边界协议书附图制作,边界点位置和边界线走向说明编写。制作边界地形图是界线测量的准备工作,需要按国家相应比例尺地形图加工成带状地形图。选项D不属于界线测量的内容。

93.【AC】知识点:**航空摄影设计分析**

出处:《测绘综合能力体系和题解(上、下册)》9.3.1

解析:航摄分区的原则如下:

(1) 根据成图比例尺确定分区的最小跨度,尽量划大。

(2) 分区界线与图廓线一致,分区内的地形高差一般不大于相对航高的1/4,航摄比例尺大于或等于1∶7 000(或地面分辨率小于或等于20 cm)时,一般不大于相对航高的1/6。

(3) 分区内地物景物反差、地貌类型应尽量一致。

(4) 地形特征显著不同时在用户许可下可破图幅分区。

(5) 应考虑飞机侧前方的安全距离和高度。

选项D、E也是飞行需要注意的事项,选项B中两侧与前方的表述与教材的描述不符。

94.【ABC】知识点:**大地测量概述**

出处:《测绘综合能力体系和题解(上、下册)》3.1

解析:空间参考系包括坐标系统、高程基准、深度基准、地图投影。

95.【ABE】知识点:**DOM**

出处:《测绘综合能力体系和题解(上、下册)》10.9

解析:DOM是地表航空航天影像经正射投影而生成的影像数据集,参照地形图要求进行裁切整饰,具有像片的影像特征和地图的几何精度。DOM 可由航摄的方法获得,经过正射纠正后影像上各处航摄比例尺一致,且可量测。DOM 的分辨率和色彩与原始航空影像一致。

96.【AC】知识点:空三概述

出处:《测绘综合能力体系和题解(上、下册)》10.6.1

解析:空三加密可以直接获得影像的外方位元素,也可推算出加密控制点坐标。还需要经过前方交会进行地面点数据的采集得到 DSM、DOM 以及图斑。

97.【BDE】知识点:地图表达方式设计

出处:《测绘综合能力体系和题解(上、下册)》11.2.2

解析:目前人口分布的表示方法有以下 5 种:定点符号法、定点符号法与点值法配合、定点符号法与分级统计图法配合、分级统计图法、伪等值线法与分级等密度区域法。

98.【AE】知识点:空间分析方法

出处:《测绘综合能力体系和题解(上、下册)》12.3.2

解析:窗口分析在一个固定的分析窗口对数据进行极值、均值等的计算;聚类分析根据条件对原有数据有选择地提取,建立新的数据系统,常用于合并空间数据集中由相似对象组成的相邻类,即同类合并。选项 B、D 属于矢量空间分析,选项 C 属于 DEM 数据空间分析。

99.【CD】知识点:系统总体设计

出处:《测绘综合能力体系和题解(上、下册)》12.4.2

解析:系统安全设计包括网络的安全与保密;应用系统的安全措施;数据备份和恢复机制;用户管理。

100.【CDE】知识点:导航电子地图内容

出处:《测绘综合能力体系和题解(上、下册)》13.1.2

解析:导航电子地图的道路属性信息数据有道路编号、道路名称、道路功能等级、道路形态、道路宽度、道路通行方向、道路通行限制等。

15.7　2017 年注册测绘师综合能力试题及解析

15.7.1　综合能力试题

一、单项选择题(共 80 题,每题 1 分。每题的备选项中,只有 1 个最符合题意)

1. 地球表面重力的方向是(　　)。
   A. 地心引力方向　　　　　　　　　B. 与离心力相反的方向
   C. 铅垂线方向　　　　　　　　　　D. 椭球法线方向

2. 下列关于大地水准面的描述中,错误的是(　　)。
   A. 大地水准面是一个参考椭球面　　B. 大地水准面是一个重力等位面
   C. 大地水准面是一个几何面　　　　D. 大地水准面是一个物理面

3. 下列测量误差中,不会对三角网角度测量产生影响的是(　　)。

    A. 对中误差　　　　　B. 读数误差　　　　　C. 照准误差　　　　　D. 电离层误差

4. 某点的大地经纬度为 $31°01'07''$、$105°10'30''$,按照 $3°$ 带进行高斯投影,其所属的带号是(　　)。

    A. 34　　　　　　　B. 35　　　　　　　C. 36　　　　　　　D. 37

5. 现行规范规定,GPS网观测时,必须观测气象元素的GPS网的等级是(　　)级。

    A. A　　　　　　　B. B　　　　　　　C. C　　　　　　　D. D

6. 两套平面坐标系在进行四参数坐标转换时,最少需要(　　)个公共点。

    A. 2　　　　　　　B. 3　　　　　　　C. 4　　　　　　　D. 5

7. GPS网无约束平差的主要目的是(　　)。

    A. 检验重复基线的误差　　　　　　　　B. 检验GPS网中的同步环闭合差

    C. 剔除GPS网中的粗差基线　　　　　　D. 检验GPS网中的异步环闭合差

8. 某水准网如右图所示,测得 a、b、b、c、c、a 间的高差(线路等长)分别为 $h_1 = 0.008\,\text{m}$、$h_2 = 0.016\,\text{m}$、$h_3 = -0.030\,\text{m}$,则 h_3 的平差值是(　　)m。

    A. -0.026　　　　　　　　　　　　B. -0.027

    C. -0.028　　　　　　　　　　　　D. -0.029

9. 现行规范规定,国家二等水准每千米水准测量的偶然中误差是(　　)m。

    A. ± 1.0　　　　　　B. ± 2.0　　　　　　C. ± 3.0　　　　　　D. ± 4.0

10. 通常所称的子午线收敛角是(　　)。

    A. 磁北方向与真北方向之间的夹角　　　B. 坐标北方向与磁北方向之间的夹角

    C. 坐标北方向与真北方向之间的夹角　　D. 两点之间的方位角与磁北方向之间的夹角

11. 现行规范规定,一、二等水准测量要在日出后与日落前 30 min 内观测,其主要目的是消除或减弱(　　)的影响。

    A. 仪器沉降　　　　B. 大气折光误差　　　C. 一对标尺零点差　　D. i 角误差

12. 现行规范规定,在冻土深度小于 0.8 m 的地区布设二等水准点,水准标石埋设类型应选择(　　)。

    A. 钢管水准标石　　B. 墙角水准标石　　　C. 道路水准标石　　　D. 混凝土水准标石

13. 现行规范规定,水深在 20 m 以内时,深度测量误差的限值为(　　)m。

    A. ± 0.05　　　　B. ± 0.2　　　　　C. ± 0.5　　　　　D. ± 1.0

14. 由于月球、太阳、地球间相对位置不同,每天海面涨落潮差不等,潮差随月球相位变化,每月大潮的次数为(　　)次。

    A. 5　　　　　　　B. 4　　　　　　　C. 2　　　　　　　D. 1

15. 在海洋测量中,短期验潮站要求连续观测水位的天数最少为(　　)天。

    A. 5　　　　　　　B. 30　　　　　　　C. 90　　　　　　　D. 180

16. 使用多波束测深系统实施深度测量时,下列施测要求中错误的是(　　)。

    A. 施测前应进行船只的稳定性试验和航行试验

    B. 在测区内不允许直接改变船只方向

    C. 应根据测区海水盐度、温度分布测定适量的声速剖面

D. 在测量过程中测量船应根据流速适时调整航速

17. 某经纬仪的型号为 DJ2,其中"2"的含义是(   )。

A. 该仪器的一测回测角中误差为±2″

B. 该仪器的一测回方向中误差为±2″

C. 该仪器的半测回测角中误差为±2″

D. 该仪器的半测回方向中误差为±2″

18. 某矩形场地长 500 m、宽 200 m,其面积为(   )亩。

A. 50　　　　　　B. 100　　　　　　C. 150　　　　　　D. 200

19. 1 个车站同时有 4 个方向之间的水平角需要观测,则应采用的最佳观测方法为(   )。

A. 测回法　　　　B. 复测法　　　　C. 分组法　　　　D. 全圆方向法

20. 某技术人员对三角形的 3 个内角进行多次测定,统计三角形闭合差时发现,相差 6″的误差次数为 5 次,相差 1″的误差次数为 25 次,统计结果体现出的误差特性为(   )。

A. 抵偿性　　　　B. 渐降性　　　　C. 有限性　　　　D. 对称性

21. 下列准则中,不属于设计阶段评定工程控制网质量的准则是(   )。

A. 精度准则　　　B. 可靠性准则　　C. 费用准则　　　D. 平衡准则

22. 某测区有隐蔽管线点 2 000 个,为检验地下管线探测质量,按现行规范的规定,应随机抽取其中(   )个进行开挖验证。

A. 400　　　　　　B. 200　　　　　　C. 20　　　　　　D. 2

23. 测得某圆形地物的直径为 64.780 m±0.010 m,则其圆周长度 S 的中误差为(   )mm。

A. ±648.0　　　　B. ±62.8　　　　C. ±31.4　　　　D. ±10.0

24. 现行规范规定,隧道工程相向贯通时,其高程贯通误差的限差为(   )mm。

A. 7　　　　　　　B. 70　　　　　　C. 200　　　　　　D. 700

25. 按地形图分幅编码标准,某地形图的图号为 J50C002003,其比例尺为(   )。

A. 1:50 万　　　B. 1:25 万　　　C. 1:10 万　　　D. 1:5 万

26. 在某地测绘 1:500 数字地形图,选用的基本等高距为 0.5 m,则测图控制点的高程中误差最大为(   )m。

A. ±0.05　　　　B. ±0.25　　　　C. ±0.5　　　　D. ±1.0

27. 现行规范规定,变形监测的等级分为(   )等。

A. 一　　　　　　B. 二　　　　　　C. 三　　　　　　D. 四

28. 现行规范规定,30 层的建筑物属于(   )建筑物。

A. 超高层　　　　B. 高层　　　　　C. 多层　　　　　D. 一般

29. 对大比例尺数字地形图进行质量检验时,采用量距法实地随机抽检相邻地物点的距离,每幅图应选取的边数最少为(   )条。

A. 2　　　　　　　B. 20　　　　　　C. 100　　　　　　D. 200

30. 下列关于房屋测量草图内容及记录的说法中错误的是(   )。

A. 住宅房号应注记在该户中间部位

B. 房屋外墙及内部分隔墙均用单实线显示

C. 房屋凸出墙体 0.2 m 的烟道应予显示

D. 室内净空边长及墙体厚度均取至厘米

31. 下列建筑部位中,应按水平投影计算单层全部建筑面积的是(　　)。

    A. 住宅楼层高6 m的大堂　　　　　　B. 以高架桥为顶的收费岗亭

    C. 屋顶天面上的露天泳池　　　　　　D. 无顶盖的室外楼梯

32. 下列关于成套房屋套内建筑面积构成关系的表述中正确的是(　　)。

    A. 套内建筑面积＝套内使用面积＋套内阳台面积

    B. 套内建筑面积＝套内使用面积＋套内墙体面积＋套内阳台面积

    C. 套内建筑面积＝套内使用面积＋分摊得到的共有建筑面积

    D. 套内建筑面积＝套内使用面积＋分摊得到的共有建筑面积＋套内墙体面积

33. 下列某小区分丘图中,按规范房屋幢号编排正确的是(　　)。

34. 在地籍测量工作中,内业互检的检查比例应为(　　)。

    A. 100%　　　　　　B. 70%　　　　　　C. 50%　　　　　　D. 30%

35. 在地籍测量过程中,为某地区控制点设置保护点,保护点最少应设置(　　)个。

    A. 9　　　　　　B. 6　　　　　　C. 3　　　　　　D. 1

36. 下列面积量算工作中,不属于地籍测量工作内容的是(　　)。

    A. 省级行政区面积量算　　　　　　B. 宗地面积量算

    C. 地类图斑面积量算　　　　　　　D. 建筑占地面积量算

37. 某宗地代码为"xxxxxxxxxxxGxxxxxx",则该宗地的土地权属类型为(　　)。

    A. 国有土地所有权　　　　　　B. 国有土地使用权

    C. 集体土地所有权　　　　　　D. 集体土地使用权

38. 下列界线测量信息中,不属于边界线走向说明应描述的是(　　)。

    A. 各段边界的起讫点　　　　　　B. 界线转折的方向

    C. 边界点和边界线的关系　　　　D. 界线依附的地形

39. 在行政区域界线测量工作中,完整的界桩点编号共有8位,其中表示边界线编号的数字有(　　)位。

    A. 1　　　　　　B. 2　　　　　　C. 3　　　　　　D. 4

40. 进行1∶1 000成图的航摄规划设计时,采用的DEM比例尺宜为(　　)。

A. 1：500　　　　　B. 1：1 万　　　　　C. 1：2.5 万　　　　　D. 1：5 万

41. 目前倾斜航空摄影的主要优势是用于生产(　　　)。

　　A. 数字线划图　　B. 正射影像数据　　C. 三维模型数据　　D. 数字高程模型

42. 下列航摄成果检查项中,属于影像质量检查项的是(　　　)。

　　A. 像片重叠度　　B. 航线弯曲度　　C. 航高保持　　D. 影像反差

43. 按现行的规范,下列数码航摄数据质量错漏中最严重的错漏是(　　　)。

　　A. 航摄飞行记录单不完整　　　　　　B. 数据无法读出

　　C. 上交的观测数据不完整　　　　　　D. 基站布设及测量精度不满足要求

44. 下列地物中可以用半依比例尺符号表示的是(　　　)。

　　A. 湖泊　　　　　B. 垣栅　　　　　C. 独立树　　　　　D. 假山石

45. 下列专题地图表示方法中,宜用来表示货物运输的方向、数量的是(　　　)。

　　A. 运动线法　　　　　　　　　　　　B. 质底法

　　C. 分级统计图法　　　　　　　　　　D. 分区统计图表法

46. 我国 1：100 万地形图采用的投影是(　　　)。

　　A. 正轴等角双标准纬线圆锥投影　　　B. 高斯-克吕格投影

　　C. UTM 投影　　　　　　　　　　　D. 正轴等面积双标准纬线圆锥投影

47. 下列因素中,不属于地图集开本设计时需要考虑的是(　　　)。

　　A. 地图集用途　　　　　　　　　　　B. 地图集图幅的分幅

　　C. 制图区域范围　　　　　　　　　　D. 地图集使用的特定条件

48. "出血"指的是地图印刷一边或数边超出(　　　)的部分。

　　A. 外图廓　　　　　B. 内图廓　　　　　C. 裁切线　　　　　D. 网线

49. 摄影像片的内外方位元素共有(　　　)个。

　　A. 6　　　　　　　B. 7　　　　　　　C. 8　　　　　　　D. 9

50. 下列地形地物要素中,可作为中小比例尺航测像片高程控制点的是(　　　)。

　　A. 峡沟　　　　　B. 尖山顶　　　　　C. 坡度较大的陡坡　　D. 线性地物的交点

51. 在航空摄影测量中,相机主光轴与像平面的交点称为(　　　)。

　　A. 像主点　　　　　B. 像底点　　　　　C. 等角点　　　　　D. 同名点

52. 采用航空摄影测量方法对某一丘陵地区进行 1：2 000 数字化测图,该区域的林地和阴影覆盖隐蔽区等困难区域的地物点平面中误差最大值为(　　　)m。

　　A. ±1.5　　　　　B. ±1.8　　　　　C. ±2.0　　　　　D. ±2.5

53. 航空摄影测量相对定向的基本任务是(　　　)。

　　A. 确定影像的内方位元素

　　B. 将扫描坐标系转换到像平面坐标系

　　C. 确定两张影像间的相对位置和姿态关系

　　D. 将立体模型纳入地面测量坐标系

54. 规则格网的数字高程模型是一个二维数字矩阵,矩阵元素表示格网点的(　　　)。

　　A. 平面坐标　　　　B. 高程　　　　　C. 坡度　　　　　D. 坡向

55. 现行规范规定,像片上地物投影差应以(　　　)为辐射中心进行改正。

A. 像主点　　　　　B. 像底点　　　　　C. 同名点　　　　　D. 等角点

56. 下列工作环节中,制作数字正射影像图不需要的是(　　)。

A. DEM 采集　　　B. 数字微分纠正　　　C. 影像镶嵌　　　D. 像片调绘

57. ADS80 传感器的成像方式属于(　　)。

A. 单线阵推扫式成像　　　　　　　　B. 双线阵推扫式成像

C. 三线阵推扫式成像　　　　　　　　D. 框幅式成像

58. 下列关于热红外影像上水体色调的说法中,正确的是(　　)。

A. 白天呈暖色调,晚上呈冷色调　　　B. 白天呈冷色调,晚上呈暖色调

C. 白天和晚上均呈冷色调　　　　　　D. 白天和晚上均呈暖色调

59. 下列关于遥感影像分类的描述中,不属于面向对象分类的是(　　)。

A. 从影像对象中可以提取多种特征用于分类

B. 不同地物可以在不同尺度层上进行提取

C. 分类过程基于错分概率最小准则

D. 利用光谱特征和形状特征进行影像分割

60. 全国地理国情普查的成果执行"两级检查,一级验收"制度,其中过程检查的外业检查比例最小为(　　)。

A. 10%　　　　　B. 20%　　　　　C. 30%　　　　　D. 50%

61. 在全国地理国情普查中,耕地最小图斑所对应的实地面积为(　　)m²。

A. 400　　　　　B. 225　　　　　C. 100　　　　　D. 25

62. 现行规范规定,城市三维建筑模型按表现细节的不同可分为 LOD1、LOD2、LOD3、LOD4 四个层次,其中 LOD1 是(　　)。

A. 体块模型　　　B. 基础模型　　　C. 标准模型　　　D. 精细模型

63. 下列关于 GIS 软件需求规格说明书的描述中,正确的是(　　)。

A. 是软件模块编程设计书　　　　　　B. 是软件需求分析报告

C. 是联系需求分析与系统设计的桥梁　D. 是软件详细设计说明书

64. 下列数据格式中,不属于栅格数据格式的是(　　)。

A. GeoTIFF　　　B. Image　　　　C. Grid　　　　D. GML

65. 下列 GIS 面、线数据符号的表达特征中,可用于标识信息类别的是(　　)。

A. 位置　　　　　B. 范围　　　　　C. 颜色　　　　　D. 长度

66. 下列测绘工序中,常规测绘项目无须考虑而农村土地承包经营权调查项目不可缺少的是(　　)。

A. 技术设计　　　B. 数据采集　　　C. 数据建库　　　D. 审核公示

67. 下列系统安全措施中,属于涉密数据安全管理必需的是(　　)。

A. 用户授权确认　B. 与外网物理隔离　C. 数据加密访问　D. 采用防火墙

68. 系统在某一瞬间能处理的请求数量被称为并发能力,下列软件测试类别中,包含并发测试的是(　　)。

A. 功能测试　　　B. 集成测试　　　C. 可用性测试　　　D. 性能测试

69. 下列测绘地理信息技术中,在共享单车项目中得到应用的是(　　)。

A. GPS 差分定位　　B. 互联网地图服务　　C. POS 辅助定位　　　D. 网络 RTK

70. 平台软件选型属于数据库系统设计中(　)阶段的工作。

A. 物理设计　　　　B. 功能设计　　　　C. 逻辑设计　　　　D. 概念设计

71. 下列数据类型中,不属于城市地理空间框架数据的是(　)。

A. 地理信息目录数据　　　　　　B. 路网数据

C. 地址数据　　　　　　　　　　D. 人口数据

72. 下列图形表达中,属于矢量数据求交叠置表达的是(　)。

A. 输入图层＋叠置图层＝输出图层　　　　B. 输入图层＋叠置图层＝输出图层

C. 输入图层＋叠置图层＝输出图层　　　　D. 输入图层＋叠置图层＝输出图层

73. 现行规范规定,在国家和省级地理信息公共服务平台中,电子地图数据的坐标系统采用(　)。

A. 西安 80 坐标系　　　　　　　B. WGS-84 坐标系

C. 2000 国家大地坐标系　　　　D. 北京 54 坐标系

74. 下列 GIS 空间分析功能中,用来从某点出发判断该区域其他所有点的可视情况的是(　)。

A. 叠置分析　　　　B. 邻近分析　　　　C. 路径分析　　　　D. 通视分析

75. 下列 GIS 公用的开发方式中,目前较广泛采用的是(　)。

A. 独立式 GIS 二次开发　　　　B. 宿主式 GIS 二次开发

C. 组件式 GIS 二次开发　　　　D. 开源式 GIS 二次开发

76. 下列关于导航电子地图道路功能等级与现行道路分类标准对应关系的说法中,不符合规范要求的是(　)。

A. 一级功能道路对应高速路、城市快速路(高速等级)

B. 三级功能道路对应二级公路、城市主干道

C. 五级功能道路对应五级公路、城市支路

D. 六级功能道路对应等外公路(单位内部路等)

77. 下列导航电子地图数据质量检测结果中,属于大差错的是(　)。

A. 某五级功能道路遗漏　　　　B. 道路相对位置误差为 8 m

C. 某餐饮点位遗漏　　　　　　D. 某书店邮编属性标注错误

78. 下列系统功能中,不属于互联网地理信息服务的是(　)。

A. 提供服务接口与 API　　　　B. 地理信息浏览查询

C. 地理空间信息分析处理　　　D. 数据安全管理和维护

79. 下列关于地理信息公共服务平台的说法中,错误的是(　)。

A. 分为国家、省区和市(县)三级

B. 数据集是地理信息公共服务平台的核心内容

C. 1∶5 000 的地理信息数据属于市(县)级地理信息公共服务平台数据

D. 具备个性化应用的二次开发接口

80. 下列关于地图瓦片的说法中,错误的是( )。

A. 是目前主流的互联网电子地图发布形式

B. 采用 png 或 jpg 格式

C. 分块大小为 256 像素×256 像素

D. 瓦片级数越大显示比例越小

二、多项选择题(共 20 题,每题 2 分。每题的备选项中,有 2 个或 2 个以上符合题意,至少有 1 个错项。错选,本题不得分;少选,所选的每个选项得 0.5 分)

81. 为了减弱垂直折光的影响,提高三角高程测量的精度,可采取的措施有( )。

   A. 对向观测垂直角　　　　　B. 采用质量大的尺台　　　　C. 选择有利的观测时间

   D. 采用高精度全站仪　　　　E. 提高观测视线高度

82. 下列模块中,属于完整的 CORS 系统的必要组成部分的有( )。

   A. 基准站网　　　　　　　　B. 数据处理中心　　　　　　C. 仿真模拟系统

   D. 数据传输系统　　　　　　E. 用户应用系统

83. GPS 控制测量要求多台接收机同步观测,这样设计的主要目的是消除或减弱( )的影响。

   A. 星历误差　　　　　　　　B. 电离层对流层传播误差　　C. 多路径效应

   D. 接收机钟差　　　　　　　E. 测站沉降

84. 现行规范规定,下列改正项中,属于水深测量改正的有( )。

   A. 零漂改正　　　　　　　　B. 吃水改正　　　　　　　　C. 姿态改正

   D. 声速改正　　　　　　　　E. 水位改正

85. 选择 1∶500 地形图的基本等高距时,应考虑的主要因素有( )。

   A. 测图人员　　　　　　　　B. 测图仪器　　　　　　　　C. 地形类别

   D. 测图方法　　　　　　　　E. 测图比例尺

86. 长距离三角高程测量需要进行两差改正,两差改正指( )。

   A. 高差改正　　　　　　　　B. 地球曲率误差改正　　　　C. 测距误差改正

   D. 垂直大气折光误差改正　　E. 测角误差改正

87. 评定观测值测量精度的指标有( )。

   A. 偶然误差　　　　　　　　B. 中误差　　　　　　　　　C. 相对中误差

   D. 系统误差　　　　　　　　E. 极限误差

88. 下列方法中,属于地下工程联系测量几何定向方法的有( )。

   A. 陀螺经纬仪定向法　　　　B. 一井定向法　　　　　　　C. 罗盘定向法

   D. 两井定向法　　　　　　　E. 电子全站仪定向法

89. 下列检测方法中,属于工业设备形位检测常用方法的有( )。

   A. 全站仪距离交会法　　　　B. 全站仪角度交会法　　　　C. 近景摄影测量方法

D. 液体静力水准测量方法　　E. 激光准直测量方法

90. 下列空间部位中,其水平投影面积不得作为房屋共有面积分摊的有(　　)。

A. 为多个小区服务的警卫室　　　　B. 小区内的地上停车场

C. 住宅楼层顶的电梯机房　　　　　D. 小区内的独立地下车库

E. 住宅的地下室人防工程

91. 根据现行的土地利用现状分类标准,下列单位用地中,属于公共管理与公共服务用地的有(　　)。

A. 某城市人民政府　　　B. 某城市电视台　　　C. 某城市中心广场

D. 某城市人民医院　　　E. 某城市商业银行

92. 下列工作中,属于界线测绘准备阶段的有(　　)。

A. 制作边界协议书附图　　B. 制作边界地形图　　　C. 绘制边界情况图

D. 绘制边界主张线图　　　E. 填写界桩登记表

93. 下列功能中,属于航摄仪滤光片的作用的有(　　)。

A. 像移补偿　　　　　　B. 减弱某一波谱的作用　　C. 曝光补偿

D. 减小镜头畸变差　　　E. 焦平面照度不均匀补偿

94. 下列制图方法中,可以用来表示地貌的方法有(　　)。

A. 写景法　　　　　　　B. 晕渲法　　　　　　　　C. 晕滃法

D. 分层设色法　　　　　E. 运动线法

95. 立体像对的前方交会原理能应用于(　　)。

A. 相对定向元素的解算　　　　　B. 绝对定向元素的解算

C. 地面点坐标的解算　　　　　　D. 求解像点的方向偏差

E. 模型点在像空间辅助坐标系中坐标的解算

96. 下列关于倾斜航空摄影测量技术的描述中,正确的有(　　)。

A. 多角度拍摄可弥补数字摄影的不足

B. 多视影像交会有助于提高测量可靠性

C. 不同视角的相机成像比例尺一致

D. 影像变形大导致同名点匹配难度加大

E. 有效减小盲区有助于三维建模

97. 下列传感器中属于主动式成像的传感器有(　　)。

A. 合成孔径雷达　　　　B. 推扫式多光谱成像仪　　C. 热红外扫描成像传感器

D. 微波散射计　　　　　E. 激光雷达

98. 下列分类信息中,属于农村土地承包经营权数据库内容的有(　　)。

A. 定位基础　　　　　　B. 等高线　　　　　　　　C. 正射影像

D. 发包方信息　　　　　E. 房屋面积

99. 下列工作中,属于地理信息系统总体设计阶段的有(　　)。

A. 需求分析　　　　　　B. 体系结构设计　　　　　C. 软件结构设计

D. 用户界面设计　　　　E. 编制组织实施计划

100. 下列要素中,属于国家地理信息公共服务平台电子地图数据的有(　　)。

A. 居民地及设施　　　　　B. 境界与政区　　　　　C. 地名地址

D. 0.1 m 分辨率的航空摄影影像　　E. 0.8 m 分辨率的航天遥感影像

15.7.2　答案及解析

一、单项选择题

1.【C】知识点：**地球形状**

出处：《测绘综合能力体系和题解(上、下册)》3.3.1

解析：物体由于地球的吸引而受到的力叫重力,重力是离心力和地心引力的合力。地心引力大小与物体质量、物体与地球的距离有关,方向指向地球质心。离心力大小与物体与地轴的距离有关,方向与地轴垂直。选项 C 符合题意。

2.【A】知识点：**垂直基准**

出处：《测绘综合能力体系和题解(上、下册)》3.4

解析：与平均海水面重合并延伸到整个地球的水准面叫大地水准面,它是一个特殊的水准面。平静的海平面可认为是重力等势能面,即重力等位面,又叫水准面。大地坐标系以地球质心为中心,以参考椭球面为基准面,以地球旋转轴为基准轴,用于研究地球上物体的定位和运动。即参考椭球面用于坐标系统,大地水准面是物理面,用于高程系统。选项 A 错误。

3.【D】知识点：**水平角测量**

出处：《测绘综合能力体系和题解(上、下册)》3.7.4

解析：会对角度测量产生影响的一般为对中整平误差、照准误差、读数误差、视差造成的误差等。除以上误差外,还有一些客观因素造成的误差。电离层误差指载波经过电离层时产生的误差。选项 D 与题干无关。

4.【B】知识点：**高斯平面归算**

出处：《测绘综合能力体系和题解(上、下册)》3.5.3

解析：高斯-克吕格投影 3°带带号计算：$N_3 = \mathrm{INT}[(L-1.5)/3] = \mathrm{INT}[(105-1.5)/3] = 35(L$ 为经度,INT 为向上取整)。

5.【A】知识点：**GNSS 控制网观测实施**

出处：《测绘综合能力体系和题解(上、下册)》3.9.5

解析：A 级 GNSS 网要观测气象元素,其他等级的 GNSS 网可只记录天气状况。

6.【A】知识点：**坐标系转换**

出处：《测绘综合能力体系和题解(上、下册)》3.5.4

解析：解算四参数需 4 个方程、2 个平面点 (x_1, y_1)、(x_2, y_2)。

7.【C】知识点：**GNSS 控制网数据处理**

出处：《测绘综合能力体系和题解(上、下册)》3.9.6

解析：三维无约束平差的目的是获得 GNSS 网的三维坐标,得到精确的大地高,并判断是否含有粗差,给各基线向量定权。

8.【C】知识点：**高程控制网数据处理**

出处：《测绘综合能力体系和题解(上、下册)》3.10.7

解析： (1) 高差闭合差＝0.008＋0.016－0.030＝－0.006 m；

(2) 按高差闭合差和路线距离计算改正数：

－0.006/3＝－0.002 m；

(3) 以改正数的反号配赋给 h_3，得到 h_3 的平差值：

－0.030＋0.002＝－0.028 m。

9.【A】知识点：**高程控制网数据处理**

出处：《测绘综合能力体系和题解(上、下册)》3.10.7

解析： 国家二等水准每千米水准测量的偶然中误差是±1.0 m。

等级	一等	二等	三等	四等
$m_{偶然}$/mm	0.45	1.0	3.0	5.0
$m_{全}$/mm	1.0	2.0	6.0	10.0

10.【C】知识点：**数学基础**

出处：《测绘综合能力体系和题解(上、下册)》11.1.4

解析： 坐标北方向相对于真北方向的夹角叫子午线收敛角，东偏为正，西偏为负。

11.【B】知识点：**水平角测量**

出处：《测绘综合能力体系和题解(上、下册)》3.7.4

解析： 水准观测应在标尺分划线成像清晰且稳定时进行。大气折光误差是光线因通过的区域大气密度不同发生折射导致的误差。规范设定时间段观测，是为了减小大气折光误差。

12.【D】知识点：**水准测量选点埋石**

出处：《测绘综合能力体系和题解(上、下册)》3.10.3

解析： 沙漠地区或冻土深度小于 0.8 m 的地区埋设混凝土水准标石。

13.【B】知识点：**水深测量**

出处： JTS 131—2012《水运工程测量规范》

解析： 水深在 20 m 以内时，深度测量误差的限值为±0.2 m。本题所依据的规范不是测绘标准，如按照《海道测量规范》，如下表所示。

测深范围/m	限差/m	测深范围/m	限差/m
$0 < Z \leqslant 20$	±0.3	$50 < Z \leqslant 100$	±1.0
$20 < Z \leqslant 30$	±0.4	$Z > 100$	$±Z×2\%$
$30 < Z \leqslant 50$	±0.5		

14.【C】知识点：**水文观测**

出处：《测绘综合能力体系和题解(上、下册)》4.2.4

解析： 每月有 2 次大潮、2 次小潮，大潮时海面涨得最高，落得最低，此时的潮差称为大潮差；小潮时海面涨得不是很高，落得也不是太低，此时的潮差称为小潮差。

15.【B】知识点：**深度基准**

出处:《测绘综合能力体系和题解(上、下册)》4.2.1

解析:短期验潮站用于补充长期验潮站的不足,与长期验潮站共同推算确定测区的深度基准面,一般应有 30 天以上的连续观测水位资料。

16.【D】知识点:水深测量

出处:《测绘综合能力体系和题解(上、下册)》4.2.6

解析:多波束测深系统在收集取得测量船的瞬时位置、姿态、航向以及声速传播特性等数据后,以工作站处理数据,综合声波测量、定位、船姿、声速剖面和潮位等信息计算波束脚印的坐标和深度,并绘制海底地形图。在测量过程中测量船应固定航速,故选 D。

17.【B】知识点:传统大地测量仪器

出处:《测绘综合能力体系和题解(上、下册)》3.7.2

解析:某经纬仪的型号为 DJ2,其中"2"的含义是一测回方向中误差为 $\pm 2''$。

等级	DJ07	DJ1	DJ2
一测回方向中误差/″	≤0.7	≤1	≤2
用途	一等三角测量	一、二等三角测量	三、四等三角测量

18.【C】知识点:地籍量算方法

出处:《测绘综合能力体系和题解(上、下册)》7.5.1

解析:一亩约为 666.67 m²,$500 \times 200 \div 666.67 = 150$ 亩。

19.【D】知识点:水平角测量

出处:《测绘综合能力体系和题解(上、下册)》3.7.4

解析:采用方向法观测水平角时,当观测方向数大于 3(包括零方向)时应采用全圆方向法。

20.【B】知识点:测量误差

出处:《测绘综合能力体系和题解(上、下册)》2.1.1

解析:偶然误差的四个统计特性如下:

(1)在一定观测条件下,误差绝对值有一定限值(有限性)。

(2)绝对值较小的误差比绝对值较大的误差出现概率大(渐降性)。

(3)绝对值相等的正负误差出现概率相同(对称性)。

(4)偶然误差的数学期望为零(抵偿性)。

21.【D】知识点:工程控制测量质量控制与成果归档

出处:《测绘综合能力体系和题解(上、下册)》5.2.4

解析:工程控制网质量评定准则有精度准则、可靠性准则、灵敏度准则、费用准则。

22.【C】知识点:地下管线测量质量检查和成果归档

出处:《测绘综合能力体系和题解(上、下册)》5.10.4

解析:随机抽取隐蔽管线点总数的 1%进行开挖验证,检验不应少于 3 个检查点。

23.【C】知识点:误差传播率

出处:《测绘综合能力体系和题解(上、下册)》2.2.1

解析：$S = \pi D$，由误差传播定律可知 $\sigma_S = 3.14 \times (\pm 0.010) = \pm 31.4$ mm。

24.【B】知识点：**贯通测量**

出处：《测绘综合能力体系和题解（上、下册）》5.9.5

解析：隧道工程相向贯通时，其高程贯通误差的限差为 70 mm。

类别	两开挖洞间距/km	限差/mm
横向	$L < 4$	100
	$4 \leqslant L < 8$	150
	$8 \leqslant L < 10$	200
高程	不限	70

25.【B】知识点：**数学基础**

出处：《测绘综合能力体系和题解（上、下册）》11.1.4

比例尺	1：50 万	1：25 万	1：10 万	1：5 万	1：2.5 万	1：1 万	1：5 000
代码	B	C	D	E	F	G	H

解析：地形图的比例尺代码为 C，比例尺为 1：25 万。

26.【A】知识点：**工程测图实施方法**

出处：《测绘综合能力体系和题解（上、下册）》5.3.3

解析：测图控制点即图根点，图根点相对于基本控制点的点位中误差不超过图上 ± 0.1 mm，高程中误差不超过基本等高距的 1/10，即 $0.5 \times 0.1 = \pm 0.05$ m。

27.【D】知识点：**变形监测概述**

出处：《测绘综合能力体系和题解（上、下册）》5.12.1

解析：按照现行的规范，变形监测的等级分为四等。

等级	相邻变形观测点高差中误差/mm	变形观测点高程中误差/mm	变形观测点点位中误差/mm	范　围
一等	± 0.1	± 0.3	± 1.5	特别敏感的高层建筑，重要古建筑
二等	± 0.3	± 0.5	± 3.0	比较敏感的高层建筑，一般古建筑
三等	± 0.5	± 1.0	± 6.0	一般多高层建筑
四等	± 1.0	± 2.0	± 12.0	精度要求较低的建筑

28.【B】知识点：**建筑施工测量概述**

出处：《测绘综合能力体系和题解（上、下册）》5.5.1

解析：建筑物按高度和层数划分为5类：4层及以下为一般建筑物；5～9层为多层建筑物；10～16层为小高层建筑物；17～40层为高层建筑物；40层以上为超高层建筑物。

29.【B】知识点：**工程测图质量控制和成果归档**

出处：《测绘综合能力体系和题解(上、下册)》5.3.4

解析：大比例尺数字测图，数学精度的实地检测一般每幅图选取20～50个点、20条边进行检测。

30.【A】知识点：**房产要素测绘**

出处：《测绘综合能力体系和题解(上、下册)》6.3.2

解析：房屋测量草图的内容有：

(1) 房屋草图按概略比例分层绘制；

(2) 外墙及分隔墙均绘单实线；

(3) 图纸上要注明房产区号、房产分区号、幢号、层次、坐落、指北针；

(4) 住宅楼单元号、室号，注记开门处；

(5) 逐间实量，注记室内(内墙)净空边长、墙厚，取至厘米；

(6) 室内墙体凹凸0.1 m以上的要表示；

(7) 有固定设备的附属用房(如厨房等)应实量边长并加注记；

(8) 地下室、夹层、复式房等另绘草图；

选项A的说法规范中未见。

31.【A】知识点：**房产要素测绘**

出处：《测绘综合能力体系和题解(上、下册)》6.3.2

解析：以引桥、高架路、高架桥、路面作为顶盖建造的房屋不计算建筑面积。屋顶天面上的露天泳池不计算建筑面积。无顶盖的室外楼梯按各层水平投影面积的一半计算建筑面积。

32.【B】知识点：**建筑面积分摊**

出处：《测绘综合能力体系和题解(上、下册)》6.4.3

解析：成套房屋的套内建筑面积由套内使用面积、套内墙体面积、套内阳台面积构成。

33.【D】知识点：**房屋调查**

出处：《测绘综合能力体系和题解(上、下册)》6.2.2

解析：幢以丘为单位，按进门的感官视觉习惯编号，与丘的编号顺序不同。幢号自大门起，从左到右，从前到后，按S形编号。

34.【A】知识点：**地籍测绘检查验收的实施**

出处：《测绘综合能力体系和题解(上、下册)》7.7.1

解析：地籍测量检查规定如下：

(1) 自检比例为100%；

(2) 互检，内业检查100%，外业实际操作检查不低于30%，巡视检查不低于70%；

(3) 专检是由作业单位质量管理机构组织的对成果质量的检查，内业检查100%，外业实际操作检查不低于20%，巡视检查不低于40%。

35.【C】知识点：**地籍控制测量**

出处：CH 5002—1994《地籍测绘规范》4.1.3.2

解析：地籍控制点均应埋设固定标志,有条件时宜设置保护点,保护点个数不少于 3 个。

36.【A】**知识点**：**地籍水平面积量算**

出处：《测绘综合能力体系和题解(上、下册)》7.5

解析：地籍面积量算的内容有县、乡、村级行政区面积,地籍区、地籍子区面积,地类图斑面积,宗地面积,宗地内建筑占地面积、建筑面积等。

37.【A】**知识点**：**地籍调查单元**

出处：《测绘综合能力体系和题解(上、下册)》7.2.1

解析：宗地号权属类型代码第一位为土地所有权类型：G 国有土地所有权、J 集体土地所有权、Z 争议土地。

38.【C】**知识点**：**边界协议书附图**

出处：《测绘综合能力体系和题解(上、下册)》8.4

解析：边界线走向说明应以描述边界线的实地走向为原则,一般包括界线的始终点、界线长度、界线依附的地形、界线转折的方向、界桩间的界线长度、界线经过的地形特征点等。

39.【D】**知识点**：**界桩点埋设和编号**

出处：《测绘综合能力体系和题解(上、下册)》8.2.2

解析：界桩点完整编号共 8 位,由边界线编号、界桩号及类型码三部分组成。前 4 位为边界线编号,由两省简码组成,数值小的在前;中间 3 位为界桩号,最后 1 位为类型码。如位于三省交界处,与边界线有关的数字应为 6 位。

40.【B】**知识点**：**航空摄影技术设计**

出处：《测绘综合能力体系和题解(上、下册)》9.3

解析：进行 1∶1 000 成图的航摄规划设计时,采用的设计地形图比例尺宜为 1∶10 000,对应的 DEM 也应采用同样的比例尺。

成图比例尺	设计用图比例尺
≥1∶1 000	1∶1 万
≥1∶1 万	1∶2.5 万～1∶5 万
≥1∶10 万	1∶10 万～1∶25 万

41.【C】**知识点**：**三维模型制作方法**

出处：《测绘综合能力体系和题解(上、下册)》10.11.2

解析：倾斜航空摄影是在同一飞行平台上搭载多台传感器或多镜头系统,从不同的角度同时采集影像数据,一体化生成三维模型和 DOM。倾斜摄影测量技术以大范围、高精度、高清晰度的方式全面感知复杂场景,有效提升了三维模型的生产效率。

42.【D】**知识点**：**航空摄影质量控制**

出处：《测绘综合能力体系和题解(上、下册)》9.5.1

解析：影像质量检查的内容包括色调均匀、反差适中、不偏色、清晰、色彩饱和、层次分明、能辨别地面最暗处的细节等。

43.【B】知识点：航空摄影质量控制

出处：GB/T 24356—2009《测绘成果质量检查与验收》

解析：航摄成果数据无法读出属于 A 类错漏,其他选项属于 B 类错漏。

44.【B】知识点：地图语言

出处：《测绘综合能力体系和题解(上、下册)》11.1.2

解析：线状符号一般以半依比例尺符号表示,其长度依比例尺表示,宽度不依比例尺表示,如单线河等。

45.【A】知识点：地图表达方式设计

出处：《测绘综合能力体系和题解(上、下册)》11.2.2

解析：运动线法是用矢量符号和不同宽度、颜色的条带表示现象移动的方向、路径和数量、质量特征。

46.【A】知识点：地图设计基础

出处：《测绘综合能力体系和题解(上、下册)》11.2.1

解析：我国 1∶100 万基本比例尺地形图采用分带的边纬与中纬变形绝对值相等的正轴等角双标准纬线圆锥投影,即兰勃特投影。

47.【B】知识点：地图集设计

出处：《测绘综合能力体系和题解(上、下册)》11.2.3

解析：地图集开本设计主要取决于地图集的用途,在制图区域范围内方便使用以及特定的个性化表现形式。

48.【C】知识点：地图制作和制印

出处：《测绘综合能力体系和题解(上、下册)》11.4

解析：出血是为了保证裁切时不因误差留白,规定印刷时必须超出的界线。

49.【D】知识点：地图表达方式设计

出处：《测绘综合能力体系和题解(上、下册)》11.2.2

解析：影像的内方位元素包括像主点在框标坐标系中的坐标 (x_0, y_0) 与主距 f,外方位元素包括 3 个线元素、3 个角元素,故选 D。

50.【D】知识点：像控点布设

出处：《测绘综合能力体系和题解(上、下册)》10.4.2

解析：高程控制点应选在高程变化不大处,一般选在地势平缓的线状地物的交会处、地角等,在山区常选在平山顶以及坡度变化较缓的圆山顶、鞍部等处,峡沟、太尖的山顶和高程变化急剧的斜坡不宜做刺点目标。本题没有说明线性地物的交点处的地势情况,有点小问题。

51.【A】知识点：航空摄影和测量基本概念

出处：《测绘综合能力体系和题解(上、下册)》9.1.1

解析：像主点是像平面与主光轴的交点。

52.【B】知识点：像控点布设

出处：《测绘综合能力体系和题解(上、下册)》10.4.2

解析：1∶2 000 比例尺地形图丘陵地区采用航空摄影方法数字化测图,其地物点点位中误差不应大于图上±0.6 mm,困难地区可放宽 0.5 倍,即±0.9 mm,换算到实地为±0.9 ×2 000/1 000＝±1.8 m。

53.【C】知识点:影像定位

出处:《测绘综合能力体系和题解(上、下册)》10.2.2

解析:暂不考虑外方位元素,建立任意比例尺和方位的相对立体模型,叫相对定向。

54.【B】知识点:影像定位

出处:《测绘综合能力体系和题解(上、下册)》10.2.2

解析:数字高程模型 DEM 是在一定范围内通过规则格网点描述地面高程信息的数据集,即用行列号表示格网点坐标,用格网属性表示高程。

55.【B】知识点:像点位移

出处:《测绘综合能力体系和题解(上、下册)》10.2.1

解析:由于实际地面有起伏,导致每一点的航高不同,从而引起像点位移,叫投影差。像底点处没有投影差,距离像底点越远投影差越大。

56.【D】知识点:影像调绘

出处:《测绘综合能力体系和题解(上、下册)》10.5.1

解析:数字正射影像图 DOM 是对地表航空航天影像经垂直投影生成的影像数据集进行数字微分纠正,裁切为国家规定的相应比例尺的影像图,其生产过程不需要进行调绘。

57.【C】知识点:边界调查

出处:《测绘综合能力体系和题解(上、下册)》8.2.1

解析:ADS80 是基于三线阵 CCD 的推扫式数字航摄仪,对前视、下视、后视三个方向同时获取影像,一次飞行取得前下后 100％三度重叠、连续无缝的全色立体影像、彩色影像、彩红外影像。

58.【B】知识点:遥感概述

出处:《测绘综合能力体系和题解(上、下册)》10.2.3

解析:水体因为比热较大,温度变化比较慢,白天温升较小,夜晚降温较慢,所以表现为白天为冷色调,夜晚反而是暖色调。

59.【C】知识点:遥感概述

出处:《测绘综合能力体系和题解(上、下册)》10.2.3

解析:面向对象的影像分析技术是基于影像空间以及光谱特征,从高分辨率全色或者多光谱数据中提取信息加以分析的方法,主要为多尺度影像分割技术和基于规则的模糊分类技术,分类的最小单元是分割得到的图斑,不再是像元。基于错分概率最小准则分类的方法是监督分类方法,相对于面对对象分类方法属于传统遥感影像分类方法。

60.【C】知识点:遥感概述

出处:GDPJ09—2013《地理国情普查检查验收与质量评定规定》4.1.1

解析:第一次地理国情普查过程检查对普查成果资料进行 100％内业检查,外业检查比例不得低于 30％,并应做好检查记录。

61.【A】知识点:遥感概述

出处:《第一次全国地理国情普查实施方案》

解析: 在全国地理国情普查中,遥感解译的土地覆盖类型最小图斑所对应的实地面积为 400 m²。

62.【A】知识点:**三维模型制作方法**

出处: 《测绘综合能力体系和题解(上、下册)》10.11.2

解析: 城市三维建筑模型按表现细节的不同可分为 LOD1、LOD2、LOD3、LOD4 四个层次,LOD 即模型的细致程度,LOD1 为体块模型(无贴图的模型),LOD2 为基础模型(粗模),LOD3 为标准模型,LOD4 为精细模型。

63.【C】知识点:**导航电子地图产品设计**

出处: 《测绘综合能力体系和题解(上、下册)》13.2

解析: 需求规格说明书通过评审后即成为有约束力的指导性文件,是联系需求分析与系统设计的重要桥梁。

64.【D】知识点:**空间数据结构**

出处: 《测绘综合能力体系和题解(上、下册)》12.2.2

解析: TIFF 为标签图像文件格式;Image 一般为遥感影像格式;Grid 为栅格布局图像;GML 是一种空间信息交换的标准格式。

65.【C】知识点:**地图语言**

出处: 《测绘综合能力体系和题解(上、下册)》11.1.2

解析: 颜色是最活跃的一种视觉变量,在地图设计中起重要作用,这是因为颜色不仅可以增强地图的美感,更重要的是能够提高地图的清晰性,从而使地图的信息载负量增大。它既可以表达地理要素定性特征的不同,也可以表达定量特征的变化。

66.【D】知识点:**遥感概述**

出处: NY/T 2537—2014《农村土地承包经营权调查规程》

解析: 农村土地承包经营权调查的地块分布图和调查信息公示表制作完成后,交由村(组)农村土地承包经营权确权登记颁证工作组进行审核。审核通过后在地块分布图所涉集体经济组织范围内按要求进行张榜公示,公示期限不应少于 7 d。

67.【B】知识点:**系统运行与维护**

出处: 《测绘综合能力体系和题解(上、下册)》12.5.3

解析: 在数据安全方面,为了保密,运行系统要与外网物理隔离,并制订容灾计划(异地备份和数据库的安全机制)。

68.【D】知识点:**系统测试和调试**

出处: 《测绘综合能力体系和题解(上、下册)》12.5.2

解析: 并发测试主要是测试多用户并发访问同一个应用、模块、数据时是否产生隐藏的并发问题,如内存泄露、线程锁、资源争用问题,几乎所有的性能测试都会涉及并发测试。

69.【B】知识点:**在线地理信息服务概述**

出处: 《测绘综合能力体系和题解(上、下册)》14.1

解析: 在共享单车项目中得到应用的是互联网地图服务以及 GPS 定位技术,目前采用单点定位,故宜选 B。

70.【A】知识点:**系统总体设计**

出处:《测绘综合能力体系和题解(上、下册)》12.4.2

解析: 物理设计是将空间数据库逻辑结构模型在物理存储器上实现,导出地理数据库的存储模式。物理设计形成数据内模式,在很大程度上与选用的 DBMS 有关。

71.【D】知识点:**地理数据**

出处:《测绘综合能力体系和题解(上、下册)》12.2.5

解析: 人口数据为专题数据,其他的都属于城市地理空间框架数据。

72.【A】知识点:**空间分析方法**

出处:《测绘综合能力体系和题解(上、下册)》12.3.2

解析: 多边形叠置分析是在统一空间参考系统下,通过对两个矢量数据集进行一系列集合运算,产生新数据集的过程。根据操作形式的不同,叠置分析可以分为图层擦除、识别叠加、交集操作、均匀差值、图层合并和修正更新。本题考查的是交集操作,即提取叠置图层的交集部分,选项 A 正确。

73.【C】知识点:**在线地理信息服务概述**

出处:《测绘综合能力体系和题解(上、下册)》14.1

解析: 2000 国家大地坐标系 CGCS 2000 于 2008 年 7 月 1 日启用,过渡期为 8~10 年,是我国的区域性地心坐标框架。

74.【D】知识点:**空间分析方法**

出处:《测绘综合能力体系和题解(上、下册)》12.3.2

解析: 视域分析包括两方面内容,一是两点之间的通视性分析;二是可视域分析,即对于给定的观察点分析所覆盖的通视区域。

75.【C】知识点:**系统开发与集成**

出处:《测绘综合能力体系和题解(上、下册)》12.5.1

解析: 系统开发技术要求分为独立式开发、宿主式二次开发、组件式二次开发三个层次。大多数 GIS 软件生产商都提供商业化的 GIS 组件,开发人员可以基于通用软件开发工具尤其是可视化开发工具进行二次开发,这样能大大提高应用系统的开发效率,而且可靠性好、易于移植、便于维护,是目前主流的 GIS 开发模式。

76.【C】知识点:**导航电子地图概述**

出处:《测绘综合能力体系和题解(上、下册)》13.1

解析: 五级功能道路对应四级公路和城市支路。

道路种别	道路等级	颜色
高速路,城市快速路	一级	紫色
一级公路,城市快速路,城市主干道	二级	红色
二级公路,城市主干道	三级	绿色
三级公路,城市次干道	四级	橙色
四级公路,城市支路	五级	棕色
等外公路	六级	灰色

77.【A】知识点：**导航电子地图产品制作**

出处：CH/T 1019—2010《导航电子地图检测规范》

解析：五级功能道路遗漏或多余属于导航电子地图道路检测指标完整性质量元素的大差错。

78.【D】知识点：**在线地理信息系统运行和维护**

出处：《测绘综合能力体系和题解(上、下册)》14.3

解析：互联网地理信息服务有地理信息浏览查询、地理空间信息分析处理、提供服务接口与 API、元数据查询服务、地理空间信息下载服务等方式。

79.【C】知识点：**在线地理信息数据**

出处：《测绘综合能力体系和题解(上、下册)》14.2

解析：地理信息公共服务平台数据分为小比例尺(国家级地理信息公共服务平台数据比例尺小于或等于1：5万)、中比例尺(省级地理信息公共服务平台数据比例尺为1：5 000和1：1万)和大比例尺(市县级地理信息公共服务平台数据比例尺大于或等于1：2 000)三级。

80.【D】知识点：**在线地理信息数据**

出处：《测绘综合能力体系和题解(上、下册)》14.2

解析：地图瓦片是为了加快网络显示速度,按照一定级别分割电子地图的分块。瓦片分块大小为256 像素×256 像素,采用 png 或 jpg 格式储存。瓦片级数越大显示比例越大。

二、多项选择题

81.【ACE】知识点：**垂直角观测**

出处：《测绘综合能力体系和题解(上、下册)》3.7.5

解析：减小垂直角观测误差的措施有：

(1) 前后视距尽量相等;

(2) 视线离开地面足够的高度;

(3) 在坡度较大的地段适当缩短视线;

(4) 选择观测时间;

(5) 对向观测;

(6) 利用短边传算高程来减弱影响。

82.【ABDE】知识点：**CORS 概述**

出处：《测绘综合能力体系和题解(上、下册)》3.8.1

解析：CORS 系统由基准站网、数据处理中心、数据传输系统、定位导航数据播发系统、用户应用系统五个部分组成。

83.【AB】知识点：**CORS 概述**

出处：《测绘综合能力体系和题解(上、下册)》3.8.1

解析：在接收机间求一次差可以消除卫星钟差的影响,减弱卫星星历误差、对流层折射和电离层折射的影响。

84.【BCDE】知识点：**水深测量**

出处：《测绘综合能力体系和题解(上、下册)》4.2.6

解析：水深测量改正主要有吃水改正、姿态改正、声速改正、水位改正。

85.【CE】知识点：**工程测图技术设计**

出处：《测绘综合能力体系和题解(上、下册)》5.3.2

解析：大比例尺地形图等高距的选择主要考虑比例尺和地形类别(平原、丘陵、山地、高山地)。

86.【BD】知识点：**垂直角观测**

出处：《测绘综合能力体系和题解(上、下册)》3.7.5

解析：两差改正指的是球气差改正,即垂直大气折光误差改正和地球曲率误差改正。

87.【BCE】知识点：**精度指标**

出处：《测绘综合能力体系和题解(上、下册)》2.1.2

解析：精度是衡量一组观测值误差大小的指标,精度越高表示测量条件越好,观测值总体上误差越小。精度指标有绝对指标(平均误差、方差、中误差、限差等)和相对指标(相对中误差等)。

88.【BD】知识点：**联系测量**

出处：《测绘综合能力体系和题解(上、下册)》5.9.4

解析：地下工程联系测量几何定向方法有一井定向法、两井定向法。陀螺经纬仪定向法属于隧道定向方法,但不是几何定向方法。

89.【ABCE】知识点：**精密测量设计和实施**

出处：《测绘综合能力体系和题解(上、下册)》5.13.2

解析：形位检测常用方法主要有全站仪交会法、全站仪极坐标三维测量法、近景摄影测量方法、激光准直测量方法等。

90.【ABDE】知识点：**建筑面积分摊**

出处：《测绘综合能力体系和题解(上、下册)》6.4.3

解析：房屋不可分摊面积的部分有:独立使用的地下室、车棚、车库,为多幢服务的警卫室、管理用房,作为人防工程的地下室。选项 B 不计建筑面积。

91.【ABCD】知识点：**土地利用现状调查**

出处：GB/T 21010—2007《土地利用现状分类》

解析：选项 E 属于商服用地,其他选项属于公共管理与公共服务用地。

92.【BCDE】知识点：**边界调查**

出处：《测绘综合能力体系和题解(上、下册)》8.2.1

解析：边界调查是界线测绘的准备工作,其内容包括调绘底图制作、实地调查、绘制边界情况图、编写边界情况说明、绘制边界主张线图、填写界桩登记表等工作。边界地形图是制作界线测量成果资料的底图,也是边界调绘的底图。

93.【BE】知识点：**航摄仪类别**

出处：《测绘综合能力体系和题解(上、下册)》9.2.1

解析：航摄仪滤光片的主要作用有减弱某一波谱的作用,补偿焦平面照度不均匀。

94.【ABCD】知识点：**地图表达方式设计**

出处:《测绘综合能力体系和题解(上、下册)》11.2.2

解析:地图的地貌表示方法主要有晕滃法、晕渲法、分层设色法、等高线法、写景法等。

95.【CD】知识点:DLG 制作方法

出处:《测绘综合能力体系和题解(上、下册)》10.7.2

解析:前方交会是在获取影像的外方位元素后,运用共线方程获得像点的地面坐标的方法。选项 A、B、E 的目的都是获取外方位元素,故不正确。

96.【ABE】知识点:三维模型制作方法

出处:《测绘综合能力体系和题解(上、下册)》10.11.2

解析:倾斜摄影是在同一飞行平台上搭载多台传感器或多镜头系统,从多个不同的角度同时采集影像数据,一体化生成三维模型和 DOM 的数据采集方法。多视影像采集的数据大大多于传统航空摄影,能采集立面数据,并提高测量可靠性。

97.【ADE】知识点:摄影设备和投影方式

出处:《测绘综合能力体系和题解(上、下册)》10.1.2

解析:主动式遥感是由遥感器向目标物发射一定频率的电磁辐射波,然后接收从目标物返回的辐射信息进行的遥感。合成孔径雷达、激光雷达、微波散射计等属于主动式成像的传感器。

98.【ACD】知识点:遥感概述

出处:NY/T 2537—2014《农村土地承包经营权调查规程》

解析:农村土地承包经营权数据库内容如下:

(1)地理信息数据。包括基础地理要素、承包地块要素和栅格数据。基础地理要素包括定位基础、境界与政区等基础地理信息以及对承包地块四至描述有重要意义的地物信息。承包地块要素包括描述承包地块空间位置、四至、面积、编码和毗邻关系的矢量信息。栅格数据包括描述承包地块及其空间分布(正射影像)、方位、毗邻关系等信息的栅格图件。

(2)权属数据。包括发包方信息、承包方信息、承包地块信息、权属来源、承包经营权登记簿、承包经营权证等。

99.【BC】知识点:系统总体设计

出处:《测绘综合能力体系和题解(上、下册)》12.4.2

解析:系统总体设计包括体系结构设计、运行环境配置、软件结构设计、数据库设计。

100.【ABCE】知识点:在线地理信息数据

出处:《测绘综合能力体系和题解(上、下册)》14.2

解析:数据内容与表示、影像分辨率、空间位置精度要符合保密规定。公众版网络地理信息服务数据规定要对数据进行重采样,使空间位置精度不高于 50 m,等高距不小于 50 m,DEM 格网间距不小于 100 m,影像地面分辨率不优于 0.5 m,不标注涉密信息,不处理建筑物、构筑物等固定设施。

15.8　**2018** 年注册测绘师综合能力试题及解析

15.8.1　综合能力试题

一、单项选择题(共 80 题,每题 1 分,每题备选项中,只有 1 个最符合题意)

1. 现行规范规定,高等级水准测量工作中,在连续各测站上安置水准仪的三脚架时,应使其中两脚与水准路线的方向平行,而第三脚轮换置于路线方向的左侧与右侧,这种方向可以减弱因(　　)引起的误差。

A. 竖轴不垂直　　　　B. 大气折光　　　　C. i 角　　　　D. 调焦镜运行

2. 某点的大地坐标为 (B, L),天文坐标为 (λ, ϕ),高斯平面坐标为 (x, y),则高斯投影坐标正算是指(　　)。

A. (B, L) 转换为 (x, y)　　　　　　B. (λ, ϕ) 转换为 (x, y)

C. (x, y) 转换为 (B, L)　　　　　　D. (x, y) 转换为 (λ, ϕ)

3. 通过水准测量方法测得的高程是(　　)。

A. 正高　　　　　　B. 正常高　　　　　　C. 大地高　　　　　　D. 力高

4. 国家水准原点的高程是 72.260 m,该值是指高出(　　)的高差。

A. 验潮井基点　　　B. 验潮站工作零点　　C. 理论最低潮面　　D. 黄海平均海面

5. 一个重力点的重力测量成果不包括(　　)。

A. 平面坐标值　　　B. 垂线偏差值　　　　C. 高程值　　　　　D. 重力值

6. 用 J2 经纬仪观测某方向的垂直角,盘左读数为 $89°59'30''$,盘右读数为 $270°00'18''$,则该仪器的指标差为(　　)。

A. $+24''$　　　　　B. $-24''$　　　　　C. $+6''$　　　　　D. $-6''$

7. 省级 GNSS 区域基准站网目前不能提供的服务内容是(　　)。

A. 分米级位置服务　　　　　　　　　　B. 对流程模型参数

C. 0.01 m 的精密星历　　　　　　　　D. 地球自转参数

8. 现行规范规定,GNSS 控制点选点埋石后应上交的资料不包括(　　)。

A. 点之记　　　　　　　　　　　　　　B. GNSS 接收机检定证书

C. 技术设计书　　　　　　　　　　　　D. 测量标志委托保管书

9. 现行规范规定,采用测距三角高程法进行跨河水准测量时,两台全站仪进行三角高程对向观测,应做到同时开始与结束,其主要目的是减弱或消除(　　)。

A. 仪器沉降影响　　B. 大气折光影响　　　C. 潮汐影响　　　　D. 磁场影响

10. 现行规范规定,设计单独的四等水准环线周长最长为(　　)km。

A. 100　　　　　　　B. 120　　　　　　　C. 140　　　　　　　D. 160

11. 现行规范规定,用水准仪观测四等水准,往返测照准标尺的顺序为(　　)。

A. 后后前前　　　　B. 后前前后　　　　　C. 前后后前　　　　D. 前前后后

12. 现行规范规定,单波束测深系统的改正不包括(　　)。

    A. 吃水改正　　　　　　B. 姿态改正

    C. 声速改正　　　　　　D. 转速改正

13. 某三角网如右图所示,其中 A、B 是已知点,C、D 是待定点。要确定 C、D 点坐标,共观测了9个水平角: a_i,b_i,c_i ($i = 1$, 2, 3)。则该图形能列出的条件方程数量是(　　)个。

    A. 3　　　　　　B. 4　　　　　　C. 5　　　　　　D. 6

14. 下列计算方法中,不能用于海道测量水位改正的是(　　)。

    A. 加权平均法　　　B. 线性内插法　　　C. 单站水位改正法　　　D. 水位分带法

15. 按照航海图用途分类,下列航海图中,主要用于航行使用的是(　　)。

    A. 近海航行图　　　B. 港池图　　　C. 港区图　　　D. 海区总图

16. 现行规范规定,海洋测量出测前应对回声测深仪进行停泊稳定性试验和(　　)状态下工作状况试验。

    A. 震动　　　　　　B. 航行　　　　　　C. 抗干扰　　　　　　D. 深水

17. 1：100 万地形图的图幅范围为(　　)。

    A. 经差 $4°×$ 纬差 $6°$　　　　　　B. 经差 $4°×$ 纬差 $4°$

    C. 经差 $6°×$ 纬差 $4°$　　　　　　D. 经差 $6°×$ 纬差 $6°$

18. 现行规范规定,地形图上地物点的平面精度是指其相对于(　　)的平面点位中误差。

    A. 2000 国家大地坐标系原点　　　　　　B. 所在城市邻近图根点

    C. 所在城市大地控制点　　　　　　D. 所在城市坐标系原点

19. 城市测量中,采用的高程基准为(　　)。

    A. 2000 国家高程基准　　　　　　B. 1990 国家高程基准

    C. 1985 国家高程基准　　　　　　D. 1956 国家高程基准

20. 已知 A、B 两点的坐标分别为 $A(100, 100)$,$B(50, 50)$,则 AB 的坐标方位角为(　　)。

    A. $45°$　　　　　　B. $135°$　　　　　　C. $225°$　　　　　　D. $315°$

21. 下列误差中,不属于偶然误差的是(　　)。

    A. 经纬仪瞄准误差　　　　　　B. 经纬仪对中误差

    C. 钢尺尺长误差　　　　　　D. 钢尺读数误差

22. 观测某五边形的四个内角,观测中误差均为 $±4''$,则计算出的该五边形第5个内角的中误差为(　　)。

    A. $±4''$　　　　　　B. $±8''$　　　　　　C. $±12''$　　　　　　D. $±16''$

23. 某地形图的比例尺精度为 50 cm,则其比例尺为(　　)。

    A. 1：500　　　　　　B. 1：5 000　　　　　　C. 1：10 000　　　　　　D. 1：50 000

24. 在地形图中,山脊线也被称为(　　)。

    A. 计曲线　　　　　　B. 间曲线　　　　　　C. 汇水线　　　　　　D. 分水线

25. 测定建筑物的平面位置随时间变化的工作是(　　)。

    A. 位移观测　　　　　　B. 沉降观测　　　　　　C. 倾斜观测　　　　　　D. 挠度观测

26. 某电子全站仪的测距精度为 $±(3+2×10^{-6}×D)$mm,用其测量长度为 2 km 的某条边,则该边的测距中误差为( )mm。

 A. ±3.0   B. ±5.0   C. ±7.0   D. ±10.0

27. 罗盘指北针所指的方向为( )。

 A. 高斯平面坐标系的 x 轴正方向   B. 高斯平面坐标系的 y 轴正方向

 C. 当地磁力线北方向   D. 当地子午线北方向

28. 对某长度为 9 km 的隧道采用相向施工法进行贯通。按现行规范规定,其平面横向贯通限差最大值为( )mm。

 A. 100   B. 150   C. 200   D. 300

29. 用经纬仪按测回法观测水平角,通过盘左、盘右观测取平均值的方法不能抵消的误差为( )。

 A. 度盘偏心差   B. 垂直轴误差   C. 横轴误差   D. 视准轴误差

30. 房产面积精度分为( )级。

 A. 五   B. 四   C. 三   D. 二

31. 房产测绘工作中,下列示意图所表示房屋属于同一幢的是( )。

32. 某高层楼房地上顺序有商业 1 层,办公 3 层,住宅 22 层;住宅与办公之间有设备夹层 1 层,楼顶顺序有突出屋面楼电梯间 1 层,水箱间 1 层;地下顺序有车库 1 层,人防 1 层。不考虑其他情况,则该楼房的层数是( )层。

 A. 26   B. 27   C. 29   D. 31

33. 某成套房屋套内使用面积为 80 m²,套内不封闭阳台水平投影建筑面积为 10 m²,套内自有墙体水平投影建筑面积为 10 m²,套与邻套、公共空间隔墙及外墙(包括山墙)水平投影建筑面积为 10 m²,不考虑其他情况,则该套房屋套内建筑面积为( )m²。

 A. 95   B. 100   C. 105   D. 110

34. 下列工作中,不属于地籍测绘工作的是( )。

 A. 调查土地界址点情况   B. 布设地籍控制网

 C. 量算宗地面积   D. 量算房屋分层分户面积

35. 下列控制点中,不可直接利用作为地籍首级平面控制网点的是( )。

 A. 三级城市平面控制点   B. 四等城市平面控制点

C. 国家一级 GPS 点   D. 国家四等三角点

36. 现行规范规定,地籍图根支导线总长度最长为起算边的(　　)倍。

    A. 4   B. 3   C. 2   D. 1

37. 某 1:1 000 地籍图采用矩形分幅时,其图幅规格大小应为(　　)。

    A. 55 cm×65 cm   B. 50 cm×60 cm   C. 45 cm×55 cm   D. 40 cm×50 cm

38. 行政区域界线测量工作中,需要为界桩点设立方位物时,方位物最少应设(　　)个。

    A. 4   B. 3   C. 2   D. 1

39. 界线测绘的成果不包括(　　)。

    A. 界桩登记表   B. 边界点成果表   C. 边界协议书   D. 边界走向说明

40. 航摄因子计算表中不包含(　　)。

    A. 航摄高度   B. 摄区略图   C. 航线间隔   D. 航摄焦距

41. 现行规范规定,测绘航空摄影时,航线一般按(　　)方向直线飞行。

    A. 南北   B. 东北-西南   C. 东西   D. 东南-西北

42. 现行规范规定,下列航摄仪参数中,不属于规范要求的检定内容是(　　)。

    A. 像幅   B. 主距   C. 镜头分辨率   D. 快门速度

43. 现行规范规定,下列技术要求中,不属于航摄合同主要技术内容的是(　　)。

    A. 航摄地区和面积   B. 测图方法

    C. 航摄季节   D. 航摄安全高度

44. 航空摄影测量中,立体像对同名像点的纵坐标之差被称为(　　)。

    A. 上下视差   B. 左右视差   C. 投影差   D. 像点位移

45. 摄影测量中,将相对定向建立的立体模型纳入地面测量坐标系时,需要解算(　　)个绝对定向参数。

    A. 3   B. 5   C. 7   D. 9

46. 下列地形地物要素中,可作为中小比例尺航测像片平面控制点的是(　　)。

    A. 尖山顶   B. 圆山顶   C. 弧形地物   D. 鞍部

47. 现行规范规定,空中三角测量作业过程中,数码航摄影像连接点上下视差允许的最大残差是(　　)像素。

    A. 1/6   B. 1/3   C. 2/3   D. 1

48. 下列传感器中,属于被动式成像的传感器是(　　)。

    A. 激光雷达   B. 合成孔径雷达

    C. 微波高度计   D. 高光谱扫描传感器

49. 数字化立体测图中,当双线道路与地面上的建筑物边线重合时,正确的处理方法是(　　)。

    A. 用建筑物边线代替道路边线   B. 用道路边线代替建筑物边线

    C. 建筑物边线与道路边线同时绘出   D. 建筑物边线于道路边线都不绘出

50. 下列工作中,不属于航测法数字线划图生产环节的是(　　)。

    A. 立体模型创建   B. 地物要素采集

    C. 图形编辑   D. 影像镶嵌

51. IMU/GPS 辅助航空摄影测量中,需要对检校场进行空中三角测量,其目的是为了解算( )。

    A. 相对定向参数　　　　　　　　　　B. 绝对定向参数

    C. 加密点坐标　　　　　　　　　　　D. 偏心角及线元素偏移值

52. 下列图像文件格式中能存储地图投影信息的是( )。

    A. JPG　　　　　　B. BMP　　　　　　C. GeoTIFF　　　　D. PNG

53. 现行规范规定,数字正射影像图产品标记内容的顺序为( )。

    A. 使用标准号、产品名称、比例尺、分类代码、地面分辨率、分幅编号、生产时间

    B. 产品名称、使用标准号、比例尺、分类代码、分幅编号、地面分辨率、生产时间

    C. 生产时间、产品名称、使用标准号、比例尺、分类代码、分幅编号

    D. 分类代码、分幅编号、使用标准号、比例尺、产品名称、地面分辨率、生产时间

54. 下列遥感卫星中,具备同轨获取立体像对能力的是( )。

    A. 资源三号02星　　B. 风云2号　　　　C. Landsat-7　　　D. 高分一号

55. 下列关于侧视雷达成像的说法中,错误的是( )。

    A. 采用斜距投影的方式成像

    B. 侧视雷达图像在垂直飞行方向上的比例尺有变化

    C. 高差引起的投影差方向与中心投影差方向一致

    D. 可构成立体像对

56. 下列遥感影像解译标志中,不属于直接解译标志的是( )。

    A. 纹理　　　　　　B. 色调　　　　　　C. 阴影　　　　　　D. 地物关系

57. 下列质量元素中,最能反映三维地理信息模型产品质量特征的是( )。

    A. 位置精度　　　　B. 表达精细度　　　C. 时间精度　　　　D. 属性精度

58. 与数字城市相比,最具智慧城市特点的新一代技术是( )。

    A. 数据库　　　　　B. 三维可视化　　　C. 互联网　　　　　D. 物联网

59. 电子地图数据生产完成后,若要在国家电子政务外网上运行,还需要进行的必要操作是( )。

    A. 地图整饰　　　　B. 脱密处理　　　　C. 内容提取　　　　D. 模型重构

60. 下列图形所示的 GIS 数据,拓扑关系表达正确的是( )。

61. DEM 是有一组间隔均匀的( )数据组成的栅格数据模型。

    A. 高程　　　　　　B. 坡度　　　　　　C. 重力　　　　　　D. 坡向

62. 基础地理信息数据入库前,应根据数据库设计要求进行数据一致性转换处理。下列工作中,不属于该转换处理工作的是(   )。

    A. 代码转换   B. 格式转换   C. 数据重采样   D. 符号化处理

63. 在地图窗口上点击图形对象获取该对象的描述信息,这种查询方式被称为(   )。

    A. 条件查询   B. 图形查属性   C. 属性查图形   D. 间接查询

64. 描述拓扑空间关系的九交模型,一共可以表达(   )种可能的空间关系。

    A. 9   B. 81   C. 256   D. 512

65. 从空间数据库引擎的体系结构来分,ArcSDE 的体系结构是(   )。

    A. 服务器模式   B. 内置模式   C. 中间件模式   D. 客服端模式

66. 在无法对外通讯的情况下,野外资源调查 GIS 系统宜采用的解决方案是(   )。

    A. 基于嵌入式的 GIS 解决方案   B. 基于 B/S 模式的 GIS 解决方案

    C. 基于 C/S 模式的 GIS 解决方案   D. 基于 SOA 架构的 GIS 解决方案

67. 下列空间对象描述中,属于拓扑关系描述的是(   )。

    A. 两点间距离   B. 一个面的面积

    C. 一个面比别一个面大   D. 两个面是相邻的

68. 计算太阳高度角对城市建筑日照的影响时,宜采用的地理信息数据是(   )。

    A. DOM   B. DEM   C. DSM   D. DTM

69. 下列地理信息数据检查项中,不属于入库前检查的是(   )。

    A. 数据编码检查   B. 坐标精度检查   C. 坐标系检查   D. 数据接边检查

70. 下列系统测试内容中,不属于确认测试的是(   )。

    A. 模块间接口测试   B. 可靠性测试

    C. 可移植性测试   D. 安装测试

71. 现行规范规定,地理信息公共服务平台地图瓦片数据分块从起始点开始,(   )行列递增。

    A. 向东向南   B. 向西向北   C. 向西向南   D. 向东向北

72. 下列实现地理信息公共平台资源整合和互操作的技术标准中,主要用于解决数据在浏览器端显示问题的是(   )。

    A. SVG   B. GML   C. WFS   D. WCS

73. 在同一区域内,下列关于地图切片和缓存技术的说法中,正确的是(   )。

    A. 切片方案原点一般选在方案格网的右上角

    B. 地图切片和缓存技术适用于数据经常发生变化的业务(专题)图层

    C. 每一个缓存地图对应一个切片方案

    D. 地图比例尺越大,生成缓存所需时间也越短

74. 下列关于导航电子地图的压盖方式的说法中,错误的是(   )。

    A. 位于同一空间高度层的道路,等级高的压盖等级低的

    B. 立体交叉道路视实际空间关系进行压盖处理

    C. 道路与其他线状地物空间重叠时,其他地物可压盖道路

    D. 位于同一垂直方向的多层平行高架道路错开显示

75. 现行规范规定,导航电子地图的道路相对位置精度最低为(   )m。

    A. 5   B. 8   C. 10   D. 15

76. 在公开版地图中,山脉注记的字符串排列方式主要采用(   )。

    A. 水平排列   B. 垂直排列   C. 斜交排列   D. 曲线排列

77. 下列关于公开版地图内容表示的说法中,错误的是(   )。

    A. 中国全图必须表示南海诸岛、钓鱼岛、赤尾屿等重要岛屿,采用相应的符号绘出南海诸岛归属范围线

    B. 广东省地图必须包括东沙群岛

    C. 在表示省级行政中心的图上,香港特别行政区与省级行政中心等级相同

    D. 在 1∶25 万的公开地图上可绘制经纬网

78. 在编制中国全图(南海诸岛作为附图)时,宜采用的投影方式是(   )。

    A. 斜轴方位投影   B. 正轴割圆锥投影

    C. 伪方位投影   D. 横切椭圆柱投影

79. 小于 1∶5 000 的基本比例尺地形图分幅方式应采用(   )。

    A. 自由分幅   B. 矩形分幅   C. 拼接分幅   D. 经纬线分幅

80. 某地形图的编号为 J50D010011,其中"J"代表的是(   )。

    A. 其所在 1∶100 万地形图的纬度行号   B. 其所在 1∶100 万地形图的经度列号

    C. 比例尺代码   D. 其所在图幅行号

二、多项选择题(共 20 题,每题 2 分,每题备选选项中,有 2 个或 2 个以上符合题意,至少有 1 个是错项。错选或多选,本题不得分;少选,所选的每个选项得 0.5 分)

81. 三等水准测量外业计算的基本项目包括(   )。

    A. 外业手簿计算   B. 外业高差和概略高程表编算

    C. 每千米水准测量偶然中误差计算   D. 附合路线与环线闭合差计算

    E. 水准路线的固体潮改正计算

82. 用钢卷尺精确测量平面上两点间的距离,对测量结果有影响的因素有(   )。

    A. 方向   B. 拉力   C. 气压

    D. 膨胀系数   E. 温度

83. 用全站仪观测水平角的主要误差来源有(   )。

    A. 仪器对中误差   B. 目标偏心误差   C. 大气垂直折光误差

    D. 照准误差   E. 仪器乘常数

84. 海道测量技术设计过程中,属于项目设计工作内容的有(   )。

    A. 测深仪检验   B. 划分图幅   C. 确定测量比例尺

    D. 绘制有关附图   E. 确定测区范围

85. 下列测量数据处理方法中,不可用于工程控制网优化设计的有(   )。

    A. 解析法   B. 回归分析法   C. 时间序列分析法

    D. 等权替代法   E. 试验修正法

86. 1∶5 万地形图应标绘"三北"方向线,"三北"是指(   )。

A. 真子午线北方向   B. 首子午线北方向   C. 磁子午线北方向

D. 纵坐标轴北方向   E. 地心坐标系北方向

87. 下列测量方法中,可用于建筑物三维变形监测的有( )。

A. GNSS 静态测量   B. 雷达干涉测量   C. 三角高程测量

D. 近景摄影测量   E. 地面三维激光扫描

88. 地下管线测量时,调查隐蔽管线点采用的方法有( )。

A. 属性调查法   B. 巡视调查法   C. 开挖调查法

D. 权属调查法   E. 物探调查法

89. 建筑工程规划监督测量的内容包括( )。

A. 日照测量   B. 放线测量   C. 验线测量

D. 贯通测量   E. 验收测量

90. 在对某综合楼进行分摊计算的过程中,下列规定或要求中,可以作为分摊计算依据的( )。

A. 物权法及其关于建筑物区分所有权的司法解释

B. 产权各方合法的权属分割文件或协议

C. "谁使用谁分摊"的基本原则

D. 房屋开发单位"成本—收益"财务要求

E. 房屋的规划、设计及使用用途

91. 地籍控制测量检查验收的内容不包括( )。

A. 坐标系统选择是否符合要求   B. 地籍区、地籍子区划分是否正确

C. 宗地草图是否与实地相符   D. 地籍图精度是否符合规定

E. 控制网点埋石是否符合要求

92. 下列关于边界地形图的说法中,正确的有( )。

A. 沿边界走向呈带状分布   B. 作为边界协议书附图

C. 按一定经差、纬差自由分幅   D. 必须经界线双方政府负责人签字认可

E. 表现方式有纸质或数字形式

93. 下列技术要求中,航摄分区划分时应考虑的有( )。

A. 安全高度控制要求

B. 分区界线尽量与行政界线保持一致

C. 分区界线应与测图的图廓线一致

D. 摄区内地形高差要求

E. 摄区区内地物反差应尽量一致

94. 下列影像处理工作中,属于数字航空影像须处理内容的有( )。

A. 底片扫描分辨率的确定   B. 扫描参数调整   C. 影像增强

D. 匀光处理   E. 影像旋转

95. 下列工作实施前,必须进行影像几何配准的有( )。

A. 影像增强   B. 影像融合   C. 影像辐射处理

D. 影像分类   E. 影像镶嵌

96. 利用机载激光雷达技术生产数字表面模型时,其成果质量检查内容包括(　　)。

  A. 点云密度　　　　　　　　B. 平面精度　　　　　　　　C. 高程精度

  D. 属性精度　　　　　　　　E. 完整性

97. 下列软件功能中,属于 GIS 系统特有功能的有(　　)。

  A. 地形分析　　　　　　　　B. 网络分析　　　　　　　　C. 数据库操作

  D. 空间查询　　　　　　　　E. 用户管理

98. 进行商品配送 GIS 系统设计时,必须收集的地理信息数据包括(　　)。

  A. DOM 数据　　　　　　　　B. 路网数据　　　　　　　　C. DEM 数据

  D. 地址数据　　　　　　　　E. POI 数据

99. 下列关于云计算特点的说法中,正确的是(　　)。

  A. 用户可利用简单终端、通过"云"实现超级计算任务

  B. "云"具有固定的规模数量

  C. 同一个"云"可同时支撑不同的应用

  D. "云"服务可按需购买

  E. 在"云"端部署地理信息服务需要高额的成本

100. 在制作遥感影像地图时,一般需要叠加的矢量要素包括(　　)。

  A. 植被　　　　　　　　　　B. 交通网　　　　　　　　　C. 行政驻地名称

  D. 境界线　　　　　　　　　E. 房屋面

15.8.2　答案及解析

一、单项选择题

1.【A】**解析**:视准轴和水准轴不平行在垂面分量上夹角导致的误差叫 Φ 角误差,也叫交叉误差,垂直轴不垂直且在与视准轴正交的方向上倾斜某一角度时,Φ 角误差会带来影响。仪器架设时,脚架的两脚与前进路线平行,另一脚每换一站在路线左右轮换主要是削弱交叉误差影响。

2.【A】**解析**:高斯投影坐标正算是由参考椭球面上的大地坐标(B,L)求定高斯平面上相对应的平面坐标(x,y)。

3.【B】**解析**:我国的高程系统采用正常高系统,其起算面为似大地水准面。

4.【D】**解析**:通过黄海验潮数据建立了我国现行高程基准,水准原点高程为 72.260 m。

5.【B】**解析**:重力测量作业完成后须上交仪器检验和仪器调整、比例因子测定等记录和计算资料;各种观测手簿、计算手簿、精度计算,重力成果表、计算程序说明等资料;重力点点之记,委托保管书;地形平均高求定和地形类别确定资料;坐标、高程测定资料及量测坐标的地形图;技术设计、技术总结、检查验收报告等资料。

6.【D】**解析**:指标差=(盘左读数+盘右读数-360°)/2=(89°59′30″+270°00′18″)/2=-6″。

7.【D】**解析**:GNSS 区域基准站网卫星轨道服务提供精度为 0.2 m 的预报精密星历

和精度为 0.05 m 的事后精密星历,选项 C 的精度达不到要求。

8.【B】解析:GNSS 控制点选点埋石后应上交的资料包括点之记、测量标志委托保管书、测量标志建造照片、埋石工作总结、技术设计书等。

9.【B】解析:对向观测指在 A 点设站对 B 点进行了垂直角观测后,又在 B 点设站对 A 点进行观测,减弱或消除了大气折光影响误差。

10.【A】解析:四等水准网附合路线长度不超过 80 km,环线不超过 100 km。

11.【A】解析:四等水准测量的读数顺序为后后前前。

12.【B】解析:单波束测深后需要进行测深改正,并把测深值归到深度基准面上。测深总改正包括吃水改正、基线改正、转速改正及声速改正等。

13.【C】解析:要求得该三角网所有点的坐标,可通过三角网测量原理,通过前方角度交会方法进行。由 a_1 和 b_1 可测得点 D,再由 a_2 和 c_2 可测得点 C,可知必要观测数为 4 个。

多余观测数=总观测数-必要观测数=9-4=5。多余观测数即为条件方程个数。

14.【A】解析:海道测量水位改正主要方法有单站水位改正法、线性内插法、回归内插法、时差内插法、水位分带法、最小二乘参数法、解析模拟法等。

15.【A】解析:航行图包括远洋航行图、近海航行图和沿岸航行图。

16.【B】解析:测深仪测前试验包括 GNSS 稳定性试验、测深仪停泊稳定性试验和航行试验、多波束安装校准和其他仪器测试。

17.【C】解析:1:100 万地形图图幅范围为经差 6°×纬差 4°。

18.【B】解析:在工程地形图上,地物点相对于邻近图根点的点位中误差,城镇建筑和工矿区不大于图上±0.6 mm,一般地区不大于图上±0.8 mm。

19.【C】解析:1985 国家高程基准是我国现行高程基准。

20.【C】解析:高斯平面直角坐标系以纵轴为 X 轴,横轴为 Y 轴,象限依顺时针方向排列。线段 AB 的 x 坐标增量为负,y 坐标增量为负,AB 位于第三象限,故选 C。

21.【C】解析:偶然误差是随机产生的误差,其符号和大小都不固定,可以部分抵消。其中选项 C 属于系统误差。

22.【B】解析:设 ABCDE 为多边形五个内角,Z 为内角和,Z 为常数。则有

$$A+B+C+D+E=Z => E=Z-A-B-C-D$$

根据误差传播率

$$\sigma_E^2 = \sigma_A^2 + \sigma_B^2 + \sigma_C^2 + \sigma_D^2 = 4\sigma^2 = 4 \times 4^2 = 64$$

$$\sigma_E = \pm 8''$$

23.【B】解析:测图比例尺精度以人眼在纸质地图上能分辨的最小距离来制定,测图比例尺精度取不超过图上±0.1 mm,实地精度为 0.1/(50×10)=1:5 000。

24.【D】解析:地性线即地貌特征线,一般指山谷线(汇水线)和山脊线(分水线)。

25.【A】解析:变形监测观测量分为水平位移和垂直位移两大类,测定建筑物的平面位置随时间变化的工作是水平位移观测。

26.【C】解析:光电测距仪标称精度公式为 $m_D = a + b \cdot D = 3 + 2 \times 2 = \pm 7$ mm(a 为固定误差,b 为比例误差,D 为测距)。

27.【C】解析：罗盘指北针指向磁力北方向,即地球磁子午线北极。

28.【C】解析：8≤隧道长度<10 时,平面横向贯通限差最大值为 200 mm。

29.【B】解析：垂直轴倾斜误差主要受仪器整平误差或垂直轴不平行水准管轴误差影响。

垂直轴倾斜误差不能通过盘左、盘右观测取平均数来消除。

30.【C】解析：房产建筑面积测算的精度分为三级。

31.【A】解析：房屋幢是指一座独立的,包括不同结构、不同层次、不同竣工年份的房屋。幢应按权利人使用现状和房屋功能,以相对独立和便于分摊计算为原则进行划分。只有图 A 两楼非独立。

32.【A】解析：房屋层数是指房屋的自然层数,一般按室内地坪±0 以上计算。假层、夹层、阁楼、屋面楼梯间、水箱间不计自然层数。

该高层楼房层数=商业 1 层+办公 3 层+住宅 22 层=26 层

33.【B】解析：该套房屋套内建筑面积=套内使用面积+阳台水平投影建筑面积/2+自有墙体水平投影建筑面积+外墙水平投影建筑面积/2=80+5+10+5=100 m²。

本题中,不封闭阳台建筑面积和外墙建筑面积按一半计算。

34.【D】解析：地籍测绘内容有布设地籍控制网、地籍图测量、行政界线测量、界址点测量、宗地图编制、地块和宗地面积量算、地籍变更测量、根据土地规划要求进行的地籍测绘等内容。

35.【A】解析：地籍首级平面控制测量网一般布设为三、四等网以及一、二级网。

36.【C】解析：地籍图根支导线总长度最长不得大于起算边的 2 倍。

37.【D】解析：大于等于 1∶2 000 地籍图的分幅规格为 40 cm×50 cm 或者 50 cm×50 cm。

38.【B】解析：每个界桩点的方位物不少于 3 个。

39.【C】解析：界线测绘成果包括界桩登记表、界桩成果表、边界点成果表、边界点位置和边界走向说明等。

40.【B】解析：航摄因子计算表包括地区困难类别、分区面积、航摄比例尺、航摄焦距、分区平均平面高程、航摄高度、基线长度、航线间隔、航线长度、分区像片数等。

41.【C】解析：航线一般按东西方向直线飞行。

42.【A】解析：航摄仪参数中,规范要求的检定内容主要有主距、内方位元素、畸变差、镜头分辨率、辐射系数检定、信噪比检定、快门速度、杂光系数、物镜透过率、像面照度分布、滤光镜、飞机摄影窗口光学玻璃等。

43.【D】解析：航摄合同的主要技术内容有：航摄地区和面积,测图方法、测图比例尺和航摄比例尺,航线敷设方法、像片航向和旁向重叠度,航摄仪类型、技术参数和需要配备的航摄附属仪器及相关参数,航摄胶片型号及对其他感光材料性能的要求,需提供的航摄成果名称和数量,执行航摄任务的季节和期限,其他特殊的技术要求等。

44.【A】解析：立体像对两像片在像平面坐标系上的横坐标之差称为左右视差(X),纵坐标之差称为上下视差(Y)。

45.【C】解析：绝对定向元素为 3 个线元素,3 个角元素,1 个缩放元素,共 7 个元素。

46.【A】解析：平面控制点一般选在线状地物交点或地物拐点上,如尖山顶。地物稀少地区,也可选在线状地物端点和点状地物中心。弧形地物和阴影不能作为目标。

47.【C】解析：数码航摄仪影像相对定向连接点上下视差中误差为 1/3 像素,连接点上下视差最大残差为连接点上下视差中误差的 2 倍。

48.【D】解析：主动式遥感有微波散射计、微波高度计、侧视雷达、激光雷达、合成孔径雷达等。被动式遥感如各类航摄仪。

49.【A】解析：双线道路与建筑边线重合时,可用建筑物边线代替道路边线,接头处留 0.2 mm 间隔。

50.【D】解析：航空摄影法 DLG 数据采集是采用人工作业为主的三维立体测图采集并编辑地形图要素的方法。DLG 为矢量地图,不存在影像,故 D 不正确。

51.【D】解析：为了建立 POS 系统坐标与用户坐标之间的关系,消除系统误差,需要在摄区或附近设置一个或几个检校场,检校场的摄影基面应尽量与摄区一致,对检校场进行空中三角测量,计算偏心角以及线元素偏移值。

52.【C】解析：GeoTIFF 利用了 TIFF 的可扩展性,在其基础上加了一系列标志地理信息的标签,使标准的地图坐标系定义可以随意存储为单一的注册标签。其他图片格式都不能存储地理位置信息。

53.【B】解析：DOM 成果标记应包含产品名称、所采用标准的标准号、比例尺、分类代号(彩色 C、全色 D)、分幅编号、地面分辨率、生产时间等内容。

54.【A】解析：资源三号 02 星是高分辨率立体测图卫星,搭载了全色正视、全色前视、全色后视和多光谱正视相机,具备同轨立体像对建立的能力。

55.【C】解析：侧视雷达成像特点有：雷达图像是多中心斜距投影的侧视图像；近距离压缩,离飞行航线近的图像变小,远的变大；地形起伏使图像失真；透视收缩,图像斜面长度压缩；图像叠掩导致高处成像前置；雷达阴影；不能获取彩色信息。

侧视雷达图像高差引起高处成像前置,故投影差方向与中心投影差方向相反。

56.【D】解析：选项 D 属于间接解译标志,是通过综合分析、相关分析方法从相关事物之间的联系中逻辑推理获得影像判断。

57.【B】解析：表达精确度反映的就是细节层次。按规范规定,三维建筑物模型按细节层次分为 LOD1~LOD4 四个等级,是最直接反映三维建筑物模型特征的指标。

58.【D】解析：物联网是信息化时代的重要发展阶段,是物物相连的互联网。物联网技术与 GIS 融合才能发挥更大作用。

59.【B】解析：公众版和政务版地理信息数据需要进行必要的脱密处理。

60.【D】解析：选项 A 为节点不及,选项 B 为多边形穿插,选项 C 为多边形有碎屑,选项 D 三线同一节点,可以建立拓扑关系。

61.【A】解析：数字高程模型 DEM 是在一定范围内通过规则格网点描述地面高程信息的数据集,即用行列号表示格网点坐标,用格网属性表示高程。

62.【D】解析：基础地理信息数据入库前数据一致化处理主要包括代码转换、格式转换、坐标转换、投影转换、数据重采样等工作。

63.【B】解析：空间查询是从数据库中找出所有满足属性约束条件和空间约束条件的

地理对象,主要包括图形查询、属性查询、图形和属性互查、地址匹配等。本题应为其中的图形查属性。

64.【D】解析:把空间拓扑关系扩展到两实体的边界、内部和外部三部分相交构成的 3×3 九元组来决定时,称之为九交模型,考虑每组取值有空和非空两种情况,可以确定有 2^9＝512 种二元拓扑关系。

65.【C】解析:Arc SDE(Spatial Database Engine)是基于大型关系型数据库,处于中间件模式,使空间数据在数据库管理系统中存储、管理和快速查询检索的软件。

66.【A】解析:目前由移动通信和互联网结合构成移动互联网,嵌入式 GIS 一般运行于移动互联网中,也可以离线运行。本题其他方案都不适合无法对外通讯的情况下野外资源调查的需求。

67.【D】解析:地理信息数据空间关系包含顺序关系、度量关系、拓扑关系三类。空间变换时,保持不变的属性称为拓扑属性,空间拓扑关系描述空间实体之间的相对关系。

68.【C】解析:数字表面模型 DSM 是指包含地表建筑物、桥梁和树木等高度的地面高程模型,DTM 是利用一个任意坐标系中大量选择的已知坐标点对连续地面的一种模拟表示,DEM 是 DTM 的分支。选项中只有 DSM 包含了城市建筑物高度信息。

69.【B】解析:空间数据入库前要进行接边、地形要素编码、空间参考系等的检查和编辑。选项 B 属于数据收集时的验收内容。

70.【A】解析:确认测试主要内容包括安装测试、安全性测试、功能测试、可靠性测试、时间及空间性能测试、易用性测试、可移植性测试、可维护性测试、文档测试等。选项 A 属于模块测试。

71.【A】解析:地图瓦片是为了加快网络显示速度,按照一定级别分割电子地图的分块。地图瓦片起点在西经 180°、北纬 90°,向东向南行列递增。

72.【A】解析:SVG 是 W3C 组织为适应互联网应用的飞速发展需要而制定的一套基于 XML 语言的二维可缩放矢量图形语言描述规范。SVG 为解决 WebGIS 面临的静态性,数据格式多样性,平台相关的 Web 内容表现和缺乏交互性,网络传输慢等问题提供了一个全新的解决方法。

GML 是可扩展标记语言在地理空间信息领域的应用,利用 GML 可以存储和发布各种特征的地理信息,并控制地理信息在 Web 浏览器中的显示。GML 在表示实体的空间信息的同时加入了实体的其他属性信息,是表示实体的空间信息和属性的编码标准,但它并不支持直接显示图形。

73.【C】解析:地图瓦片技术又称为地图缓存和切片技术,是为了加快网络显示速度,按照一定级别分割电子地图的分块,缓存地图服务适合不会经常变化的地图。瓦片显示速度和比例尺有关,比例尺越大,分块越多,地图显示越慢。

切图原点为切图范围的左上角坐标,瓦片分块大小为 256 像素×256 像素,使用 png 或 jpg 格式储存。

每个地图缓存在缓存目录中都有一个切片方案文件,地图瓦片按树状结构组织命名,目录组织方式为数据集、数据层、数据行。

74.【C】解析:导航数据采集中道路要素和属性是核心,最基本的内容是建立道路网络拓扑关系,选项 C 中,正确的应是道路压盖其他地物。

75.【A】解析:道路相对误差大于 15 m 属于严重差错,在 15 m 到 10 m 之间属于大差错,在 10 m 到 5 m 之间属于一般差错。

76.【D】解析:屈曲字列又称"曲线字列",注记文字中心连线呈曲线或折线等,一般用于山脉、水系等要素的标注。

77.【D】解析:在 1∶25 万的公开地图上不绘制经纬网,但要在图内加绘经纬网十字短线。

78.【A】解析:中华人民共和国全图一般采用斜轴方位投影。

79.【D】解析:小于 1∶5 000 基本比例尺地形图按经纬线分幅。

80.【A】解析:1∶100 万基本比例尺地图以行列形式编号,行号从赤道到南北纬分别编 22 行,每 4°一行,用大写字母 A～V 表示,列号从 180°经线起算,由西向东共 60 列,每 6°一列。

二、多项选择题

81.【ABCD】解析:一、二等水准测量外业计算的项目有外业手簿计算、外业高差和概略高程表编算、每千米水准测量偶然中误差计算、附合路线与环线闭合差计算、每千米水准测量全中误差计算。

82.【BDE】解析:钢尺的尺长改正需要考虑温度、膨胀系数、拉力。方向对测量结果会有影响,但一般影响较小,宜不选。

83.【ABD】解析:水平角观测误差主要有仪器对中误差、目标偏心误差、照准误差以及客观因素造成的误差等。仪器乘常数影响距离测量,大气垂直折光误差影响垂直角测量,都不能选。

84.【BCE】解析:海道测量项目设计内容有:确定测量目的和测区范围;进行分幅设计,确定测量比例尺;确定测量技术方法和仪器设备;标定免测范围或确定不同比例尺图幅之间的具体分界线;明确技术保证措施;编写技术设计书。

85.【BC】解析:控制网优化方法主要有解析法和模拟法,等权代替法是将复杂的水准网通过路线合并与路线连接,简化成一条虚拟的等权路线,以便按单一路线计算最弱点高程中误差的方法。选项 B、C 一般用于变形监测数据处理。

86.【ACD】解析:三北方向图是表示真子午线北方向、磁子午线北方向、纵轴坐标北方向三者之间关系的略图。

87.【ADE】解析:GNSS 静态测量、近景摄影测量、地面三维激光扫描可作为三维变形测量的方法,三角高程测量不能测量平面位置,雷达干涉测量一般用作大范围地形数据采集。

88.【CE】解析:物探调查查法是通过物探方法探查地下管线的布局和走向,适用于探查隐蔽管线。另外开挖调查法也可用于调查隐蔽管线点。

89.【BCE】解析:建筑工程规划监督测量是根据规划许可证件,实地验证建筑物位置、高程等与规划核准数据符合性的测量。建筑工程规划监督测量包括规划放线测量、规划验线测量和规划验收(竣工核实)测量。

90.【ABCE】解析:产权各方有合法权属分割文件或协议的,按文件或协议规定执行。无产权分割文件或协议的,可按相关房屋的建筑面积按比例依据"谁使用谁分摊"原则进行分摊。

91.【BCD】解析:地籍控制测量成果检查验收内容包括坐标系统是否符合要求;起算数据是否准确;控制网布设是否合理,埋石是否符合要求;控制网施测方法是否正确,有无超限;观测手簿记录数据是否齐全;成果精度是否符合规定;资料是否齐全。选项 B、C、D 不属于控制测量检查验收内容。

92.【ACE】解析:边界地形图是以国家最新 1∶5 000、1∶1 万、1∶5 万、1∶10 万比例尺地形图为资料,按一定的经纬差自由分幅,制作的垂直于界线两侧图上 10 cm 或 5 cm(1∶10 万)的带状地形图。表现方式有纸质或数字形式也正确。

93.【ACD】解析:当测区较大时,根据成图比例尺确定测区分区最小跨度,实施分区航空摄影。应考虑如下因素:分区数应尽量少;分区界线与图廓线应尽量一致;分区内的地形高差一般不大于相对航高的 1/4,航摄比例尺大于等于 1∶7 000(或地面分辨率小于等于 20 cm)时,一般不大于 1/6;分区内地物景物反差、地貌类型应尽量一致;应考虑飞机侧前方安全距离和高度。选项 E 应把摄区改为分区。

94.【CDE】解析:选项 A、B 属于胶片航空摄影影像处理内容。

95.【BE】解析:选项 A、C、D 都属于影像预处理内容,其工作步骤在配准之前。故选 B、E。

96.【ABCE】解析:机载激光雷达测量数据没有属性,故不选。其他都正确。

97.【ABD】解析:地形分析、网络分析、空间查询都是 GIS 空间分析内容。

98.【BDE】解析:商品配送 GIS 系统设计主要考虑路网的连通性和地址查询功能,故选项 B、D、E 都是必须收集的内容。

99.【ACD】解析:云计算是基于网络的计算方式,是网格计算、分布式计算、并行计算、效用计算、网络存储、虚拟化、负载均衡等的融合产物,能以按需配给的方式实现软硬件资源和信息共享。"云"具有没有固定的规模数量,在"云"端部署地理信息服务可以大大减轻成本。

100.【BD】解析:在遥感影像地图上,一般要叠加路网、境界线等矢量要素,并且要标注地理名称等注记,应选 B、C、D,本题有歧义的是选项 C,文字注记是否属于矢量要素,显然,严格来说不属于,故选 B、D。

第16章　仿真模拟测试卷及解析(一～六)

16.1.1　仿真试题

一、单项选择题(共 80 题,每题 1 分。每题的备选项中,只有 1 个最符合题意)

1. 进行(　　)重力测量,不需要测量段差。

　　A. 重力基准点　　　　B. 重力基本点　　　　C. 一等重力点　　　　D. 加密重力点

2. 以下大地测量内容中,不属于大地测量系统的是(　　)。

　　A. 坐标系建立理论　　　　　　　　　　B. 坐标系定向

　　C. 大地原点的选定　　　　　　　　　　D. B 级 GNSS 网的布设

3. 1∶500 比例尺地形图测图精度不大于图上±0.1 mm,由于绘图员输入电脑错误,导致某边长实地长度比设计值多 1 cm,则该误差属于(　　)。

　　A. 偶然误差　　　　B. 系统误差　　　　C. 真误差　　　　D. 粗差

4. 关于 1980 西安坐标系的建立,以下正确的是(　　)。

　　A. 经过一点定位和多点定位确立了坐标系原点

　　B. 在西安大地原点处椭球的法线方向和铅垂线方向重合

　　C. 定向条件之一是椭球短轴重合于地球自转轴

　　D. 大地原点的平面坐标是(0,0)

5. 以参考椭球的几何中心为基准所建立的大地坐标系要考虑(　　)。

　　A. 坐标系原点必须与地球中心重合　　　　B. 区域内参考面与大地水准面尽量拟合

　　C. 卫星空间大地测量的精密定轨　　　　　D. 定向满足地壳无整体运动条件

6. 地心坐标系定位的基础是空间大地测量技术,其中不包括(　　)系统。

　　A. VLBI　　　　B. GNSS　　　　C. DORIS　　　　D. LIDAR

7. 国家或区域基准站选址实地环境测试时,数据可利用率应大于(　　)%。

　　A. 70　　　　B. 80　　　　C. 85　　　　D. 90

8. GNSS 测量采集数据处理时,数据剔除率指(　　)删除的观测值个数与获取的观测值总数的比值。

　　A. 一时段中

　　B. 一次野外测量

C. 一时段中,某 GNSS 接收机采集的数据

D. 一次野外测量,某 GNSS 接收机采集的数据

9. ( )级 GNSS 控制点观测的采样间隔可以选 6 s。

  A. A   B. B   C. C   D. D

10. 经纬仪在 A 点设站,观测 B 点,若测得坐标方位角正好等于 $270°$,关于线段 AB 的位置的说法正确的是( )。

  A. 必定位于赤道上   B. 必定位于同一纬线上

  C. 必定位于同一卯酉圈上   D. 以上选项都不对

11. 引起空气密度不均匀的地物越靠近测站,水平折光影响( )。

  A. 越大   B. 越小   C. 没影响   D. 影响不确定

12. 每完成一条附合或者闭合水准路线要计算每公里全中误差,测量的基础数据是( )。

  A. 各测段往返测不符值   B. 每公里高差偶然中误差

  C. 水准路线闭合差   D. 测段累计高差中数

13. 似大地水准面精化加入各项改正进行移去操作,再通过高分辨率 DEM 用恢复技术建立重力异常模型,恢复的项目不包括( )。

  A. 空间改正   B. 层间改正   C. 均衡改正   D. 局部地形改正

14. 国际组织 IHO 是海洋测绘领域的重要组织,其全称是( )。

  A. 国际海洋科学组织   B. 国际航运协会

  C. 国际航道测量组织   D. 全球海道联合会

15. 对多波束测深仪而言,主测深线间隔一般( )。

  A. 为图上 1 cm   B. 为图上 2 cm

  C. 保证海底恰好全覆盖   D. 保证海底全覆盖,并有一定重叠

16. 用侧扫声呐探测底质时,以下底质回波信号最强的是( )。

  A. 砂石   B. 沙   C. 软泥   D. 花岗岩

17. 某些航海图上高程注记不注记小数,这种制图综合方法为( )。

  A. 形状化简   B. 数量概括   C. 选取舍去   D. 质量概括

18. 陀螺经纬仪测量后,经过陀螺常数和子午线收敛角改正后得到( )。

  A. 真方位角   B. 磁方位角   C. 陀螺方位角   D. 坐标方位角

19. 下列关于工程控制网设计说法错误的是( )。

  A. 直伸形边角控制网的横向误差主要是由测角误差引起

  B. 施工控制网点位分布要考虑工程建(构)筑物形状

  C. 控制网的灵敏度指量测位移向量下界值的能力

  D. 应选择布设最高精度控制网来提高工程定位质量

20. 某附合导线有相邻边 a 和 b,已知 a 边长为 200 m,则 b 的边长最合适的应为( )m。

  A. 60   B. 90   C. 700   D. 1 000

21. 大比例尺工程地形图的分幅编号宜采用( )表示。

  A. 国家基本比例尺地形图分幅方法   B. 纵横坐标的整千米数

  C. 图幅西北角坐标的整米数   D. 测区西北角开始按序号

22. 以下地理要素的表示中,不适于用等高线方式表达的是(　　)。

　　A. 鞍部　　　　　　B. 分水线　　　　　　C. 峭壁　　　　　　D. 三角洲

23. 以下条件中,对规划道路需要实定中线的是(　　)。

　　A. 已有等级导线点的已建道路

　　B. 规划几年后建设的未建规划道路

　　C. 未设控制网的已建规划道路

　　D. 周围为正在建设的施工区的未建规划道路

24. 以下测量工作属于设计阶段道路中线测量主要工作内容的是(　　)。

　　A. 带状地形图测量　　B. 丈量埋设里程桩　　C. 中线点复测　　　D. 导线高程测量

25. 以下关于线路测设的步骤顺序正确的是(　　)。

　　A. 主点测设,细部测设,交点测设　　　　B. 交点测设,主点测设,细部测设

　　C. 主点测设,交点测设,细部测设　　　　D. 交点测设,细部测设,主点测设

26. 若地下管线隐蔽管线点的埋深 9.3 m,则探查平面位置最大不得大于(　　)cm。

　　A. 93　　　　　　　B. 100　　　　　　　C. 140　　　　　　　D. 150

27. (　　)不属于竣工总图编绘应收集的资料。

　　A. 总平面布置图　　B. 设计变更文件　　C. 施工检测记录　　D. 沉降观测成果

28. 拟建建筑物场地沉降观测,应在(　　)进行测区范围内外的地基和场地沉降监测。

　　A. 建筑设计前　　　B. 建筑控制测量前　　C. 建筑施工前　　　D. 建筑竣工前

29. 房产证上登载的房屋层数指房屋的(　　)。

　　A. 总层数　　　　　B. 自然层数　　　　　C. ±0 以上层数　　D. 地下层数

30. 房产分户图的边长注记取位精度和宗地图相比(　　)。

　　A. 相同　　　　　　B. 高　　　　　　　　C. 低　　　　　　　D. 高低不确定

31. 以下关于共有建筑面积分摊方法的表述,(　　)是正确的。

　　A. 屋顶楼梯间应由顶层各户分摊

　　B. 根据谁使用谁分摊原则,一层各户不分摊楼梯间面积

　　C. 多功能综合楼应采取多级分摊,采取整体到局部的方法

　　D. 小区管理用房应由小区各幢分摊

32. 房产测绘成果质量管理由(　　)进行。

　　A. 房产测绘机构　　　　　　　　　　　B. 房产行政主管部门

　　C. 国土行政主管部门　　　　　　　　　D. 房产行政主管部门与房产测绘机构

33. 第三次全国土地调查以(　　)为单元展开调查。

　　A. 丘　　　　　　　B. 幢　　　　　　　　C. 宗地　　　　　　D. 图斑

34. 界址标示表中,界址线以空地表示的,界址线类别和界址线位置应当注明为(　　)。

　　A. 空,中　　　　　B. 空,无　　　　　　C. 空地连线,中　　D. 空地连线,无

35. 某地籍图,一宗地中央有"南山村农民集体/JA00011"注记,以下说法中正确的是(　　)。

　　A. 该宗地属于集体所有权宗地　　　　　B. 该宗地属于宅基地使用权宗地

　　C. 该宗地属于集体建设用地使用权宗地　D. 该宗地属于集体农用地使用权宗地

36. 宗地面积复检后,面积变更应遵循(　　)原则。

A. 尽量采用新测绘数据 　　　　B. 尽量采用现势好的测绘数据

C. 尽量采用精度高测绘数据 　　D. 尽量采用适用性好测绘数据

37. 土地使用权调查,其地籍图基本比例尺为(　　)。

A. 1：500 　　B. 1：1 000 　　C. 1：2 000 　　D. 1：10 000

38. 地籍面积统计汇总时,面积单位一般采用(　　)。

A. 平方米 　　B. 公顷 　　C. 亩 　　D. 平方千米

39. 以下省级界桩中,其某个宽面上标注可能正确的是(　　)。

A. 浙江,国务院,2016 年 　　　　B. 浙赣,2,国务院,2016 年

C. 浙江,1,2016 年 　　　　　　　D. 宁夏,宁夏(回族文字),1,国务院,2016 年

40. 边界协议书附图必须经过界线双方(　　)负责人签字才能生效。

A. 人民政府 　　B. 民政主管部门 　　C. 测绘主管部门 　　D. 土地主管部门

41. 以下航空摄影测量所用的坐标系中属于左手系的是(　　)。

A. 地面摄影测量坐标系 　　　　B. 像平面坐标系

C. 像空间辅助坐标系 　　　　　D. 地面测量坐标系

42. 假设选用的摄影仪像场角越大,以下对应关系正确的是(　　)。

A. 主距越大 　　B. 基高比越大 　　C. 航向重叠度越小 　　D. 旁向重叠度越大

43. 航空摄影时,设计航高为 2 000 m,以下符合规定要求的实际航高为(　　)m。

A. 2 100 　　B. 2 080 　　C. 2 060 　　D. 1 980

44. 低空数字航空摄影规范中要求飞行平台巡航速度最快不超过(　　)km/h。

A. 100 　　B. 120 　　C. 160 　　D. 200

45. 三维建筑模型要求反映建模物体任意维度变化大于(　　)m 的细节。

A. 0.2 　　B. 0.5 　　C. 1 　　D. 1.5

46. 关于投影差的说法,下列说法错误的是(　　)。

A. 投影差和地面点高程有关 　　　　B. 投影差与摄影机主距有关

C. 投影差与距离像底点距离有关 　　D. 投影差与像点匹配精度有关

47. 利用航摄像片上像点坐标和相应的地面点坐标计算像片姿态的工作称为(　　)。

A. 内定向 　　B. 空间前方交会 　　C. 空间后方交会 　　D. 相对定向

48. 立体像对相对定向元素一共含有2个线元素,3个角元素,其中线元素不包含(　　)。

A. 航线方向分量 　　　　　　　　B. 垂直像平面方向分量

C. 垂直航线方向分量 　　　　　　D. 垂直摄区平均大地平面方向分量

49. 遥感图像的目视解译,对于河流可使用(　　)方法。

A. 对比法 　　B. 直判法 　　C. 邻比法 　　D. 动

50. 右图表示航线首末端上下两控制点在像片上布设的要求,从图中可以得到的说法中正确的是(　　)。

A. 图中标注的 b 反映地物点到像主点的位置关系

B. 上下两控制点应尽量在方向线的同一垂线上

C. 控制点与像主点之间应尽量呈矩形布设

D. 控制点应布设在两张影像的重叠处

51. DLG是以特定图形符号形式表达地形要素的(   )数据集。

    A. 高程   B. 矢量   C. 影像   D. 格网

52. DEM数据编辑是指抽取(   )内插形成的DEM格网点进行高程检查和编辑。

    A. 10%   B. 30%   C. 50%   D. 100%

53. 对经过微分纠正的影像图进行裁切,形成基础DOM,裁切的主要目的是(   )。

    A. 便于生产使用,标注制图元数据   B. 控制误差累积和接边误差

    C. 使图幅符合国家规定的标准   D. 依据图件用途选择分幅规格和式样

54. 假设不考虑精度要求,以下采用DOM制作DLG的技术方案中,不可行的是(   )。

    A. 用DOM叠加DRG   B. 以DOM重叠进行立体测图

    C. DOM叠加DEM   D. DOM叠加DLG

55. 1:2 000基础比例尺数字正射影像图上,每个栅格的尺寸与其对应的实地距离之比为(   )。

    A. 地图比例尺   B. 地面采样间隔   C. 摄影比例尺   D. 主比例尺

56. 固定翼无人机搭载的面阵传感器,有效像素应大于(   )万像素。

    A. 500   B. 1 000   C. 2 000   D. 3 000

57. 地图编绘运用点状符号来表达地物定位时,符号(   )。

    A. 精确表示了在实地的具体坐标

    B. 精确表达了符号和实地的面积关系

    C. 概略表示了符号在实地的具体坐标

    D. 即可以精确表示在实地的具体坐标,也可以概略表达

58. 某点位于东经$111°26'38''$,北纬$37°48'59''$,则其所在的1:50万比例尺地形图的图幅编号为(   )

    A. J50B001002   B. J49B001002   C. I49B001002   D. J49B002002

59. 关于地理图坐标网的定位,以下说法中错误的是(   )。

    A. 确定坐标网在图纸的相对位置

    B. 图幅的中央经线应是靠近图幅中间位置的整数位经线

    C. 当地图用北方定向时,应使用三北方向图定向

    D. 用斜方位定向时,应根据需要将中央经线旋转一个角度

60. 在专题地图表达方法中,运动线法表达地理现象质量特征的是运动线符号的(   )。

    A. 宽度   B. 颜色   C. 路径   D. 指向

61. 地图编绘中,出现以下地物要素制图矛盾情况,处理做法正确的是(   )。

    A. 国界线在不产生主权归属纠纷时,可适当移位

    B. 点状符号和面状符号矛盾时,应表示点状符号,可压盖面状符号

    C. 所依附的要素移位时,依附要素要保持独立性,不跟随所依附的要素变动

    D. 独立地物在图上关联性较弱,与其他要素矛盾,可移位独立地物

62. 第三次全国土地调查主要运用的地图表示方法需要对相关专题要素进行(   )调查。

    A. 位置特征   B. 等级特征   C. 数量特征   D. 质量特征

63. 制图区域在赤道附近时,一般可选用( )。

  A. 正轴圆柱投影 B. 横轴圆柱投影 C. 正轴圆锥投影 D. 横轴方位投影

64. 地图上陆地地貌以分层设色法表示时,色彩按高程由低到高排列正确的是( )。

  A. 黄、棕、红、黑 B. 绿、黄、棕、紫 C. 蓝、绿、红、紫 D. 黄、红、青、黑

65. 传统的GIS采用( )维的格式来构筑三维空间数据。

  A. 2   B. 2.5   C. 3   D. 4

66. 关于栅格数据转化成矢量数据的步骤正确的是( )。

  A. 平滑,二值化,追踪,细化,矢量提取 B. 二值化,平滑,细化,追踪,矢量提取

  C. 二值化,细化,追踪,矢量提取,平滑 D. 二值化,矢量提取,细化,追踪,平滑

67. 空间变换时,属性保持不变的属性称为拓扑属性,以下描述不属于拓扑属性的是( )。

  A. 面上没有岛 B. 点在区域边界上 C. 弧段长为10 m D. 弧段自身不相交

68. 在地理信息工程建设中,( )是系统完成后履行合同的依据。

  A. 系统工程实施方案   B. 系统度量评价标准

  C. 软件开发相关标准文件   D. 需求规格说明书

69. 系统需求调查的内容一般不包括( )。

  A. 用户现状 B. 设备需求 C. 市场需求 D. 数据需求

70. GIS应用系统的用户界面设计,以下需要考虑的原则是( )。

  A. 代码简洁性 B. 元数据完整性 C. 设计独特性 D. 数据规范性

71. B/S模式相对于C/S模式的优点,以下说法中错误的是( )。

  A. 能实现快速部署 B. 流量数据小 C. 开发简单 D. 利用众包更新

72. 确定空间数据的( )在数据库物理设计阶段设计完成。

  A. 名称   B. 联系   C. 存储路径   D. 字段

73. 在GIS空间数据结构中,有方向无分支的线段称为( )。

  A. 链   B. 直线   C. 弧段   D. 弦列

74. ( )是将基于信息技术的资源以应用的方式汇聚成一个协同工作的整体。

  A. 融合   B. 集成   C. 安装   D. 封装

75. 基础地理信息数据是作为统一的空间定位框架和空间分析基础的地理信息数据,主要内容不包括( )。

  A. 地籍测量数据   B. 数字正射影像数据

  C. 地名数据   D. 教育统计数据

76. 在导航电子地图上,不得表示( )要素。

  A. 植被信息 B. 机场   C. 渡口内过道 D. 隧道材质

77. 一般来说,导航电子地图工具开发α测试是在( )开始。

  A. 模块测试后 B. 单元测试后 C. β测试后 D. 确认测试后

78. 导航电子地图采集制作标准要科学合理地表达( )。

  A. 要素类别和拓扑模型   B. 量度关系和要素类别

  C. 路网等级和拓扑模型   D. 量度关系和拓扑模型

79. 根据相关规定,地图瓦片文件的命名格式为 C1. JPG,则 C1 代表( )。

    A. 地图瓦片所在列号   B. 地图瓦片所在行号

    C. 地图瓦片所在图层号   D. 地图瓦片数据集号

80. 公众版网络地理信息 DEM 数据,格网间距不得小于( )m。

    A. 10   B. 20   C. 50   D. 100

二、多项选择题(共 20 题,每题 2 分。每题的备选项中,有 2 个或 2 个以上符合题意,至少有 1 个错项。错选,本题不得分;少选,所选的每个选项得 0.5 分)

81. 若野外测量时没有已知数据,激光经纬仪和水准尺配合使用可以用作( )测量。

    A. 坐标方位角   B. 铅直线   C. 距离

    D. 高程   E. 坐标

82. 区域基准站网作为区域实时定位的基础设施,可以提供的高级服务产品有( )。

    A. 实时载波相位差分数据   B. 气象数据   C. 伪距差分数据

    D. 精密星历   E. 站速度

83. 使用中的 GPS 接收机需进行定期检定,检定项目可不包括( )。

    A. 综合性能的评价   B. 接收机通电检验   C. 内部噪声水平测试

    D. 后处理软件测试   E. 野外作业性能测试

84. 航行障碍物的制图编辑工作主要包括( )。

    A. 选取成片的   B. 移位重叠的   C. 合并次要的

    D. 说明注记表示   E. 轮廓化简

85. 房屋施工时,基础放样工作主要有以下中的( )内容。

    A. 边坡轴线投测   B. 测绘基础地形图   C. 放样基槽边线

    D. ±0 面放样   E. 墨线弹出模板轴线

86. 线路工程带状地形图测绘工作的内容可以包括( )等。

    A. 导线点埋设   B. 纵断面测绘   C. 交点测设

    D. 周围控制点联测   E. 道路周围场地监测

87. 进行变形监测数据处理时,进行( )等观测数据整理和分析工作,为变形体变形研究做准备。

    A. 论证基准点精度符合性   B. 对比多期观测数据,清除明显粗差

    C. 经过统计分析建立变形模型   D. 选择控制网平差模型

    E. 描绘荷载变形量分析图

88. 工程测量所指的 2″级仪器可能是一台( )。

    A. 全站仪   B. 水准仪   C. GPS 接收机

    D. 经纬仪   E. 激光垂准仪

89. 以下房产要素测量需要加以简注的有( )。

    A. 池塘   B. 站台   C. 消防栓

    D. 泳池   E. 地下室入口

90. 现行地籍调查规程按照内容和地籍调查的分类包括( )。

    A. 土地权属调查   B. 地籍总调查   C. 初始地籍调查

D. 变更地籍调查　　　　E. 日常地籍调查

91. 在界线测绘过程中产生的数据主要有(　　)。

A. 边界地形图数据　　　B. 基础控制测量数据　　　C. 多媒体数据

D. 协议存档数据　　　　E. 边界专题数据

92. 机载三维机载激光扫描技术常用于大范围 DEM 制作,相对于常规航测方法其特点为(　　)。

A. 全天候作业　　　　　B. 数据处理简单　　　　C. 精度不高,但数据点密度大

D. 作业速度快　　　　　E. 作业成本低

93. 立体测图作业时,先要对影像进行定向建模,一般可采取(　　)等方式。

A. 空间后方交会　　　　B. 空间前方交会　　　　C. 光束法数据处理

D. 航带法区域网处理　　E. POS 系统测量

94. 光束法空三平差方法是目前使用最广泛的方法,其特点有(　　)。

A. 计算简便　　　　　　B. 模型严密　　　　　　C. 减弱系统误差

D. 计算过程直观　　　　E. 可处理非量测相机影像数据

95. 航天遥感影像制作 DLG,像片调绘采用的方法有(　　)。

A. 全要素野外调绘法　　B. 室内外综合调绘法　　C. 室内全自动分类法

D. 解析调绘法　　　　　E. 全野外采集法

96. 以下地图色彩要素,一般用来表达地图要素数量特征的有(　　)。

A. 明度　　　　　　　　B. 饱和度　　　　　　　C. 色相

D. 色调　　　　　　　　E. 色别

97. 地图制图中,影响制图综合的因素包括(　　)等。

A. 地图比例尺　　　　　B. 地图用途　　　　　　C. 制图区域的特点

D. 制图资料　　　　　　E. 地图整饰方法

98. 下列关于 GIS 和 CAD 系统的共同特点的说法中错误的有(　　)。

A. 两者都可用于辅助决策　　　　　B. 两者都能建立拓扑关系

C. 两者都能处理非图形数据　　　　D. 两者都采用空间直角坐标系为主

E. 两者都能处理空间数据

99. 以下几种空间数据组织模式中,属性数据采用关系型数据库存储和管理的有(　　)。

A. 文件空间数据模型　　B. 全关系型空间数据模型　　C. 面向对象空间数据模型

D. 混合空间数据模型　　E. 对象关系型空间数据模型

100. 经过内容提取、模型重构处理后,用于互联网地图服务的在线地理信息数据集包括(　　)。

A. 专业部门数据　　　　B. 地表数字高程模型　　C. 地理实体数据

D. 地名地址数据　　　　E. 电子地图数据

16.1.2　答案及解析

一、单项选择题

1.**【A】知识点:重力测量概述**

出处:《测绘综合能力体系和题解(上、下册)》3.11.1

解析:段差指的是两个重力点之间的重力差,基准点测量的是绝对重力,故选 A。

2.【D】**知识点:大地测量概述**

出处:《测绘综合能力体系和题解(上、下册)》3.1

解析:大地测量系统是总体概念,规定了大地测量的起算基准、尺度标准和实现方式(理论、方法、模型等)。大地测量框架是大地测量系统的具体实现。由一组固定在地球上的测量标志及其参考系下的相应参数体现。故选选项 D 属于大地测量框架。

3.【D】**知识点:测量误差**

出处:《测绘综合能力体系和题解(上、下册)》2.1.1

解析:1:500 比例尺地形图测图精度不大于图上 ± 0.1 mm,实地不大于 ± 5 cm,因绘图员失误造成的误差虽然小于 5 cm,但这是可以避免的错误,不属于正常误差,故选 D。

4.【A】**知识点:坐标系统**

出处:《测绘综合能力体系和题解(上、下册)》3.2.3

解析:本题考查的是参心坐标系的建立过程。

流程为确定椭球参数、确定大地原点、一点定位、定向、多点定位、定向、确定大地原点坐标。一点定向后,大地原点处椭球的法线方向和铅垂线方向重合,但经过多点定向后,大地原点上椭球面不再同大地水准面相切,但在所使用的天文大地网资料范围内,椭球面与大地水准面有最佳的密合,所以 B 不正确;定向必须满足两个条件,即椭球短轴平行于地球自转轴,大地起始子午面平行于天文起始子午面,由于参心坐标系的原点与地球质心不能重合,所以只能做到平行;大地原点坐标经过多点定位后加算了天文经纬度,显然不会是(0,0)。故只有 A 正确。

5.【B】**知识点:坐标系统**

出处:《测绘综合能力体系和题解(上、下册)》3.2.3

解析:以参考椭球的几何中心为基准所建立的大地坐标系即参心坐标系,参考椭球面应与当地大地水准面尽量拟合。其他选项为地心坐标系要考虑的。

6.【D】**知识点:坐标系统**

出处:《测绘综合能力体系和题解(上、下册)》3.2.3

解析:地心坐标系定位的基础是空间大地测量技术,即以甚长基线干涉测量 VLBI、卫星激光测距 SLR、激光测月 LLR、GNSS、多里斯系统等技术为基础得到观测站坐标和速度场建立空间大地测量控制网来进行坐标系定位,目的是使地球椭球中心和地球实际的质心重合。

机载激光三维雷达系统 LIDAR,是一种集激光扫描仪、全球定位系统和惯性导航系统以及高分辨率数码相机等技术于一身的光机电一体化集成系统,是一种遥感传感器,不是空间大地测量手段。

7.【C】**知识点:CORS 建设**

出处:《测绘综合能力体系和题解(上、下册)》3.8.2

解析:对于国家和区域基准站,数据可用度大于 85%,多路径影响系数小于 0.5 m。

8.【A】**知识点:GNSS 控制网数据处理**

出处:《测绘综合能力体系和题解(上、下册)》3.9.6

解析:同一时段观测值数据剔除率不高于 10%,数据剔除率指同一时段中,删除的观测值个数与获取的观测值总数的比值。

数据可利用率是外业采集的合格数据与数据总数的比值。数据剔除率是外业数据粗查合格后,继续在这个基础上主动删除一时段不合格的基线观测数据量与观测值总数的比值。

9. 【D】知识点:**GNSS 控制网设计**

出处:《测绘综合能力体系和题解(上、下册)》3.9.2

解析:GNSS D 级网采样间隔可设置为 6 s。

等级	B	C	D	E
采样间隔/s	30	10～30	5～15	5～15

10. 【D】知识点:**传统控制网布设概述**

出处:《测绘综合能力体系和题解(上、下册)》3.7.1

解析:高斯投影面上,坐标北指的是中央子午线方向,坐标方位角北方向与中央子午线北方向平行,所以 AB 方向与中央子午线正交,据此经考察选项 A、B 都不对,而 C 选项是椭球大地测量概念,不是平面测量。

11. 【A】知识点:**水平角测量**

出处:《测绘综合能力体系和题解(上、下册)》3.7.4

解析:水平折光的规律如下:白天和夜间折光误差绝对值趋于相等,符号相反;视线越靠近(或通过距离越长)地物,水平折光影响越大;引起空气密度不均匀的地物越靠近测站,水平折光影响就越大;视线方向与水平密度梯度方向愈垂直,水平折光影响愈大。

12. 【C】知识点:**高程控制网数据处理**

出处:《测绘综合能力体系和题解(上、下册)》3.10.7

解析:每完成一条附合或者闭合路线要计算闭合差,环数超过 20 个时按环闭合差计算全中误差。环闭合差可以视作真误差,故使用中误差一般公式求每公里水准测量全中误差,由于利用环线的闭合差来推求水准观测中误差,反映了偶然误差和系统误差的综合影响,因此称为水准测量每公里高差的全中误差。

13. 【A】知识点:**似大地水准面精化流程**

出处:《测绘综合能力体系和题解(上、下册)》3.12.2

解析:似大地水准面精化时通过空间改正、层间改正、局部地形改正和均衡改正,获得地形均衡重力异常。再利用高分辨率 DEM 除去格网的地形均衡异常各项改正,恢复基础格网地面平均空间异常,完成重力归算。空间改正即重力位面归算内容,归算完成后不再恢复。

14. 【C】知识点:**海洋控制测量**

出处:《测绘综合能力体系和题解(上、下册)》4.2.3

解析:国际航道测量组织 IHO 建立的主要目的是在全世界范围内统一航海资料。

15. 【D】知识点:**水深测量**

出处:《测绘综合能力体系和题解(上、下册)》4.2.6

解析： 多波束测深系统的主测深线布设应以海底全覆盖且有足够的重叠带为原则，测线外侧波束应保持至少 20% 的重叠。

16.【D】**知识点：海道其他测量**

出处：《测绘综合能力体系和题解（上、下册）》4.2.7

解析： 侧扫声呐探测底质时，硬的、粗糙的、凸起的障碍物海底回波较强，软的、平滑的、凹陷的回波较弱。底质反射系数一般在 0.1～0.6 之间，其中软泥为 0.1，花岗岩为 0.6。反射系数越大，回波信号越强。

17.【B】**知识点：海图制图综合**

出处：《测绘综合能力体系和题解（上、下册）》4.3.2

解析： 数量特征概括方法有分级合并，取消低级，用概括数字代替精确数字等，高程注记不注记小数属于用概括数字代替精确数字情况，故选 B。

18.【D】**知识点：工程测量仪器和方法**

出处：《测绘综合能力体系和题解（上、下册）》5.1.2

解析： 陀螺经纬仪为陀螺仪和经纬仪的结合，可以直接测量真方位角，经过子午线收敛角改正，可以直接获得坐标方位角。

19.【D】**知识点：工程控制网设计**

出处：《测绘综合能力体系和题解（上、下册）》5.2.2

解析： 边角网横向误差由测角误差引起，纵向误差由测边网引起；施工控制网主要是为施工放样及安全监测服务，所以点位要根据建筑物形状布设；灵敏度准则是指通过对周期观测的平差结果进行统计检验所能发现的位移向量下界值的能力，只针对变形监测网提出；控制网只要求控制精度能满足相应的质量指标即可，保证更好的经济效益。

20.【B】**知识点：工程控制网施测**

出处：《测绘综合能力体系和题解（上、下册）》5.2.3

解析： 附合导线相邻边长之比不宜超过 1∶3，边长范围应是 67～600 m。故选 B。

21.【B】**知识点：工程测图技术设计**

出处：《测绘综合能力体系和题解（上、下册）》5.3.2

解析： 工程地形图的分幅可采用正方形或矩形方式。工程地形图的分幅编号宜采用图幅西南角坐标的千米数表示，带状地形图或小测区地形图可采用顺序编号，对于已施测过地形图的测区，也可沿用原有的分幅和编号。

22.【D】**知识点：工程测图实施方法**

出处：《测绘综合能力体系和题解（上、下册）》5.3.3

解析： 鞍部是两个山顶之间的位置，分水线即山脊线，峭壁是等高线重叠的位置，都可以明显地从等高线图上判别，三角洲即冲积平原，不适宜用等高线表达。

23.【C】**知识点：规划定线与拨地测量**

出处：《测绘综合能力体系和题解（上、下册）》5.4.2

解析： 已有等级导线点的已建规划道路不实定中线，否则要实定中线，以后要与等级导线联测。对于建设急需的未建规划道路要实定中线，对不急需且中线点不易保存的只测求中线主要点坐标和各测段方位角。

24.【B】知识点：**线路测量设计阶段的勘测**

出处：《测绘综合能力体系和题解(上、下册)》5.7.2

解析：道路中线测量是把道路的设计中心线测设在实地上,其主要工作是测设中线上各交点和转点、量距和钉桩、测量偏角及测设曲线。

25.【B】知识点：**线路施工测量**

出处：《测绘综合能力体系和题解(上、下册)》5.7.3

解析：传统的线路测设流程是根据给定的半径、偏角等,计算其他要素(切线长 T、曲线长 L、外矢距、切曲线)和主点(圆曲线的起点、中点、终点);测设出交点 JD;根据交点坐标测设曲线主点;最后测设曲线细部点。如果采用 RTK 直接坐标法测设不需要按这个步骤进行。

26.【B】知识点：**地下管线测量概述**

出处：《测绘综合能力体系和题解(上、下册)》5.10.1

解析：地下管线隐蔽管线点的探查位置限差为 $0.1h$,埋深限差为 $0.15h$(h 为管线中心的埋深,小于 1 m 时按 1 m 计)。

27.【D】知识点：**竣工总图**

出处：《测绘综合能力体系和题解(上、下册)》5.11.3

解析：竣工总图编绘时应收集的资料包括总平面布置图、施工设计图、设计变更文件、施工检测记录、竣工测量资料等。

28.【C】知识点：**变形监测实施**

出处：《测绘综合能力体系和题解(上、下册)》5.12.3

解析：拟建建筑物场地沉降观测要监测测区范围内外的地基和场地沉降,应在建筑施工前进行,可采用四等监测精度,点位间距宜为 30~50 m。

29.【A】知识点：**房屋调查**

出处：《测绘综合能力体系和题解(上、下册)》6.2.2

解析：房屋层数是指房屋的自然层数,一般按室内地坪±0 以上计算,采光窗在室外地坪以上的半地下室,其室内层高在 2.20 m 以上的,计算自然层数。房产证上登载的房屋层数包括地下层,故选 A。

30.【A】知识点：**面积测算方法**

出处：《测绘综合能力体系和题解(上、下册)》6.4.1

解析：根据地籍调查规程规定,宗地注记到厘米,所以和房产测量的注记精度是一样的。

31.【C】知识点：**建筑面积分摊**

出处：《测绘综合能力体系和题解(上、下册)》6.4.3

解析：多功能综合楼不能用一个分摊系数进行一次分摊。应将各个共有部位面积,按照各自的功能和服务对象进行多级分摊。应采取由整体到局部的分摊模式。楼梯和屋顶楼梯间应计入整幢分摊面积,为多幢服务的小区管理用房不能进行分摊。

32.【A】知识点：**房产测绘成果质量管理**

出处：《测绘综合能力体系和题解(上、下册)》6.7.1

解析: 房产测量成果质量管理由房产测绘机构进行。

33.【D】**知识点:地籍调查单元**

出处:《测绘综合能力体系和题解(上、下册)》7.2.1

解析: 被行政界线、土地权属界线或现状地物分割的单一地类地块为图斑,图斑是土地利用类别划分的最小单位。

34.【C】**知识点:地籍界址调查**

出处:《测绘综合能力体系和题解(上、下册)》7.2.3

解析: 界址线类别以空地连线表示的,界址线类别应当注明为"空地连线"。界址线应根据界标物位置关系分别注明外(以外边界为界)、中(以中心线为界或空地)、内(以内边界为界)。

35.【A】**知识点:地籍图内容**

出处:《测绘综合能力体系和题解(上、下册)》7.4.1

解析: 对于土地使用权宗地,地号和地类号的注记以分式表示,分子表示宗地号,分母表示地类号。宗地外如只有一小块在本幅,可以注记在本幅内图廓线外。同一所有者的集体土地被铁路分割时,应分别划分宗地。集体土地所有权只注记宗地号。

36.【C】**知识点:日常地籍测量**

出处:《测绘综合能力体系和题解(上、下册)》7.6.2

解析: 宗地面积变更采用高精度的代替低精度的原则。

37.【A】**知识点:地籍图测绘方法**

出处:《测绘综合能力体系和题解(上、下册)》7.4.2

解析: 土地使用权调查,其地籍图基本比例尺为1∶500。

38.【B】**知识点:地籍量算方法**

出处:《测绘综合能力体系和题解(上、下册)》7.5.1

解析: 面积量算方法分为解析法和图解法。面积量算单位采用平方米,面积统计汇总单位采用公顷,以亩作辅助单位。距离和面积取值保留小数两位。

39.【A】**知识点:界桩点埋设和编号**

出处:《测绘综合能力体系和题解(上、下册)》8.2.2

解析: 省界桩的两个或三个宽面上标注省名(除宁夏回族自治区外,各自治区加注民族文字),"国务院",设置年代。同号双立界桩要标明界桩号和类型码,三面型不写界桩号。选项A如为三面型界桩,不需写界桩号。

40.【A】**知识点:边界协议书附图**

出处:《测绘综合能力体系和题解(上、下册)》8.4

解析: 边界协议书附图以地图形式反映边界走向和具体位置,并经界线双方政府负责人签字认可的法律图件,是边界信息与修测后的边界地形图叠加一起制作而成。

41.【D】**知识点:航空摄影和测量基本概念**

出处:《测绘综合能力体系和题解(上、下册)》9.1.1

解析: 摄影测量数据处理实质是航摄坐标系转换的过程,即把拍摄得到的右手像方坐标系转换到左手物方地面坐标系中。

42.【D】知识点:**航空摄影设计分析**

出处:《测绘综合能力体系和题解(上、下册)》9.3.1

解析:像场角越大,对应主距越小,重叠度越大,则立体测量精度提高。基高比与像场角无关。

43.【D】知识点:**航摄基本要求**

出处:《测绘综合能力体系和题解(上、下册)》9.4.2

解析:实际航高与设计航高之差不大于 50 m,不得大于设计航高的 5%。

44.【C】知识点:**航空摄影新技术应用**

出处:《测绘综合能力体系和题解(上、下册)》9.4.3

解析:低空数字航空摄影规范中要求飞行平台巡航速度一般不超过 120 km/h,最快不超过 160 km/h。

45.【B】知识点:**三维建模概述**

出处:《测绘综合能力体系和题解(上、下册)》10.11.1

解析:三维模型要求反映任意维度大 0.5 m 的细节,个别标志性古建筑反映维度0.2 m 的细节。

46.【D】知识点:**像点位移**

出处:《测绘综合能力体系和题解(上、下册)》10.2.1

解析:投影差的性质有:①像底点处没有投影差;②地面点的高程越大,投影差也越大;③摄影机的主距越大,相应的投影差越小。

47.【C】知识点:**影像定位**

出处:《测绘综合能力体系和题解(上、下册)》10.2.2

解析:空间后方交会是已知地面控制点和像点坐标恢复外方位元素的方法,一般用角锥法,即使用 4 个且不在一条直线上的野外控制点,依据共线方程在四个角布设地面控制点。

48.【A】知识点:**影像定位**

出处:《测绘综合能力体系和题解(上、下册)》10.2.2

解析:一个立体像对含有 12 个方位元素,即两套外方位元素,相对定向时,从 6 个定向元素中剔除出航向上的线元素分量,该分量在核线同名点配对的时候只和比例尺大小相关,与相对定向立体模型无关。这个分量即为缩放因子,把它归入绝对定向元素,故相对定向元素为 5 个,绝对定向元素为 7 个。

49.【B】知识点:**遥感概述**

出处:《测绘综合能力体系和题解(上、下册)》10.2.3

解析:直判法指直接通过遥感图像的解译标志,就能确定地物存在和属性的方法。

50.【B】知识点:**航摄区域网**

出处:《测绘综合能力体系和题解(上、下册)》10.4.1

解析:从图中可以看出上下两控制点之间在方向线的垂线位置上互相便宜不得大于基线长(b)的一半,故选项 B 正确。其他说法都没法冲图中得到相应信息。

51.【B】知识点:**DLG 概述**

出处:《测绘综合能力体系和题解(上、下册)》10.7.1

解析: 数字线划图(DLG)是以点、线、面或地图符号形式表达地形要素的地理信息矢量数据集。

52. **【D】知识点: DEM 制作方法**

出处: 《测绘综合能力体系和题解(上、下册)》10.8.2

解析: DEM 数据编辑是指把生成的 DEM 套合立体模型,对内插形成的 DEM 格网点逐个进行高程检查和编辑。

53. **【C】知识点: DOM 概述**

出处: 《测绘综合能力体系和题解(上、下册)》10.9.1

解析: 数字正射影像图 DOM,是将地表航空航天影像经垂直投影而生成的影像数据集,参照地形图要求进行裁切整饰,具有像片的影像特征和地图的几何精度。此处所指的地形图即国家基础比例尺地形图,其标准和规格都有严格规定,故选 C。

54. **【B】知识点: DOM 制作方法**

出处: 《测绘综合能力体系和题解(上、下册)》10.9.2

解析: DOM 已经经过正射纠正,改正了投影差,不再符合中心投影影像立体建模条件,无法用来进行前方交会立体采集。其他方案都可以得到等高线。

55. **【A】知识点: 航空摄影和测量基本概念**

出处: 《测绘综合能力体系和题解(上、下册)》9.1.1

解析: 摄影比例尺指像片上的线段与地面相应线段的长度比,主比例尺为没有投影变形的比例尺,地面采样间隔是像片上的线段对应的地面相应线段长度。地图比例尺指的是地图上的线段与地面相应线段的长度比,故应选 A。

56. **【C】知识点: 航空摄影新技术应用**

出处: 《测绘综合能力体系和题解(上、下册)》9.4.3

解析: 固定翼无人机搭载的面阵传感器,有效像素应大于 2 000 万。

57. **【D】知识点: 地图语言**

出处: 《测绘综合能力体系和题解(上、下册)》11.1.2

解析: 点状符号可以精确表达定位,也可以概括性定位,符号的面积不具有实地的面积意义,一般以不依比例尺符号表示。

58. **【D】知识点: 数学基础**

出处: 《测绘综合能力体系和题解(上、下册)》11.1.4

解析: 北京市的编号为 J50,经度区间为 114°~120°,纬度区间为 36°~40°。该点所在 1:100 万基本比例尺地形图幅号为 J49,其经度区域为 108°~114°,纬度区域为 36°~40°。一幅 1:100 万基本比例尺地形图分为 4 幅 1:50 万基本比例尺地形图,综合以上信息可以得到该幅图的行列号,选项 D 正确。

59. **【C】知识点: 地图设计基础**

出处: 《测绘综合能力体系和题解(上、下册)》11.2.1

解析: 图幅的中央经线应是靠近图幅中间位置的整度经线,当地图用北方定向时,将中央经线朝向正上方,用斜方位定向时,根据需要将中央经线旋转一个角度。当北方向定位不利于标准纸张应用时,可以采用斜北定向,并加注指北方向。由于地理图一般不采用高斯克吕格投影,所以并不需要标注三北方向图。

60.【B】知识点:**地图表达方式设计**

出处:《测绘综合能力体系和题解(上、下册)》11.2.2

解析:运动线法是用矢量符号和不同宽度、颜色的条带表示现象移动的方向、路径和数量、质量特征,如洋流、资本输入等都适合运用动线法表示。

61.【B】知识点:**制图综合**

出处:《测绘综合能力体系和题解(上、下册)》11.3.1

解析:国界线无论在什么情况下,均不允许位移,省县级界线一般也不应位移,有时在不产生归属问题时,可适当移位;依附于其他要素的点跟随所依附的要素变动;独立地物与其他要素矛盾时,位移其他要素。

62.【D】知识点:**地图表达方式设计**

出处:《测绘综合能力体系和题解(上、下册)》11.2.2

解析:第三次全国土地调查是对土地利用状况进行调查,并制作地类调查专题图。主要运用质底法来表示地类,需要预先对土地按类别进行分类,体现了土地的质量特征。

63.【A】知识点:**地图设计基础**

出处:《测绘综合能力体系和题解(上、下册)》11.2.1

解析:制图区域在赤道附近时,由于赤道为标准纬线,变形较小,故一般选用正轴圆柱投影。

64.【B】知识点:**地图表达方式设计**

出处:《测绘综合能力体系和题解(上、下册)》11.2.2

解析:分层设色法是以颜色变化次序或色调深浅在等高线之间普染来表示地貌的方法,一般高程由低到高采用绿、黄、棕、紫等颜色表示。

65.【B】知识点:**地理信息系统的发展**

出处:《测绘综合能力体系和题解(上、下册)》12.1.2

解析:传统的GIS把高程与平面位置分别表示,一般采用格网属性表示,这样虽然记录了空间数据的三维坐标,却不是真三维数据结构,属于假三维格式。

66.【B】知识点:**空间数据压缩和转换**

出处:《测绘综合能力体系和题解(上、下册)》12.2.3

解析:栅格数据转化成矢量数据的步骤是二值化、平滑、细化、追踪、矢量提取。

67.【C】知识点:**空间关系**

出处:《测绘综合能力体系和题解(上、下册)》12.2.4

解析:空间变换时,属性保持不变的属性称为拓扑属性,如一个点在一个弧段的端点;一个弧段是简单弧段(弧段自身不相交);一个点在一个区域的边界上;一个点在一个区域的内部;一个点在区域的外部;一个点在一个环的内部;一个面是一个简单面(面上没有岛或环);点、线之间的关联性;多边形的邻接性等。选项C不属于拓扑属性。

68.【D】知识点:**系统需求分析**

出处:《测绘综合能力体系和题解(上、下册)》12.4.1

解析:需求规格说明书是在系统分析的基础上建立的自顶向下的任务分析模型,是联系需求分析与系统设计的桥梁,作为系统分析的技术文档提交,一旦审议通过即为与用户之间的合同。

69.【C】知识点:系统需求分析

出处:《测绘综合能力体系和题解(上、下册)》12.4.1

解析:需求调查内容有:调查用户概况、现状与问题,管理需求,应用需求,数据需求,安全需求,设备需求等。

70.【C】知识点:系统详细设计

出处:《测绘综合能力体系和题解(上、下册)》12.4.3

解析:GIS用户界面设计原则:易用性原则、规范性原则、帮助设施原则、合理性原则、美观协调原则、菜单位置合理原则、独特性原则、快捷方式组合原则、排错性考虑原则、多窗口应用与系统资源原则。

71.【B】知识点:系统总体设计

出处:《测绘综合能力体系和题解(上、下册)》12.4.2

解析:B/S模式相对于C/S模式的优点有:分布性,服务便捷;业务拓展简便;维护简单;开发简单。流量较大是B/S模式的缺点。

72.【C】知识点:系统总体设计

出处:《测绘综合能力体系和题解(上、下册)》12.4.2

解析:物理设计是将空间数据库逻辑结构模型在物理存储器上实现,导出地理数据库的存储模式。确定数据存储结构是在物理设计阶段设计完成。选项A、B是概念设计任务、选项D是逻辑设计阶段任务。

73.【A】知识点:空间数据结构

出处:《测绘综合能力体系和题解(上、下册)》12.2.2

解析:弦列是点的序列,一段无分支的线段。弧段是形成曲线点的轨迹。链是有方向无分支的线段或弧段。

74.【B】知识点:系统开发与集成

出处:《测绘综合能力体系和题解(上、下册)》12.5.1

解析:系统集成是将基于信息技术的资源以应用的方式集聚成一个协同工作的整体。

75.【D】知识点:GIS数据质量保证

出处:《测绘综合能力体系和题解(上、下册)》12.7.2

解析:基础地理信息数据是作为统一的空间定位框架和空间分析基础的地理信息数据,主要有控制点、水系、居民地及设施、交通、管线、境界与政区、地貌、植被与土质、地籍、地名、数字正射影像等自然和人文要素的位置、形态和属性。

76.【C】知识点:导航电子地图产品制作

出处:《测绘综合能力体系和题解(上、下册)》13.4

解析:在导航电子地图上,不得表示渡口的内部结构及属性。植被信息不得采集,但可表示;公开机场位置可以表示,但不得表示内部结构;隧道高度、宽度不得表示。

77.【A】知识点:导航电子地图产品设计

出处:《测绘综合能力体系和题解(上、下册)》13.2

解析：α 测试属于确认测试,由研发测试人员在开发环境下模拟实际操作,其目的是评价软件产品的功能、局域化、可使用性、可靠性、性能和支持。α 测试在编码结束时或者模块测试完成后开始。

78.【A】知识点：**导航电子地图产品设计**

出处：《测绘综合能力体系和题解(上、下册)》13.2

解析：采集制作标准要合理的表达要素类别和要素间的拓扑关系是导航功能实现的关键。

79.【A】知识点：**在线地理信息数据**

出处：《测绘综合能力体系和题解(上、下册)》14.2

解析：地图瓦片按树状结构组织命名,目录组织方式为数据集、数据层、数据行,文件名命名方式为列号。

80.【D】知识点：**在线地理信息数据**

出处：《测绘综合能力体系和题解(上、下册)》14.2

解析：公众版网络地理信息服务数据规定,空间位置精度不高于 50 m,等高距不小于 50 m,DEM 格网间距不小于 100 m,地面分辨率不优于 0.5 m,不标注涉密信息,不处理建筑物构筑物等固定设施。

二、多项选择题

81.【BCE】知识点：**传统控制网布设概述**

出处：《测绘综合能力体系和题解(上、下册)》3.7.1

解析：距离可以通过视距法采集,铅直线可以通过激光经纬仪拨垂直角获得,获得其他选项观测值需要知道已知数据。

82.【ABC】知识点：**CORS 概述**

出处：《测绘综合能力体系和题解(上、下册)》3.8.1

解析：区域基准站网作为区域实时定位的基础设施,可以提供的高级服务产品有实时载波相位差分数据、伪距差分数据、气象数据等。选项 D、E 属于国家级基准站提供的数据。

83.【ADE】知识点：**GNSS 接收机**

出处：《测绘综合能力体系和题解(上、下册)》3.9.4

解析：接收机通电检验,内部噪声水平测试是新购置和作业前都需要进行的必检内容,其他属于新购置接收机检校内容。

84.【DE】知识点：**海图制图综合**

出处：《测绘综合能力体系和题解(上、下册)》4.3.2

解析：航行障碍物主要包括选取、说明注记的表示、符号的图形转换和危险线形状的化简。孤立的障碍物必须选取,成片的按危险程度选取,取高舍低,取外围舍中间,取稀疏舍密集,取近航道舍近岸。应选取稀疏的,成片的可以适当概括,从航道安全考虑,不允许随意移位和合并。

85.【CDE】知识点：**贯通测量**

出处：《测绘综合能力体系和题解(上、下册)》5.9.5

解析：房屋施工时,基础放样工作主要有放样基槽开挖边线、控制基槽开挖深度、基层施工高程放样、放样基础模板位置等。

86.【AD】知识点:线路测量设计阶段的勘测

出处:《测绘综合能力体系和题解(上、下册)》5.7.2

解析:线路工程带状地形图测绘与普通地形图测绘方法基本相同,由于测区呈狭长状分布,宜采用导线形式布网,当导线过长时,需要有已知点进行检核。

87.【ABD】知识点:变形监测数据处理分析

出处:《测绘综合能力体系和题解(上、下册)》5.12.4

解析:几何分析是为了确定变形量的大小、方向及变化所做的数据分析工作。物理解释是为了确定变形体的变形和变形原因之间的关系,解释变形原因。题目问的是哪些选项属于几何分析工作,除了选项 C、E 是物理解释工作外,其他都属于几何数据分析。

88.【AD】知识点:工程测量仪器和方法

出处:《测绘综合能力体系和题解(上、下册)》5.1.2

解析:2″级仪器指一测回水平方向标称中误差为 2″ 的测角仪器。

89.【ABD】知识点:房产要素测绘

出处:《测绘综合能力体系和题解(上、下册)》6.3.2

解析:水塘、站台、游泳池依边线测绘,内加简注。

90.【BE】知识点:地籍测绘概述

出处:《测绘综合能力体系和题解(上、下册)》7.1

解析:TD/T 1001—2012《地籍调查规程》把原地籍调查的分类初始地籍调查和变更地籍调查改为地籍总调查和日常地籍调查。

91.【AE】知识点:边界测绘要求

出处:《测绘综合能力体系和题解(上、下册)》8.3

解析:行政区界线测绘实际上是一种行政区界线专题地形图,其主要内容有地形图数据和边界专题数据。边界线地形图一般采用带状地形图编绘产生,使用已有的基础控制点作为控制测量数据。

92.【ADE】知识点:航空摄影新技术应用

出处:《测绘综合能力体系和题解(上、下册)》9.4.3

解析:与传统航空摄影测量技术相比,机载三维机载激光扫描技术具有直接快速获取三维空间数据、数据处理自动化程度高、作业速度快、外业工作省、测量精度高、作业成本低、实时性强、主动性强、全天候作业等特点。

93.【CDE】知识点:影像定位

出处:《测绘综合能力体系和题解(上、下册)》10.2.2

解析:立体测量定向建模指的是求得立体像对的外方位元素,即摄影瞬间摄影中心的空间位置和姿态,可以经地面控制点平差解算获得,或 POS 系统直接测量得到。选项 A 用于单像的外方位元素获取,一般无法构建立体像对;选项 B 不是外方位元素获取方法。

94.【BCE】知识点:空三测量实施

出处:《测绘综合能力体系和题解(上、下册)》10.6.3

解析:光束法空中三角测量是最严密的一种平差方法,能最方便地顾及影像系统误差的影响,便于引入非摄影测量附加观测值,还可严密地处理非常规摄影以及非量测相机的影像数据。

95.【AB】知识点:影像调绘

出处:《测绘综合能力体系和题解(上、下册)》10.5.1

解析:像片调绘可采用全野外调绘法或室内外综合调绘法。目前大多采用先室内判绘,后野外检查补绘的办法来完成。

96.【AB】知识点:地图语言

出处:《测绘综合能力体系和题解(上、下册)》11.1.2

解析:色彩三要素指色相、亮度、饱和度。色相又叫色别,是色彩的主要要素,制图时主要表示地图要素的质量因素。亮度又叫明度,是指颜色的明暗度,制图时主要表示地图要素的数量和重要度。饱和度又叫纯度,是指颜色的浓淡,制图时主要表示地图要素的数量和重要度。

97.【ABCD】知识点:制图综合

出处:《测绘综合能力体系和题解(上、下册)》11.3.1

解析:地图数据繁杂,需要对之进行概括和取舍。制图综合就是根据地图的用途、比例尺和制图区域的地理特征,根据收集的制图资料选择主要的、本质的要素,把基本的、典型的图形轮廓以及特点概括地表示在地图上的方法。

98.【BD】知识点:地理信息系统概述

出处:《测绘综合能力体系和题解(上、下册)》12.1

解析:GIS和CAD系统的共同特点是两者都有空间坐标,都能把目标和参考系统联系起来,都能描述图形数据的拓扑关系,都能处理非图形属性数据。CAD一般采用几何坐标系,而GIS一般采用大地坐标。

99.【BDE】知识点:空间数据库模式的建立

出处:《测绘综合能力体系和题解(上、下册)》12.6.1

解析:文件与关系数据库混合管理系统。一般用文件管理空间数据,用关系数据库管理属性数据。全关系型空间数据库的图形数据和属性数据都用某一关系数据库系统管理。对象—关系型空间数据库将复杂的数据类型作为对象引入关系数据库中,并在空间数据之上增加空间数据引擎(SDE)实现对空间数据和属性数据的一体化管理。

100.【CDE】知识点:在线地理信息数据

出处:《测绘综合能力体系和题解(上、下册)》14.2

解析:以源数据为基础整合形成地理实体数据、地名地址数据、电子地图数据。

16.2 仿真模拟测试卷及解析(二)

16.2.1　仿真试题

一、单项选择题(共80题,每题1分。每题的备选项中,只有1个最符合题意)

1. 2000国家大地坐标系的 Z 轴由原点指向历元2000地球参考级方向, X 轴由原点指向

( ),Y 轴与 Z 轴、X 轴正交。

    A. 过西安大地原点的子午线   B. 本初子午线

    C. 西经 180°   D. 东经 114°子午线

2. 与当地大地水准面有最佳拟合的是( )。

    A. 总地球椭球   B. 参考椭球   C. 正常椭球   D. 水准椭球

3. 往返丈量直线 AB，长度值为 $D_{AB}=126.72\,\mathrm{m}$，$D_{BA}=126.76\,\mathrm{m}$，则该直线的边长相对中误差为( )。

    A. 1/3 100   B. 0.000 315 6   C. 0.000 220 9   D. 1/4 500

4. 时间系统由时刻标准和频率标准组成，以下时间系统的频率标准和目前通用频率标准 TAI 相同的是( )。

    A. 世界时(UT)   B. 历书时(ET)   C. 力学时(DT)   D. 协调时(UTC)

5. 以下关于水准面的描述不正确的是( )。

    A. 假设水准面互相平行是几何水准高差累积计算的条件

    B. 水准面有无数个，并且不平行，但在海面上重合

    C. 不同水准测站之间的水准面不同

    D. 同一水准面上各点的重力值不一定相等

6. 以下大地坐标系统归算项目中，属于坐标归算的是( )。

    A. 高斯反算   B. 大地主题反算   C. 垂线偏差改正   D. 两化改正

7. 以下 GPS 定位方式中精度最高的是( )。

    A. 伪距定位   B. 全球实时 GPS 系统

    C. 实时动态差分定位   D. 载波相位静态相对定位

8. 下列定位模式中，需要进行模糊度解算的是( )。

    A. 机载 LIDAR   B. P 码伪距定位

    C. 载波相位三差观测值定位   D. 动态载波相位差分定位

9. 现行规范规定，D 级 GNSS 网( )不得小于 1.6。

    A. 总时段数   B. 同步环数   C. 每点平均设站数   D. 最简异步环数

10. 三角测量数据处理时，费列罗公式 $(m=\sqrt{[ww]/3n})$ 用于( )。

    A. 测角中误差计算   B. 三角形闭合差计算

    C. 闭合差限差计算   D. 角度改正数计算

11. 观测水平角时，当观测方向大于 3 个时，应采取( )观测。

    A. 全组合观测法   B. 方向观测法   C. 全圆观测法   D. 分组观测法

12. 组合法确定似大地水准面，实质是利用( )计算的似大地水准面对重力似大地水准面进行拟合纠正。

    A. 重力场模型   B. 重力资料   C. GNSS 水准   D. DEM 数据

13. 在进行各级似大地水准面精化时，数字高程模型应使用精度不低于国家 1:( )比例尺数字高程模型的数据。

    A. 5 000   B. 10 000   C. 25 000   D. 50 000

14. 远离大陆的岛礁无法与青岛高程基准联测，采用的深度基准是( )。

A. 大潮平均低潮面 B. 实测最低潮面　　　 C. 理论最低潮面　　　 D. 当地平均海面

15. 在海底,当负声速梯度时,声线传播方向( )。

　　A. 弯向海面　　　　 B. 直线传播　　　　 C. 弯向海底　　　　 D. 随机传播

16. 某海区一干出礁干出高度为 4.00 m,已知该干出礁的高程为 3.50 m,则该海区的深度基准面高程为( )。

　　A. 0 m　　　　　　 B. 0.5 m　　　　　 C. −0.5 m　　　　 D. 条件不足,无法计算

17. 海底地形图制图区域位于远海时深度基准采用( )作为基准。

　　A. 理论最低潮面　　 B. 吴淞零点　　　　 C. 当地平均海面　　 D. 原始资料基准

18. 下列关于施工控制网的说法中,错误的是( )。

　　A. 控制网的大小、形状应与工程相适应

　　B. 控制网的点位分布与工程局部测量精度要求有关

　　C. 投影面的选择应满足"控制点设计高程与实地高程之差应尽可能的小"的要求

　　D. 施工控制网一般不具备多余的约束条件

19. 工程测量平面控制网的坐标系统,应在满足测区( )要求进行高程面投影。

　　A. 长度变形　　　　 B. 角度变形　　　　 C. 方向变形　　　　 D. 面积变形

20. 工程测量规范里所指的三角形网不包括( )。

　　A. 测边网　　　　　 B. 三角网　　　　　 C. 边角网　　　　　 D. GPS 三边同步环

21. 对某河道进行 1:500 比例尺地形图水深测量,中测事务某测量组在河道相应位置布设了断面,断面间距和断点间距都设为 8 m,则( )。

　　A. 断面间距和断点间距布设都符合规范规定

　　B. 断面间距布设符合规范规定,断点间距不符合规定

　　C. 断点间距布设符合规范规定,断面间距不符合规定

　　D. 断面间距和断点间距布设都不符合规范规定

22. 以下中线测量方法中,容易控制误差累积的是( )。

　　A. 拨角法　　　　　 B. 支距法　　　　　 C. 极坐标法　　　　 D. RTK 法

23. 规划中线不能通视时,可采用( )实定轴线。

　　A. 外分点法　　　　 B. 距离交会法　　　 C. RTK 直接坐标法 D. 后处理法

24. 在超高层建筑物的施工测量中,进行建筑物主体日周期摆动测量的作用不包括( )。

　　A. 进行轴线投点改正　　　　　　　　 B. 提高轴线投点精度

　　C. 统计分析变形原因　　　　　　　　 D. 为建筑物设计提供数据

25. 按现行的《工程测量规范》,隧道两开挖洞口间长度为 5 km,则洞外控制测量对隧道横向贯通中误差影响值的限值是( )mm。

　　A. 25　　　　　　　 B. 35　　　　　　　 C. 50　　　　　　　 D. 100

26. 对于大型掘进机施工的长距离隧道宜采用的方位引导测量设备不包括( )。

　　A. 激光经纬仪　　　 B. 地磁导向仪　　　 C. 激光导向仪　　　 D. 陀螺经纬仪

27. 线路竣工测量的主要目的是( )。

　　A. 确定土石方量与设计量核对　　　　 B. 确定中线位置作为铺轨依据

　　C. 检核断链,监测成本变化　　　　　 D. 确定线路位置筹备开挖

28. 高精度测量的精度能达到亚毫米级,以下( )不属于精密测量领域测量工作。

  A. 设备形位检测 B. 设备性能检测 C. 设备安装测设 D. 设备位置检测

29. 房产变更测量成果中房产图集的内容不包括( )。

  A. 分层分户平面图 B. 测量草图 C. 房产证附图 D. 分幅索引图

30. 房产用地草图制作完成后应整理归档( )。

  A. 并应附于房产证后

  B. 并应附于用地调查表后

  C. 并应附于房产登记簿上

  D. 作为原始记录存档外不需要附在其他资料

31. 某公园内一个以柱子外围投影测量,占地 30 m² 的独立亭建筑面积为( )。

  A. 0   B. 15   C. 30   D. 不确定

32. 独立成幢房屋以房屋墙体( )为界测量。

  A. 外侧   B. 中线   C. 内侧   D. 勒角

33. 地籍测绘是土地管理的定量工作,( )是定性工作。

  A. 用地调查   B. 地籍调查   C. 土地权属调查 D. 房屋调查

34. 地籍调查和土地勘测定界的区别错误的是( )。

  A. 委托单位不同,前者委托单位为土地权利人,后者为土地管理部门

  B. 测量用途不同,前者用于土地权益登记,后者主要用于供地定量

  C. 成果内容不同

  D. 测绘分类不同,前者属于不动产测量,后者属于规划测量

35. 宗地内如有几个土地利用类别时,以( )符号标出分界线,分别标注利用类别。

  A. 地类界   B. 田坎线   C. 单实线   D. 界址线

36. 对界址未发生变更的宗地进行日常地籍调查,如不需要实地调查,在地籍调查表上注记( ),并填写新的地籍调查表。

  A. 未变   B. 变更   C. 作废   D. 待测

37. 按地籍调查规程规定,明显界址点相对于邻近控制点的点位中误差不得大于( )cm。

  A. ±3   B. ±5   C. ±7.5   D. ±10

38. ( )起到了地籍管理基础建设的作用。

  A. 地籍总调查 B. 地籍面积统计 C. 土地界址确认 D. 日常变更调查

39. 边界测量时,界桩平面测量方法中不适于采用( )方法测量。

  A. GNSS   B. 交会   C. 正交   D. 导线

40. ( )是边界协议书的核心内容。

  A. 边界情况说明   B. 边界线走向说明

  C. 边界协议书附图元数据   D. 边界点位置说明

41. 进行航空摄影时,航向重叠为 65%,现对航高为 1 000 m,航摄基准面高程为 100 m,假设航摄条件都不变,测区最高点高程为( )m 时,相邻两张像片在最高点上重叠度为 50%。

  A. 428   B. 528   C. 650   D. 750

42. 若像幅为 23 cm×23 cm,采用单航线布网,航向重叠度为 63％,则一个模型中三度重叠带的影像面积为( )cm²。

    A. 2.99　　　　　　B. 5.98　　　　　　C. 68.77　　　　　　D. 137.54

43. 在遥感领域,InSAR 指的是( )

    A. 合成孔径雷达　　　　　　　　　B. 干涉合成孔径雷达

    C. 激光雷达　　　　　　　　　　　D. 差分合成孔径雷达干涉测量

44. 下列摄影仪属于常规胶片式摄影仪的是( )。

    A. ALS60　　　　　B. ADS80　　　　　C. UCWA　　　　　D. RMK-TOP

45. 解析摄影测量采用( )投影方式,技术上取得了突破,代替了模拟摄影测量。

    A. 模拟　　　　　　B. 物理　　　　　　C. 光学　　　　　　D. 数字

46. 在空中三角测量的绝对定向阶段,需要的已知数据是( )。

    A. DEM　　　　　　B. 外方位元素　　　C. 航摄比例尺　　　D. 像控点数据

47. 遥感影像分类的理论基础是遥感图像像素的( )。

    A. 相似度　　　　　B. 大小尺寸　　　　C. 分类模式　　　　D. 色彩

48. 遥感器探测阵列单元的尺寸决定了遥感构像的( )。

    A. 频率分辨率　　　B. 时间分辨率　　　C. 辐射分辨率　　　D. 空间分辨率

49. 以下最适宜作为平高像控点选点位置的是( )。

    A. 山坡小路交叉处　　　　　　　　B. 明显的悬崖凸角

    C. 水田中的小路交叉处　　　　　　D. 长江和湘江交汇处

50. 航空摄影空三加密过程中,影像内定向以( )衡量其精度。

    A. 框标坐标残差　　B. 公共点较差　　　C. 定向点残余　　　D. 检查点较差

51. 数字高程模型制作一般不采用( )方法。

    A. 航空摄影测量　　　　　　　　　B. 地形图扫描矢量化

    C. 空间传感器　　　　　　　　　　D. 数字线划图缩编

52. 传统方法制作的正射影像与真正射影像的区别是存在( )。

    A. 投影差　　　　　B. 地面起伏　　　　C. 畸变差　　　　　D. 色差

53. 在基础 DEM 的各种制作流程中,( )步骤不是必须进行的。

    A. 特征点野外采集　B. 格网点编辑　　　C. 内插计算　　　　D. 图幅裁切

54. 存储正射影像图可以选用的格式是( )。

    A. TIFF　　　　　　B. BMP　　　　　　C. GeoTIFF　　　　D. JPG

55. 用于计算平地像控点正常高的似大地水准面模型,1：500 成图比例尺时,高程精度应为( )m。

    A. 0.01　　　　　　B. 0.03　　　　　　C. 0.05　　　　　　D. 0.1

56. 固定翼无人机起降场地半径( )m 以内不得有高压线、高层建筑物等。

    A. 100　　　　　　B. 200　　　　　　C. 500　　　　　　D. 1 000

57. 着重表达地面起伏分布特征和水系形态特征的地图叫( )。

    A. 地形图　　　　　B. 地质图　　　　　C. 地理图　　　　　D. 地势图

58. 专题地图表示方法选择时,对模糊线状要素一般采用( )表示。

    A. 线符号法　　　　B. 动线法　　　　C. 等值线法　　　　D. 定位图表法

59. 用不同的面状符号来表示各省人口密度,应采用(　　)作为专题地图表示方法。

    A. 质地法　　　　B. 分级统计图表法　　C. 分区统计图表法　　D. 等值线法

60. 湖泊密集成群需要制图综合时,不可以(　　)。

    A. 舍去　　　　　　B. 化简　　　　　　C. 选取　　　　　　D. 合并

61. 以下地图符号中,属于独立微地貌符号的是(　　)。

    A. 河堤　　　　　　B. 山谷线　　　　　C. 冲积平原　　　　D. 火山口

62. 地形图印刷中一般采用青、品红、黄三原色,另外加上纯黑四色印刷,其中采用黑色的原因是(　　)。

    A. 青、品红、黄三原色无法合出黑色,必须另外加黑色补充

    B. 青、品红、黄色料无法合出高纯度黑色,必须另外加黑色补充

    C. 黑色用来调制其他颜色的明暗,必须另外补充

    D. 三原色相加是白色,必须另外加黑色补充

63. 收集并分析制图资料,是地图制图的基础性工作,其中参考资料主要(　　)。

    A. 用于制作地图底图　　　　　　　　B. 用于制图评估和分级分类的参考

    C. 用于提高基本资料的完备性　　　　D. 用于制作图幅整饰要素

64. 制图矛盾时,正确的处理方式是(　　)。

    A. 点点冲突,移动低层次点状要素　　　B. 点线冲突,移动点状要素

    C. 线面冲突,隐去线状要素　　　　　　D. 线线冲突,移动低层次线状要素

65. 作为地理信息的载体,(　　)强调图形信息传输媒介功能。

    A. 地图　　　　　　　　　　　　　　B. 地理数据存储系统

    C. GIS　　　　　　　　　　　　　　D. 数据库

66. 把栅格数据、矢量数据、DEM 进行叠加用于辅助决策,对于数据属性的获取,应以(　　)为主。

    A. 栅格数据　　　B. 矢量数据　　　C. DEM 数据　　　D. 三者都可

67. 湖泊和河流周围保护区的定界可采用(　　)。

    A. 空间聚类　　　B. 统计分析　　　C. 叠置分析　　　D. 缓冲区分析

68. 需求规格说明书是需求分析的重要成果,下列说法中不正确的是(　　)。

    A. 需求规格说明书是在系统设计的基础上建立的任务分析模型

    B. 需求规格说明书是系统设计的基础文件

    C. 需求规格说明书必须得到用户的确认

    D. 需求规格说明书的原始材料是需求调查

69. 系统详细设计时,需要做以下中的(　　)工作。

    A. 用选定算法编写模块　　　　　　　B. 对每个类进行检查和测试

    C. 根据接口规划配置代码　　　　　　D. 描述模块流程逻辑

70. 下列关于空间数据属性数据入库的说法中,错误的是(　　)。

    A. 数据库表中的属性值可再分　　　　B. 数据库表中的记录可再添加

    C. 数据库表中的字段可再添加　　　　D. 数据库中的表可再添加

71. 逻辑设计将地理信息转换为 DBMS 可处理的逻辑结构,其内容不包括(　　)。

A. 确定表项记录关系　　　　　　　　B. 确定数据索引方法

C. 确定数据项、记录联系　　　　　　D. 重建数据模型

72. 在 GIS 应用数据库中,空间数据操作库的作用主要是用于(　　)。

A. 存储现势数据　　　　　　　　　　B. 作为数据缓冲库

C. 存储空间相对位置关系　　　　　　D. 作为对外显示数据库

73. 确定部分要求,经用户试用进行修改补充的系统分析方法是(　　)。

A. 结构模型法　　B. 原型法　　　C. 生命周期法　　　D. 瀑布流法

74. 在 ArcGIS 软件家族中,(　　)是一个全功能的 GIS 产品。

A. ArcMap　　　B. ArcInfo　　　C. ArcEditor　　　D. ArcView

75. 以下对于软件质量管理控制的措施,不正确的是(　　)。

A. 开发中每一步执行情况要有文件记录　B. 重要的测试工作都有用户监督

C. 每一单元要进行单元测试　　　　　D. 定期开展整个系统的测试

76. 根据相关规定,导航电子地图生产时,可以采集(　　)数据。

A. 植被和土地覆盖信息　　　　　　　B. 给水管

C. 重要渡口　　　　　　　　　　　　D. 县域界桩点

77. 利用高现势性的城市大比例尺地形图生产车载导航电子地图,外业调查时一般不需要(　　)。

A. 手持相机拍摄　　　　　　　　　　B. 草图绘制

C. 坐标采集　　　　　　　　　　　　D. 图形编号

78. 在线地理信息系统的建设中,(　　)内容可以采取众包模式采集。

A. 注记数据　　　B. 影像数据　　　C. 导航数据　　　D. DLG 数据

79. 在线地理信息服务系统应使用统一的服务接口规范,如网络地图服务规范(　　)。

A. wfs　　　　　B. wms　　　　　C. wps　　　　　D. csw

80. 安装有车载导航系统的汽车进入隧道后,在弯道依然能正常导航,这是依赖导航系统的(　　)功能。

A. GNSS 定位　　B. 陀螺仪定向　　C. 车速传感器　　D. 定姿系统

二、多项选择题(共 20 题,每题 2 分。每题的备选项中,有 2 个或 2 个以上符合题意,至少有 1 个错项。错选,本题不得分;少选,所选的每个选项得 0.5 分)

81. 大地坐标框架通过(　　)来体现。

A. 测量标志　　　　　　　　B. 测量方法　　　　　　　　C. 控制点坐标

D. 椭球参数　　　　　　　　E. 坐标系参数

82. 高斯投影属于正形投影,保证了投影的(　　)。

A. 角度不变形　　　　　　　B. 长度不变形　　　　　　　C. 图形相似性

D. 面积不变形　　　　　　　E. 周长不变

83. GNSS 动态连续运行基准站网的数据管理系统需要具备(　　)。

A. 自动化管理能力　　　　　B. 双机冗余备份能力　　　　C. 可靠地数据分析能力

D. 自动报警能力　　　　　　E. 数据存储能力

84. 下列关于墨卡托投影说法正确的有( )。

A. 投影后经线和纬线为正交的两组平行直线

B. 墨卡托投影是等角投影,但存在长度变形

C. 墨卡托投影长度变形与位置和方向有关

D. 等角航线在投影平面上为直线

E. 墨卡托投影在标准纬线上无长度变形,离标准纬线越远,变形越大

85. 线路圆曲线测设时需要测设主点位置,主点指的是( )。

A. 切点　　　　　　　　B. 圆缓点　　　　　　　　C. 直圆点

D. 圆心　　　　　　　　E. 中点

86. 桥梁控制网的精度确定,主要应考虑( )等因素。

A. 满足控制网与周边测图控制网协调要求

B. 满足控制网各方向精度统一要求

C. 满足桥轴线长度测量精度要求

D. 满足墩台中心定位精度要求

E. 满足桥梁变形监测观测位置要求

87. 建筑施工基坑监测的工作主要包含( )等。

A. 上层结构垂直监测　　　B. 支护边坡监测　　　　C. ±0面监测

D. 地下水位监测　　　　　E. 地基土分层监测

88. 根据《工程测量规范》,水域地形类别的划分包括( )。

A. 河沟　　　　　　　　B. 平地　　　　　　　　C. 丘陵

D. 山地　　　　　　　　E. 高山地

89. 下列关于房屋层的信息中,不能在房产分幅平面图上直接得到的数据有( )。

A. 层高　　　　　　　　B. 层次　　　　　　　　C. 总层数

D. 地下层数　　　　　　E. 房屋高度

90. 进行地籍面积汇总统计时,面积计算与汇总的结果均以表格的形式提供,报表类型包括( )。

A. 控制点成果表　　　　B. 界址点成果表　　　　C. 宗地面积计算表

D. 建筑面积汇总表　　　E. 地类面积统计表

91. 边界走向说明是边界协议书上对界线走向的文字描述,以下不是它的描述内容的有( )。

A. 界桩材质　　　　　　B. 界线上地形　　　　　C. 界桩间界线长度

D. 界线延伸长度　　　　E. 界线的坐标方位角

92. 下列关于固定翼无人机相对于多旋翼无人机缺点的说法中,正确的有( )。

A. 飞行距离较短　　　　B. 飞行高度低　　　　　C. 不能连续获取某处影像

D. 成本较高　　　　　　E. 操作难度较大

93. 影像微分纠正是收集像片的( )等资料,对像元进行逐点重采样纠正像点位移的工作。

A. 内方位元素　　　　　B. DEM　　　　　　　　C. 同名像点坐标

D. 外方位元素　　　　　　　E. 航摄比例尺

94. LIDAR 指的是在航空平台上,集成( )构成的综合系统。

A. 微波雷达　　　　　　　B. POS　　　　　　　C. 高光谱传感器

D. CCD　　　　　　　　　E. 控制系统

95. 遥感图像的几何特征可以用( )来表示。

A. 地面分辨率　　　　　　B. 辐射分辨率　　　　C. 影像分辨率

D. 空间分辨率　　　　　　E. 光谱分辨率

96. 假设某独立地物(A)符号的颜色为绿色,某面状符号(B)颜色同该独立地物,面状符号(C)颜色为红色,则当 A 与其他要素矛盾时,以下说法中正确的有( )。

A. A 可以直接压盖 B　　　　　　　　　　B. A 可以直接压盖 C

C. 如 A 类符号过多,可以考虑删除 A,使与 B、C 不矛盾

D. 移位 A,使与 B、C 不矛盾　　　　　　E. 化简 A,使与 B、C 不矛盾

97. 下列关于表达特征,属于电子地图具有的特点的有( )。

A. 多媒体表达　　　　　　B. 多维化表达　　　　C. 全要素表达

D. 多尺度表达　　　　　　E. 高精度表达

98. 以下软件中,( )与 GIS 软件系统构成部分无关。

A. SuperMap　　　　　　B. CoreldrawX7　　　　C. Win7

D. MySQL　　　　　　　E. AutoCAD

99. 模块体系设计时,需要具体给出模块的物理实现内容包括( )。

A. 组件　　　　　　　　　B. 代码注释　　　　　C. 动态链接库

D. 程序行数　　　　　　　E. 功能效果

100. 以下内容中,属于导航电子地图产品设计内容的有( )。

A. 分析资源配置　　　　　B. 设计各项工具　　　C. 设计产品开发范围

D. 设计工艺流程　　　　　E. 设计产品关键节点

16.2.2　答案及解析

一、单项选择题

1.【B】知识点:常见坐标系统

出处:《测绘综合能力体系和题解(上、下册)》3.2.4

解析:2000 国家大地坐标系:Z 轴由原点指向历元 2000 地球参考级方向,X 轴由原点指向格林尼治参考子午线与地球赤道面(历元 2000.0)的交点,Y 轴与 Z、X 轴构成右手坐标系。

2.【B】知识点:坐标系统

出处:《测绘综合能力体系和题解(上、下册)》3.2.3

解析:同当地大地水准面最佳拟合的叫参考椭球,与全球大地水准面最佳拟合的是总地球椭球。设旋转椭球与实际地球质量相等,并与地球一起旋转,称为正常椭球,为了便于应用把水准椭球作为正常椭球,即大地水准面的规则形状。如果从几何和物理两方面考虑,可以把总地球椭球看做最密合于大地体的正常椭球。

3.【D】知识点:精度指标

出处:《测绘综合能力体系和题解(上、下册)》2.1.2

解析:此题要注意两次测量中数相对中误差和两次测量较差相对误差的区别。该直线两次丈量较差等于 0.04 m,读数平均值的中误差为 $0.04/\sqrt{2}=0.028$,两次丈量相对误差的分母为 $126.74/0.04=3\,168$,边长相对中误差为 $126.74/0.028=4\,526$。

4.**【D】** 知识点:**时间系统与框架**

出处:《测绘综合能力体系和题解(上、下册)》3.2.2

解析:国际时间局 BIH 综合了世界各地原子钟数据,最后确定的原子时称为国际原子时 TAI,这是目前所用的时间频率标准,选项 D 属于原子时。

5.**【B】** 知识点:**地球形状**

出处:《测绘综合能力体系和题解(上、下册)》3.3.1

解析:水准面有无数个,并且不平行,由于不同水准面之间存在位差,故在海面上也不会重合。其他选项都正确。其中选项 D,同一水准面上各点的重力位相等,而不是重力值。

6.**【A】** 知识点:**高斯平面归算**

出处:《测绘综合能力体系和题解(上、下册)》3.5.3

解析:高斯反算是将高斯平面坐标换算至大地坐标,是坐标之间的换算。大地主题反算是将大地坐标换算至大地方位角和大地线,垂线偏差改正是方向值改算,两化改正是距离改算。故选 A。

7.**【D】** 知识点:**GPS 定位**

出处:《测绘综合能力体系和题解(上、下册)》3.6.3

解析:载波相位差分的精度比伪距定位要高;全球实时 GPS 系统收集全球建立的基准站网数据处理得到差分改正数传送到卫星,并发送给全球用户进行差分;实时动态差分定位即 RTK 技术,能达到实时厘米级定位精度,载波相位静态相对定位由于观测时间长,大部分误差可以消除,精度最高。

8.**【D】** 知识点:**GPS 定位**

出处:《测绘综合能力体系和题解(上、下册)》3.6.3

解析:载波相位定位需要解求整周未知数,也称整周模糊度,计算距离的关键是求整周未知数。伪距定位和 LIDAR 不需要解算整周模糊度,三差观测值则是在计算过程中消去了整周模糊度。

9.**【C】** 知识点:**GNSS 控制网设计**

出处:《测绘综合能力体系和题解(上、下册)》3.9.2

解析:平均每点时段数,也叫平均每点重复设站数,即控制网总设站数与需设站点数之商,值越大表示多余观测量越多,控制网越可靠。

10.**【A】** 知识点:**三角网**

出处:《测绘综合能力体系和题解(上、下册)》3.7.3

解析:已知三角形闭合差估算测角中误差用菲列罗公式:$m=\sqrt{[ww]/3n}$,m 为三角形测角中误差估值,w 为三角形闭合差,n 为三角形个数。

11.**【C】** 知识点:**水平角测量**

出处:《测绘综合能力体系和题解(上、下册)》3.7.4

解析:当观测方向数大于3(包括零方向)时应采用全圆方向观测法。即在上半测回观测结束后再观测一次零方向。

12.【C】知识点:**似大地水准面精化设计**

出处:《测绘综合能力体系和题解(上、下册)》3.12.1

解析:通过重力似大地水准面中内插的高程异常控制点与GNSS水准测量得到的高程异常控制点进行拟合纠正,求得最终似大地水准面。

13.【D】知识点:**似大地水准面精化流程**

出处:《测绘综合能力体系和题解(上、下册)》3.12.2

解析:在进行各级似大地水准面精化时,DEM应使用精度不低于国家1∶5万比例尺DEM精度要求,其格网间距不大于25 m×25 m。

14.【C】知识点:**海洋测绘基准**

出处:《测绘综合能力体系和题解(上、下册)》4.1.1

解析:深度基准面与是否远离大陆无关,远离大陆的岛礁的高程基准采取当地平均海平面,深度基准面采用理论最低潮面。

15.【C】知识点:**水文观测**

出处:《测绘综合能力体系和题解(上、下册)》4.2.4

解析:声波穿过不同的水层产生折射和反射现象,折射后的声线向声速减小的方向弯曲,正梯度时,声线弯向海面;负梯度时,声线弯向海底。

16.【C】知识点:**海岸地形测量**

出处:《测绘综合能力体系和题解(上、下册)》4.2.8

解析:干出礁的注记为其干出高度,即以深度基准面为准的高度,而高程的起算面是大地水准面,由本题可知该海区的理论最低潮面比大地水准面低0.5 m,故选C。

17.【D】知识点:**海底地形图制作**

出处:《测绘综合能力体系和题解(上、下册)》4.3.4

解析:海底地形图的深度基准在中国沿海采用理论最低潮面,远海及外国海区采用原始资料基准。

18.【C】知识点:**工程控制测量概述**

出处:《测绘综合能力体系和题解(上、下册)》5.2.1

解析:施工控制网的外业采集和内业处理在不同基准面上,需要控制长度变形,一般来说长度变形要求不大于1/4万,超出这个值就要进行抵偿投影面的选择来抵消变形,而高程数据统一在一个基准内,不存在这个问题,故选C。

19.【A】知识点:**工程控制网设计**

出处:《测绘综合能力体系和题解(上、下册)》5.2.2

解析:工程测量平面控制网的坐标系统应满足测区按坐标反算的边长值与实际边长变形值不大于2.5 cm/km的要求。

20.【D】知识点:**工程控制网施测**

出处:《测绘综合能力体系和题解(上、下册)》5.2.3

解析:三角形网与传统三角网不同,三角形网是从网型上而言,一般是边角同测网,包括双三角形网、大地四边形网等网型。

21.【B】知识点:工程测图技术设计

出处:《测绘综合能力体系和题解(上、下册)》5.3.2

解析:1:500 比例尺地形图的河道断面间距应不大于 10 m,断点间距应不大于 5 m。

22.【D】知识点:工程测图实施方法

出处:《测绘综合能力体系和题解(上、下册)》5.3.3

解析:采用 GNSS-RTK 法可以直接获得满足精度要求的坐标数据,不需要布设图根点,不受控制点误差影响,测量方便快捷。

23.【C】知识点:规划定线与拨地测量

出处:《测绘综合能力体系和题解(上、下册)》5.4.2

解析:规划中线不通视时可用平行移轴法或 RTK 直接坐标法实定轴线。

24.【D】知识点:高层建筑施工实施

出处:《测绘综合能力体系和题解(上、下册)》5.5.2

解析:建筑物主体日周期摆动测量的目的是对建筑物日内的周期性变形进行观测和分析,计算投点改正,以此提高轴线投点精度。建筑物主体日周期摆动测量是施工测量阶段的工作,并不是设计阶段的工作,所以选 D。

25.【B】知识点:线路测量设计阶段的勘测

出处:《测绘综合能力体系和题解(上、下册)》5.7.2

解析:隧道在 4~8 km 之间,规范规定隧道洞外控制测量对隧道贯通影响的横向中误差应不大于 35 mm。

开挖洞口间长度/km	横向中误差/mm				高程中误差/mm	
	洞外控制	洞内控制		联系测量	洞外	洞内
		无竖井	有竖井			
公式	$\sigma\sqrt{1/4}$	$\sigma\sqrt{3/4}$	$\sigma\sqrt{2/4}$	$\sigma\sqrt{1/4}$	$\sigma\sqrt{1/2}$	$\sigma\sqrt{1/2}$
$L<4$	25	45	35	25	25	25
$4\leq L<8$	35	65	55	35		
$8\leq L<10$	50	85	70	50		

26.【B】知识点:隧道施工测量

出处:《测绘综合能力体系和题解(上、下册)》5.9.2

解析:对于大型掘进机施工的长距离隧道宜采用激光经纬仪、激光导向仪、陀螺经纬仪定期检核方位。

27.【B】知识点:竣工测量内容

出处:《测绘综合能力体系和题解(上、下册)》5.11.2

解析:线路竣工测量是在路基土石方工程完工之后,铺轨工作之前进行,目的是最后确定中线位置作为铺轨依据,检查路基施工质量是否符合设计要求。

28.【B】知识点:精密测量设计和实施

出处：《测绘综合能力体系和题解(上、下册)》5.13.2

解析：设备安装阶段的精密测量工作有：

(1)在工业设备安装时，要将设备按规定精度和工艺流程安置到设计位置；

(2)在工业设备检修时，要对设备位置进行检测；

(3)在工业生产过程中，检测生产部件外形，以校核与设计外形差别。

29.**【D】知识点：房产变更测量**

出处：《测绘综合能力体系和题解(上、下册)》6.6

解析：房产图集包括分幅、分丘、分层分户平面图，房产证附图，房屋测量草图，用地测量草图等。变更测量不需要分幅索引图。

30.**【D】知识点：房产要素测绘**

出处：《测绘综合能力体系和题解(上、下册)》6.3.2

解析：房产用地草图和宗地草图作用不同，只需作为原始记录存档备份。

31.**【A】知识点：面积计算原则**

出处：《测绘综合能力体系和题解(上、下册)》6.4.2

解析：独立亭四周没有明确围护物，单独存在时其功能作为房屋不完整。故规范载明独立亭不计算建筑面积。

32.**【A】知识点：分丘图**

出处：《测绘综合能力体系和题解(上、下册)》6.5.2

解析：测量本丘与邻丘毗连墙体时，共有墙以墙体中间为界，量至墙体厚度的1/2处；借墙量至墙体的内侧；自有墙量至墙体外侧并用相应符号表示。独立成幢房屋，以房屋四面墙体外侧为界测量。

33.**【C】知识点：地籍测绘概述**

出处：《测绘综合能力体系和题解(上、下册)》7.1

解析：地籍调查工作包括土地权属调查、地籍测绘、数据库建设、地籍数据更新。地籍调查包括了权属调查和地籍测绘两方面工作。

34.**【D】知识点：地籍测绘概述**

出处：《测绘综合能力体系和题解(上、下册)》7.1

解析：土地勘测定界是根据土地工作需要，实地界定土地使用范围，为土地行政主管部门用地审批和地籍管理提供基础资料而进行的技术服务性工作。而地籍调查是测绘单位接受土地权利人委托进行土地权属调查和面积量算继而实现土地权利登记的工作。两者在测绘分级标准中都归为地籍测量大类。故选D。

35.**【A】知识点：土地利用现状调查**

出处：《测绘综合能力体系和题解(上、下册)》7.2.5

解析：被行政界线、土地权属界线或现状地物分割的单一地类地块为图斑，图斑是土地利用类别划分的最小单位，地类界是地类的分界线。

36.**【B】知识点：日常土地权属调查**

出处：《测绘综合能力体系和题解(上、下册)》7.6.1

解析：界址未发生变化的土地权属调查如不需要到实地进行调查的在复印后的地籍调

查表内变更部分加盖"变更"字样印章,并填写新的地籍调查表,不重新绘制宗地草图。

37.【B】知识点:地籍界址点测量

出处:《测绘综合能力体系和题解(上、下册)》7.3.2

解析:一级界址点相对于邻近控制点的点位中误差为±5 cm。土地使用权明显界址点精度不低于一级。

38.【A】知识点:地籍测绘概述

出处:《测绘综合能力体系和题解(上、下册)》7.1

解析:地籍总调查对区域内进行初始调查,预编界址点和宗地号,是日常地籍调查的基础。日常变更调查是地籍管理的日常性工作。

39.【C】知识点:边界测绘要求

出处:《测绘综合能力体系和题解(上、下册)》8.3

解析:界线测量方法可以采用 GNSS 法、光电测距导线法、交会法等。界线测量范围大,正交法只适合某些具有直角坐标系控制网的小区域测量。

40.【B】知识点:边界协议书附图

出处:《测绘综合能力体系和题解(上、下册)》8.4

解析:边界线走向说明是对边界走向和边界点位置的文字描述,是边界协议书的核心部分。

41.【B】知识点:航空摄影设计分析

出处:《测绘综合能力体系和题解(上、下册)》9.3.1

解析:最高点航向重叠度=航向重叠度+(1-航向重叠度)×(基准面-最高点)/相对航高,则 $0.5 = 0.65 + (1 - 0.65) \times (100 - h)/1\,000, h = 0.528$ m。

42.【D】知识点:航空摄影设计分析

出处:《测绘综合能力体系和题解(上、下册)》9.3.1

解析:三度重叠带的影像面积为 $(0.63 - 0.5) \times 2 \times 23 \times 23 = 137.54$ cm^2。

43.【B】知识点:航空摄影新技术应用

出处:《测绘综合能力体系和题解(上、下册)》9.4.3

解析:SAR 为合成孔径雷达,InSAR 为干涉合成孔径雷达,Lidar 为激光雷达。

44.【D】知识点:航摄仪类别

出处:《测绘综合能力体系和题解(上、下册)》9.2.1

解析:常规框幅式胶片摄影仪主要有 RC-30 和 RMK-TOP 其他的都是数码摄影仪。

45.【D】知识点:摄影测量和遥感类型

出处:《测绘综合能力体系和题解(上、下册)》10.1.1

解析:计算机日益普及后,模拟空三改进为电算空三,采用电脑计算的数字投影是摄影测量的巨大技术进步,从此航空摄影测量走入了数学解析航空摄影测量时代。

46.【D】知识点:影像定位

出处:《测绘综合能力体系和题解(上、下册)》10.2.2

解析:在相对定向基础上,把像方坐标系归化到地面摄影坐标系的过程,叫绝对定向。

47.【A】知识点:遥感概述

出处:《测绘综合能力体系和题解(上、下册)》10.2.3

解析: 无论是监督分类还是非监督分类,其遥感影像分类的基础是像素之间存在相似性,从而划分为一类。

48.【D】知识点:**遥感概述**

出处:《测绘综合能力体系和题解(上、下册)》10.2.3

解析: 空间分辨率是在扫描成像过程中一个光敏探测元件通过望远镜系统投射到地面上的直径或对应的视场角度,即遥感图像上能详细区分的最小单元的尺寸,一般用地面分辨率或影像分辨率表示。

49.【C】知识点:**像控点布设**

出处:《测绘综合能力体系和题解(上、下册)》10.4.2

解析: 平高点应同时符合高程点与平面点选点条件。只有选项C符合。

50.【A】知识点:**空三精度指标**

出处:《测绘综合能力体系和题解(上、下册)》10.6.2

解析: 内定向精度的衡量指标为框标坐标残差,其绝对值一般不大于 0.01 mm,最大不超过 0.015 mm。

51.【D】知识点:**DLG 制作方法**

出处:《测绘综合能力体系和题解(上、下册)》10.7.2

解析: 由于 DEM 没有地形要素的属性信息,数字线划图缩编对于 DEM 生产没有直接作用。

52.【A】知识点:**DEM 概述**

出处:《测绘综合能力体系和题解(上、下册)》10.8.1

解析: 传统方法制作的正射影像是以 DEM 为基础进行纠正的,而 DEM 是相对于地表面的高程,即没有顾及地表物体的高度情况,仍有投影差存在,而真正射影像是以 DSM 为基础进行数字微分校正,不会有投影差。

53.【A】知识点:**DEM 制作方法**

出处:《测绘综合能力体系和题解(上、下册)》10.8.2

解析: DEM 的生产主要有航摄遥感法、数字化地图法等方法,特征点不一定要采用野外实测方法,其他步骤都是必须的。

54.【C】知识点:**DOM 概述**

出处:《测绘综合能力体系和题解(上、下册)》10.9.1

解析: 存储正射影像图应选用带有坐标信息的影响格式存储,如 GeoTIFF,TIFF＋TFW。

55.【C】知识点:**似大地水准面精化流程**

出处:《测绘综合能力体系和题解(上、下册)》3.12.2

解析: 用于精化城市的似大地水准面模型高程精度为 0.05 m,1∶500～1∶2 000 比例尺对应城市基础比例尺地形图,故选C。

56.【B】知识点:**航空摄影新技术应用**

出处:《测绘综合能力体系和题解(上、下册)》9.4.3

解析：固定翼无人机起降场应距离军用、商用机场须在 10 km 以上。半径 200 m 以内不得有高压线、高层建筑物等。

57.【D】**知识点：地图特征**

出处：《测绘综合能力体系和题解(上、下册)》11.1.1

解析：地图包括全要素地图和非全要素地图,我国的地形图一般指的是基本比例尺全要素地图。地势图是着重表达地势起伏和水系形态特征与分布规律的专题地图。

58.【B】**知识点：地图表达方式设计**

出处：《测绘综合能力体系和题解(上、下册)》11.2.2

解析：运动线法是用矢量符号和不同宽度、颜色的条带表示现象移动的方向、路径和数量、质量特征。这种方法对线要素的精确度没有太高要求,故属于模糊线表达方法。

59.【B】**知识点：地图表达方式设计**

出处：《测绘综合能力体系和题解(上、下册)》11.2.2

解析：分级统计图法根据分出的各单元统计数据进行分级,用不同色阶或晕线级反映整个制图区域各分区现象集中程度或发展水平的方法,也称分级比值法。分级统计图法适用于表示制图区域的分级数量特征。

60.【D】**知识点：普通地图编绘**

出处：《测绘综合能力体系和题解(上、下册)》11.3.2

解析：湖泊和池塘不得合并,可以进行和岸线概括。要保持湖泊与陆地的面积对比,保持湖泊固有形态和周围环境的联系。

61.【D】**知识点：地图表达方式设计**

出处：《测绘综合能力体系和题解(上、下册)》11.2.2

解析：地形图上用地貌符号来表示微地貌补充等高线的不足,独立微地貌用点符号表示微地貌山洞、火山口等。

62.【B】**知识点：地图语言**

出处：《测绘综合能力体系和题解(上、下册)》11.1.2

解析：印刷中一般采用青(C)、品红(M)、黄(Y)色料三原色,另外为了增加黑色纯度另加上纯黑(BK),用 CMYK 四色印刷。色料相加变暗,相减变亮。

63.【B】**知识点：地图设计基础**

出处：《测绘综合能力体系和题解(上、下册)》11.2.1

解析：参考资料用于评价地图编绘的数据质量以及专题图表达时进行分级和分类的参考资料,参考资料一般不直接作为地理要素的编绘数据。

64.【A】**知识点：制图综合**

出处：《测绘综合能力体系和题解(上、下册)》11.3.1

解析：点状或线状符号与面状符号矛盾时,可以压盖面状符号。只具有相对位置的点,依附于其他要素的点跟随所依附的要素变动。

(1)点点冲突:移动低层次点状要素。

(2)点线冲突:隐去被压盖线状要素。

(3)线面冲突:分解面状要素。

(4) 线线冲突：隐去被压盖低层次线状要素。

(5) 点面冲突：分解面状要素为一多边形加一内含多边形。

65.【A】知识点：**地理信息系统概述**

出处：《测绘综合能力体系和题解(上、下册)》12.1

解析：GIS 和地图都是地理信息载体,地图强调图形信息传输媒介功能,GIS 强调空间数据处理分析功能。

66.【A】知识点：**空间数据结构**

出处：《测绘综合能力体系和题解(上、下册)》12.2.2

解析：栅格结构的特定是定位隐含、属性明显;与栅格结构恰恰相反,矢量结构的特定是定位明显、属性隐含,其空间位置属性显著;DEM 不表示地表属性。

67.【D】知识点：**空间分析方法**

出处：《测绘综合能力体系和题解(上、下册)》12.3.2

解析：缓冲区分析是以点、线、面实体为基础,自动建立其周围一定宽度范围内的缓冲区多边形图层,然后建立该图层与目标图层的叠加,进行分析而得到所需结果。

68.【A】知识点：**系统需求分析**

出处：《测绘综合能力体系和题解(上、下册)》12.4.1

解析：需求规格说明书是在系统分析的基础上建立的自顶向下任务分析模型,作为系统分析的技术文档提交,一旦用户审议通过即为与用户之间的技术合同。

69.【D】知识点：**系统详细设计**

出处：《测绘综合能力体系和题解(上、下册)》12.4.3

解析：在总体设计和数据库设计之后需要进行详细设计,细化程序编写流程,为项目实施做准备,详细设计内容有:

(1) 细化总体设计体系流程图,绘出程序结构图;

(2) 选定每个模块的算法和模块数据组织;

(3) 确定模块接口细节以及模块间调度关系;

(4) 描述模块流程逻辑;

(5) 编写详细设计文档,主要包括细化的系统结构图和各模块描述。

70.【A】知识点：**地理信息数据建库**

出处：《测绘综合能力体系和题解(上、下册)》12.6.2

解析：属性值是数据库表中最小单元,不可再分。数据库表中的字段在规定的标准外可根据用户要求再添加。

71.【B】知识点：**系统总体设计**

出处：《测绘综合能力体系和题解(上、下册)》12.4.2

解析：逻辑设计是将概念模型结构转换为 DBMS(数据库管理系统)可处理的地理数据库的逻辑结构。先确定各实体主关键字和实体内部属性之间的数据关系表达式,形成新的数据逻辑关系。选项 B 属于物理设计内容。

72.【B】知识点：**系统总体设计**

出处：《测绘综合能力体系和题解(上、下册)》12.4.2

解析： 数据存储在操作库中完成处理,完备后再转移到现势库中。

73.【B】知识点：**系统需求分析**

出处：《测绘综合能力体系和题解(上、下册)》12.4.1

解析： 快速原型化分析方法原则是先确定部分要求制定初步方案,快速开发出一个能满足用户基本需求的示范性原型,然后让用户找出原型的缺点和不足,进行修改补充,如此反复,逐渐形成一个完善的系统。

74.【B】知识点：**地理数据**

出处：《测绘综合能力体系和题解(上、下册)》12.2.5

解析： 在 ArcGIS 软件家族中,ArcInfo 是一个全功能的 GIS 产品。它包括 ArcView 和 ArcEditor 的所有功能。2000 年后,ESRI 将 ArcView 并入了 ArcGIS 产品系列,作为 ArcGIS 三个版本(ArcInfo, ArcEditor, ArcView)中的一个,它们底层相同,只不过功能上有所限制。

75.【B】知识点：**GIS 软件质量保证**

出处：《测绘综合能力体系和题解(上、下册)》12.7.3

解析： 软件质量管理要求有:

(1) 重视系统的正确性、可靠性、可维护性、效率、安全性、灵活性、可实用性等度量标准。

(2) 技术监督组负责对工程质量进行监督,负责组织数据库和系统软件的测试。

(3) 实行文件化管理制度,每一步的工作及执行情况都有完整的文件记录。

(4) 在系统开发期间,对软件的每一单元都要进行认真的单元测试,并且要定期开展开发小组间的测试和整个系统的测试。重要的测试工作都有技术监督组负责组织实行。

(5) 如有必要可以引入第三方监理。

76.【C】知识点：**导航电子地图产品制作**

出处：《测绘综合能力体系和题解(上、下册)》13.4

解析： 导航电子地图生产时不得采集的内容有:

(1) 控制点相关:重力数据、测量控制点。

(2) 高程相关:高程点、等高线及数字高程模型。

(3) 管线相关:高压电线、通信线及管道。

(4) 植被和土地覆盖信息。

(5) 国界线和行政区划界线。

(6) 法律禁止采集的其他信息。

77.【C】知识点：**导航电子地图产品开发**

出处：《测绘综合能力体系和题解(上、下册)》13.3

解析： 高现势性的城市大比例尺地形图其位置精度满足车载导航电子地图生产需求,外业调查时只需要拍摄路口影像、画草图调查道路属性和挂接情况等,并对要素进行编号。

78.【A】知识点：**在线地理信息数据**

出处：《测绘综合能力体系和题解(上、下册)》14.2

解析： 在线地理信息数据的数据源,矢量数据中的标注数据等可由用户与志愿者采集。

79.【B】知识点：**在线地理信息服务概述**

出处:《测绘综合能力体系和题解(上、下册)》14.1

解析: 在线地理信息服务系统应使用统一的服务接口规范,如国际开发地理空间联盟(OGC)的网络地图服务规范 wms、网络要素服务规范 wfs、网络覆盖服务规范 wcs、网络处理服务规范 wps、目录服务规范 csw 等。

80.【B】知识点:**导航系统构成**

出处:《测绘综合能力体系和题解(上、下册)》13.1.1

解析: 车载主机是整个车载导航系统的心脏,其最重要的模块是定位模块,包括 GNSS 接收机和航位推算装置。航位推算法由航位推算微处理器 DR、车速传感器、陀螺传感器组成,在没有 GNSS 信号时推算汽车行进位置。在弯道无 GNSS 信号的情况下依然能正确导航是因为有陀螺仪维持定向功能。

二、多项选择题

81.【ACE】知识点:**大地测量概述**

出处:《测绘综合能力体系和题解(上、下册)》3.1

解析: 大地测量框架是大地测量系统的具体实现。它通过一组固定在地球上的测量标志、坐标、其他参数来体现。

82.【AC】知识点:**数学基础**

出处:《测绘综合能力体系和题解(上、下册)》11.1.4

解析: 高斯投影属于正形投影,即等角投影。由于角度投影后保持不变,投影后图形具有相似性。

83.【ABDE】知识点:**CORS 数据中心**

出处:《测绘综合能力体系和题解(上、下册)》3.8.3

解析: GNSS 动态连续运行基准站网数据管理系统要求:

(1)具备规范化及自动化管理能力;

(2)具备监控及自动报警能力;

(3)具备双机冗余备份能力;

(4)具备高效可靠的数据存储能力。

84.【ABDE】知识点:**海洋测绘基准**

出处:《测绘综合能力体系和题解(上、下册)》4.1.1

解析: 墨卡托投影为正轴等角切圆柱投影。正形投影特征为长度变形与位置有关,与方向无关,故选项 C 不正确,其他选项均没问题。

85.【CE】知识点:**线路施工测量**

出处:《测绘综合能力体系和题解(上、下册)》5.7.3

解析: 圆曲线主点指的是曲线上的起点、中点、终点。

86.【CD】知识点:**桥梁施工测量**

出处:《测绘综合能力体系和题解(上、下册)》5.7.4

解析: 桥梁控制网建设的主要作用是测设桥轴线和桥墩台,轴线长度的精确程度影响桥墩台放样,故选 C、D。

87.【BDE】知识点:**变形监测实施**

出处:《测绘综合能力体系和题解(上、下册)》5.12.3

解析:基坑监测的主要内容包括支护结构监测、基坑回弹沉降监测、地基土分层沉降观测、地下水监测、基坑巡查等工作。

88.**【BCDE】**知识点:**工程测图技术设计**

出处:《测绘综合能力体系和题解(上、下册)》5.3.2

解析:水域地形类别的划分与陆地相同,也按水底地形倾角分为平地、丘陵、山地、高山地四类。

89.**【ABDE】**知识点:**分幅图**

出处:《测绘综合能力体系和题解(上、下册)》6.5.1

解析:在分幅图上可以从房产注记中直接获知房屋总层数,其他内容都无法获得。

90.**【BCE】**知识点:**地籍面积汇总统计**

出处:《测绘综合能力体系和题解(上、下册)》7.5.2

解析:面积计算与汇总的结果均以表格的形式提供,报表类型包括界址点成果表、宗地面积计算表、宗地面积汇总表、地类面积统计表。

91.**【BCD】**知识点:**边界协议书附图**

出处:《测绘综合能力体系和题解(上、下册)》8.4

解析:边界走向说明应以描述边界实地走向为原则,一般包括界线的始终点、界线长度、界线依附的地形、界线转折方向、界桩间界线长度、界线经过的地形特征点等。边界走向说明上以真北为基准编写16方位制方向。

92.**【CDE】**知识点:**航空摄影新技术应用**

出处:《测绘综合能力体系和题解(上、下册)》9.4.3

解析:固定翼无人机的优点有飞行距离长,巡航面积大,飞行速度快,飞行高度高,可设置航线自动飞行,可设置回收点坐标自动降落。缺点有不能悬停获取连续某处影像,只能按照固定航线,飞行不够灵活,操作难度较大,上手难,高风险,成本较高。

93.**【ABD】**知识点:**像点位移**

出处:《测绘综合能力体系和题解(上、下册)》10.2.1

解析:数字微分法根据已知像片的方位元素(内定向参数和外方位元素)以及DEM,建立数学模型,利用计算机对每个像元进行微分纠正。

94.**【BDE】**知识点:**三维模型制作方法**

出处:《测绘综合能力体系和题解(上、下册)》10.11.2

解析:LIDAR指的是在航空平台上,集成激光雷达、POS系统、CCD系统、控制系统构成的综合系统。

95.**【ACD】**知识点:**遥感概述**

出处:《测绘综合能力体系和题解(上、下册)》10.2.3

解析:遥感图像的几何特征用空间分辨率表示,空间分辨率是在扫描成像过程中一个光敏探测元件通过望远镜系统投射到地面上的直径或对应的视场角度,即遥感图像上能详细区分的最小单元的尺寸,一般用地面分辨率或影像分辨率表示。

96.**【BC】**知识点:**普通地图编绘**

出处：《测绘综合能力体系和题解(上、下册)》11.3.2

解析：独立地物颜色与其他地物相同时间断其他要素，不同时压盖其他要素。独立地物按重要性和密度选取，只有数量取舍，没有图形概括问题。

97.【ABD】知识点：**电子地图**

出处：《测绘综合能力体系和题解(上、下册)》11.3.5

解析：电子地图具有动态性、交互性、无级缩放、无缝拼接、多尺度显示、地理信息多维化表示、超媒体集成、共享性等特点。电子地图不一定是全要素地图，不需要显示全地理要素；电子地图的精度要求和纸质地图没有显著不同。

98.【BE】知识点：**地理信息系统构成和功能**

出处：《测绘综合能力体系和题解(上、下册)》12.1.1

解析：地理信息系统的软件支持系统由系统软件、数据库软件、地理信息系统软件等组成。SuperMap 是一种国产的 GIS 软件，CoreldrawX7 是通用的矢量制图软件，Win7 是微软公司的操作系统软件，MySQL 是目前很常用的关系型数据库软件，AutoCAD 是矢量辅助设计软件。

99.【AC】知识点：**系统总体设计**

出处：《测绘综合能力体系和题解(上、下册)》12.4.2

解析：模块体系设计论述模块之间的关系和划分，并给出了其物理实现(组件、插件、服务、dll 库、可执行文件)及部署位置，用表格和框图说明系统各元素(各层模块、子程序、公用程序等)的标识符和功能，分层次地表现元素之间的关系。

100.【ACE】知识点：**导航电子地图产品设计**

出处：《测绘综合能力体系和题解(上、下册)》13.2

解析：属于导航电子地图产品设计是根据需求分析结果、生产计划、资源配置进行产品设计，设计产品开发范围、开发路线、产品关键节点。

选项 B 是工具开发内容，选项 D 是规格设计内容。

16.3　仿真模拟测试卷及解析(三)

16.3.1　仿真试题

一、单项选择题(共 80 题,每题 1 分。每题的备选项中,只有 1 个最符合题意)

1. 重力引点的精度比引出重力点的精度等级(　　)。
   A. 低　　　　　　　B. 相同　　　　　　C. 高　　　　　　D. 高或低,依情况而定
2. 下列坐标系中以椭球面为基准面的是(　　)。
   A. 高斯平面直角坐标系　　　　　　B. 大地坐标系
   C. 空间直角坐标系　　　　　　　　D. 天球坐标系
3. 地面一点沿铅垂线到似大地水准面的距离称为(　　)。
   A. 大地高　　　　　B. 正高　　　　　　C. 正常高　　　　D. 力高

4. a 边边长和中误差为 544.65 m±0.3 cm，b 边为 840.86 m±0.3 cm，则（　　）。

    A. a 边观测值较准确　　　　　　　　B. b 边观测值较准确

    C. 两边观测值一样准确　　　　　　　　D. 无法比较

5. 协调时有时候会产生闰秒现象，下列不是造成闰秒原因的是（　　）。

    A. 地球自转速度变化导致世界时不准确

    B. 不同时间系统结合一起产生差异

    C. 地球公转速度变动导致以公转为基准的时间系统不稳定

    D. 原子时的频率基准精度要高于世界时

6. 区域参考椭球的选择应满足当地（　　）最小原则。

    A. 正常高　　　　　B. 垂线偏差　　　　　C. 大地水准面差距　　D. 高程异常

7. 在基座上架设 GNSS 接收机采集数据，每时段观测前后都要量取天线高，量高差应小于（　　）mm。

    A. 1　　　　　　　　B. 2　　　　　　　　C. 3　　　　　　　　D. 4

8. 某 GPS 接收机的标称精度为 $(10+15D)$ mm，对其进行天线相位中心稳定性测试时，天线在不同方位下测定的基线变化应小于（　　）mm。

    A. 10　　　　　　　B. 15　　　　　　　C. 20　　　　　　　D. 25

9. 现行规范规定，二等三角网的测角中误差不得超过（　　）″。

    A. 0.5　　　　　　　B. 0.7　　　　　　　C. 1　　　　　　　　D. 1.5

10. 用方向观测法测量角度时，若规定测回间角度限差不大于 $10″$，各测回观测值如下（23°35″，23°31″，23°30″，23°55″，23°51″，23°35″），则（　　）。

    A. 重测 23°31″ 和 23°55″ 两个测回　　　　B. 重测 23°51″ 和 23°55″ 两个测回

    C. 无须重测　　　　　　　　　　　　　　D. 重测整个成果

11. 以下关于水准测量操作程序的叙述中正确的是（　　）。

    A. 仪器脚架的固定两脚始终保持与前进路线平行

    B. 往返测两次测量应互换前后标尺

    C. 每个测站须严格对中整平

    D. 倾斜螺旋最后旋动方向应进退均匀分配

12. 温度变化会造成仪器结构变化造成误差影响，以下说法不能削弱该误差的是（　　）。

    A. 各测站的往返测分别安排在上午和下午进行

    B. 奇数站和偶数站采用相反的观测程序

    C. 前后视距尽量保持相等

    D. 通过改正数模型予以减弱

13. 从北京坐船前往纽约，为了最快到达，规划路线的时候应该选择（　　）。

    A. 北京和纽约在球面上的直线段

    B. 北京和纽约在平面上的直线段

    C. 包含北京、纽约、地心的面与地球面的交线

    D. 保持与纬度夹角不变的航线

14. 验潮站的主要水准点应埋设在（　　）以上。

A. 高潮线　　　　　　B. 半潮线　　　　　C. 水深零米线　　　　D. 大地水准面

15. 以下潮位改正法不需要假设潮高和潮时的变化与其距离成比例的是(　　)。

A. 分带改正法　　　　B. 时差法内插　　　　C. 线性内插法　　　　D. 最小二乘参数法

16. 海岸线要素的制图综合原则正确的是(　　)。

A. 夸大短小的岸线　　　　　　　　　B. 转换次要性质岸线为主要性质岸线

C. 扩大海域缩小陆地　　　　　　　　D. 删除特殊性质的岸线

17. 以下工程测量工作中,方法与其他三项明显不同类的是(　　)。

A. 根据设计值,测出基坑底部高程　　　B. 根据拨地坐标,在现场埋设标志

C. 根据预先设计,测量并埋设地下电缆　D. 根据实地特征,测量已有公路走向

18. 附合水准路线精度最低的地方位于水准路线(　　)处。

A. 1/2　　　　　　　B. 1/3　　　　　　　C. 2/3　　　　　　　D. 1/4

19. 工程测量规范规定,测量时光学经纬仪的气泡偏离值不允许超过1格,这是为了减小(　　)。

A. 水准管轴和竖轴不正交误差　　　　　B. 水准管轴和铅垂线不正交误差

C. 水准管轴和照准部不正交误差　　　　D. 水准管轴和脚架连线不正交误差

20. 大部分建设工程施工边长放样允许值要求不低于(　　),故规范要求工程控制网边长相对中误差不大于1/40 000。

A. 1/20 000　　　　B. 1/40 000　　　　C. 1/45 000　　　　D. 1/80 000

21. 工程测量高程控制网,按精度可划分为(　　)控制网。

A. 一等、二等、三等、四等　　　　　　B. 二等、三等、四等

C. 二等、三等、四等、五等　　　　　　D. 一等、二等、三等、四等、五等

22. 《工程测量规范》规定,测制地面倾角在30°～40°的1：1 000比例尺地形图时,基本等高距应选用(　　)。

A. 0.5 m　　　　　　B. 1 m　　　　　　　C. 2 m　　　　　　　D. 5 m

23. 采用全站仪免棱镜法进行野外数据采集,一般无法直接采集的地物是(　　)。

A. 窨井盖　　　　　　B. 高楼房角　　　　　C. 围墙　　　　　　　D. 高压电杆

24. 以下中,对于建筑方格网主轴线交点的选择正确的是(　　)。

A. 测区西南角　　　　B. 测区西北角　　　　C. 测区中心　　　　　D. 测区附近控制点处

25. 道路圆曲线测设可采用偏角法进行,偏角指的是(　　)。

A. 方位角　　　　　　B. 弦切角　　　　　　C. 正切角　　　　　　D. 圆心角

26. 当变形监测体的变形受多因子影响时,以(　　)为监测周期。

A. 作用最大因子的周期　　　　　　　　B. 作用时间最短因子的周期

C. 作用时间最长因子的周期　　　　　　D. 作用最小因子的周期

27. CPⅢ控制点应测量高程,并应组成闭合环,并附和到高等水准点,每个闭合环有(　　)条边构成。

A. 3　　　　　　　　　B. 4　　　　　　　　　C. 6　　　　　　　　　D. 10

28. 房产管理机关受理一起房产分割案,原幢号为20的多层住宅楼拆除,新建两幢6层住宅,丘内最大幢号为30,则这两幢新建住宅楼幢号应为(　　)。

A. 20-1，20-2 B. 18，19 C. 31，32 D. 20，31

29. 新建商品房,当某段界址线边长为 50 m 时,两个相邻房产界址点的间距中误差是（   ）cm。

    A. ±2 B. ±5 C. ±10 D. ±20

30. 按照房产测量规范,成套房屋指的是（   ）。

    A. 由完整功能组成的供一户使用的房屋 B. 房地产开发商开发的成套出售的房屋

    C. 具有单一住宅功能的房屋 D. 单位的单身职工共同居住的房屋

31. 房产分幅图上,地名的总名与分名应用不同的（   ）分别注记。

    A. 字粗 B. 字级 C. 字色 D. 字体

32. （   ）指根据土地征收等工作需要,实地界定土地使用范围、测定界址的工作。

    A. 地籍调查 B. 地籍测量 C. 拨地测量 D. 勘测定界

33. 地籍总调查先编制临时界址点号,入库后应以（   ）为单位生成正式界址点号。

    A. 宗地 B. 图幅 C. 街坊 D. 街道

34. 测绘地籍图时,关于行政区划要素正确的做法是（   ）。

    A. 境界线在拐角处应间断表示 B. 行政界线最低表示到村级界线

    C. 地籍图上不注记政府名称 D. 行政界线和界址线重合时表示行政界线

35. 宗地发生权属转移但界址未发生变化,如不需要实地调查,宗地草图（   ）。

    A. 重新测量,不重新制图 B. 重新制图,不重新测量

    C. 重新测量并制图 D. 不重新测量和制图

36. 土地权属调查的基本单元是（   ）。

    A. 地籍区 B. 地籍子区 C. 宗地 D. 图斑

37. （   ）属于国有土地使用权取得方式之一。

    A. 荒地拍卖 B. 分析继承 C. 作价出资 D. 拨用宅基地

38. 3642001 和 3642002 是同一条界河上的边界点,对于 3642002E 界桩而言,以下描述中正确的是（   ）。

    A. 3642002D 界桩在界河对岸

    B. 3642001A 界桩在界河对岸

    C. 3642002E 界桩设于简码为 42 的省份

    D. 若存在 3436420S 界桩,则其与该界桩位于同一边界线

39. 边界线地形图上,界线经过的地物到邻近固定地物点位置中误差不大于图上（   ）mm。

    A. 0.1 B. 0.3 C. 0.4 D. 0.5

40. 边界线地形图上,界线经过的地物到邻近固定地物点位置中误差不大于图上（   ）mm。

    A. 0.1 B. 0.3 C. 0.4 D. 0.5

41. 用 RC30 进行航摄作业时,发现像片航向重叠度过小,则应（   ）。

    A. 增大基高比 B. 减小基高比 C. 增大主距 D. 减小主距

42. ADS80 对（   ）三个方向同时获取影像,一次飞行取得三度重叠。

A. 航向、中间、旁向　B. 前视、下视、后视　C. 左视、前视、右视　D. 左视、中视、右视

43. 当在航摄仪透镜安装时位置有偏移产生成像的变形,该影响属于(　　)。
　　A. 投影差　　　　　　B. 像移差　　　　　　C. 畸变差　　　　　　D. 成像差

44. 下列中的(　　)是航摄仪内成像的像距。
　　A. 焦距　　　　　　　B. 主距　　　　　　　C. 航高　　　　　　　D. 框标距

45. 同名光线投影在承影面上是否有(　　)视差是检验是否完成相对定向的标志。
　　A. 前后　　　　　　　B. 左右　　　　　　　C. 上下　　　　　　　D. 航向,旁向

46. 航天遥感影像预处理时提取卫星参数是为了获得影像的(　　)从而构建成像模型。
　　A. 内方位元素　　　　B. 外方位元素　　　　C. 控制点　　　　　　D. 光谱信息

47. 根据规范要求,在丘陵地测制1:500地形图时,像控点相对于邻近基础控制点中误差不应大于±(　　)m。
　　A. 0.050　　　　　　B. 0.060　　　　　　　C. 0.075　　　　　　D. 0.080

48. 下面数据可以通过空中三角测量方法得到的是(　　)。
　　A. 地面点平面坐标　B. DEM　　　　　　　C. 加密点地面坐标　D. 像片内方位元素

49. 数字航空摄影测量影像配准时,每个像对连接点数目一般不少于(　　)个。
　　A. 6　　　　　　　　B. 9　　　　　　　　　C. 30　　　　　　　　D. 50

50. 与其他地图产品相比,(　　)是一种更为方便放大、查询、检查和量测的叠加地图。
　　A. DLG　　　　　　　B. DRG　　　　　　　C. DEM　　　　　　　D. DOM

51. 某单位利用SWDC-4相机进行数字航空摄影,制作1:2 000比例尺数字线划图,需要提交的成果资料不包括(　　)。
　　A. 元数据文件　　　　　　　　　　　　B. 质量检查记录
　　C. 原始特征点、线文件　　　　　　　　D. 数字线划图数据文件结合表

52. 表示相同地貌的下列数据模型,其数据量最小的是(　　)。
　　A. DEM　　　　　　　B. DSM　　　　　　　C. TIN　　　　　　　D. 等高线

53. DEM成果中,达不到规定高程精度要求的区域应划为(　　)。
　　A. 推测区　　　　　　B. 空白区　　　　　　C. 待测区　　　　　　D. 作废区

54. DOM制作时,在(　　)环节之后应进行匀光、匀色处理,使影像整体上协调。
　　A. 微分纠正　　　　　B. 裁切　　　　　　　C. 镶嵌　　　　　　　D. 定向建模

55. 摄影测量中常采用(　　)来建立像点与框标坐标中心的位置关系。
　　A. 像平面坐标　　　　　　　　　　　　B. 像空间坐标
　　C. 像空间辅助坐标　　　　　　　　　　D. 地面摄影测量坐标

56. 按航空摄影实施困难等级划分,其中由易到难排列正确的是(　　)。
　　A. 塔里木盆地,华北平原,西藏,浙江大部
　　B. 浙江大部,塔里木盆地,华北平原,西藏
　　C. 塔里木盆地,华北平原,浙江大部,西藏
　　D. 华北平原,塔里木盆地,浙江大部,西藏

57. 以下地图中,不属于着重反映个别地图要素为目的的是(　　)。
　　A. 地貌图　　　　　　B. 地形图　　　　　　C. 地势图　　　　　　D. 地类图

58. 高斯投影地图上,大部分区域的( )。

    A. 主比例尺比局部比例尺小   B. 主比例尺比局部比例尺大

    C. 主比例尺和局部比例尺大小相等   D. 主比例尺和局部比例尺大小无法比较

59. 地图编制时,( )是显示居民地内部结构的主要内容。

    A. 街道网   B. 街区形状   C. 水域   D. 建筑物

60. 一般情况下,地形图的命名选择( )作为图名。

    A. 图幅内重要居民地名   B. 图幅内最高山峰名

    C. 图幅内重要水系名称   D. 图幅西南角坐标

61. 在无穷小区域,原面上的微分圆与投影面上微分圆相似,则为( )投影。

    A. 正形   B. 等面积   C. 等距离   D. 条件

62. 地图用途是投影方式选择的重要因素,如交通地图一般采用( )。

    A. 等角投影   B. 等面积投影   C. 等方向投影   D. 任意投影

63. 在1:5万基本比例尺地形图上绘制方里网,格网间距相当于实地长( )km。

    A. 1   B. 2   C. 4   D. 10

64. 地图印制前一般要存储为 PS 格式,该格式是( )的通用格式。

    A. PhotoShop   B. CorelDRAW   C. AuotoCAD   D. PostScript

65. 智能 GIS 的原理是通过( ),实现空间数据挖掘与知识发现机制。

    A. 在 GIS 中引入人工智能系统

    B. 逻辑分析建立面向对象数据模型

    C. 大量的空间数据识别出潜在有用的数据

    D. 特殊算法寻找智能数据

66. 在不增大数据冗余,不增大文件大小的情况下,保持栅格数据与地表尽量相似,应( )。

    A. 选择合理的栅格赋值技术   B. 采用各种编码技术压缩栅格数据

    C. 减小栅格尺寸   D. 采用更加精细的源数据

67. 下列基础地理信息数据检查项中,不属于元数据检查项的是( )。

    A. 数据分类编码   B. 数据精度等级   C. 数据生产时间   D. 数据生产单位

68. 下列有关 WebGIS 模式的说法中不正确的是( )。

    A. WebGIS 是 GIS 组件式 Web 集成

    B. WebGIS 的优点在于不受地域限制

    C. WebGIS 是在 Internet 上进行空间信息目录服务

    D. WebGIS 服务以分布形式发布

69. 在洪灾发生后,政府部门可以利用 GIS 进行救灾处理,以下描述中不恰当的是( )。

    A. 可以配合 RS 监测数据,利用 GIS 技术辅助制定河堤加固

    B. 可借助 GIS 分析洪水的蔓延趋势

    C. 可以利用 GIS 有效预防下一次洪水的发生

    D. 可以利用 GIS 合理布置灾后救助站

70. GIS 系统总体设计的时候,以下最适合的辅助工具是( )。

A. 通用建模语言　　B. E-R图　　　　　　C. 盒图　　　　　　　　D. 数据流图

71. C/S软件模式由(　　)发出数据服务请求和接收响应。

A. 数据服务器　　　B. 网络服务器　　　　C. 用户终端　　　　　D. 浏览器

72. 黑盒测试只检查系统程序(　　)是否符合需求规格说明书的规定。

A. 结构　　　　　　B. 逻辑　　　　　　　C. 规模　　　　　　　D. 功能

73. 下列中,不是对空间数据进行分层管理的原因是(　　)。

A. 分类存储　　　　B. 减少数据冗余　　　C. 便于拆分和组合　　D. 便于制图

74. (　　)是根据地址来查询事物的空间位置和属性信息,是地理信息系统特有的一种查询功能。

A. 空间索引　　　　B. 地址匹配查询　　　C. 空间插值　　　　　D. 叠置分析

75. 在动态GIS系统中,判断携带GNSS定位装置的某人是否在室内,该分析属于(　　)。

A. 拓扑邻接关系　　B. 拓扑关联关系　　　C. 拓扑联通关系　　　D. 非拓扑关系

76. 车载导航电子地图数据采集后,对兴趣点的检查最适宜采取(　　)方式检查。

A. 用GNSS方法抽查部分数据　　　　　　B. 相关部门资料调取查对

C. 抽取样本电话回查　　　　　　　　　　D. 组织人力实地检查

77. 导航电子地图中,道路交叉口不包括(　　)交叉口。

A. 普通　　　　　　B. 收费站　　　　　　C. 出入口　　　　　　D. 特殊

78. 当前的网络地理信息服务多采用SOA架构,下面关于SOA架构的特点,错误的是(　　)。

A. 满足按需业务应用　　　　　　　　　　B. 基于IPX协议实现局域网互操作

C. 具有可重用性　　　　　　　　　　　　D. 软件系统松耦合

79. 在SOA架构系统中,操作按分类不包括(　　)。

A. 服务调用　　　　B. 服务发布　　　　　C. 服务监管　　　　　D. 服务发现

80. 目前使用广泛的(　　)系统即为公开使用的国家地理信息公共服务平台。

A. 天地图　　　　　B. 谷歌地图　　　　　C. 腾讯地图　　　　　D. 百度地图

二、多项选择题(共20题,每题2分。每题的备选项中,有2个或2个以上符合题意,至少有1个错项。错选,本题不得分;少选,所选的每个选项得0.5分)

81. 水准测量的精度可以用每公里高差中数的(　　)来评定。

A. 单位权中误差　　　　　　B. 偶然中误差　　　　　　C. 理论闭合差

D. 全中误差　　　　　　　　E. 往返闭合差

82. 以下重力测量中需要使用绝对重力仪的有(　　)。

A. 重力一等网测量　　　　　B. 重力基准网测量　　　　C. 重力基本网测量

D. 重力仪标定长基线测量　　E. 重力仪标定短基线测量

83. 下列坐标系中属于地心坐标系的有(　　)。

A. UTM坐标系　　　　　　　B. 经纬度坐标系　　　　　C. 2000国家坐标系

D. WGS-84坐标系　　　　　　E. ITRF

84. 海底地形图采用的投影方式一般不包括(　　)。

A. 兰勃特投影　　　　　　　B. 高斯投影　　　　　　　C. 墨卡托投影

D. 日晷投影   E. 通用墨卡托投影

85. 评估工程控制网的精度准则主要有( )。

    A. 总体精度准则   B. 可靠性准则   C. 次要分量

    D. 准则矩阵   E. 相对精度准则

86. 规划放线测量即建筑物定位测量,其实施依据包括( )等资料。

    A. 建筑工程施工许可证   B. 建设工程规划许可证   C. 土地使用权证

    D. 房产预测总平面图   E. 建筑设计总平面图

87. 对混凝土坝关键位置进行水平位移监测,宜采用( )等方法。

    A. 应力仪法   B. 测量机器人法   C. 正倒垂线法

    D. 摄影测量法   E. 引张线法

88. 对建筑物的挠度进行监测测量,可以用( )等方法。

    A. 位移传感器   B. GPS   C. 正倒垂线法

    D. 摄影测量   E. 差异沉降法

89. 房产要素采集时,水域测量以坡顶为准测量的有( )。

    A. 河流   B. 沟渠   C. 水库

    D. 湖泊   E. 池塘

90. 按照 2014 年版测绘资质分级标准规定,不动产测绘分为( )。

    A. 行政界线测绘   B. 房产测量   C. 地籍测量

    D. 海洋权属测量   E. 不动产监理测量

91. 行政界线的边界调查应核实( )等界线的实地位置,并调查边界争议的有关情况。

    A. 法定边界线   B. 习惯边界线   C. 行政管辖线

    D. 与边界有关的资源归属范围线   E. 界址线

92. 常见的阳光反射大地窗口有( )。

    A. 中红外   B. 可见光   C. 近红外

    D. 远红外   E. 微波

93. 卫星遥感影像相对于常规航空影像的区别来说,以下描述中正确的有( )。

    A. 卫星遥感影像一般要融合全色影像和多光谱影像

    B. 卫星遥感影像一般无法获取满足共线条件方程的严格成像模型

    C. 卫星影像属于正射投影影像,常规航空影像属于中心投影影像

    D. 卫星影像幅面一般较大,获取成本比常规航摄影像低

    E. 卫星遥感影像不能用来立体测图

94. 以下航摄测绘方法中可以获得外方位元素的是( )。

    A. 对相邻两张影像重叠带用连接点拼接   B. GNSS 辅助导航

    C. POS 辅助航摄   D. 角锥法单像控制测量

    E. UDC 航摄仪航空分区摄影

95. 目前,航空摄影测量的像幅一般采用( )。

    A. 54 cm×54 cm   B. 36 cm×36 cm   C. 23 cm×23 cm

    D. 18 cm×18 cm   E. 10 cm×10 cm

96. 在专题地图表示方法中,不能表示全域面的方法为(　　)。

    A. 点符号法　　　　　　　　B. 等值法　　　　　　　　C. 范围法

    D. 定位图表法　　　　　　　E. 点值法

97. 下列关于普通地图集设计的说法中错误的有(　　)。

    A. 图集中各分幅图的比例尺必须一致

    B. 保持图集各图投影长度比保持简单倍率关系

    C. 图集中,总图安排在前,分区图安排在后

    D. 制图区域完整的应列于一个分幅内

    E. 图集要设计符合不同比例尺地图的统一图例

98. 空间数据库物理设计阶段的设计内容包括(　　)。

    A. 购置存储硬件　　　　　　　　　　B. 确定数据读取方法

    C. 设法提高存储空间利用率　　　　　D. 在数据属性项录入存储路径

    E. 降低数据存取时间

99. 地理特征和现象的数据描述包括(　　)等特征。

    A. 位置特征　　　　　　　　B. 权属特征　　　　　　　　C. 属性特征

    D. 时域特征　　　　　　　　E. 可扩展特征

100. 车载导航应用软件的主要功能包括(　　)。

    A. 车程估算　　　　　　　　B. 语音报警　　　　　　　　C. 路线规划

    D. 地图编辑　　　　　　　　E. 自动驾驶

16.3.2　答案及解析

一、单项选择题

1.【B】知识点:**重力控制网**

出处:《测绘综合能力体系和题解(上、下册)》3.11.2

解析:重力引点是以支线形式同精度联测重力点,便于使用的重力点,在一等重力点和基本重力点城市可以设置。

2.【B】知识点:**坐标系统**

出处:《测绘综合能力体系和题解(上、下册)》3.2.3

解析:高斯平面直角坐标系定义在一个平面中,是椭球面投影化的产物;空间直角坐标系是(X,Y,Z)的形式,没有参考面。

3.【C】知识点:**高程系统**

出处:《测绘综合能力体系和题解(上、下册)》3.4.1

解析:正高是以大地水准面为基准面的高程,即地面点到大地水准面的铅垂距离,又称绝对高程或者海拔。正高计算公式中的平均重力值很难精确求得,用平均正常重力代替平均重力值来计算,即为正常高。似大地水准面是由地面沿垂线向下量取正常高所得的点形成的连续曲面。

4.【B】知识点:**精度指标**

出处:《测绘综合能力体系和题解(上、下册)》2.1.2

解析:边长测量精度的衡量指标是相对中误差,两边中误差相等,但 b 边得相对中误差较高,故选 B。

5.【C】知识点:**时间系统与框架**

出处:《测绘综合能力体系和题解(上、下册)》3.2.2

解析:当 UTC 超过平太阳时之差超过 0.9 s 时拨快或拨慢一秒称为闰秒。协调时 UTC 是世界时时刻和原子时秒长结合的时间系统,由于原子时和世界时精度不统一,也由于地球自转速度持续变小,所以会产生累积,到一定程度就需要用闰秒方式进行纠正。协调时的基准是延续世界时的自转,不是公转。

6.【D】知识点:**坐标系统**

出处:《测绘综合能力体系和题解(上、下册)》3.2.3

解析:参考椭球是指有确定椭球参数,经局部定位和定向,并同当地大地水准面有最佳拟合的地球椭球。似大地水准面与地球椭球面的距离称为高程异常,故选 D。

7.【C】知识点:**GNSS 控制网观测实施**

出处:《测绘综合能力体系和题解(上、下册)》3.9.5

解析:用基座架设 GNSS 进行测量时,每时段观测前后各量取天线高(每 120° 量取一次),取至 1 mm,两次量高差应小于 3 mm(如果是观测墩为 2 mm,觇标则为 5 mm)。

8.【C】知识点:**GNSS 接收机**

出处:《测绘综合能力体系和题解(上、下册)》3.9.4

解析:天线相位中心稳定性测试采用相对测定法的时候,天线在不同方位下测定的基线变化应小于 2 倍固定误差。因接收机未搬动,不考虑比例误差影响。

9.【C】知识点:**三角网**

出处:《测绘综合能力体系和题解(上、下册)》3.7.6

解析:二等三角网的测角中误差不大于 $1.0''$。

等级	测角中误差$''$	边长相对中误差	最弱边相对中误差
一	0.7	1:25 万	1:20 万
二	1.0	1:20 万	1:12 万
三	1.8	1:15 万	1:7 万
四	2.5	1:10 万	1:4 万

10.【D】知识点:**水平角测量**

出处:《测绘综合能力体系和题解(上、下册)》3.7.4

解析:该成果中有明显的两个测回观测值超限,应重测这两个测回,即重测 $23°51''$ 和 $23°55''$ 两个测回,又由于总测回数是 6 个,规定若一个测站上基本测回重测的方向测回数超过全部的方向测回总数的 1/3 时,则该份成果全部重测。故选 D。

11.【B】知识点:**水准观测要求**

出处:《测绘综合能力体系和题解(上、下册)》3.10.5

解析:仪器架设时,脚架的两脚与前进路线平行,另一脚每换一站在路线左右轮换;水准测量无须对中;转动倾斜螺旋和测微螺旋的最后旋动方向均应为旋进。故选 B。

12.【D】知识点:水准测量误差

出处:《测绘综合能力体系和题解(上、下册)》3.10.6

解析:温度变化时仪器受热膨胀会造成结构变化使得 i 角发生微小变化。

减弱措施为作业前把仪器放在阴影下半小时,用测伞遮蔽阳光,奇数站和偶数站采用相反的观测程序,各测站的往返测分别安排在上午和下午进行等方法。另外前后视距保持相等也能减小 i 角误差。

13.【C】知识点:海洋测绘基准

出处:《测绘综合能力体系和题解(上、下册)》4.1.1

解析:大圆航线是通过球心的面与椭球的交线,在椭球上它的距离最短,但经过投影后是一条弧线,这是球面和平面经过投影变形导致的。

14.【A】知识点:海洋控制测量

出处:《测绘综合能力体系和题解(上、下册)》4.2.3

解析:每个验潮站应布设 1 个主要水准点(埋设在高潮线以上)和 1 个工作水准点(埋设在水尺附近)。

15.【D】知识点:水深测量

出处:《测绘综合能力体系和题解(上、下册)》4.2.6

解析:线性内插法的前提是假设两站之间的瞬时海面为直线形态;分带法所依据的假设条件是两站之间潮波传播均匀,潮高和潮时变化与距离成比例,继而进行分带处理;时差法是水位分带改正法的合理改进和补充;最小二乘参数法是直接从潮汐水位曲线的整体变化入手,采用最小二乘拟合逼近技术来进行水位改正。故选 D。

16.【B】知识点:海图制图综合

出处:《测绘综合能力体系和题解(上、下册)》4.3.2

解析:海岸线制图综合遵循扩大陆地、缩小海域的原则。可以采用删除短小的岸线性质,夸大特殊性质的岸线,转换次要性质岸线为主要性质岸线。

17.【D】知识点:工程测量概述

出处:《测绘综合能力体系和题解(上、下册)》5.1

解析:工程测量的内容主要包括测定和测设两个方面,测定是指使用测量仪器和工具,通过测量和计算,得到一系列测量数据进行处理和分析,即地理信息的采集;测设是指把图纸上规划设计好的建筑(构)物位置在地面上标定出来,作为施工的依据。除了选项 D,其他都是测设工作。

18.【A】知识点:水准测量概述

出处:《测绘综合能力体系和题解(上、下册)》3.10.1

解析:附合水准路线的最弱点在路线的中部,结点网的最弱点位于每个环节的 3/4 处。

19.【B】知识点:工程测量仪器和方法

出处:《测绘综合能力体系和题解(上、下册)》5.1.2

解析:光学经纬仪的气泡偏离值不允许超过 1 格是为了控制水准管轴不水平误差,即水准管轴和铅垂线不正交误差。

20.【A】知识点:工程控制网设计

出处:《测绘综合能力体系和题解(上、下册)》5.2.2

解析:工程控制网按坐标反算的边长值与实际边长变形值应不大于 2.5 cm/km,即国家等级平面控制网最弱边相对中误差要求 1/4 万,限差应是该值的 2 倍,故选 A。

21.【C】知识点:工程控制网施测

出处:《测绘综合能力体系和题解(上、下册)》5.2.3

解析:工程高程控制网一般采用水准测量、三角高程测量、GNSS 拟合高程测量等方法。按精度等级划分为二、三、四、五等高程控制网。

22.【C】知识点:工程测图技术设计

出处:《测绘综合能力体系和题解(上、下册)》5.3.2

解析:地面倾角在 25°以上时测区为高山地,故基本等高距为 2 m。

地形	倾角	比例尺			
		1∶500	1∶1 000	1∶2 000	1∶5 000
平地	$a < 3°$	0.5 m	0.5 m	1 m	2 m
丘陵	$3° \leqslant a < 10°$	0.5 m	1 m	2 m	5 m
山地	$10° \leqslant a < 25°$	1 m	1 m	2 m	5 m
高山	$a \geqslant 25°$	1 m	2 m	2 m	5 m

23.【A】知识点:工程测图实施方法

出处:《测绘综合能力体系和题解(上、下册)》5.3.3

解析:由于窨井盖在地面上,一般无法直接被视线瞄准,从测站瞄准不易辨识轮廓,故无法直接免棱镜观测到。

24.【C】知识点:高层建筑施工实施

出处:《测绘综合能力体系和题解(上、下册)》5.5.2

解析:建筑方格网主轴线交点,即坐标原点,应选在测区大致中心位置。

25.【B】知识点:线路施工测量

出处:《测绘综合能力体系和题解(上、下册)》5.7.3

解析:偏角指的是测站瞄准方向和曲线的夹角,即圆弧弦线和圆弧切线的夹角。

26.【B】知识点:变形监测概述

出处:《测绘综合能力体系和题解(上、下册)》5.12.1

解析:当监测体的变形受多因子影响时,以其作用最短的周期为监测周期。

27.【B】知识点:轨道交通控制网

出处:《测绘综合能力体系和题解(上、下册)》5.13.3

解析:CPⅢ高程控制点与平面控制网点位相同,相邻两对 CPⅢ控制点构成闭合环,每隔 2～3 km 附合到二等水准点上。故每个闭合环由四条边构成。

28.【C】知识点:房产变更测量

出处:《测绘综合能力体系和题解(上、下册)》6.6

解析：合并或者分割后应重新编丘,新增的丘号、丘支号、界址点、幢号应各按最大号续编。

29.【B】**知识点：房产要素测绘**

出处：《测绘综合能力体系和题解(上、下册)》6.3.2

解析：本题故意把数字出在 50 m 处是为了混淆限差和中误差。按照公式算出来的结果是限差,即 10 cm,其中误差需要再除以 2 得到。

30.【A】**知识点：面积测算方法**

出处：《测绘综合能力体系和题解(上、下册)》6.4.1

解析：根据房屋用途分类表,住宅大类下面分三个子类,分别为成套住宅、非成套住宅、集体宿舍。非成套住宅指人们生活居住的不成套的房屋。所以房屋成套与否主要区别在于生活居住功能是否齐全。

31.【B】**知识点：分幅图**

出处：《测绘综合能力体系和题解(上、下册)》6.5.1

解析：房产分幅图上地名的总名与分名应用不同的字级分别注记来区分等级。

32.【D】**知识点：地籍测绘概述**

出处：《测绘综合能力体系和题解(上、下册)》7.1

解析：勘测定界指根据土地征收等工作需要,实地界定土地使用范围、测定界址、调绘土地利用现状,计算用地面积,为国土主管部门用地审批和地籍管理提供技术服务。勘测定界在测绘大类上归属于地籍测绘,但在目的和步骤上和地籍测绘有区别。

33.【C】**知识点：地籍界址调查**

出处：《测绘综合能力体系和题解(上、下册)》7.2.3

解析：地籍总调查时,先编制临时界址点号,入库后应以地籍子区(街坊)为单位生成正式界址点号,从左上角开始顺时针编界址点号,并保证界址点号唯一。

34.【D】**知识点：地籍图内容**

出处：《测绘综合能力体系和题解(上、下册)》7.4.1

解析：行政界线重合时在地籍图上表示高级界线,境界线在拐角处不得间断,应在拐角处绘出点或线。行政级别从高到低分别为省市县乡界线。当按标准分幅编制地籍图时,在乡级政府的驻地注记名称时还应在内外图廓间、行政区界线与内图廓线的交汇处两边注记乡级政府名称。界址线和行政区界线重合时表示行政区界线和界址点。

35.【D】**知识点：日常土地权属调查**

出处：《测绘综合能力体系和题解(上、下册)》7.6.1

解析：界址未发生变化的土地权属调查如不需要到实地进行调查的在复印后的地籍调查表内变更部分加盖"变更"字样印章,并填写新的地籍调查表,不重新绘制宗地草图。

36.【C】**知识点：地籍调查单元**

出处：《测绘综合能力体系和题解(上、下册)》7.2.1

解析：宗地是地籍调查的单元,即土地权属界线封闭的地块或空间。

37.【C】**知识点：土地权属调查**

出处：《测绘综合能力体系和题解(上、下册)》7.2.2

解析:荒地拍卖指的集体经济所有的荒山、荒沟、荒丘、荒滩等未利用的土地的拍卖;分析继承属于房屋所有权的取得方式;拨用宅基地是集体宅基地使用权从集体所有权中取得;只有作价出资是国有土地使用权取得方式之一。

38.**【D】知识点:界桩点埋设和编号**

出处:《测绘综合能力体系和题解(上、下册)》8.2.2

解析:同号三立界桩 3642002C 不一定位于简码较小一侧,具体按界河岔口情况而定,E 界桩立于双立的省份一侧,为从 C 开始顺时针排序的第三个界桩。3642001A 应该位于简码较小的一侧,即 36 侧。界桩是边界点的标注物,因为 3436420 边界点与 3642002 边界点属于同一边界线,故 D 说法没问题。

39.**【C】知识点:边界测绘要求**

出处:《测绘综合能力体系和题解(上、下册)》8.3

解析:边界线地形图上,界桩点、拐点、界线经过的地物到邻近固定地物点位置中误差不大于图上±0.4 mm。

40.**【C】知识点:边界测绘要求**

出处:《测绘综合能力体系和题解(上、下册)》8.3

解析:边界线地形图上,界桩点、拐点、界线经过的地物到邻近固定地物点位置中误差不大于图上±0.4 mm。

41.**【B】知识点:航空摄影和测量基本概念**

出处:《测绘综合能力体系和题解(上、下册)》9.1.1

解析:RC 航摄仪产自瑞士威特,像幅为 23 cm×23 cm,固定主距,暗匣和物镜筒是通用的,可以进行替换。航空摄影时,相对航高一般不轻易改变,用基高比调整航向重叠度度。基高比变小,航向重叠度变大。

42.**【B】知识点:航摄仪类别**

出处:《测绘综合能力体系和题解(上、下册)》9.2.1

解析:ADS80 对前视、下视、后视三个方向同时获取影像,一次飞行取得前下后 100% 三度重叠,连续无缝的全色影像、彩色影像、彩红外影像。

43.**【C】知识点:航摄仪检定**

出处:《测绘综合能力体系和题解(上、下册)》9.2.2

解析:当实际透镜参数和设计参数有差异时,或者在航摄仪透镜安装时位置有偏移,都会产生成像的变形,光学畸变差主要包括径向畸变差和偏心畸变差,径向畸变差是沿着透镜半径方向分布的畸变差,是影响成像的主要畸变差。

44.**【B】知识点:航空摄影和测量基本概念**

出处:《测绘综合能力体系和题解(上、下册)》9.1.1

解析:主距是主光轴的长度,是摄影机物镜后节点到像片面的垂距。焦距是摄影机物镜节点到焦点(焦平面)的距离。

45.**【C】知识点:影像定位**

出处:《测绘综合能力体系和题解(上、下册)》10.2.2

解析:因立体像对是左右摆放,故同名光线投影在承影面上是否有上下视差(Y 轴)是检验是否完成相对定向的标志。相对定向后,像点坐标系转换成像空间辅助坐标系。

46.【B】知识点：**影像预处理**

出处：《测绘综合能力体系和题解(上、下册)》10.3.2

解析：卫星轨道参数提取是根据严格几何成像模型(基于共线方程)分析卫星星历参数和姿态角参数构建几何模型。

47.【B】知识点：**像控点布设**

出处：《测绘综合能力体系和题解(上、下册)》10.4.2

解析：1：500 比例尺地物点精度为图上±0.6 mm,即实地 30 cm,像控点相对于基础控制点不超过地物点平面中误差的 1/5,高程精度为 1/10 基本等高距。故选 B。

48.【C】知识点：**空三概述**

出处：《测绘综合能力体系和题解(上、下册)》10.6.1

解析：空中三角测量可得到加密点地面坐标和像片外方位元素。

49.【C】知识点：**空三测量实施**

出处：《测绘综合能力体系和题解(上、下册)》10.6.4

解析：每个像对连接点应分布均匀,每个标准点位区应有连接点,人工定向时每个像对连接点数目一般不少于 9 个。自动相对定向时,每个像对连接点数目一般不少于 30 个,标准点位区落水时,应沿水涯线均匀选择连接点。

50.【A】知识点：**DLG 概述**

出处：《测绘综合能力体系和题解(上、下册)》10.7.1

解析：DLG 是分层存储的矢量数据集,更为方便放大、查询、检查和量测和叠加,能方便生成各类专题图。

51.【C】知识点：**DLG 质量控制和成果整理**

出处：《测绘综合能力体系和题解(上、下册)》10.7.3

解析：原始特征点、线文件只有在 DEM 生产过程中出现。DLG 成果整理内容包括 DLG 矢量数据文件、元数据文件和图历簿、结合表、回放地形图、质量检查验收报告、技术总结等。

52.【A】知识点：**DEM 概述**

出处：《测绘综合能力体系和题解(上、下册)》10.8.1

解析：相较传统的等高线而言,DEM 优点是小巧,格式简单,便于计算。DSM 数据相比 DEM 考虑到地表因素,表达的数据更加复杂;与规则格网 DEM 相比,TIN 能较好地顾及地貌特征的表示,但数据量较大,数据结构较复杂。

53.【A】知识点：**DEM 质量控制和成果整理**

出处：《测绘综合能力体系和题解(上、下册)》10.8.3

解析：达不到规定高程精度要求的区域应划为 DEM 高程推测区。

54.【C】知识点：**DOM 制作方法**

出处：《测绘综合能力体系和题解(上、下册)》10.9.2

解析：影像的色彩不平衡可以分为单幅影像内部的色彩不平衡和多幅影像之间的色彩不平衡,需要进行匀光、匀色处理。色调调整一般在影像预处理阶段,以及在镶嵌接边后进行。

55.【A】知识点：航空摄影和测量基本概念

出处：《测绘综合能力体系和题解(上、下册)》9.1.1

解析：像平面坐标系表示像点在像平面内(框标坐标系)的右手平面直角坐标系,是直接由航空摄影得到的原始数据消除内方位元素系统误差后形成的坐标系。

56.【D】知识点：航空摄影

出处：GB/T 19294—2003《航空摄影技术设计规范》附录 D

解析：按航空摄影实施困难等级划分,其中由易到难排列正确的是华北平原,塔里木盆地,浙江大部,西藏。

57.【B】知识点：地图特征

出处：《测绘综合能力体系和题解(上、下册)》11.1.1

解析：地形图是表示基本地理要素且用等高线等表示地面起伏的地图,属于普通地图。地势图是着重表达地势起伏和水系形态特征与分布规律的专题地图。地貌图是表现陆地和海底地貌分布状况及其成因与形态类型的专题地图。地类图是反映土地类别的专题地图。

58.【A】知识点：数学基础

出处：《测绘综合能力体系和题解(上、下册)》11.1.4

解析：地图上标明的比例尺指投影标准线与实地地物的比值,即地图主比例尺;地图投影会产生变形,故地图上各点的比例尺(称为局部比例尺)各不相同。由于高斯投影上除了标准投影线中央经线之外长度比大于1,故选 A。

59.【A】知识点：普通地图编绘

出处：《测绘综合能力体系和题解(上、下册)》11.3.2

解析：街道网是显示居民地内部结构的主要内容。城镇居民地概括和化简要正确放映居民地内部通行状况、街区图面特征、街道密度和街区大小对比、建筑物与非建筑物之间的面积对比,以及外轮廓特征。

60.【A】知识点：基本比例尺地形图编绘

出处：《测绘综合能力体系和题解(上、下册)》11.3.3

解析：基本比例尺地形图图幅以主要居民地命名。

61.【A】知识点：数学基础

出处：《测绘综合能力体系和题解(上、下册)》11.1.4

解析：等角投影也叫正形投影,即角度不发生投影变形,图形在原面上和投影面上保持了相似性,等角投影的经纬线必定正交。

62.【D】知识点：地图设计基础

出处：《测绘综合能力体系和题解(上、下册)》11.2.1

解析：交通图一般采用等距离投影,等距离投影属于任意投影。

63.【B】知识点：基本比例尺地形图编绘

出处：《测绘综合能力体系和题解(上、下册)》11.3.3

解析：1∶5 万基本比例尺地形图方里网格网间距图上为 4 cm,通过比例尺换算,实地为 2 km。

64.【D】知识点：**地图制作和制印**

出处：《测绘综合能力体系和题解(上、下册)》11.4

解析：PS格式是桌面排版格式,打印图形语言PostScript的通用文件格式。

65.【C】知识点：**地理信息系统的发展**

出处：《测绘综合能力体系和题解(上、下册)》12.1.2

解析：智能GIS是在GIS中引入了空间数据挖掘与知识发现机制,自动或半自动地从大量的空间数据中发现一些隐含的特定知识或普遍知识来解决GIS智能化问题和空间决策支持问题。

66.【A】知识点：**空间数据结构**

出处：《测绘综合能力体系和题解(上、下册)》12.2.2

解析：正确选择合理的栅格赋值技术,能较好地保持地表的真实性,尽可能地保持原图或原始数据的精度问题。选项B不会影响栅格数据质量,选项C、D会增大栅格数据文件。

67.【A】知识点：**空间数据结构**

出处：《测绘综合能力体系和题解(上、下册)》12.2.2

解析：元数据是对数据变化的描述,是数据的数据,是数据的说明表单资料。元数据用关系数据表描述空间数据集的内容、质量、表达方式、精度、空间参考系、管理方式、其他特征等。

68.【C】知识点：**地理信息系统的发展**

出处：《测绘综合能力体系和题解(上、下册)》12.1.2

解析：基于元数据的地理信息服务主要是目录服务,也就是地理数据的发现,即为用户寻找真正所需要的数据提供服务。WebGIS具有在Internet上进行空间信息的显示、查询和浏览等功能,是组件式GIS和Web的集成。

69.【C】知识点：**空间分析方法**

出处：《测绘综合能力体系和题解(上、下册)》12.3.2

解析：GIS的主要功能就是对数据的查询和分析,包括空间查询(图形查询、属性查询、图形属性互查、地址匹配)空间分析(网络分析、叠加分析、缓冲区分析等),GIS无法直接预防还未发生的事件,故选C。

70.【A】知识点：**系统总体设计**

出处：《测绘综合能力体系和题解(上、下册)》12.4.2

解析：系统总体设计是对系统数据结构和软件体系用层次图、HIPO图、结构图、通用建模语言(UML)等表达工具进行总体设计的过程。

71.【C】知识点：**系统总体设计**

出处：《测绘综合能力体系和题解(上、下册)》12.4.2

解析：C/S是用户由客户机发出请求,由服务器响应的模式。服务器集中管理数据资源,与客户端进行数据交互,同时客户机具有自主的控制和计算能力。

72.【D】知识点：**系统测试和调试**

出处：《测绘综合能力体系和题解(上、下册)》12.5.2

解析：黑盒测试:也称功能测试或者数据驱动测试,只检查程序功能是否按照需求规格说明书的规定正常使用。

73.【B】知识点：地理数据

出处：《测绘综合能力体系和题解(上、下册)》12.2.5

解析：为了分类存储、便于拆分和组合和专题图制作,空间数据一般按专题、时间序列、实体几何类型、实体属性结构等方式分层。

74.【B】知识点：空间分析方法

出处：《测绘综合能力体系和题解(上、下册)》12.3.2

解析：地址匹配是根据地址来查询事物的空间位置和属性信息,是地理信息系统特有的一种查询功能,是将统计资料或地址信息建立空间坐标关系的过程,又叫地理编码。

75.【B】知识点：空间关系

出处：《测绘综合能力体系和题解(上、下册)》12.2.4

解析：关联关系指不同类图元之间的拓扑关系,如多边形是弧段和面之间的关联关系。本题属于分析点与面的拓扑关系。

76.【C】知识点：导航电子地图产品开发

出处：《测绘综合能力体系和题解(上、下册)》13.3

解析：兴趣点数据是检索数据,主要是政区、电话、门牌等,故不用实测检查,其他选项中,C是最有效和经济的方法。

77.【D】知识点：导航电子地图内容

出处：《测绘综合能力体系和题解(上、下册)》13.1.2

解析：导航电子地图道路结点信息包括交叉口类别、道路连接关系、交通限制等,结点几何形态为点。交叉口类别分为普通交叉口、出入口和收费站。

78.【B】知识点：在线地理信息服务概述

出处：《测绘综合能力体系和题解(上、下册)》14.1

解析：SOA是一种软件系统松耦合,通过协议和标准接口把各独立功能实体进行网络业务集成,基于开放标准(万维网 W3C),独立于操作系统、编程语言、硬件平台,具有可重用性和很强灵活性,能满足按需业务应用。服务与数据之间、服务与软件之间、服务与软硬件支撑环境之间非紧密绑定,通过规范性服务接口与协议实现互操作。

79.【C】知识点：在线地理信息服务概述

出处：《测绘综合能力体系和题解(上、下册)》14.1

解析：SOA 操作的分类有：

发布：发布描述使用户可以发现该服务。

发现：通过查询注册中心来找到符合标准的服务。

绑定和调用：服务使用者根据服务描述信息来调用服务。

80.【A】知识点：在线地理信息服务概述

出处：《测绘综合能力体系和题解(上、下册)》14.1

解析：国家地理信息公共服务平台是数字中国的重要组成部分,由国家测绘地理信息局牵头建设,是实现全国地理信息网络服务所需的信息数据、服务功能、支撑环境的总称,根据运行环境不同分为公众版(互联网)、政务版(国家电子政务外网)、涉密版(国家电子政务内网),公众版——天地图已于 2010 年 10 月 21 日开通。

二、多项选择题

81.【BD】知识点：**高程控制网数据处理**

出处：《测绘综合能力体系和题解(上、下册)》3.10.7

解析：水准测量的精度可以用每公里高差中数的偶然中误差、全中误差来评定。

82.【BCD】知识点：**重力控制网**

出处：《测绘综合能力体系和题解(上、下册)》3.11.2

解析：重力基准网和重力仪标定长基线由重力基准点组成,重力基准点使用绝对重力仪测量。另外重力基本网也包含了重力基准点,故选 BCD。

83.【CDE】知识点：**常见坐标系统**

出处：《测绘综合能力体系和题解(上、下册)》3.2.4

解析：地心坐标系是以球心与地球质心重合的总地球椭球为基准所建立的大地坐标系。地心坐标框架由空间大地测量控制网,主要是卫星大地控制网来维持,由空间大地测量技术来实现。选项 A 属于投影坐标系,选项 B 属于大地坐标系,两者都是坐标系统的表现形式,不一定是地心坐标系。

84.【BDE】知识点：**海底地形图制作**

出处：《测绘综合能力体系和题解(上、下册)》4.3.4

解析：1∶25 万比例尺及更小比例尺海底地形图一般采用墨卡托投影,大于 1∶25 万比例尺采用兰伯特投影,采用经纬线分幅方式。

85.【ADE】知识点：**工程控制测量质量控制与成果归档**

出处：《测绘综合能力体系和题解(上、下册)》5.2.4

解析：评估工程控制网的精度准则主要分为总体精度准则、点位精度和相对点位精度、未知数函数精度、主分量、准则矩阵五类。

86.【ABE】知识点：**城乡规划测量概述**

出处：《测绘综合能力体系和题解(上、下册)》5.4.1

解析：城乡规划测量是为了服务城乡建设规划管理而进行的工程测量,其实施的依据是《建设工程规划许可证》《建筑工程施工许可证》,经过规划部门审核的建筑设计总平面图。

87.【BCE】知识点：**变形监测实施**

出处：《测绘综合能力体系和题解(上、下册)》5.12.3

解析：混凝土坝水平位移监测可采用正倒垂线法、引张线法、GNSS 测量、极坐标法、交会法、测量机器人等方法。

88.【ACE】知识点：**变形监测实施**

出处：《测绘综合能力体系和题解(上、下册)》5.12.3

解析：挠度是指建筑(构)物在水平方向或竖直方向上的弯曲值。挠度观测方法有垂线法、差异沉降法、位移传感器、挠度计等。

89.【BE】知识点：**房产要素测绘**

出处：《测绘综合能力体系和题解(上、下册)》6.3.2

解析：河流、湖泊、水库等水域以岸边线为准测量;沟渠、池塘以坡顶为准测量。

90. 【ABCE】知识点:**地籍测量概述**

出处:《测绘综合能力体系和题解(上、下册)》测绘资质分级标准

解析:按照2014年版测绘资质分级标准,不动产测绘分为房产测量、地籍测量、行政界线测绘、不动产监理测量。

91. 【ABCD】知识点:**边界调查**

出处:《测绘综合能力体系和题解(上、下册)》8.2.1

解析:边界调查应核实法定边界线、习惯边界线、行政管辖线以及与边界有关的资源归属范围线等界线的实地位置,并调查边界争议的情况实地调查后,根据调查资料在边界地形图上绘制边界情况图。

92. 【BC】知识点:**遥感概述**

出处:《测绘综合能力体系和题解(上、下册)》10.2.3

解析:可见光($0.4 \sim 0.8 \mu m$)和部分紫外、近红外是常见的大地窗口,反映地物对阳光的反射。

93. 【ABD】知识点:**摄影测量和遥感类型**

出处:《测绘综合能力体系和题解(上、下册)》10.1.1

解析:卫星遥感影像与常规航空影像区别:①卫星影像基于推扫成像,垂直轨道方向是中心投影,沿轨道方向不满足中心投影的成像原理,而航片则满足中心投影原理;②卫星影像外方位元素可以提供严格成像模型或RPC参数,航空影像通常提供满足共线条件方程的严格成像模型;③卫星影像获取的信息一般由多光谱和全色分离获取,全色影像分辨率高,多光谱影像分辨率较低,需要通过融合处理才能获取彩色高分辨率的影像。另外,目前卫星影像一般基于多线阵扫描成像形成100%的影像重叠,可以进行立体测图。

94. 【CD】知识点:**影像定位**

出处:《测绘综合能力体系和题解(上、下册)》10.2.2

解析:影像外方位元素可以通过空三测量、单像空间后方交会、POS系统测量等方法获得,即选项C,D。选项A需要再经过绝对定向才能获得外方位元素,选项B缺少外方位角元素。

95. 【CD】知识点:**像控点布设**

出处:《测绘综合能力体系和题解(上、下册)》10.4.2

解析:目前,航空摄影测量的像幅一般采用$23 cm \times 23 cm$、$18 cm \times 18 cm$。

96. 【ACE】知识点:**地图表达方式设计**

出处:《测绘综合能力体系和题解(上、下册)》11.2.2

解析:范围法用于表示间断分布的面状对象,点值法用于表示分散的面状现象,点符号法无法表示面现象。

97. 【AB】知识点:**地图集设计**

出处:《测绘综合能力体系和题解(上、下册)》11.2.3

解析:地图集比例尺根据开本和制图区域大小来确定。图集中比例尺应该有统一的系统,各图之间需要存在简单倍率关系,比例尺种类要适量,不宜过多。保持制图区域内变形最小或者投影变形误差分布符合设计要求,以最大可能保证地图精度,保证一个图组内图幅

间内容的延续性和可比性。普通地图集内容包括总图(反映全区总貌,编排顺序在前)、分区图(各类主体图,编排顺序在后)、地名索引(不是必备)三个部分。对于普通地图集而言,制图区域应是一个完整的区域排列于一个分幅内;普通地图集或单一性专题地图集要设计符合不同比例尺地图的统一图例。

98.【BCE】知识点:系统总体设计

出处:《测绘综合能力体系和题解(上、下册)》12.4.2

解析:物理设计阶段设计包含确定数据对象、确定数据存放位置、确定数据存储结构、确定数据存取方法、建立数据存储路径和索引、确定存储硬件配置等工作。设计时需要考虑数据存取时间、存储空间利用率和维护代价等因素。选项 A 属于用户行为,选项 D 属于数据属性入库时的工作内容。

99.【ACD】知识点:地理信息系统概述

出处:《测绘综合能力体系和题解(上、下册)》12.1

解析:地理特征和现象的数据描述包括空间位置、属性特征及时域特征三部分。

100.【ABC】知识点:导航系统构成

出处:《测绘综合能力体系和题解(上、下册)》13.1.1

解析:导航应用软件主要功能有定位与显示、地图浏览与信息查询、智能路线规划、语音引导等。

16.4　仿真模拟测试卷及解析(四)

16.4.1　仿真试题

一、单项选择题(共 80 题,每题 1 分。每题的备选项中,只有 1 个最符合题意)

1. 重力仪标定长基线应控制全国重力差,应在我国境内大致沿(　　)设置。

A. 南北　　　　　　B. 环状　　　　　　C. 东西　　　　　　D. 大山脉

2. Bursa 七参数转换模型采用数值计算的方法建立了不同(　　)之间的转换模型。

A. 三维大地坐标　　B. 空间直角坐标　　C. 平面直角坐标　　D. 局部平面坐标

3. 假设 a 为椭球长半轴,b 为短半轴,则 $\sqrt{a^2-b^2}/b$ 为(　　)。

A. 扁率　　　　　　B. 二阶球谐系数　　C. 偏心率　　　　　D. 曲率半径

4. 对一矩形进行丈量,测得长和宽,已知边长丈量中误差都是 2 mm,则矩形周长的中误差为(　　)mm(取至 mm)。

A. 2　　　　　　　　B. 3　　　　　　　　C. 4　　　　　　　　D. 6

5. 水准测量理论闭合差的存在是因为(　　)。

A. 测量误差的客观存在性　　　　　　　B. 水准测量视线不平行误差累计

C. 似大地水准面不是重力等位面　　　　D. 水准面和椭球面之间存在垂线偏差

6. GPS 三维无约束平差需要提供(　　)点的已知坐标。

A. 0个   B. 1个   C. 2个   D. 3个

7. 经检查,同步环闭合差不超过限差,以下说法中正确的是( )。

 A. 表明基线向量解算合格   B. 表明控制网可靠性强

 C. 表明观测精度高   D. 表明观测时卫星分布均匀

8. 用经纬仪正镜倒镜法观测不能消除( )。

 A. 度盘偏心差 B. 横轴误差   C. 竖轴倾斜误差 D. 照准部偏心差

9. 导线坐标增量闭合差的配赋方法是将闭合差( )。

 A. 按导线边数平均分配   B. 按边长成正比例分配

 C. 按折角个数平均分配   D. 按边长成反比例分配

10. 导线测量时,( ),进行了重新观测,属于重测。

 A. 发现度盘配置错误   B. 同一方向值测回间超限

 C. 测错方向放弃后   D. 下雨导致测回没法完成

11. 似大地水准面精化是精确求定按一定分辨率表示的( )。

 A. 大地高   B. 大地水准面差距

 C. 高程异常   D. 正常高

12. 似大地水准精度检验过程中,省级似大地水准面检验点总数不应少于( )个。

 A. 20   B. 30   C. 50   D. 100

13. 国家一等水准测量用往返测不符值计算的每千米偶然中误差应不大于( )mm。

 A. ±0.20 B. ±0.30 C. ±0.45 D. ±0.50

14. 出于船只航行安全考虑,瞬时海面与深度基准面的关系正确的是( )。

 A. 瞬时海面一定在深度基准面之上 B. 瞬时海面一定在深度基准面之下

 C. 瞬时海面一定等于深度基准面   D. 瞬时海面可能在深度基准面之下

15. 多波束测深线一般与等深线方向成( )关系。

 A. 0°   B. 45°   C. 60°   D. 90°

16. 以下内容中,不属于海图要素的是( )。

 A. 数学要素 B. 海域地理要素 C. 整饰要素   D. 海洋专题要素

17. 大于1:5万的海底地形图的投影应采用( )投影。

 A. 墨卡托   B. 高斯-克吕格 C. 兰勃特   D. 通用横轴墨卡托

18. 在水平角测量过程中,上半测回结束后发现水准管气泡偏离过大,应( )。

 A. 重新整平后,重测整个测回   B. 不重新整平,继续观测下半测回

 C. 重新整平后,观测下半测回   D. 不重新整平,只微调脚螺旋,观测下半测回

19. 采用激光经纬仪进行水平位移变形监测时,目标板应稳固设立在变形比较敏感的部位并与光路( )。

 A. 平行   B. 45°斜交   C. 垂直   D. 60°斜交

20. 工程控制网的边长测量中误差为 m,相应等级 GPS 测量基线中误差为 σ,则应( )。

 A. $m\leqslant\sigma$ B. $m\leqslant2\sigma$ C. $m\leqslant2\sqrt{2}\sigma$ D. $m\leqslant3\sigma$

21. 可采用公式 $y_{\mathrm{m}}=\sqrt{2RH}$ 来计算投影基准面固定时的中央子午线位置,其中 R 为地球曲率半径,H 为测区相对于( )的高。

A. 抵偿投影面　　B. 参考椭球面　　C. 似大地水准面　　D. 测区平均高程面

22. 一个二等水准网项目完成后,成果整理的时候应以(　　)为单元成果进行归档。

A. 点　　　　　B. 幅　　　　　C. 测段　　　　　D. 环

23. 采用等高线表示山体时,等高线的高程注记不应注记于山体(　　)面。

A. 东　　　　　B. 西　　　　　C. 南　　　　　D. 北

24. 对高层建筑进行内控制测量,以下可采用的仪器为(　　)。

A. 激光铅垂仪　　B. 全站仪　　C. GPS 接收机　　D. 皮数杆

25. 设某铁路隧道长度为 9 km,不设竖井只从两个方向开挖,则地面平面控制对横向贯通的影响值是(　　)mm。

A. 44.7　　　　B. 50　　　　　C. 57.7　　　　D. 70.7

26. 以下属性中,热力管道不需要调查的是(　　)。

A. 流向　　　　B. 材质　　　　C. 压力　　　　D. 埋深

27. 小角法测量是用来进行(　　)的方法。

A. 垂准监测　　B. 沉降观测　　C. 视准线测量　　D. 倾斜测量

28. 关于精密控制网的布设,考虑到需要增加多余观测量来提高控制网的精度和可靠性,一般不采用(　　)。

A. GNSS 控制网　　B. 导线网　　C. 三角形网　　D. 直伸形三角网

29. 已知编号区最大丘号为 30,现丘号为 16 的一产权业主把二层卖出,自留一层,宗地号维持不变,则该业主经变更测量后新丘号可能为(　　)。

A. 16-1　　　　B. 16　　　　　C. 17　　　　　D. 31

30. 下列不属于《商品房预售许可证》取得条件的是(　　)。

A. 取得土地使用权证书

B. 持有建设工程规划许可证和建设工程开工许可证

C. 已进行房屋竣工核实验收测量

D. 已经按照设计图纸进行图纸测量

31. 某幢 2 层房屋,A、B 两户套型完全一样,并分居一、二层,楼梯共用,后两户发生纠纷并最终签有协议,A 户占楼梯 2/3 所有权,并给予 B 户 10 万元正补偿款。则计算房产面积时以下做法正确的是(　　)。

A. A 户分得楼梯产权的全部　　　　B. A 户分得楼梯产权的一半

C. A 户分得楼梯产权的 2/3　　　　D. A 户不能分得楼梯产权

32. 房产分户平面图不表示的内容是(　　)。

A. 指北方向　　B. 四至关系　　C. 墙体归属　　D. 走道位置

33. 第三次全国土地调查即将开始,其主要目的是查清全国土地的(　　)。

A. 权属情况　　B. 地理国情　　C. 用地类别　　D. 土地等级

34. 土地权属协议书附图可以由(　　)制作。

A. 正射影像图　　　　　　　　　B. 地籍图

C. 白纸　　　　　　　　　　　　D. 正射影像图、地籍图、白纸

35. 地籍日常变更调查时,调查人员接收到(　　)初审的变更土地登记申请文件后,在现场

对宗地权属和界址变化进行调查核实。

    A. 土地权利人   B. 土地登记人员   C. 土地登记代理人 D. 测绘人员

36. 地籍测量验收时,外业采用导线联测法随机检核界址点精度,应使用的公式是(　　)。

    A. $\sqrt{[vv]/(n-1)}$ B. $\sqrt{[vv]/n}$ C. $\sqrt{[vv]/2n}$ D. $\sqrt{[\Delta\Delta]/n}$

37. 牧区的集体土地所有权调查比例尺一般选用(　　)。

    A. 1:2 000   B. 1:5 000   C. 1:10 000   D. 1:50 000

38. 地籍总调查成果验收时,界址测量与地籍图测绘检查验收的内容不包括(　　)。

    A. 地籍、地形要素有无错漏   B. 观测记录与数据是否齐全、规范

    C. 地籍图精度是否符合规定   D. 宗地草图与实地是否相符

39. 行政区域界桩埋设后,需要填写界桩登记表,由毗邻政区(　　)签字。

    A. 技术负责人   B. 民政部门负责人

    C. 政府负责人   D. 党务负责人

40. 在2324001Q与2324002Q之间新增一个同号双立界桩,其编号可能为(　　)。

    A. 2324003A   B. 2324001B   C. 2324001-1B   D. 2324001-2A

41. 用三线阵摄影仪进行航空摄影,每条航线上得到的是(　　)。

    A. 一条线中心投影扫描线   B. 无缝无重叠度的二维影像

    C. 无数固定幅面的中心投影影像   D. 100%重叠的立体影像

42. 检查像片重叠度是否符合要求,应按重叠部分(　　)为准。

    A. 最低地形   B. 平均高程地形 C. 最高地形   D. 任意地形

43. 航空摄影项目完成后,影像质量检查时不需要做的工作为(　　)。

    A. 检查航线布设索引图   B. 检查影像立体模型可连接性

    C. 检查像点位移和投影差   D. 检查影像反差和色调进行辐射纠正

44. 下列关于航高论述正确的是(　　)。

    A. 绝对航高=真实航高+相对航高   B. 真实航高=绝对航高+相对航高

    C. 绝对航高=相对航高+摄影基准面 D. 相对航高=绝对航高+摄影基准面

45. 倾斜摄影利用点云建模,再经过纹理匹配,生成真三维模型,以下不可以作为纹理源数据的是(　　)。

    A. 道路移动测量系统采集   B. 地面人工补摄

    C. 水体填充符号   D. 建筑立面效果图

46. 商业卫星成像参数难以统一和获得,故可采取(　　)来成像。

    A. 共线方程模型   B. 共面方程模型

    C. 数字微分纠正模型   D. 通用几何模型

47. 要确定一个立体像对的绝对位置需要(　　)个外方位元素。

    A. 5   B. 6   C. 7   D. 12

48. 基于胶片的航空摄影数字化产品生产过程中,内定向需要借助(　　)来完成。

    A. 框标   B. 地面控制点   C. 同名像点   D. 航摄仪主距

49. 现有某地区2010年遥感影像图及该地区2000年土地利用图,需要对该地区土地现状进行更新,首先选择(　　)方法。

A. 非监督分类　　　　B. 监督分类　　　　C. 目视解译　　　　D. 实地调查

50. 军用夜视设备主要是利用了物体的发射光谱,是(　　)遥感技术的一种应用。

A. 多光谱　　　　　　B. 全色　　　　　　C. 高光谱　　　　　D. 热红外

51. 要把图像边缘、锯齿等过滤掉使图像平滑,应采用(　　)方法。

A. 抑制低频　　　　　B. 抑制高频　　　　C. 抑制中频　　　　D. 带阻滤波

52. 利用数字航空摄影测量方法测制 1:50 000 平原地区地形图时,像控点相对于邻近控制点的高程中误差不应大于(　　)m。

A. 0.5　　　　　　　　B. 0.8　　　　　　　C. 1.2　　　　　　　D. 1.6

53. 解析空三测量时,航向相邻两张影像重叠区的四个角以及像主点位置上都要布设(　　),以保证模型的建立。

A. 像控点　　　　　　B. 连接点　　　　　　C. 检查点　　　　　D. 公共点

54. 在 4D 产品中,不表示地物属性的是(　　)。

A. DLG　　　　　　　B. DRG　　　　　　　C. DEM　　　　　　D. DOM

55. 某对于 DEM 基本作业过程,下列说法中错误的是(　　)。

A. 已有空三数据可以直接导入建立数字立体模型

B. 一般通过等高线和高程点建立 TIN,然后内插建立 DEM。

C. 人工地物范围应编辑至人工地物最高点

D. DLG 中的等高线可导入立体模型,与采集的特征线一起内插

56. 以下航空摄影测量坐标系中,(　　)属于左手坐标系。

A. 物方空间坐标系　　　　　　　　　　B. 地面测量坐标系

C. 像空间坐标系　　　　　　　　　　　D. 地面摄影测量坐标系

57. 地图上要详尽表示独立地物,原因是(　　)。

A. 独立地物有明显方位意义,便于判定位置

B. 独立地物一般比较重要,需要重点绘出

C. 独立地物容易遗漏,要重点绘出

D. 独立地物测量精度高,对地图有特殊意义

58. 在专题地图中,统计分析制图区域内各气象站出具的一年风向频率表,应该采用(　　)表示方法。

A. 运动线法　　　　　B. 等值线法　　　　C. 定位图表法　　　D. 分级统计图表法

59. 地形图更新时,更新地物与原图衔接差如在限差以内,应(　　)。

A. 移动原地物　　　　　　　　　　　　B. 移动更新地物

C. 移动原地物与更新地物　　　　　　　D. 查明原因,作出处理

60. 为了统计本市社区学龄人口分布,将小区人口及小学生数符号绘制在每个小区大门口制作专题图,该方法属于(　　)。

A. 定位图表法　　　　B. 点值法　　　　　C. 范围法　　　　　D. 定点符号法

61. 制图综合时,湖泊和池塘不可以进行(　　)。

A. 选取主要的　　　　B. 删除次要的　　　C. 概括岸线　　　　D. 合并面积小的

62. 地形图一般用地貌符号来表示微地貌来补充等高线的不足,如激变地貌(　　)。

    A. 冲沟   B. 山洞   C. 冻土   D. 沼泽地

63. 地形图上,土质和植被要素用区域底色和符号相配合的方法,用地类界加注注记表示,注记分布形式不包括( )。

    A. 相应式   B. 整列式   C. 矩阵式   D. 散列式

64. 以下关于测量控制点的制图综合方法中,可以采用的是( )。

    A. 合并   B. 移位   C. 概括   D. 删除

65. 按照权数分析商业中心、港口到达商店、学校、医院最佳路径的应用中,常采用的 GIS 技术是( )。

    A. 统计分析技术   B. 缓冲区分析技术

    C. 空间叠加分析技术   D. 网络分析技术

66. 下列模型中,不属于数据库模型的是( )。

    A. 空间数据模型   B. 概念模型   C. 层次模型   D. 网络模型

67. 在 GIS 工程的数据库设计中,通常使用 E-R 图( )。

    A. 创建关系型表单   B. 建立地理数据的数据字典

    C. 对地理实体进行抽象提取   D. 规划数据库外模式结构

68. 以下空间分析方法中,建立分析的基础数据不是矢量数据的是( )。

    A. 地表分析   B. 资源最佳配置   C. 多边形叠置   D. 最优路径分析

69. 在学校管理数据库中,教师和学生的直接任课师生关系是( )。

    A. 一对多   B. 多对一   C. 多对多   D. 一对一

70. 正确表达地理实体、属性及联系的工作属于( )设计阶段的内容。

    A. 概念   B. 逻辑   C. 物理   D. 详细

71. 系统开发后,需要进一步进行调试,以下说法不正确的是( )。

    A. 选取测试数据对系统进行试验   B. 采用白盒方法对系统从上至下测试

    C. 调试应在指定的系统运行环境下进行   D. 研究系统模块,找出故障并改正

72. 在 GIS 中,要进行投影转换,以下方法中的( )不可用。

    A. 利用同名点转换   B. 多项式逼近法

    C. 解析模型法   D. 高斯正反算法

73. 地理信息系统的生命周期开发顺序正确的是( )。

    A. 程序设计-系统分析-系统评估   B. 程序设计-系统评估-运行和维护

    C. 程序设计-运行和维护-系统评估   D. 系统分析-系统评估-程序设计

74. 目前主流的空间数据组织形式采用( )管理模式。

    A. 文件系统-关系数据库   B. 全关系数据库

    C. 全面向对象数据库   D. 面向对象数据库-关系数据库

75. ISO 9126 规定的软件质量管理技术的软件量度模型共分为( )个层次。

    A. 2   B. 3   C. 4   D. 5

76. 车载导航电子地图数据生产时,如需要采集道路轨迹,则首选( )方法。

    A. 全站仪测量   B. 手持相机拍摄

    C. 手持 GNSS 接收机测量   D. GNSS 静态测量

77. 车载导航电子地图产品发布时,需报送( )取得出版号,上市销售。

    A. 指定的出版部门   B. 省级以上测绘主管部门

    C. 中国测绘科学研究院   D. 有审图权限的指定机构

78. Google 地图为了提高地图系统运行效率,充分利用系统资源,通常采用( )技术。

    A. 分布式计算   B. 瓦片分隔   C. 电子图分级   D. 众包模式更新

79. 在线地理信息系统中,地理实体数据的图元表和地理实体表,通过( )建立联系。

    A. 地理实体标识码   B. 图元标识码

    C. 地名地址标识码   D. 地理实体名称

80. 在线地理信息服务发布软件平台的选择不用考虑( )。

    A. 能实现分布式多源服务聚合

    B. 提供每天至少 5 小时的不间断服务

    C. 必须支持 OGC 主要服务规范性服务接口

    D. 商业化服务响应能力

二、多项选择题(共 20 题,每题 2 分。每题的备选项中,有 2 个或 2 个以上符合题意,至少有 1 个错项。错选,本题不得分;少选,所选的每个选项得 0.5 分)

81. 基于 1980 西安大地坐标系,并移动了中央子午线的城市独立坐标系高斯 3°带平面坐标转换到 CGCS 2000 国家大地坐标系的高斯 3°带平面坐标,需要进行的步骤有( )。

    A. 高斯平面坐标转大地坐标   B. 大地坐标转高斯平面坐标

    C. 空间直角坐标之间转换   D. 大地坐标和空间直角坐标转换

    E. 高斯平面坐标之间转换

82. 水准测量时,需要在( )处放置尺垫或尺桩。

    A. GPS 联测点   B. 转折点   C. 待测点

    D. 水准点   E. 跨河水准立尺点

83. 大地测量数据库分为( )数据库。

    A. 国家级   B. 省级   C. 县级

    D. 乡镇级   E. 村级

84. 以下资料可以作为海图改正依据的有( )。

    A. 改正通告   B. 无线电航行警告   C. 潮位改正记录

    D. 航海通告   E. 新测的资料

85. 工程地形图的比例尺大小一般要按( )等因素来选择。

    A. 运营管理需要   B. 工程建设阶段要求   C. 地形图比例尺精度

    D. 工程规模   E. 变形监测要求

86. 以下测量活动,属于矿井采掘控制测量工作的有( )。

    A. 矿区 GNSS 网布设   B. 巷道回采工作面测量   C. 地下导线测进

    D. 净空断面测绘   E. 井中铅垂投点

87. 对小区内未露头的地下给水管的探查一般不使用( )方法。

    A. 甚低频法   B. 直接法   C. 夹钳法

    D. 示踪法   E. 电磁感应法

88. 对变形监测观测数据进行处理和分析时,可采用(   )等方法进行。

    A. 对比分析   B. 作图分析   C. 建模分析

    D. 统计分析   E. 实地检测

89. 房产测量主要是采集和表述房屋和房屋用地的有关权属和数量信息,为(   )等提供数据和资料。

    A. 房地产开发   B. 国情普查   C. 应急保障

    D. 征收税费   E. 电商系统

90. 地籍总调查成果验收时,有(   )等情况时判为不合格。

    A. 实地界址点设定不正确比例超过 5%   B. 控制网布局严重不合理

    C. 地类面积量算错误超过 5%   D. 界址点点位中误差超限

    E. 作业中有修改成果的行为

91. 对于边界主张线图的绘制,以下说法中正确的有(   )。

    A. 主张线采用 0.3 mm 的实线绘出   B. 颜色一方用红色,另一方用绿色

    C. 可压盖图上任何要素   D. 主张线图是界线测绘的成果图件

    E. 主张线图由组织实施的一方单独绘制

92. 对航空摄影项目进行技术设计,其内容包括(   )。

    A. 漏洞补测方法设计   B. 测区分区设计   C. 地面控制点布网设计

    D. 航线平差方法设计   E. 航摄仪选用设计

93. 立体像对相对定向的主要依据有(   )。

    A. 共面条件方程   B. 地面点 Y 坐标   C. 地面点 X 坐标

    D. 同名点像平面 X 坐标   E. 同名点像平面 Y 坐标

94. 对 DEM 最终成果的检查,以下说法中正确的有(   )。

    A. 通过内插检查与等高线符合性   B. 检查属性与图形是否符合

    C. 检查高程值有效范围正确性   D. 检查相邻两个高点是否可视

    E. 检查数据压缩大小是否合规

95. 在摄影测量中共线方程可用于解求(   )。

    A. 像点坐标   B. 外方位元素   C. 内定向参数

    D. 像点对应地面点坐标   E. 相对定向参数

96. 下列专题地图表示方法中,不需要对数据集进行分级的有(   )。

    A. 定点符号法   B. 统计图表法   C. 点值法

    D. 范围法   E. 等值区域法

97. 国家基本比例尺地形图中,需要绘出三北方向图的有(   )。

    A. 1:1 万   B. 1:2.5 万   C. 1:5 万

    D. 1:10 万   E. 1:25 万

98. 对于空间数据元数据库的建设原则,以下说法正确的有(   )。

    A. 任何情况下,不可对现有标准进行扩展

    B. 对现有标准中没有而数据库中存在的字段应予以增加

    C. 要在现有标准上建立

D. 对现有标准未提及的资源不可自定义增加

E. 对现有标准中存在而数据库中没有的字段应予以删除

99. 对 GIS 软件工程进行系统调试的方法主要有( )。

A. 结构化法排错　　　　B. 归纳法排错　　　　C. 观察法排错

D. 跟踪法排错　　　　　E. 演绎法排错

100. 导航电子地图数据编译中,其过程包括( )。

A. 地图分区处理　　　　B. 创建显示层　　　　C. 创建索引层

D. 创建路径层　　　　　E. 创建物理层

16.4.2 答案及解析

一、单项选择题

1.【A】知识点:**重力控制网**

出处:《测绘综合能力体系和题解(上、下册)》3.11.2

解析:重力标定长基线应控制全国范围内重力差,大致沿南北方向设置,两端点重力差应大于 $2\,000 \times 10^{-5}$ m/s^2,每个基点应为基准点。

2.【B】知识点:**坐标系转换**

出处:《测绘综合能力体系和题解(上、下册)》3.5.4

解析:一般用布尔沙七参数转换模型或莫洛坚斯基七参数转换模型,建立需要转换的坐标系之间的空间直角坐标系相似变换关系。

3.【C】知识点:**坐标系统**

出处:《测绘综合能力体系和题解(上、下册)》3.2.3

解析:第一偏心率 $e = \sqrt{a^2 - b^2}/a$,第二偏心率 $e' = \sqrt{a^2 - b^2}/b$。

4.【D】知识点:**误差传播率**

出处:《测绘综合能力体系和题解(上、下册)》2.2.1

解析:先列出函数关系:$2a + 2b = S$,S 为周长,a、b 为长、宽。根据误差传播率公式,$4m_a^2 + 4m_b^2 = m_S^2$,$m_a = m_b = 2$,代入公式,得到 m_S 为 5.656 mm,故选 D。

5.【B】知识点:**法截线曲率半径**

出处:《测绘综合能力体系和题解(上、下册)》3.5.1

解析:水准外业测量依据水准面进行,水准面之间相互不平行,这势必造成不同水准路线所经过的水准面不平行误差累积,严格来说即使没有测量误差,水准测量环线也不闭合。

6.【B】知识点:**GNSS 控制网数据处理**

出处:《测绘综合能力体系和题解(上、下册)》3.9.6

解析:由于 GNSS 网本身已经有定向基准和尺度基准,三维无约束平差只需要提供 1 个位置基准,即 1 个已知点的坐标即可,该坐标可选用伪距单点定位点或已知控制点,平差过程中没有加以约束条件,故属于无约束平差。

7.【A】知识点:**GNSS 控制网数据处理**

出处:《测绘综合能力体系和题解(上、下册)》3.9.6

解析：同步环闭合差不超过限差,只能表明观测无严重失误和基线向量的解算合格,并不足以表明观测值的高精度,因为同步环观测值线性相关,与观测精度无关。

8.**【C】知识点：水平角测量**

出处：《测绘综合能力体系和题解(上、下册)》3.7.4

解析：垂直轴倾斜误差不能通过盘左、盘右观测取中来消除。主要是仪器整平误差影响。通过测回间增加整平次数,加读照准部水准器格值计算倾斜改正等方式来削弱。

9.**【B】知识点：导线**

出处：《测绘综合能力体系和题解(上、下册)》3.7.6

解析：导线方位角闭合差的调整方法是将闭合差反符号后按折角个数平均分配。导线坐标增量闭合差的调整方法是将闭合差反符号后按边长成比例分配。

10.**【B】知识点：水平角测量**

出处：《测绘综合能力体系和题解(上、下册)》3.7.4

解析：因超限需要重新观测的完整测回称为重测。因对错度盘、测错方向、读记错误或因中途发现条件不佳等原因而放弃的测回,重新观测时,称为补测。

11.**【C】知识点：似大地水准面精化设计**

出处：《测绘综合能力体系和题解(上、下册)》3.12.1

解析：似大地水准面精化是为了建立高程异常模型,用求大地高（GNSS 测量得到）的方式来求得正常高,从而达到建立高程框架,简化正常高测量的目的。

12.**【C】知识点：似大地水准面精化流程**

出处：《测绘综合能力体系和题解(上、下册)》3.12.2

解析：省级似大地水准面检验点的间距不宜超过 100 km,检验点总数不应少于 50 个。

13.**【C】知识点：高程控制网数据处理**

出处：《测绘综合能力体系和题解(上、下册)》3.10.7

解析：一等每千米水准测量的偶然中误差要求不大于 0.45 mm。

等级	一等	二等	三等	四等
$m_{偶然}$/mm	0.45	1.0	3.0	5.0
$m_{全}$/mm	1.0	2.0	6.0	10.0

14.**【D】知识点：深度基准**

出处：《测绘综合能力体系和题解(上、下册)》4.2.1

解析：理论最低潮面的确定一般取深度保证率为 90%～95%,即瞬时海面有小概率会低于海区深度基准面。

15.**【A】知识点：水深测量**

出处：《测绘综合能力体系和题解(上、下册)》4.2.6

解析：多波束测深线与等深线方向平行,单波束测深线与等深线方向垂直。狭窄航道、锯齿形海岸,测深线与水流轴线成 45°。岬角、小岛,测深线成螺旋线、平行圈、辐射线方向。

16.**【D】知识点：海图编辑设计**

出处：《测绘综合能力体系和题解(上、下册)》4.3.1

解析：与普通地图相同,海图的三要素同样为数学要素、地理要素和辅助要素组成。海图地理要素主要有海域地理要素、陆地地理要素。故选 D。

17.【C】知识点：**海底地形图制作**

出处：《测绘综合能力体系和题解(上、下册)》4.3.4

解析：1：25 万比例尺及更小比例尺海底地形图一般采用墨卡托投影,大于 1：25 万比例尺采用兰伯特投影,采用经纬线分幅方式。海底地形图的基本比例尺为 1：5 万、1：25 万、1：100 万。

18.【A】知识点：**测量误差**

解析：水平角观测中,若水准管气泡偏离过大,应重测整个测回。

19.【C】知识点：**工程测量仪器和方法**

出处：《测绘综合能力体系和题解(上、下册)》5.1.2

解析：目标板(或感应器),应稳固设立在变形比较敏感的部位并与光路垂直。

20.【A】知识点：**工程控制测量概述**

出处：《测绘综合能力体系和题解(上、下册)》5.2.1

解析：工程控制网的边长测量中误差,应满足相应等级控制网的基线精度要求。

21.【B】知识点：**工程控制网设计**

出处：《测绘综合能力体系和题解(上、下册)》5.2.2

解析：中央子午线自行选择,但投影基准面仍然采用参考椭球面,可以采用公式 $y_m = \sqrt{2RH}$ 来计算中央子午线,R 为地球曲率半径,H 为测区相对于参考椭球的高。通过这个方式进行两化改正来抵消距离变形。

22.【C】知识点：**工程控制测量质量控制与成果归档**

出处：《测绘综合能力体系和题解(上、下册)》5.2.4

解析：平面控制测量以“点”为单元成果,高程控制测量以“测段”为单元成果,不便以“测段”为单元成果的也可以“点”为单元成果。

23.【D】知识点：**工程测图实施方法**

出处：《测绘综合能力体系和题解(上、下册)》5.3.3

解析：等高线注记标注在计曲线上,字头朝向高处,如注记于山体北面,等高线注记就要朝向南面图廓线,故选 D。

24.【A】知识点：**高层建筑施工实施**

出处：《测绘综合能力体系和题解(上、下册)》5.5.2

解析：高层建筑施工测量垂直度控制网,即内控,为保证高层建筑物竖直度、几何形状和截面尺寸达到设计要求,需要建立高精度的施工测量内控制网,即在建筑物的±0 面内建立控制网。一般采用铅直仪进行投测。

25.【C】知识点：**贯通测量**

出处：《测绘综合能力体系和题解(上、下册)》5.9.5

解析：横向贯通误差限差为 200 mm,则总的横向贯通中误差允许值为 100 mm,地面平面控制对横向贯通的影响中误差允许值为 $100/\sqrt{3} = 57.7$ mm。即受到地面控制误差影响、地下相向布设的洞内导线测量误差影响各位一个因素,共 3 个独立误差影像因素。

26.【C】知识点:地下管线探查

出处:《测绘综合能力体系和题解(上、下册)》5.10.2

解析:热力管无需调查压力,只有燃气管需注明压力。

管线类别	埋设类型	内底	外顶	压力	流向
给水			√		
排水		√			√
燃气			√	√	
热力	沟道	√			√
热力	无		√		√
电力	沟道	√			
电力	直埋		√		
电信	沟道	√			
电信	直埋		√		
工业	自流	√			√
工业	压力		√	√	

27.【C】知识点:变形监测实施

出处:《测绘综合能力体系和题解(上、下册)》5.12.3

解析:小角法是通过测定基准线方向与观测点的视线方向之间的微小角度计算观测点相对于基准线的偏离值的方法。

28.【B】知识点:精密测量设计和实施

出处:《测绘综合能力体系和题解(上、下册)》5.13.2

解析:精密水平控制网一般采用 GNSS 控制网、基准线、三角形网(大地四边形、中点多边形等)等控制网构成。直伸形三角网一般布设于线状设备的安装或直线度、同轴度要求较高的设备安装工程中。导线网的检核条件较少,不利于精密工程控制网的布设。

29.【A】知识点:房屋用地调查

出处:《测绘综合能力体系和题解(上、下册)》6.2.1

解析:一个地块属于几个产权单元时称组合丘。组合丘内表示支丘,支丘号以总丘号加横杆加数字表示。商品房、小区等一块用地包含多个产权单元,都属于典型的组合丘。用地不变,丘号不变,该种情况应编写支丘号,故选 A。

30.【C】知识点:面积测算方法

出处:《测绘综合能力体系和题解(上、下册)》6.4.1

解析:商品房预售许可证不同于商品房销售许可证,他是房屋在竣工前的一个预先销售行为,房产测绘预测绘是领取商品房预售许可证的一个重要步骤。商品房预售时,房屋还未竣工,故选 C。

31.【C】知识点:建筑面积分摊

出处:《测绘综合能力体系和题解(上、下册)》6.4.3

解析:共有建筑面积分摊的基本原则是先协议分摊,再按谁使用谁分摊原则。该案例共有部分已有分摊协议规定,故选 C。

32.【B】知识点:分户图

出处:《测绘综合能力体系和题解(上、下册)》6.5.3

解析:分户图表示的内容有房屋权界线、四面墙体的归属和楼梯、走道等部位,以及门牌号、房屋所在层次、户号、室号、房屋建筑面积和房屋边长等。

33.【C】知识点:**土地利用现状调查**

出处:《测绘综合能力体系和题解(上、下册)》7.2.5

解析:全国土地调查要实地调查每块土地的地类、位置、范围、面积、分布等利用状况。

34.【D】知识点:**地籍界址调查**

出处:《测绘综合能力体系和题解(上、下册)》7.2.3

解析:土地权属协议书附图可以由正射影像图、地籍图、地形图、土地利用现状图、白纸等制作。

35.【B】知识点:**日常土地权属调查**

出处:《测绘综合能力体系和题解(上、下册)》7.6.1

解析:实施土地调查任务前要经过土地登记人员初审,而不是直接从土地权利人得到土地调查任务。

36.【D】知识点:**地籍测绘检查验收的内容**

出处:《测绘综合能力体系和题解(上、下册)》7.7.2

解析:地籍测量验收外业随机检核界址点和地物点精度应采取高精度检核公式计算点位中误差,并假设检测值为真值,故用中误差定义公式。A 在真值不可知时用改正数代替真值时使用,B 不正确,C 为双观测值求中误差公式,适用于等精度检校。

37.【D】知识点:**地籍图测绘方法**

出处:《测绘综合能力体系和题解(上、下册)》7.4.2

解析:土地所有权地籍图比例尺选用:集体土地所有权调查比例尺采用 1∶1 万;城镇周边地区比例尺采用 1∶500,1∶1 000,1∶2 000,1∶5 000;人口很少的沙漠、高原等地区比例尺采用 1∶5 万。

38.【D】知识点:**地籍测绘检查验收的内容**

出处:《测绘综合能力体系和题解(上、下册)》7.7.2

解析:宗地草图与实地是否相符属于土地权属调查检查内容。

39.【A】知识点:**界桩点埋设和编号**

出处:《测绘综合能力体系和题解(上、下册)》8.2.2

解析:界桩登记表内容主要有边界线编号、界桩编号、类型、材质、界桩所在地(各边界关联方所在地都需要填写)、与方位物关系、直角坐标、大地坐标、界桩位置略图、备注、双方技术负责人签名等。

40.【C】知识点:**界桩点埋设和编号**

出处:《测绘综合能力体系和题解(上、下册)》8.2.2

解析: 新增界桩编号应为相邻界桩其中编号较小的界桩号码后加短线和两位数的支号表示,若支号有同号双立或同号三立的情况,则要另加界桩类型码,新增界桩中间如再增新桩,其编号在原新增加的界桩编号段中的最大序号上续编。

41.【D】知识点: **航摄仪类别**

出处: 《测绘综合能力体系和题解(上、下册)》9.2.1

解析: ADS80对前视、下视、后视三个方向同时获取影像,一次飞行取得前下后100%三度重叠,连续无缝的全色立体影像、彩色影像、彩红外影像。其得到的是线中心投影的条带影像,每条扫描线有独立摄影中心,对应着一组外方位元素,每一条航带对应着三组外方位元素。

42.【C】知识点: **航空摄影设计分析**

出处: 《测绘综合能力体系和题解(上、下册)》9.3.1

解析: 要保证所有立体影像重叠度都足够,要保证最高点处重叠度,因为最高点重叠度最小。

43.【C】知识点: **航空摄影质量控制**

出处: 《测绘综合能力体系和题解(上、下册)》9.5.1

解析: 因飞行引起的像点位移是航摄影像质量检查内容,但无需检查投影差。

44.【C】知识点: **航空摄影和测量基本概念**

出处: 《测绘综合能力体系和题解(上、下册)》9.1.1

解析: 绝对航高是相对于高程基准面的航高;相对航高是相对于摄区平均高程基准面的航高,相对航高影响航摄比例尺。

45.【D】知识点: **三维模型制作方法**

出处: 《测绘综合能力体系和题解(上、下册)》10.11.2

解析: 倾斜摄影在近地面贴图易失真,水体会有破洞,还需要和野外相机补摄或地面移动测量系统,补充水体符号,来修正三维模型。倾斜摄影是以真实拍摄的影像作为纹理源,选项D是概念图。

46.【D】知识点: **影像定位**

出处: 《测绘综合能力体系和题解(上、下册)》10.2.2

解析: 通常的传感器成像模型都是基于共线方程,必须获取成像参数,对于航空摄影测量来说需要获得内方位元素以及外方位元素,对于遥感卫星影像需要获取轨道参数、传感器方位元素、焦距等,而商业卫星传感器参数和卫星定位定姿参数一般不可得到,故需要一种通用几何模型RFM(有理函数模型)来代替共线方程模型拟合内外方位元素,作为遥感卫片构像的基础数学模型。

47.【D】知识点: **影像定位**

出处: 《测绘综合能力体系和题解(上、下册)》10.2.2

解析: 一个立体像对含有12个外方位元素,即两套外方位元素。

48.【A】知识点: **影像定位**

出处: 《测绘综合能力体系和题解(上、下册)》10.2.2

解析: 内定向时,量测影像上四个框标点的扫描坐标,根据航摄仪检定的框标理论坐标,经解析计算求得内定向参数。

49. 【B】知识点：**遥感概述**

出处：《测绘综合能力体系和题解(上、下册)》10.2.3

解析：监督分类采用分类标准样板作为计算机分类的训练基准技术,即具有先验知识的分类方法。本题中可以以 2000 年土地利用图作为标准分类样板对 2010 年遥感影像图进行自动分类识别。

50. 【D】知识点：**遥感概述**

出处：《测绘综合能力体系和题解(上、下册)》10.2.3

解析：远(热)红外(8~14 μm)属于地物的发射波谱,适合夜晚进行,夜视设备是热红外遥感应用。

51. 【B】知识点：**影像预处理**

出处：《测绘综合能力体系和题解(上、下册)》10.3.2

解析：低通滤波是使低频信号通过,高频信号被过滤,即变化比较剧烈频率特征被过滤,对图像起到平滑作用。

52. 【B】知识点：**像控点布设**

出处：《测绘综合能力体系和题解(上、下册)》10.4.2

解析：1∶500~1∶10 000 比例尺测图时,像控点相对邻近控制点高程中误差不大于基本等高距的 1/10,1∶25 000~1∶100 000 比例尺则需满足相应规范要求。

成图比例尺	平地和丘陵	山地和高山地
1∶500~1∶2 000	图上±0.12 mm	图上±0.16 mm
1∶5 000~1∶10 万	图上±0.1 mm	

53. 【B】知识点：**空三精度指标**

出处：《测绘综合能力体系和题解(上、下册)》10.6.2

解析：像控点指用来对区域网定向的野外实测控制点;加密点指非野外采集的立体模型连接点、内业测图点、定向辅助点;连接点是加密点的一类,用于立体像对的建模连接;检查点又称为多余控制点;区域网间公共点用于连接相邻区域网。

54. 【C】知识点：**DEM 概述**

出处：《测绘综合能力体系和题解(上、下册)》10.8.1

解析：DEM 只表示格网阵列和高程,不表示地物的属性。

55. 【C】知识点：**DEM 制作方法**

出处：《测绘综合能力体系和题解(上、下册)》10.8.2

解析：DEM 建立时,人工地物范围内 DEM 应编辑至地面或水面。这也是 DEM 和 DSM 的主要区别。其他选项都正确。

56. 【B】知识点：**航空摄影坐标系**

出处：《测绘综合能力体系和题解(上、下册)》9.1.2

解析：摄影测量数据处理实质是航摄坐标系转换的过程,即把拍摄得到的右手像方坐标系转换到左手物方地面坐标系中。

57.【A】知识点：地图表达方式设计

出处：《测绘综合能力体系和题解(上、下册)》11.2.2

解析：独立地物指地图上无法以比例尺表示的一些地物,它一般比其他建筑物更具有指向作用,需要精确定位。

58.【C】知识点：地图表达方式设计

出处：《测绘综合能力体系和题解(上、下册)》11.2.2

解析：定位图表法用图表反映定位于制图区域某些点的周期性现象的数量特征和变化。

59.【A】知识点：基本比例尺地形图编绘

出处：《测绘综合能力体系和题解(上、下册)》11.3.3

解析：地形图更新时,更新地物与原图衔接差如在限差以内,应移动原地物。

60.【D】知识点：地图表达方式设计

出处：《测绘综合能力体系和题解(上、下册)》11.2.2

解析：定点符号法是采用不同形状、大小、颜色的符号表示点状分布的物体位置。反映特定时刻独立的点要素。

61.【D】知识点：普通地图编绘

出处：《测绘综合能力体系和题解(上、下册)》11.3.2

解析：湖泊和池塘不得合并,可以进行选取和岸线概括。要保持湖泊与陆地的面积对比,保持湖泊固有形态和周围环境的联系。

62.【A】知识点：地图表达方式设计

出处：《测绘综合能力体系和题解(上、下册)》11.2.2

解析：用地貌符号来表示微地貌补充等高线的不足,如独立微地貌(山洞、火山口等)、激变地貌(冲沟、滑坡等)。

63.【C】知识点：地图表达方式设计

出处：《测绘综合能力体系和题解(上、下册)》11.2.2

解析：土质和植被要素用区域底色和符号相配合的方法,用地类界加注注记表示。地类界是指不同类别的地面覆盖物的界线。土质和植被符号,根据排列的形式可分成三种情况：

整列式：按一定行列配置,如苗圃、草地、经济林等；

散列式：不按一定行列配置,如小草丘地、灌木林、石块地等；

相应式：按实地的疏密或位置表示符号,如疏林、零星树木等。

64.【D】知识点：普通地图编绘

出处：《测绘综合能力体系和题解(上、下册)》11.3.2

解析：测量控制点的综合没有图形概括问题,只有取舍。

65.【D】知识点：空间分析方法

出处：《测绘综合能力体系和题解(上、下册)》12.3.2

解析：网络分析中的生成树分析是按照权数分析最小的连通子图路径。

66.【B】知识点：**空间数据模型**

出处：《测绘综合能力体系和题解(上、下册)》12.2.1

解析：数据库模型指的是逻辑模型，包括面向对象模型、层次模型、网络模型、关系模型等。

67.【C】知识点：**系统总体设计**

出处：《测绘综合能力体系和题解(上、下册)》12.4.2

解析：概念设计是对现实世界进行抽象，建立空间数据库系统模型和应用系统模型的过程，形成以 E-R 图表示的概念模式。

68.【A】知识点：**空间分析方法**

出处：《测绘综合能力体系和题解(上、下册)》12.3.2

解析：表面曲率分析即地表分析，曲率是对地形表面一点扭曲变化程度的定量化度量因子，是基于 DEM 数据的分析。

69.【C】知识点：**空间数据模型**

出处：《测绘综合能力体系和题解(上、下册)》12.2.1

解析：网络数据库模型中，网络模型节点之间没有明显从属关系，地理要素之间为多对多关系。

70.【A】知识点：**系统总体设计**

出处：《测绘综合能力体系和题解(上、下册)》12.4.2

解析：概念设计是对现实世界进行抽象，建立空间数据库系统模型和应用系统模型的过程。主要工作内容有：通过需求分析，提取和抽象出空间数据库中的实体；确定实体、属性及联系，并加以正确表达；根据系统数据流图及实体特征来定义实体间的关系；绘制空间 E-R 图概念模型。

71.【B】知识点：**系统测试和调试**

出处：《测绘综合能力体系和题解(上、下册)》12.5.2

解析：系统开发和测试后，还需要在具体的环境下进行调试以进一步发现和改正错误。

(1) 在指定的系统运行环境下进行系统安装；

(2) 选取足够的测试数据对系统进行试验，记录发生的错误；

(3) 定位系统中错误的位置；

(4) 通过研究系统模块，找出故障原因，并改正错误。

72.【D】知识点：**地理数据**

出处：《测绘综合能力体系和题解(上、下册)》12.2.5

解析：地图投影变换指从一种地图投影点的坐标变换为另一种地图投影点的坐标。目前常用的地图投影变换方法主要有解析变换法和数值变换法。解析变换法分为正解变换和反解变换。数值变换法指利用若干同名点用插值法进行转换。高斯正反算是高斯坐标和大地坐标的转换方法。

73.【C】知识点：**地理信息工程设计**

出处：《测绘综合能力体系和题解(上、下册)》12.4

解析：信息系统的生命周期指系统从立项开始，直到最后被淘汰的整个过程，整个信息系统开发过程划分为各自独立的系统分析、程序设计、系统测试、运行和维护以及系统评估。

74.【D】知识点：空间数据库模式的建立

出处：《测绘综合能力体系和题解(上、下册)》12.6.1

解析：将复杂的数据类型作为对象引入关系数据库中，并在空间数据之上增加空间数据引擎(SDE)实现对空间数据和属性数据的一体化管理。随着关系数据模型的有效扩展和商业化实现，使得面向对象的关系数据库管理系统成为海量空间数据管理的有效载体，是目前 GIS 空间数据库的主流模式。

75.【B】知识点：GIS 软件质量保证

出处：《测绘综合能力体系和题解(上、下册)》12.7.3

解析：ISO 9126 是在 FCM3 层模型基础上发展演变，并向国际推荐的软件质量管理技术。质量模型共包括三个层次，第一、二层形成国际标准，第三层由使用单位自行定义。

76.【C】知识点：导航电子地图产品开发

出处：《测绘综合能力体系和题解(上、下册)》13.3

解析：导航电子地图精度要求不高，选项 C 能满足要求。

77.【A】知识点：导航电子地图产品开发

出处：《测绘综合能力体系和题解(上、下册)》13.3

解析：车载导航电子地图产品发布时，报送国家指定的出版部门，取得出版号，上市销售。

78.【A】知识点：在线地理信息服务概述

出处：《测绘综合能力体系和题解(上、下册)》14.1

解析：云计算是基于网络的计算方式，是网格计算、分布式计算、并行计算、效用计算、网络存储、虚拟化、负载均衡等的融合产物，能以按需配给的方式实现软硬件资源和信息共享。

79.【B】知识点：在线地理信息数据

出处：《测绘综合能力体系和题解(上、下册)》14.2

解析：地理实体数据以空间无缝、内容分层的方式组织，由图元表和地理实体表构成，通过图元标识码建立联系。

80.【B】知识点：在线地理信息系统运行和维护

出处：《测绘综合能力体系和题解(上、下册)》14.3

解析：在线地理信息服务发布软件平台的选择应考虑：

(1) 在线地理信息服务发布软件平台必须是 SOA 架构，特点是松耦合；

(2) 必须支持 OGC 主要服务规范性服务接口与协议，发布标准服务；

(3) 需要提供不间断服务；

(4) 需要实现分布式多源服务聚合；

(5) 重点考虑技术先进性、开放性、成熟度、商业化服务响应能力等因素。

二、多项选择题

81.【ABE】知识点：坐标系转换

出处：《测绘综合能力体系和题解(上、下册)》3.5.4

解析：本例属于不同坐标系之间的平面转换,另外还需要进行高斯换带转换,故采用四参数转换,选项 C、D 是三维转换步骤,本题不需要涉及。

82.【BE】知识点：**水准观测要求**

出处：《测绘综合能力体系和题解(上、下册)》实操

解析：在已知水准点不能放尺垫,在待测水准点也不能放尺垫,尺垫会带来高度变化。在中间转点应安放尺垫,是为了立尺稳固、方便。

83.【ABC】知识点：**大地测量数据库组织**

出处：《测绘综合能力体系和题解(上、下册)》3.13.1

解析：大地测量数据库是大地测量数据及实现其输入、编辑、浏览、查询、统计、分析、表达、输出、更新等管理、维护与分发功能的软件和支撑环境的总称,分为国家、省、市(县)三级数据库。

84.【ABDE】知识点：**航海图制作**

出处：《测绘综合能力体系和题解(上、下册)》4.3.3

解析：海图改正依据有《航海通告》或《改正通告》、无线电航行警告、新测或新调查的资料等。

85.【AD】知识点：**工程测图技术设计**

出处：《测绘综合能力体系和题解(上、下册)》5.3.2

解析：工程地形图的比例尺选择与基础比例尺地形图要求不同,按设计阶段要求、工程规模大小和运营管理需要选用,主要考虑用图特点、用图细致程度、设计内容、地形复杂程度、建厂规模、占地面积等因素。

86.【ACE】知识点：**隧道测量概述**

出处：《测绘综合能力体系和题解(上、下册)》5.9.1

解析：矿山控制测量目的是传递空间位置,保证隧道贯通,主要工作有地面控制测量、地下控制测量、联系测量。

87.【ABCD】知识点：**地下管线探查**

出处：《测绘综合能力体系和题解(上、下册)》5.10.2

解析：对于隐蔽金属管线一般采用电磁感应法探查。该地下给水管未露头,故不宜采用选项 B、C、D 三种方法,选项 A 为被动源法,一般用于地下电缆的初查。

88.【ABCD】知识点：**变形监测数据处理分析**

出处：《测绘综合能力体系和题解(上、下册)》5.12.4

解析：变形监测资料分析方法有作图分析、统计分析、对比分析、建模分析等。

89.【AD】知识点：**房产测绘概述**

出处：《测绘综合能力体系和题解(上、下册)》6.1

解析：房产测量主要是采集和表述房屋和房屋用地的有关信息,为房产产权、产籍管理、房地产开发利用、交易、征收税费,以及为城镇规划建设提供数据和资料。

90.【AB】知识点：**地籍测绘检查验收的实施**

出处：《测绘综合能力体系和题解(上、下册)》7.7.1

解析: 有下列情况之一的为不合格,退回整改后再验收:

(1) 作业中有伪造行为;

(2) 不正确界址点超过5%;

(3) 控制网严重错漏;

(4) 面积量算错误的宗地超过5%。

91. **【AC】** 知识点:**边界调查**

出处:《测绘综合能力体系和题解(上、下册)》8.2.1

解析: 主张线采用0.3 mm的实线绘出,颜色一方用红色,另一方用蓝色,可压盖图上任何要素。主张线图是边界调查的成果图件,由双方共同绘制。

92. **【BE】** 知识点:**航空摄影设计书编写和空域申请**

出处:《测绘综合能力体系和题解(上、下册)》9.3.2

解析: 项目技术设计包括航摄分区设计、航线设计、技术参数设计、摄影时间等。技术参数内容包括:航摄因子计算表、飞行时间计算表、航摄材料消耗计算表、GNSS领航数据表。其他选项都是航片处理时技术设计内容。选项D错在航摄阶段不进行平差工作。

93. **【AE】** 知识点:**影像定位**

出处:《测绘综合能力体系和题解(上、下册)》10.2.2

解析: 摄影基线与同名光线共面,立体像对坐标系横坐标之差称为左右视差(X),纵坐标之差称为上下视差(Y)。相对定向时主要要消除同名像点的上下视差建立立体模型,地物立体测绘时主要消除的是左右视差。

94. **【AC】** 知识点:**DEM质量控制和成果整理**

出处:《测绘综合能力体系和题解(上、下册)》10.8.3

解析: 对DEM最终成果的检查可通过内插等高线目视检查等高线有否突变的方法,或与地形图比较的方法来发现错误。

(1) DEM数据检查起止点坐标正确性。

(2) 检查高程值有效范围正确性。

(3) DEM拼接后应检查有无重叠和裂缝。

(4) 拼接精度是否达到要求。

95. **【ABD】** 知识点:**影像定位**

出处:《测绘综合能力体系和题解(上、下册)》10.2.2

解析: 共线方程就是像点坐标、对应地面点坐标、外方位元素三类参数互相求解。至于内方位元素,是已知的。比如:数字微分纠正是求像点坐标、光束法空三则是求外方位和加密点坐标、空间后方交会求解的是外方位。

96. **【CD】** 知识点:**地图表达方式设计**

出处:《测绘综合能力体系和题解(上、下册)》11.2.2

解析: 需要表示地理要素和地理现象的数量特征时需要预先数据分级,选项C、D适于表达质量要特征,需要分类不需要分级。

97. **【BCD】** 知识点:**数学基础**

出处:《测绘综合能力体系和题解(上、下册)》11.1.4

解析:规定在1:2.5万、1:5万、1:10万基本比例尺地图上,在南图廓线外要绘出偏角图表示三北方向关系,张角不表示角度真值,只注记角值。

98.【BC】知识点:**系统总体设计**

出处:《测绘综合能力体系和题解(上、下册)》12.4.2

解析:元数据库的组建原则有:

(1) 以现有标准为基础;

(2) 对现有标准进行扩展;

(3) 对数据库中的多种资源分解细化;

(4) 对现有标准中存在而数据库中没有的字段按现有标准增补;

(5) 对现有标准未提及的资源可自定义元数据。

99.【BDE】知识点:**系统测试和调试**

出处:《测绘综合能力体系和题解(上、下册)》12.5.2

解析:系统调试调试方法主要有硬性排错、归纳法排错、演绎法排错、跟踪法排错等方法。

100.【ABCD】知识点:**导航电子地图产品开发**

出处:《测绘综合能力体系和题解(上、下册)》13.3

解析:导航电子地图的数据编译内容主要有地图分区、创建路径层、创建显示层、创建检索层、其他功能。

16.5　仿真模拟测试卷及解析(五)

16.5.1　仿真试题

一、单项选择题(共80题,每题1分。每题的备选项中,只有1个最符合题意)

1. 重力测量中常用伽作单位,其中(　　)是微伽。

A. $10^{-3} m/s^2$　　　B. $10^{-5} m/s^2$　　　C. $10^{-6} m/s^2$　　　D. $10^{-8} m/s^2$

2. 以下关于地心坐标系建立的条件,描述正确的是(　　)。

A. 坐标系起算数据大地原点位于整个地球的质心

B. 尺度单位必须符合广义相对论定义

C. 椭球定向参数采用国际时间局规定的某年瞬时地极

D. 坐标系定向满足地壳必须成整体运动的条件

3. 我国建立的2000国家大地坐标系采用的椭球长半径和扁率分别为(　　)。

A. 6 378 140、1/298.257　　　　　B. 6 378 245、1/298.3

C. 6 378 137、1/298.257　　　　　D. 6 377 245、1/298.0

4. GPS卫星采用两个频率L1、L2的作用是(　　)。

A. 增加观测量,提高定位精度　　　B. 削弱电离层影响

C. 削弱对流层影响   D. 消除接收机钟差

5. 若三条边 a、b、c 为独立观测值,其权分别为1、2、3,如有函数 $D = 2a + 2b + 2c$ 成立,则观测值 D 的权为(　　)。

  A. 3/22   B. 6/11   C. 3/11   D. $3\sqrt{6}$

6. 分别位于两个水准面上的两个任意点之间重力差(　　)。

  A. 相等   B. 不确定   C. 不相等   D. 无法比较

7. 以下关于带号都为1的国家统一高斯3°带坐标系和国家统一高斯6°带坐标系的关系的叙述中正确的是(　　)。

  A. 两者西侧边缘子午线经度相同,都为0°   B. 两者中央子午线经度相同,都为0°

  C. 两者中央子午线经度相同,都为3°   D. 两者东侧边缘子午线经度相同,都为6°

8. 按现行的《全球定位系统(GPS)测量规范》,GPS观测期间,不应在天线附近(　　)m以内使用电台。

  A. 10   B. 20   C. 50   D. 100

9. 一等三角测量时,不可以直接测量得到的数据是(　　)。

  A. 方向   B. 天文经纬度   C. 天文方位角   D. 三角网边长

10. 确定似大地水准面的方法不包括(　　)。

  A. 几何法   B. 重力法   C. 组合法   D. 解析法

11. 现行规范规定,下列情况中,不宜采用测距三角高程法进行跨河水准测量的是(　　)。

  A. 风力微和、气温变化较小的阴天   B. 日落后1 h起至日出前1 h止

  C. 日出后1 h起至太阳中天前2 h   D. 雨后初晴时

12. 区域似大地水准面精化模型应采用(　　)进行检验。

  A. 测区内高等级GPS水准点   B. 未参与成果计算的GPS水准点

  C. 国家似大地水准面精化模型   D. 高精度重力场模型

13. 国家一、二等水准测量要在水准线路上联测重力,目的是(　　)。

  A. 通过重力归算,把测得的正常高转换成大地高

  B. 修正因水准面不平行导致的差值

  C. 计算似大地水准面和大地水准面之间的差值

  D. 计算格网平均高程异常,建立高精度高程异常模型

14. 用传统方法制作海控一级点,用作主要平面控制点时,测距相对中误差应不大于(　　)。

  A. 1/10 万   B. 1/5 万   C. 1/2.5 万   D. 1/1 万

15. 以下关于海洋定位方法正确的是(　　)。

  A. 圆圆定位精度比双曲线定位高,逐渐淘汰了双曲线定位方式

  B. 目前,天文定位广泛用于远洋测量

  C. 水声定位测定的是声波传播时间或相位差

  D. 双曲线定位实际上是一种距离交会

16. 水位改正时,已知分带数为3,测深精度为0.2 m,则两个验潮站之间的水位差为(　　)。

  A. 0.07 m   B. 0.15 m   C. 0.3 m   D. 0.5 m

17. 海岸线测量位置误差不大于图上(　　)mm。

A. 0.2　　　　　　　B. 0.6　　　　　　　C. 1　　　　　　　D. 2

18. 采用 DJ2 经纬仪对某角度进行观测,观测结果的精度要求为 1.0″,最少应观测(　　)测回可满足要求。

A. 1　　　　　　　B. 2　　　　　　　C. 3　　　　　　　D. 4

19. 某工业厂房建成后进行了设备安装测量项目,该项目属于工程测量(　　)的工作。

A. 设计阶段　　　B. 施工阶段　　　C. 运营阶段　　　D. 维护阶段

20. 以下不属于工程测量专用控制网的是(　　)。

A. 施工控制网　　　B. 安装控制网　　　C. 变形监测网　　　D. 测图控制网

21. 工程控制 GPS 首级网内的长边宜构成(　　)。

A. 三边同步环　　　B. 最简同步环　　　C. 大地四边形　　　D. 等边三角形

22. 在城镇地区测量 1:500 比例尺带状地形图,地物点相对于邻近图根点的点位中误差不应超过±(　　)cm。

A. 5 cm　　　　　　B. 7 cm　　　　　　C. 30 cm　　　　　D. 40 cm

23. 当视线水平时,采用视距法测距的公式为 $D=kL$,D 为平距,k 为视距系数,L 为(　　)。

A. 斜距　　　　　　B. 棱镜高　　　　　C. 中丝读数　　　D. 上下丝读数差

24. 以下规划监督测量中,属于开工前进行的是(　　)。

A. 竣工核实测量　　B. 灰线验线　　　C. ±0 验线　　　D. 验收测量

25. 采用边角同测的后方交会法在测区采集地形点,应收集(　　)个已知点资料。

A. 0　　　　　　　B. 1　　　　　　　C. 2　　　　　　　D. 3

26. 线路施工时应对线路进行复测,复测的作用是(　　)。

A. 消除线路断链　　　　　　　　　B. 检核基平精度

C. 检核导线点可靠性　　　　　　　D. 恢复定测中线点

27. 《城市地下管线探测技术规程》规定,地下管线与邻近的建筑物、相邻管线以及规划道路中心线的间距中误差不得大于图上±(　　)mm。

A. 0.1　　　　　　B. 0.3　　　　　　C. 0.5　　　　　D. 0.6

28. 当建筑变形量(　　)允许值,必须即刻通知建设单位和施工单位采取相应措施。

A. 趋向　　　　　　B. 接近　　　　　　C. 达到　　　　　D. 超过

29. 用解析法测量城镇房产分幅图新建商品房房角点时,相对于邻近控制点点位中误差不应大于(　　)。

A. 图上±0.1 m　　　　　　　　　　B. 图上±0.3 m

C. 图上±0.5 m　　　　　　　　　　D. 图上±0.6 m

30. 目前房产面积量算一般采用的仪器是(　　)。

A. 全站仪　　　　　B. 手持测距仪　　　C. RTK　　　　　D. 皮尺

31. 下列房屋组成部分不应该参与分摊的共有建筑面积为(　　)。

A. 共有的室外楼梯　　　　　　　　B. 跃层内楼梯

C. 为本幢服务的门卫用房　　　　　D. 屋面水箱间

32. 城市闹市区一黄金地段商铺,用解析法对其面积进行两次独立量算后,结果分别是

$900~m^2$ 和 $902~m^2$,以下说法正确的是(   )。

A. 测量结果超限,应重新独立测算两次

B. 测量结果不超限,取平均数作为结果

C. 测量结果超限,应检查后重测一次,取与新测成果不超限的值进行平均

D. 条件不足,无法计算

33. 进行地籍权属调查时,土地类型调查的最小单元为(   )。

    A. 丘   B. 幢   C. 宗地   D. 图斑

34. 指界时,调查人要发放指界通知书和指界回执,指界回执由(   )签收。

    A. 界址调查人   B. 土地主管部门经办人

    C. 土地权利人   D. 界线权利相关人

35. 根据规范规定,省级行政区界线和地籍子区界线重合时表示(   )。

    A. 前者   B. 后者   C. 两者   D. 看情况

36. 地籍数据库建库数据采集编辑工作不包括(   )。

    A. 匹配图形和属性   B. 拓扑数据纠错   C. 控制网计算   D. 权属数据录入

37. 宗地图的图幅规格一般为(   )。

    A. $50~cm \times 50~cm$ B. 按经纬度分幅   C. $40~cm \times 50~cm$ D. 按需要选择

38. 土地利用现状分类编码分两级表示,在地籍图上以(   )数字表示。

    A. 两位   B. 三位   C. 四位   D. 五位

39. 某边界协议书上,由于浸水导致字迹不清,有以下边界走向说明"转南偏东南沿美林河中心线顺流下行至(   )处最可能正确的是(   )。

    A. 东经 $104°57'38.5''$,北纬 $26°18'23.7''$ 处   B. 桃花岛真北方向东偏南处

    C. 桃花岛东南侧约 $460.1~m$ 处   D. 浙江省东南沿海桃花岛处

40. 以下关于边界线测绘的描述,正确的是(   )。

A. 边界线即相邻界桩点连线

B. 界线应该在图上宽度小于 $1~mm$ 的界河两侧跳绘

C. 有明显分界线地段,可由一方在室内直接标绘边界线

D. 三个省有唯一交会点时,界桩类型码编为 0

41. SWDC 摄影仪的特点不包括以下中的(   )。

    A. 基高比大   B. 幅面大   C. 镜头和主距固定   D. 视场角大

42. 以下航摄仪检定项目中,不属于数字摄影仪检定内容的是(   )。

    A. 影像压平装置   B. CCD 感光特性   C. 调焦后的主距   D. 像元尺寸

43. 在航摄设计时,地面起伏较大的测区,(   )。

    A. 应当增大重叠度   B. 应当保持重叠度稳定

    C. 应当减小重叠度   D. 不用考虑重叠度

44. 在航摄成果验收时,为检查航摄成果分辨率是否达到设计要求,一般主要检查(   )处的分辨率是否达到设计分辨率。

    A. 山顶   B. 山脊   C. 山谷   D. 山腰

45. 在一大比例尺航摄影像上,(   )不能表明有明显投影差的存在。

A. 分别看到大楼楼顶与楼底同位置角点　B. 较高大楼遮挡相邻较低楼房

C. 有明显阴影部分遮盖周围地物　　　　D. 可以清晰看到宣传橱窗宣传画

46. 全数字摄影测量的核心问题是如何在两幅或多幅影像间实现自动识别(　　)。

A. 同名像点　　　　B. 地形特征点　　　　C. 地面控制点　　　　D. 基本定向点

47. 在相对定向基础上,利用地面参考系至少(　　)个平高控制点解算7个未知数。

A. 2　　　　B. 3　　　　C. 4　　　　D. 6

48. 数字摄影测量系统采用自动匹配方法在左、右影像中寻找(　　)。

A. 像主点　　　　B. 相同框标　　　　C. 相同坐标点　　　　D. 相同特征点

49. 为了监测大兴安岭某松树区松树的数量和分布,假设每株松树的直径为1.2m,综合考虑购买卫星影像的成本,应选择(　　)卫星影像。

A. WorldView3　　　B. QuickBird　　　C. 高分2　　　D. Landsat TM

50. MSS多光谱扫描仪波段数为(　　),宽度为100～2 000 nm。

A. 1　　　　B. 3　　　　C. 5　　　　D. 7

51. 用低空遥感影像采用(　　)调绘方式制作DLG,需对全要素进行调绘。

A. 先内后外　　　B. 全野外测量　　　C. 综合法　　　D. 先外后内

52. 已知1∶500比例尺航测成图时,区域网加密点平面中误差为0.4m,则基本定向点残差不大于(　　)。

A. 0.3　　　　B. 0.4　　　　C. 0.5　　　　D. 0.8

53. 目前主要遥感卫星影像传感器采用(　　)技术可以实现立体测绘。

A. 相邻像对自动建模　　　　　　B. 多传感器同目标摄影

C. 多波段影像融合　　　　　　　D. 多线阵扫描

54. (　　)不是矩形网DTM相对于传统的地形图地貌表示方法的优点。

A. 便于自动化成图　　　　　　　B. 便于修改、更新和管理

C. 便于表达局部地貌细节　　　　D. 可运用多层结构存储信息

55. 1∶500数字正射影像图地面分辨率应优于(　　)cm。

A. 5　　　　B. 8　　　　C. 10　　　　D. 16

56. 采用数字航空摄影测量方法进行立体测图生成DLG时,下列要素采集应首先选择(　　)。

A. 水系　　　　B. 基础控制点　　　　C. 道路　　　　D. 居民地

57. 小比例尺地图的定向应以地图(　　)为准。

A. 东西两边纵图廓　　B. 三北偏角图　　C. 图幅中央经线　　D. 南北两边横图廓

58. 进行制图资料收集时,基本资料的截止时间为(　　)。

A. 发片前　　　　B. 编绘作业前　　　C. 地图设计前　　　D. 数据输出前

59. 若一圆形烟囱符号标注比高为6,则可知(　　)。

A. 烟囱顶部到底部高差为6 m　　　B. 烟囱顶部高程为6 m

C. 烟囱底部高程为6 m　　　　　　D. 烟囱直径为6 m

60. 对于建筑稀疏街区,进行形状概括的主要方法是(　　)。

A. 街区合并　　　B. 街区删除　　　C. 轮廓化简　　　D. 选取独立建筑

61. 地图编绘时,去掉小数点后面的值使高程或比高注记简化,属于(　　　)。

    A. 数量特征概括   B. 图形特征概括   C. 质量特征概括   D. 注记特征概括

62. 地图制图时,土质和植被要素按一定行列配置的表示方法叫整列式符号,以下不属于整列式符号的是(　　　)。

    A. 苗圃   B. 草地   C. 砾石地   D. 经济林

63. 双线河两边间距很近时,(　　　)。

    A. 严格按实际位置绘出   B. 移动陡峭一侧,间距不小于 0.2 mm

    C. 移动平缓一侧,间距不小于 0.2 mm   D. 可以共线表示

64. 地图上表示的一个湖泊,轮廓线是蓝色实线,水部颜色为紫色,则该湖为(　　　)。

    A. 时令淡水湖   B. 高原淡水湖   C. 咸水湖   D. 人工淡水湖

65. 以下空间数据不属于面域要素的是(　　　)。

    A. 多边形   B. 链   C. 环   D. 岛

66. 元数据是描述数据的数据,在 GIS 设计时,通常以(　　　)形式存储和使用。

    A. 结构图   B. 编码图   C. 文本   D. 表单

67. 某地发生重大洪水,政府要对沿江一定区域内合理配置救灾物品发放点。下列 GIS 空间分析功能中,可以组合利用的是(　　　)。

    A. 聚合分析、缓冲区分析   B. 通视分析、缓冲区分析

    C. 地形分析、叠加分析   D. 网络分析、缓冲区分析

68. 栅格数据二值化处理以后,栅格属性值为(　　　)。

    A. 0 或 1   B. 0 或 255   C. 00 或 FF   D. 1 或 256

69. 以下不属于地理信息要素数据字典条目的是(　　　)。

    A. 操作限制   B. 关联属性项   C. 要素标志码   D. 拓扑关系

70. 通过立体镜观测影像,带来虚拟三维世界感受的技术称为(　　　)。

    A. 虚拟现实   B. 增强现实   C. 辅助现实   D. 混合现实

71. 索引是在基本表的列上建立的一种数据库对象,能够加快数据的(　　　)速度。

    A. 处理   B. 查询   C. 修改   D. 插入

72. 使用 DEM 分析功能确定监狱观察哨的位置,用到的是 DEM 的(　　　)分析功能。

    A. 地表信息提取   B. 可视域分析   C. 垂直剖面分析   D. 坡度坡向分析

73. GIS 软件测试中,一般由该软件开发组开发人员完成的是(　　　)。

    A. 单元测试   B. 确认测试   C. 集成测试   D. 黑盒测试

74. GIS 标准化促进了空间数据的使用和共享,未来的数据共享将以(　　　)方式为主。

    A. 集中式传播   B. 多层式传播   C. 分布式传播   D. 节点式传播

75. 下面不属于地理信息数据的规范化和标准化基本要求的是(　　　)。

    A. 统一的分类编码原则   B. 统一的地理基础

    C. 数据交换标准格式   D. 统一的文件格式

76. 导航电子地图数据采集中,(　　　)是核心采集的核心内容。

    A. 道路属性   B. 兴趣点   C. 语音信息   D. 道路精度

77. 车载导航电子地图外业数据调查时,如遇路口情况复杂,应(　　　)。

A. 解析法实测　　　　B. 拍摄实景图　　　　C. 删除次要要素　　　D. 重构属性库

78. 车载导航软件数据编译时,以下关于路径层的创建工作,正确的是(　　)。

    A. 保证道路的形状和走向正确　　　　　　B. 保证道路的尺度和走向正确

    C. 保证道路的连接正确　　　　　　　　　D. 保证道路的形状、走向、连接正确

79. 在电子地图数据生产过程中,按照(　　)可将地图分为20级。

    A. 显示比例尺　　　B. 成图比例尺　　　C. 摄影比例尺　　　D. 设备比例尺

80. 地理信息服务系统通过网络实现服务聚合,提供协同服务,各节点以(　　)组成。

    A. 数据访问层、逻辑访问层、表现层　　　B. 运行支持层、数据层、服务层

    C. 数据层、网络服务器层、门户层　　　　D. 数据库层、中间层、应用层

二、多项选择题(共20题,每题2分。每题的备选项中,有2个或2个以上符合题意,至少有1个错项。错选,本题不得分;少选,所选的每个选项得0.5分)

81. 参心坐标系建立时,椭球定向条件有(　　)。

    A. 椭球长轴平行于地球赤道　　　　　　　B. 大地起始子午面平行于天文起始子午面

    C. 椭球短轴平行于地球自转轴　　　　　　D. 椭球平行圈平行于地球赤道

    E. 椭球短轴平行于天球自转轴

82. 区域似大地水准面精化时,确定重力似大地水准面需要采用的资料有(　　)。

    A. 重力测量资料　　　　　B. 地形资料　　　　　　C. DEM

    D. GPS水准成果　　　　　E. 重力场模型

83. 每测段的始、末,一、二等水准测量外业记录项目应包括(　　)。

    A. 测量时间　　　　　　　B. 太阳方向　　　　　　C. 视距差

    D. 天气　　　　　　　　　E. 道路土质

84. 海道障碍物探测时,可以采用的仪器有(　　)。

    A. 单波束测深仪　　　　　B. 多波束测深仪　　　　C. 侧扫声呐

    D. 掘泥器　　　　　　　　E. 磁力仪

85. 以下属于大坝平面施工控制网布设后施工测量主要内容的是(　　)。

    A. 清基后坝底地面线测设　　B. 标定护坡桩　　　　　C. 清基线测设

    D. 标定上料桩　　　　　　　E. 坝身控制线测设

86. 对于明显管线专业图的测量,以下方法的选择适用的有(　　)。

    A. 实地检视法　　　　　　B. 资料分析法　　　　　C. 探测仪电磁感应法

    D. 解析测量法　　　　　　E. 工业频率接收

87. 工程测量规范规定,工程地形测量按区域类型,可分为(　　)。

    A. 一般地区　　　　　　　B. 城镇建筑区　　　　　C. 居民区

    D. 工矿区　　　　　　　　E. 水域

88. 大型工程控制测量完成后需要提交的测绘成果归档资料有(　　)等。

    A. 观测记录　　　　　　　B. 图幅结合表　　　　　C. 图根点成果表

    D. 仪器检定书　　　　　　E. 点之记

89. 幢是房屋调查的单位,是以下对幢的描述说法正确的有(　　)。

    A. 一幢可以由不同产别房屋组成　　　　　B. 一幢可以由不同竣工年份房屋组成

C. 一幢可以由不同结构房屋组成　　　　D. 一幢可以由不同层数房屋组成

E. 一幢可以由不独立房屋组成

90. 采用全站仪测量界址点,界址点相对于邻近图根点的点位误差与(　　)等有关。

　　A. 控制点点位误差　　　　B. 图根点点位误差　　　　C. 全站仪设站误差

　　D. 瞄准界址点的误差　　　　E. 棱镜对点误差

91. 关于行政区划界线,以下行政区划属于同级的有(　　)。

　　A. 乡和街道　　　　B. 村和社区　　　　C. 社区和镇

　　D. 市辖区和县　　　　E. 县和自治州

92. 解析空中三角形测量依据控制网的布设方法和范围的不同可以划分为(　　)等。

　　A. 单航线网　　　　B. 航带法　　　　C. 区域网

　　D. 独立模型法　　　　E. 全野外布点法

93. 要进行航空摄影测量单像空间后方交会,必须已知(　　)等数据。

　　A. 外方位元素　　　　B. 地面点坐标　　　　C. 内方位元素

　　D. 像点坐标　　　　E. 摄影中心坐标

94. 采用单景卫片对测区 DRG 进行更新,并生产 DLG 时,以下步骤中正确的有(　　)。

　　A. 在 DRG 上描边作为定位数据　　　　B. 利用地面控制点对卫片进行微分纠正

　　C. 地物属性应以 DOM 为准采集　　　　D. 野外无法判定属性内容的要在内业复核

　　E. 高程数据以 DRG 为准,结合外业实测获取

95. 数字正射影像图的质量控制主要包括(　　)。

　　A. 飞行质量检查　　　　B. DEM 质量检查　　　　C. 控制点质量检查

　　D. 影像质量检查　　　　E. 几何精度检查

96. 以下属于电子地图页面结构内容的有(　　)。

　　A. 多媒体窗口　　　　B. 空间分析列表　　　　C. 索引图窗口

　　D. 地理数据编辑窗口　　　　E. 交互窗口

97. 地图成果归档时,应检查成果的(　　)。

　　A. 要素表达完整性　　　　B. 编绘资料可靠性　　　　C. 文件可用性

　　D. 存储介质符合性　　　　E. 归档清单一致性

98. 以下关于 GIS 自动化测试的说法中,正确的有(　　)。

　　A. 需要开发专用脚本　　　　B. 开发人员邀请用户一起进行技术评审

　　C. 需要设计系统用例　　　　D. 发现缺陷马上通知用户

　　E. 消除缺陷后需要进行回归测试

99. 可作为地理信息系统软件交付之前的量度指标的有(　　)。

　　A. 程序规模　　　　B. 程序复杂性　　　　C. 空间数据完整性

　　D. 模块有效性　　　　E. 系统可维护性

100. 可以作为公众版在线地理信息系统数据的有(　　)。

　　A. 高压线数据　　　　B. 行政界线数据　　　　C. 街景地图数据

　　D. 水网数据　　　　E. 房屋院落数据

16.5.2 答案及解析

一、单项选择题

1.【D】知识点：重力测量概述

出处：《测绘综合能力体系和题解(上、下册)》3.11.1

解析：微伽是 10^{-6} 伽,伽为 10^{-2}m/s^2,故选 D。

2.【B】知识点：常见坐标系统

出处：《测绘综合能力体系和题解(上、下册)》3.2.4

解析：地心坐标系的定义要符合以下条件：原点为地球质心,包括海洋和大气;广义相对论下的某局部地球框架内尺度;BIH 定义的历元协议地极及零子午线作为地球定向参数(EOP);定向随时间演变满足地壳无整体运动的约束条件。

3.【C】知识点：坐标系统

出处：《测绘综合能力体系和题解(上、下册)》3.2.3

解析：CGCS 2000 国家大地坐标系采用 GRS80 椭球参数,其长半径为 6 378 137 m,扁率为 1∶298.257。

4.【B】知识点：GPS 星历和信号

出处：《测绘综合能力体系和题解(上、下册)》3.6.2

解析：电离层误差主要通过卫星导航电文中记载的改正模型和双频观测值求差来改正。

5.【A】知识点：误差传播率

出处：《测绘综合能力体系和题解(上、下册)》2.2.1

解析：可以用权倒数传播率算出(代入 $P_a=1,P_b=2,P_c=3$)。

$1/P_D=2^2/P_a+2^2/P_b+2^2/P_c=>1/P_D=22/3=>P_D=3/22$。如果不用权倒数传播率可以把权换算成方差,再利用方差传播率计算,原理相同。

6.【B】知识点：高程系统

出处：《测绘综合能力体系和题解(上、下册)》3.4.1

解析：重力位能也叫重力势能,两个水准面之间的重力势能差相等。两个水准面之间重力势能相等,重力不一定相等,还与水准面之间的距离有关。

7.【C】知识点：高斯平面归算

出处：《测绘综合能力体系和题解(上、下册)》3.5.3

解析：为了换算方便,把高斯 3°投影第一带的中央子午线与 6°投影第一带的中央子午线重合,故选 C。

8.【C】知识点：GNSS 控制网观测实施

出处：《测绘综合能力体系和题解(上、下册)》3.9.5

解析：GNSS 观测期间不应在 50 m 内使用电台,10 m 内使用对讲机。

9.【D】知识点：传统控制网布设概述

出处：《测绘综合能力体系和题解(上、下册)》3.7.1

解析：三角测量是指采取测角方式测定各三角形顶点坐标的方法建立大地控制网,并在锁段中测量天文经度度和天文方位角控制误差累积。三角测量无法直接测量三角形边长。

10.【D】知识点：似大地水准面精化设计

出处：《测绘综合能力体系和题解(上、下册)》3.12.1

解析：确定似大地水准面的方法主要有几何法、重力学法、几何与重力联合法(组合法)。

11.【D】知识点：水准观测要求

出处：《测绘综合能力体系和题解(上、下册)》3.10.5

解析：进行跨河水准时,晴天在日出后 1 小时前、日落前 1 小时后、太阳中天前后各 2 小时不应进行观测;阴天全天都可以观测,有条件可以在夜间观测。跨河水准测量时不宜在雨后初晴和大气折光变化的时间内进行。

12.【B】知识点：似大地水准面精化流程

出处：《测绘综合能力体系和题解(上、下册)》3.12.2

解析：似大地水准面采用外部独立观测、对比检验的方法选取具有代表意义,且未参加项目成果计算的点位进行检验。

13.【B】知识点：高程控制网数据处理

出处：《测绘综合能力体系和题解(上、下册)》3.10.7

解析：水准测量重力联测的目的是进行正常水准面不平行改正和重力异常改正,几何水准测量获得的高程系统经过正常水准面不平行校正,转换成基于似大地水准面的正常高高程。

14.【B】知识点：海洋控制测量

出处：《测绘综合能力体系和题解(上、下册)》4.2.3

解析：根据 IHO 测量规范,用传统方法测量主要控制点的相对误差不大于 1/10 万,根据我国海道测量规范海控点的相对测距中误差不大于 1/5 万,题目中指明是海控一级点,所以选 B。

15.【C】知识点：海洋定位

出处：《测绘综合能力体系和题解(上、下册)》4.2.5

解析：天文定位方式精度不高,已很少运用。无线电双曲线定位实际上是一种距离差交会,由于消除了钟差,一般相对测量精度高于圆圆定位,也不存在被圆圆定位淘汰这种说法。故选 C。

16.【C】知识点：水深测量

出处：《测绘综合能力体系和题解(上、下册)》4.2.6

解析：分带的界线方向应与潮波传播方向垂直。分带数计算：

$$K = 2\Delta\zeta/\sigma_z$$

式中 $\Delta\zeta$——两站同时刻最大水位差；

σ_z——测深精度,相邻带水位改正最大差值不能超过测深精度。

17.【C】知识点：海岸地形测量

出处:《测绘综合能力体系和题解(上、下册)》4.2.8

解析: 海岸线测量位置误差不大于图上±1 mm,转折点位置误差不大于图上±0.6 mm。

18.【**D**】知识点:**误差传播率**

出处:《测绘综合能力体系和题解(上、下册)》2.2.1

解析: 套用算术平均值中误差公式,$m = 1/\sqrt{n}\sigma$,σ 为仪器标称误差,m 为要达到的精度,n 为测回数,代入得 $1 = 2/\sqrt{n}$,$n = 4$。

19.【**B**】知识点:**工程测量分类**

出处:《测绘综合能力体系和题解(上、下册)》5.1.1

解析: 工程测量施工阶段的工作主要包括施工测量,监理测量,变形监测、安装测量、竣工测量。

20.【**D**】知识点:**工程控制测量概述**

出处:《测绘综合能力体系和题解(上、下册)》5.2.1

解析: 工程控制网按控制网用途分为测图控制网和专用控制网,专用控制网包括施工控制网、安装控制网、变形监测网等。测图控制网是在工程规划阶段,以服务地形图测绘为目的而建立的工程控制网。

21.【**C**】知识点:**工程控制网施测**

出处:《测绘综合能力体系和题解(上、下册)》5.2.3

解析: GNSS首级网布设应联测2个以上高等级国家控制点,控制网长边应布设成中点多边形或大地四边形。

22.【**C**】知识点:**工程测图技术设计**

出处:《测绘综合能力体系和题解(上、下册)》5.3.2

解析: 在工程地形图上,地物点相对于邻近图根点的点位中误差,城镇建筑和工矿区不大于图上±0.6 mm,即中误差不大于 0.6×500=30 cm。

23.【**D**】知识点:**工程测图实施方法**

出处:《测绘综合能力体系和题解(上、下册)》5.3.3

解析: 视距法测距是用经纬仪观测水准尺得到上下丝读数计算读数差,利用三角函数关系可计算得到平距的方法。

24.【**B**】知识点:**规划监督测量**

出处:《测绘综合能力体系和题解(上、下册)》5.4.4

解析: 规划监督测量一般包括三个阶段的测量,开工前的灰线验线测量或放线测量、基础施工完毕的±0验线、竣工后的验收测量。

25.【**D**】知识点:**建筑施工放样方法**

出处:《测绘综合能力体系和题解(上、下册)》5.5.3

解析: 边角同测的后方交会法即自由设站法测图,它是在未知点上观测两个已知点得到测站坐标进行测量采集。同时需要至少一个已知点来进行测站检核和精度评估,故选 D。如后方交会只测角,则至少需要 3 个已知点才能解算坐标,边角同测增加了观测量,使需要收集的已知点数据减少。

26.【D】知识点：线路施工测量

出处：《测绘综合能力体系和题解(上、下册)》5.7.3

解析：由于施工测量前,定测的桩点可能已经被破坏,所以施工前必须恢复中线,并对定测资料进行可靠性和完整性检查。复测的目的是恢复和检查定测质量,应尽量按定测桩点进行,故选 D。

27.【C】知识点：地下管线测量概述

出处：《测绘综合能力体系和题解(上、下册)》5.10.1

解析：《城市地下管线探测技术规程》规定地下管线与邻近的建筑物、相邻管线以及规划道路中心线的间距中误差不得大于图上±0.5 mm(《工程测量规范》规定不得大于图上±0.6 mm)。

28.【A】知识点：变形监测概述

出处：《测绘综合能力体系和题解(上、下册)》5.12.1

解析：变形监测的变形量预警值,通常取允许变形值的75％。当变形量接近允许值时,必须预警。

29.【A】知识点：房产要素测绘

出处：《测绘综合能力体系和题解(上、下册)》6.3.2

解析：分幅图上房角点精度解析法地物点测量精度为±5 cm,按城镇分幅图比例尺1：500 换算可知应选 A。

30.【B】知识点：面积测算方法

出处：《测绘综合能力体系和题解(上、下册)》6.4.1

解析：实地量距法是用钢尺或手持测距仪实地量取图形边长而计算面积的方法。是目前房产测量中最普遍的面积测算方法,也可使用于房屋用地测量。目前手持测距仪比钢尺更加常用。

31.【B】知识点：建筑面积分摊

出处：《测绘综合能力体系和题解(上、下册)》6.4.3

解析：为本幢服务并在本幢结构内的房屋共有功能部位应被本幢全体专有建筑面积按比例分摊。所谓跃层指的是一户占用两个楼层的房屋形式,其内部楼梯属于该户的套内面积归入专有部分,所以不参与共用分摊。其他选项都属于需要分摊的部分。

32.【A】知识点：建筑面积分摊

出处：《测绘综合能力体系和题解(上、下册)》6.4.3

解析：在城市闹市区采用解析法进行面积测算检核,应该采用一级精度要求,限差＝$0.02×\sqrt{900＋0.000\ 6×900}＝1.14\ m^2$,残差为 2 m²,故超限。超限后应重新进行测算,故选 A。

33.【D】知识点：地籍调查单元

出处：《测绘综合能力体系和题解(上、下册)》7.2.1

解析：地籍权属调查的单元为宗地,土地类型调查的单元是图斑。

34.【D】知识点：地籍界址调查

出处：《测绘综合能力体系和题解(上、下册)》7.2.3

解析：指界时,调查人要发放指界通知书和指界回执,指界回执由界线权利相关人签收。

35.【C】知识点：地籍图内容

出处：《测绘综合能力体系和题解(上、下册)》7.4.1

解析：行政区界线和地籍区、子区界线重合时,两者叠置绘出。

36.【C】知识点：地籍数据库和信息系统建设

出处：《测绘综合能力体系和题解(上、下册)》7.7.3

解析：控制网计算是地籍测绘内容,不是数据库建库工作。

37.【D】知识点：宗地图制作

出处：《测绘综合能力体系和题解(上、下册)》7.4.3

解析：宗地图的比例尺可以任意选择,图幅规格以宗地大小为准选取,一般选纸为 32 开、16 开、8 开,过大时可按分幅地籍图整饰。

38.【C】知识点：土地权属调查

出处：《测绘综合能力体系和题解(上、下册)》7.2.2

解析：地类分为 12 个一级类和 73 个二级类(两位数字表示)。如 0701 表示城镇住宅用地一级类码为 07,二级类码为 01。

39.【C】知识点：边界协议书附图

出处：《测绘综合能力体系和题解(上、下册)》8.4

解析：只有选项 C 写出了具体位置且符合边界走向说明编写规格。

40.【B】知识点：边界测绘要求

出处：《测绘综合能力体系和题解(上、下册)》8.3

解析：边界点是边界线上选的特征点,界桩是为了表达边界点设立的标志,边界线不是界桩点之间的直线连续;有明显分界线地段,可由双方在室内直接标绘边界线,不用实地测量;三省唯一交汇界桩类型码编为 S,0 为顺序号。故选 B。

41.【C】知识点：航摄仪类别

出处：《测绘综合能力体系和题解(上、下册)》9.2.1

解析：SWDC 把多台非量测型相机集合测量型 GNSS 接收机、航摄控制系统、地面后处理系统,是一种能满足航摄规范要求的大面阵数字航空摄影仪。它的镜头可更换,幅面大,视场角大,基高比大,高程精度高,能实现空中摄影自动定点曝光。

42.【A】知识点：航摄仪检定

出处：《测绘综合能力体系和题解(上、下册)》9.2.2

解析：数字摄影机检校内方位元素、光学畸变差(径向畸变差)、最佳对称主点坐标、自准直主点坐标、像元大小(x、y 方向)、调焦后主距和畸变差变化、CCD 坏点等。

43.【A】知识点：航空摄影坐标系

出处：《测绘综合能力体系和题解(上、下册)》9.1.2

解析：地面起伏较大时,最高点处航摄重叠度可能会不够,所以需要考虑加大重叠度。

44.【C】知识点：航空摄影设计分析

出处：《测绘综合能力体系和题解(上、下册)》9.3.1

解析：航高保持的情况下,重叠度大小与地形高低有关,在地形最高点上重叠度最小,分辨率最高,在地形最低点上重叠度最大,分辨率最低。

45.【C】知识点：**像点位移**

出处：《测绘综合能力体系和题解(上、下册)》10.2.1

解析：中心投影影像会形成投影差,由于实际地面会有起伏,导致每一点的航高不同,从而引起像点位移,叫投影差。

46.【A】知识点：**影像定位**

出处：《测绘综合能力体系和题解(上、下册)》10.2.2

解析：数字化摄影测量用立体影像匹配自动量测像点坐标。影像匹配是利用互相关函数,评价左右影像的相似性以确定同名点。

47.【B】知识点：**影像定位**

出处：《测绘综合能力体系和题解(上、下册)》10.2.2

解析：在相对定向基础上,利用地面参考系至少2个平高控制点和1个高程控制点,且不能处于一条直线上,解算7个未知数,故选B。

48.【D】知识点：**影像定位**

出处：《测绘综合能力体系和题解(上、下册)》10.2.2

解析：影像匹配是利用互相关函数,评价左右影像的相似性以确定同名点,包括基于特征的和基于小区域影像灰度两类匹配,它的早期技术叫影像相关。

49.【B】知识点：**遥感概述**

出处：《测绘综合能力体系和题解(上、下册)》10.2.3

解析：遥感图像空间分辨率的选择一般应选择小于被探测目标最小直径的1/2,本题中应选择0.6 m分辨率影像,考虑到WorldView3成本高,故选QuickBird能达到精度要求。

50.【C】知识点：**遥感概述**

出处：《测绘综合能力体系和题解(上、下册)》10.2.3

解析：MSS多光谱扫描仪波段数为5,宽度为100~2 000 nm,高光谱成像扫描仪波段数几十到几百,宽度5~10 nm。

51.【D】知识点：**影像调绘**

出处：《测绘综合能力体系和题解(上、下册)》10.5.1

解析：影像调绘方法分为室内外综合调绘法(先内后外法)和全野外调绘法。先内后外法是先在室内判读,后在野外实地调查;先外后内法是对全要素进行调绘。

52.【A】知识点：**空三精度指标**

出处：《测绘综合能力体系和题解(上、下册)》10.6.2

解析：区域网内基本定向点残差为连接点(加密点)中误差的0.75倍,检查点残差(区域网内多余控制点不符值)为连接点中误差的1.25倍(小于1∶2 000比例尺为1倍),区域网间公共点残差为连接点中误差的2倍。

53.【D】知识点：**DLG制作方法**

出处：《测绘综合能力体系和题解(上、下册)》10.7.2

解析：立体测图是采用航空摄影影像或多线阵传感器建立具有一定重叠度的立体像

对,采用前方交会原理立体观测采集像点地面三维坐标的方法。遥感影像一般采取高分辨率三线阵传感器建立立体模型。

54.【C】知识点:**DEM 概述**

出处:《测绘综合能力体系和题解(上、下册)》10.8.1

解析:数字地面模型 DTM,是利用一个任意坐标系中大量选择的已知 x、y、z 的坐标点对连续地面的一种模拟表示。DTM 表示的内容可以是包括高程在内的地貌、地形、浓度等,DEM 只用来表达高程,DEM 是 DTM 分支。相较传统的等高线而言,DEM 优点是小巧,格式简单,便于计算。缺点是高程表示不精确,需要内插求非格网点高程,造成实际地貌局部失真。

55.【A】知识点:**DOM 概述**

出处:《测绘综合能力体系和题解(上、下册)》10.9.1

解析:DOM 地面分辨率不大于万分之一成图比例尺分母。以卫星影像为数据源制作的 DOM 地面分辨率可以采用原分辨率。

56.【A】知识点:**地图表达方式设计**

出处:《测绘综合能力体系和题解(上、下册)》11.2.2

解析:水系要素是地形图的骨架,起着地形图指向的作用,应优先选择。

57.【C】知识点:**数学基础**

出处:《测绘综合能力体系和题解(上、下册)》11.1.4

解析:非基本比例尺地形图的定向方法分为北方位定向和斜方位定向,我国一般采用北方定向,即以图纸正中间经线的北方向指向北方。

58.【B】知识点:**地图设计基础**

出处:《测绘综合能力体系和题解(上、下册)》11.2.1

解析:基本资料用于制作主要地理要素和属性要素,基本资料的选用应截止到编绘作业前,现势资料截止到地图数据输出前。

59.【A】知识点:**海岸地形测量**

出处:《测绘综合能力体系和题解(上、下册)》4.2.8

解析:比高是指地物顶部至地物基部的高差。

60.【D】知识点:**普通地图编绘**

出处:《测绘综合能力体系和题解(上、下册)》11.3.2

解析:农村居民地类型主要有街区式、散列式、分散式、特殊式。街区式居民地、密集街区要以合并街区为主,舍去次要街区为辅;稀疏街区要对独立建筑进行取舍;散列式居民地独立房屋只能选取不能合并。

61.【A】知识点:**海图制图综合**

出处:《测绘综合能力体系和题解(上、下册)》4.3.2

解析:数量特征概括方法有分级合并,取消低级,用概括数字代替精确数字等。

62.【C】知识点:**地图表达方式设计**

出处:《测绘综合能力体系和题解(上、下册)》11.2.2

解析:土质和植被符号按整列式排列的有苗圃、草地、经济林等;散列式有小草丘地、灌木林、石块地等。

63.【D】知识点：**普通地图编绘**

出处：《测绘综合能力体系和题解(上、下册)》11.3.2

解析：双线河两边间距很近时,可以共线。

64.【C】知识点：**普通地图编绘**

出处：《测绘综合能力体系和题解(上、下册)》11.3.2

解析：地图上,淡水湖用蓝色、咸水湖用紫色表示。

65.【B】知识点：**空间数据结构**

出处：《测绘综合能力体系和题解(上、下册)》12.2.2

解析：面要素是线包围的有界连续的具有相同属性值的面域,或称为多边形。环和岛都属于面域要素,链属于线要素。

66.【D】知识点：**空间数据结构**

出处：《测绘综合能力体系和题解(上、下册)》12.2.2

解析：元数据是对数据变化的描述,是数据的数据,是数据的说明表单资料。

67.【D】知识点：**空间分析方法**

出处：《测绘综合能力体系和题解(上、下册)》12.3.2

解析：网络分析是对地理网络(如交通网络)、城市基础设施网络(如各种通风管线、电力线、供排水管线等)进行地理分析和模型化。缓冲区分析是以点、线、面实体为基础,自动建立其周围一定宽度范围内的缓冲区多边形图层,然后建立该图层与目标图层的叠加,进行分析而得到所需结果。

68.【A】知识点：**空间数据压缩和转换**

出处：《测绘综合能力体系和题解(上、下册)》12.2.3

解析：二值化是把扫描数据转化为黑白图像,栅格属性赋值用一位表示,取值一般为0和1。

69.【C】知识点：**系统总体设计**

出处：《测绘综合能力体系和题解(上、下册)》12.4.2

解析：数据字典用来解释说明数据流图中的所有要素,描述数据流图中各图形要素的名字、别名、编号、分类、描述、定义、位置等内容。空间数据字典条目包括名称、层名、层元素性质、拓扑关系、属性表、关联属性项、关联字段、文件位置、操作限制、元数据文件或表名、备注等。选项C是地理信息要素的主要属性项。

70.【A】知识点：**地理信息系统的发展**

出处：《测绘综合能力体系和题解(上、下册)》12.1.2

解析：虚拟现实技术是一种可以创建和体验虚拟世界的计算机仿真系统,它利用计算机生成一种模拟环境,是一种多源信息融合的、交互式的三维动态视景和实体行为的系统仿真使用户沉浸到该环境中。其基于三维构象的原理即立体像对成像。

71.【B】知识点：**地理数据**

出处：《测绘综合能力体系和题解(上、下册)》12.2.5

解析：建立空间数据索引是构建空间数据查询的基础工作。空间索引一般按工作区层次、目标层次、地物层次,自顶向下、逐层索引。

72.【B】知识点:空间分析方法

出处:《测绘综合能力体系和题解(上、下册)》12.3.2

解析:视域分析是 DEM 的一种应用,以某一点为观察点,研究某一区域通视情况的地形分析。

73.【A】知识点:系统测试和调试

出处:《测绘综合能力体系和题解(上、下册)》12.5.2

解析:单元测试即模块测试,测试对象是软件设计的最小单位,模块。测试依据是详细设计的描述,多采用白盒技术,系统内多个模块可以并行测试。单元测试一般由软件开发人员和测试人员一同负责。其他测试一般由不是该开发组的软件设计人员或测试人员独立进行。

74.【C】知识点:GIS 工程标准化

出处:《测绘综合能力体系和题解(上、下册)》12.7.1

解析:GIS 标准化促进了空间数据的使用和交换和地理信息共享,未来的数据共享将以分布式网络传输方式为主。

75.【C】知识点:地理信息数据建库

出处:《测绘综合能力体系和题解(上、下册)》12.6.2

解析:多源异构空间数据的统一成为建立地理信息数据库的关键的步骤,空间数据转换格式是一种标准数据中介,不同空间参考系的数据需要一个标准格式来互相转换。统一的分类编码、统一的地理基础也都是 GIS 标准化内容。

76.【A】知识点:导航电子地图产品设计

出处:《测绘综合能力体系和题解(上、下册)》13.2

解析:导航数据采集中道路要素和属性是核心,最基本的内容是建立道路网络拓扑关系。

77.【B】知识点:导航电子地图产品开发

出处:《测绘综合能力体系和题解(上、下册)》13.3

解析:导航电子地图时,路要素生产作业现场状况比较复杂的路口要进行全方位拍照以便制作路口实景图。

78.【C】知识点:导航电子地图产品开发

出处:《测绘综合能力体系和题解(上、下册)》13.3

解析:创建路径层主要是把不同的道路网络放置到不同比例尺层次上,只考虑路网的连接关系,不考虑道路的形状和走向。

79.【A】知识点:在线地理信息数据

出处:《测绘综合能力体系和题解(上、下册)》14.2

解析:电子地图按照显示比例尺或地面分辨率可将电子地图分为 20 级。

80.【B】知识点:在线地理信息服务概述

出处:《测绘综合能力体系和题解(上、下册)》14.1

解析:在线地理信息服务系统由国家级主节点、省级分节点、市级信息基地组成。通过网络实现服务聚合,提供协同服务。各节点以运行支持层、数据层、服务层组成。

二、多项选择题

81.【BC】知识点:坐标系统

出处:《测绘综合能力体系和题解(上、下册)》3.2.3

解析:参心坐标系建立时,椭球定向就是确定旋转轴方向,必须满足两个条件,即椭球短轴平行于地球自转轴,大地起始子午面平行于天文起始子午面。

82.【ABCE】知识点:似大地水准面精化流程

出处:《测绘综合能力体系和题解(上、下册)》3.12.2

解析:区域重力似大地水准面精化时,DEM 主要用于移去恢复操作,重力资料用于重力空间归算,地形资料用于局部地形质量改正,重力场模型用来作为高分辨率重力数据。GPS 水准成果与重力似大地水准面精化无关。

83.【ABDE】知识点:水准观测要求

出处:《测绘综合能力体系和题解(上、下册)》3.10.5

解析:每测段的始、末,一二等水准测量外业记录项目应包括太阳方向、测量时间、道路土质、天气等内容。选项 C 是测站记录内容。

84.【ABCE】知识点:海道其他测量

出处:《测绘综合能力体系和题解(上、下册)》4.2.7

解析:机械式掘泥器适用于海底底质探测,不能用来探测障碍物,其他选项都可。

85.【ABCD】知识点:大坝测量

出处:《测绘综合能力体系和题解(上、下册)》5.8.1

解析:大坝施工测量主要工作是清基开挖与坝体填筑放样,包括清基开挖放样、坡脚线放样、边坡线放样、修坡桩测设等内容。选项 E 属于大坝控制测量内容。

86.【ABD】知识点:地下管线探查

出处:《测绘综合能力体系和题解(上、下册)》5.10.2

解析:实地调查法适用于明显管线图测绘,实地查清权属、性质、规格(材料、断面尺寸、电缆根数或孔数、电压)、附属设施名称等属性;测量管线点的平面位置、高程、埋深、偏距等选项 C、E 适用于隐蔽金属管线探查。

87.【ABDE】知识点:工程测图技术设计

出处:《测绘综合能力体系和题解(上、下册)》5.3.2

解析:工程地形测量的区域类型,可划分为一般地区、城镇建筑和工矿区、水域三类。

88.【ADE】知识点:工程控制测量质量控制与成果归档

出处:《测绘综合能力体系和题解(上、下册)》5.2.4

解析:工程控制测量成果归档内容有技术设计书和技术总结、观测记录及数据、数据预处理和平差计算资料、控制点成果表、控制网图、点之记、仪器检定资料、检查、验收报告等。

89.【ABCD】知识点:房屋调查

出处:《测绘综合能力体系和题解(上、下册)》6.2.2

解析:房屋调查以幢为单元分户进行。幢是指一座独立的、包括不同结构和不同层次的房屋。幢的划分应按权利人使用现状和房屋功能,相对独立,便于分摊计算为原则。房屋建成年份指房屋实际竣工年份。拆除翻建的,应以翻建竣工年份为准。一幢房屋有两种以上建成年份,应分别注明。

90.【CDE】知识点:地籍界址点测量

出处:《测绘综合能力体系和题解(上、下册)》7.3.2

解析:本题问的是界址点相对于邻近图根点的点位误差影响因素,即假设图根点是无误差的,故排除了 A、B 选项。

91.【ABD】知识点:界线测量概述

出处:《测绘综合能力体系和题解(上、下册)》8.1

解析:境界线包括国界线和行政区划线。行政区划是行政区域划分的简称,是国家为了进行分级管理而实行的区域划分,分为省、县、乡三级基本行政区。

(1) 一级,省级行政区名称:省、自治区、直辖市、特别行政区;

(2) 二级,地级行政区名称:地区、盟、自治州、地级市;

(3) 三级,县级行政区名称:县、旗、县级市、市辖区;

(4) 四级,乡级行政区名称:乡、镇、街道;

(5) 五级,村级行政区名称:村、社区;

(6) 六级,组级行政区名称:村民小组、社区居民小组。

92.【AC】知识点:航摄区域网

出处:《测绘综合能力体系和题解(上、下册)》10.4.1

解析:非全野外布点通过布设空中三角网,建立像片之间的连接关系,从而减少野外控制点的布设,分为单航线网和区域网两种。

93.【BCD】知识点:影像定位

出处:《测绘综合能力体系和题解(上、下册)》10.2.2

解析:空间后方交会是以检定内方位元素后,已知地面控制点和像点坐标恢复外方位元素的方法。选项 A、E 都是待求结果。

94.【BE】知识点:DLG 制作方法

出处:《测绘综合能力体系和题解(上、下册)》10.7.2

解析:采用单景卫片(应进行微分纠正)生产 DLG 时:①以 DOM 影像为背景叠加 DRG 进行数据采集;几何位置依据 DOM 采集,其他属性参照 DRG 判定,不能准确判绘的要素属性应到野外调绘。②根据内业预采成果到野外核查、补调。③对野外补调成果,内业进行补充采集和编辑。

95.【DE】知识点:DOM 质量控制和成果整理

出处:《测绘综合能力体系和题解(上、下册)》10.9.3

解析:数字正射影像图的质量控制主要包括几何精度检查和影像质量检查两个方面。

96.【ACE】知识点:电子地图

出处:《测绘综合能力体系和题解(上、下册)》11.3.5

解析:电子地图的页面结构主要内容有图幅窗口、索引图窗口、图幅名列表框、热点名列表框、地图名称条、系统工具条、伴随视频窗口、背景乐、多媒体信息窗口、其他信息输入输出窗口等。

97.【CDE】知识点：**地图制图质量控制和成果归档**

出处：《测绘综合能力体系和题解(上、下册)》11.5

解析：地图成果归档应检查：

(1) 归档内容完整性和一致性检查；

(2) 数据成果存储介质符合性检查；

(3) 文件有效性检查；

(4) 病毒检验。

98.【ACE】知识点：**系统测试和调试**

出处：《测绘综合能力体系和题解(上、下册)》12.5.2

解析：自动化测试是通过设计的特殊脚本程序来模拟测试人员对计算机的操作过程和行为，一般只适用于基础型 GIS。测试过程包括：

(1) 制订系统测试计划；

(2) 设计系统测试用例；

(3) 测试组长邀请开发人员和同行专家进行技术评审；

(4) 执行系统测试并将测试结果记录在测试报告中；

(5) 用缺陷管理工具来管理缺陷，并及时通报给开发人员；

(6) 缺陷管理与改错，及时消除缺陷，并马上进行回归测试。

99.【ABD】知识点：**GIS 软件质量保证**

出处：《测绘综合能力体系和题解(上、下册)》12.7.3

解析：预测量度是软件交付之前的量度，分为尺度度量和二元度量两类，如程序复杂性、模块有效性、程序规模等。

100.【BCDE】知识点：**导航电子地图产品制作**

出处：《测绘综合能力体系和题解(上、下册)》13.4

解析：高压电线、通信线及管道在公众版地图上不得表示。

16.6　仿真模拟测试卷及解析(六)

16.6.1　仿真试题

一、单项选择题(共 80 题,每题 1 分。每题的备选项中,只有 1 个最符合题意)

1. 组成国家重力标定长基线的点应为(　　)。

　　A. 重力基本点以及引点　　　　　　B. 重力基本点

　　C. 重力基本点或重力基准点　　　　D. 重力基准点

2. (　　)的椭球长半轴参数与其他三选项不同。

　　A. 西安大地坐标系　　B. CGCS 2000　　　C. ITRF 大地坐标系　D. WGS-84

3. 周跳的检测一般在数据处理的(　　)环节中进行。

　　A. 预处理　　　　　B. 基线解算　　　　　C. 无约束平差　　　　D. 约束平差

4. 观测了三角形两内角,观测值的权都为1,则剩余一个内角观测值的权为(　　)。

A. 2　　　　　　B. 1.4　　　　　　C. 1　　　　　　D. 0.5

5. 一幅纸质1:500基本比例尺地形图上,某点只能确定坐标数字为40 376 543.211和3.275 611.188,无法分辨X和Y,问该点所在图幅的中央子午线经度为(　　)。

A. 96°　　　　　B. 120°　　　　　C. 189°　　　　　D. 227°

6. (　　)符合我国现行高程系统和高程框架要求。

A. 房屋建筑施工时选用±0作为高程基准　　B. 和经纬度坐标一起表示的高度数据

C. 动态连续基准站直接测得的高程数据　　D. 建立区域高程异常模型

7. 在我国的某大地经度标注为140.245 6,则该经度为(　　)。

A. 东经140°24′56″　B. 东经140°14′44″　C. 西经140°24′56″　D. 西经为140°14′44″

8. 以下卫星定位连续运行基准站设施场所中,供基准站人员管理使用的是(　　)。

A. 基准站观测室　　B. 数据中心　　　C. 服务发布中心　　D. 基准站工作室

9. 某GNSS网待测控制点数为50,拟投入接收机7台,设计平均每站重复设站次数为3,则该网的多余基线向量为(　　)条。

A. 77　　　　　　B. 83　　　　　　C. 126　　　　　　D. 132

10. 经纬仪视距测量是用望远镜内十字丝装置根据几何光学原理同时测定两点间的(　　)的方法。

A. 斜距和高差　　B. 水平距离和高差　C. 斜距和高程　　D. 水平距离和高程

11. 在一个测站上除了观测零方向以外有三个方向需要观测时,则水平角的观测(　　)。

A. 应检核不同测回归零差　　　　　　B. 应检核半测回归零差

C. 应观测每个可能存在的角度　　　　D. 每组包含的方向数应大致相等

12. 水准标尺每米真长误差是(　　)。

A. 水准标尺真误差　　　　　　　　　B. 每米水准标尺中误差

C. 水准标尺出厂长度　　　　　　　　D. 水准尺长度减去1 m

13. 建立空间定位数据大地测量数据库时,控制点的点之记资料属于(　　)内容。

A. 文档数据　　　B. 成果数据　　　C. 参考数据　　　D. 观测数据

14. 临时验潮站的基准面传算方法中,假设两验潮站3天平均潮差和3天平均海平面的比值相等来推算的是(　　)。

A. 四个主分潮与L比值法　　　　　　B. 潮差比法

C. 最小二乘曲线拟合　　　　　　　　D. 同步改正法

15. 我国沿海布设的用于助航定位的无线电信标站系统利用的是(　　)技术。

A. 无线电交会定位　　　　　　　　　B. GPS单站伪距差分

C. 无线电双曲线定位　　　　　　　　D. 网络RTK技术

16. 灯塔灯光中心高度从(　　)起算,同时应测量灯塔的底部高程。

A. 似大地水准面　　B. 理论深度基准面　C. 平均大潮高潮面　D. 海岸线

17. 当符号和注记的大小确定后,海图载负量的大小同海图内容的多少成正比,这种海图综合方法叫(　　)。

A. 定额法　　　　B. 资格法　　　　C. 分界尺度法　　　D. 平方根定律法

18. GPS网经过无约束平差后。得到的基线属于(   )。

    A. 平距   B. 斜距   C. 高差   D. 曲线

19. 经纬仪设站时需要先调整三个基座脚螺旋,使水泡位于圆水准器中央,目的是(   )。

    A. 对中   B. 调整视差   C. 粗略整平   D. 精确整平

20. 工程测量平面控制网坐标系统应优先选择(   )。

    A. 与国家坐标系统联测的测区独立坐标系

    B. 国家统一平面直角坐标系

    C. 测区中央子午线高斯投影3°带平面直角坐标系

    D. 建筑坐标系统

21. 某测量单位对一幢30层大楼布设了施工控制网,其质量评估原则不用考虑(   )。

    A. 控制网点位中误差尽量小   B. 控制网要在一定程度上有抵抗粗差能力

    C. 控制网要具有充分发现下界值能力   D. 投入的人力、物力应可控

22. 图根点相对于(   )的点位中误差不超过图上±0.1 mm。

    A. 高级控制点   B. 邻近控制点   C. 基本控制点   D. 首级控制点

23. 全野外采集地形图数据时,以下说法中正确的是(   )。

    A. 全站仪编码法测图属于野外实时测量成图方式

    B. RTK测图比全站仪测图方便快捷,目前已经完全取代全站仪测图法

    C. 平板仪模拟法测图是在野外直接成图的测量方法

    D. 全站仪草图法成图方法落后,已被编码法取代

24. 以下工程控制网适合采用正交法进行坐标放样的是(   )。

    A. 三角形网   B. 导线网   C. 建筑基线   D. 边角网

25. 市政线路测量时,曲率半径的关系描述正确的是(   )。

    A. 从ZH处到HY处曲率半径大小呈现递减特点

    B. 缓和曲线上的曲率半径一定大于圆曲线上的曲率半径

    C. ZH处的曲率半径一定小于HY处曲率半径

    D. 复合线路上除了直线处以外,曲率半径都相等

26. 某地下管线测量项目共探测了2 000个管线点,其中隐蔽管线点200个,则采用开挖验证方法进行质量检查的点数至少为(   )个。

    A. 2   B. 3   C. 8   D. 20

27. 当竣工总图编绘平面布置改变超过施工图面积(   )时,不宜在原施工图上修改和补充,应重新编制。

    A. 1/5   B. 1/4   C. 1/3   D. 1/2

28. 设备安装形位检测常用全站仪前方交会法等方法观测,反射镜一般可采用(   )。

    A. 反射片   B. 棱镜组

    C. 三角棱镜   D. 棱镜常数为0的棱镜

29. 房产测量的高程基准采用(   )

    A. 1956年黄海高程基准   B. 1985年国家高程基准

    C. 2000年国家高程基准   D. 不需要使用高程基准

30. 以下地物中一定不计算建筑面积的是( )。

    A. 房屋夹层　　　　B. 构筑物　　　　C. 消防水池　　　　D. 水箱间

31. 根据房产测量规范规定,独立柱的门廊以( )为准量测。

    A. 柱外围　　　　B. 顶盖投影　　　　C. 外轮廓投影　　　　D. 柱中心

32. 房产分丘平面图上某房屋轮廓线中央注记的倒数两位为"14"。则以下表述正确的是( )。

    A. 该房屋的总层数为14　　　　　　　　B. 该房屋的建筑结构为砖混结构

    C. 该房屋的产权类别为国有　　　　　　D. 该房屋的竣工年份为2014年

33. 不动产权籍调查的单元是( )。

    A. 幢　　　　B. 丘　　　　C. 宗地　　　　D. 不动产单元

34. 关于地籍测量图根控制网,下列说法中正确的是( )。

    A. 导线法是目前地籍图根控制测量的最主要办法

    B. 如果用 GPS-RTK 法测量图根点则没有通视要求

    C. 图根控制测量的精度要求与三级控制网相同

    D. 图根高程控制网常用三角高程法布设

35. 采用全野外测图进行地籍总调查时,对地籍子区进行面积汇总,( )。

    A. 实测的不计算闭合差,不进行配赋

    B. 实测的只计算闭合差,不进行配赋

    C. 实测的按面积比例配赋到变更后的宗地

    D. 实测的计算平均值后配赋到变更后的宗地

36. 地籍总调查成果实行"三级检查、一级验收"制度,其中负责验收的是( )。

    A. 县级国土主管部门　　　　　　　　　B. 省级国土主管部门

    C. 县级测绘主管部门　　　　　　　　　D. 省级测绘主管部门

37. 地籍总调查时,界址点以( )为编号区,从左上角顺时针方向开始编号。

    A. 宗地　　　　B. 街坊　　　　C. 街道　　　　D. 图幅

38. 下列有关宗地图的特征,以下说法中正确的是( )。

    A. 成图比例尺没有严格规定　　　　　　B. 与实地保持概略相似

    C. 相邻宗地图不可拼接　　　　　　　　D. 是地籍图的附图

39. 同号双立界桩应测量每个界桩到该段界桩连线到边界线交叉点的距离,其目的是( )。

    A. 便于检验界桩点位置精度　　　　　　B. 标明并测量边界点位置

    C. 便于以后寻找界桩点　　　　　　　　D. 为联合勘定提供数据,便于修复

40. 界桩点的方位物是为了快速找到界桩设立的,一个界桩点应布设至少( )个方位物。

    A. 1　　　　B. 2　　　　C. 3　　　　D. 4

41. 以下关于 DMC 航摄仪的说法中不正确的是( )。

    A. 其主距为虚拟的　　　　　　　　　　B. 生产的影像为合成正射投影影像

    C. 生产的真彩色影像数据影像为合成的　D. 其投影中心为虚拟的

42. 构架航线又名控制航线,布设构架航线的目的是( )。

A. 减少野外像控点的布设   B. 增大立体测量精度

C. 减少投影差影响   D. 用于比对加密点,增加区域网可靠性

43. 下列几种航摄仪中采用非量测式镜头的航摄仪是(　　)。

     A. DMC   B. UCD   C. RC   D. SWDC

44. 下列属于数码摄影质量检查内容的是(　　)。

     A. 像片重叠度   B. 影像密度   C. 框标和数据记录   D. 像点位移误差

45. 倾斜摄影是在同一飞行平台上搭载传感器从(　　)采集影像数据。

     A. 一个倾斜角度   B. 一个垂直角度

     C. 一个垂直、多个倾斜角度   D. 多个垂直、多个倾斜角度

46. 以下情况中,不会引起投影差的是(　　)。

     A. 地面点低于摄区平均高程基准面   B. 地面点高于摄区平均高程基准面

     C. DOM 上的高层建筑楼顶像点   D. 拍摄时,影像有倾斜

47. 以下测绘方法中不属于前方交会原理的是(　　)。

     A. 立体像对同名点配准定向   B. 从不同测站用测角法监测变形体位移

     C. 立体测图内业采集   D. 从两个方位物寻找界桩点

48. 采用 RFM 方程成像模型进行遥感卫星影像定向是因为(　　)。

     A. 无法获取卫星传感器参数和定位、定姿参数

     B. 无法获取足够多的地面控制点

     C. 无法获取卫星精确定轨数据

     D. 无法获取卫星具有重叠度的卫星影像

49. 现有 SPOT5 全色影像和同地区的 TM 多光谱影像,可采用(　　)方法处理,使处理后的图像既有较好的空间分辨率又具有多光谱性。

     A. 图像融合   B. 辐射增强   C. 图像分类   D. 直方图处理

50. 在山区,一般不可作为高程像控点选点位置的是(　　)。

     A. 平山顶   B. 鞍部   C. 尖山顶   D. 圆山顶

51. 在 TM 标准假彩色遥感影像上,植被一般呈现(　　),植被含水量较高时呈现(　　)。

     A. 红色 浅红色   B. 绿色 浅绿色   C. 绿色 深绿色   D. 红色 暗红色

52. 空中三角测量作业完成后,可以不用检查的是(　　)。

     A. 检查点成果使用正确性   B. 航摄仪检定参数

     C. 航摄参数   D. 外业控制点精度

53. 利用航空摄影测量方法进行 DEM 制作时,(　　)不影响 DEM 质量。

     A. 空三定向质量   B. 建筑物采集精度   C. 数据点密度   D. 格网大小

54. DEM 格网尺寸如为 1 m,根据相关规范规定,左上角第一个格网点对应高斯平面坐标系 (X,Y) 的坐标(　　)。

     A. 为(0,0)   B. 为(1,1)   C. 为(1,0)   D. 不可知

55. 要完成城镇建筑容积率统计估算任务,以下测绘产品中能满足工程需要的是(　　)。

     A. DLG   B. TDOM   C. DEM   D. DSM

56. 为了获得像主点坐标与像平面坐标原点之间的系统性误差,需要进行(　　)。

A. 内定向　　　　　B. 空间前方交会　　C. 空间后方交会　　D. 摄影仪检校

57. 地图上表示长城的符号,其定位中心为(　　)。

A. 底线　　　　　　B. 中心线　　　　　C. 顶线　　　　　　D. 城垛中点

58. 我国的南海单独成图时,投影的标准变形线(点)应选择(　　)。

A. 赤道　　　　　　B. 中央子午线　　　C. 地图中央经线　　D. 切点

59. 关于质底法与范围法的区别,下列说法中正确的是(　　)。

A. 质底法和范围法表示时专题面要素图斑之间都不能有空白

B. 质底法和范围法可以同时选择来表示专题要素

C. 质底法和范围法都必须有明确的图斑界线

D. 质底法不可以用点符号表示,范围法可以用点符号表示

60. 以下关于地类界的表示正确的是(　　)。

A. 地类界和等高线重合时,表示等高线

B. 地类界与道路边线重合时表示地类界

C. 地类界与河流边线相距小于1 mm时,表示河流边线

D. 地类界与架空电力线重合时,应表示地类界,删掉电力线

61. 编绘地图是根据各种制图资料编制成为用户需要的各种类型地图,为了编绘某省1：50万普通地图,可采用(　　)作为编绘作业底图。

A. 近两年出版的1：25万该省区域的地形图

B. 近两年出版的1：80万该省区域的地形图

C. 刚出版的该省1：30万交通旅游图

D. 近两年出版的该省1：1万土地利用图

62. 编制专题地图时,用于表示布满全区域、均匀渐变的面状现象的方法是(　　)。

A. 面积法　　　　　B. 点值法　　　　　C. 质底法　　　　　D. 等值线法

63. 以下关于正形投影特征的描述中正确的是(　　)。

A. 微分线段位置变化,则长度一定变化　　B. 投影后经线为直线,并和纬线正交

C. 微分线段长度比随方向变化　　　　　　D. 投影后必定保持图形相似性

64. 地图上当人工建筑地物与自然地理地物重合的时候,应(　　)。

A. 移动人工建筑地物

B. 都不移动

C. 移动自然地理地物

D. 移动人工建筑地物与自然地理地物,并间隔0.2 mm以上

65. 地图学相对于地理信息系统而言,强调图形信息传输,指的是(　　)。

A. 地图数据可以有效跨介质存储

B. 地图数据强调地理数据作为信息传播和展现的载体

C. 地图数据依靠地图引擎统一管理,具有协调的信息传输方式

D. 地图具有多尺度的表达方式,有丰富的可视化路径

66. 查询某户是否在北京市区二环范围内的空间分析方法是(　　)。

A. 缓冲区分析　　B. 包含分析　　　C. 网络分析　　　　D. 聚合分析

67. 市政设施管理数据库中,下列数据中不属于元数据的是(　　)。

　　A. 数据库的生产单位　　　　　　　B. 市政管网的空间精度

　　C. 某个广场的名称　　　　　　　　D. 市政要素的完整性

68. 以下不能用来进行矢量数据转栅格数据的方法是(　　)。

　　A. 内部点扩散法　　B. 链式追踪法　　　C. 扫描算法　　　　D. 边填充算法

69. 绘制程序结构图是 GIS 设计过程中,(　　)环节的工作。

　　A. 需求分析　　　　B. 代码编写　　　　C. 总体设计　　　　D. 详细设计

70. 下列工作属于地理信息数据入库前地图编制进行的数据处理的是(　　)。

　　A. 符号处理　　　　　　　　　　　　B. 生成数字化文件

　　C. 统一坐标系统　　　　　　　　　　D. 合并被分割的重要要素

71. ArcInfo 明显区别于 MapInfo、ArcView、ArcMap、CAD 等软件的功能为能进行(　　)。

　　A. 拓扑编辑　　　　B. 三维显示　　　　C. 处理空间数据　　D. 属性数据处理

72. 在防震减灾方面,利用 GIS 进行宏观辅助决策时,最需要提高的是数据的(　　)。

　　A. 逻辑一致性　　　B. 精度　　　　　　C. 更新周期　　　　D. 完整性

73. GIS 系统软硬件在用户具体环境安装后,为使各子系统、数据、端口等之间能协调运行,需要进行(　　)。

　　A. β测试　　　　　B. 确认测试　　　　C. 模块测试　　　　D. 试运行

74. 下列措施,不属于公开数据 GIS 系统安全管理内容的是(　　)。

　　A. 制定容灾计划　　B. 安装防火墙　　　C. 与外网物理隔离　D. 开放型密码

75. GIS 行业应用空间信息技术所必须遵循的综合性基础标准和规定属于(　　)门类。

　　A. 专用标准　　　　B. 基础通用标准　　C. 行业标准　　　　D. 相关标准

76. 车载导航产品制作时,数据编辑中要保证路网挂接正确,其主要目的是(　　)。

　　A. 提高路径计算准确性　　　　　　　B. 确保道路形状与实际相符

　　C. 确保结点位置正确　　　　　　　　D. 保证线路连通性

77. 以 1∶500 比例尺显示的导航电子地图中,设施符号的尺度应为(　　)。

　　A. 8 像素×8 像素　B. 16 像素×16 像素　C. 32 像素×32 像素　D. 64 像素×64 像素

78. 某要素的地理实体图元标志码编码为 330033E03,则该幅图的境界实体应调查至(　　)。

　　A. 地级市　　　　　B. 县　　　　　　　C. 镇　　　　　　　D. 村

79. 以下可以从地理信息服务系统中获取的服务不包括(　　)。

　　A. 地表信息分析服务　　　　　　　　B. 空间数据目录服务

　　C. 应用接口服务　　　　　　　　　　D. 空间信息下载服务

80. 下列关于国家地理信息公共服务平台建设原则的说法中错误的是(　　)。

　　A. 统一设计,统一实施　　　　　　　B. 数据源多样化采用

　　C. 充分利用网络技术组织实施　　　　D. 需要企事业单位和个人共同参与建设

二、多项选择题(共 20 题,每题 2 分。每题的备选项中,有 2 个或 2 个以上符合题意,至少有 1 个错项。错选,本题不得分;少选,所选的每个选项得 0.5 分)

81. GPS 外业测量需要记录手簿,以下说法中正确的有(　　)。

A. 手簿原始记录一律使用铅笔书写

B. 如记错,该页记录必须作废,严禁涂改

C. 天线高记错可整齐划掉,并注明原因

D. 原始记录必须现场填写,气象等表项可以室内填写

E. 点名或点号写错,应用橡皮擦小心擦去后重新填写

82. 下列因素中,与计算 GNSS 独立环闭合差的限差有关的有(　　)。

A. 组成独立环基线数

B. 独立环中各基线向量的长度

C. GNSS 接收机的固定误差

D. GNSS 接收机的比例误差

E. 观测时段长度

83. 野外水准测量获得的几何量高差转换到物理量正常高高差主要是由于进行了(　　)计算。

A. 水准标尺长度改正

B. 水准标尺温度改正

C. 正常水准面不平行改正

D. 重力异常改正

E. 路(环)线闭合差改正

84. 进行海洋测量时,(　　)应在技术设计书中载明。

A. 作业方法的总结

B. 所需船只情况

C. 控制点的等级

D. 成果质量评估结果

E. 图形的分幅情况

85. 以下属于全野外解析法测图方法采集工程地形图数据的有(　　)测图方法。

A. 全站仪测记法

B. 经纬仪视距法

C. 电子平板法

D. RTK 测图法

E. 全站仪草图法

86. 以下关于陀螺经纬仪测量方法的说法中正确的有(　　)。

A. 在待定边上先测定陀螺常数,再测定陀螺方位角

B. 应先后两次测定陀螺常数,并评估精度

C. 在已知边上测定子午线收敛角用来改正陀螺方位角

D. 陀螺方位角必须经过改正,才能获得真方位角

E. 用来进行隧道定向时,需已知本地子午线收敛角

87. 建筑物竣工测量中建筑层高测量可以采用(　　)进行。

A. 水准测量

B. 三角高程法

C. 前方交会法

D. 手持测距仪法

E. 钢尺实量法

88. 以下关于地下工程控制和施工测量特点的说法中正确的有(　　)。

A. 地下测量方法精度高,采用设备多样化

B. 地下控制测量误差累积越来越大,须加测 GNSS 点控制

C. 地下导线应尽量提高对中精度

D. 洞内控制测量应布设高等导线控制方向,再布设低级导线加密

E. 洞内施工中线宜采用极坐标法测设

89. 房产变更测量的基准可以是(　　)。

A. 邻近符合精度要求的房角点

B. 变更范围内修测过的地物点

C. 邻近的等级控制点

D. 变更范围内的房角点

E. 变更范围内的房产界址点

90. 集体土地所有权进行土地权属状况调查的内容有（　　）。

  A. 所有权人   B. 使用权人   C. 权属性质

  D. 国民经济行业类型 E. 土地使用期限

91. 边界协议书附图内容应包括（　　）等。

  A. 所有地形要素   B. 边界线   C. 有关注记

  D. 边界点   E. 有关地理名称

92. DEM制作时,对获取的数据必须进行数据预处理,一般包括（　　）等工作。

  A. 坐标转换   B. DEM逐点编辑   C. 格网内插

  D. 数据分块   E. 格式转换

93. （　　）为影像反解法数字微分纠正时采取的工作步骤。

  A. 栅格重排   B. 矢量追踪   C. 灰度内插

  D. 量化赋值   E. 二值化

94. 采用独立模型法数字空中三角形测量的平差质量控制,主要是检查（　　）等精度。

  A. 像点位移   B. 内定向   C. 相对定向

  D. 绝对定向   E. 接边精度

95. 采用倾斜摄影测量进行三维城市景观和正射影像图的制作,以下步骤顺序正确的有（　　）。

  A. 空三加密测量、DSM制作、点云数据提取、建模和贴图

  B. 多视影像采集、立体测图、外业调绘补测、生成三维模型和DOM

  C. 点云抽取建模、影像纹理贴图、全景城市景观生成、单体分割

  D. 多视影像采集、投影化处理、影像镶嵌、纹理化模型构建

  E. 多视影像采集、点云抽取建模、真实影像贴图、三维模型构建和编辑

96. 以下地图要素中,属于地图数学要素的有（　　）。

  A. 内图廓   B. 地图精度   C. 控制点

  D. 高程注记   E. 外图廓

97. 专题地图编制时,可以表示地理现象数量、质量特征的方法有（　　）。

  A. 动线法   B. 定点符号法   C. 分区统计图表法

  D. 质底法   E. 等值线法

98. 系统需求分析是地理信息工程建设的重要一步,其具体工作包括（　　）等。

  A. 现有软件系统问题分析 B. 系统建设目标分析 C. 可行性分析

  D. 与用户沟通   E. 模块设计分析

99. GIS工程质量评价包括经济评价和技术评价两个方面,（　　）属于经济评价指标。

  A. 软件的易维护和便于管理的能力 B. 商品化GIS进一步完善产品功能

  C. 对用户进行集中的技术培训   D. 系统运行的速度要求

  E. 与其他软件系统进行数据交换的能力

100. 网络地理信息服务中数据的更新方式一般可分为（　　）模式。

  A. 日常普通更新   B. 应急更新   C. 两年定期更新

D. 全要素总更新　　　　E. 专门队伍更新

16.6.2　答案及解析

一、单项选择题

1.【D】知识点：重力控制网

出处：《测绘综合能力体系和题解(上、下册)》3.11.2

解析：重力标定长基线应控制全国范围内重力差,大致沿南北方向设置,两端点重力差应大于 $2\,000\times10^{-5}\,\mathrm{m/s^2}$,每个基点应为基准点。

2.【A】知识点：坐标系统

出处：《测绘综合能力体系和题解(上、下册)》3.2.3

解析：西安大地坐标系椭球参数采用 IAG75,其他三个选项采用 GRS80。ITRF 本身只是 IERS 发布的一组地球定位参数,不具备椭球面,当 ITRF 框架需要使用旋转椭球面时宜用 GRS80 椭球参数。

3.【A】知识点：GPS 定位

出处：《测绘综合能力体系和题解(上、下册)》3.6.3

解析：周跳会影响测距精度,计算整周未知数要先查找周跳,并加以修复。一般在 GNSS 数据预处理的时候检测周跳。

4.【D】知识点：误差传播率

出处：《测绘综合能力体系和题解(上、下册)》2.2.1

解析：先列出角度函数关系式： $C=180°-A-B$ (设三角形三内角为 A、B、C)。可以用权倒数传播率算出： $1/P_C=1/P_A+1/P_B=>1/P_C=2=>P_C=1/2$。

如果不用权倒数传播率可以把权换算成方差,再利用方差传播率计算,原理相同。

5.【B】知识点：高斯平面归算

出处：《测绘综合能力体系和题解(上、下册)》3.5.3

解析：1：500 基本比例尺地形图采用高斯投影 3° 分带,另外根据坐标位数可知 40 376 543. 211 为横坐标数字,可知分带带号为 40,计算得中央子午线经度为 120°。

6.【D】知识点：高程系统

出处：《测绘综合能力体系和题解(上、下册)》3.4.1

解析：我国的高程系统采用正常高系统,建立区域高程异常模型是为了便利的利用 GPS 测高获得正常高数据,故符合题意。选项 A 采用独立的高程系统,选项 B、C 都是获得大地高。

7.【B】知识点：坐标系统

出处：《测绘综合能力体系和题解(上、下册)》3.2.3

解析：经纬度按十进制标记的,小数点后表示从六十进制到十进制的换算结果。

8.【D】知识点：CORS 建设

出处：《测绘综合能力体系和题解(上、下册)》3.8.2

解析：工作室面积应在 $20\ \mathrm{m^2}$ 左右,供基准站人员管理使用。

9.【B】知识点：GNSS 控制网设计

出处:《测绘综合能力体系和题解(上、下册)》3.9.2

解析:GNSS 网时段数 $C=\mathrm{INT}(n\times m/N)$,独立基线向量数 $J_独=C\times(N-1)$,必要基线向量数 $J_必=n-1$,多余基线向量数 $J_多=J_独-J_必$。INT 为向上取整,m 为每点平均设站数,n 为待测点数,N 为接收机数,代入公式得 83。

10.【B】**知识点:传统控制网布设概述**

出处:《测绘综合能力体系和题解(上、下册)》3.7.1

解析:视距测量是利用经纬仪、水准仪的望远镜内十字丝分划板上的视距丝在视距尺(水准尺)上读数,根据光学和几何学原理,同时测定仪器到地面点的水平距离和高差的一种方法。

11.【B】**知识点:水平角测量**

出处:《测绘综合能力体系和题解(上、下册)》3.7.4

解析:当观测方向数大于 3(包括零方向)时应采用全圆方向观测法。上半测回依次观测各方向之后需再观测一次零方向。选项 C 属于全组合测角方法,选项 D 属于分组测角方法。

12.【D】**知识点:高程控制网数据处理**

出处:《测绘综合能力体系和题解(上、下册)》3.10.7

解析:各等级水准高差概略表编算时要加入标尺长度改正,即水准标尺每米真长误差即水准尺名义长度减去 1 m 的差。

13.【B】**知识点:大地数据内容**

出处:《测绘综合能力体系和题解(上、下册)》3.13.2

解析:空间定位数据按阶段分为观测数据、成果数据及文档数据。其中成果数据主要包括坐标成果、点之记、天线高信息、参考框架转换参数、控制网概要信息等。

14.【B】**知识点:深度基准**

出处:《测绘综合能力体系和题解(上、下册)》4.2.1

解析:差比法是利用主港的潮汐预报来预测附港潮汐的方法。欲求得某附港的高潮和低潮的时间,只须将主港的高潮或低潮的时间加上此附港的潮时差即得;欲求得附港的高潮和低潮的潮高,可利用潮差比或潮高比进行计算。潮差比法是假设两验潮站 3 天平均潮差和 3 天平均海平面的比值相等来推算深度基准面的方法。

15.【B】**知识点:海洋定位**

出处:《测绘综合能力体系和题解(上、下册)》4.2.5

解析:RBN-DGPS 即无线电指向标/差分全球定位系统,是一种利用无线电播发台播发 DGPS 修正信息向用户提供高精度服务的助航系统,属单站伪距差分。

16.【C】**知识点:海道其他测量**

出处:《测绘综合能力体系和题解(上、下册)》4.2.7

解析:灯塔、灯桩灯光中心高度从平均大潮高潮面起算,还应测灯塔的底部高程。

17.【A】**知识点:海图制图综合**

出处:《测绘综合能力体系和题解(上、下册)》4.3.2

解析:定额法以适当的载负量为基础,规定一定面积内海图内容的选取指标,即规定单位面积内应选取的制图物体的数量而进行选取的方法。

18.【B】知识点：GNSS 控制网数据处理

出处：《测绘综合能力体系和题解(上、下册)》3.9.6

解析：三维无约束平差是在基线解算的基础上平差 GNSS 点的相对位置,目的是为了获得三维坐标,故选 B。

19.【C】知识点：工程测量仪器和方法

出处：《测绘综合能力体系和题解(上、下册)》5.1.2

解析：经纬仪的水准轴分为横水准轴和圆水准器轴。整平时需要先调整三个基座脚螺旋,使水泡位于圆水准器中央进行粗略整平,再精确调平横水准器进行精确整平。

20.【B】知识点：工程控制网设计

出处：《测绘综合能力体系和题解(上、下册)》5.2.2

解析：如长度变形可控,工程测量平面控制网坐标系统应优先采用国家统一高斯投影 3°带平面直角坐标系统。

21.【C】知识点：工程控制测量质量控制与成果归档

出处：《测绘综合能力体系和题解(上、下册)》5.2.4

解析：灵敏度是指通过对周期观测的平差结果进行统计检验,所能发现的位移向量下界值的能力,只针对变形监测网提出。选项 C 是变形监测网的特性指标。

22.【C】知识点：工程测图实施方法

出处：《测绘综合能力体系和题解(上、下册)》5.3.3

解析：图根点相对于基本控制点的点位中误差不超过图上±0.1 mm,高程中误差不超过 1/10 基本等高距。

23.【C】知识点：工程测图实施方法

出处：《测绘综合能力体系和题解(上、下册)》5.3.3

解析：编码和草图都是全站仪数据采集方式的辅助方式,需要内业后处理成图编辑,RTK 虽然方便快捷,但适用范围受限制,目前还不能完全代替全站仪测量。平板仪模拟法是在野外直接成图的测量方法,但不能快捷生成数字地形图,精度也较低,目前已被淘汰。

24.【C】知识点：高层建筑施工实施

出处：《测绘综合能力体系和题解(上、下册)》5.5.2

解析：当施工控制网为直角方格网时,采用直角坐标法(正交法)放线最为方便,即在测线上支距进行测量。建筑基线是基于建筑物分布特点建立的简化轴线控制网,可以用正交法测设建筑角点。

25.【A】知识点：线路施工测量

出处：《测绘综合能力体系和题解(上、下册)》5.7.3

解析：复合路线以曲率半径不同而分为直线、缓和曲线、圆曲线三类,ZH 处曲率半径为无穷大,缓和曲线曲率半径逐渐减小到等同于圆曲线的半径。缓和曲线和圆曲线转折处,即 HY 处曲率半径为圆曲线半径,故只有选项 A 正确。

26.【B】知识点：地下管线测量质量检查和成果归档

出处：《测绘综合能力体系和题解(上、下册)》5.10.4

解析:开挖验证的点位应随机抽取,点数不宜少于隐蔽管线点总数的1‰,且不应少于3个。需要检查的点数为200×0.01=2,故应开挖3个隐蔽点。

27.**【C】知识点:竣工总图**

出处:《测绘综合能力体系和题解(上、下册)》5.11.3

解析:施工中根据施工情况和设计变更文件及时编绘竣工总图,当平面布置改变超过图上面积1/3时,不宜在原施工图上修改补充,应重新编制。

28.**【A】知识点:精密测量设计和实施**

出处:《测绘综合能力体系和题解(上、下册)》5.13.2

解析:工业设备形位检测精度要求高,受到工作时间和场地条件限制,需要使用专用仪器进行,反射片可贴于被测物体上,厚度已知,数据处理也很方便。

29.**【B】知识点:房产测绘控制测量**

出处:《测绘综合能力体系和题解(上、下册)》6.3.1

解析:房产测量一般不测高程,需要进行高程测量时,由设计书另行规定,高程测量采用1985国家高程基准。随着不动产统一登记制度的落实,房产测绘数据日益成为国家空间地理信息数据系统的关键组成部分之一,目前三维空间不动产概念兴起,不动产测绘不测高程的现状也势必会改变。

30.**【B】知识点:房产要素测绘**

出处:《测绘综合能力体系和题解(上、下册)》6.3.2

解析:构筑物测量是指不属于房屋,不计算房屋建筑面积的独立地物以及工矿专用或公用的贮水池、油库、地下人防干支线等。

31.**【B】知识点:面积测算方法**

出处:《测绘综合能力体系和题解(上、下册)》6.4.1

解析:独立柱的门廊以顶盖投影为准量测。

32.**【D】知识点:分丘图**

出处:《测绘综合能力体系和题解(上、下册)》6.5.2

解析:房屋注记代码在分丘图与分幅图上表示办法并不一致。在分丘图上完整的注记一共8位数字组成,即产别1位、结构1位、层数2位、竣工年份4位。分幅图一般在房产初始测量时由地籍图或者大比例尺地形图编绘而来,进行统一房产调绘测量,类似于地籍测量中的总调查。由于难以调查竣工年份,在分幅图上只注记了前四位数,而不注记竣工年份。所以这题答案为D。

33.**【D】知识点:地籍调查单元**

出处:《测绘综合能力体系和题解(上、下册)》7.2.1

解析:不动产权籍调查以宗地、宗海为单位,查清宗地、宗海及其房屋、林木等定着物组成的不动产单元状况,包括宗地信息、宗海信息、房屋(建、构筑物)信息、森林和林木信息等。

34.**【D】知识点:地籍控制测量**

出处:《测绘综合能力体系和题解(上、下册)》7.3.1

解析:目前主流的图根点布设方法是GPS-RTK法;图根点是为了测图需要布设的,而目前地籍图的测量方法主要是全站仪解析测量,所以必须要求一个通视点作为后视;图根测量的精度要求比三级控制点更低;地籍测量的高程精度要求较低,只需要达到等外水准的精度要求,三角测量的精度完全可以满足要求,而且比水准测量方便快捷,所以是地籍高程控制测量的常用手段。故选 D。

35.【C】知识点:**地籍量算方法**

出处:《测绘综合能力体系和题解(上、下册)》7.5.1

解析:采用全野外测图进行地籍总调查时,每个宗地都采用解析法实测得到,宗地汇总数据与地籍子区数据应全部按照面积比例配赋。

36.【B】知识点:**地籍测绘检查验收的实施**

出处:《测绘综合能力体系和题解(上、下册)》7.7.1

解析:地籍总调查成果实行三级检查一级验收,即作业人员自检、作业组互检、作业队专检、省级国土主管部门组织验收。县级国土部门进行指导和监督。

37.【B】知识点:**地籍界址调查**

出处:《测绘综合能力体系和题解(上、下册)》7.2.3

解析:地籍总调查时,在地籍子区的范围内,从左上角开始顺时针编界址点号,并保证界址点号唯一。

38.【A】知识点:**宗地图制作**

出处:《测绘综合能力体系和题解(上、下册)》7.4.3

解析:宗地图的特征如下:

(1)宗地图是地籍图的细部图,是地籍管理产籍资料一部分。

(2)由于是实测得到,故精度高、可靠。

(3)图形与实地有严密数学相似关系。

(4)相邻宗地图可以拼接。

(5)标识符齐全,便于人工和计算机管理。

(6)宗地图是土地证附图,具有法律效力。

(7)宗地图的比例尺是任意选择的。

39.【B】知识点:**边界测绘要求**

出处:《测绘综合能力体系和题解(上、下册)》8.3

解析:界桩不在边界上时,需要用界桩位置测出边界点位置。如同号双立的应测量每个界桩到该段界桩连线到边界线交叉点的距离。

40.【C】知识点:**边界测绘要求**

出处:《测绘综合能力体系和题解(上、下册)》8.3

解析:当界桩点容易受破坏时要设置方位物。每个界桩点的方位物不少于 3 个。

41.【B】知识点:**航摄仪类别**

出处:《测绘综合能力体系和题解(上、下册)》9.2.1

解析:DMC 是数字成图相机的简称,将 4 个全色像片合成为具有虚拟投影中心和固定虚拟焦距(12 cm)的虚拟中心投影合成影像,和 4 个多光谱镜头生成的影像融合在一起,得到高分辨率真彩色影像数据或彩红外影像数据。

42.【A】知识点:**航空摄影设计分析**

出处：《测绘综合能力体系和题解(上、下册)》9.3.1

解析：构架航线又名控制航线,指在困难地区为了减少野外像控点的布设采取和原来航线垂直方向的飞行。一般布设于航线两头。

43.【D】**知识点：航摄仪类别**

出处：《测绘综合能力体系和题解(上、下册)》9.2.1

解析：DMC、UCD、RC 三种航摄仪镜头均为量测型镜头,SWDC 把多台非量测型相机集合测量型 GNSS 接收机、航摄控制系统、地面后处理系统,是一种能满足航摄规范要求的大面阵数字航空摄影仪。

44.【D】**知识点：航空摄影成果归档**

出处：《测绘综合能力体系和题解(上、下册)》9.5.2

解析：重叠度属于飞行质量检查,影像密度、框标和数据记录属于胶片航摄仪摄影质量检查内容。

45.【C】**知识点：三维模型制作方法**

出处：《测绘综合能力体系和题解(上、下册)》10.11.2

解析：倾斜摄影是在同一飞行平台上搭载多台传感器或多镜头系统(如 SWDC5),同时从一个垂直、四个倾斜等多个不同的角度同时采集影像数据。

46.【D】**知识点：像点位移**

出处：《测绘综合能力体系和题解(上、下册)》10.2.1

解析：投影差是地面起伏引起的像点位移,使得地面目标物体在航摄像片上的构像偏离了其正射投影的正确位置;只有基于 DSM 纠正的真正射影像才不会有投影差,高层建筑在 DOM 上像点位移没有得到纠正,选项 D 属于像片倾斜产生的像点位移,不是投影差。

47.【A】**知识点：影像定位**

出处：《测绘综合能力体系和题解(上、下册)》10.2.2

解析：空间后方交会是以检定内方位元素后,已知地面控制点和像点坐标恢复外方位元素的方法。选项 C 属于空间前方交会的应用,选项 A 为相对定向步骤,选项 B、D 都是从已知点观测未知点,属于前方交会。

48.【A】**知识点：影像定位**

出处：《测绘综合能力体系和题解(上、下册)》10.2.2

解析：RFM 方程是共线方程的扩展,由于共线方程需要使用传感器参数(内方位元素)以及外方位元素,而商业卫星传感器参数和卫星定位定姿参数一般不可得到,所以需要利用足够的地面控制点解算外方位元素,并用通用多项式几何模型 RFM(有理函数模型)来代替共线方程模型作为遥感卫片构像的基础数学模型。

49.【A】**知识点：影像资料收集**

出处：《测绘综合能力体系和题解(上、下册)》10.3.1

解析：常采用 Landsat 多光谱影像与其他高分辨率全色影像融合的方法来得到多波段的高分辨率影像。

50.【C】**知识点：像控点布设**

出处：《测绘综合能力体系和题解(上、下册)》10.4.2

解析：高程像控点的刺点,应选在高程变化不大处。一般选在地势平缓的线状地物的交会处、地角等,在山区常选在平山顶以及坡度变化较缓的圆山顶、鞍部等处,狭沟、太尖的山顶和高程变化急剧的斜坡不宜做刺点目标。

51.【D】知识点：影像调绘

出处：《测绘综合能力体系和题解(上、下册)》10.5.1

解析：假彩色合成图像用红色赋值近红外波段,绿色赋值红色波段,蓝色赋值绿色波段。植被在近红外波段比绿色波段反射更强,因此植被呈现红色,植被含水量较高时,在近红外波段的反射率会降低,因此植被呈现暗红色。

52.【D】知识点：空三质量控制和成果整理

出处：《测绘综合能力体系和题解(上、下册)》10.6.5

解析：空三成果的质量检查包括外业控制点的成果使用正确性,而不是外业控制点的精度,像控点精度是在像控测量质量检查时需要做的工作。

53.【B】知识点：DEM 概述

出处：《测绘综合能力体系和题解(上、下册)》10.8.1

解析：DEM 采集时没有考虑地表物体的高程,故选项 B 和 DEM 制作无关。

54.【D】知识点：DEM 质量控制和成果整理

出处：《测绘综合能力体系和题解(上、下册)》10.8.3

解析：DEM 格网坐标按西向东,北向南排列。左上角第一个格网点对应高斯平面坐标系的起始坐标,该起始坐标视具体测区范围而定。

55.【D】知识点：DOM 制作方法

出处：《测绘综合能力体系和题解(上、下册)》10.9.2

解析：要计算建筑物的容积率必须获知城镇建筑平面坐标和高程数据,只有选项 D 可以得到建筑物的高程。选项 B 是消除了投影差的正射影像图,无法获得高程数据,选项 C 无法获得平面数据,也无法获得建筑物高程数据。

56.【D】知识点：航摄仪检定

出处：《测绘综合能力体系和题解(上、下册)》9.2.2

解析：航摄仪检定的主要目的是求出摄影仪内方位元素,并校正畸变差。使影像建立正确的像空间坐标系模型,以及进行内定向把模拟影像转换成数字影像。

57.【A】知识点：地图语言

出处：《测绘综合能力体系和题解(上、下册)》11.1.2

解析：线状地图符号定位中心为底部中心线。

58.【A】知识点：地图设计基础

出处：《测绘综合能力体系和题解(上、下册)》11.2.1

解析：我国的南海单独成图时,可采用正轴圆柱投影,其标准纬线为赤道。

59.【B】知识点：地图表达方式设计

出处：《测绘综合能力体系和题解(上、下册)》11.2.2

解析：质底法表示连续分布、满布整个区域的面状现象,范围法,表示间断分布的面状对象,是否需要连续表示是它们最大区别。概略范围法没有精确的轮廓线,甚至可以只用文字和单个符号来表示现象的分布范围。

60.【C】知识点：**普通地图编绘**

出处：《测绘综合能力体系和题解(上、下册)》11.3.2

解析：地类界与地面线状地物重合时不表示,与地面无实体线状地物重合时,应将地类界移位 0.2 mm 加以表示,和等高线重合时压盖等高线。同一地类界范围内有两种以上植被时,符号可按实际情况配置。

61.【A】知识点：**地图设计基础**

出处：《测绘综合能力体系和题解(上、下册)》11.2.1

解析：对收集的资料进行全面分析和评价,评价的内容有测制单位、数学基础、成图年代、地图内容精度、可靠性、完备性、现势性、与标准图示的符合度及转换原则等,来确定资料编绘类别,主要分为基本资料、补充资料和参考资料。编绘地图是从大比例尺到小比例尺的编绘,另外比例尺跨度不能太大,尽量选择地形图作为编绘底图。

62.【D】知识点：**地图表达方式设计**

出处：《测绘综合能力体系和题解(上、下册)》11.2.2

解析：等值线法用等值线的形式表示布满全区域的面状现象,适用于像地形起伏、气温等布满整个制图区域的均匀渐变的自然现象,典型的等值线如等高线图。

63.【D】知识点：**数学基础**

出处：《测绘综合能力体系和题解(上、下册)》11.1.4

解析：等角投影也叫正形投影,即角度不发生投影变形,在原面上和投影面上保持了图形相似性。投影面上微分线段的长度比随位置变化,不随方向变化。

64.【A】知识点：**制图综合**

出处：《测绘综合能力体系和题解(上、下册)》11.3.1

解析：自然物体和人工物体矛盾,移动人工物体,保持主从关系。

65.【B】知识点：**地理信息系统概述**

出处：《测绘综合能力体系和题解(上、下册)》12.1

解析：地图和 GIS 都是地理信息载体,地图学强调图形信息传输,GIS 强调空间数据处理分析。信息的传输指的是地理信息通过地图传播和表达。

66.【B】知识点：**空间分析方法**

出处：《测绘综合能力体系和题解(上、下册)》12.3.2

解析：包含分析可以用来判断某个地理要素是否位于另一地理要素范围之内。

67.【C】知识点：**空间数据结构**

出处：《测绘综合能力体系和题解(上、下册)》12.2.2

解析：元数据是对数据变化的描述,是数据的数据,是数据的说明表单资料。选项 C 是某个要素的属性数据。

68.【B】知识点：**空间数据压缩和转换**

出处：《测绘综合能力体系和题解(上、下册)》12.2.3

解析：矢量数据转化为栅格数据一般采用内部点扩散法,扫描法,边填充算法等。追踪法属于栅格数据转换矢量数据算法。

69.【D】知识点：**系统详细设计**

出处：《测绘综合能力体系和题解(上、下册)》12.4.3

解析：在总体设计和数据库设计之后需要进行详细设计,细化程序编写流程,为项目实施做准备。

70.【A】知识点：**地理信息数据建库**

出处：《测绘综合能力体系和题解(上、下册)》12.6.2

解析：新地图编制进行的数据处理,主要有数学基础建立,投影转换,数据综合,符号、图形、注记的处理等工作。其他选项书序数据预处理时的数据标准化处理内容。

71.【A】知识点：**地理数据**

出处：《测绘综合能力体系和题解(上、下册)》12.2.5

解析：拓扑编辑生成拓扑关系,使计算机能辨认独立的结点、弧线、多边形,在此过程中能消除某些数字化错误,并消除数字化错误。拓扑编辑的工具有 ArcInfo 等。非拓扑编辑的工具有 MapInfo、ArcView、ArcMap、CAD。

72.【C】知识点：**地理数据**

出处：《测绘综合能力体系和题解(上、下册)》12.2.5

解析：数据更新遵循精度匹配原则、现势性原则、空间信息和属性信息同步更新原则,对于数据现势性要求高的应提高更新周期。

73.【D】知识点：**系统测试和调试**

出处：《测绘综合能力体系和题解(上、下册)》12.5.2

解析：系统软硬件在用户具体环境安装后,此时开发组应已经测试完毕,为使各子系统、数据、端口等之间能协调运行和工作进行试运行,作为交付前的最后一次测试。

74.【C】知识点：**系统运行与维护**

出处：《测绘综合能力体系和题解(上、下册)》12.5.3

解析：系统安全管理内容包括系统安全和数据安全。在数据安全方面,为了保密,运行系统要与外网物理隔离,并制定容灾计划(异地备份和数据库的安全机制)。在系统安全方面,主要是防火墙技术、开放型密码技术、防病毒软件。本题不涉密,故不选 C。

75.【A】知识点：**GIS 工程标准化**

出处：《测绘综合能力体系和题解(上、下册)》12.7.1

解析：GIS 标准体系表由总表和明细表组成,总表分为三个层次。其中门类分为基础通用标准、专用标准、相关标准三大类。GIS 专用标准是有关行业应用空间信息技术所必须遵循的综合性基础标准和规定。

76.【D】知识点：**导航电子地图产品开发**

出处：《测绘综合能力体系和题解(上、下册)》13.3

解析：道路挂接制作要保证路网挂接正确和高等级道路之间道路的连通性,目的是建立正确的拓扑关系,并使路口的属性正确。

77.【C】知识点：**导航电子地图内容**

出处：《测绘综合能力体系和题解(上、下册)》13.1.2

解析：导航电子地图设施分 9 大类,大类又分中类和小类,设施符号分为两种尺度。16

像素×16 像素的符号在小于或等于 1∶5 000 的比例尺下显示,32 像素×32 像素在大于或等于 1∶2 000 的比例尺下显示。

78.【B】知识点:**在线地理信息数据**

出处:《测绘综合能力体系和题解(上、下册)》14.2

解析:图元标示码:行政区域代码(6)+数据比例尺代码(1)+顺序代码(可根据实际情况扩充),故比例尺编码为 E 时,比例尺为 1∶5 万。按照比例尺的不同,地理实体数据分为小比例尺(小于等于 1∶5 万)、中比例尺(1∶5 000 和 1∶1 万)和大比例尺(大于等于 1∶2 000),地理实体表达的最小粒度应与对应比例尺相适应,1∶5 万比例尺政区与境界实体的最小粒度表达至三级行政区(市辖区、县级市)及相应界线。

79.【A】知识点:**在线地理信息服务概述**

出处:《测绘综合能力体系和题解(上、下册)》14.1

解析:可以从地理信息服务系统中获取的服务包括地理信息浏览查询、服务接口与程序接口服务、元数据查询服务、地理空间信息下载服务、分析处理服务等。选项 A 属于空间信息 DEM 地表分析,地理信息服务系统一般无法提供。

80.【A】知识点:**在线地理信息服务概述**

出处:《测绘综合能力体系和题解(上、下册)》14.1

解析:国家地理信息公共服务平台建设的原则为统一设计,分步实施,逐渐完善。

二、多项选择题

81.【AC】知识点:**GNSS 控制网观测实施**

出处:《测绘综合能力体系和题解(上、下册)》3.9.5

解析:手簿必须现场填写,一律使用铅笔,不应涂改,如有记错,可整齐划掉,将正确数据写在上面并注明原因。其中天线高、气象读数等原始记录不应连环涂改。手簿整饰、存储介质注记和各种计算一律使用蓝黑墨水书写。

82.【ABCD】知识点:**GNSS 控制网数据处理**

出处:《测绘综合能力体系和题解(上、下册)》3.9.6

解析:GNSS 独立环闭合差的限差与最简独立闭合环边数和控制网平均基线中误差有关。基线中误差与平均基线长、仪器标称固定误差、比例误差有关。

83.【CD】知识点:**高程控制网数据处理**

出处:《测绘综合能力体系和题解(上、下册)》3.10.7

解析:水准测量的高差需要经过正常水准面不平行、重力异常改正计算从几何高差转化为正常高高差。

84.【BCE】知识点:**海洋测绘技术设计**

出处:《测绘综合能力体系和题解(上、下册)》4.2.2

解析:海洋测量技术设计书内容主要有任务来源、性质和技术要点;测区的自然地理环境;所依据的技术标准、技术规范以及原有测量成果的采用情况;控制点等级、标石类型及数量;水深测量图幅、测深里程、航行障碍物的数量;海岸地形测量的图幅、面积、岸线长度;所需设备、船只等;计算工作量和工作天数;作业方法、注意事项和技术要求。作业总结和质量评估属于技术总结内容。

85. 【ACE】知识点：**工程测图实施方法**

出处：《测绘综合能力体系和题解(上、下册)》5.3.3

解析：解析法测图是野外采集距离和角度,再利用数学方法间接解算坐标值,用计算机编辑成图的方法。选项 A、C、E 都属于全站仪解析法观测模式。选项 B 属于模拟法测图,选项 D 属于直接坐标法测图。

86. 【BDE】知识点：**联系测量**

出处：《测绘综合能力体系和题解(上、下册)》5.9.4

解析：陀螺经纬仪定向流程为：

(1) 在已知边上测定陀螺常数;

(2) 在待定边上测定陀螺方位角;

(3) 在已知边上重新测定仪器常数,评定精度;

(4) 陀螺方位角经过陀螺常数改正,获得大地方位角;

(5) 通过本地的子午线收敛角求定待定边坐标方位角。

87. 【BDE】知识点：**建筑施工放样方法**

出处：《测绘综合能力体系和题解(上、下册)》5.5.3

解析：建筑层高测量可以采用三角高程法、手持测距仪法和钢尺实量法。前方交会属于平面点测量方法,水准测量不适于高差过大的高程测量。

88. 【CE】知识点：**矿井测量**

出处：《测绘综合能力体系和题解(上、下册)》5.9.3

解析：地下工程测量施工环境差,边长长短不一,精度很难提高;施工过程中,误差累积会越来越大,但无法布设 GNSS 点;地下控制测量一般先布设低等高导线指示掘进,再布设高等级导线检核。

89. 【ACDE】知识点：**房产变更测量**

出处：《测绘综合能力体系和题解(上、下册)》6.6

解析：以变更范围内平面控制点和房产界址点作为房产变更测量的基准点。所有已修测过的地物点不得作为变更测量依据。

90. 【AC】知识点：**土地权属调查**

出处：《测绘综合能力体系和题解(上、下册)》7.2.2

解析：集体土地所有权进行土地权属状况调查的内容有所有权人、权属性质、土地用途、宗地四至、土地坐落等。

91. 【BCE】知识点：**边界协议书附图**

出处：《测绘综合能力体系和题解(上、下册)》8.4

解析：边界协议书附图内容应包括边界线、界桩点、边界线相关地形要素、名称、注记等,各要素应详尽表示。地形要素只需要表示与边界线或界桩相关的即可,需要表示的是界桩点,而不是边界点,故选 BCE。

92. 【ADE】知识点：**DEM 制作方法**

出处：《测绘综合能力体系和题解(上、下册)》10.8.2

解析：DEM 制作时,对获取的数据必须进行数据预处理,一般包括数据编辑、数据分块、数据格式的变换以及坐标系统的转换等内容。

93.【ACD】知识点：像点位移

出处：《测绘综合能力体系和题解(上、下册)》10.2.1

解析：反解法是由纠正后的影像数据反求原始像点坐标。先计算地面点坐标，再用共线方程(反解公式)求得像点坐标，并根据 DEM 内插高程求出像元行列号，根据像点坐标和内定向元素求得像元行列号，灰度内插并赋值。由于纠正后像元行列号和像元中心可能存在差异，还需要重采样和量化，即灰度内插来纠正像元中心位置，赋值灰度值。

94.【CDE】知识点：空三质量控制和成果整理

出处：《测绘综合能力体系和题解(上、下册)》10.6.5

解析：采用独立模型法数字空中三角形测量检查平差精度主要是检查相对定向、绝对定向和区域网接边精度。选项 B 不是数字航摄的步骤。

95.【CE】知识点：三维模型制作方法

出处：《测绘综合能力体系和题解(上、下册)》10.11.2

解析：选项 A 点云数据建模与 DSM 制作顺序不正确；选项 B 错在不需要进行立体测图；选项 D 错在不需要进行投影化处理。选项 C、E 顺序无误，建模完成后还需要分割单体化入库并建立单体拓扑关系实现空间分析。

96.【AC】知识点：地图内容

出处：《测绘综合能力体系和题解(上、下册)》11.1.3

解析：数学要素指地图的数据基础，包括：

(1) 坐标网和内图廓，分为经纬线网和方里网，对地图起着位置约束作用。

(2) 比例尺和地图投影，确定了地表物体与地图内容的映射关系。

(3) 控制点，起着空间位置从坐标系传递到地图的作用。

(4) 地图定向，通过中央经线、地图坐标网、指向标志等来体现。

97.【ABC】知识点：地图表达方式设计

出处：《测绘综合能力体系和题解(上、下册)》11.2.2

解析：定点符号法、统计图表法、动线法等同时表达地理现象数量、质量特征，质底法、等值线法不能表达地理现象的数量质量特征。

98.【ABCD】知识点：系统需求分析

出处：《测绘综合能力体系和题解(上、下册)》12.4.1

解析：系统需求分析主要内容有：

(1) 用户情况调查：软件系统问题，数据现状，业务需求；

(2) 明确系统建设目标；

(3) 系统可行性分析；

(4) 提交需求调研报告。

99.【AC】知识点：GIS 工程标准化

出处：《测绘综合能力体系和题解(上、下册)》12.7.1

解析：系统技术评价指标包括可靠性和安全性、可扩展性、可移植性、系统效率。系统经济评价指标包括系统产生的效益和价值、软件商品化程度和用户满意度、技术服务支持能力、软件易于维护与运行管理能力。选项 A 属于软件易于维护与运行管理能力,选项 C 属于技术服务支持能力,其他为技术评价内容。

100.【AB】知识点:在线地理信息数据

出处:《测绘综合能力体系和题解(上、下册)》14.2

解析:网络地理信息服务中数据的更新方式一般可以分为两种模式,即日常更新与应急更新。

附录 1 控制网复测周期

项目	复测周期/年	执行时间/年
二等大地控制网	5	2
重力基本网	10	2
一等水准网	15	5
二等水准网	20	/

附录 2　比例尺精度系列指标归纳

精度指标很多,其构成有公式推算而得,也有实践生产经验总结而得,每个指标后面都藏有很深的知识点,想归纳注册测绘师考试涉及的所有指标,无法做到。在这里笔者把几个重要的有迹可循的精度指标加以总结,希望帮助考生建立一个框架,尽快把指标背诵熟练。

分析地形图精度指标要从比例尺精度入手。地形图的精度以比例尺来确定,基于此的精度指标都以不大于图上多少毫米表示,以此与绝对指标区别。

(1) 图上±0.1 mm

地形图比例尺精度是地形图测量最基本的指标,根据人的肉眼可分辨最小地图单元来确定。该指标主要用于限制测图中的主要细部点误差,也用作模拟测图时展点精度和最低一级的图形定位控制点(图根点)精度要求,当某些图件对精度比较敏感的时候,也要求以这个指标作为精度标准,如工程测量中的主要地物指标、不动产测绘界址点指标等。

◎图根点

图根点相对于邻近控制点点位中误差不大于图上±0.1 mm,高程精度为 1/10 等高距。在航空摄影测量中,像控点的精度类同于图根点,其点位中误差取地物精度的 1/5,高程精度也是 1/10 等高距。

◎工程测量地形图(1∶500 比例尺)

测绘主要细部点精度为 5 cm,次要细部点放宽 0.5 倍,精度取 7 cm。

◎房产测绘界址点测量

二级界址点点位中误差不大于 5 cm,即 1∶500 比例尺分幅图上不大于图上±0.1 mm,这是大部分房产测绘界址点的精度标准,以此为基础,比之要求高的取 2 cm。当房产分幅图比例尺取 1∶1 000 时,采用三级界址点,即建筑不密集时,界址点点位中误差不大于 10 cm,也就是不大于图上±0.1 mm。

◎地籍测绘界址点测量

明显界址点点位中误差不大于 5 cm,隐蔽的放宽 0.5 倍到 7.5 cm,精度差的继续放宽到 10 cm。实质上可以看出不动产界址点测量的精度是相似的,只有细微差别,房产测绘规范从地籍测绘规范衍化而来,指标属同一系统。

◎界线测量、边界点测量

界桩点精度也是图上±0.1 mm,与不动产测绘是统一的,区别在于界线测量一般比例尺较小,所以直接采用了比例尺精度,而不动产测绘与城镇工矿地形图测绘一般比例尺较大,为了方便应用而用绝对指标描述。

◎模拟法测图展点误差

传统模拟法测图需要用针在纸质图幅上刺出控制点,所以用人眼分辨力的极限作为展点误差指标。

(2) 图上±0.5 mm(±0.6 mm)

该指标与比例尺精度相对应,代表着测图时次要点的点位中误差,基于这个理解再去延伸,记住特例,就能掌握记住它。需要注意的是,某些情况该指标会变形成图上±0.6 mm,两组指标属于一个系列。

◎基础地形图以及 DLG、DOM

大比例尺地形图相对于邻近控制点的地物点点位中误差不应大于图上±0.5 mm,特殊或困难地区(山地,高山地)不能大于图上±0.75 mm。中小比例尺地形图相对于邻近控制点的地物点点位中误差不应大于图上±0.6 mm,特殊或困难地区(山地,高山地)不能大于图上±0.8 mm。

◎地籍图

地籍图相对于邻近控制点的地物点点位中误差不大于图上±0.5 mm。

◎房产分幅图模拟法测绘

地物点相对于邻近控制点的点位中误差不超过图上±0.5 mm。分幅图采用解析法测图时,地物点指标是实地 5 cm,这是由于房产分幅图测绘限于大比例尺测图而且房产面积和百姓息息相关,在精度上要求更高,使用了工程测量地形图主要细部点的指标,而模拟法的精度则沿用普通地形图的标准。房产图编绘的时候精度适当放宽到图上±0.6 mm。

◎边界地形图

边界地形图即基础地形图。调绘的地物点对于控制点的平面误差不大于图上±0.5 mm,困难地区不大于 0.75 mm。

◎工程测量地形图测绘

城镇或工矿区地物点相对于邻近控制点点位中误差不大于图上±0.6 mm,一般地区不大于图上±0.8 mm,水域不大于图上 1.5 mm,工程测量地形图测绘精度指标参照大比例尺基础地形图。在地下管线测量中,不同规范体现了差异,这要引起注意。

还有一种情况是周围没有控制点可以参照,只能用相对固定或精度较高的地物替代控制点进行相对位置约束。与下面的邻近地物点间距中误差加以区别。

如:地下管线与邻近的建筑物、相邻管线以及规划道路中心线的间距中误差不得大于图上±0.5 mm(工测规范上为不大于图上±0.6 mm)。这是用相对精度高的建筑物和规划道路来控制地下管线的位置。

边界协议书附图:补调地物点相对于邻近固定地物点间距中误差不大于图上±0.5 mm。

边界线地形图:边界线地形图上,界桩点、拐点、界线经过的地物到邻近固定地物点位置中误差不大于图上±0.4 mm。这条是个例外,需单独记忆一下。

(3) 图上±0.4 mm

邻近地物点间距中误差是距离误差,区别于点位中误差,其度量是长度单位,误差具有方向性。这个距离精度的取得是基于两个地物点拥有同一个邻近控制点,处于同一系统内,消除掉相同观测条件项,精度要高一点。

◎地籍图

邻近地物点间距中误差不大于图上±0.4 mm。

◎海岸地形图

修测后的地物与原有临近地物的间距中误差不得超过图上±0.4 mm。

（4）图上±0.3 mm

该指标比邻近地物点间距中误差（图上±0.4 mm）要高，它主要涉及地籍图上界址点的测量精度要求。同是界址点测量，存在两套精度指标，分别被要求在宗地图和地籍图上，该条指地籍图上的界址点测量精度要求。宗地图直接作为土地权属证书的附件，直观而精确地表达了土地权利，而地籍图只是用来表达宗地所在位置地基要素表达和权属四至关系，它的突出功能是索引与检索，两者的精度要求是不同的。

◎间距中误差

地籍界址点间距及界址点与邻近地物点间距不大于图上±0.3 mm。

◎点位中误差

地籍界址点相对于邻近地物点点位中误差不大于图上±0.3 mm。前述地物点相对于邻近固定地物点点位中误差不大于图上±0.5 mm，属于低精度相对于高精度或同精度的点位中误差，待求点是精度较低的地物点。现在这条则相反，属于高精度相对于低精度的点位中误差，所求的待定点是界址点，它的精度比所参照的约束点要高，所以在具体指标上会有所体现。考生记忆的话可以理解成地籍图上和界址点相关的精度指标都不大于0.3 mm，不论是间距中误差，还是点位中误差。

参 考 文 献

［1］国家测绘地理信息局职业技能鉴定指导中心.测绘综合能力［M］.北京：测绘出版社，2017.

［2］国家测绘地理信息局职业技能鉴定指导中心.测绘案例分析［M］.北京：测绘出版社，2017.

［3］国家测绘地理信息局职业技能鉴定指导中心.测绘管理与法律法规［M］.北京：测绘出版社，2017.

［4］国家测绘地理信息局人事司，国家测绘局职业技能鉴定中心.大地测量：技师版［M］.北京：测绘出版社，2009.

［5］国家测绘地理信息局人事司，国家测绘局职业技能鉴定中心.地图制图：技师版［M］.北京：测绘出版社，2009.

［6］国家测绘地理信息局人事司，国家测绘局职业技能鉴定中心.工程测量：技师版［M］.北京：测绘出版社，2009.

［7］国家测绘地理信息局人事司，国家测绘局职业技能鉴定中心.摄影测量：技师版［M］.北京：测绘出版社，2009.

［8］国家测绘地理信息局人事司，国家测绘局职业技能鉴定中心.地籍测绘：技师版［M］.北京：测绘出版社，2009.

［9］孔祥元，郭际明，刘宗泉.大地测量学基础［M］.武汉：武汉大学出版社，2010.

［10］武汉大学测绘学院测量平差学科组.误差理论与测量平差基础［M］.3版.武汉：武汉大学出版社，2014.

［11］孔祥元，梅是义.控制测量学［M］.2版.武汉：武汉大学出版社，2003.

［12］徐绍铨，等.GPS测量原理与应用［M］.4版.武汉：武汉大学出版社，2010.

［13］赵建虎.现代海洋测绘［M］.武汉：武汉大学出版社，2007.

［14］黄声享，尹晖，蒋征.变形监测数据处理［M］.2版.武汉：武汉大学出版社，2010.

［15］潘正风，等.数字测图原理与方法［M］.武汉：武汉大学出版社，2009.

［16］宁津生，等.测绘学概述［M］.2版.武汉：武汉大学出版社，2008.

［17］邬伦，等.地理信息系统原理、方法和应用［M］.北京：科学出版社，2017.

［18］祝国瑞.地图学［M］.武汉：武汉大学出版社，2004.

［19］乔瑞亭，孙和利，李欣.摄影与空中摄影学［M］.武汉：武汉大学出版社，2008.

［20］胡鹏，黄杏元，华一新.地理信息系统教程［M］.武汉：武汉大学出版社，2002.

［21］张正禄.工程测量学［M］.武汉：武汉大学出版社，2005.